이서윤의

초등생활
처방전
365

초등 자녀 6년을 책임질 부모들의 백과사전

이서윤의
초등생활
처방전
365

이서윤 지음

우리 아이를 자존감 높은 아이로 만들려면

솔직히 제가 처음 교직에 발을 내디뎠을 때, 저 역시 초등학교 6년 동안의 중요성을 잘 알지 못했습니다. '6년 동안 무탈하게 잘 보내고, 중고등학교에 가서 정신 차리고 공부를 하면 되겠지'라고 여겼거든요. 그런데 교직 경력이 더해질수록 초등 6년의 중요성이 점점 다 크게 와닿았고, 저는 이 시기에 가장 중요한 것이 무엇일까 오래 고민했습니다.

그 결과 초등 6년 동안 만들어지는 것들이 여러 가지 있지만, 이 시기에 쌓이는 아이들의 자존감에 집중하는 것이 중요하다는 결론에 도달했습니다. 그런데 일반적으로 말하는 자존감과 초등학생의 자존감은 요소가 조금 다릅니다. 초등학생만의 삶이 있기 때문이지요.

초등학생의 자존감은 아래처럼 크게 네 가지가 더해져 완성됩니다.

초등학생의 자존감 = 일반 자존감 + 가정 자존감 + 사회 자존감 + 학업 자존감

첫째, '일반 자존감'은 자신의 일상생활에 대해 어느 정도의 가치를 부여하고, 보람을 느끼는지에 대한 것입니다.

둘째, 부모님이나 집안 분위기와 관련한 자아는 '가정 자존감'으로 부모의 양육 방법에 많은 영향을 받습니다. 요즘 아이의 자존감에 관해 이야기할 때 주로 여기에 집중하는 경향이 있죠.

셋째는 '사회 자존감'으로, 친구와의 관계에서 느끼는 자신에 대한 태도를 말합니다. 이 자존감이 높으면 주변 환경이나 사회관계에서 안정감을 느끼며 소속감을 느끼지만, 사회 자존감이 낮으면 자신이 속한 여러 집단에서 불안감을 느끼게 됩니다.

마지막, '학업 자존감'은 자신의 인지적인 능력에 대해 갖는 자아상을 말합니다. 아무래도 학교에서 공부하는 시간 동안의 성취나 학업의 결과가 자존감에 영향을 많이 미치게 됩니다. 성공적인 과제 수행은 아이의 자존감을 높이고 다른 과제에도 도전할 수 있게 해줍니다.

부모님이 아이의 자존감을 높여주는 양육 태도를 갖고 있으며, 아이가 일상생활도 잘하고, 친구 관계도 좋고, 학교생활을 잘해서 학업 성취 경험이 있다면 당연히 자존감이 최고로 높을 것입니다. 그런데 공부를 잘하지만 기대가 높은 부모님은 아이를 인정해주지 않고, 친구 관계도 별로 좋지 않은 경우는 어떨까요? 자존감의 합을 생각했을 때, 학업 자존감은 높을지라도 가정 자존감과 사회 자존감이 낮아서 자존감이 낮은 아이가 될 가능성이 높습니다. 그렇기에 어릴수록 부모님의 인정이 매우 중요합니다.

우리 아이의 자존감을 형성하는 네 가지 요소를 바탕으로 어떻게 자존감을 높일 수 있는지에 대한 방법을 소개하면 아래와 같습니다.

1. 아이가 일상생활에서, 또 자신의 성격에 대해서 자신감을 갖도록 해주어야 합니다.
: 자기 자신을 긍정적으로 바라보고, 일상생활에서 스스로 선택하고 살아갈 수 있게 해줍니다.

2. 부모의 양육 태도가 아이의 자존감을 높일 수 있어야 합니다.
: 자존감을 높이는 양육 태도에 대해 배워야 합니다.

3. 친구 관계가 좋아야 합니다.

　　: 친구 관계를 잘 맺을 수 있도록 도와주어야 합니다.

4. 학업적인 면에서 성취 경험이 있어야 합니다.

　　: 공부 습관, 공부 전략을 기를 수 있도록 도와주어야 합니다.

　　초등학교에 입학하는 순간부터 학교생활을 하는 내내, 아이의 첫 학교생활은 부모님에게 끊임없는 고민거리이자 걱정거리입니다. 잘 해내는 아이가 기특하고 대견한 마음만큼, 다치거나 상처받지 않을까, 뒤처지지 않을까 조마조마한 마음이 들기 때문이지요. 학년이 올라간다고 해서 학부모 역할이 수월해지는 것도 아닙니다. 아이가 학교에서 겪는 일은 학년과 관계없이 처음인 경우가 많고, 학부모로서도 처음 겪는 일이니까요. 게다가 물어볼 곳도 마땅치 않습니다.

　　『이서윤의 초등생활 처방전 365』가 출간된 후, '초등생활의 바이블이다, 개론서다' 이런 말씀을 해주신 분들이 많았습니다.

　　『이서윤의 초등생활 처방전 365』에서 만나게 될 고민은 제가 직접 초등생 학부모들과 소통하면서 들어온 고민입니다. 교사로 학교에서 학생들과 학부모를 만나면서, 강연장에서, 유튜브를 비롯한 다양한 SNS를 통해서, 교실 안과 밖에서 많은 질문을 받았습니다. 아이를 가장 잘 알고 있을 담임교사에게 허심탄회하게 털어놓는 질문도 받았고, 담임교사에게는 말할 수 없는 고민을 한 발 떨어진 제게 털어놓기도 하셨습니다.

　　물론 제가 만능 해결책을 뚝딱하고 내놓을 수 있는 것은 아닙니다. 하지만 수많은 고민을 들으면서 학부모들에게 최대한 도움을 드릴 수 있도록 공부하고 연구하며, 함께 해결책을 찾고자 노력해왔습니다. 그렇게 쌓은 시간과 땀을 이 책에 빼곡

하게 담았습니다.

오랜 시간 고민하던 문제를 해결하면서 느끼는 시원함을, '남들도 비슷한 고민이 있구나'라는 걸 알면서 얻는 위안을, '만약에 이런 일이 일어난다면'이라는 전제하에 예방과 대비를, 때로는 몰랐던 아이 마음에 한 걸음 더 다가가는 기회를 선물할 수 있는 책이 되었으면 좋겠습니다.

이번 개정판에서는, 유튜브를 통해 학부모들과 소통하면서 조회 수가 높고 많은 분이 호응해주셨던 영상을 바탕으로 초등공부를 위해 가장 중요한 이야기를 부록의 〈공부 스페셜〉 코너에 소개합니다. 자녀의 공부와 성적에 대해 고민하는 학부모에게 도움이 되었으면 합니다.

『이서윤의 초등생활 처방전 365』는 앞으로도 많은 초등학생 학부모들의 불안감을 해소하고, 초등생활의 방향을 안내하는 책이 되기를 바랍니다.

정해진 서재가 없는 엄마

이서윤

01 PART 친구 관계

친구 사귀기

고민 001 첫 학교생활, 친구는 어떻게 사귈까요? 033
친구를 선택하는 요인 : 접근성 ‖ 유사성 ‖ 친근성 ‖ 호혜성

고민 002 우리 아이, 교실에서 친구 관계는 어느 정도일까요? 035
또래 지위에 따라 나눈 다섯 집단 : 인기아 ‖ 무시아 ‖ 배척아 ‖ 양면아 ‖ 보통아

고민 003 아이가 친구 사귀기를 어려워해요 038
친구 사귀기 모형을 통해 알아보는 친구 사귀는 법 : 만남 단계 - 호감도 ‖ 불쾌감 ‖ 불안

고민 004 친구에게 먼저 다가가기를 어려워해요 043
불안도 : 낯선 환경에 대한 예민도 + 과거의 경험

고민 005 친구 사귀기에 너무 소극적이에요 045
친구를 사귀고자 하는 임계점 = 친애 동기 + 불안도 + 외로움을 느끼는 정도 + 부끄러움

고민 006 아이 친구들이 다 부자예요. 우리 아이만 주눅 들까 걱정입니다 047
건강한 결핍을 동기화시키는 법

고민 007 불량한 친구들과 어울리며 행동을 따라 합니다 050
행동의 주도성 + 문제의 심각성

갈등 해결

고민 008 아이가 친구와 갈등을 겪고 있어요 054
정서 지능을 높이는 세 가지 방법

고민 009 아이가 무리에 끼지 못해 힘들어해요 056
여자아이들의 친구 관계 : 무리 짓기

고민 010 못된 친구에게 상처받으면서도
자꾸 끌려다니는 것 같아요. 방법이 없을까요? 060
우정의 질 ‖ 권력과 호감 ‖ 심리적 통제

고민 011 친구가 아이를 괴롭혀서 힘들어해요 063
괴롭힘의 정도로 보는 단계별 해결법

고민 012 초등 1학년, 방과후활동에서 계속 놀림을 받는대요 065
친구가 놀릴 때 할 수 있는 두 가지

고민 013 단짝 친구가 다른 친구랑 놀아서 질투심으로 힘들어해요 066
사람마다 다른 관계의 기대 정도

고민 014 "나랑 놀지 말라고 했대!" 친구의 이간질로 아이가 힘들어해요 068
사회 권력의 활용과 남용

고민 015 친하게 지내던 친구가 갑자기 아이를 모른 척한대요 069
관계에서 내가 노력할 수 있는 부분 VS 노력할 수 없는 부분

고민 016 아이가 따돌림당하는 친구를 챙기곤 했는데, 그 일이 점점 힘들대요 071
의무감으로 놀아주는 친구 관계에서 갖지 않아도 되는 죄책감

고민 017 자꾸 아이를 때린다는 친구, 너도 같이 때리라고 하고 싶어요 072
미움의 기술

고민 018 친구 관계에 어려움이 많습니다. 전학을 시키는 게 나을까요? 074
친구와 관계 맺는 방식의 문제 VS 이미지 낙인의 문제

고민 019 아이가 질투심이 많아요 vs
다른 아이가 우리 아이를 질투하고 괴롭힌대요 075
여자아이 괴롭힘의 핵심 감정

고민 020 괴롭혔다가 친한 척했다가 하는 친구에게 상처를 받아요 077
여자아이의 친구 관계에 도움이 되는 책 3권

왕따 문제

고민 021 친구들이 아이를 자꾸 거절해요 079
보편적 거절 ‖ 이유 있는 거절

고민 022 아이가 친구들에게 따돌림을 당해요 080
따돌리는 아이의 문제 ‖ 따돌림당하는 아이의 문제 ‖ 자연스러운 과정

고민 023 학교폭력심의위원회의 도움을 받고 싶어요 082
학교폭력대책심의위원회에서 가해자와 피해자에게 해주는 것

고민 024 아이가 따돌림 가해자입니다 084
행정적 절차 ‖ 정서적 절차

고민 025 5학년 남자아이, 학기 초부터 계속 은따예요 085
고학년에서 은따를 당할 때 현실적인 해결 방법

고민 026 따돌림으로 너무 힘들어해요 087
발버둥 쳐도 안 될 때 자기합리화하여 생각하는 법

고민 027 아이가 카톡 왕따를 당했습니다 089
사이버 폭력 대처법

부모의 역할

고민 028 **엄마들 모임에 가지 못해 아이가 친구를 못 사귀면 어쩌죠? 091**
초등학생의 친구 발달 단계 : 보상-대기 단계 ‖ 규범 단계 ‖ 감정이입 단계

고민 029 **부끄러움이 많은 아이, 친구 사귀는 걸 도와줘야 할까요? 094**
부끄러움이 많은 아이에게 해줄 수 있는 네 가지

고민 030 **딸의 친구 관계에 대해 꼭 알아야 할 것이 있을까요? 096**
여자아이의 친구, 은밀함과 간접 공격

고민 031 **아이가 제 마음에 들지 않는 친구와 어울려요 100**
친구를 떼어놓는 대신 할 수 있는 세 가지

고민 032 **내성적이지만 관심을 받고 싶어 하기도 합니다. 어떻게 이끌어야 할까요? 103**
관심받는 게 싫은 내성적인 아이 VS 관심받는 게 좋은 내성적인 아이

고민 033 **친구와 놀 때 꼭 필요하다며 스마트폰을 사달라고 합니다.
사줘야 할까요? 104**
규칙 없는 스마트폰은 마약

고민 034 **맞벌이로 어른 없는 집, 아이가 매일매일 친구를 집에 데려와요 108**
혼자 노는 법 익히기와 요일 정하기

고민 035 **아이의 친구 관계, 어디까지 개입해야 할까요? 109**
부모의 영역과 아이의 영역, 상처를 허락하기

고민 036 **사교성 없는 저를 닮았을까 걱정입니다. 인기도 유전일까요? 111**
유전되는 부분과 관계의 모형

고민 037 **아이가 친구를 잘 사귈 수 있게 하려면 어떻게 해야 할까요? 115**
부모가 친구 관계를 위해 해줄 수 있는 것

친구가 없는 아이

고민 038 **친구를 오래 사귀지 못하는 것 같아요 119**
갈등 해결 : 양보형 ‖ 지배형 ‖ 회피형 ‖ 협력형

고민 039 **친구가 필요 없다는 아이, 괜찮을까요? 122**
대인 동기 ‖ 혼자 놀고 싶은 아이 VS 어쩔 수 없이 혼자 노는 아이

고민 040 **아이가 친구들이 만만히 여기는 무시아예요 124**
스스로를 지키는 연습

고민 041 **아이에게 단짝 친구가 없어요 126**
눈치 싸움의 전쟁터에서 나를 지켜주는 단짝

고민 042 **친구들이 홀수일 때 자꾸 혼자가 됩니다 128**
자꾸 혼자만 남는 상황에서 살아남기

고민 043 **사회적 기술이 너무 부족한 아이, 친구들 사이에 끼지 못해요 129**
심리적 난도 높이기

고민 044 **전학생이라 무리에 끼지 못하고 겉돌기만 합니다 133**
새로운 집단에 적응하는 법

고민 045 **인기가 없다고 실망하고 좌절하는 아이, 어떻게 해줘야 할까요? 134**
섬세한 각자형 아이들의 기질을 넘어서지 않은 노력

고민 046 **딸아이가 종일 스마트폰만 붙들고 있어요 137**
스마트폰 중독 VS 친구 관계에 대한 불안

성격별 친구 고민

고민 047 **남자아이인데 마음이 여려요. 남자 친구들과의 관계를 힘들어합니다 142**
남자아이들의 친구 관계 : 서열 짓기

고민 048 **친구와 자꾸 절교를 했다고 이야기 합니다. 잦은 절교, 괜찮은 걸까요? 146**
자연스러운 과정인가 VS 부정적인 감정 처리에 서투른 것인가

고민 049 **자꾸 고자질해서 걱정이에요 147**
고자질을 하는 이유 ‖ 고자질을 자주 하는 아이에게 사용할 수 있는 팁

고민 050 **승부욕 강하고 욕심 많은 아들, 이대로 괜찮을까요? 152**
자기주장이 센 아이에게 해줄 수 있는 조언

고민 051 **아이가 학교에서 자꾸 별거 아닌 일로 화를 낸대요 153**
불만이 밖으로 새어 나오는 활화산 신호

고민 052 **친구들과 놀 때 이기려고만 하고 자기 잘못을 인정하지 않아요 156**
건강한 좌절의 경험

고민 053 **남자아이 같은 여자아이, 친구 관계가 애매해요 158**
성별 성향이 다른 아이

고민 054 **친구와 싸운 후 무조건 자기 탓은 아니라는 아이, 믿어야 할까요? 159**
갈등 원인에 맞는 해결책 찾기

고민 055 **아이가 너무 자기중심적입니다. 친구들과 놀이 중에도 그래요 161**
태도 필터링 만들기

02 PART 교과 학습

마인드 · 공부법

고민 056 **아이가 공부에 취미가 없어요. 억지로 시키다 자존감만 낮아질 것 같아요 165**
공부해야 하는 진짜 이유

고민 057 **공부하라면 짜증을 내요. 공부는 자기를 위해서 하는 일인데! 답답해요 167**
감정이 성적을 좌우한다 : 부모와 아이의 관계

고민 058 **공부를 왜 해야 하는지 말해줘도 공부에 재미를 붙이지 못해요 169**
학습 동기 키우는 방법

고민 059 **선행학습, 너무 앞서 하는 것도 싫지만 너무 안 시키자니 불안해요 172**
공부 속도 기준 세우기

고민 060 **자기주도학습은 언제부터 시작할 수 있을까요? 174**
자기주도학습에 관한 오해

고민 061 **학습 계획은 어떻게 세울까요? 학습 계획 세우는 방법이 궁금해요 177**
학습 계획 세우는 팁

고민 062 **언제까지 옆에서 공부를 봐줘야 할까요? 180**
근접발달영역(ZPD)을 이용해서 공부 낙관성 기르기

고민 063 **꼭 잔소리를 해야 공부를 시작해요 184**
학습의 주도권

고민 064 **아이가 하루 할 일을 다하는 데 시간이 너무 오래 걸려요 185**
실제 학습 시간을 높이는 법

고민 065 **과목별 우선순위가 있나요? 할 게 너무 많아요 186**
초등 6년 공부의 큰 그림

고민 066 **입시 제도가 자꾸 바뀌어 혼란스럽습니다. 어떻게 대처해야 할까요? 189**
제도가 바뀌어도 여전히 중요한 두 가지

고민 067 **학년별 적절한 공부량이 있을까요?**
하루 학습량과 과목별 공부 시간이 궁금해요 192
학년별 자기주도학습 시간과 과목별 공부 시간

고민 068 **교과 공부의 목표를 어디에 두면 될까요? 194**
초등 교과 공부의 목표 세 가지

고민 069 **학업 격차가 크게 나는 학년이 언제인가요? 195**
초등 6년의 공부 로드맵

고민 070 상위권과 하위권의 결정적 차이는 무엇일까요? **198**
메타인지 능력

고민 071 공부를 했다는데 제대로 했는지 모르겠어요 **201**
메타인지를 기르는 출력 공부법 ①~④

고민 072 비주얼씽킹, 어떻게 공부하면 될까요? **204**
메타인지를 기르는 출력 공부법 ⑤ 비주얼씽킹

고민 073 복습할 때 쓸 수 있는 재미있는 방법이 있을까요? **208**
메타인지를 기르는 출력 공부법 ⑥ 학습동화·만화 만들기

고민 074 마인드맵 그리기는 어떻게 하는 건가요? **211**
메타인지를 기르는 출력 공부법 ⑦ 마인드맵

고민 075 교과서 공부를 어떻게 하면 좋을까요? **212**
교과서 6단계 공부법

고민 076 공책 정리 어떻게 하면 좋을까요? 배움 노트는 어떻게 쓸까요? **214**
공부 기술을 익히는 공책 정리법

고민 077 재미있게 놀이식으로 공부하는 방법이 있을까요? **216**
과목별 학습 놀이 모음

고민 078 매번 놀이식으로 공부시키려니 힘들어요 **221**
재미있는 공부를 강조하지 않아야 하는 이유

고민 079 예습과 복습, 꼭 해야 할까요? **223**
효과적으로 예습·복습하는 방법

고민 080 단원평가 대비 문제집, 모든 과목을 사서 매 단원 풀어야 할까요? **226**
문제집 활용법

고민 081 틀린 문제 다시 푸는 것을 너무 싫어하는데 오답 정리 꼭 해야 하나요? **228**
효과적인 오답 정리 비법

고민 082 채점은 언제부터 혼자 하게 할까요? **229**
채점을 스스로 하는 적당한 시기

고민 083 공부한 것들을 모두 암기해야 할까요? **230**
초등 공부에서 암기가 필요한 부분

고민 084 암기를 쉽게 하는 방법이 있을까요? **232**
나만의 암기법 찾기 : 머리글자, 이미지화, 개념도 및 마인드맵, 범주화

고민 085 **문제집은 여러 권을 풀까요?**
한 권을 반복해 풀까요? 매일 푸는 게 좋을까요? 235
틀린 문제를 여러 번! 매일 조금씩 하면 좋은 공부

고민 086 **학교에서 평가가 없어져 아이의 실력을 알 수가 없어요 236**
과정·성장 중심 평가에서 아이의 실력을 확인하는 방법

고민 087 **서술형 문제의 답을 너무 못 쓰고, 쓰기 싫어해요 238**
서술형 문제 연습하는 방법

고민 088 **다음 학기를 예습하려면 미리 다음 학기 교과서를 봐야 할까요? 240**
다음 학기 예습의 두 가지 방법

고민 089 **공부가 잘되는 집 환경을 만들어 주고 싶어요 242**
알아서 공부하는 환경 설계 : 넛지교육

고민 090 **공부할 때 환경 영향을 더 많이 받는 아이예요 246**
장독립형 vs 장의존형

고민 091 **공부할 때 자꾸 딴짓을 해요 249**
딴짓하는 아이를 도와주는 방법

고민 092 **엄마가 옆에 있으면 공부하는데, 없으면 공부를 잘 안 해요 251**
옆에 있어주기 = 함께 공부하기 ≠ 대신 공부해주기

고민 093 **온라인 학습, 패드 이용 괜찮을까요? 252**
패드 학습기 이용 시기

고민 094 **저학년 때엔 좀 놀리고 싶은데 한편으로는 불안해요 254**
놀면서도 반드시 해야 하는 것

고민 095 **어려운 문제가 나오면 짜증을 내거나 울어요 255**
학습 과제 VS 성취욕

고민 096 **수업 시간에 자꾸 엎드려 있대요 256**
무기력한 아이, 공부를 도구로 자신감 찾기

고민 097 **공부 성향이 다른 남매, 각자 기질에 맞는 공부를
동시에 진행할 수 있을까요 260**
시간 분배와 함께 가져야 할 마음가짐

고민 098 **어릴 때부터 놀이 중심으로 키웠는데 이제 공부하려니 힘들어해요 261**
고학년인데 기초가 부족할 때 먼저 시작해야 할 것

고민 099 **1학년이 된 아이가 많이 산만해요. 어떻게 공부하면 좋을까요? 263**
집중력을 향상 시키는 다섯 가지 방법

고민 100 **아이가 욕심은 많은데 공부는 하고 싶지 않아 해요 265**
의욕을 성과로 바꾸는 방법

고민 101 **상급 학교에 가서 성적이 떨어질까 봐 불안해요.**
공부 멘탈을 기르는 방법이 있을까요? 267
실패면역주사를 맞는다는 것

고민 102 **공부를 하게 만들려면 어떤 말을 해줘야 할까요? 269**
성취감과 본보기의 힘

고민 103 **할 일을 다 했을 때 핸드폰 게임 등의 보상은 괜찮을까요? 270**
적절한 보상 활용법

독서 · 국어

고민 104 **독서 습관을 잡아주고 싶어요 273**
독서 습관을 잡는 다섯 가지 방법

고민 105 **그림만 보고 글은 안 읽으려고 해요 277**
글자 읽기 vs 문해력

고민 106 **글이 짧은 책만 읽으려고 해요 278**
짧은 책만 읽으려고 하는 이유

고민 107 **아이가 학습만화만 읽어요 279**
학습만화도 도움이 된다 VS 못 읽게 해야 한다

고민 108 **책을 대충대충 읽어요. 슬로리딩, 어떻게 하는 건가요? 280**
천천히 깊게 슬로리딩하는 법

고민 109 **책을 많이 읽어서 좋은데, 책만 읽어서 걱정이에요 285**
이래도 걱정, 저래도 걱정인 독서

고민 110 **특정 분야와 특정 종류의 책만 읽어요 286**
한 분야만 깊이 VS 다양한 분야를 골고루

고민 111 **책을 엄마 아빠와 같이 읽으려고 해요 287**
언제까지 읽어줘야 할까?

고민 112 **자꾸 틀리는데 혼자 읽겠다고 해요 288**
욕구 = 성장 시기 결정

고민 113 **소리 내서 읽으면 이해하는데**
소리를 내지 않으면 이해 정도가 떨어져요 290
음독에서 묵독으로 옮겨가는 법

고민 114 저학년이면 낭독을 해봐야 할 것 같은데 묵독만 하려고 해요 293
낭독과 음독 vs 묵독의 시기

고민 115 영상으로 보는 책만 보려고 해요, 괜찮을까요? 294
책을 읽는 가장 큰 이유, 문해력 기르기

고민 116 독서 습관이 안 잡힌 아이, 북큐레이터가 추천해준 책을 읽히고 싶어요 296
북큐레이터 서비스가 생긴 이유

고민 117 학년별로 읽으면 좋은 책이 있을까요? 297
책 고르는 꿀팁 ∥ 학년별 독서 로드맵

고민 118 2학년 남자아이, 독서 논술 학원을 보낼까 고민됩니다 299
독서 VS 독서 논술

고민 119 독후활동을 꼭 해야 할까요? 301
독후활동의 시작 시기

고민 120 쓰기 싫어하는 아이, 글을 안 써도 되는 독후활동이 있나요? 302
안 써도 되는 독후활동 놀이

고민 121 고전 독서, 어떻게 시작할까요? 303
고전 독서를 시작하는 세 가지 방법

고민 122 국어 교과서 사용법이 궁금해요 307
국어 교과서 사용설명서

고민 123 한글을 재미있게 떼는 방법이 있을까요? 309
놀이식 한글 공부법 세 가지

고민 124 글쓰기를 꼭 잘해야 할까요? 311
글쓰기 연습의 적정선

고민 125 책을 많이 읽는데 글을 잘 못 써요 312
독서와 글쓰기의 상관관계

고민 126 학년별 글쓰기 방법이 있나요? 313
초등 6년 글쓰기 큰 그림

고민 127 받아쓰기 시험 준비를 재미있게 하는 방법이 있을까요? 317
읽기, 쓰기 실력 향상에 도움 되는 받아쓰기 준비법

고민 128 글씨를 잘 못 쓰는데 고쳐줘야 할까요? 318
학업 성적과 글씨의 상관관계

고민 129 **글씨를 잘 쓸 수 있게 하는 방법이 있을까요? 321**
글씨를 못 쓰는 아이에게 해줘야 할 여섯 가지

고민 130 **맞춤법, 띄어쓰기를 잘 못해요 323**
자연스러운 향상과 너무 늦지 않은 훈련

고민 131 **일기 쓰기를 너무 힘들어해요 324**
일기 잘 쓰는 확실한 세 가지 방법

고민 132 **일기를 잘 쓸 수 있는 실전 적용 팁이 있을까요? 328**
일기 미션지의 활용

고민 133 **독서록을 잘 쓰려면 어떻게 해야 할까요? 330**
독서록을 잘 쓰는 방법

고민 134 **논리적인 글쓰기를 잘할 수 있는 방법이 궁금해요 333**
문단을 알려주는 색종이 글쓰기

고민 135 **한자 공부를 꼭 해야 할까요? 335**
가성비 높은 하루 두 자 한자 공부법

고민 136 **어휘력을 높일 수 있는 방법이 있을까요? 337**
어휘력을 높이는 다섯 가지 방법

고민 137 **꼭 종이 국어사전을 써야 할까요? 339**
종이사전 VS 전자사전

고민 138 **어떤 종이 국어사전을 사주는 게 좋을까요? 340**
국어사전을 고르는 일곱 가지 기준

고민 139 **국어 독해력 문제집, 꼭 풀어야 할까요? 342**
독해력과 독해 문제집의 관계

고민 140 **아이의 독해력을 점검할 수 있는 방법이 있을까요? 345**
독해력 점검법

고민 141 **독해력을 기르는 방법이 있을까요? 347**
독서와 함께 쌓는 독해 훈련

고민 142 **국어 단원평가 문제집은 풀어야 할까요? 348**
문제 푸는 기술 훈련

고민 143 **국어 서술형 문제를 잘 못 풀어요 349**
서술형 문제 연습하는 두 가지 방법

수학

고민 144 **6년 동안 초등수학에서 배우는 내용이 궁금해요** 351
초등수학 교과서의 영역별 구성

고민 145 **초등수학을 잡기 위한 선행학습, 어떻게 해야 할까요?** 353
초등수학 공부의 기본 틀

고민 146 **아이가 수학을 너무 싫어해요. 잘하는 거만 하면 되지 않을까요?** 355
초등수학 최소한의 목표

고민 147 **연산 연습을 지루해해요. 꼭 해야 할까요?** 356
관계적 이해 ∥ 도구적 이해

고민 148 **연산 문제집을 고르는 기준이 있을까요?** 357
연산 문제집 고르는 네 가지 기준

고민 149 **연산이 느린데 기초부터 다시 시켜야 할까요?** 358
처음부터 꼼꼼히 VS 안 되는 부분만 집중해서

고민 150 **아이가 너무 힘들어하는데 심화 문제집을 꼭 풀어야 할까요?** 359
선택, 시기, 종류, 심화 문제집의 모든 것

고민 151 **1학년 수학은 어떤 것을 배우는지 궁금해요** 363
1학년 수학 단원별 개요

고민 152 **1학년 수학에서 반드시 알아야 하는 수학 개념은 무엇인가요?** 364
1학년 수학의 목표와 주의점

고민 153 **2학년 수학은 어떤 것을 배우는지 궁금해요** 369
2학년 수학 단원별 개요

고민 154 **2학년 수학에서 반드시 알아야 하는 수학 개념은 무엇인가요?** 370
2학년 수학의 목표와 주의점

고민 155 **3학년 수학은 어떤 것을 배우는지 궁금해요** 372
3학년 수학 단원별 개요

고민 156 **3학년 수학에서 반드시 알아야 하는 수학 개념은 무엇인가요?** 374
3학년 수학의 목표와 주의점

고민 157 **4학년 수학은 어떤 것을 배우는지 궁금해요** 380
4학년 수학 단원별 개요

고민 158 **4학년 수학에서 반드시 알아야 하는 수학 개념은 무엇인가요?** 381
4학년 수학의 목표와 주의점

고민 159 **5학년 수학은 어떤 것을 배우는지 궁금해요 385**
5학년 수학 단원별 개요

고민 160 **5학년 수학에서 반드시 알아야 하는 수학 개념은 무엇인가요? 387**
5학년 수학의 목표와 주의점

고민 161 **6학년 수학은 어떤 것을 배우는지 궁금해요 392**
6학년 수학 단원별 개요

고민 162 **6학년 수학에서 반드시 알아야 하는 수학 개념은 무엇인가요? 394**
6학년 수학의 목표와 주의점

고민 163 **아이가 수 감각이 떨어져요 398**
타고나지 않은 수 감각 후천적으로 기르기

고민 164 **도형 문제만 나오면 막혀요 399**
도형 감각을 기르기 위한 다섯 가지 방법

고민 165 **4학년 아이, 분수를 너무 어려워하는데
3학년 분수부터 연습해야 할까요? 401**
복습이 답이 아닌 경우

고민 166 **수학 문제집을 풀 때마다 징징거려요 404**
수학을 싫어하는 아이와 당장 할 수 있는 일

고민 167 **수학 교구나 수학 보드게임 추천해주세요 406**
도형 ‖ 수와 연산 ‖ 문제 해결 ‖ 영역별 추천

고민 168 **수학을 곧잘 하는데 수학을 싫어해요 409**
잘하는데 싫어하는 아이에게 해야 할 두 가지

고민 169 **수학 자신감이 떨어져 있어요 411**
비교가 원인 VS 실력이 원인

고민 170 **다른 과목은 잘하는데 유독 수학만 못해요 413**
수학의 목표 다시 잡기

고민 171 **서술형 문제를 못 풀어요 414**
말로 풀기 ‖ 베껴 쓰기

고민 172 **기본은 잘 푸는데 응용력이 없어요 415**
수학 응용문제 잘 푸는 네 가지 방법

고민 173 **수학 실수가 잦아요** 418
실수를 막아주는 세 가지 방법

고민 174 **문제를 제대로 안 읽어서 자꾸 틀리는데 어떻게 하죠?** 420
차분하게 문제 푸는 3단계 연습

고민 175 **오답 노트, 꼭 정리시켜야 할까요?** 421
오답 노트 대신 해볼 것

고민 176 **수포자가 안 되려면 어떻게 해야 할까요?** 423
수포자가 안 되기 위해 해야 할 단 한 가지

고민 177 **수학 시험 80점은 늘 나오는데 100점은 안 나와요** 424
위험한 점수 80점을 넘기 위한 방법

고민 178 **수학 학습지를 해야 할까요?** 425
수학 학습지는 돈 낭비?

고민 179 **자꾸 답지를 몰래 보고 문제를 풀어 놔요** 427
빨리 끝내고 싶은 마음을 뛰어넘는 성취감

고민 180 **수학 점수가 들쑥날쑥해요** 428
약점 단원 발견의 기회

고민 181 **곧 중학생이 되는데 수학을 너무 못해요.**
어디서부터 손을 대야 할까요? 430
수학 부진학습자 '이것'부터 시작하기

고민 182 **아이가 수학을 못하는 이유를 알고 싶어요** 431
개인 수학 처방전 만들기

영어

고민 183 **영어를 배우는 '결정적 시기'가 있을까요?** 433
민감한 시기 & 무난한 시기

고민 184 **초등 6년, 공교육에서 배우는 영어가 궁금합니다** 435
초등영어 수업 시간 ‖ 수업 방식

고민 185 **영어를 자연스럽게 모국어처럼 습득하는 방법이 있을까요?** 441
학습 ‖ 습득

고민 186 **왜 다들 영어책 읽기가 중요하다고 할까요?** 444
영어가 외국어인 환경(EFL) ‖ 인지적 학문 언어 능력(CALP)

고민 187 **초등 6년 영어 공부 로드맵이 있을까요? 446**
초등영어 6년의 큰 그림

고민 188 **영어 동영상, 꼭 봐야 할까요? 447**
살아있는 영어 제공받기

고민 189 **초등 저학년이 활용할 수 있는 유튜브 영어 영상을 추천해주세요 448**
초급 영어 유튜브 채널 추천

고민 190 **초등 중학년이 활용할 수 있는 유튜브 영어 영상을 추천해주세요 450**
중급 영어 유튜브 채널 추천

고민 191 **초등 고학년이 활용할 수 있는 유튜브 영어 영상을 추천해주세요 451**
고급 영어 유튜브 채널 추천

고민 192 **영어 영상을 계속 보면 듣기 실력이 올라갈까요? 452**
이해가능한 입력과 상호작용

고민 193 **영어 듣기를 잘하는 방법이 있을까요? 453**
영어 듣기 잘하는 세 가지 방법

고민 194 **알파벳을 재미있게 익히는 방법이 있을까요? 456**
영어 알파벳 공부하는 법

고민 195 **파닉스, 직접적으로 가르쳐야 할까요?**
자연스럽게 익히는 게 좋을까요? 458
파닉스 교육에 대한 세 가지 주장

고민 196 **파닉스도 학습하는 순서가 있나요? 460**
쉬운 것부터 단계 높이기

고민 197 **파닉스를 재미있게 가르칠 수 있는 방법이 있을까요? 462**
효과적인 파닉스 활동

고민 198 **시각 어휘(사이트 워드, sight word)가 뭔가요? 465**
알아야 하는 사이트 워드 100개

고민 199 **파닉스, 완벽하지 않은데 넘어가도 될까요? 466**
완벽 공부법?

고민 200 **효과적인 영어 어휘 공부법이 있을까요? 467**
영어 어휘 공부법

고민 201 **영어 단어장은 언제부터 외워야 할까요? 470**
영어 단어장 사용법

고민 202 **영어책 읽기를 하려는데 막막합니다 472**
영어책 추천 : 그림책 ‖ 예비챕터북 ‖ 챕터북 ‖ 소설책

고민 203 **영어책을 읽기만 하면 될까요? 478**
읽기의 3단계

고민 204 **영어 그림책을 한글로 번역하면서 읽어주는 것도 공부가 될까요? 479**
영어 그림책 읽어주는 법

고민 205 **영어 읽기 수준을 한 단계 올리려면 어떻게 해야 할까요? 483**
영어 읽기 수준 향상법 세 가지

고민 206 **영어 읽기를 할 때 모르는 단어가 나오면 찾아봐야 할까요?**
종이 영어 사전은 어떤 걸 사용해야 할까요? 484
영어 사전 이용법

고민 207 **영어 말하기는 언제 터질까요? 485**
침묵기 기다리기

고민 208 **영어 말하기 잘하는 법을 알려주세요 486**
영어 말하기 공부법

고민 209 **원어민 영어 회화가 꼭 필요할까요? 489**
원어민 영어 회화의 효과를 최대한 높이는 법

고민 210 **화상 영어 선택 기준이 있나요? 490**
화상 영어의 세 가지 선택 기준

고민 211 **단기 어학연수, 해외에서 한 달이면 아이 실력이 정말 늘어날까요? 491**
해외 한달살이의 효과

고민 212 **영어 쓰기 연습은 어떻게 해야 할까요? 493**
영어 듣기, 말하기, 읽기 실력을 높여주는 쓰기 연습

고민 213 **영어 문법은 언제부터 가르칠까요? 497**
영어 문법 공부하는 법

고민 214 **엄마표 영어는 언제까지 통할까요?**
학원은 언제부터 보내는 게 좋을까요? 499
학원의 도움받을 시기를 결정하는 네 가지

고민 215 **엄마가 영어를 잘해야 할까요? 500**
영어 못하는 엄마보다 나쁜 엄마

고민 216 **영어 학원 과제량이 너무 많아서 아이가 벅차요 501**
객관적인 학습량과 평소의 학습 태도

고민 217 **초반엔 영어 실력 차이가 크지 않다지만, 나중에 날까 봐 불안해요 502**
국어 실력이 영어 실력이다

사회·과학

고민 218 **1~2학년 '봄, 여름, 가을, 겨울'은 어떤 과목인가요?**
어떻게 공부해야 할까요? 504
통합교과 관련 체험학습 장소 추천

고민 219 **초등 6년 동안 사회 공부에서 중요한 것은 무엇인가요? 506**
사회 배경지식을 넓히는 일곱 가지 방법

고민 220 **처음 배우는 3학년 사회, 어떻게 공부할까요? 509**
3학년 사회 교과 연계 체험학습 장소 ‖ 책 추천

고민 221 **4학년 사회는 어떻게 공부할까요? 511**
4학년 사회 교과 내용 ‖ 연계 체험학습 장소 추천

고민 222 **5학년 사회는 어떻게 공부할까요? 512**
5학년 사회 교과 내용 ‖ 연계 체험학습 장소 추천

고민 223 **6학년 사회는 어떻게 공부할까요? 513**
6학년 사회 교과 내용 ‖ 연계 체험학습 장소 추천

고민 224 **초등 6년 동안 과학 공부에서 중요한 것은 무엇인가요? 514**
호기심 자극하기 ‖ 배경지식 넓히기

고민 225 **처음 배우는 3학년 과학, 어떤 내용을 공부하나요? 517**
3학년 과학 교과 내용 ‖ 연계 체험학습 장소 추천

고민 226 **4학년 과학은 어떤 내용을 공부하나요? 519**
4학년 과학 교과 내용 ‖ 연계 체험학습 장소 추천

고민 227 **5학년 과학은 어떤 내용을 공부하나요? 521**
5학년 과학 교과 내용 ‖ 연계 체험학습 장소 추천

고민 228 **6학년 과학은 어떤 내용을 공부하나요? 523**
6학년 과학 교과 내용 ‖ 연계 체험학습 장소 추천

고민 229 **교과 연계 체험학습을 할 때 주의할 점을 알려주세요 525**
정선된 체험학습

고민 230 **역사 논술 학원을 보낼까요? 역사 공부법이 궁금해요 526**
효과적인 역사 공부법

고민 231 **사회, 과학 문제집을 미리 풀어야 할까요?** 530
사회, 과학 교과 공부법

고민 232 **종이 신문을 읽게 해야 할까요?** 532
신문 활용 교육법

고민 233 **과학 학원이 도움이 될까요?** 533
과학 학원을 보내는 대신 할 수 있는 것

예체능·사교육

고민 234 **피아노 학원에 가기 싫어하는 아들, 언제까지 학원을 보내야 할까요?** 537
재능에 대한 이론적 이해

고민 235 **발레 학원에 다니고 싶다고 해서 보내줬더니
한 달 하고 끊고 싶대요. 어떡하죠?** 540
사교육을 시작하기 전에 약속해야 할 것

고민 236 **미술 학원을 다니고 싶어 하는 고학년 딸,
공부할 시간을 빼앗길까 봐 고민돼요** 541
공부의 능률을 높이는 법

고민 237 **리코더를 잘 못 불어요** 542
음악의 기본은 계이름

고민 238 **줄넘기 인증제를 통과 못했어요** 543
다양한 줄넘기 방법

고민 239 **그림을 못 그리는 아이, 미술 학원을 보내야 할까요?** 546
필수 VS 선택

고민 240 **초등학생은 컴퓨터를 얼마나 익숙하게 다뤄야 할까요?** 547
초등 컴퓨터 활용 기술

고민 241 **더 늦기 전에 코딩을 배워둬야 할까요?** 548
홈스쿨링 코딩 공부법

고민 242 **미술관, 음악회, 운동 경기 관람 같은 문화 활동이 꼭 필요한가요?** 552
취향이 있는 문화 소비자

고민 243 **부끄러움 많은 남자아이, 태권도 학원을 보낼까요?** 553
낯선 환경에 대한 불안을 낮추는 법

고민 244 **어떤 방과후교실을 보내야 할까요?** 554
방과후교실 선택 기준 세 가지

고민 245 **방과후교실에서 배우는 생명과학,
창의로봇 등은 학습에 도움이 될까요?** 555
경험 관련 교육

고민 246 **사교육으로 선행학습을 할 때 주의할 점을 알려주세요** 556
선행학습의 주의점

고민 247 **사교육을 많이 못 시켜주는 것 같아 자책하게 됩니다** 558
사교육 선택 기준

고민 248 **엄마표 공부, 꼭 해야 할까요?** 560
엄마표 공부의 범위

고민 249 **엄마표 공부 중입니다. 학원은 언제부터 보낼까요?** 561
아웃소싱이 필요할 때

고민 250 **아이의 행복과 성취를 다 잡고 싶었는데 고학년이 되니 불안해져요** 562
성취 압력에 대한 아이의 반응

고민 251 **영어 학원을 다니기 싫다고 해서 끊었습니다.
다시 가고 싶다고 해서 보냈더니 또 끊고 싶대요** 563
학원을 끊고 싶은 진짜 이유 찾기

고민 252 **한국사 자격증과 한자 자격증, 안 하면 뒤처지는 걸까요?** 564
자격증 시험을 도구로 활용할 때

방학 공부

고민 253 **작심삼일 방학 계획, 꼭 세워야 할까요?** 566
방학 계획 세우는 4단계 방법

고민 254 **방학을 잘 보내는 방법이 있을까요?** 571
방학을 잘 보내는 네 가지 방법

고민 255 **방학 때 다음 학기 교과서를 보면 도움이 될까요?** 572
방학에 하면 좋을 공부 여섯 가지

고민 256 **방학 동안 캠프에 보내야 할까요?** 574
캠프 참가에 고려해야 할 두 가지

03 PART 학교생활

고민 257 사립이냐 공립이냐? 그것이 문제로다 578
고민해봐야 할 기준 세 가지

고민 258 너무 적은 학급 수와 학생 수, 학생이 많은 학교로 가야 할까요? 581
큰 학교와 작은 학교의 장단점

고민 259 초등학교 입학을 위해 어떤 것을 준비할까요? 583
초등학교 입학 준비 여덟 가지

고민 260 예비 초1 학부모, 워킹맘을 위한 팁이 있을까요? 585
루틴과 시스템

고민 261 학년별 수업 마치는 시간이 궁금해요 587
학년별 시간표

고민 262 반 배치는 어떻게 이루어지나요?
특정 아이와 한 반이 되지 않게 해달라고 부탁해도 될까요? 588
반 배치에서 고려되는 사항

고민 263 짝꿍은 어떻게 정해지나요?
특정 친구와 짝을 해달라고 부탁하고 싶어요 589
짝 바꾸는 기준

고민 264 워킹맘입니다. 꼭 참석해야 하는 학교 행사는 어떤 게 있을까요? 590
학부모 참여 학교 행사의 종류

고민 265 학부모회 조직, 꼭 들어야 할까요? 591
올바른 치맛바람과 바짓바람

고민 266 돌봄교실에서 아이들은 몇 시까지, 어떤 활동을 하나요? 593
돌봄교실 선정 기준과 활동

고민 267 방과후교실은 무엇인가요? 594
방과후수업의 종류와 장점

고민 268 선생님과의 학부모 상담을 위한 팁이 있을까요? 595
아이에게 득이 되는 학부모 상담 팁

고민 269 학교에서 아이가 억울한 일을 겪은 것 같아요.
교육청에 민원을 넣거나 선생님께 따져도 될까요? 598
속상한 학교생활 사건을 전해들었을 때 가장 먼저 해야 할 일 고민 270 **선생님이 너무 엄격해서 아이가 힘들어해요.**
선생님 교육 방식에 불만이 있을 땐 어떻게 하는 게 좋을까요? 599
불편한 담임선생님과의 불만을 다루는 법

고민 271 **선생님이 우리 아이를 미워하는 것 같아요 603**
교사 입장에서의 항변

고민 272 **선생님께 개인적으로 연락(카톡)을 해도 될까요? 605**
담임교사와의 연락법

고민 273 **아이가 써온 알림장이 이해가 잘 안 돼요 606**
알림장은 스스로 챙기는 것

고민 274 **숙제를 안 봐주면 관심 없는 학부모로 보일까요? 607**
부모로서 해줘야 하는 정도의 기준

고민 275 **학급 임원은 시키는 게 좋을까요? 608**
도전할 가치가 있는 학급 임원 경험

고민 276 **과학의 날 대회에 참가해서 상을 받는 방법이 있을까요? 609**
교내 대회 틈새시장 공략법

고민 277 **생활통지표를 어떻게 받아들일까요? 611**
생활통지표 해석법

04 PART 진로와 심리

진로 교육

고민 278 **진로 교육이 필요할까요? 615**
부모가 보여준 세상의 크기만큼 꾸는 꿈

고민 279 **아이가 잘하는 게 없어요 617**
재능과 강점, 약점의 의미

고민 280 **강점을 찾는 방법이 있을까요? 621**
강점 씨앗을 탐색하는 여섯 가지 방법

고민 281 **학습 강점이 궁금해요 626**
학습 강점을 판단하는 기준 세 가지

고민 282 **아이에게 미래를 대비하는 현실적인 진로 교육을 해주고 싶어요 628**
관심사를 발전시키는 방법

심리 문제

고민 283 **말을 잘 듣는데 한 번씩 짜증을 내거나 뾰로통해요 633**
심리적 통제와 수동공격

고민 284 **아이가 밖에서는 안 그런다는데 집에서 엉망이에요 634**
완벽하지 않아도 괜찮은 곳, 집

고민 285 **거짓말을 하는 아이의 속마음이 뭘까요? 635**
아이가 거짓말을 했을 때 대응하는 법

고민 286 **짜증이나 화를 잘 내요 637**
부정적인 감정 처리법

고민 287 **행동이 느려서 속이 터질 것 같아요 641**
행동지시법 6단계

고민 288 **아침마다 등교 준비가 늦어요 644**
멍때리는 아이 빨리빨리 준비법

고민 289 **뭐든 대충대충 해요 645**
숲을 보는 아이 VS 주의력이 부족한 아이

고민 290 **내향적인 아이라 걱정이에요 646**
내향성 ‖ 외향성

고민 291 **부끄러움이 많아서 발표를 잘 못해요 648**
심리적 난이도별 미션

고민 292 **아이가 거절을 잘 못해요 652**
거절 훈련 ‖ 부탁 훈련 ‖ 협상 훈련

고민 293 **자꾸 부정적인 말만 해요 654**
상황을 받아들이는 패턴

고민 294 **어디까지 말로 훈육해야 하나요? 체벌은 나쁜 건가요? 656**
체벌로 나타나는 일과 바른 훈육법 세 가지

고민 295 **승부욕이 너무 강해서 게임에서 지면 울어요 661**
동기로 활용하기

고민 296 **경쟁을 싫어하는 아이, 경쟁 구도의 공부는 언제 시켜야 할까요? 662**
이기고자 하는 동기 VS 스스로 잘하고자 하는 동기

고민 297 **컴퓨터 게임을 너무 많이 해요 663**
조절 능력을 기르는 세 가지 방법

고민 298 **아이와 사이가 좋아지는 대화법이 있을까요? 666**
효과적인 대화법 여섯 가지

고민 299 **사춘기라 방문을 잠그고 안 나옵니다 669**
사춘기를 잘 넘기는 비법

고민 300 **2학년 딸아이, 사춘기인지 무엇이든 반대로 하고 쌀쌀맞게 피합니다 673**
짜증과 반항의 의미

고민 301 **성교육을 어떻게 해야 할까요? 674**
성교육 시 염두에 둘 다섯 가지

고민 302 **아이의 용돈은 얼마나, 어떻게 줘야 하나요? 676**
경제 교육의 방법

고민 303 **아무리 자녀교육서를 봐도 실전은 다른 것 같아요 677**
엄마 멘탈 관리법

부록

공부 스페셜 680

학년별 체크리스트 686

감정 단어 목록 694

이서윤 선생님이 추천하는 재미있는 책 100권 696

학부모와 초등학생이 직접 뽑은 재미있는 책 50권 698

참고 문헌 699

초등학교 시기는 또래와의 상호작용이 증가하고,

사회 기술이 점점 발달하는 시기입니다. 아이들은 친구 관계를 맺는 경험에서

사회에서 수용되는 것과 수용되지 않는 것을 배우고, 친구들에게서 받는

수용과 인정이라는 반응을 통하여 자존감과 자아개념을 형성하게 됩니다.

또 자기중심 사고로부터 벗어나 스스로 사고하여 행동할 수 있게 됩니다.

그렇기 때문에 친구 관계는 무척 중요하지요.

01 PART

친구 관계

✔ 초등학교 입학 예정 ✔ 저학년 ✔ 고학년

친구 관계에 대한 고민을 모아보았는데요. 초반의 고민에는 친구 관계에 대해서 이론적으로 이해하는 내용이 많이 있습니다. 초등생활 처방전의 고민 내용은 직접 받은 고민들로 구성되어 있으니 내 아이 또래를 둔 엄마들과 아이들이 친구 관계에 대해 어떤 고민을 하는지도 함께 보셨으면 좋겠습니다.

초등 부모들의
비밀 상담소

친구 사귀기

친구 관계 | 교과 학습 | 학교생활 | 진로와 심리

첫 학교생활, 친구는 어떻게 사귈까요?

🖋 친구를 선택하는 데는 네 가지 요인이 작용합니다

첫 번째 요인은 접근성입니다. 사는 지역이 가깝거나 친하게 지낸 기간이 길 때 쉽게 친구가 됩니다. '학기 초에 선생님이 자리 배치를 했는데 우연히 근처에 앉았다, 모둠 활동을 했는데 같은 모둠에서 활동했다' 이런 경우 친구가 될 확률이 높아지는 거죠.

두 번째 요인은 유사성입니다. 나이, 성별, 흥미, 행동, 태도 등이 비슷하거나 공통점이 많을 때 쉽게 친구가 됩니다. 좋아하는 게임이 같거나, 같은 아이돌을 좋아한다면 친해지기 쉽습니다.

세 번째 요인은 친근성입니다. 친근성은 자신의 가장 깊은 내면의 생각과 감정을 나누는 것이에요. 자신의 비밀을 친구에게 털어놓기도 하고, 자기 노출을 하면서 친해집니다.

네 번째 요인은 호혜성이에요. 서로 도와주고, 지지해주는 것이죠. 어떤 계기로 서로 챙겨주는 관계가 된다면 친구가 됩니다.

🖋 성장하며 달라지는 친구의 의미

아이들은 4살부터 '가장 친한 친구'라는 용어를 쓰기 시작하는데요. 나이에 따라 친구의 의미가 달라집니다. 어릴 때 친구 관계는 접근성과 유사성 같은 물리적인 요인에 영향을 받습니다. 즉, 어릴 때 친구란 가깝게 살면서 같은 놀잇감으로 노는 사이일 뿐이에요. 이때의 친구는 우리가 생각하는 큰 의미의 친구는 아닙니다. 학년이 점점 올라가면서 친근성, 호혜성과 같은 심리적인 요인에 더 영향을 받습니다. 감정과 생각을 나누며 서로를 이해해야 친구가 됩니다. 조금 수준 높은 관계, 상호작용이 많은 친구 관계를 맺어가는 거죠.

✏️ 친구를 사귀는 법

저학년 때는 물리적인 요인의 영향을 더 많이 받기 때문에 같은 학원에 다니거나, 동네 놀이터에 자주 가거나 멋진 장난감을 이용해서 친구를 만날 수 있습니다.

아이가 어리다면 주말에 친구를 초대하거나, 엄마 친구의 아들딸과 어울려보는 경험을 만들어주세요. 친구 사귀기에 도움을 줄 수 있습니다. 친구들과 많이 놀아보고 관계 맺는 경험을 만들어주세요. 사회적 기술 중 하나인 사회적 눈치는 엄마가 말로 설명해줘 봐야 소용없습니다. 직접 부딪혀보고, 상처도 받고, 몸으로 겪으면서 배울 수 있습니다.

반면에 고학년은 친근성이나 호혜성이 더 큰 영향을 미치기 때문에 친구들의 말을 잘 들어주고, 내 이야기도 '자기 노출'하면서 감정을 나누는 것이 필요합니다. 따라서 학년이 올라가면서는 부모님이 나서서 해줄 수 있는 게 많지 않습니다. 아이가 집에서 충분한 지지를 받아 정서적으로 안정되어 있고, 많은 친구 관계 경험을 통해서 사람과 잘 지내는 방법을 스스로 터득한 후 진심으로 친구를 대할 수 있어야 친구와 잘 지낼 수 있습니다.

고민 002

우리 아이, 교실에서
친구 관계는 어느 정도일까요?

'또래 지위'라는 말이 있습니다. 말 그대로 또래들 사이에서의 지위, 다시 말하면 또래에게 '수용 또는 거부되는 정도'에 따라 아이가 집단 내에서 차지하는 위치를 말합니다. 아이들 간에 계급을 매기는 것 같아 또래 지위라는 말이 불편할 수도 있어요. 하지만 이쪽 분야의 연구에서 많이 사용되는 말이기 때문에 친구 관계를 이해하기 위한 개념 정도로 생각하면 좋겠습니다.

또래 집단에서의 사회적 지위를 측정하기 위해서는 아이의 사회성을 측정합니다. 집단 속에서 구성원 간의 받아들임, 거부, 무관심의 강도나 빈도를 측정하는 것입니다. 여러 방법이 있지만 가장 널리 사용하는 방법으로 '또래 지명법'이라는 게 있습니다. 먼저 아이들에게 어떤 기준에 적합한 또래 친구(3~5명)를 지명하게 합니다. 모든 답은 익명으로 쓰게 하죠. '가장 좋아하는 친구를 쓰세요', '짝꿍이 되고 싶은 친구를 쓰세요'와 같은 긍정적인 기준과 '가장 좋아하지 않는 친구를 쓰세요', '짝꿍이 되고 싶지 않은 친구를 쓰세요'와 같은 부정적인 기준을 함께 사용해서 아이가 얼마나 많은 긍정적 또는 부정적인 또래 관계를 맺고 있는가를 알아보는 방법입니다. 이 방법을 통해서 또래 지위와 인기도를 측정할 수 있습니다.

✎ 교실 속 다섯 개의 또래 지위 집단

또래 지위에 따라 교실 내 아이들을 크게 다섯 개의 집단으로 나눠볼 수 있습니다.

첫 번째는 긍정적 선택을 많이 받은 '인기아'입니다. 두 번째는 긍정적, 부정적 선택을 모두 받지 않은, 그러니까 친구들이 아무도 이름을 쓰지 않은 아이들로 큰 존재감이 없는 '무시아'입니다. 세 번째는 부정적 선택을 많이 받은 '배척아', 네 번째는 긍정적, 부정적 선택을 모두 받은 '양면아'로 호불호가 있는 친구들입니다. 마지막으로 다섯 번째는 긍정적, 부정적 선택이 중간인 '보통아'입니다.

'인기아'는 또래로부터 긍정적 지명을 많이 받고 부정적 지명은 적게 받은 집단입니다. 교실에서 사회적 영향력과 사회적 선호가 모두 높아서 친구들에게 어떤 말을 해도 반응이 좋고, 친구들도 이 아이들과 어울리고 싶어합니다. 이 친구들의 특징은 사교적, 협동적이며 명랑하고 밝다는 것입니다. 인기아는 자기 할 말도 하고, 친구에게 공감도 잘하면서, 협동도 잘하고, 자기 감정도 잘 조절합니다. 또 친절하고 많은 집단 활동에 참여하는 개방적인 아이로, 집단 규칙에도 잘 적응하는 경향이 있습니다. 인성 면에서는 충동성을 제외한 활동성, 지배성, 안정성, 비충동성, 사회성에서 모두 높은 점수를 받았습니다.

이에 비해 '배척아'는 긍정적 지명은 적게 받고 부정적 지명을 많이 받은 아이들입니다. 친구들이 어울리고 싶어 하지 않고 갈등이 많으며, 이 친구들에 의해 불쾌감을 느낀 아이들의 고자질도 많으니 사회적 영향력이 높으나 사회적 선호는 낮습니다. 공격성을 갖고 있고, 부적절한 놀이를 하거나 규율에서 벗어난 행동을 많이 합니다. 자신의 고집을 앞세우는 경우가 많고, 언어적·신체적 행동에서 거친 모습을 자주 보이며, 협동 및 자기 조절 기술이 부족한 경향이 있습니다.

'무시아'는 배척아와 마찬가지로 또래 수용도가 낮지만 특성은 조금 다릅니다. 공격적인 행동은 보이지 않고, 또래와의 상호작용이 적으며 주로 혼자 놀이를 합니다. 무시아는 사회적으로 비활동적이며 위축되어 있습니다. 또한 무시아는 인기아에 비해 자기주장과 공감 능력이 떨어지고, 지배성, 비충동성, 사회성이 낮은 경향이 있습니다.

'양면아'는 긍정적, 부정적 지명을 모두 받은 만큼, 어떤 친구들은 매우 좋아하지만 어떤 친구들은 매우 싫어하는 아이입니다. 인기아와 배척아의 특징을 모두 갖고 있어서 사회적 리더십을 발휘하기도 하고 활동적이지만, 공격적이고 적의적인 말하기와 놀이를 하거나 놀이에서 또래를 제외하는 등 배척아와 유사한 성격도 나타내기도 합니다.

✎ 내 아이의 또래 지위는?

인기아는 무시아나 배척아보다 사회 기술이 좋았습니다. 무시아와 배척아는 모두 사회 기술이 떨어진다는 공통점이 있지만, 부족한 부분이 좀 다릅니다. 무시아는 자기주장과 공감 능력이 떨어지고, 배척아는 협동과 자기 조절의 기술이 부족했습니다. 무시아는 혼자만의 세계에 갇혀 있어서 친구들과 공감이 어려우며 자기 의견을 잘 말하지 못합니다. 배척아는 친구들과 어울려 놀지 못하고, 화나고 짜증 나고 놀리고 싶은 마음 등을 절제하지 못해서 친구들의 기분을 상하게 만듭니다.

친구 관계에 문제가 있는 아이 중 남학생은 배척아의 비중이 높고 여학생은 무시아의 비중이 더 컸습니다. 친구 관계에 문제가 있을 경우 아이들의 스트레스 지수는 높은 수치를 나타내는데, 학년이 낮을 때는 배척아 집단의 스트레스 지수가 가장 높았고, 학년이 올라갈수록 무시아 집단의 스트레스 지수가 가장 높았습니다. 학년이 올라가면 자기 존재를 인정받고 증명받고 싶은 마음이 커지는데 부정적이라도 친구에게 영향을 미치는 게 아예 무시당하는 것보다 더 낫다고 느끼는 듯합니다.

또래에 의해 거부되거나 무시를 받는 아이는 사회적 기술이 부족하거나 부정적인 행동을 보입니다. 그에 따른 갈등 해결 전략 역시 또래 지위에 따라 개인차를 보이고 있습니다. 그렇다면 아이가 사회적 기술을 익히고 갈등 해결 전략을 알게 된다면 어떨까요? 우리는 아이의 태도가 달라진다면 또래 지위 역시 바뀔 수도 있다는 것을 가늠해볼 수 있습니다.

내 아이는 어떤 집단에 속할까요? '내 아이가 인기아였으면 좋겠다', 혹은 '인기아까지는 아니더라도 보통아는 됐으면 좋겠다' 하는 게 부모의 마음일 겁니다. 아니면 '적어도 양면아는 친구는 있는 거니까 무시나 배척아는 아니었으면 좋겠다'고 생각하실 수도 있습니다. 앞서 설명했듯 또래 지위는 불변의 절대적인 기준이 아닙니다. 아이의 행동에 따라 금세 바뀔 수도 있고, 반의 특성에 따라 달라질 수도 있어요. 하지만 객관적으로 살펴보았을 때, 매 학년 친구들에게 배척을 당한다거나, 친구들 사이에 어울리는 것을 힘들어한다면 지금 우리아이의 또래지위를 한 번쯤 생각해보면 좋겠습니다.

고민 003 아이가 친구 사귀기를 어려워해요

친구를 잘 사귀고 싶다는 것은 어쩌면 친구 관계에 대한 고민을 통틀어 하나로 이야기한 것과 같을 거예요. 타고나기를 친구 잘 사귀게 태어난 사람들은 이런 고민 자체를 하지 않습니다. 하지만 그렇지 않은 사람들은 항상 '친구 관계'가 큰 과제이자 문제가 되기도 합니다. 저 역시도 그랬기에 친구 관계에 대한 고민에 더 잘 다가갈 수 있었어요.

친구 사귀기의 과정은 크게 두 단계로 나뉩니다. 첫 번째 단계는 만남, 두 번째 단계는 상호작용입니다.

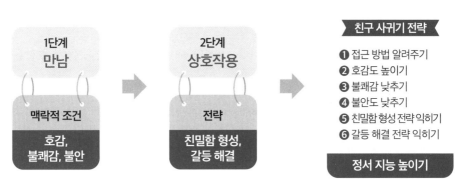

친구 사귀기 모형

'만남' 단계는 그야말로 친구와 만나는 단계입니다. 본격적인 상호작용이 시작되기 전 다가가는 단계, 쉽게 말하면 친해지려고 서로 눈치를 보는 단계라고 생각할 수 있습니다.

아이들은 친구를 어떻게 만나게 될까요? 친구와 처음 만나게 되는 상황은 자리 배치, 모둠 활동, 급식 시간, 특별활동처럼 우연한 기회로 만나게 되는 상황이 있고, 아이들이 친구와의 '만남'을 위해서 다각적이고 의도적으로 노력해서 만나는 경우가 있습니다. 아이들은 매력 있어 보이는 친구에게 먼저 다가가서 말을 걸거나 우연을 가장해서 자연스러운 대화를 유도하기도 합니다. 친구가 하는 놀이에 관심을 표현하기도 하고, 부끄러움이 많은 아이는 친해지고 싶은 친구 주변을 괜히 서성거리거나 머무는 방법을 통해 접근하기도 합니다.

✎ 친구를 사귈 수 있게 하는 세 가지

만남 단계에 영향을 미치는 요인은 세 가지가 있는데, 바로 호감 강도와 불쾌감 유무, 불안 강도입니다.

친구를 처음 사귈 때는 '호감'이라는 요인이 강하게 작용합니다. 호감이란 친구와 사귀고 싶은 마음을 갖게 하는 강력한 요인으로, 친해지고 싶은 친구나 자신과 잘 통할 것 같다고 생각되는 친구에게 갖게 되는 감정입니다. 아이가 매력이 있다면 친구들이 호감을 느끼고 먼저 다가오기도 하고, 아이가 먼저 다가갔을 때 친구들이 쉽게 수용하기도 합니다. 친구들이 느끼는 호감 요인에는 여러 가지가 있겠지만, 대표적으로는 성격, 능력, 외모, 말투, 공통된 관심 분야 등이 있습니다. 초등학생들에게 호감을 느끼는 성격에 관해 물었을 때 대답은 "착하고 욕을 안 하고 재미있는 친구요. 친구를 이해해주고 잘 도와주고 속상하거나 기분 나쁠 때 위로해주는 친구요"였습니다.

아이가 잘하는 게 있다면 친구들이 더 호감을 느끼기도 합니다. 공부를 잘하거나 운동을 잘하거나 그림을 잘 그린다면 친구들이 동경의 마음으로 좋게 보는 것입니다. 만화를 잘 그리는 친구에게 캐릭터를 그려달라고 줄을 서는 경우도 있고, 운동을 잘하는 친구와 서로 같은 편을 하려고 하는 것이 그 예입니다.

외모 면에서는 위생 상태도 중요합니다. 저학년일수록 "선생님, 애 입 냄새나요"라고 직설적으로 말하는 경우가 많아요. 깔끔한 옷과 머리 스타일을 하고 있어야겠죠. 말투 역시 친구들에게 매력으로 어필합니다. 말투는 가정에서 사용하는 말투를 그대로 쓰는 경우가 많습니다. 부모님의 말투 역시 점검해보는 것이 좋겠습니다.

만남 단계에 영향을 미치는 두 번째 요인 '불쾌감'은 친구들이 싫어하는 행동을 하는가입니다. 잘난 척하는 행동, 자주 욺, 쉽게 짜증 냄, 계속된 장난, 이유 없는 신경질, 일관성 없는 행동, 자기 말만 하는 행동, 자기 마음대로 하려는 행동, 사소한 것에도 쉽게 화내는 행동 등이 있습니다. 이런 행동을 하는 친구가 다가오면 거절을 하겠지요.

만남 단계에 영향을 미치는 세 번째 요인은 '불안'입니다. 상대방이 자신을 어떻게 생각할지 확신을 갖지 못하면 먼저 다가가 친밀한 관계를 맺으려는 노력도 못합니다. 기질적으로 다가감에 대해 주저함이 큰 경우도 있고, 다가갔다가 상처받은 경험으로 불안도가 높은 경우도 있습니다.

만남의 단계에서 영향을 미치는 세 가지 요인을 유념한다면 우리는 아이가 친구를 사귈 수 있게 도와줄 수 있습니다. 바로 '호감도'를 높이고, '불쾌감'과 '불안'을 낮춰주는 것입니다.

✎ 아이의 호감도를 높여주세요

깔끔한 외모를 유지하고, 친구들에게 친절한 말투를 쓰며 나쁜 말을 하지 않는 것으로 호감도를 높일 수 있습니다. 또 친구를 잘 이해해주는 너그러운 마음을 갖는 것, 아이가 잘하는 한 가지 장기를 만들어주는 것도 호감도를 높일 수 있는 방법입니다. 호감도를 높이면 먼저 다가오는 친구도 많아질 수 있습니다. 저 역시 부끄러움이 많아서 먼저 다가가기보다 제게 다가와 주는 친구와 친해지는 경우가 많았는데요. 아이가 부끄러움이 많다면 첫인상의 호감도를 높여서 아이에게 다가오는 친구를 만드는 방법도 생각해볼 수 있습니다.

✎ 아이가 가진 불쾌감을 낮춰주세요

아이의 불쾌감을 낮추려면 친구에게 불쾌감을 주는 행동과 말을 알려주고 의식적으로 하지 않도록 노력하게 해야겠지요. 반에 친구들이 싫어하는 행동을 자주 하는 아이가 있을 때, 저는 그 아이를 따로 불러서 이야기합니다. (친구들이 싫어하는 행동은 고민 22를 참고하세요.)

"철수야, 철수는 어떤 친구가 좋아? 친구들이 어떤 친구를 좋아하는 것 같아?"

그러면 철수는 정확하게 친구들이 좋아하는 친구를 지목합니다.

"그 친구의 어떤 점이 좋니?" 물으면 대답도 잘하고요.

"아, 그렇구나. 그럼 철수도 그렇게 행동하면 다른 친구들이 좋아할 수 있을 것 같은데. 철수가 친구들에게 이런 행동을 했을 때 친구들이 별로 좋아하지 않는 것 같았어. 철수의 그런 점은 고치지 않으면 친구들이 계속 싫어할 수도 있어. 고치려고 노력해보자."

친구들이 싫어한다는 것을 모르고 하는 경우도 있고, 알고도 잘 안 되는 경우도 있습니다. 그렇지만 아이에게 친구들이 불편해하는 점을 알려주면 분명 조금씩 좋아집니다.

댓글 상담을 보면 이런 고민이 많습니다. "아이가 이런 점이 있어서 친구들이 별로 좋아하지 않는 것 같아요"라고요. 아이의 문제점을 안다면, 아이에게 그 문제에 대해 인지시키고 설명해 줄 필요가 있습니다. 아마 처음에는 알아도 잘 안될 거예요. 하지만 친구와 잘 지내기 위한 방법을 알려주고, 경험을 통해 깨닫게 하면서 다듬어가도록 도와주어야 합니다. 내 아이의 문제점을 조금 더 상세히 알고 싶다면 담임선생님과의 상담을 통해 솔직하게 물어보는 것도 도움이 될 수 있습니다. 당장은 마음이 아파도 빠르게 문제를 해결할 수 있는 지름길이 되기도 합니다. 선생님이 별 문제없다고 한다면 내 아이에게 맞는 친구가 교실에 없는 것일 뿐이니까요.

저학년일 때는 아이들도 친구에 대한 선입견이 크지 않습니다. 하지만 학년이 올라가면 상황이 달라집니다. 오히려 학생들이 선생님에게 말을 해주는 경우가 생기거든요. "선생님, 쟤 원래 저래요. 놔두세요"라고요. 아이들도 어쩔 수 없다고 생각하고 배제해버리는 경우가 생기기도 합니다. 그렇게 생긴 선입견은 바꾸기가 정말 힘들어집니다.(불안도를 낮추는 방법은 고민 4에서 알아보도록 하겠습니다.)

고민 004 친구에게 먼저 다가가기를 어려워해요

친구에게 다가가기 힘들다는 것은 앞서 이야기한 '만남에 불안도가 높다'는 말과 같습니다. 불안도가 높은 경우는 자신에 대한 확신이 없고 두려움이 큰 경우, 낯선 환경에 대한 예민도가 크고 부끄러움을 많이 느끼는 경우, 또는 과거에 친구와 좋지 않은 경험이 있었던 경우 등을 생각해볼 수 있습니다. 이런 때에는 친구에게 먼저 말을 걸기조차 어렵고 망설여집니다.

🖊 친구에게 다가가는 방법을 모르는 아이

사회성이 부족한 아이는 사실 '친구에게 접근하는 방법' 자체를 잘 모르는 경우가 많습니다. 저도 어떻게 다가가야 할지 잘 몰라서 새로운 친구를 사귈 때마다 헤맸던 기억이 있습니다. 목적이 있어서 만나는 친구와는 잘 지냈는데, 내가 사귈 수 있는 다양한 사람 중 한 명에게 처음에 다가가는 것은 힘들었거든요.

"친해지고 싶은 친구가 생기면 그 친구가 하고 있는 것에 슬쩍 관심을 보여봐. 그리고 그 친구한테 질문해보는 거야. 무슨 책 읽어? 뭐해? 너는 작년에 몇 반이었어? 하고 말이야" 하고 알려주세요. 막연하게 "네가 먼저 말을 걸어봐"보다 구체적인 대화의 예를 들어 아이가 실전에서 용기 내 써볼 수 있게 해주는 게 좋습니다. (소심해서 용기가 없는 아이의 불안도를 낮추는 방법은 고민 29를 참고하세요.)

🖊 친구와의 만남에 상처가 있는 아이

사회성이 부족한 아이는 아니지만, 이전에 친구와의 만남에서 받은 상처 때문에 친구에게 다가가기를 주저하고 있다면 과거의 일은 현재의 친구 관계와 아무 관련이 없다고 말해주세요.

"영희도 친구들과 같이 놀고 싶은데 같이 놀자고 했다가 싫다고 할까 봐 두려운 거야? 그 친구도 영희랑 친하게 지내고 싶은데 먼저 말을 못 하고 있는 것일 수도 있어. 아니면 네가 어떤 친군지 몰라서 친하게 못 지내고 있을 수 있잖아. 일단 그 친구와 잘 맞는지 보려면 먼저 말을 걸어보고 지내봐야지. 그리고 그 친구에게 말 걸었다가 잘 안 되면 다른 친구한테 또 말을 걸어보면 되는 거야. 모든 사람이 다 맞는 게 아니거든. 다른 친구들이 싫어할까 봐 걱정하지 마. 너의 매력을 알아봐주 는 친구가 있을 거야" 하고 말이에요.

친구에게 다가가는 것에 대한 불안도가 높은 아이들은 굳이 많은 친구와 사귀라고 강요하기보다는 "천천히 사귀어도 돼. 꼭 친구를 많이 사귈 필요는 없어"라고 마음을 편안하게 해주는 것도 중요해요.

친구들에게 맛있는 것을 사주거나 친구들에게 나누어주라고 선물을 손에 쥐여 주는 것은 신중하게 생각해야 합니다. 자신과 성향이 맞는 친구, 친하게 지내고 싶은 친구에게 먼저 다가가 친구가 되어 가는 과정을 온전히 겪으며 친해진 친구와 는 다른 관계가 만들어질 수 있기 때문입니다. 그렇게 만남을 시작한 친구는 간식을 줄 때만 아이 옆에 머무르다가 결국 자신의 마음에 맞는 친구에게로 떠나버려 아이가 오히려 상처를 받기도 합니다.

✏️ 용기의 순간을 기다리는 법

불안도가 높은 아이에게 친구들에게 먼저 다가가는 방법을 알려주고 다시 다가가 야 할 이유를 되새겨주었다면 기질을 이기고 용기를 낼 수 있을 때까지 기다려주 세요. 어떤 사람은 평생 곁에 친구들이 함께하기도 하지만, 어떤 사람은 일생을 외롭게 살아가기도 합니다. 그런데 알고 보면 그 모든 것은 자기가 선택하는 것이더라고요. 낯선 사람과의 만남이 수월하고 그렇지 않고의 타고난 기질은 평생 따라다니지만, 그것을 유지하는 것은 결국 자기가 쌓은 경험으로 선택하는 것입니다. 주변에 친구가 많다는 것도 결국은 저절로 이룬 것이 아니라 내가 그만큼 친구들을 챙기고 그 친구들과 시간을 보냈다는 거고요. 외로운 경험을 쌓은 사람 중 친구들을 더 만들고 싶다는 생각이 짙은 사람은 기질을 이기고 노력을 해보는 거고요. 굳이 기질을 이겨 노력하는 것보다 그냥 좀 외롭게 지내는 것도 괜찮다 싶으면 그렇게 지내는 거죠. 도움을 줄 수 있는 부분은 주고 나머지는 기다려주세요.

친구 사귀기에 너무 소극적이에요

친구를 사귈 때 엄마가 도와주거나, 교실에서 선생님이 도와주는 것은 어느 정도까지가 적당할까요? 계속 도와줄 수도 없고, 옆에서 부추기지 않으면 아이가 친구를 사귀려고 하지 않는 것 같아서요.

다른 사람과 어울리고자 하는 관계의 욕구 정도는 사람마다 다를 수밖에 없습니다. 교실에서 보면 친구를 사귀려고 더 적극적으로 노력하는 아이들이 있고, 있으면 좋고 없으면 말고의 태도를 가진 아이들이 있습니다. 누구나 다른 사람과 어울리고 싶고 관계를 맺고자 하는 욕구가 있습니다. 혼자 노는 것을 즐겨 하는 아이일지라도 친구랑 놀고 싶은 욕구가 아예 없는 것은 아닙니다. 하지만 사람마다 그 정도가 달라서 어떤 사람은 열 번을 놀고 싶어 하고 어떤 사람은 두 번만 놀고 싶어 하죠.

✎ 친구 사귀기의 임계점

친구를 사귀려고 노력하는 데도 임계점이 있습니다. 그 임계점을 넘으면 친구를 사귀려고 노력하는 거예요. 그런데 그 임계점이 높은 사람이 있고, 낮은 사람이 있습니다. 임계점이 높은 사람은 친구를 사귀려고 노력하기까지 시간이 더 오래 걸리고 더 고민합니다. 임계점이 높은 사람일수록 다른 사람과 관계를 맺고자 하는 욕구, 즉 대인 동기 중 친애 동기가 더 낮고, 누군가에게 다가갈 때 불안도가 높으며, 외로움을 조금 덜 느끼고 부끄러움이 많습니다.

하지만 임계점이 낮은 사람은 친구를 사귀고자 하는 욕구(친애 동기)가 더 크고 낯선 사람과의 불안도가 낮습니다. 외로움을 좀 더 타고 부끄러움이 더 적은 경우가 많아요.

친구를 사귀고자 하는 임계점 = 친애 동기 + 불안도 + 외로움을 느끼는 정도 + 부끄러움

아이가 굳이 친구를 사귀려고 노력하지 않는 것은 아직 친구를 사귀기 위해 노력을 쏟아야 할 임계점에 다다르지 않은 겁니다. 임계점이 늦게 올 수도, 아예 오지 않을 수도 있어요. 혼자 있는 게 더 좋고, 굳이 친구를 사귀려고 노력하지 않아도 '불편하지 않다면' 그냥 그대로 아이를 존중해주세요. 친해지고 싶은 사람이 나타나고, 친해지는 동기가 생기면 아이는 또 달라지거든요.

✎ 임계점을 넘어서면 선택합니다

저 같은 경우는 임계점이 굉장히 높았지만, 살다 보니 불편한 순간들이 자꾸 생겼습니다. '친구가 있었으면 좋겠다. 친구가 더 많았으면 좋겠다. 외롭다' 이런 생각들이

들면 임계점을 넘어서고 내 에너지를 친구를 사귀고 친구에게 다가가는 데 쓰게 되는 거죠. 물론 임계점을 넘어섰다고 해서 처음부터 잘 되지 않을 수도 있습니다. 사회적인 기술을 또 배워야 하니까요. 친구가 없다는 게 무조건 나쁜 경험만은 아닌 이유는, 아이가 친구가 없음으로 인해 느끼는 외로움, 불편함과 같은 감정이 임계점을 넘게 하고, 옆에서 부추기지 않아도 아이 스스로 친구를 사귀려고 한다는 겁니다. 친구가 없이 외롭게 지내다 보니 학교생활이 재미가 없고, 친구 무리에 끼고 싶다는 생각이 들기 시작합니다. 타고난 기질을 이겨내고 노력할 것인가, 말 것인가의 갈림길에 서는 것이죠. '이번 연도에는 친구 좀 더 사귀어보자!'는 마음은 기질을 이기고 용기 내기를 선택하는 것입니다. 이는 누가 옆에서 부추긴다고 되는 일이 아니라 자신이 친구를 사귀어야겠다는 임계점을 넘는 순간 선택하게 될 것입니다.

고민 006
아이 친구들이 다 부자예요. 우리 아이만 주눅 들까 걱정입니다

딸이 초등학교 1학년입니다. 그런데 친한 친구들이 다들 부자예요. 밝은 아이인데 그런 환경의 차이 탓에 점차 열등감을 느끼고 자신감 없는 아이로 변하진 않을지 걱정됩니다.

나보다 더 잘난 사람을 만났을 때 위축이 되거나 열등감을 느끼고, 나보다 못한 사람을 만났을 때 괜한 우월감이나 위안을 느끼는 것은 '나쁘다, 옳지 않다'의 문제가 아닙니다. 자연스러운 감정이지요. 하지만 그 정도는 사람마다 다릅니다.

나보다 뛰어난 사람을 만났을 때 반응은 여러 가지가 있을 수 있어요.

첫째, 나는 왜 이것밖에 안 되지? 하면서 비교하고 우울해한다.
둘째, 쟤네들은 도대체 뭐가 잘났기에 저렇게 사는 거지? 미워하고 질투한다.
셋째, 너는 나, 나는 나. 신경 쓰지 않는다.
넷째, '나도 저렇게 되고 싶다' 생각하며 결핍감을 승화시켜서 나를 발전시킨다.

친구들과의 환경 차이로 걱정 중인 부모님은 우리 아이가 친구들을 보며 세 번째나 네 번째 생각처럼 반응하기를 바랄 것입니다. 사람은 살면서 어떤 상황에 맞닥뜨렸을 때 생각하는 방식과 패턴을 끊임없이 만들어갑니다. 만약 나보다 부자인 사람을 만났을 때 위축감을 더 심하게 느낀다면 그 위축감을 극복해내는 데에 내 에너지를 더 많이 써야 하죠. 그러니 애초에 문제를 맞닥뜨렸을 때 진취적이고 발전적인 방향으로 생각을 하는 것이 좋을 겁니다. 세 번째나 네 번째 생각처럼 말이죠. 결핍에 당당히 맞서는 세 가지 방법을 말씀드리고 싶습니다.

✏️ 정서적인 금수저로 만들어주세요

SNS를 보면 돈 많고 잘난 사람이 많아서 자꾸 비교되잖아요. 그런데 그런 것들을 보면서도 '쟤는 그냥 저렇게 사나보다' 하고 별생각이 들지 않는 순간이 있어요. 바로 내가 행복한 순간이죠. 내가 불행할 때 남과 더 비교하게 되고 열등감을 느끼게 되는 거거든요. 아이를 정서적인 금수저로 만들어주세요. 가족끼리 소통하고 끈끈한 관계로 충분히 사랑받고 있음을 확인시켜주면 '아, 쟤는 저렇게 사나 보다'라고 자연스럽게 다름을 받아들일 수 있습니다.

🖋 건강한 결핍은 동기가 됩니다

그럼에도 주변에서 계속 자극이 생기면 비교를 할 수도 있습니다. 아이가 갖고 싶은 것이 생겼을 때, 부모님이 그것을 못 해준다면 미안한 마음이 생기잖아요. 저는 부자를 굳이 부정할 필요는 없다고 생각합니다. 부자라고 꼭 행복한 것은 아니지만 돈이 많으면 좋잖아요.

오히려 그런 자극들이 아이에게는 동기가 될 수 있습니다. 건강한 결핍감이 생기는 거죠. 그것을 가지려면 어떻게 하면 좋을까를 고민하게 하세요. 모든 것이 갖춰져 있으면 결핍감이 부족합니다. 경제적으로 풍요로울 경우, 일부러 결핍감을 만들기도 합니다. 적당한 결핍감은 동기가 될 수 있고, 긍정적인으로 활용 할 수도 있습니다.

"친구가 그걸 가진 게 부러웠구나. 그럴 수 있어. 엄마도 부러운 사람 많아. 그런데 부러운 것에서 그치지 않고 목표를 세울 때 부러운 건 목표가 될 수 있어. 네가 그것을 가지려면 어떻게 해야 할지 생각해보고 엄마한테도 말해줄래?" 하고 아이와 나누는 하나의 이야깃거리로 활용하며 목표를 위해 노력할 동기를 유발하는 겁니다.

🖋 다양한 삶의 모습을 보여주세요

돈이 없어도 자연을 벗하고 안빈낙도하면서 평화롭게 사는 모습, 진짜 부자들이 화려하게 사는 모습, 행복한 부자, 불행한 부자, 가난하지만 행복하게 사는 모습, 평범해 보이지만 그 속에서 행복을 찾아가는 사람들, 자신의 꿈을 위해서 배낭을 메고 여행 다니는 사람들…. 다양한 삶의 모습을 보여주세요. 서로 다른 모습으로 사는 사람들을 보면 시야가 넓어지고 진짜 나에게 맞는 삶이 어떤 걸까 더 고민하게 됩니다.

세상에 한 면인 동전은 없다는 게 저의 생각입니다. 부자 친구들이 많다는 것은 그만큼 좋은 환경의 동네라는 것, 반대의 경우 할 수 없는 경험을 함께 할 수 있다는 것 등을 의미하기도 합니다. 좋은 면도 분명히 있죠. 위에 언급한 이야기들을 염두에 두고 긍정적인 생각과 정서적인 안정을 밑바탕으로 함께 지내면, 아이는 환경의 다름을 차별이 아닌 차이로 인식하는 발전적인 친구 관계를 만들어 갈 겁니다.

고민 007
불량한 친구들과 어울리며 행동을 따라 합니다

아이가 친구의 행동을 따라 하는 것에는 네 가지 경우가 있습니다. 아이가 원해서 따라 하는 경우, 원하지 않는데 친구 무리에서 소외되지 않기 위해 따라 하는 경우, 좋지 않은 행동이 분명해 꼭 막아야만 하는 행동, 그 정도는 아닌 행동이 그것입니다.

①
아이가 원하지 않는데 따라 함
심각한 문제 행동인 경우

②
아이가 원해서 따라 함
심각한 문제 행동인 경우

③
아이가 원하지 않는데 따라 함
심각하지 않은 문제 행동인 경우

④
아이가 원해서 따라 함
심각하지 않은 문제 행동인 경우

❶의 경우

무리의 분위기 때문에 친구의 행동을 따라 하는 경우에는 부모님 탓을 하게 해주세요. '부모가 정해놓은 말도 안 되는 규칙' 탓에 나쁜 행동을 할 수 없다고 나름의 핑계를 만들어주는 것입니다. 예를 들어 친구가 담배를 권하면 "나도 같이 피우고 싶은데 우리 엄마가 알게 되면 정말 나 쫓겨날지도 모른다"고 말하는 방식입니다. 그런 후 친구들이 있을 때는 아이와 거리를 둔 엄격한 모습을 보여줍니다. 나쁜 상황에서 벗어날 수 있는 구실을 만들어주고 아이가 나쁜 상황에 빠질 때면 언제 어디든지 달려갈 것이라는 사실을 인지시켜야 합니다.

❷의 경우

가장 힘든 경우입니다. 아이가 원해서 친구 행동을 따라 하는데 그것이 심각한 문제 행동일 때의 해결 방법은 고민 31을 참고하기 바랍니다.

❸의 경우

친구들에게 자기가 원하는 것을 표현하는 연습을 할 수 있어야 합니다. 고민 10 거절을 하지 못하는 아이에 대한 고민을 읽어보시면 좋겠습니다.

❹의 경우

아이가 모방 능력이 뛰어난 편이에요 목소리 흉내나 다른 사람의 특징적인 행동과 습관 등을 흡사하게 따라 하면 너무 신기하고 재밌어서 함께 웃곤 했었는데, 학교생활을 하며 함께 지내는 친구들의 잘못된 행동까지 따라 하다 보니 걱정이 되네요 예를 들어 무슨 말만 하면 친구들 말끝에 "우웩!" 하는 소리로 반응하는 친구, 대화하다 자기 뜻에 어긋나면 한쪽 입꼬리를 올리며 "쳇, 치" 하며 비웃는 친구, 자기가 한 행동인데 아니라고 우기면서 "아니라고~ 아니라고!!!" 고래고래 악쓰는 친구 등. 요즘 저희 아이를 보고 있자면 반 아이들 모습이 다 나옵니다. 물론 친구들의 좋은 모습들도 모방하고 배우는 점 또한 많겠지만 엄마 눈에는 잘못된 행동만 먼저 보이고, 그러다 자기 모습으로 굳어질까 걱정이 앞서네요. 아이가 하는 행동들을 예의주시하는 주변 엄마의 시선이 신경 쓰이는 것도 사실입니다. 어떻게 지도하면 좋을까요?

반에서도 유행하는 행동이 있습니다. 고민에서 예를 든 행동들이 전부 아이들이 많이 하는 행동이에요. 처음엔 잘못된 행동은 무시하고 좋은 행동에 대해서만 칭찬해주면서 유행하는 나쁜 행동이 사그라지기를 기다립니다. 그럼 자연히 사그라질 때도 있습니다. 물론, 사그라지지 않고 계속 유행해서 한두 명이 하다가 다시 여러 명이 따라 하고, 친구들끼리 서로 기분이 나빠져 선생님에게 이르거나 싸우기도 합니다. 그땐 그 행동에 제재를 가합니다. 그리고 학급 회의를 통해서 이야기도 해봅니다. 왜 그 행동이 기분 나쁜지, 그런 행동을 할 경우 어떻게 책임지면 좋을지 이야기를 해요. 처음엔 재밌어서 했는데 나중엔 습관이 되어 버릇처럼 행동을 하기도 합니다. 회의를 통해 그 행동을 했을 때의 벌칙을 정합니다. 벌칙이 있다고 한 번에 안 하게 되는 건 아니지만, 의식적으로 생각하며 조금씩 나아집니다. 차차 그게 잘못된 행동이라는 것을 인식하면서 유행이 사그라지기도 합니다.

다른 친구들의 영향을 특히 더 많이 받는 아이들이 있습니다. 엄마가 보기에 좋지 않은 행동은 최대한 반응하지 않으면서, 좋은 행동에만 반응을 보여주세요. 무시했는데도 점점 그 행동이 심해진다 생각이 되면 단호하게 "엄마가 보기에 그 행동은 좋지 않다", "다른 사람들도 그렇게 느낀다"고 말해주는 것이 좋습니다. 그리고 다시 그 행동에 대해 무시하세요. 그래도 나아지지 않는다면 그런 잘못된 행동을 했을 때 어떻게 반성하고 책임질지 규칙을 정하는 것이 좋습니다. 책임의 내용은 아이가 선택해 정하도록 합니다.

갈등
해결

친구 관계

교과 학습

학교생활

진로와 심리

아이가 친구와 갈등을 겪고 있어요

친구와 갈등이 생겼을 때 원만하게 해결하는 아이들은 고민 38에서 설명된 방법 중 '협력 전략'을 가장 많이 사용합니다. 또 이때 아이들은 정서 지능이 높다는 공통점이 있었는데요. 정서 지능이란 자신의 감정을 정확하게 지각하고 인식하며, 적절히 표현하는 능력, 감정이입과 감정 조절을 하는 능력을 말합니다. 정서 지능을 높이면 친구와의 갈등 해결 능력도 높아질 수 있는데요. 정서 지능을 높이는 세 가지 방법에 대해 알아보겠습니다.

✎ 감정을 바르게 표현하는 방법

감정을 잘 표현하기 위해서는 감정 표현을 그만큼 많이 듣는 것이 중요합니다. 부모의 감정을 다양한 감정 어휘를 사용하면서 알려주세요. "엄마는 이러이러한 기분이야. 회사에서 이런 일이 있었거든", "네가 이렇게 행동해서 기분이 좋아. 행복해", "네가 이래서 화가 나" 이렇게요. 이런 과정을 통해 아이는 감정을 인식하는 방법과 감정을 표현하는 방법을 배웁니다. 특히 부정적인 감정 표현에 대해서 잘 알려주어야 하는데요. 예를 들어 아이가 집에서 "아이씨, 짜증 나!"라고 말했습니다. 아이의 그 소리가 짜증 나고 듣기 싫어서 "시끄러워! 그게 어른 앞에서 무슨 말버릇이야!" 하고 말을 자르지는 않으셨나요? 아이가 부정적인 감정을 표현하는 방법을 배울 기회를 놓치는 겁니다. 부정적인 감정은 절대 잘못된 것이 아닙니다. 부정적인 감정 표현에 미숙했던 것뿐이죠. 부정적인 감정을 표현하는 방법을 잘 배우지 못하면, 친구와 놀다가 갈등이 생길 때 소리를 질러버리거나 함께 놀던 놀잇감을 망가뜨리기 일쑤입니다. 누구의 잘못인지를 떠나 무조건 삐치거나 회피해버리는 방법을 사용해 자신의 감정을 표현하기도 하죠. "나는 이러이러해서 화가 나고 속상해. 이렇게 하자" 하고 감정을 바르게 표현하는 방법을 배우는 것은 협력형 갈등 해결에도 중요하고, 친밀감을 형성하는 데 중요한 자기 노출을 할 때도 중요합니다. 감정 표현 방법, 특히 부정적인 감정 표현법의 바른 자세를 보여주었으면 좋겠습니다.

✎ 다른 사람 감정 읽기 연습

아이가 다른 사람의 감정을 인지하고 읽는 것도 중요합니다. 이 또한 연습을 통해 익힐 수 있는데, 책이나 영화를 보며 감정 읽기를 해보는 겁니다. "주인공이 초콜릿을 못 먹어서 속상했을 것 같아", "엄마를 잃어버린 주인공은 지금 얼마나 슬플까?" 하고 이야기를 나누면서 감정이입 능력을 키워주는 겁니다. 이런 노력이 쌓이면 아이는 친구와 놀면서도 친구의 감정을 생각하고 배려합니다.

✎ 협상의 기술

엄마 아빠가 결정하고 선택해서 무조건 이끌어가는 방법이 아니라 아이가 부모님과도 협상할 수 있는 분위기와 기회를 만들어주어야 합니다. 물론 당연히 해야 하는 것은 하도록 지도하는 것이 부모의 권위지만 아이의 주장을 받아들여도 되는 것은 협상하게 해주세요. 예를 들어 외식 장소를 정하는 일도 협상을 통해 할 수 있습니다. 아빠가 먹고 싶은 것과 아이가 먹고 싶어 하는 것을 정해서 왜 그걸 먹는 것이 좋을지 이야기하고, 더 좋은 대안이 있는지 의견을 나누며 제안하게 하는 겁니다. 자기 의견을 표현하는 연습을 자꾸 해봐야 친구들 사이에서도, 나아가 성인이 되어 직장 동료, 연인 관계, 부부 관계에서도 자기 의견을 '제대로' 표현할 수 있습니다.

자기 조절 능력, 정서 조절 능력, 공감 능력 등을 포함하는 정서 지능은 갈등 해결 전략의 중요한 변인입니다. 정서 지능에 따라 갈등 해결 전략이 달라지고, 갈등 해결 전략에 따라 친구 관계의 형성과 유지가 큰 영향을 받습니다. 부모와의 의사소통이 개방적이고 촉진적일수록 정서 지능이 발달합니다. 부모님과 다양한 대화를 할 수 있고 억압하는 분위기가 아니라면 아이는 자유롭게 자신의 감정과 의견을 표현하고 협상하면서 정서 지능을 높일 수 있습니다. 친구들과의 갈등 해결에 가장 중요한 정서 지능이 높아지면, 친구들과의 갈등 해결에서도 자연스럽게 방법을 깨쳐갈 것입니다.

고민 009 아이가 무리에 끼지 못해 힘들어해요

삼삼오오 결속한 무리에 끼지 못한 아이가 걱정인 부모님이 많습니다. 교실에서 무리가 어떻게 만들어지는지 이야기 나누며, 무리 짓기에 어려움을 겪는 아이를 위해 부모님이 해줄 수 있는 것에 대해서 생각해보겠습니다.

✎ 먼저 다가가는 법을 알려주세요

저학년일 때는 친구 관계가 쉽게 만들어지고 깨지고를 반복합니다. 하지만 학년이 올라갈수록 나와 맞는 친구를 만나기가 쉽지 않아요. 무리가 한번 생기면 그 무리에 끼기도 힘들고요. 그렇기 때문에 아이가 '난 친구 없어도 괜찮아! 친구 없는 게 편해!'의 생각을 가진 게 아니라면, 매번 혼자가 되어 힘들어했다면, 학기 초에 나와 잘 맞는 친구를 찾아볼 수 있게 해주세요. 그리고 먼저 다가가서 말도 걸어보고, 같이 놀아보라고요. 학기 초의 무리 짓기 타임에는 먼저 다가가는 노력이 큰 효과를 볼 수 있습니다. 친구의 노력을 기다리기보다 본인이 친구 관계를 위한 노력에 적극적으로 임해보도록 하는 것이 좋습니다.

✏️ '아님 말고' 마인드를 키워주세요

친구를 만들기 위해 노력했지만 실패했다면 그것으로 애태우고 힘들어하기보다 '그럴 수도 있지!', '나한테 맞는 친구가 언젠간 생기겠지' 하는 쿨한 마음을 가질 수 있어야 합니다. 학기 초에 또는 중간중간에 노력해보고 안되면 놓으라는 거죠.

이것은 부모의 무조건적 수용이 있으면 생길 수 있는 마음이에요. 어린 시절 저도 왕따를 당한 기억이 있습니다. 초등학교 5~6학년 때였는데, 같은 아파트 단지에 사는 여자애들 세 명이 친해진 후에 저를 따돌리는 거예요. 다른 친구에게 저를 이간질하거나, 제가 친하게 지내던 친구를 뺏어가거나, 제가 보이는 앞에서 귓속말을 하기도 했죠. 그때 제가 어떻게 했을까요?

'그래, 너희들은 그래라' 하고 저는 다른 친구를 만들어서 놀거나, 남자아이들과 놀거나 그것도 안 되면 혼자서 놀았어요. 나중에는 그 친구들도 저에 대해 별 신경을 쓰지 않았는데, 지금 생각해보면 집에서 단단한 지지를 받았기 때문이었던 것 같습니다. 집에서의 견고한 지지 덕분에 친구 관계에 크게 연연하지 않았던 거죠.

물론, 날 싫어하는 사람이 있다는 건 속상한 일이에요. 하지만 거기서 빨리 벗어나려면 그런 친구 관계에 일희일비하지 않아야 합니다. 특히나 여학생들의 친구 관계에서는 이유 없이 누군가를 싫어하고 따돌리는 경우도 많거든요. '왜 저 애들이 나를 싫어할까? 내가 뭘 잘못했지?' 하고 일일이 맞춰주다 보면 스스로가 너무 힘들어집니다. 내가 애쓰고 노력한다고 해도 그 친구들이 나를 좋아하지 않는 경우가 더 많기 때문이죠. 그렇기 때문에 마인드 컨트롤이 필요합니다. 나의 가치는 타인의 반응이 아니라 내가 매긴다는 생각을 할 수 있도록 알려주세요. 너를 늘 믿고 사랑하는 가족이 든든히 지키고 있다는 것도요.

✎ 상처 주는 친구와는 놀지 않아도 괜찮아

친적(frenemy – friend+Enemy)이라는 말이 있습니다. 친하면서도 상처를 주는 사람을 일컫는 말입니다. 이런 친적의 존재에 대해서도 미리 알려주고 대응 방법을 이야기해준다면 아이가 상처받는 일을 줄일 수 있습니다.

"네가 상처받으면 꼭 친하게 지낼 필요 없어", "우리 딸이 마음 다치는 건 보고 싶지 않아. 넌 소중해", "친구끼리는 서로 다정하게 대하고 상처 주지 않아야 해"라고 알려주세요.

아이들은 친적의 행동이 부적절한 것인지 여부를 판단하지 못하는 경우가 많습니다. 다른 아이들이 이 아이의 행동을 참아내거나, 친적인 친구가 당당할 때 특히 그렇습니다. 또 친적인 친구의 행동이 잘못된 것인지 인지하게 되더라도 그 무리에서 빠져나오지 못하는 경우도 많습니다. 친구들에게 상처를 주는 아이지만, 권력이 있는 그 친구와 멀어지면 친구들의 무리에서 빠져나와야 하고 그건 친구들을 잃어버리는 일이라고 생각하기 때문이죠. 하지만 상처 주는 친구보다는 같이 있을 때 편안한 친구를 찾는 것이 중요하다는 것을 꼭 알려주세요.

내 아이가 무리에 못 들어갔다고 하더라도, 무리에 들어가지 못한 친구끼리 다시 친해지기도 합니다. 너무 주류 무리에 속하려고 집착하기보다 마음 편히 친해질 수 있는 다른 친구가 있는지 한번 둘러보고 다가가라고 해주세요.

✏ 단호하게 거절하는 법을 알려주세요

배려는 좋은 마음이지만, 자기 감정을 희생해서 다른 사람의 감정을 배려하는 것은 좋은 것만은 아니라는 것을 알려주세요. 10대 여자아이들은 동료애가 매우 깊어서 서로의 부탁을 거절하기 힘들어합니다. 하지만 선을 긋는 법, 거절하는 법을 알려주고 진정한 친구라면 친구에게 피해가 갈만한 부탁은 하지 않는 게 옳다는 것을 알려주어야 합니다. 특히나 여자아이들에게 단호함에 대해 알려주는 것은 동성의 친구 관계뿐 아니라 이성 친구 관계에서도 매우 중요합니다. 나아가 성인이 되어서 사회에서 자신을 보호하는 방법이 되기도 하지요.

딸이 친구의 문제에 대해 털어놓으면 가장 먼저 부모에게 알린 일이 잘한 것이라고 알려주세요. 고개를 끄덕여주고 아이의 생각을 묻는 진솔한 질문을 하는 것만으로도 큰 효과를 볼 수 있습니다. 말을 하는 것도 중요하고 말하지 않는 것도 중요합니다. 훈계하고 싶은 걸 꾹 참고 잘 들어주면 들어줄수록 아이는 자기 이야기를 더 털어놓으려고 합니다.

현실적으로 부모는 커가는 아이들의 친구 관계를 모두 모니터링하고 관리할 수 없기 때문에 사춘기 아이들의 우정과 관련된 문제를 다 막아줄 수는 없습니다. 저학년의 친구 관계와는 다르지요. 그래도 아이가 복잡한 친구 관계를 극복해 나가는 게 쉽지 않다는 것을 부모가 인정해주는 것만으로도 아이에겐 큰 힘이 될 수 있습니다.

대부분의 여학생들은 같은 경험을 하면서 성장합니다. 사실 어른이 되어서도 여자들끼리의 관계는 지금까지 말씀드린 특징들이 계속 보이기도 하죠. 특징으로 꼽을 수 있을 만큼 보통의 일이라는 것, 누구나 경험할 수 있다는 것만으로 부모도 아이도 위안을 받을 수 있을 겁니다.

못된 친구에게 상처받으면서도 자꾸 끌려다니는 것 같아요. 방법이 없을까요?

상처받으면서도 상처 주는 친구와 놀려고 해서 속상하다는 고민, 내 아이와 친구의 관계가 마치 왕과 부하 같아서 속상하다는 고민, 또 다른 친구가 오면 우리 아이의 우선순위가 밀리는 것 같아 안타깝다는 고민 등. 비슷한 고민 상담을 합니다.

아이들은 상처받으면서도 왜 그 친구와 어울릴까요? 여기엔 사실 여러 이유가 있습니다. 자신이 상처받고 있다고 인지하지 못하는 경우, 그 친구와 멀어지면 외톨이가 될까 봐 두려운 경우, 또는 속해 있는 무리에서 떨어져 나오기 싫어서일 수도 있고, 아이가 너무 착해서 친구한테 거절하는 말을 하지 못해서일 수도 있습니다.

또래 관계와 친구 관계는 다릅니다. 또래는 단순히 자신이 속한 집단의 구성원을 지칭하고, 친구는 자발적인 선택을 동반한 상호작용의 빈도나 강도가 높은 친밀한 관계를 의미합니다. 다시 말해 친구 관계는 또래 관계에 포함되는 하위개념이라 할 수 있겠습니다.

친구 관계 〈 또래 관계

또래 그룹에서 잘 수용되지 못하는 아이라도, 자신의 단짝 친구와의 관계에서 즐거움을 경험한다면 자신의 사회적 세계에 만족하게 됩니다. 우정에도 질이 있는데, 이 우정의 질은 또래 안에서의 인기도보다 단짝 친구와의 관계에 의해 결정이 됩니다.

단짝 친구와의 관계는 긍정적 기능뿐만 아니라 부정적 기능도 갖고 있습니다. 친한 사이에서 상처를 주고받기도 하며, 친하기 때문에 상처의 깊이가 더 크게 다가오기도 합니다. 이때, 상처의 정도보다 즐겁고 만족스러운 정도가 더 커야 우정의 질이 높습니다.

상처의 정도 〈 즐겁고 만족스러운 정도   =   우정의 질 ↑

그럼 상처를 받으면서도 친구 관계를 끊지 못하고 계속 어울리려는 경우, 어떤 것들을 해줄 수 있을까요?

✎ 우정의 질 체크

그 친구와의 우정의 질을 체크하기 위해 아이에게 다음과 같은 질문을 해보세요.

- **교제의 즐거움 확인** : "너는 ○○와 같이 노는 것이 재미있니?"
- **친구와 의견의 불일치, 다툼, 혹은 친구의 괴롭힘과 같은 불편한 상황 확인** :

  "너는 ○○와 의견이 맞지 않을 때가 있니? 그럴 때 어떻게 해?"

  "친구와 놀면서 어떨 때 가장 속상하니?"
- **친구 관계에 대한 애정과 만족 확인** : "너는 ○○가 좋은 친구라고 생각하니?"

이 질문은 아이가 놓인 상황을 파악하기 위해 부모님에게도 중요하지만, 아이들에게도 필요합니다. 이런 대화를 하면서 아이가 친구에게 무시당하거나 상처받고 있는 문제를 스스로 직시할 수 있기 때문입니다.

✎ 아이에게 권력과 호감의 차이를 알려주세요

친구 사이에서 자기 마음대로 하려고 해서 권력이 있는 친구는 나와 잘 맞고 호감이 있는 친구와 다르다는 것을 분명하게 알려주세요. 친구 관계는 반드시 대등한 관계여야 합니다. 편안한 친구 관계였던 경험을 떠올리게 해주세요. "친구들끼리 서로 다투기도 하고 생각이 맞지 않기도 해. 그런데 친구 사이인데 누구 한 명의 생각만 자꾸 따르게 되고, 친구가 너를 무시하는 말을 하면서, 너도 생각이 다른 것을 친구에게 표현하지 못하면 그건 좋은 친구 사이가 아니야"라고 알려주세요. 권력을 통해 친구를 통제하는 것과 호감이 있어 의견을 모으는 아이는 분명히 다르다는 것을 알아야 합니다.

✎ 배려심 많은 아이 vs 착한 아이의 틀에 갇힌 아이

내 아이가 착하고 배려심이 많은 건지, 착한 아이의 틀에 갇혀 자기 할 말을 못 하는 아이인지 생각해보세요. 기질이 여린 것은 타고났기에 금방 바뀌기는 어렵습니다. 하지만 단단하면서도 자신을 지킬 줄 아는 아이가 될 수 있도록 도와주어야 합니다.

아이에게 상처받으면서도 그 친구와 노는 이유를 물어보세요. 이유를 생각하다 보면 의외로 "그 친구와 노는 게 진짜 재미있어서"라고 대답할 수도 있습니다. 사실 아이의 마음속에서 그 친구를 동경하는 부분이 있을 수 있거든요. 나는 기질상 착하고 배려심이 많은데, 자기 할 말 다 하고 세 보이는 친구가 있다면 멋있어 보이고 함께 노는 것이 재미있게도 느껴지는 거죠. 나도 내 마음대로 하고 싶지만 어른들한테 인정받고 싶어서, 또는 수줍어서 자신을 가두는 심리적 울타리(통제)가 높은 겁니다.

제가 항상 드리는 이야기가 있습니다. '착한 아이는 더 위험할 수 있다'는 거예요. 착한 아이는 착한 아이라는 틀에 갇혀 있는 경우가 많습니다. 내가 원하는 행동을 하는 게 아니라 착한 아이라고 인정받기 위한 행동을 하게 됩니다. 이는 모범적이고 마음이 여린 아이에게 더 많이 나타나며 거기에 부모님이 세면 더 심해집니다. 타인과의 관계 연습은 부모님과의 관계에서부터 시작합니다. 계속 강조하지만 아이가 원하는 것을 부모님과의 관계에서도 자꾸 말할 수 있게 해주어야 합니다.

◤ 우정의 질이 높은 관계를 경험하게 해주세요

저학년 때는 엄마끼리 친하면 아이끼리도 친하게 지낼 확률이 높습니다. 아직 친구를 스스로 선택하기보다는 접근성에 의해 친구가 되는 경우가 더 많기 때문이죠. 또 아이가 내향적이어서 새 친구를 만드는 것보다 그냥 지금 있는 친구와 지내는 게 상처를 받으면서도 더 편하다고 생각할 수 있어요.

친구를 선택하고 관계의 지속 여부를 선택하는 것은 결국 아이의 몫이기 때문에, 당장 그 아이와 억지로 못 놀게 하기보다 다른 친구들과 놀아보는 경험을 하게 해주는 게 좋습니다. 다양한 친구 관계를 통해 우정의 질이 높은 관계를 경험해보고 나와 잘 맞는 친구, 편안한 친구를 찾는 안목을 기를 수 있게 해 주는 것입니다. 이렇게 하면 아이가 앞으로도 친구 관계를 잘 만들어가는 힘을 길러줄 수 있습니다.

고민 011 친구가 아이를 괴롭혀서 힘들어해요

아이가 괴롭힘으로 힘들어 한다면, 우선 괴롭힘의 정도를 살펴보세요. 장난과 비슷한 수준의 단순한 괴롭힘에서 끝날 수도 있고, 더 강해질 수도 있습니다. 괴롭힘의 정도가 강하지 않다면 아이가 성장하는 과정이라고 생각하고 옆에서 묵묵히 아이를 지지해주세요. 하지만 괴롭힘의 정도가 강해지고, 아이가 너무 힘들어하면 그때는 부모가 적극적으로 개입합니다.

✎ 0단계, 아이 수준에서 친구의 괴롭힘에 대응

놀림이나 괴롭힘이 싫다는 것을 친구에게 강하게 표현하고, 무반응으로 일관하면서 '친구의 괴롭힘'이라는 자극에 반응하지 않습니다. 관심 없으니 더 이상 자극하지 말 것을 보여주는 거죠. 이 단계에서 해결이 되지 않고, 아이가 점점 더 힘들어한다면 담임선생님께 더욱 적극적으로 도움을 요청할 때입니다.

✎ 1단계, 담임교사에게 도움 요청

0단계를 거치기 빠듯하거나 힘들다면, 바로 1단계로 가도 상관없습니다. 아이의 수준에서 해볼 수 있는 것을 해보는 것이지요. 아이가 선생님께 도움을 요청합니다. 아이가 선생님께 얘기하기를 꺼린다면 부모가 담임교사에게 연락해서 도움을 요청해보세요.

✎ 2단계, 괴롭히는 아이의 부모와 연락

담임교사가 상담하고 지도했음에도 불구하고 교실 안에서 은밀하게, 또 교실 밖에서는 좀 더 강하게 괴롭힌다면, 괴롭히는 아이의 부모 연락처를 받아서 연락해봅니다.

"제가 아이와 이야기해볼게요"라면 마음이 좀 낫겠지만 "아이들끼리 노는 것 가지고 너무 예민하신 거 아니에요?"의 반응이 나올 수도 있습니다. 어떤 반응이 나와도 상처받지 마세요.

괴롭히는 아이에게 직접 말하는 방법은 조심스럽습니다. 다만 지나가다가 우연히 만난다면, "민준이가 힘들어하는데, 도와줄 수 있니?" 정도로 가볍게 말을 건네

보는 것은 해볼 수 있겠습니다. 괴롭히는 정도가 정말 너무 심각하다 싶을 때는 바로 학교에 알리고, 학교폭력심의위원회라는 기구의 도움을 받을 수 있습니다. (이 부분은 고민 23을 참조하세요.)

고민 012 초등 1학년, 방과후활동에서 계속 놀림을 받는대요

아이의 성격이 속으로 삼키고 속마음을 밖으로 잘 표현하지 않은 편이에요. 방과후활동 수업에서 만들기를 하며 혼잣말을 하는 아이의 모습을 보고 2학년 언니가 "너 외계인이냐?" 하며 놀렸대요. 그 후 학교에서 마주칠 때마다 "외계인"이라며 놀렸고, 그뿐 아니라 그 언니의 친구 두 명도 같이 놀리는 데다가, 같이 다니는 학원에서도 놀려서 아이가 스트레스를 많이 받고 있습니다.

✎ 싫다는 표현을 해야 합니다

아이가 놀림을 받고도 가만히 있었기 때문에 그 놀림이 지속되었을 거예요. 가만히 듣고 있다 보니 또 다른 친구들의 놀림까지로 확장이 되었죠. 속마음도 잘 표현하지 않는 아이에게는 "놀리지 마라"고 단호하게 얘기하는 것도 힘들 수 있습니다. 하지만 자기 자신을 지키고 방어할 수 있도록 최소한의 자기주장은 할 수 있도록 연습해야 합니다. "외계인이라고 하지 마!" 이 말을 엄마와 함께 계속 연습하세요. 아이가 반복해서 이야기해볼 수 있도록 유도해주세요.

✎ 선생님께 도움을 받으세요

선생님께 상황을 알리는 것도 필요합니다. 아이가 선생님께 직접 말하기 힘들다면 엄마가 전화를 통해서라도 선생님께 이야기를 전하세요. "저희 아이가 이러이러해서 너무 힘들어하는데, 도와주실 수 있을까요?"라고요. 한 번은 저희 반 아이가 저한테 와서 이르더라고요. 다른 반 형이 자길 계속 놀린대요. 힘들대요. 그래서 그 반 담임선생님께 말씀드리고, 놀리는 아이를 데리고 와서 이야기했어요.

"후배인데 놀리면 되겠니? 입장 바꿔서 6학년 형이 널 계속 놀리면 넌 어떨 거 같니?"라고요. 그리고 저희 반 학생한테 사과하라고 했고요. 이번 일로 치사하게 뒤에 가서 다시 괴롭히는 일은 없도록 하라는 말도 덧붙였어요. 사실 초등학생은 선생님이 이 정도로도 말하면 조심합니다.

이번 고민은 담임선생님과 놀린 언니의 담임선생님까지 동의한 후 함께 지도하는 것이 좋을 것 같습니다.

고민 013
단짝 친구가 다른 친구랑 놀아서 질투심으로 힘들어해요

아이가 왜 힘들어할까요? 그건 아마 불안하기 때문일 거예요. 나는 그 친구가 나랑만 놀았으면 좋겠는데 그 친구는 다른 친구들도 좋아하니까, 단짝 친구가 다른 친구랑 친해지고 나랑 멀어질까 봐 불안한 겁니다. 그렇다고 단짝 친구에게 가서 "나네가 다른 친구랑 놀아서 불안하니까 나랑만 놀아" 할 수도 없습니다. 이때 해줄 수 있는 일은 두 가지가 있습니다.

✎ 친구는 소유물이 아니라는 걸 알려주세요

친구는 소유하는 것이 아닙니다. 더불어 단짝 친구는 언제든 변할 수 있다는 사실도 알려주세요. "네가 그 친구랑만 친하게 지내고 싶은 마음은 이해하지만 그 친구는 그렇지 않을 수 있어. 사람마다 생각하는 게 다르고 성향이 다른 거니까. 친구는 물건처럼 갖는 게 아니라서 친구에게 나랑만 친하게 지내달라고 강요할 수도 없는 거야. 네가 그 친구와 친하게 지내다가 그 친구가 더 좋아하는 친구가 나타날 수도 있는 거고, 네가 또 다른 친구와 친하게 지내고 싶을 수도 있는 거야. 관계를 존중해야 하는 거야"라고요.

✎ 사람은 생각이 모두 다르다는 것을 알려주세요

단짝 친구라 하면 굉장히 특별한 관계처럼 여겨집니다. 그래서 그 관계에서 기대하는 바가 생기죠. 아이가 '단짝 친구는 나하고만 놀아야 한다'라는 단순한 바람을 갖고 있는 건지, 단짝 친구가 단짝 친구에게 기대하는 상호작용을 하지 못한 건지 모르겠습니다. 하지만 둘 중 어떤 상황이든 결론은, 지금 내 아이는 단짝 친구와 자신이 기대하는 상호작용을 하지 못하고 있다는 것이죠. 아이에게 단둘이서만 노는 것보다 이 친구랑도 놀고, 저 친구랑도 놀이하는 게 더 다양한 재미를 느낄 수 있다고 말해주세요.

그럼에도 현재의 단짝 친구와 노는 즐거움보다 불안함이 크다면, 상호작용을 할 수 있는 다른 친구를 찾아봐야 할 수도 있습니다. "사람마다 서로에게 기대하는 바가 다르기 때문에 내가 원하는 것을 전부 친구에게 얻을 수 없고, 그게 너무 싫다면 다른 친구를 만나야 한다"고 이야기해주세요.

"나랑 놀지 말라고 했대!" 친구의 이간질로 아이가 힘들어해요

이간질하는 아이는 이간질을 왜 하는 걸까요? 대놓고 괴롭히면 '착한 어린이'라는 명예에 손상이 갑니다. 하지만 친구가 마음에 들지 않고 질투가 나니 공격의 방법으로 '이간질'을 선택하는 거죠. 보통 이간질은 여학생들 사이에서 문제가 많이 되지만, 남학생들 사이에서도 일어납니다.

이간질을 계속하는 아이는 친구에 대해 나쁜 평가를 전달하면서 자신이 우위에 있다고 생각하고, 험담을 공유하면서 다른 친구와 친밀감을 느낍니다. 이간질하는 아이는 자존감이 낮은 경우가 많아요. 남을 깎아내림으로써 자신이 올라간다고 일시적으로 느끼는 겁니다. 하지만 실제 자존감에는 아무 소용이 없지요.

이간질에 대응하는 방법은 일단은 무반응으로 일관하는 것입니다. 이간질을 하는 친구를 충분히 괴롭혔다고 생각하면 또 다른 친구를 다시 이간질하면서 타깃을 옮겨갈 거예요. 그렇게 돌다가 결국 이간질을 하던 친구가 최종적인 따돌림의 대상이 되는 경우가 많습니다. 친구들에게 못되고 비열하게 굴면, 처음에는 그 친구의 나쁜 대접을 피하려고 모여듭니다. 따돌림의 목표물이 되고 싶지 않아서 비위를 맞추는 거예요. 비열한 아이는 그렇게 소속감을 위협하며 자기의 권력을 유지합니다.

하지만 오래가지 않습니다. 어릴 때는 나쁜 행동을 일삼으며 사회적 권력이 높아 보이는 친구에게 붙어 있는 친구들이 있지만, 학년이 올라가면 못된 짓을 하는 아이는 오히려 고립됩니다. 따돌림의 가해자였던 아이가 따돌림의 피해자가 되는 거죠. '사회 권력의 활용과 남용'을 알던 시기에서 '사회 권력 활용과 남용의 결과 예측'까지 아는 시기가 되면, 못된 짓을 하면서 상처 주는 아이 옆에 굳이 머물러 있으려고 하지 않습니다. 무반응으로 대응하다 보면 이간질의 대상에서 옮겨가고, 조금 더 기다리면 결국 이간질을 자주 하는 아이가 오히려 고립되는 상황이 옵니다. 물론 자업자득의 결과가 나올 때까지 기다리는 시간은 짧지 않지요.

이간질도 괴롭힘의 일종이기 때문에 힘들면 선생님에게 도움을 청하세요. 깔끔하게 해결되지 않더라도 선생님의 개입으로 나아질 수는 있습니다.

친하게 지내던 친구가
갑자기 아이를 모른 척한대요

친구는 '모른 척'하는 것으로 자신의 감정을 표현하고 있습니다. 친구와 기분 상한 일이 생겼다면 기분 나쁜 점을 솔직히 말하고 서로 조율하는 것이 이상적입니다. 하지만 그런 성숙한 방식은 성인도 힘들 때가 있죠. 모른 척하는 이유를 먼저 생각해보아야 하는데, 여러 가지를 떠올릴 수 있습니다.

첫째, 성숙한 갈등 해결 방식에 익숙하지 않아서

둘째, '모른 척'하는 것으로 상대에게 상처를 주는 방식을 선택해서

셋째, 말하고 싶지 않아서

넷째, 기분 상한 점을 직접 말하면 나의 이미지에 손상이 가서

그럴 땐 친구에게 가서 "나한테 기분 나쁜 게 있니?"라고 먼저 물어보고 대화를 시도해보라고 하세요. 거기서 이야기가 잘 풀린다면 좋겠지만 친구가 대화를 거부할 수도 있습니다. 그런 경우 더 시도하기도 어렵죠.

내가 노력할 수 없는 부분은 어쩔 수 없는 겁니다. 왜냐하면 친구 마음은 친구 것이니까요. 시간이 지나서 다시 별일 없다는 듯이 좋은 관계로 돌아갈 수도 있고, 그냥 멀어질 수도 있어요. 당장 마음을 열지 않는 상대에게 애써 너무 에너지를 쏟는 건 내 아이에게 또 다른 상처가 될 수 있습니다. 노력할 수 있는 것과 노력할 수 없는 부분이 있다는 걸 알려주세요.

아이에게 "친구가 모른 척하다니 기분 상했겠다. 엄마도 친구가 그런 적 있었는데 기분 굉장히 안 좋았거든. 친구한테 가서 혹시 기분 나쁜 점이 있었는지 물어보고 친구가 말하지 않으면 다른 친구와 놀자. 친구가 기분이 풀어지면 다시 이야기해볼 수 있을 거야. 그렇지만 친구가 기분이 계속 풀리지 않을 수도 있어"라고 말해주세요. 해결되지 않더라도 아이 탓이 아니라는 것을 알려주는 게 좋습니다.

아이가 따돌림당하는 친구를
챙기곤 했는데, 그 일이 점점 힘들대요

같이 노는 친구들이 우리 아이한테만 같이 놀자고 하고 다른 한 친구를 의도적으로 빼놓고 놀아서 중간에서 아이가 많이 불편해합니다. 학교나 집에서 나쁜 행동이라고 배웠고 본인도 그걸 잘 알기에 따돌림당하는 친구를 챙기고 있지만, 막상 무리에서 놀다 보면 혼자 매번 챙기기가 벅찬가 봐요. 따돌림당하는 친구도 딸아이에게 점점 의지하며 자기랑만 놀아야 한다고 집착을 하기 시작해서 아이가 스트레스를 너무 받고 있습니다. 어떻게 해야 할까요?

✎ 왜 함께 놀지 않는지 확인하세요

먼저 무리에 끼지 못하는 친구가 따돌림을 당하는 것인지, 단순히 그 친구들과 잘 맞지 않아서 못 어울리는 것인지 확인하세요. 한 친구를 빼놓고 노는 것이 단지 잘 맞지 않아 불편해하는 것인지, 은밀하게 괴롭히고 힘들게 하는지를 살펴야 합니다. 한 친구가 괴롭힘을 당하고 있는 것이라면 따님이 그 아이를 책임질 것이 아니라, 담임선생님께 도움을 요청하는 것이 맞습니다. 하지만 그 친구와 무리가 맞지 않아서 자연스럽게 무리에서 빠지는 과정이라면, 따돌림이라고 볼 수 없을지도 모릅니다. 그저 아이들끼리의 자연스러운 친구 관계 흐름일 뿐일 수 있습니다.

✎ 내 아이가 그 친구와 놀고 싶은지 물어보세요

아이에게 친구를 제외한 무리의 친구들과 노는 게 더 즐거운지, 그 친구와 노는 게 더 재미있는지를 물어보세요. 만약에 무리의 친구들과 노는 게 더 즐겁다면, 아이는 지금 그 친구와 함께 노는 것이 아니라 '놀아주고 있는 것'입니다. 이는 상호적인 친구 관계가 아니라는 겁니다. 친구 관계는 즐거워야 해요. 설사 갈등이 있고 상처가 있다 하더라도 즐거움, 긍정적인 감정이 더 커야 우정의 질이 높아지는 겁니다.

내 아이가 놀아주지 않으면 그 친구가 무리에서 나가야 합니다. 그건 친구들과 노는 중에 생긴 자연스러운 과정이고, 그 친구가 극복해 나가야 하는 과정입니다. 이 무리가 아닌 다른 맞는 친구를 찾아야겠죠.

만약에 반대로 아이가 무리에서 반기지 않는 그 친구와 지내는 것이 더 즐겁다면 "무리를 벗어나는 것을 너무 두려워하지 않아도 돼"라고 말해주세요.

따돌림과 별개로, 사실은 본인도 그 친구와 노는 게 전혀 즐거운 상황이 아닌데 의무감 때문에 어울리는 거라면, 친구와 서서히 멀어진다고 해서 죄책감을 느끼지 않아도 된다고 말해주세요. 좋아하는 사람, 즐거운 사람과 지내기에도 시간은 늘 부족하고 짧습니다. 친구는 함께 놀며 같이 즐거워야 하는 관계입니다.

고민 017 자꾸 아이를 때린다는 친구, 너도 같이 때리라고 하고 싶어요

친구가 우리 아이를 때렸다고 합니다. 내 아이가 친구를 때리고 오는 것도 속상하지만 맞고 온 것은 부모로서 더 속상하지요. 마음 같아서는 "너도 같이 때려!" 하고 싶은데 그렇게 말하는 건 교육적으로 바르지 않은 것 같습니다.

친구가 괴롭힌다면 결코 가만히 있어서는 안 됩니다. 하지 말라고 강하게 표현하고, 담임선생님께 도움을 청해야 합니다. 그리고 이럴 때 유용한 '미움의 기술'을 알려주세요.

신문 기사에서 봤던 글 중에 너무 인상 깊어서, 나중에 제 아이에게도 알려주려고 메모를 해두었던 글입니다.

"엄마 생각에는 말이야. 미움이라는 감정은 똥이랑 비슷한 거 같아. 인간이 살아있는 한 똥은 계속 생겨나. 그걸 막을 순 없어. 그렇다고 똥을 아무 데서나 막 누면 안 되겠지? 그럼 온갖 데 다 튀고 냄새가 날 거 아냐? 네가 급하다고 해서 다른 사람한테 네 감정의 오물이 튀게 할 권리 같은 건 없어. 누가 밉다고 다른 사람한테 흉보고 같이 미워하자고 하는 짓은 절대 안 돼. 폭력이야. 하지만 똥을 참으면 배가 아프고 신경이 쓰여서 다른 일에 집중할 수가 없는 것도 사실이잖아? 그러니까 조용히 재빨리 누고 깔끔하게 처리하고 오는 게 좋아. 그래야 편안한 속으로 맛있는 것 또 먹고 즐겁게 하루를 보낼 수 있으니까."

잠시 고개를 끄덕이던 아이가 역시나 가장 취약한 지점을 공략했다. "그런데 어디 가서 눠? 미움이 똥이라면 화장실은 어디야?" 또다시 "음"을 반복하다 나는 그만 정답과 비슷한 것을 얼결에 말해버리고 말았다. "네 마음! 네가 좋아하는 것에 집중하고 즐거워하는 네 마음. 네 마음이 의미와 보람을 찾으면 미움 같은 건 금방 잊어먹게 돼. 그렇게 잊고 있다 보면 싫어하던 친구의 좋은 점을 자연스럽게 발견할 수도 있고!"

<2017.12.11. 한국일보>

사람이 사람과 함께하면서 항상 좋을 수는 없습니다. '미움'이라는 감정은 똥처럼 필연적입니다. 하지만 그렇다고 아무 데나 배출하면 상처를 받는 사람이 분명히

생깁니다. 그렇다고 속으로 끌어안고만 있으면 자신에게 상처로 돌아가지요. 아이가 더 나은 친구 관계를 가꾸어 나가기 위해서는 친구 관계 속에서 자신을 보호하는 방법을 알아야 합니다. 더불어 '미움'이라는 감정을 잘 처리하는 방법도 꼭 알아야 합니다. '미움'이라는 감정이 나쁜 것이 아니라 당연하단 것을 알려주고, 부정적인 감정이 생겼을 때 그 감정을 처리하는 나만의 방법을 찾아볼 수 있게 해주세요. 복수심에 때리라고 가르치는 건 당장의 분노 표출이 될 뿐 근본적인 해결은 되지 못하니까요. 부모님만의 방법이 있다면 그 방법을 알려주어도 좋습니다. "한숨 자고 일어나면 엄마는 훨씬 좋더라. 엄마가 좋아하는 책을 집중해서 보고 나면 다시 기분이 좋아지고 말이야. 속상하고 친구가 미운 마음을 엄마한테 말해줘도 돼" 이렇게 말이에요.

고민 018 친구 관계에 어려움이 많습니다. 전학을 시키는 게 나을까요?

친구 관계가 어느 정도로 좋지 않은가부터 생각해봐야 합니다. 근본적으로 친구와 관계 맺는 방식이 문제라면 전학을 가도 다시 비슷한 문제에 빠질 수 있습니다. 또, 전학은 아이들에게 '다양한 적응 능력을 요구하는 생활 사건'이기 때문에 적응하는 일 자체가 또 다른 어려움이 될 수 있다는 걸 알아야 합니다.

일단 내 의견을 표현하는 연습부터 해보세요. 친구 관계란 결국 아이가 선택하는 것입니다. 아이의 친구 관계에 있어 부모님이 해줄 수 있는 부분은 생각보다 많지 않아요. 만약에 새 학년이 된다면, 연습과 결심을 통해 그동안의 방식과 다른 방법으로 친구들을 대해보게 합니다. 그런데 친구들에게 기존 이미지가 이미 너무 각인되었고, 아이가 노력해도 바뀌지 않는다면 그때 전학을 고려하는 건 어떨까 싶습니다.

고민 019 아이가 질투심이 많아요 vs 다른 아이가 우리 아이를 질투하고 괴롭힌대요

질투심으로 인해서 다른 친구를 괴롭히거나 무리를 주도해서 한 친구를 따돌리는 경우는 특히 여자아이들 사이에서 많이 일어납니다. 질투는 여자아이들의 친구 관계 속 핵심 감정입니다.

질투심이라는 건 곧 결핍감입니다. 보통 내가 결핍된 것을 가진 사람에게 질투라는 감정을 느끼죠. 내 아이가 질투심이 많다면 결핍감이 크다는 겁니다. 결핍감이 큰 건 객관적으로 봤을 때 부족해서일 수도 있고 만족의 기준점이 높아서일 수도 있습니다.

✎ 질투가 많은 아이, 결핍감을 채워주세요

질투심이 늘 나쁜 것은 아닙니다. 긍정적으로 작용한다면 질투를 갖게 하는 그 사람을 닮기 위해 노력을 하게 되고 내가 더 나아지는 동기가 될 수도 있습니다. 그런데 질투심이 너무 과하거나 크면 긍정적인 역할의 범주를 벗어납니다. 나를 더 힘들게 하죠. 질투심이 많다면 우선 그 결핍감을 채워야 합니다.

내 아이가 질투를 많이 하는 아이라면 부모님이 느끼는 긍정적인 감정을 최대한 많이 공유해주세요. 아이가 얼마나 소중한 존재고 장점이 많은지를 계속 알려주는 겁니다. 엄마 아빠가 만족감을 자주 보여주는 것도 중요합니다. 혹 부모님이 질투심이 많은 편이라면 나의 결핍감이 무엇인지 생각하고 채우려 노력해야 합니다. 아이에게는 긍정적인 모습을 많이 보여주는 게 좋습니다.

✒ 질투를 받는 아이, 미움의 감정을 알려주세요

반대로 누군가 내 아이를 질투해서 괴롭히는 경우도 있을 겁니다. 우리 아이가 그 아이의 결핍감을 자극하고 있는 거죠. 무엇 때문인지 이유를 알아도 아닌 척하기도 힘듭니다. 질투심은 그 아이의 문제이기 때문에 이유를 내 아이가 어떻게 할 수 없는 문제니까요. 그럴 땐 서서히 그 아이와 멀어질 수밖에 없습니다. 결핍감을 자극하는 관계라면 계속 관계를 유지할 필요가 없다는 뜻입니다. 그러고 나서 우리 아이의 마음을 챙겨주세요.

"네가 누군가를 미워할 수도 있고, 누군가가 너를 미워할 수도 있어. 그렇다고 네가 소중한 존재가 아닌 건 아니야" 미워하는 감정이 있을 수도 있다는 것을 인정하는 것에서 시작해야 합니다. 근본적인 해결은 그 아이의 결핍감이 채워지고 성장해야 가능한 것이기 때문에, 우리 아이의 다친 마음을 챙겨주는 것이 가장 우선입니다. 다른 사람의 결핍으로 인한 괴롭힘으로 아이가 스스로를 미움받는 존재로 인식하지 않게 해주세요.

괴롭혔다가 친한 척했다가 하는 친구에게 상처를 받아요

저희 아이를 째려봤다가 갑자기 친한 척하고, 시험 칠 때 답을 가르쳐달라고 하다가도 다른 아이들한테는 저희 아이와 절교했다고 자랑하듯이 말하고 다닙니다. 그 아이 엄마에게 얘기해 봤지만 답이 없더라고요. 학교도 가기 싫고 그 애 얼굴이 떠올라 너무 힘들다고 하네요. 담임선생님께도 말씀드렸지만, 적극적으로 도와주지 않아요.

사실 친구 문제에 있어 부모님이 해줄 수 있는 일은 생각보다 많이 없습니다. 저학년 때는 아이의 친구 관계에 부모님과 선생님의 개입이 어느 정도 허용되지만 학년이 올라가면서는 아이 본인의 선택과 마음이 가장 중요해집니다. 아이에게 진짜 친구를 분간하는 안목이 생기고 친구와의 갈등을 스스로 해결할 힘이 더욱 생깁니다.

담임선생님도 상대 아이의 부모에게도 다 방법이 없다면, 부모님과 함께 이 시간이 지나가길 기다리면서 다른 친구들과 잘 지내는 수밖에 답이 없긴 합니다. 나쁜 쪽으로 영향력 있는 아이가 주도할 경우 결국 다른 친구들과도 잘 지내기 어려운 경우도 있지만, 고민 14를 참고해서 읽어보세요.

최대한 아이 마음을 보듬고 같이 알아주며, 그 아이에게 반응하지 않으면서 멀어지기를 권합니다. 『체리새우의 비밀글입니다』, 『양파의 왕따 일기』, 『일진놀이』와 같은 책도 추천합니다. 여자아이의 친구 관계에 대해 이해하고 위안받을 수 있을 거예요.

왕따
문제

친구 관계

교과 학습

학교생활

진로와 심리

고민 021 친구들이 아이를 자꾸 거절해요

친구에게 거절을 당한 경험이 없는 사람은 없을 겁니다. 모든 사람과 다 맞을 수는 없으니까요. 오히려 거절당한 경험이 전혀 없다면 그게 더 문제가 될 수 있습니다. 거절이 무서워서 친구에게 다가감을 시도하지 않았거나, 거절이 두려워 남들에게 맞춰주기만 했다는 거니까요.

거절이 나쁜 걸까요? "같이 놀자!" 했더니 "싫다!"고 했다는 친구, "나도 하고 싶어" 했더니 "넌 안 돼!"라고 한 친구 때문에 속상해하고 있는 내 아이는 거절당하면서 커가고 있습니다. 아이가 좌절하지 않고 성장할 수 있게 도와주어야 합니다. "사람마다 잘 맞는 친구가 있고, 호감이 있는 사람이 다른 거야. 그 친구가 거절했다고 해서 네가 소중하지 않은 사람이 되는 건 아니란다. 너 자신이 널 더 사랑해주고 엄마가 널 사랑하면 되지"라고 말해주세요. 거절을 건강하게 받아들일 수 있는 용기를 갖게 해주어야 합니다.

친구의 인정만으로 내 존재의 가치를 결정한다면, 친구에게 내 자존감에 대한 권력을 넘겨주는 것과 다름없습니다. '넌 나와 놀고 싶지 않구나', '나랑 좋아하는 게 다르고 성격이 다른 거구나!' 하고 친구의 거절을 건강하게 받아들이고, 나와 어울릴 다른 친구를 찾아보는 과정도 중요합니다.

그렇지만 아이가 매번 다른 친구들 모두에게 거절을 당하고, 외톨이가 되어 어디에도 끼지 못하는 것 같다면, 친구를 사귀는 과정에서 자연스럽게 나오는 거절이 아닐 수 있습니다. 이때는 아이가 당하는 거절이 어떤 거절인지 잘 살펴보아야 합니다.

교실에서 친구들에게 거절을 당하는 아이들의 경우를 살펴보면, 그 아이와 맞는 친구가 없거나 반 분위기가 유독 그 아이와 맞지 않는 것일 수 있습니다. 친구를 사귀는 방식과 필요로 하는 시기가 어긋난 경우일 수도 있지요. 이 모든 것이 '보편적인 거절'입니다.

하지만 '거절당하는 이유가 따로 있는 경우'도 있습니다. "너는 너 좋은 것만 하잖아, 그래서 싫어!", "너는 지면 울잖아. 그래서 놀면 불편해", "너는 만날 짜증 내잖아"와 같은 거절입니다. 이런 '이유 있는 거절'일 경우는 해결을 위한 노력이 따로 필요합니다. 부모님이 어떻게 도와줄 수 있을지 함께 생각해보는 것이 좋겠습니다.(고민 3의 친구 사귀기 모형을 참고하세요.)

고민 022 아이가 친구들에게 따돌림을 당해요

아이가 따돌림에 관한 고민을 부모에게 털어놓는다는 것은 그래도 다행인 일입니다. 아이는 커갈수록 친구에게 따돌림을 당하거나 괴롭힘을 당한다는 사실을 말하기 부끄러워합니다. 때문에 그런 일을 겪고 있지 않은지 잘 살펴보아야 해요.

따돌림의 기준은 가해자보다 피해자의 입장이 우선합니다. 사소한 일로 시비를 걸고 약을 올리는 별명을 부르거나 욕을 하는 등 적극적이고 공격적인 따돌림과 말을 걸지 않고 상대를 하지 않거나 물어봐도 대답하지 않고 쳐다보지 않는 수동적인 따돌림은 모두 명백한 따돌림입니다.

아이가 따돌림을 당할 때는 먼저 원인을 생각해봅니다. 따돌림을 시키는 아이가 문제 있는 경우, 따돌림을 당하는 아이가 고쳐야 할 부분이 있는 경우, 사람이 살면서 겪는 자연스러운 갈등의 일종인 경우 등이 있어요. 이 중 어떤 경우인지 생각해 보세요.

- 내 아이가 따돌림을 시키는 아이일 경우에는 고민 24를 살펴보세요.
- 아이의 친구가 따돌림을 시키는 경우, 남의 아이를 고치는 것은 불가능합니다. 우리 아이를 따돌리지 않게 시도해볼 방법으로 고민 11을 살펴보세요.
- 내 아이에게 원인이 있는 경우, 고쳐보려 노력할 수 있는 부분은 아이와 함께 노력해보세요.

따돌림을 당하는 아이가 문제인 경우는, 도드라지는 가해자가 없지만 반 전체가 아이를 피하면서 따돌리는 양상이 나타납니다. 한번 '왕따'의 이미지가 자리 잡혀 낙인찍히게 되면, 학년이 올라가도 따돌림을 계속 당하는 경향이 있으니 나쁜 습관이 있다면 빨리 바꿔주는 게 좋습니다. 혹시 다음과 같은 행동이 아이에게 있는지 살펴보세요.

- 잘난 척하고 다른 친구를 무시한다.
- 자기 의견을 제대로 말하지 못한다.
- 자신감이 없고 말을 어눌하게 한다.
- 삐치거나 우는 것으로 해결하려고 한다.
- 감정 조절을 못해 쉽게 화를 낸다.
- 외모나 옷차림이 청결하지 못하다.
- 친구들의 또래 문화에 너무 동떨어져 있다.
- 아이가 또래에 비해 너무 어리다.
- 자신감이 없다.

- 고자질을 너무 많이 한다.

- 둔하고 센스가 떨어진다고 느껴진다.

고칠 수 있는 부분은 아이와 함께 대화하면서 고치도록 노력해보세요. 인지하고 의식적으로 노력하면 분명히 나아집니다.

또래보다 너무 어리거나 또래 문화에 너무 동떨어진 느낌이 들고, 센스가 부족하다면 친구들과 어울리는 시간을 확보하고, 부모가 아이를 과보호하는 것을 줄이면 나아집니다. 즉 부딪히고 깨져보면서 성장한다는 것이죠. 감정 표현이나 갈등 해결 방법에 문제가 있는 경우는 고민 8을 참고하세요.

고민 023
학교폭력심의위원회의
도움을 받고 싶어요

학교폭력이 접수되면 학교 소속 '학교폭력 전담기구'를 통해 피해 학생 보호와 사안 조사 방법을 협의한 후, 객관적이고 공정하게 조사합니다. 조사과정에서 학생과 보호자에게 확인서를 받고 학교폭력 사안에 대한 학생과 보호자의 요구사항에 대해 확인합니다. 학교폭력 전담기구는 학교폭력 신고부터 사안 조사를 거쳐, 학교장 자체해결로 종결할지, 학교폭력심의위원회로 보낼지 결정합니다.

교육지원청에서는 학교폭력심의위원회를 개최하기 위한 심의 일정이 잡히면 등기우편으로 심의위원회 개최 사실을 통지합니다. 보호자는 직접 학교폭력심의위원회에 참석하여 의견을 진술하거나, 서면으로 제출할 수 있습니다. 자녀와 동석 여부는 자녀와 협의하여 결정하면 됩니다. 실제 심의 과정에서는 피해자와 가해자가 분리되기 때문에 마주칠 일은 없으니, 그런 점은 걱정하지 않아도 됩니다.

학교폭력심의위원회는 학교폭력에 전문성을 갖춘 공정한 위원들입니다. 학교폭력 업무 전담 장학사, 교원, 변호사, 경찰관, 지역 학부모위원, 각종 전문가들로 구성됩니다. 학교폭력 업무의 경험이 풍부한 위원들이 공정하고 전문적으로 심의합니다.

✎ 가해학생의 학교생활부 기록부 기재는 어떻게 되나요?

학교폭력 가해학생에 대한 조치사항에는 피해학생에게 서면으로 사과하거나, 학급 교체를 하거나 전학을 가는 등이 있습니다. 졸업 후 2년 뒤 삭제가 원칙이지만, 졸업 전 학교폭력 전담기구의 심의를 통해 학생의 반성 정도와 긍정적 행동 변화의 정도를 고려하여 그 전에 삭제할 수도 있습니다.

학교폭력예방법에 의해 가해학생에게 내려진 조치 정도에 따라 학교생활기록부에 기재된 내용이 즉시 삭제되기도 하고, 졸업 후 또는 졸업 후 2년 뒤 삭제가 가능하기도 합니다.

아이가 따돌림 가해자입니다

우리 아이가 다른 친구를 괴롭히거나 따돌렸다는 사실을 알게 되었다면, 먼저 아이와 이야기를 나누고 사과해야 할 부분에 대해서 바로 사과를 하도록 해야 합니다. 아이의 교육을 위해서 책임지는 과정을 아이와 함께하세요. 담임선생님을 통해 피해자 아이의 전화번호를 알아낸 후, 연락하여 사과하세요. 상대방의 이야기를 잘 경청하고, 피해자 쪽에서 속상한 마음을 강하게 표현할지라도 최대한 진정성 있게 사과해야 합니다. 또한 피해가 발생한 부분에 대해서는 잘 조율하여 보상합니다. 무조건 가해자인 아이를 혼내기보다 이 상황을 책임지는 과정을 보여줌으로써 스스로 잘못을 깨닫도록 도와주는 것이 중요합니다.

아주 작은 장난에서 시작해서 일이 커져 학교폭력이 되기도 하지만, 따돌림을 주도한 아이의 정서적 결핍이 폭력적인 행동으로 드러나기도 합니다. 다른 사람에게 힘과 위협으로 자기주장을 내세우거나, 다른 친구들에게 자기 뜻을 억지로 관철하고자 하는 아이는 주목받고 인정받기를 좋아하지만, 부모로부터 인정받지 못한 경우가 많습니다. 이렇게 정서적 결핍을 가진 아이는 친구들 사이에서 주류가 되거나 다른 친구를 괴롭힘으로써 자신의 힘을 과시하고 인정받으려고 합니다.

✎ 아이가 왜 가해자가 되었는지 한번 생각해보세요

혹시 평소에 엄하고 강압적인 방향으로 전달된 부모의 양육 방식이 다른 아이를 지배하고 공격하는 행동으로 나타난 것은 아닌지, 아이를 충분히 인정하거나 수용하지 못했던 것은 아닌지 돌아보세요. 피해자 아이의 어떤 부분이 가해자인 아이의 결핍을 자극했던 것인지 생각해보고 '결핍'된 부분을 채우기 위한 정서적인 노력도 필요합니다.

고민 025
5학년 남자아이, 학기 초부터 계속 은따예요

따돌림은 언제고 큰 문제지만, 저학년 때의 은따와 고학년 때 은따는 차이가 있습니다. 저학년일 때는 생일 파티 등의 이벤트, 엄마들끼리 어울리며 만나게 하거나, 선생님이 분위기를 만들어주는 것만으로 도움이 되지만 고학년이 되면 그런 해결 방법이 통하지 않기 때문입니다. 고학년 아이들은 담임선생님께 도움을 요청하는 것이 좋습니다. 아이가 혹시 친구 관계에 문제가 있는지, 은따를 당해서 힘들어하는 상황을 솔직히 상담하는 게 필요합니다.

✏ 반 분위기에 따라서도 달라요

남자아이 중에서도 분위기를 주도하는 친구들이 있습니다. 은따를 당하는 아이는 거기에 끼지 못한 거죠. 끼지 못하기만 했다면 괜찮은데 친구들이 은근히 무시하는 겁니다. 고학년 남자아이들 사이에서 무시를 당하는 아이는 보통 자기주장이 약하고, 또래 친구들에 비해 어리거나, 느리거나, 자신감이 없는 경우가 많습니다.

제가 담임을 하면서 저희 반과 옆 반의 분위기를 비교하기도 하지만, 전담 교사를 하면 한 과목을 7~8개 반에서 가르치게 됩니다. 더 많은 반을 비교할 수 있는 위치가 되죠. 같은 학년이라도 반마다 분위기가 어쩌면 그렇게 다른지. 유독 착하고 순하면서 어린 애들이 많은 반이 있어요. 그렇게 순한 반을 맡으면 일단 수업 분위기가 차분한 편입니다. 아이들이 서로 배려해주며, 누굴 괴롭히거나 무시하는 일들이 없습니다. 그런데 어떤 반은 아이들이 유독 세고, 성숙하고 빠릅니다. 성숙하고 기 센 애들이 모여 있는 거죠. 같은 내용을 가르쳐도 전혀 반응이 다릅니다.

성숙하고 센 아이들이 모여 있는 고학년 반에서는 남자아이들이 불쑥 성적인 얘기를 꺼내기도 해 선생님을 당황하게 하기도 합니다. 또래 문화에 영향을 많이 받는 시기에, 이런 반에서 기가 센 아이들은 자기들끼리 재미있죠. 시너지 효과가 나서 혼자 있을 때보다 더 강해집니다. 그런데 이 반 안에서 또래보다 어리고, 약한 아이는 무시당합니다. 이 분위기를 조금이라도 흩뜨려놓으려면 담임선생님의 개입이 강하게 들어가야 합니다. 반의 소속감을 강조하고, 학생들 하나하나의 장점을 계속 이야기하면서 친구들 사이에 존재감을 만들어주면 그나마 조금 나아집니다. 그래도 아이들 사이의 묘한 관계는 크게 변하지는 않습니다.

✏️ '나 자신'과 잘 지내며 버티는 게 나을 수도 있습니다

이미 한 학기를 모두 지나 보낸 2학기. 그동안 은따를 당했는데 인제 와서 아이가 뭔가 해보려고 해도 친구들 반응이 그리 좋지는 않을 겁니다. 아이는 오히려 무기력함과 좌절감을 느낄 거예요. 아이는 지금 은따를 당하고 있는 현실보다 그 친구들 관계에서 뭔가 노력을 한다는 것 자체가 더 힘들 수 있습니다. 아이가 학교 밖에서, 학원이나 다른 곳에서라도 친구를 사귀어 지내고 있다면 다행이지만 혹시 다른 곳에서도 은따를 당하고 있다면 아이의 자신감을 키워주는 게 제일 먼저입니다. 운동이든 공부든 아이가 잘할 수 있는 강점을 찾아서 그걸 키워가며 자신감을 찾아가는 노력을 해보는 거예요. 친구들이 은따를 시키는 것에 스트레스를 받으며 에너지를 소진하지 말고, 그냥 나 자신을 키우는 데 에너지를 쓸 수 있도록 도와주세요. 물론 쉽지는 않을 겁니다. 어른들도 힘든 일이죠.

"친구 관계란 게 사실 별거 아닐 수도 있어. 나중에 사회에 나가서는 누가 잘될지 모르는 거야. 네가 혼자서도 재미있게 놀며 시간을 보내고, 자신감 있으면 친구들이 무시 못 해."

친구 관계를 보는 시각을 넓혀주고, 주눅 들지 않게 해주세요. 내가 자신감 있고 좋은 사람이 되어 있으면 타이밍만 다를 뿐 친구가 나타납니다. 그때까지 부모님이 좋은 친구가 되어주세요.

따돌림으로 너무 힘들어해요

도저히 나아지지 않는 상황 때문에 힘들다면, 기간을 한정해 놓고 자신의 감정을 통제하는 방법을 생각해볼 수 있습니다. 제가 학교에 다니며 몇몇 친구에게 소외당했을 때 했던 생각, 그리고 지금 힘든 시기를 겪고 있는 아이들과 부모님께 해주고 싶은 말이 『교실 카스트』라는 책에 나와 있어서 실어보겠습니다.

학교를 영원히 다니는 것은 아닙니다. 전체 평균 수명을 놓고 보면 시시하고 하찮은 것이라는 자세로 생활해보는 것입니다. 지금의 인간관계가 일생동안 계속되는 것으로 착각하지 말아야 한다는 것입니다. 새 학교에 가거나 사회생활을 시작하면 인간관계를 일단 리셋할 수 있습니다. 아무리 힘들어도 절대적으로 이곳에서 참고 견디지 않으면 안 되라는 것은 없습니다. 어디까지나 학교에서의 인간관계라는 것은 기간이 한정된 것이라는 것을 잊어서는 안 됩니다. 지금은 학교가 여러분의 생활에서 큰 비중을 차지하므로 모든 것이 심각하게 느껴지겠지만 학교를 떠나 세월이 지나면 긴 인생 중에서 찰나에 불과한 시간이었다고 느끼게 될 것입니다.

제가 가져온 문단은 '자신의 마음가짐을 다르게 해보자'는 것으로, 근본적인 대책이 될 수는 없지만 제가 꼭 전하고 싶은 이야기입니다. 일종의 회피로 보일 수도 있겠지만 어쩌면 가장 현실적인 대책일 수도 있습니다.

우리는 흔히 '학교에 잘 적응 못 하는 사람은 사회에서도 역시 적응하기 힘들다'라고 말합니다. 하지만 저는 학교보다 인간관계가 복잡한 곳은 없다고 생각합니다. 학교는 같은 나이대의 정말 다른 아이들, 정말 감정적이면서 스트레스가 큰 아이들을 좁은 공간에 모아놓은 폐쇄적인 곳입니다. 그 어느 곳보다 까다롭고 힘든 공간일 수 있어요.

당장 해결하지 않아도 됩니다. 이것조차 해결하지 못하면 앞으로 만나는 세상에서는 더 힘들 거라 겁주지 마세요. 학교에서의 일이 전부가 아니라는 것을 알려주세요. 학교 밖에 나오면 전혀 다른 인간관계가 또 펼쳐지잖아요? 정말 별일이 아닐 수도 있습니다. 지금의 고난을 지나 보낼 힘이 필요한 우리 아이에게 그런 이야기를 꼭 들려주셨으면 좋겠습니다.

아이가 카톡 왕따를 당했습니다

스마트폰 사용이 일상화 되면서 인터넷 공간에서 펼쳐지는 따돌림 또한 많아졌습니다. 제가 직접 상담하거나 저희 교실에서 일어난 일만 해도 다양합니다. 한 아이를 욕하는 인터넷 카페를 만들어 친구들을 회원으로 가입시킨다거나, 그 아이를 놀리거나 욕하고 괴롭히는 영상을 만들어 유튜브에 업로드를 하기도 하고, 단체 채팅방에 그 아이를 초대해놓고 그 아이에 대한 욕을 하는 등 잔인함이 상상을 초월합니다.

이런 일이 발생했을 때는 감정적으로 즉각 대응하며 화가 가라앉지 않은 상태에서 메시지를 보내거나 글을 올리기보다, 일단 증거자료를 확보하는 것이 중요합니다. 그 후 고민 11과 고민 23을 참고해 아이의 마음을 보듬고 다음 단계의 할 일을 하는 게 좋겠습니다.

담임선생님께 도움을 요청한 후, 담임교사가 가해자, 가해자의 부모와 상담하고 사과할 수 있도록 하는 것이 좋습니다. 심할 경우 학교폭력심의위원회의 도움을 받으세요.

부모의 역할

친구 관계

교과 학습

학교생활

진로와 심리

엄마들 모임에 가지 못해
아이가 친구를 못 사귀면 어쩌죠?

고민
028

선생님, 저는 워킹맘이라서 애들 친구 엄마들끼리의 모임에 끼지 못해요. 원래도 우르르

몰려다니는 것을 싫어하고요. 친구 엄마들끼리 있는 모임에 끼기 싫은데 아이 때문에 걱

정이에요.

이런 고민을 정말 많이 듣습니다. 1학년에 갓 입학했을 때부터 한 해 뒤인
2학년 정도까지 엄마들 모임이 활발합니다. 처음 시작한 아이의 학교생활에 관심
도 많고, 아이 혼자 할 수 있는 것이 적어 엄마의 손길을 필요로 하기 때문이기도
하죠. 만약 전학을 가려면 엄마들 모임에 끼기 위해서라도 1학년이 시작되기 전 가
야 한다는 이야기도 있을 정도예요. 하지만 그렇게 해주지 못하는 상황에 놓인다면
엄마는 속상할 뿐입니다. 괜히 나 때문에 아이가 친구들과 어울리지 못하는 건 아
닌가, 외로워지는 건 아닌가, 말이에요.

✎ 친구의 발달 단계

고민 1에서 친구를 선택하는 요인에 관해서 이야기했습니다. 그와 연결해서 이번
엔 초등학생의 친구 발달 단계를 정리해보겠습니다. 크게 세 단계로 생각할 수 있
어요.

보상 - 대기 단계 (1~2학년 경)	가까이 살고, 멋진 장난감이 있고, 내가 좋아하는 방식으로 놀아주는 상대를 친구라고 생각하는 단계
규범 단계 (3~4학년 경)	규칙을 지키면서 서로 돕고 협동하며 싸우지 않는 상대가 친구라고 생각하는 단계
감정이입 단계 (5~6학년 경)	관심사가 유사하고, 서로 적극적으로 이해하려 노력하며 자기를 노출하고 그것에 귀 기울여 긍정적으로 이해하는 상대를 친구라고 생각하는 단계

이렇게 친구의 의미는 학년별로 조금씩 달라집니다. 3학년 정도까지는 친구들 사이에 지켜야 할 규범에 대해서 잘 인식하고 있고, 부모님이나 선생님 말씀도 잘 듣는 편이기 때문에 고자질이 굉장히 많습니다. 아직 친구들 사이에서 서열 정리도 되어 있지 않아 위계 다툼이 계속되기 때문이기도 합니다. "선생님! 쟤가 뭐 해요!", "선생님, 얘가 어떻게 했어요!" 하는 고자질이 시도 때도 없이 이어집니다.

하지만 4학년 이후가 되면 내가 친구의 잘못을 선생님께 일러서 느끼는 통쾌함보다 친구들 사이에서 눈총을 받기 싫은 마음이 더 강해집니다. 그래서 고자질을 하지 않아요. 어느 정도 서열도 정리가 되면서 '쟤는 내가 건드리지 않아야 할 상대', '쟤는 나랑 안 맞는 상대' 등의 데이터가 생기기도 합니다. 오히려 친구들 간의 눈에 보이는 갈등은 현저히 줄어듭니다.

아이들이 어리면 선생님한테도 잘 이르고, 다툼도 눈에 보이게 하는 경우가 많기 때문에 오히려 갈등이 더 잘 보이지만, 고학년이 되면 자기들끼리 다툰 후 선생님께 이르지 않고 묻어버리기 때문에 교사로서 눈을 더 부릅뜨고 교실 안에서의 친구 관계를 관찰해서 도움을 주어야 합니다.

✏️ 엄마 모임보다 더 중요한 것

친구를 선택하는 요인이나 친구의 발달 단계를 보았을 때, 아이가 저학년일 때는 엄마끼리 친하면 아이들도 친해질 수 있습니다. 접근성이 높아지니까요. 하지만 학년이 올라가면서는 이야기가 달라집니다. 자기들끼리 통하는 게 있어야 친해질 수 있습니다. 아무리 엄마들끼리 친해도 아이들이 맞지 않으면 친해지지 않는 거죠.

따라서 결국에는 서로 잘 통하고 좋아하는 친구와 어울리게 됩니다. 엄마가 모임에 들어가서 친구를 맺어주든 맺어주지 않든, 결국은 아이에게 달려 있다는 이야기입니다. 아이가 학교에서 잘 지내고 있다면 미안해하지 마세요. 친구 관계에 어려움을 겪고 있다면, 주말을 이용해서 친구들을 초대해봐도 좋고, 그것이 힘들다면 공식적인 캠프 같은 것을 활용해봐도 좋습니다. 아무것도 해줄 수 없다 해도 괜찮습니다. 규칙 지키기, 내 의견 표현하기 등을 연습하면서 학년이 올라가면 점점 좋아지니까요. 엄마의 '인싸력'과 아이의 '인싸력'은 전혀 별개의 문제입니다. 내 아이를 믿으세요.

부끄러움이 많은 아이, 친구 사귀는 걸 도와줘야 할까요?

> 아이가 집에서 혼자 퍼즐이나 레고만 하려고 해요. 집 앞 놀이터에 나가서 노는 것조차
>
> 싫어해서 친구 사귀기에 어려움을 겪고 서툴러 해요.

이런 고민도 많이 합니다. 혼자 놀기를 진짜 좋아하는 아이들도 있지만, 친구들과 함께 놀고 싶어 하는 게 눈에 보이는데 "친구랑 같이 안 놀 거야. 혼자 놀 거야" 하는 경우도 있습니다.

'아이가 내향적이고 부끄러움이 많아서 친구가 별로 없지만 아이가 딱히 힘들어 하지 않아요' 하고 아이의 친구 관계가 아이의 사회적 욕구와 간극이 크지 않다면 고민 5처럼 친구를 사귀는 임계점이 넘을 때까지 기다리는 것이 좋습니다.

하지만 놀고 싶어 하는데 용기가 없고 불안도가 높은 경우라면, 이때는 부모가 개입해 도와주어도 좋습니다. 왜냐하면 어릴 때는 친구를 사귈 때 접근성의 영향을 받으니까요. 부모의 도움이 영향을 미칠 수 있습니다. 물론 좀 더 자라면 힘들어집니다. 생각해보세요. 고학년 되었는데 옆에서 엄마가 계속 함께 말을 걸고 같이 있으면 어떨까요? 그건 도움이 아니라 친구들한테 소위 말하는 '찐따'로 낙인찍히는 계기가 될 수도 있습니다.

부모가 나서서 친구를 만들어주는 것은 저학년 때까지 효과가 있습니다. 그렇다면 부모님이 어떤 도움을 줄 수 있는지 구체적인 방법 네 가지를 살펴보겠습니다.

✎ 부모님이 같이 있어 주세요

아이가 놀이터에 나가기 싫다고 합니다. 잘 모르는 친구들 사이에서 먼저 다가가서 놀자고 말을 붙이는 상황이 불편하고 부담스러운 거죠. 그때는 부모님이 같이 나가서 내 아이가 다른 아이와 말을 할 수 있게 도와주고 주변에 계속 있어 주는 것이 좋습니다. "안녕, 너는 몇 학년이니? 우리 애랑 동갑이구나. 혼자 놀고 있었어? 넌 몇 반이야?" 이런 식으로 부모님이 먼저 대화를 터주는 거예요. 그리고 아이도 한 마디해보게 하고요. 그 후로 아이의 노력을 인정해주세요. "아까 모르는 친구랑 말했지? 힘들 수도 있었을 텐데 잘했어"라고요. 이러한 과정은 아이에게 좋은 친구 사귀기의 경험이 됩니다.

✎ 학교 밖에서 친구들과 어울리는 경험을 만들어주세요

저학년인 경우 엄마 친구의 아들과 딸, 엄마가 만들어준 친구와도 금세 친해질 수 있다고 말씀드렸습니다. 평소 부끄러움이 많고 친구를 사귀기 어려워한다면 내 아이와 잘 맞을만한 아이와 친구를 만들어주는 것도 좋습니다. 그런 경험들이 쌓여야 엄마의 도움 없이도 친구에게 다가가는 것을 할 수 있게 됩니다. 아이의 친구 가족과 캠핑을 하러 간다거나, 집에 친구를 초대해 익숙한 공간에서 친구를 사귈 수 있도록 해주는 것도 좋습니다.

✎ 집에서 역할 놀이를 해보세요

학교에서 새 친구에게 다가가기를 힘들어한다면 엄마가 아이의 친구 역할을 하는 역할 놀이를 통해 연습해보는 것도 좋습니다. 엄마와 한 친구 사귀기 연습을 학교에 가서 연극을 하듯 다시 반복해보도록 하는 것입니다. 불안도가 높은 아이들은 시뮬레이션을 통해 상상의 경험을 하면서 불안도를 낮출 수 있습니다.

✎ **아이가 친구를 만나는 상황에서 섬세한 배려를 해주세요**

내향적인 아이들은 무리에 합류하는 것을 어려워할 수 있습니다. 친구들과 모임을 할 때, 아이가 먼저 도착해 친구들이 차차 합류하는 상황을 만들어주는 게 좋습니다. 친구들이 모두 모여 있는 상황에서 아이가 들어가는 것보다 훨씬 편하게 상황을 받아들일 수 있기 때문입니다. 친구의 생일 파티가 있다면 좀 서둘러 아이가 먼저 가 있는 게 좋겠죠. 생일 파티가 어떻게 진행될지 아이와 상상해보면서 "민희야, 생일 축하해 하고 말하면서 생일 선물을 전해주렴", "노래를 부르고 민희가 초를 불면 선물을 주자"처럼 어떻게 생일 축하 메시지를 전달할 것인지 이야기해보세요. 친구와 어울릴 상황을 미리 머릿속으로 그려보고 갈 수 있도록 도와주는 것입니다.

이런 경험들을 통해 다른 친구들과 놀 때의 불안감이 줄어들고 사회적 기술도 배워갈 수 있습니다. 친구에게 먼저 다가가서 사귀는 것에 두려움이 크기 때문에 그 경험을 자꾸 해보는 노력이 필요합니다. 경험이 쌓이면 조금씩 두려움이 줄어듭니다. 용기가 필요한 순간에 스스로 용기를 내기도 할 거고요. 커가면서 자신만의 노하우도 생겨 조금 더 수월하게 친구를 사귈 수 있을 거예요.

딸의 친구 관계에 대해 꼭 알아야 할 것이 있을까요?

아이들은 가족이라는 울타리 안에서 머물다가, 사춘기가 되면서 부모와의 관계가 소원해지고 친구들과의 관계가 끈끈해집니다. 특히 고학년 여자아이들에게 친구는 아주 중요하기 때문에 친구와 사이가 나빠지면 크게 상처를 받습니다. 가족들과 멀어진 상태에서 친구와도 틀어지면 어디에도 소속되지 못할지 모른다는 두려움을 갖고 있지요. 딸을 둔 부모의 경우 이런 점에서 친구 관계에 더욱 신경이 쓰일 수밖에 없습니다. 여자아이들의 친구 관계에는 어떤 특징이 있을까요?

✎ 은밀하고 복잡한 여자아이의 친구 관계

여자아이들은 친하게 지내다가도 어느 순간, 무리 내에 다른 무리를 지어 친한 친구를 괴롭히곤 합니다. 치고받고 싸우거나, 나보다 서열이 낮은 친구에게 강하게 대하는 것으로 갈등을 만드는 남자아이들과 달리 안 그런 척하면서 오늘의 가장 친한 친구가 내일의 적이 되고, 오늘의 적이 내일의 친구가 되기도 하는 게 여자아이들이죠.

여자아이들의 친구 관계는 교실에서도 지속적인 관찰이 필요합니다. 겉으로는 아무 문제없어 보이지만 자세히 보면 은밀하게 괴롭히고 있는 경우가 많기 때문입니다. 왜 그럴까요? 여러 이유가 있겠지만 그중 학자들이 지목하는 하나의 이유는 우리 사회가 무의식적으로 여자는 얌전해야 하고 여성스러워야 하고 비폭력적이어야 한다고 강요하기 때문이라는 겁니다. 착한 사람이 되고 싶은 여자아이는 불만족과 분노를 표출하는 방법으로 간접 공격을 선택하는 거죠.

✎ 여자아이들의 가장 큰 특징, 무리 짓기

단체 생활을 하다 보면 모두가 다 같이 친하게 지내기는 쉽지 않습니다. 직장 생활 속에서도 특별히 더 친한 사람도 있고, 덜 친한 사람도 있죠. 무리를 짓는 것은 어떻게 보면 당연한 일입니다. 하지만 성숙해지면서 우리는 자신과 덜 친한 사람까지도 소외시키지 않고 함께 어울리는 방법을 배워갑니다. 초등학교와 중학교 시기는 그 방법을 배워가는 때입니다. 따라서 아이의 도덕성과 사회성이 완전히 성숙하지 못하고 발달하는 중이기 때문에 무리로 인해서 문제가 될 때가 있습니다.

아이들은 왜 무리를 지을까요? 아이들에게 같은 무리라는 것은 학교생활에서 자기들의 지지자이자 울타리의 의미가 되기도 합니다. 또래 집단과 무리를 지으면서 소속감을 느끼고 학교생활에 더 자신감을 느낍니다. 여학생들이 무리를 더 많이 짓지만, 남학생 역시 무리 짓기를 합니다. 하지만 여학생들보다는 결속이 덜해서 다 같이 놀았다가, 축구를 할 때는 마음 맞는 친구를 찾았다가, 모둠 과제를 할 때는 또 그에 맞는 친구를 찾았다가 합니다. 남학생들의 무리는 여학생들만큼 견고하지는 않은 거죠.

여학생들의 무리는 학기 초 탐색기를 거친 후, 자기들끼리의 경험이 쌓이면서 서서히 무리가 형성됩니다. 한번 만들어진 무리는 굳어져 잘 변하지 않죠.

처음 무리가 만들어질 때, 일단 접근성이 많은 영향을 미칩니다. 학기 초 자리 배치를 통해 우연히 근처에 앉은 친구, 급식 시간에 우연히 마주 보고 앉은 친구가 있다면 쉬는 시간과 점심시간에, 특별실로 이동하면서 함께 시간을 보내는 경우가 많습니다. 어색하고 불안한 때에 한 번이라도 말을 건네 본 아이와 서로 의지하는 거죠. 이때 특별히 갈등이 없고, 내가 이 친구와 어울려도 내 명예에 손색이 없겠다 싶으면 친구가 됩니다. 그리고 그 둘을 중심으로 다른 친구들이 불어나며 무리가 만들어집니다.

유사성도 영향을 많이 미칩니다. 같은 아이돌을 좋아하거나, 꾸미는 것을 즐기거나, 좋아하는 유튜브가 같거나 운동을 좋아하거나 하면 친해집니다. 처음 접근성에 의한 무리 짓기에서 배제되었다 하더라도, 유사성이 크면 나중에 무리로 발전하거나 이미 만들어진 무리에 유사성 큰 아이가 추가로 들어가기도 하죠. 접근성으로 만들어진 A라는 무리에 속해 있지만, 유사성이 큰 친구를 만나면 그 친구와 또 다른 관계를 맺기도 합니다. 접근성에 의해 친해진 두 명이 함께 지내다가 수가 너무 적은 것 같다는 생각이 들면, 성격이 무난해 보이거나 유사성이 있는 친구들을 추가하며 5~6명의 무리가 되기도 합니다.

✎ 갈등의 가장 큰 문제, 질투

처음에 친구들이 열심히 탐색하며 무리를 지을 때, 친구에게 관심이 없거나 너무 내향적이거나 부끄러움이 많아서 누군가 다가왔는데도 거기에 반응을 보이지 못한 아이들이 있습니다. 독특한 성향을 갖고 있거나, 친구들의 발달 단계보다 너무 빠르거나 너무 느리면 무리에 끼지 못하고 소외되는 것이죠.

예를 들어, 교실의 분위기 주류를 형성하는 권력 있는 아이가 있습니다. 그 아이가 둘러보다가 A라는 아이와 친구가 되고 싶어서 다가갔어요. 그런데 A라는 아이가 거절하거나, 자신이 원하는 반응을 보이지 않는다면 자존심이 상해서 적으로 돌아서는 거죠.

여자아이들끼리 가장 큰 문제가 되는 것이 질투입니다. 자신보다 너무 잘났다고 느껴지거나 나댄다고 느껴진다면 따돌리는 경우가 생깁니다. 그런데 그렇다고 그 친구들의 눈치를 보면서 지낼 필요는 없습니다. 누구나 질투를 할 수 있어요. 하지만 건강한 질투가 아닌, 다른 사람을 따돌리고 괴롭히는 이유로 질투하는 것은 그 사람의 마음이 건강하지 못한 것입니다. 그래서 따돌림의 가해자였던 아이가 나중에는 따돌림의 피해자가 되는 경우도 많습니다.

그렇다면 무리에 끼기만 하면 문제가 없는 것일까요? 그건 아닙니다. 무리 내의 친구끼리도 문제가 많습니다. 질투는 이미 형성된 무리 내에서도 문제가 되기도 하죠. 큰 무리는 조각조각 작은 무리로 나뉘고, 또 무리 내에서도 갈등과 화해의 과정이 계속됩니다. 무리 내 누군가를 소외시키거나 이간질하거나 질투하면서 서로 상처를 주고받죠.

　무리에 머무르기 위해 속마음을 숨기기도 하고 친구를 의식해서 다른 친구에게 동조하기도 하며 또 다른 약자를 이용하는 비겁함을 보이기도 합니다. 그러다가 누군가 떨어져 나와 새 무리를 만들기도 합니다.

　여자아이들의 친구 관계는 정말 복잡합니다. 이에 따른 고민도 다양하죠. 꾸준한 관심과 대화가 필요합니다. 고민 9를 참고하세요.

아이가 제 마음에 들지 않는 친구와 어울려요

고민을 가진 부모님은 좋지 않게 들리겠지만, 교실에서 아이들을 보면 끼리끼리 어울리는 경향이 있습니다. 학기 초에는 개별적으로 움직이다가 어느 순간 신기하게도 끼리끼리 뭉쳐 있어요. 몇몇 그룹은 비슷한 게 없는 것 같은 아이들이 어울리는구나 싶어도, 자세히 보면 통하는 게 있습니다.

　부모님이 보기에 별로인 친구와 아이가 함께 어울린다는 건 뭔가 비슷한 게 있다는 거예요. 상처가 비슷하거나 자존감이 비슷하거나 대화방식이 비슷하거나 흥미가 비슷한 경우 등 눈에 보이지 않지만 자세히 보면 통하는 게 있다는 말이죠. 또는 친구와 어울리면서 그 아이가 가진 권력을 누리고 싶어서, 교실의 주류가 되고 싶어서일 수 있습니다. 아이의 인정 욕구와 친구의 권력이 맞아떨어진 것이죠. 그러니 서로 맞지 않으면 친구가 될 수 없다는 것을 먼저 인지해야 합니다.

✎ 친구를 비난하면 자신을 비난한다고 느낍니다

부모님이 아이의 친구 관계에 문제가 있다고 느끼면, 그 친구와 어울리면서 우리 아이가 변했다는 생각이 들기도 합니다. 하지만 그 친구를 비난하며 앞으로 어울리지 말라고 한다고 해서 아이는 친구와 멀어지지 않습니다. 오히려 친구를 비난하면 자신을 비난한다고 생각하죠. 부모님이 말하는 친구의 나쁜 점이 아무리 타당하고 논리적이어도 아이는 수용하지 않습니다. 부모님과의 관계만 악화될 뿐입니다. 이미 사춘기가 시작되었다면 부모님의 말씀은 더 들으려고 하지 않을 거예요. 사춘기 아이에게 친구의 존재감은 엄청납니다. 부모님과 함께 시간을 보내는 것보다 친구와 시간을 보내고 싶어 하고 그런 관계를 통해 부모 품에서 벗어나 독립성과 자율성을 찾아가기도 합니다.

그렇다고 포기하고 방관할 수는 없는 문제죠. 부모님 선에서 도와줄 수 있는 최선의 방법을 몇 가지 소개하겠습니다.

✎ 너에게 관심을 갖고 있다는 안정감을 계속 주세요

"문제가 생기면 언제든지 말해줘. 엄마 아빠는 너를 혼내고 비난하려는 게 아니라 항상 도와주고 싶어"라고 말해주는 거죠. 어릴 때부터 부모님과 충분히 대화하고 정서적 안정감을 충분히 느꼈다면 친구와의 관계에 집착하는 정도가 줄어듭니다.

✎ 관계는 존중하지만 원칙은 분명히 합니다

사춘기 아이들에게는 특히 한발 물러선 대화법이 필요합니다.

"아빠는 너를 믿어. 어떤 친구를 사귀고 어떤 친구와 놀지는 네가 선택하는 것이니까 존중해. 그래도 아빠로서 너와 친구들이 이런 일만큼은 하지 않았으면 하는 것에 대해서 같이 이야기를 나누고 싶어"라면서 이야기를 나눠주세요. 걱정되는 친구와 놀면서 염려되는 부분에 대해 우회적으로 표현하는 방법입니다. 아이의 선택을 존중하는 것과 별개로, 하지 말아야 할 일에 대한 원칙은 분명히 하는 것이 좋습니다. 이런 이야기는 엄마나 아빠 둘 중 한 분이 맡아서, 맛있는 것을 먹으러 나가서 부드러운 분위기 속에서 했으면 좋겠습니다.

✏ 바른 가치관과 신념을 심어주세요

관계에도 궁합이 있습니다. 자신의 신념이 희미한 사람들, 자기 세계가 발달하지 못한 사람들이 다른 사람의 영향을 더 많이 받습니다. 우리 아이가 다른 친구에게 영향을 많이 받는다고 생각되면 좋은 가치관과 신념을 아이 스스로 세울 수 있도록 해주세요. 함께 좋은 영화를 보고, 좋은 책을 보고, 좋은 이야기를 해보는 시간을 가져보길 바랍니다. 이것 역시 강요하기보다는 은근슬쩍 유도하는 방법을 쓰면 좋을 것 같아요. 결국은 아이가 커가면서 자신의 가치관을 바로 하고 친구에게 영향받을 것과 아닌 것을 필터링하면서 스스로 선택할 수 있도록 해주어야 합니다.

우리 아이가 부모님과 관계가 좋았고, 괜찮은 아이였다면 조금 믿고 기다려주세요. 사춘기의 친구 관계를 통해서 자아를 찾아가고 성장하면서 결국은 자기 자리에 돌아와 있을 겁니다.

고민 032 내성적이지만 관심을 받고 싶어 하기도 합니다. 어떻게 이끌어야 할까요?

아이가 2학년입니다. 단짝 친구가 없고 무리에 들고 싶어 하지만 소심한 성격 탓에 쉽게 다가가지 못해요. 대장 노릇도 하고 싶어 하고, 자기 원하는 대로 흘러가주길 바라며 모든 관심을 독차지하고 싶어 하는데 내성적인 아이예요. 어떻게 조언해줘야 할까요?

관심 받기 좋아하는 것과 내성적인 것은 달라요

내성적인 아이라고 해서 무조건 소심하고 부끄러움이 많은 것은 아닙니다. 어떤 아이는 나서기 싫어하고 혼자 있는 것을 좋아하는 반면, 어떤 아이는 내성적이더라도 남들 앞에 나서는 것도 좋아하고 관심 받는 것도 좋아하기도 합니다. 굳이 나서는 걸 별로 좋아하지 않는 아이는 가진 특성대로 조용히 지내면 되겠지만, 내성적이지만 관심이나 관계에 욕심이 있다면 그런 욕구를 채워주기 위해서 도와주는 것이 좋습니다.

공식적인 자리를 적극적으로 활용하세요

내성적인 사람은 이미 만들어진 자리에 강한 경우가 많습니다. 그런데 내가 기회를 잡아서 만드는 건 힘들어요. 격식 없이 하는 스탠딩 파티에는 불리한데 일대일 소개팅에는 강하다는 겁니다. 내성적인 아이에게 친구를 만들어주고 싶다면 일대일 만남을 주선해주는 것이 좋습니다. 일대일로 사귀는 걸 도와준 후에 친구의 친구로 영역을 넓혀주는 겁니다.

관심 받고 싶어 하고, 친구들 사이를 주도하고 싶어 하는 아이는 공식적인 행사에서 주목을 받아보는 것이 좋겠습니다. 예를 들어 학교에서 영어 말하기 대회가 있다면 참가해서 상을 타보는 거예요. 아이가 노래를 잘하면 동요 부르기 대회에 나가보는 겁니다. 준비해서 나갈 수 있는 대회에 모두 나가서 좋은 결과를 만들어보세요. 아이는 모두에게 주목받으면서 인정 욕구를 채울 수 있습니다.

내년엔 임원선거에도 나가게 하세요. 멋진 멘트를 준비해서, 친구들 앞에서 크게 발표할 수 있도록 연습을 많이 하세요. 내성적이지만 아이 스스로 욕심도 있기 때문에 연습하면 할 수 있을 거예요. 선거에서 떨어지더라도 좋은 경험의 기회가 됩니다. 연설을 잘하면 친구들이 표를 던져주거든요. 그게 아이에게는 큰 응원이 될 거예요. 만약 진짜 임원이 된다면, 대장이 되고 싶고 관심 받고 싶은 아이의 욕구를 채울 수 있겠죠. 대회나 임원 선거에 나가기로 결심한 후 준비하는 동안 아낌없이 칭찬하고 격려해주세요. 공식적인 행사를 경험하면서 자신감이 충전될 수 있고 태도도 변하게 될 것입니다. 아이를 바라보는 친구들의 시선도 달라질 거예요.

고민 033 친구와 놀 때 꼭 필요하다며 스마트폰을 사달라고 합니다. 사줘야 할까요?

교실의 스마트폰 사용 모습이 어느 정도인지 궁금하실 거예요. 사실 요즘 교실에서 보면 스마트폰이 없는 아이들이 거의 없습니다. 저학년 때는 키즈폰을 사주고, 스마트폰으로 바꿔 달라고 조르면 4학년이나 5학년쯤 바꿔 갖습니다. 스마트폰으로 유튜브 영상을 보는 경우도 많고, 남자아이들은 주로 게임을, 여자아이들은 SNS를 많이 합니다. 수업이 끝나자마자 학교 곳곳에 옹기종기 모여서 게임을 하고, 놀이터에 가도 모여서 핸드폰에 코를 박고 게임하는 아이들을 많이 봅니다. 그런 분위기에서 친구들끼리 게임 이야기, SNS 이야기를 하고 있으면 당연히 끼고 싶을 거예요. 게다가 친한 친구들이 하고 있다면 더 갖고 싶겠죠. 하지만 스마트폰을 사주는 것은 정말 신중하게 생각해야 합니다. 스마트폰을 아이에게 쥐여준다는 건 합법적인 마약을 주는 것이나 마찬가지기 때문입니다.

🖋 스마트폰은 어떻게 중독되는가

부모님 자신이 어떻게 스마트폰을 이용하고 있는지 한번 돌아봐 주세요. 일을 하고 있는데 갑자기 SNS 알람이 울립니다. 확인하고 싶은 강한 충동을 느끼죠. SNS를 확인하고 스마트폰을 본 김에 포털 사이트 메인에 나온 기사를 몇 개 클릭해봅니다. 별 관심이 없었던 운동화가 광고에 떠 있는 것을 보고 클릭하고 주문까지 하게 됩니다. 친구의 일상을 SNS에서 확인해요. 그러다보니 시간이 훌쩍 지나갑니다.

스마트폰 중독은 왜 될까요? 중독을 알려면 '도파민'이라는 호르몬에 대해 알아야 합니다. 도파민은 쾌감이나 만족감을 느낄 때 분출되는 '보상 물질'입니다. 실험을 하나 예로 들어볼게요. 원숭이들에게 벨 소리를 들려줄 때마다 주스를 주고 도파민 수치를 측정했습니다. 도파민 수치는 벨 소리만 들어도 높아졌는데, 실제 주스를 마실 때보다 벨 소리를 들을 때 더 높아졌습니다. 즉 도파민은 어떤 물건이나 경험 자체보다는 기대감이나 불확실한 결과에 더 많이 나온다는 것이죠.

사람들이 도박에 중독되는 이유는 불확실한 결과 때문입니다. 한 판만 더 하면 인생 역전이 이뤄질 것 같거든요. 스마트폰도 불확실함의 천국입니다. 메시지나 댓글 같은 것을 읽을 때보다 알림음을 들었을 때 더 많은 도파민이 분비됩니다. 도파민을 느끼고 싶어서 계속 스마트폰을 보고 싶은 것이고, 말 그대로 스마트폰에 '중독' 되고 맙니다.

✏ 스마트폰 없이는 정말 친구와 어울리기 어려울까요?

스마트폰이 좋지 않다는 것은 모두가 알고 있습니다. 알지만 어떻게 하겠어요. 우리 아이만 친구들 사이에 못 끼고 있다는데요. 아이만 소외된다 생각하니 고민이 됩니다. 스마트폰이 없으면 정말 친구 사이에 끼기 어려운 걸까요?

교실에서 보면 끼리끼리 짝지어진 무리에 따라 분위기가 다릅니다. 스마트폰 없이도 상관없는 무리가 있고, 유독 스마트폰을 많이 하는 무리가 있어요. 학교생활 잘하고, 오프라인에서 친구와 잘 지낸다면 사실 스마트폰이 없다고 친구 관계에 문제가 생기는 것은 아닙니다. 스마트폰이 꼭 필요하다는 것은 그냥 그 게임하는 무리에 속해 있거나 들어가고 싶을 뿐이죠.

스마트폰을 갖는 시기는 최대한 늦추는 것이 좋습니다. 아이와 합의를 통해 '5학년은 되어야', '중학생은 되어야' 하는 식으로 시기를 정하세요. 필요하다면 통화, 문자 정도만 되는 핸드폰을 사용하다가 중학생 이후에 사주는 것이 가장 좋습니다.

✏ 스마트폰 규칙이 관계를 살린다

아이가 스마트폰을 원하는데 부모님이 사주지 않아 관계가 악화되고, 더 이상 아이의 반발을 피하기 힘들 정도라면 '선택적인 허용'이 필요합니다. 스마트폰을 쥐여주되 절제하는 힘을 길러주어야 할 때라는 것입니다. 스마트폰을 사주기 전에 규칙을 정하고, 일관되고 단호하게 그 규칙을 지키는 것이 중요합니다. 나중에 일이 잘못되어갈 때 부랴부랴 규칙을 도입하는 것보다, 처음부터 강력한 규칙을 정하고 이행하다가 서서히 풀어주는 편이 훨씬 쉽습니다. 예를 들어 다음과 같은 규칙을 정하고, 규칙을 따르지 않았을 때의 벌칙도 정합니다. '스마트폰 사용 계약서'를 쓰는 것도 도움이 됩니다. 스마트폰을 사기 전에 아이와 계약서를 작성하는 것입니다. 이미 샀다고 해도 늦지 않았습니다. 지금이라도 규칙을 정하세요.

- 스마트폰은 집에 와서 스마트폰 주차장에 둔다.
- 정해진 시간만 스마트폰을 한다.
- 등교하면 스마트폰을 끈다.
- 규칙을 지키지 않으면 24시간 스마트폰을 반납한다.

✎ 잠금 기능이 있는 앱을 활용하세요

아이가 자율적으로 약속을 지키고 규칙을 따라준다면 좋겠지만, 완벽히 통제하기 어려운 경우 잠금 기능이 있는 애플리케이션의 도움을 받는 것도 좋겠습니다. 초등학교 아이들이 주로 쓰는 앱을 몇 가지 소개합니다.

넌 얼마나 쓰니

이 앱은 스마트폰 사용 시간을 정하거나, 특정 앱을 잠그는 기능이 있습니다. 그리고 이전과 비교해서 얼마나 사용하였는지도 확인할 수 있는 앱입니다. 아이 혼자서 규칙을 지키기 어려울 것 같다면 비밀번호를 적용할 때 아이가 스스로 풀지 못하게 하는 기능도 있습니다.

FOREST

이 앱은 내가 해야 할 일이 있다면 그 시간을 정하고 그동안은 스마트폰을 사용하지 않도록 도와주는 앱입니다.

스터디 헬퍼

이 앱은 특정 시간 동안 선택한 앱을 제외한 다른 앱의 기능을 차단하는 역할을 합니다. 그래서 스마트폰 외의 다른 일과에 집중해야 할 때, 포털 사이트, SNS와 같은 다양한 앱을 차단하는 데 도움이 됩니다.

패밀리 링크

아이의 폰 계정을 부모가 관리할 수 있게 하는 앱입니다.

맞벌이로 어른 없는 집, 아이가 매일매일 친구를 집에 데려와요

초등학교 2학년 남자아이를 키우고 있는 엄마입니다. 저는 회사에 다니는데 아들이 하교하면 집에 혼자 있기 싫다며 매일매일 집에 친구를 데리고 와요. 어떻게 해야 할지 모르겠습니다.

아이가 "혼자 있는 것이 싫다"고 이야기를 하는 것은 맞벌이 엄마의 마음이 가장 아픈 순간일 겁니다. 하지만 그렇다고 매일같이 친구를 데려오는 것도 걱정이 크실 거예요. 부모님이 없는 상태에서 벌어지는 아이들의 행동을 통제할 수 없을 테니까요. 구체적으로 아이 하교 후에 집에는 누가 계신지, 아이의 방과 후 스케줄이 어떻게 되는지 모르겠습니다. 방과후교실이나 학원 등을 다니고 있는데도 매일 데려온다면 이런 방법을 시도해보는 게 좋을 것 같습니다.

주말에 충분히 함께 놀아주는 것과 혼자 노는 방법을 알려주는 겁니다. 퍼즐, 레고, 그림 그리기, 독서 등 혼자 할 수 있는 다양한 활동을 주말에 엄마 아빠랑 해보고 재미를 붙여서 평일에도 해볼 수 있도록 해주세요. 특히 책 읽는 재미를 아는 것도 좋을 것 같습니다. 혼자 지내는 것을 심심해하고 외로워하는 아이에게 친구를 데려오지 못하게 한다면 컴퓨터 게임이나 핸드폰 게임에 빠질 확률이 높기 때문에 그 이외의 것에 흥미를 붙일 수 있게 도와주는 방법입니다.

친구를 데려오는 요일을 아이와 함께 정해보세요. 매일 친구를 데려오던 아이에게 친구를 아예 데려오지 못하게 하는 것은 아이 마음에 또 다른 어려움을 만들 수도 있습니다. 방과 후 스케줄을 고려해서 날을 정하고 해당 요일에만 친구를 집에 데려와서 놀 수 있도록 해보세요.

아이의 친구 관계, 어디까지 개입해야 할까요?

부모의 영역이 있고 아이의 영역이 있습니다. 아이가 많이 어릴 때는 아이의 영역이 거의 없고 부모의 영역이 대부분이었죠. 부모가 대신해주어야 할 것이 많았습니다. 밥도 먹여주고 똥도 닦아줘야 해요. 엄마는 체력적으로 힘들지만 어쨌든 내 영역 안에 아이가 있으니 그런 면에서는 불안감이 더 낮습니다. 하지만 아이가 커갈수록 아이의 영역이 넓어지면서 엄마 눈에 보이지 않은 곳에서 아이가 혼자 해야 할 것이 많아집니다. 그럴수록 엄마의 불안도는 더 높아질 수밖에 없죠.

　엄마는 엄마의 영역에서 할 수 있는 걸 해주고 아이의 영역은 아이가 할 수 있도록 지도해줘야 합니다. 부모님이 걱정하는 많은 순간들은 아이가 스스로 느끼고 시행착오를 해봐야 하는 순간들이기도 합니다. 하지만 아이가 정말 크게 상처를 받고, 위험해진 순간은 부모님이 개입해야 하는 순간입니다. 아이의 친구 관계에서는 내 아이를 친구가 심하게 괴롭히고, 그 상처가 회복하기 힘들 정도라면 부모님이 반드시 직접적으로 개입해야 합니다. 내 아이를 지키기 위해, 문제를 해결하기 위해 적극적으로 나서야 하죠. 나서기 어려운 상황이라면 아이 곁을 따뜻하게 지켜주면서 아이가 관계를 배워갈 수 있도록 해주세요.

　친구와 함께 지내다보면 상처를 받을 수 있습니다. 어쩌면 당연한 일일 수도 있습니다. 상처받지 않기를 바란다면 혼자 있어야지요. 상처받을 수 있음을 인정하고, 상처받을 수 있는 상황을 허락해주어야 아이는 성장합니다. 친구에게 상처를 받았을 때 언제든 돌아올 수 있는 마음의 피난처가 되어주세요. 개입보다 선행되어야 할 일입니다.

고민 036 사교성 없는 저를 닮았을까 걱정입니다. 인기도 유전일까요?

제가 사교성이 부족하고 친구가 별로 없습니다. 그런데 아이도 그럴까 봐 걱정이에요.

이런 고민을 꽤 자주 듣습니다. 나는 친구가 많이 없었지만, 우리 아이는 즐거운 친구 관계를 맺었으면 하는 엄마의 마음. 나의 학창 시절 기억이 떠오르며, 내 아이가 친구들과 못 어울리면 어쩌나 불안한 마음일 거예요. 어떨까요? 인기는 유전될까요?

100퍼센트는 없는 거니까, 유전되는 부분이 아주 없다고는 할 수 없을 겁니다. 그럼 인기가 좋은 아이들의 부모는 다 인기가 좋은 걸까요? 아이의 인기에 영향을 미치는 유전적인 요인은 무엇이 있을까요?

아이의 인기에 영향을 미치는 세 가지

첫 번째 요인은 유전자입니다. 신체적인 외형으로 호감을 예측하는 지표입니다. 한 심리학자가 생후 3개월밖에 안 되는 아이들도 매력적으로 보이는 사람을 더 오래 쳐다본다는 연구 결과를 발표하기도 했는데요. 신체적인 외형이 매력적이면, 유전적으로 건강함을 의미하고 번식에 성공할 가능성이 높다는 신호를 보이기 때문이라는 겁니다. 외모 외에도 다른 사람과의 상호작용 때 느끼는 편안함도 유전적인 요인 중 하나인데요. 바로 행동 억제(behavioral inhibition)라는 특성입니다. 사회성이 억제되는 유전적 경향이 있는 아이들은 사람들과 소통하는 데 흥미를 덜 느낀다고 합니다.

두 번째는 부모의 공격성입니다. 이 요인은 얼마나 공격적인 환경에서 자랐는가가 핵심인데요. 단 5분이라도 아이에 대해 비판적으로 이야기하는 부모에게서 자란 아이는 그렇지 않은 아이보다 인기 없는 아이로 자란다는 사실이 실험으로 입증되기도 했습니다.

세 번째 요인은 부모의 우울입니다. 부모님이 아이와 시간을 어떻게 보내는가가 아이에게 어떤 영향을 미치는지 생각해볼게요. 아주 사소한 상호작용도 아이가 앞으로 인기를 얻을지 거부당할지 결정하는 데 큰 영향을 줄 수 있습니다. 엄마가 얼굴을 내밀면 아기는 엄마를 보고 까르르 웃어요. 장난을 주거니 받거니 키득거리고 나서 엄마는 모빌을 켜서 아기를 진정시킵니다. 이내 아이는 평화롭게 잠이 들었습니다. 이 경험을 통해서 아이는 어떤 것을 얻을 수 있을까요? 아기가 엄마의 미소를 볼 수 있었던 그 짧은 순간, 아기의 뇌는 놀라운 생물학적 반응을 일으킵니다. 이 반응은 아이가 앞으로 수십 년 동안 스트레스에 더 생산적으로 대처할 수 있도록 도와줄 수 있죠. 나중에 학교에서 친구들이 화나게 하더라도 차분함을 유지하게 해줍니다. 반대로 우울한 부모는 아이를 효과적이지 못한 방법으로 훈육합니다. 아이와 함께 보내는 시간이 적고, 아이에게 웃어주는 일도 적습니다. 상호작용도 부족하지요. 이러한 부정적인 소통이 성격 형성 요인으로 유전되어 아이의 인기에 영향을 미칩니다.

✎ 아이의 인기를 높이기 위한 부모의 역할

미치 프린스틴의 『모두가 인기를 원한다』에서는 인기의 어떤 부분은 지능, 육체적인 매력, 기질 등을 부모로부터 상속받은 것들과 상당 부분 관련이 있다고 이야기합니다. 인기란 것이 사실은 두 세대에 걸쳐서 놀라울 정도로 일관되게 나타났다는 것입니다.

이 책에 나온 실험을 보면 부모에게 어린 시절에 대해 물었을 때, 어린 시절 또래와의 긍정적인 경험을 떠올린 부모의 자녀는 역시 인기가 있습니다. 하지만 적대적인 경험을 떠올린 부모의 자녀는 상대적으로 인기가 없었죠. 불안하거나 외로운 기억을 떠올린 부모의 자녀는 인기가 없지 않았는데, 그 이유는 자녀가 호감 가는 아이가 되도록 도우려는 의지가 부모에게 강하게 나타났기 때문이었습니다. 즉 친구와 함께하는 것이 즐거운 일이라는 믿음이 있는 것이죠. '아이의 인기를 높이기 위한 부모님의 역할이 어디까지일까'라는 질문에 이 책에서는 이렇게 말합니다.

"혼자 노는 것보다 함께 노는 것이 더 즐거우며 또래 친구들과 있을 때 어떻게 긍정적인 감정과 행복감을 유지하는지 끊임없이 말해주세요. '구별 짓기'보다는 '연결 짓기', '차이점'보다는 '유사점'을 발견하는 습관을 길러주세요."

아이뿐 아니라 부모님 역시 친구와 함께하는 것이 즐겁고 좋은 것이라는 긍정적인 관점을 갖고 있는 것이 중요합니다.

✒ 부모님의 놀이 태도도 중요합니다

부모와 아이가 놀이를 하는 방법도 인기에 영향을 미칩니다.

어떤 부모님은 지배적으로 행동하고 엄격한 한계를 세우며 말을 많이 하지 않습니다. 엄마들이 아이에게 영향력을 강하게 발휘할수록, 특히 아이의 요구에 반응해주지 않거나 따뜻하지 않은 태도를 보일수록 인기 없는 사람이 되었다는 연구도 있습니다.

반면 어떤 부모님은 아이와 동등한 입장에서 놉니다. 아이가 어떤 놀이를 할지, 규칙을 어떻게 할지, 언제 다른 게임으로 넘어갈지 스스로 정하게 하고 따라주죠. 노는 동안 아이에게 말을 많이 하고 다양한 감정을 표현합니다. 이런 아이들은 나중에 또래들에게 인정받고 받아들여질 가능성이 높습니다.

✏️ 바른 관계 모형이 중요합니다

대인 신념이라는 개념이 있습니다. 과거 경험들에 의해 형성된 믿음을 뜻하는 말입니다.

잘못된 대인 신념은 인간관계를 망치는 주범이 됩니다. 사람마다 대인 신념이 다르면 기대하는 바가 달라서 갈등이 생기기도 하고요. 어떤 사람은 부모님이 항상 싸우던 모습만 봐왔습니다. "남자는 믿을 게 못 된다", "너무 가까운 관계를 맺으면 결국 상처받는다", "싸움은 무조건 나쁘다"와 같은 잘못된 대인 신념을 갖게 됩니다. 그러한 신념은 친구나 연인의 관계에도 당연히 영향을 미칩니다. 따라서 아이의 건강한 대인 신념을 위해서는 부모님이 건강한 부부의 모습을 보여주는 것이 정말 중요합니다.

부모 스스로 너그럽고 건강한 관계의 모형을 보여주어야 합니다. 아이는 부모님이 다른 성인과 상호작용하는 것을 보고 모방하기 때문입니다. 아이는 자신을 표현하는 법, 문제에 대처하는 법, 지지가 필요할 때 지지를 얻는 법 등을 모두 부모에게서 배워갑니다. 부모가 인기가 있었느냐 보다 사실 가장 중요한 것은 어떤 관계 모형을 보여주느냐지요.

이제 "인기가 유전되나요?"라는 질문에 답을 하자면 이렇습니다. 다양한 실험에서 나온 대로 유전적인 부분이 있습니다. 하지만 100퍼센트는 아닙니다. 부모가 타인과의 상호작용에 대해 어떤 믿음을 갖고 있는지, 아이와 어떻게 놀이를 하는지, 어떤 관계 모형을 보여주어 어떤 대인 신념을 갖게 되는지가 더 영향을 미칩니다.

아이가 친구를 잘 사귈 수 있게
하려면 어떻게 해야 할까요?

아이가 자신감 있게 친구를 사귀고 바른 친구 관계를 유지하기 위해서 부모님은 아이에게 믿음을 줘야 합니다. 부모가 아이에게 줄 수 있는 '믿음'은 두 가지가 있습니다. 첫째 '부모님에 대한 믿음'과 둘째 '아이 자신에 대한 믿음'입니다.

부모님에 대한 믿음은 내게 무슨 일이 있어도 부모님은 내 편이라는 믿음입니다. 만일 친구와 어떤 일이 벌어졌을 때 '부모님께 말하면 나를 혼낼 것 같다' 그럼 아이는 부모님께 그 사실을 말하지 않을 겁니다. 아이의 친구 관계가 원활하기 바라고 부모님에게 숨김이 없길 바란다면, 부모님은 항상 내 편이라는 믿음이 가장 중요합니다.

자신에 대한 믿음 역시 부모님에 대한 믿음에서 옵니다. 내가 세상에 태어나서 처음 만난 사람은 부모님입니다. 부모님이 나를 믿어주고 괜찮은 사람이라고 인정해준다면 나 역시 나를 괜찮은 사람이라고 느낍니다. 친해지고 싶은 친구에게 자신감 있게 다가갈 수 있고, 싫은 것은 싫다고 표현할 수도 있습니다.

✏ 스스로에 대한 믿음이 중요합니다

자신의 행동이나 결과에 대한 원인을 추론하는 것을 '귀인'이라고 합니다. 친구랑 지내다가 사이가 틀어졌거나 친구에게 다가갔다가 잘 안 되었을 때, 친구의 거절이나 거부를 무조건 내 탓으로 귀인하는 사람이 있습니다. '나는 왜 이러지?', '내가 문제인가?' 하면서 말이에요.

자신이 괜찮은 사람이라는 믿음이 있는 사람은 결코 부적절한 귀인을 하시 않습니다. 친구와 문제가 생기거나 관계가 꼬였을 때, '그럴 수도 있다'고 생각할 수 있도록 해주어야 합니다.

나로 인해 생긴 문제가 아니라, 얼마든지 있을 수 있는 자연스러운 일로 받아들일 수 있게 해주세요. 내가 괜찮은 사람이라는 믿음이 있으면 멋져 보이는 친구에게도 자신 있게 다가가 말을 걸어보고 같이 놀자고 용기 내볼 수 있습니다. 친구와 싸웠을 때도 '내가 말을 걸어도 친구가 모른 척하면 어떡하지?' 하는 생각보다 '말 걸어서 화해해보고 안 되면 어쩔 수 없지'라고 생각합니다. 나에 대한 확신과 믿음은 문제 있는 친구와의 화해, 새로운 관계를 위한 도전을 할 수 있는 힘을 주고, 다시 시도할 수 있는 용기도 줍니다.

✎ 시행착오를 허락해야 경험의 기회를 얻습니다

사회적 기술 중 하나인 사회적 눈치는 백날 엄마가 말로 설명해줘 봐야 소용이 없습니다. 부딪혀보고, 상처도 받아보고, 몸으로 겪으면서 배울 수 있는 것이니까요. 친구와 함께하면서 상처받고 다시 노력하는 경험을 통해 아이는 눈치, 협상, 욕구 조절 전략을 배울 수 있습니다.

친구와 함께 하는 경험을 허락한다는 것은 시행착오를 할 수 있는 기회를 주는 것입니다. 엄마는 아이가 친하게 지냈으면 좋겠다 생각되는 친구를 엮어주고 싶고, 친구 관계에서 힘들어하면 직접 나서서 그 친구에게 무슨 말이라도 해주고 싶을 거예요. 하지만 아이에게 진짜 도움이 필요할 때가 아니라면 그런 불안한 마음을 잠시 접어두고, 아이가 경험하면서 성장할 수 있게 해주는 것이 좋습니다. 물론 사회성은 타고나는 면이 있기에, 노력하지 않아도 인기가 많은 아이들은 분명히 있습니다. 하지만 사회성이 부족한 성격이라도 배우고 노력하면 얼마든지 좋아질 수 있습니다. 부모님이 도와줄 수 있는 부분만 도와주시고, 우선은 아이를 믿고 기다리며 응원해 주셔야 합니다.

학년이 올라가면서 아이들의 사회성도 성장해갑니다. 하지만 반 분위기에 따라 달라서 아이는 친구가 많았다가 없었다가 할 수도 있어요. 부모님이 아이들을 다그치며 종종 하는 "학교에 잘 적응 못 하는 사람은 사회에서도 역시 적응하기 힘들다"라는 말은 틀린 말입니다. 같은 또래의 미성숙한 아이들이 모인 폐쇄적인 곳, 공부하고 경쟁하는 전쟁터에서 새롭게 깨치고 배워야 할 것이 수백 가지입니다. 복잡하고 어려운 곳입니다. 그 현실을 인정하고 아이의 마음을 보듬어주세요. 사회에 나가면 또 다른 인간관계가 새로 시작된다는 점을 부모님들은 이미 경험하셨을 테니 걱정되는 부분이 있겠지만 그 불안한 마음을 드러내거나 아이에게 전달하지 않았으면 좋겠습니다.

친구가 없는 아이

친구 관계	교과 학습	학교생활	진로와 심리

친구를 오래 사귀지 못하는 것 같아요

고민 3에서 살펴본 '만남' 단계에 이어 친구를 사귀는 과정 두 번째 단계는 '상호작용'입니다. 만남 단계에서 누군가에게 다가가는 것, 또는 누군가 다가와주는 것에 성공했다면 좀 더 깊이 있게 관계를 맺을 겁니다. 같이 한번 놀았고 서로 호감을 갖게 되었다면 그 친구 관계가 잘 유지가 되어야 하는데, 이때 필요한 상호작용은 크게 '친밀함 형성'과 '갈등 해결'로 나뉩니다. 친밀함 형성은 경험을 공유하고 정보를 공유하며 특별한 관계를 요구하는 단계입니다. 갈등 해결은 갈등이 생겼을 때 이를 잘 극복하고 더 깊은 친구 관계가 될 것인지, 아니면 멀어질 것인지를 결정하는 단계죠.

친밀함 형성은 사회적 기술

'이번 연도에는 친구 좀 더 사귀어 보자!'는 마음은 기질을 이기고 용기 내기를 선택하는 것입니다. 이는 누가 옆에서 부추긴다고 되는 일이 아니라, 자신이 친구를 사귀어야겠다는 임계점을 넘는 순간 선택하게 될 것입니다. 함께 시간을 보내고 비밀을 공유하며, 자기 정보를 노출하고 서로 지지하면서 친밀감을 형성해가죠. 여학생들은 어디든지 함께 다니고 친구들과 예쁜 학용품을 구경하거나 이야기하면서 친해지고, 남학생들은 게임이나 운동을 하면서 경험을 공유하는 경우가 많습니다. 이때 어떻게 친구와 친해져야 할지 잘 모른다면 아이가 사회적인 기술을 익히게 도와주세요. 친구에게 감정을 전달하는 방법, 친구가 하는 말에 긍정적으로 반응하는 방법, 친구가 고민하고 있을 때 들어주는 것 등의 방법을 알려주면 좋습니다.

✎ 갈등 해결의 네 가지 전략

아이들은 친구 관계의 유지와 발전을 위해 끊임없이 노력하지만 예상치 못한 크고 작은 갈등 상황에 직면하게 됩니다. 친구 관계에서 갈등이 전혀 없을 순 없기 때문에 갈등 상황에서 어떻게 대처하는지가 친구 관계 유지에 가장 중요한 요소라 할 수 있습니다. 갈등을 적절한 방식으로 처리하면서 사회적인 기술이 촉진되기도 합니다. 친구에게 다가가기는 잘하는데 관계를 유지하는 것을 힘들어한다는 고민 사연도 있었는데요. 친구 관계 유지는 특히나 갈등 해결과 관련이 깊습니다.

부부 사이에 갈등이 일어나면 어떻게 해결하세요? 부부 싸움을 한 후, 사소한 갈등을 겪고 난 후 해결하는 방법을 떠올려보면 더 도움이 될 것 같아요.

교실에서 아이들이 갈등을 해결하는 전략을 살펴보면, 친구가 화를 낼 때 같이 화를 내는 분노나 언어적 공격 전략, 자신의 이해관계를 주장하는 전략, 친구가 왜 화를 내는지 물어보는 대화 전략, 친구와의 갈등을 회피하거나 굴복해버리는 회피 · 위축 전략, 도움을 요청하는 이르기 전략 등이 있습니다. 이와 같은 갈등 해결 전략은 자신의 욕구 충족과 상대방의 욕구 충족에 따라 크게 네 가지 유형으로 나누어 볼 수 있습니다.

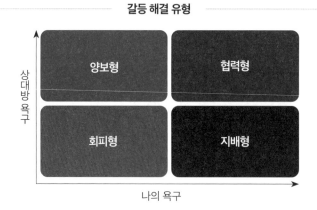

갈등 해결 유형

양보형 　협력형

상대방 욕구

회피형 　지배형

나의 욕구

첫 번째는 양보형입니다. 자신의 욕구 충족은 관심이 낮고 상대의 욕구 충족에 관심이 높은 유형입니다. 자신의 욕구 충족을 포기하고 양보하면서 친구에게 다 맞춰주는 유형이지요.

두 번째는 지배형입니다. 자신의 욕구를 우선 충족하려 하고 상대방의 욕구에는 관심이 낮은 유형으로서 승-패 지향적이거나 자기 의견만 내세우고 고집을 부리는 유형이지요.

세 번째는 회피형입니다. 상대방과 자신의 욕구 모두에 관심이 낮은 경우로 갈등 상황에 대처하려고 하지 않는 것입니다. "됐어. 안 해"라고 하거나 친구가 뭐라고 하든 무관심한 반응을 보이는 건데요. 회피가 무조건 나쁜 것만은 아닙니다. 문제가 사소한 것이거나 또는 피하는 것이 오히려 이득이 될 경우에 적합한 대안이기도 합니다.

마지막 네 번째는 협력형입니다. 자신과 상대방의 욕구 충족 모두에 관심이 높은 것으로 양쪽 모두 수용 가능한 해결책을 모색합니다. 모둠 활동을 하다가 갈등이 생기면 "그럼 우리 가위바위보로 결정할까?", "투표하는 건 어때?", "이번에는 민수가 발표하고 다음번엔 지혜가 하면 어때?" 하고 친구들이 동의하고 만족할만한 새로운 방법을 제안하거나 협상하지요. 친구들과 사이가 좋고 인기가 많은 학생은 무조건 자기가 원하는 대로 하겠다고 고집을 부리지 않고 그렇다고 무조건 다 양보하지만도 않습니다. 소위 말하는 '협상'을 하는 거죠. "그럼 내가 이렇게 할 테니까 너는 이렇게 하는 건 어때?", "우리 그럼 이렇게 노는 건 어때?" 하고 나와 상대가 동시에 수용할 제안을 합니다.

✎ 또래 지위에 따른 갈등 해결 전략

친구 관계가 원만한 아이들은 갈등을 어떻게 해결할까요? 인기아는 갈등 해결에 있어 다양한 해결 전략을 사용합니다. 네 가지 전략을 필요에 따라 사용한다는 거죠. 양보해야 할 때는 확실하게 양보형 전략으로 내 의견을 주장해야 할 때는 지배형으로, 피해야 하는 사소한 문제에서는 회피형 전략을 사용하기도 합니다. 특히 협력 전략은 가장 많이 사용하는 전략입니다.

배척아는 갈등 상황에서 자신의 요구만 우선시하기 때문에 단순 주장 혹은 부정하기, 도움을 요청하는 이르기와 지배 전략을 많이 사용합니다. 반면 무시아는 회피 전략을 가장 많이 사용하죠.

양보가 미덕이라고 가르치기도 하지만, 양보 전략만 계속 사용하는 것도 문제입니다. 교실에서 늘 얌전하고 모범생이었던 5학년 남학생이 크게 화를 내고 감정을 폭발하며 싸우기 시작한 적이 있습니다. 나중에 상담해보니 굉장히 사소한 문제로 친구와 싸운 것이 이유였습니다. 싸운 친구와 3학년 때부터 친하게 지냈는데, 계속 자신이 참아가며 관계를 이어오다가 화가 폭발한 것이었습니다. 상호적 우정 관계는 일회적인 것이 아니라 지속되는 관계이므로, 양보 전략만을 갈등 해결 전략으로 사용하면 친구에게 뭔가 계속 손해를 보거나 상처받는 느낌을 받을 수 있습니다. 그런 감정이 쌓이면 불공평한 관계가 되고 우정의 질이 낮아집니다.

고민 039 친구가 필요 없다는 아이, 괜찮을까요?

인간관계를 유지하도록 하고 사회적 행동을 유발하는 동기적 요인을 대인 동기라고 합니다. 사람마다 '대인 동기'의 종류와 강도가 다 다른데요, 대인 동기에 따라

인간관계에서 다른 행동을 보입니다. 대인 동기는 총 일곱 가지로 나누어볼 수 있습니다.

첫째, 생존을 위해 영양분을 공급받고 외부의 위험으로부터 보호받고자 하는 생물학적 동기

둘째, 다른 사람에게 의지하고 보호받으려고 하는 의존 동기

셋째, 주변 사람들과 어울리고 친밀해지기를 원하는 친애 동기

넷째, 다른 사람에게 자신의 영향력을 행사하고자 하는 지배 동기

다섯째, 이성에 대한 호기심과 구애 행동을 하도록 하는 성적 동기

여섯째, 다른 사람을 신체적·언어적·정신적으로 공격하고자 하는 공격 동기

일곱째, 자기 자신을 가치 있는 존재로 여기고자 하는 자아 정체감의 동기

친구에게 더 의존하려는 아이, 항상 대장이 되고 싶은 아이, 혼자 있는 것을 더 못 견디는 아이, 혼자 있고 싶어 하는 아이 등은 모두 대인 동기가 다르기 때문에 다양한 관계가 나타나는 것입니다.

친구가 필요 없다고 하는 아이는 두 부류로 나눠볼 수 있습니다. 첫째, 다른 사람과 친하게 지내려는 동기(친애 동기)가 낮아서 정말 혼자 놀고 싶은 아이와 둘째, 친구들과 어울리고 싶으나 어울리지 못하는 아이가 그것입니다. 첫 번째 부류는 고민 5에서 이야기했고, 이번 고민에서는 놀고 싶은데 어쩔 수 없이 혼자 노는 아이가 할 수 있는 일을 생각해보기로 합니다. 몇 가지 방법을 소개할게요.

• 고민 3에서 말했듯 친구 사이에 불쾌감을 일으키는 행동을 아이가 하고 있는 건지 살펴보고, 있다면 고치려고 노력합니다.

- 친구에게 다가가기 힘들어한다면 고민 5와 고민 29를 참고하세요.

- 단순히 학급에 잘 맞는 친구가 없는 것이라면 친구와 함께할 수 있는 다른 기회를 마련합니다.

- 친해질 다른 계기를 만들기 힘들다면, 친구란 언제든지 생길 수 있는 것이고 친구가 있을 때도 있고 없을 때도 있는 것이라고 말해주세요. 가족과 잘 지내는 것으로 아이의 빈 마음을 채우며, 친구가 없는 상황을 조금 더 건강하게 받아들일 수 있도록 도와주세요.

아이가 친구들이
만만히 여기는 무시아예요

고민 2에서 이야기했던 '또래 지위'에 대해 처음 들은 부모님들이 가장 많이 털어놓는 고민이 있습니다. 바로 "저희 아이가 무시아인 것 같아요. 어떡하죠?"였습니다. 물론 구체적인 일화는 다양했지만, 그 맥락은 친구들 사이에서 주류가 되지 못하거나, 자기주장이 세지 않거나, 놀이할 때 친구에게 끌려다니거나 하는 것이었어요. 무시아는 아이들끼리의 친구 평가에서 좋거나 싫다고 지명되는 일이 거의 없는 아이라고 말씀드렸습니다. 무시아는 수줍은 성향이 많고 말수가 적은 친구들이 많습니다. 친구 사귀는 일을 힘들어하고 수동적인 경향이 있죠. 이런 아이들의 친구 관계에 있어 부모님이 도와주실 수 있는 것은 크게 두 가지가 있습니다.

✏ 무시아여도 괜찮아요

아이에게 친구와 잘 지내고 있는지, 친구가 몇 명 있는지 자꾸 묻는 것은 '친구가 없으면 나는 괜찮은 사람이 아니다'라는 생각을 오히려 갖게 할 수 있습니다. 부모님부터 '무시아일 수도 있지'라고 생각을 바꾸는 것이 필요합니다. 인기아로 학교생활을 하면 좋겠지만 꼭 인기아일 필요는 없어요. 우리 아이가 무시아이기 때문에 무언가 도와주어야 한다는 생각 자체가 아이에게는 스트레스가 될 수 있습니다. 아이에게 친구가 별로 없다, 교실에서의 아이 모습이 외로워 보인다면 가정에서 충분히 즐겁고 행복한 시간을 보낼 수 있게 도와주세요. 아이가 가정에서 충분히 존재를 인정받고 스스로 괜찮은 사람이라고 생각한다면, 학교에서 무시를 당하는 경험이 아이에게 주는 부정적인 영향을 훨씬 줄일 수 있습니다.

✏️ 자기주장 연습을 자꾸 해야 해요

자기주장은 외향적이고 활달하다고 해서 잘하는 것이 아닙니다. 자기주장을 했고, 그 주장이 받아들여졌던 경험이 많을수록 자기주장을 계속할 힘이 생깁니다. 물론 집에서는 이야기를 잘하면서 밖에만 나가면 자기 소리내기를 힘들어하는 아이도 있습니다. 하지만 자기 의견을 전달하는 연습을 충분히 하고 스스로에 대한 믿음이 있다면, 자신이 좋아하는 것을 적극적으로 주장하기는 힘들더라도 최소한 싫은 것은 싫다고 말할 수 있습니다.

성향이 갑자기 바뀌지는 않습니다. 그렇기 때문에 소극적인 아이를 억지로 강하게 만들 수도 없습니다. 부모님이 해주어야 할 일은 아이의 마음을 읽고 든든하게 채워주는 것입니다. 아이가 무시아로 여겨지는 상황이 너무 마음 아프지만, 아이가 자신을 지키기 위해 취해야 할 행동을 배워가고 새 학기가 되어 속한 집단이 새롭게 바뀌면 차차 나아질 겁니다.

아이에게 단짝 친구가 없어요

친구 관계 중에서도 단짝 친구(best friends)란 '항상 같이 다니며, 속마음을 털어놓을 수 있고 무슨 일이든 의논할 수 있는 친구'를 의미합니다. 친구 수의 많고 적음보다는 친구 자체의 유무 및 단짝 친구 유무가 친구 관계의 만족도에 더 큰 영향을 미치는 것으로 다양한 연구에서 보고되었습니다. 즉 또래 그룹에서 잘 수용 받지 못하는 아이라도, 단짝 친구와의 관계에서 즐거움을 경험할 경우 자신의 사회적 세계에 만족한다는 것입니다. 또, 단짝 친구와의 관계에서 느끼는 친밀감과 즐거움, 단짝 친구로부터 얻는 인정과 도움이 증가할수록 외로움이 감소하기도 합니다. 반대로 자신을 무시하고 관계를 끝내겠다고 위협하는 친구를 가진 경우는 그렇지 않은 경우보다 외로움을 더 많이 느낀다는 연구도 있었습니다.

단짝 친구가 있으면 안정감을 얻을 수 있습니다. 이는 부모와의 상호작용을 통해 얻을 수 있는 안정감과는 다른 종류죠. 그로 인해 학교생활이 더 즐겁고 안정적인 것도 맞습니다.

하지만 단짝 친구가 반드시 있어야 하는 것은 아닙니다. 아이에게 단짝이 없는데 단짝을 억지로 만들어줄 수도 없죠.

✎ 단짝, 꼭 있어야 하는 것은 아닙니다

우리 아이가 단짝이 없기 때문에 문제가 있다고 여기거나, 외로울 거라 생각할 필요는 없습니다. 특히 아이가 단짝이 없어서 힘들다고 말한 적도 없는데, 부모님이 먼저 짐작해 "우리 아이는 단짝이 없어요" 하고 고민하기도 합니다. 친구들과 지내는 데 별문제가 없고 아이도 특별히 친한 친구가 있어야 한다고 생각하지 않다면 그냥 두세요. 아이의 세계에서는 단짝의 유무가 중요하지 않을 수도 있습니다.

✎ 단짝이 필요하면 먼저 다가가도록 하세요

단짝이 만들어지는 과정은 사실 복잡하지 않습니다. 누군가 먼저 다가가서 '아는 사이'가 되었다가, 서로 정보를 공유하고 함께하는 시간이 차곡차곡 쌓이면서 단짝이 되죠.

단짝을 만들기 위해서는 먼저 다가가서 호감을 표현해야 합니다. 같이 맛있는 것을 먹자고 하거나, 놀이터에서 같이 놀자고 먼저 얘기하는 거예요. 아무런 노력 없이 저절로 만들어지지는 않으니까요.

✎ 단짝은 언제든 생길 수 있습니다

단짝 친구는 학기 초부터 만들어질 수도, 없다가 갑자기 생길 수도 있어요. 때로는 정말 학년이 끝나갈 때까지 못 만들 수도 있습니다. 하지만 가장 중요한 사실은 내가 괜찮은 사람이면 언젠가 나와 맞는 친구가 나타난다는 겁니다. 단짝을 만들어야 한다는 생각에 잘 맞지 않는 친구와 억지로 친하게 지내다가는 오히려 상처받고 탈 나는 경우도 많습니다.

✎ 고학년 여자아이에게 단짝의 의미

특히 단짝이 눈에 띄게 드러나는 시기는 고학년 이후부터입니다. 3~4학년 중간학년까지의 교실엔 단짝이 없는 학생들이 더 많습니다.

한국 상담 대학교대학원에서 연구 발표한 논문 「내향형 여자 중학생들의 단짝 친구 경험에 대한 현상학적 연구」에서는 고학년 여학생들의 단짝 친구 관계를 아주 잘 이해할 수 있게 설명하고 있습니다. 이 논문에서는 여중생들이 친구들에게 배제되는 것은 타인에게 버려진 느낌이 들기 때문에, 여학생들은 이런 외로움을 상당히 두려워하고 있다고 말합니다. 그래서 이들은 교실에서 누구와 단짝 친구가 될 것인지, 누구에게 먼저 말을 건넬 것인지, 누가 나랑 잘 맞을지, 이 친구랑 다니면 다른 친구들이 어떻게 볼 것인지 등 수많은 생각을 하면서 눈치 싸움을 하고 있으며, 이 모든 과정을 '무형의 전쟁'이라고도 표현하고 있습니다. 이런 치열한 눈치 전쟁 중에 단짝이란 존재는 그 긴장과 불안을 완화해주는 완충지대로서 안전한 공간과 같은 역할을 한다는 것입니다.

단짝을 맺기 위해 노력하지만 잘 안 되는 경우 아이들은 좌절합니다. 하지만 눈치 싸움의 전쟁에서 벗어나는 순간, 단짝 친구라는 존재가 어쩌면 별것 아니라는 사실을 알고 나면 덜 힘들 수 있습니다. 안정감, 정체성 등 단짝 친구를 통해서 얻는 장점이 많지만, 그를 위한 눈치 싸움에 들어가지 않았을 때 그만큼 자유로울 수 있음을 말해주세요. 자신이 처한 상황을 조금 더 여유롭게 볼 수 있는 시선을 알려주는 겁니다.

친구들이 홀수일 때 자꾸 혼자가 됩니다

같이 어울리는 세 명이 다 가까우면 좋은데 지내다 보면 두 명의 관계가 더 가깝고 나머지 한 명은 소외가 되고는 합니다. 둘만 화장실에 가거나, 둘이 귓속말을 하기도 하죠. 두 명이 버스 자리에 함께 앉으면 또 한 명이 혼자 남습니다. 둘이서 SNS

대화도 더 많이 하고, 둘만 놀러 가서 SNS를 올리기도 합니다. 이제 와서 다른 무리에 끼기도 애매한데 이 무리에 계속 있자니 소외감이 느껴져서 힘듭니다. 만약에 두 명이 한 명을 괴롭히는 상황이라면 고민 11을 참고하세요. 하지만 특별히 괴롭히는 것은 아니라면 지켜보는 것이 좋습니다.

교실에서 관찰해보면 이런 경우 상처를 받다가 나름의 생존 방법을 찾습니다. 혼자 노는 다른 친구를 찾아서 단짝으로 만들거나, 다른 친구를 무리에 영입시키기도 합니다. 아니면 자신이 다른 홀수 무리에 들어가기도 하고요.

친한 친구 무리가 홀수일 때, 내 아이가 자꾸 혼자가 되는 상황은 마음 아프지만 사실 부모님이 해줄 수 있는 일은 없습니다. 이런 다양한 친구 관계 속에서 아이는 기뻐하기도 하고 상처받기도 하며 하루하루 시행착오를 통해 성장하고 있다는 걸 알아주세요.

사회적 기술이 너무 부족한 아이, 친구들 사이에 끼지 못해요

아이가 운동을 못하고 땀 흘리는 걸 싫어해요. 그렇지만 컴퓨터와 IT 쪽에는 관심이 많고 선생님께서 그쪽으론 비범한 아이라는 말도 해요. 그런 아이가 같은 관심사를 가진 친구를 못 만나서인지 학교 교우 관계에 어려움을 겪는 거 같아요. 아이들끼리의 놀이 중에 성향이 강한 아이들 때문에 배제당하기도 하고 그럴 때마다 무척 속상해요. 친하게 지내는 친구가 없어서 점심시간에도 거의 혼자 지내는 거 같더라고요. 저학년 때보다 학교

생활이 많이 위축돼 보여요. 친구를 사귀고 싶은데 친구가 없어서 외롭다고 하는 아이가

안쓰럽습니다. 거의 4년 내내 그랬던 것 같아요.

✏️ 아이에게 부족한 사회적 기술이 뭔지 알아보세요

친구 관계가 학교생활에 전반적인 영향을 끼치는 것이 사실입니다. 학교생활 내 자신감에도 큰 영향을 미쳐서 친구가 없는 경험이 계속된다면 외롭고 자신감도 없어지죠. 어떤 한 가지에 푹 빠져 그 분야에 가진 능력 또한 비범한 아이들 중에서 사회적 기술이 미숙한 아이들을 많이 봤습니다. 하지만 자신감이 떨어져 있거나 대화 방법에 문제가 있거나 수줍음이 많은 아이들은 친구를 사귀는 일이 힘들기만 합니다.

4년 내내 그랬다는 것은 혼자 강점을 가진 분야를 열심히 탐색하느라 친구들과 노는 경험 자체를 많이 해보지 않았을 가능성이 큽니다. 그만큼 사회적인 기술이 아직 미숙할 수 있어요. 아이들은 놀이를 하면서 관계에 필요한 역할, 기술을 배웁니다. 그 과정을 통해 친구에게 자신의 감정을 표현하는 법도 알아야 하고, 어떻게 의사소통을 해야 하는지도 배워야 합니다.

담임선생님께 아이가 친구 관계에서 어떤 점이 부족한지 솔직하게 물어보세요. 도움을 받고 싶다고요. "이러이러한 점이 부족해요"라고 관찰한 것들을 객관적으로 말씀해주실 수 있습니다.

✏️ 심리적 난도가 낮은 것부터 시도해보세요

"일단 친구들과 잘 지내기 위해서는 어떤 걸 하면 좋을 것 같아? 하나씩 실천해보자" 이렇게 아이가 친구들과 잘 지내기 위해 실천할 것들을 이야기해보세요. 가장 쉬운 것부터 해보는 거예요.

친구들이 좋아하는 아이는 눈치가 빠르고 재미있는 놀이를 잘 제안합니다. 하지

만 눈치란 타고나지 않았으면 경험을 통해 습득해 나가야 하고, 놀이 제안은 적극적이고 외향적인 성격일수록 하기 더 쉽습니다. 그러니 눈치 있게 행동하는 것이나 놀이 제안을 하는 것은 모두 어려운 난도인 거죠. 쉬운 것부터 하나씩 심리적 난도를 높여 실천해볼 수 있도록 독려하고 격려해주세요. 친구와 만나서 나눌 대화와 행동을 모의 연습하세요. 먼저 다가가는 것 또한 중요한데, 직접적으로 가서 말을 거는 행동 말고도, 내 표현을 또박또박하는 것만으로 친구들에게 한 걸음 더 다가갈 수 있습니다.

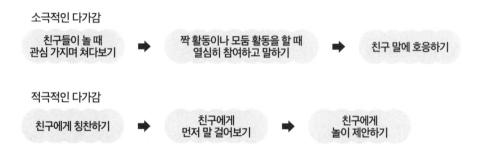

소극적인 다가감

친구들이 놀 때 관심 가지며 쳐다보기 ➡ 짝 활동이나 모둠 활동을 할 때 열심히 참여하고 말하기 ➡ 친구 말에 호응하기

적극적인 다가감

친구에게 칭찬하기 ➡ 친구에게 먼저 말 걸어보기 ➡ 친구에게 놀이 제안하기

소극적인 다가감에서부터 차차 적극적인 다가감으로 발전할 수 있도록 하는 것이 좋지만, 잘 되지 않으면 집 근처의 센터 등에서 사회성을 훈련하는 프로그램을 받아보는 것도 도움이 될 수 있습니다.

✎ 가족회의를 통해 말하는 연습을 해보세요

사회적 기술이 부족하다면 집을 작은 사회라고 생각하고 연습할 수 있도록 해주세요. 집에서도 대화를 많이 하는 것이 좋습니다. 대화 시간이 부족하거나 어떻게 해야 할지 모르겠다면 가족회의를 시간을 정기적으로 가져보세요. "내 의견은 이런데 너는 어때?"와 같이 다른 사람의 의견을 듣고 자기 의견을 표현하는 연습을 하는 것입니다.

가족 각자가 종일 맡은 일과를 소화하고 모였을 때, 사실 제대로 된 대화를 한다는 것이 참 힘듭니다. 서로 지쳐 있거든요. 보통은 TV 앞에 모여 있거나, 각자 방에 들어가서 스마트폰을 하지요. 그런데 자기 의견을 표현하고 생각을 교환하는 가장 기본적인 활동을 할 수 있는 곳이 가정입니다. 최적의 연습 장소이자 잘 말하고 잘 관계할 수 있는 습관을 만들 수 있는 곳이기도 하지요. 꼭 가족회의 시간을 만들고 대화의 시간을 갖길 바랍니다. 차차 쌓인 자신감과 기술이 밖에서도 내 의견을 잘 표현할 수 있도록 도와줄 것입니다.

✏️ 같은 관심사를 이용해보세요

아무래도 남자아이들은 같이 운동을 하거나 같은 게임을 하면서 어울리는 아이들이 많습니다. 관심사가 같으면 어울리기에 유리한 점이 많죠. 아이가 컴퓨터 쪽에 강점이 있다면 같은 관심사를 가진 친구가 주변에 없는지 찾아보세요. 컴퓨터 관련 방과후교실이나 아이의 성향에 맞춰 바둑이나 독서 논술 같은 소규모 아이들이 하는 정적인 활동, 관심사와 관련된 캠프를 찾아보세요. 같은 관심사를 가진 사람들의 온라인 커뮤니티를 활용해보아도 좋습니다.

이런 친구들을 교실 안에서 만날 수 있다면 가장 좋지만, 꼭 교실로 장소를 한정하지 말고 더 넓은 기회를 찾아보길 바랍니다. 교실 밖 어디서라도 만난다면 사회적 기술을 연습하는 기회가 될 수 있거든요. 또, "교실 안에는 친한 친구가 없지만 컴퓨터부에는 친한 친구가 있어" 하는 자신감을 심어줄 수도 있습니다. 자신감은 소극적인 다가감을 시도하는 데 도움을 줄 것입니다.

고민 044 전학생이라 무리에 끼지 못하고 겉돌기만 합니다

전학을 몇 학년, 어느 시기에 갔는지도 친구 관계 형성에 영향을 미칩니다. 아무래도 고학년일수록, 또 학기 중간일수록 적응하는 것이 더 힘들죠.

외향적인 아이들은 낯선 환경에서도 불안함을 덜 느끼는 편이지만, 성향과 상관없이 형성된 무리 안에 나만 새로운 구성원으로 들어가는 상황은 어떤 아이라도 부담스러울 수밖에 없습니다. 반에 전학생이 오면 처음에 모든 친구들이 관심을 보입니다. 어떤 친구인지 궁금해하고 새로워해요. 그래서 전학생에게 호기심을 갖고 다가오는 친구와 오히려 쉽게 친해질 수 있습니다. 혹은 조금 지켜보면서 나와 잘 맞을 것 같은 친구나 접근성이 있었던 친구에게 전학을 간 아이가 먼저 다가가 볼 수도 있습니다.

전학생이라 아직 친구가 없다면 학교생활을 성실히 하도록 지도해주세요. 자신감 있는 태도로 자기가 해야 할 일을 잘하고 있으면 친구는 또 생깁니다. 종종 학급에 전학을 온 아이들을 관찰해보면, 어색해하다가도 자연스럽게 녹아 들어가듯 적응을 잘하더라고요. 시간이 필요한 일입니다.

만약 전학을 간 첫해에 친구 관계 형성이 잘 안 되었다면, 다음 해에 시도해볼 수 있고요. 아이에게 전학은 큰 사건입니다. 전학을 통해 아이는 새로 배우는 게 있을 것이고, 나름의 생존 방법을 터득해갈 것입니다. 가정에서 해줄 수 있는 것을 해주면서 믿고 기다려보세요.

인기가 없다고 실망하고
좌절하는 아이, 어떻게 해줘야 할까요?

초등학교 1학년인 남자아이인데 "난 인기가 없어", "친구 두 명밖에 없어", "애들이 나한 테 빌려달라거나 도와달라고 안 해"라고 고민을 털어놓습니다. 놀이 시간에도 혼자 책을 봤다고 해요. 마음이 착한데 여린 편입니다. 누가 장난을 치면 자기를 공격한다고 생각하 고, 소심하고 예민해요. 다행히 책을 좋아하긴 하는데 자꾸 쉬는 시간에 혼자 있다는 게 걸립니다. 두 명뿐이라는 친구와도 잘 놀진 않는 것 같고요. 같은 반 아이 몇이랑 만나서 놀긴 했는데 그때뿐이에요. 학교 가기 싫다고 한 적은 없으니 괜찮을까 싶다가도 계속 지켜만 보는 게 좋은지 걱정이 됩니다.

많은 부모님이 내 아이가 학교에 가서 친구들이랑 잘 지내고 올까, 혼자만 있다 오 는 건 아닌가, 혹시 괴롭힘을 당하지는 않을까 걱정될 거예요. 그런 걱정을 하는 중 에 아이가 "난 인기가 없어. 친구가 없어"라고 합니다. 이 말을 듣는 순간, 엄마 마 음이 무너져 내리죠. 쉬는 시간에 앉아서 책만 읽었다니. 엄마는 평소 알고 지내던 같은 반 친구 엄마에게 전화를 합니다. "안녕하세요, 저 지우 엄마예요. 얘들끼리 이번 주말에 같이 놀게 해줄까 해서요" 이렇게 말이에요. 그런데 또 그때뿐이고, 아 이의 학교생활은 그대로인 것 같습니다.

✎ 섬세한 각자형 아이들

고민 내용으로만 봤을 때 이 아이는 남자아이 중에서도 내향적이고 차분하고 공부도 잘하는 편일 것 같다는 생각이 듭니다. 천방지축으로 말썽꾸러기인 남자아이들과 다른 과인 것 같다는 거죠. 친구들이랑 우르르 몰려다니는 것보다는 조용히 책을 보거나 앉아서 레고 만들기를 좋아하는 아이입니다. 그래서 사실 아이는 친구가 많이 없는 것으로 큰 스트레스를 받지는 않을 것 같다는 생각이 듭니다. 아이가 학교에 가기 싫어하는 건 아니라는 데서 짐작할 수 있죠.

이런 남자아이들은 섬세한 편이기 때문에 보통의 남자아이들이 치는 장난이 공격으로 받아들여져 불편하고 싫습니다. 이런 섬세한 각자형 남자아이들은 한 반에 세네 명 정도가 꼭 있습니다. 아마 친하다는 두 친구도 비슷한 성향이 아닐까 싶고요. 이런 성향의 친구들은 쉬는 시간에도 몰려다니지 않습니다. 각자 할 일을 하고 있을 때가 많고, 어쩌다가 같이 어울려 놀곤 합니다. 처음에 먼저 다가가지도 않아요. 다른 남자아이들이 몸으로 과격하게 장난치고 소리를 지르며 놀고 있을 때, 그게 불편한 남은 아이들끼리 친해지다 보니 비슷한 성향을 가진 아이들이 어울리는 경우가 많습니다.

✒ 기질을 넘어서지 않은 노력이면 충분합니다

사람마다 누군가와 어울리고 싶어 하는 대인 동기가 다릅니다. 또 편하게 생각하는 관계의 상태도 다르고요. 어떤 사람은 여러 사람과 어울리는 게 좋고, 어떤 사람은 소수의 사람과 어울리는 게 좋아요. 내 아이의 성향이 어떤지는 아이를 지켜봐 온 부모님이 잘 알 거예요. 양적인 친구보다는 질적인 친구가 중요하고, 타고난 성향을 거스르는 것보다는 인정하는 것이 자존감을 지키는 건강한 삶이 될 수 있습니다.

하지만 누구나 그런 순간이 있죠. 내 삶이 아무렇지 않고, 나름대로 괜찮다고 생각했는데 갑자기 누군가가 부러워지는 순간 말이에요. 아이도 그럴 수 있습니다. 혼자 책도 보고, 두 명의 친구와 어울리며 잘 지내왔는데, 어느 순간 남자아이들끼리 모여 놀며 서로 장난치는 모습들이 부러워 보이는 거죠. 그런 날 엄마한테 말을 하는 겁니다. "엄마 나는 인기가 없어" 하고요.

아이와 조금 더 깊은 이야기를 나눠보세요.

"왜 그렇게 느꼈어?" 묻고 "그랬구나. 친구가 서윤이한테는 도와달라고도 안 하고 물건을 빌려달라고도 하지 않아서 속상했구나. 엄마도 그럴 때가 있었어" 하고 이야기해주세요.

이렇게 공감만 해주셔도 아이의 속상했던 마음은 가라앉습니다. 거기에 덧붙여 이렇게 말씀해주시는 거죠.

"친구가 꼭 많아야 할 필요는 없어. 마음 맞는 친구가 단 한 명이라도 있으면 되는 거야."

어머님이 동네 친구들과 같이 놀 기회도 만들어주었고, 아이에게는 많진 않지만 친하다고 생각하는 두 친구도 있습니다. 이 얘기는 모두 잘하고 있다, 괜찮다는 말입니다. 지금처럼 자신의 감정과 성향에 무리가 가지 않는 선에서 잘 지낸다면, 아이는 친구와 어울리며 누군가와 함께 하는 기쁨도 알고 혼자 보내는 시간의 기쁨도 알아갈 것이라 생각합니다.

고민
046

딸아이가 종일 스마트폰만 붙들고 있어요

초등학교 6학년인 딸이 종일 스마트폰만 붙들고 있어요. 친구들이랑 카톡을 하거나 유튜브를 계속 보고 있습니다. 핸드폰을 뺏어도 보고 약속도 해봤는데 약속은 안 지켜지고 뺏어봤자 저랑 사이만 안 좋아지고 어떻게 해야 할지 모르겠어요.

이런 경우에는 우선 아이가 왜 그러는 건지 생각해봐야 합니다. 고민 33에서 말한 것처럼 단순한 스마트폰 중독일 수도 있지만, 친구 관계의 불안정성에서 비롯한 것일 수도 있기 때문입니다.

✎ 스마트폰 중독? 사실은 친구 관계에 대한 불안

친구가 없는 것도 걱정이지만 친구 관계에 지나치게 의존하고 집착하는 경우도 문제입니다. 자신과 공통된 관심사를 가진 사람과 함께 그에 관해 이야기하고, 좋아하는 것을 함께하는 것이 즐겁지 않은 사람은 없을 것입니다. 특히 신체적, 정신적, 사회적으로 성숙해가는 과정에 있는 청소년 시기에 이런 공감을 나누는 친구의 존재감은 엄청납니다.

스마트폰이라는 새로운 매개의 등장으로 친구 관계의 또 다른 형태가 생겼습니다. 스마트폰을 갖게 되며 주류 친구 관계에 속한 느낌을 느끼기도 하고, 교실에서는 용기 내기 힘들었는데 SNS를 통해 '좋아요'를 누르고 댓글을 달면서 그 친구들과 친해진 느낌도 느낍니다. 단톡방에서 흘러가는 대화에 참여하지 못하는 게 두려워서 핸드폰을 손에서 놓지 못합니다. 이렇게 친구 관계에 대해 불안감을 느낄 때, 아이는 스마트폰 SNS에 더 집착하고 관계에 더 의존하게 됩니다. 과거 친구에게 상처를 받았다거나 무리에 끼지 못했던 상처로 인해서 더 집착하는 경우도 있고, 가정에서 느끼는 정서적인 편안함이 부족해서인 경우도 있습니다.

아이의 이야기를 충분히 들어주고, 스마트폰을 내려놓고 가족과 함께 하는 시간을 일정하게라도 가지는 게 좋습니다. 단톡방 대화에 참여하지 않아서 나를 소외시키는 친구라면 좋은 관계가 아님을 알려주세요. 사춘기에 접어든 아이에게 부모의 인정과 친구의 인정은 의미가 좀 다르겠지만, 가정에서 충분히 인정받고 수용받고 있다고 느끼는 것은 여전히 중요합니다.

✏️ 권위는 쌓여가는 것

고학년이 되어도 스마트폰을 갖고 있지 않은 학생들이 있습니다. 부모님에게 불만이 없냐고요? 스마트폰을 갖고 싶다는 마음은 있지만 불만이 크지는 않아요. 언제쯤 살 수 있다는 합의가 되어 있거든요. 스마트폰이 없어서 친구 관계에 문제가 있냐고요? 없습니다. 어떻게 그렇게 늦게까지 사주지 않을 수 있냐고요? 그동안 좋은 권위를 계속 쌓아온 결과입니다.

권위적인 부모가 되어서는 안 되겠지만 권위 있는 부모는 되어야 합니다. 아이에게 자신의 규칙을 일방적으로 강요하고 너무 엄격하며 아이의 말을 잘 들어주지 않고 자기 생각대로 아이가 움직여야 한다고 생각하면 '권위적'인 것입니다. '권위 있는 부모'는 한마디로 '아이에게 할 수 있는 일과 해서는 안 되는 일에 대해 적절한 한계를 설정하고 그 안에서 자유로운 선택권을 주는 부모'입니다. 허용해야 하는 행동과 금지해야 하는 행동의 한계를 부모로서의 소신과 줏대에 맞춰 설정하고 울타리를 만듭니다. 울타리가 너무 좁으면 아이들은 답답해하고 울타리가 없으면 불안해합니다. 울타리 안에서 뛰어놀고 있다는 생각이 들지 않을 만큼의 안정감이 느껴지는 울타리를 만들어놓고 아이가 익혀야 할 규칙을 알려줍니다. 울타리의 크기는 작은 것에서 점점 넓어져야겠지만 울타리는 있어야 합니다. 좋은 권위를 가진 부모는 아이에게 따뜻하면서도 원칙과 규칙이 있는 부모입니다. 이러한 권위를 계속 쌓아왔다면 사춘기 때도 아이는 부모 말을 잘 듣는 편이고 관계가 나쁘지 않습니다. 그동안 되는 것과 안 되는 것이 분명했고, 그 바탕에 충분한 믿음과 사랑을 전달했다면 규칙을 정하고 지키는 것도 익숙할 겁니다.

습관처럼 카톡을 확인하고 유튜브를 보면서 중독이 되어버렸다면 이제라도 중독을 끊도록 해야 합니다. 스마트폰을 뺏어도 보고 약속도 해봤는데 통하지 않았다는 것은 권위가 더 필요해 보입니다. '뺏어봤자 관계가 좋아지지 않는다'는 것을 보면 아이와 관계가 틀어지는 것에 대해 부모님도 두려움이 큰 것 같습니다. 충분히 믿고 지지하는 모습을 보여주되 스마트폰에 있어서는 분명하게 지켜야 할 것이 있음을 알려주세요. 합의된 규칙 지키기를 통해 계속 노력하는 것이 좋습니다.

✎ 아이의 SNS 계정, 확인해야 할까요?

SNS 계정 확인을 하는 것이 사생활 침해인지, 보호인지 의견이 많이 나뉩니다. 하지만 많은 전문가들은 중학교 3학년까지는 부모님에게 핸드폰 검사를 받아야 한다고 말합니다. 소아청소년정신의학 전문의 노규식 박사는 "SNS는 사적 공간이 아닌 공적 공간"이라며 "학생 인권에 신경 쓰고 있는 미국 정신과 의사들도 중학교를 졸업할 때까지 부모가 자녀의 스마트폰 및 SNS 게시물까지 확인할 필요가 있다는 의견을 갖고 있다"고 말합니다. 그리고 "자녀의 SNS 아이디와 비밀번호를 알고 있어야 하며 문자메시지와 사진까지도 확인해야 한다"는 것입니다. 그 이유는 사이버 공간에서 폭력을 목격할 확률이 90퍼센트가 넘기 때문입니다. "자녀가 가해자가 될 수도 있고, 피해자가 될 수 있습니다. 올려서는 안 되는 사진을 올리는지 품행에 어긋나는 말을 하는지 살펴볼 필요가 있습니다. 단, 어디를 가는지, 누구를 만나는지 등의 감시 목적으로 활용해서는 안 됩니다"와 같은 말도 덧붙였습니다.

실제 스페인에서는 아버지가 9살 딸의 모바일 메신저 대화를 봤다가 사생활권 침해로 아이의 어머니에게 고소를 당했지만 무죄로 판결 난 사건도 있었습니다. 자녀의 인터넷 사용을 감시할 부모의 법적 책임이 어떤 사생활 침해보다도 더 중요하다고 판결한 것으로, 미성년자의 소셜미디어 사용 관련 사건에서 하나의 유명 판례가 되고 있죠.

예일대학교를 졸업하고 미시간대학교에서 임상심리학 박사 학위를 받은 리사 다무르가 쓴 『여자아이의 사춘기는 다르다』라는 책에서 역시 "지금까지 네 휴대전화와 SNS 계정에 대해 프라이버시를 존중해주었는데 엄마가 실수한 것 같아. 네가 온라인상에서 뭘 하고 있는지 세상이 다 알고 있는데 엄마도 알 권리가 있지 않을까? 그래서 지금부터 가끔 네 휴대전화와 SNS 계정에 들어가 보려고 해"라고 말하며 부모가 아이의 휴대전화 요금을 결제하고 있는 이상, 아이에게 이 점을 상기시키며 온라인 활동을 규제할 수 있다고 나와 있습니다.

우리는 아이의 학습에 대해서는 지나치게 간섭하면서 행동에 대해서는 너무 허용적인 경우가 많습니다. 스마트폰 사용이 일반화되고 일상에 깊이 들어오게 되며, 이로 인한 문제 또한 많이 생겨나고 있습니다. 그 때문에 아이의 스마트폰 사용은 부모의 관리하에 이루어져야 합니다.

성격별
친구 고민

친구 관계

교과 학습

학교생활

진로와 심리

남자아이인데 마음이 여려요. 남자 친구들과의 관계를 힘들어합니다

교실 내에도 서열이 있습니다. '무슨 어린 애들이 서열이에요', '다들 잘 지내는데 그렇게까지 말하는 건 좀 불편하네요'라고 생각하실 수도 있습니다. 하지만 애석하게도 사실입니다. 다음은 교실에서 있었던 일이에요. (모두 가명입니다.)

쉬는 시간에 교실에 앉아서 아이들이 노는 것을 지켜보고 있었습니다. 진수가 태민이를 괴롭히는 것처럼 보였습니다. 진수는 재미있어 죽겠다는 표정인데, 태민이는 그렇지 않습니다.

"진수야, 태민이 괴롭히지 마라."

"선생님, 태민이랑 저 놀고 있는 거예요."

"태민아, 너 재미있니?"

모기만 한 소리로 태민이가 대답합니다.

"아니요…."

태민이는 마음이 여리며 소위 약한 아이이고, 진수는 강하고 반 분위기를 주도하는 아이입니다. 이런 상황에서는 태민이처럼 '아니'라는 대답을 못 하는 아이들도 많습니다.

모둠원끼리 의논해서 요리 수업 준비물을 나누라고 했습니다. 알아서 잘 나누었겠지 생각했지만 혹시나 하는 마음에 준비물 나눈 것을 살펴보았습니다. 무거운 요리 도구, 가격이 나가는 요리 준비물이 유난히 한 아이에게만 몰려 있습니다.

"왜 태민이가 이렇게 많이 가져오니?"

"태민이도 좋다고 했어요."

이런 상황에서 태민이도 좋다고 했다니 넘어가는 것은 교사로서 책임을 방관하는 것과 같지요. 교실 내 힘의 배분 또한 교사의 역할이기 때문입니다. 이렇게 마음이 여린 아이들이 힘이 세거나 기가 센 아이들에게 은근슬쩍 괴롭힘을 당하는 경우가 있습니다. 물론 대놓고 당하는 경우도 있고요. 정글 같은 남자아이들의 세계에서 여리고 감성적인 내 아이가 힘들어하는 것은 무척 마음 아픈 일입니다. 이렇게 교실에서는 복잡한 인간관계가 계속 이어지고 있으며, 누군가는 그 안에서 불합리함을 느끼고, 또 누군가는 즐거움을 느끼며 살아가고 있습니다.

저는 얼마 전에 『교실 카스트』라는 책을 읽었습니다. 스즈키 쇼라는 일본사람이 쓴 책인데요. 학생들과 교사들을 인터뷰해서 연구한 논문을 책으로 엮은 것입니다. 책에서는 '교실 카스트'라는 용어가 '인기가 많은 학생을 축으로 해서 서열이 정해지는 구조'라고 말하고 있습니다. 인터뷰 결과 동급생끼리 '서열의 차이'가 없다고 대답한 학생은 단 한 명도 없었습니다. 초등학교 때는 지위의 차이를 개인 간의 차이로 느낍니다. 하지만 중고등학교 때는 그룹 간 지위의 차이로 인식하면서 그 서열의 차이를 초등학교 때보다 더 크게 느낍니다.

✏️ 남자아이들의 관계 유형

교실에서 관찰한 남자아이들의 관계를 유형별로 나눠보았습니다.

첫 번째는 '권력추구형' 남자아이들입니다. 보통 운동을 잘하고 활발하고 체구가 큰 아이들이 이 부류에 속합니다. 또 체구와 상관없이 목소리가 크고 기가 센 아이들도 권력추구형에 많이 속합니다. 권력추구형 남자아이들은 다시 세 유형으로 나눌 수 있는데요. 가장 센 최고권력형, 최고권력형과 친해져서 그 권력을 함께 누리는 대리권력형, 끊임없이 최고권력을 향해 도전하는 권력라이벌형이 그것입니다.

두 번째 '장난꾸러기형'은 권력엔 관심 없이 그저 장난치기 좋아하는 아이들이 포함되어 있습니다. 세 번째는 권력과 전혀 상관없이 혼자서도 잘 노는 '자발적 아웃사이더형', 마지막 네 번째는 기가 약하고 소심한 '만만이형' 아이들입니다.

교실에서 남자아이들의 갈등은 크게 두 가지로 볼 수 있습니다. 권력추구형에서 가장 센 최고권력형과 거기에 도전하는 권력라이벌형의 갈등과 만만해 보이는 친구를 괴롭히거나 무시하면서 생기는 만만이형의 갈등입니다.

남학생들은 무리 문화가 심하지 않지만, 자신들끼리의 서열을 무의식적으로 매깁니다. 그 서열은 힘의 세기, 전반적으로 느껴지는 기운, 공부를 잘하는 정도와 같은 기준들로 정해집니다. 다만, 실제로 몸싸움을 일일이 하면서 1등부터 꼴등까지 서열을 매기기보다 자신보다 센 사람인지 아닌지를 '기'로써 느끼는 경우가 많습니다. 그래서 덩치가 나보다 크더라도 기질이 순하고 여리면, 일단 나보다 약한 아이로 규정합니다. 이런 정글 같은 세계 속에 마음이 여린 아들을 들여보내야 하는 부모님은 걱정을 많이 합니다. 어떻게 도와줄 수 있을까요?

✏️ 아이가 괴롭힘을 당한다는 사실을 알게 되었을 때

친구들 사이에서의 사소한 괴롭힘일지라도, 자신보다 세다고 생각하는 친구의 놀림과 육체적 괴롭힘은 엄청난 스트레스로 다가옵니다. 힘들어하는 아이에게 가장 먼저 해주어야 할 일은 마음을 보듬는 것입니다. "네가 그동안 얼마나 심적으로 힘들었는지 충분히 이해한다" 이 한마디에 아이는 눈물을 글썽일 것입니다. 아이의 힘든 마음을 충분히 공감해주세요. 더불어 힘든 일이 생기면 언제든지 부모님이나 선생님께 도움을 청하라고 알려주세요. 아이가 마음을 열고 도움을 청하는 일은 생각보다 쉽지 않습니다. 특히 고학년일수록 힘들죠. '괴롭힘은 누구나 당할 수 있고 창피한 일이 아니라는 것', '부모님은 언제든 내 편'이라는 것을 꼭 알려주세요.

내 아이를 '그래도 되는 아이'로 인식하지 않아야 합니다

아이들은 친구를 괴롭힐 때 기본적으로 얘는 괴롭혀도 된다는 심리를 본능적으로 느끼곤 합니다. 얘는 괴롭혀도 어쩌지 못하며, 내게 해를 주지 못하고 혼자 힘들어한다는 것이에요. 그러니 그렇게 행동해도 된다고 생각하는 것입니다. 덩치가 크고 힘이 세다고 서열이 높아지는 것이 아닙니다. 아이들끼리 정하는 서열은 몸의 세기가 아니라 마음의 세기에 영향을 받습니다. 덩치가 커도 순하고 마음이 여리면 괴롭힘의 대상이 되기도 합니다.

'괴롭혀도 되는 아이'가 되지 않아야 합니다. 그러려면 괴롭힘을 당할 때 가만히 있지 않아야겠죠. "친구의 행동이 싫다면 싫다는 것을 단호한 눈빛과 말투로 말하렴"이라고 알려주세요. 가정에서 부모님과 역할 놀이로 연습을 해보는 것도 좋겠습니다. 자기보다 센 친구에게 싫다고 말하는 게 쉬운 것은 아닙니다. 직접 말하기가 어렵다면 부모님이나 선생님께라도 일러서, 괴롭힘에 가만히 있지 않는다는 것을 보여주도록 합니다.

괴롭힘에 스트레스를 받고 힘들어하는 모습을 보이면 상대는 더욱 나보다 약한 친구, 만만한 상대라고 생각합니다. "네가 괴롭힘에 크게 반응하고 힘들어하는 모습을 보이면 너를 더 약한 사람이라고 생각하고 괴롭힐 거야. 꼭 힘이 세다고 센 게 아니라 마음이 세야 진짜 센 거야. 너는 강한 아이야. 그리고 누구보다 너를 믿고 항상 네 편인 엄마 아빠가 있어"라고 말해주세요.

아이와 맞는 친구들을 사귈 수 있도록 도와주세요

아들이 남자답지 못하다고 생각해서 강한 아이를 친구로 붙여주려는 부모님이 있습니다. 하지만 그 방법은 옳지 않습니다. 섬세하고 마음이 여린 아이들만의 장점이 있습니다. 그런 기질의 아이들은 성격이 비슷한 친구와 시간을 보내는 것을 더 편하게 느낍니다. 서로의 마음을 헤아리며 상처받지 않고 잘 지낼 수 있으니까요. "함께 있으면 가장 편하고 즐거운 친구는 누구니?"라고 아이에게 질문해주세요. 몇 명의 이름을 댄다면, 기질과 성향이 맞는 친구들과 잘 지내자고 말해주고, 그 친구들과 함께하는 시간을 만들어 주세요.

서열이라는 것 또한, 아이가 커가면서 지나 보내야 할 자연스러운 관계 맺음입니다. 성인이 되어서도 알게 모르게 존재하며, 내 아이가 항상 높은 서열에 자리할 수도 없는 일입니다. "싫어!"라고 강하게 표현해보고 나와 맞는 친구가 있는지 찾아봐도 결국 해결이 안 될 수도 있습니다. 그 과정에서 아이는 무척 힘들고 괴롭겠죠. 하지만 중요한 것은 한번 힘들었다고 계속 힘든 것이 아니라, 다시 또 나아질 수 있다는 마음가짐을 갖는 것입니다. 계속 도전하고 노력할 수 있도록 동기를 부여해주어야 합니다. 당장 해결되지 않는다고 부모가 불안해하고 힘들어하면 아이는 더 힘들고 부끄러워진다는 것을 기억했으면 좋겠습니다.

고민 048 친구와 자꾸 절교를 했다고 이야기합니다. 잦은 절교, 괜찮은 걸까요?

"선생님, 저 ○○랑 절교했어요"라고 말하는 아이들이 정말 많습니다. 그러고는 며칠 후, 아무 일 없었다는 듯 둘이서 잘 놀고 있는 모습도 자주 봅니다. 이처럼 아이들 사이의 '절교'란 우리 어른들이 받아들이는 것과는 조금 다릅니다. 친구 사이에 느낀 서운함을 '절교'라는 단어로 표현하는 거예요. 마치 연인 사이 너무 화가 났을 때의 표현으로 "그래! 우리 헤어져!"라고 말하는 것처럼 말이에요.

하지만 만약 나와 친하게 지내는 친구가 별거 아닌 일로 자주 절교할 것이라고 하면서 겁을 주거나, 다른 친구와 놀면 절교하겠다는 식으로 협박 아닌 협박을 한다면 아이는 친구 관계에서 안정성을 얻기 힘듭니다. '혹시 또 친구가 절교한다고 하면 어쩌지?' 두려워지기도 하니까요.

관계를 배워가면서 생기는 자연스러운 과정이겠지만, 그 빈도수가 너무 잦다면 부정적인 감정 처리를 잘못된 방식으로 하고 있다는 의미가 되기도 합니다. 고민 8을 참고해보면서 서운함을 표현하는 다른 방법을 연습해 보는 것도 좋겠습니다.

고민 049 자꾸 고자질해서 걱정이에요

아이가 선생님께 친구의 잘못을 일렀는데 선생님께서 살짝 화를 내셨나 봐요. 그래서 아이가 놀라고 당황스러웠던 것 같습니다. 유치원을 다닐 때 남자아이들이 괴롭히면 선생님께 말하라고 했던 게 독이 됐네요. 친구들의 문제 상황을 선생님께 이르고 싶어서 다른 건물인 급식실까지 갔다고 하는데, 어떻게 다독이면서 알려줘야 할까요?

종종 학부모님들께 이런 질문을 받기도 합니다. 저학년 교실에서는 학생들의 고자질이 정말 많아요. 고민을 가진 친구뿐 아니라 대부분의 아이들이 고자질을 합니다. 그래서 교사로서 힘들 때도 꽤 있습니다. 여기저기서 "선생님, 선생님" 부르는데, 들어보면 별로 중요하지 않은 내용도 많거든요. 그래서 선생님께서 다른 아이들도 이미 선생님께 말을 많이 전했고, 여러 아이들을 챙기느라 정신이 없는 틈에 아이가 이른 내용이 사소했다면 짜증이 느껴졌을 수 있습니다.

교실에서 다른 친구보다 많이 이르는 아이를 보면, 이르느라 친구들과 즐겁게 놀 시간마저 뺏기는 경우도 있어요. 그리고 "쟤랑 놀면 별것도 아닌 걸로 선생님한테 일러서 놀기 싫어요" 하는 소리가 나오기도 합니다. 친구들과의 문제로 번질 수 있는 거예요. 따라서 자주 이르는 아이라면 왜 그런지, 어떻게 해야 할지 꼭 한번 생각해봐야 합니다.

✎ 고자질을 하는 이유

그렇다면 아이는 왜 고자질을 할까요? 그 이유를 네 가지로 생각해보겠습니다.

❶ 어른의 도움을 받아 문제를 해결하기 위해서

스스로 문제를 해결할 수 없을 때, 친구가 괴롭히거나 친구와의 갈등이 심해졌을 때, 친구에게 놀림을 당했을 때, 놀잇감으로 분쟁이 일어났을 때, 불쾌감을 느꼈는데 내 선에는 해결이 안 될 때 아이들은 선생님의 도움을 원합니다.

고자질이 무조건 나쁜 것은 아닙니다. 선생님께 알리지 않았다가 나와 친구가 위험에 빠질 수도 있고, 미리 알았다면 충분히 예방할 수 있던 안전사고가 일어날 수 있으니까요. 또 고자질은 친구들 사이의 잘못된 힘의 불균형을 해소시키는 역할도 하고 있습니다.

❷ 어른에게 알리는 것을 의무라고 생각해서

아이들 중에는 어른의 규칙을 따르는데 민감하고 그것을 어기면 큰일이 난다고 생각하는 아이들이 있습니다. 그럴 때 어른에게 알리는 것이 꼭 해야 할 의무라고 생각해서 고자질하기도 하죠. 실수를 용납하지 않고 규칙을 절대적으로 생각해서 융통성을 발휘할 법한 사소한 일도 못 참는 경우입니다.

❸ 자신이 착한 아이임을 인정받기 위해서

친구가 규칙을 지키지 않을 때, 자신은 그러한 행동을 하지 않았다는 것을 은근히 내보이려고 고자질을 하기도 합니다. 이때 아이의 마음을 조금 더 이해해보자면 이렇습니다. 교실에서 금지된 행동을 하고 싶지만 참고 있습니다. 그런데 친구가 하는 것을 발견합니다. 나도 하고 싶은 걸 참고 있었는데, 친구가 하니 질투가 나기도 하고 손해를 보는 기분이 들기도 합니다. 규칙을 지켜야 하는 것과 즐거움을 누리고 싶은 욕구가 충돌이 일어납니다. 예를 들어, 교실에서 만화책을 보지 못한다는 규칙이 있는데 친구가 보고 있어요. 나도 만화책을 보고 싶지만 참고 있는데 친구는 보니까 괜히 심통이 나기도 하고 억울하기도 합니다. 선생님께 저 친구는 규칙을 안 지키지만 난 지키고 있다고 말하고 싶습니다. "선생님, 쟤 만화책 본대요!" 하고 고자질을 합니다.

❹ 목적 없이 습관적으로 하는 고자질

"쟤 편식해요", "코 파요"처럼 나와 별 상관없는 고자질을 할 때도 있습니다. 문제를 해결할 필요도, 알릴 이유도 없는 일이지만 습관적으로 고자질을 하는 거죠.

고자질을 자주 하는 아이가 주로 어떤 내용을 이르는지 살펴보세요. 위에서 설명한 이유 중 어디에 속하는지 생각해보고, 상황에 따라 아래의 해결책을 활용해보면 좋겠습니다.

✎ 고자질과 알림을 구별하게 해주세요

고자질의 사전적 의미는 '남의 잘못이나 비밀을 일러바치는 것'입니다. 하지만 아이가 고자질하는 이유가 단순히 남의 잘못이나 비밀을 일러바치기 위함이 아닐 수도 있습니다. 교사의 중재를 간곡하게 요청하는 순수한 정보를 제공하기 위한 경우도 있기 때문입니다. 아이에게 이렇게 말해주세요.

"이르기 전에 선생님께 꼭 알려주어야 하는 건지 아닌지를 생각해. 선생님의 도움이 꼭 필요할 때나 안전과 관련된 중요한 것일 때는 꼭 말을 해야 해. 그런데 그게 아니라면 내가 그냥 친구를 깎아내리기 위한 건 아닐까 생각해봐. 친구를 깎아내린다고 내가 칭찬받는 것은 아니야. 네가 너무 많이 이르면 친구들도 너와 노는 것을 별로 좋아하지 않을 수도 있어."

✎ 문제 해결 능력을 길러주세요

어른의 도움을 바라고 고자질을 하는 경우, 스스로 해결할 수 있는 문제는 아닌가 생각해보도록 하세요. 스스로 할 수 있는 일까지 무조건 도움을 청하는 건 의존적인 문제 해결이 될 수도 있습니다. 아이에게 '문제를 해결하기 위해 내가 할 수 있는 것'을 먼저 해보라고 말해주세요.

✎ 친구의 잘못이 내게 피해를 주는지 생각해보게 하세요

아이가 규칙을 너무 절대적으로 생각하거나 습관적으로 고자질을 한다고 생각되면, 아이에게 "친구의 잘못이 어떤 면에서 너에게 문제 되니? 어떤 점에서 불편하니?"라고 물어보세요. 그리고 "네게 오는 피해가 없거나 심하지 않다면 무시하는 것도 방법이야"라고 말해주세요.

저는 아이들에게 항상 이렇게 말을 합니다.

"너희들이 한 번씩 이르면 선생님 입장에서는 스물네 번을 듣게 되는 거야. 그중에서 꼭 선생님께 알려주어야 하는 말도 있고 아닐 때도 있어. 그러니 선생님한테 이르기 전에 두 가지를 생각하고 일러. 첫 번째는 꼭 일러야 하는 문제인지 아닌지를 생각해. 자신을 비롯해 누군가 위험에 처하거나 안전에 문제가 생긴 거라면 무조건 말해주어야 해. 둘째는 내가 스스로 해결할 수 있는지 생각하렴. 너희들끼리 충분히 해결할 수 있는 문제도 선생님한테 다 이른다면, 만약 선생님이 없을 때 생기는 갈등은 어떻게 해결할 거야? 친구에게 내가 불편한 점을 말해주고, 하지 말라고 해. 그리고 학급 규칙을 다시 한번 말해주렴."

교육학자 피아제의 도덕성 발달 이론을 보면 아이의 도덕성 발달의 첫 번째 단계는 타율적 도덕 단계입니다. 이 단계는 만 7~8세 이전의 아이들에서 발견됩니다. 이들은 사회적 정의와 규칙이 외부의 절대자에 의해 규정된 것이며 바꿀 수 없다고 생각합니다. 따라서 이 단계의 아동들은 옳고 그름을 판단할 때 규칙 자체를 신봉하여 그 규칙을 지켰느냐 그렇지 않으냐의 단순한 논리로 사고합니다. 하지만 10세 이후에는 도덕적 규칙은 변할 수 있는 것임을 이해하는 자율적 도덕 단계가 됩니다.

이런 맥락에서 보면 저학년 아이가 고자질하는 이유는 규칙을 지키지 않는 친구들을 보았을 때 선생님에게 이야기하는 게 옳다고 생각하기 때문이라고 유추할 수 있습니다.

아이들이 성장하면서 고자질은 줄어듭니다. 고학년이 되면 오히려 필요한 말도 선생님께 하지 않아서 문제가 되는 경우가 더 많지요. 아이가 고자질을 많이 한다는 건 시간이 지나면 자연스럽게 해결되는 문제일 수 있습니다. 그러나 조금 더 일찍 적절하게 활용하는 방법을 배운다면 학교생활에도 큰 도움이 될 거예요.

승부욕 강하고 욕심 많은 아들, 이대로 괜찮을까요?

저희 아이는 9살 남자아이입니다. 그런데 제가 보기에 아이는 자기가 원하는 대로 하려고 하고, 자기주장이 강해요. 승부욕도 욕심도 많은데 양보심은 부족해요. 그래서 그런지 자기 반에 단짝 친구가 없어요. 하지만 다른 엄마 이야기와 담임선생님 말씀으로는 친구들한테 인기가 많다고 합니다. 지금처럼 생활해도 되는 건지 아니면 문제가 될 것 같은 성격을 변화하기 위해 노력해봐야 하는 건지 고민입니다.

여기서 생각할 수 있는 건 두 가지입니다. 엄마가 지나친 걱정을 하는 것일 수도 있고, 실제로 아이가 너무 세서 친구들이 아이에게 권력이 있다고 생각할 수도 있어요.

아이들이 어릴 때는 분위기를 주도하거나 세면 더 인기가 있습니다. 그게 리더십 있는 것일 수도 있고요. 하지만 다른 친구들을 배려하지 않는 것일 수도 있지요.

직접 본 것은 아니라 단언할 수는 없지만, 다른 엄마들도 담임선생님도 친구들에게 인기가 많다고 하니 큰 문제는 없어 보입니다. 두루두루 잘 지낸다면 절친이 없어도 괜찮아요. 기질 자체가 승부욕이 세고, 욕심도 많은 아이가 있어요. 하지만 이건 나쁜 것이 아닙니다. 잘 다듬어주면 오히려 훨씬 좋은 방향으로 쓰일 수 있는 자질이죠. '다른 친구들의 이야기를 잘 들어주기', '의견이 엇갈릴 때 내 의견대로 한번 했다면 다음번엔 친구 의견도 따라주기', '친구랑 대화해보고 결정하기'와 같은 기본적이고 구체적인 규칙을 아이에게 말해주세요. 일상생활에서 해주는 엄마의 말이 아이에게는 하나의 가치관이 될 수 있습니다.

아이가 학교에서 자꾸
별거 아닌 일로 화를 낸대요

담임선생님께 전화가 왔습니다. 아이가 혹시 아주 약한 강도의 스침에도 통증을 느끼는 병이 있는지 물으셨어요. 요즘 친구랑 조금만 스쳐도 아파하며 아주 크게 운다고 합니다. 상대방은 못 느낄 스침에도 아프다며 크게 울며 사과를 요구한다고 해요. 하지만 정작 본인은 사과할 일이 생기면 "그럴 수도 있지!"라며 교실이 떠나갈 정도로 크게 외친대요. 계속 이렇게 친구들에게 반응하면 점점 친구들이 멀어지지 않을까 걱정이 되어 전화하셨다고 말씀하셨어요. 본인한테 "그 상황이 정말 아팠니?" 물었더니 정말 너무 아팠다며 울면서 말해요. 저희 딸은 화를 내는 방법을 모르고 남의 감정을 못 읽는 걸까요?

글만으로 모든 상황을 정확하게 알 수는 없습니다. 다만 제가 고민의 글을 읽었을 때, 바로 느껴졌던 것은 아이가 쌓인 게 많다, 억울한 게 많다는 것이었습니다.

저도 이런 경우를 교실에서 종종 본 적이 있습니다. 친구가 살짝 스쳐도 과도하게 아프다고 하는 아이들이 있어요. 우리가 보기에 별것 아니지만 그렇다고 아프다는 아이에게 "너 사실 아픈 거 아니잖아. 왜 아프지도 않으면서 아프다고 해? 친구 곤란하라고 일부러 그러는 거야? 친구가 너한테 때린 것처럼 똑같이 해볼까? 이게 아프다고?" 할 수는 없습니다. 그렇게 한다고 해서 아이가 고쳐지는 것도 아닐 거예요. 아이가 왜 아픈 것을 과도하게 표현하는 건지, 그 원인이 무엇인지 생각해 봐야 합니다.

✎ 아이에게 스트레스가 많은지 살펴보세요

모르는 사이 아이에게 불만이 계속 쌓여서 누가 조금만 건드려도 크게 느껴지고 폭발하는 것일 수 있습니다. 우리 어른들도 그렇잖아요. 같은 강도의 스트레스도 내 삶이 만족스럽지 않고 힘들 때 훨씬 더 크게 다가오니까요. 교실에서 이런 친구들과 이야기를 나눠보면, 아이 마음속에 불만과 억울한 마음, 부정적인 감정이 쌓인 경우가 많았습니다. 그게 부모님과의 관계일 수도 있고, 형제와의 관계일 수도 있고, 학업적인 부분일 수도 있고요. 걱정이 되어 전화하셨다는 담임선생님도 말씀하셨죠. '요즘' 약한 스침에도 크게 울고 사과를 요구한다고요. 즉 전에는 그렇지 않았는데 요즘 변했다는 겁니다. 최근 아이에게 스트레스가 많이 쌓이거나 불만이 높아졌을 수 있습니다. 혹은 그동안 쌓였던 게 터지기 시작했다는 신호일 수도 있어요.

✎ 많은 애정과 인정이 필요합니다

선생님께서 통증을 심하게 느끼는 병이 있냐고 물으실 정도라는 건 누가 봐도 객관적으로 센 강도가 아니었다는 겁니다. 하지만 엄마가 물어봤을 때 아이는 정말 아팠다며 울면서 말했죠. 그건 엄마한테 혼날까 봐 두렵거나, 엄마의 애정과 인정이 사라질까 봐 겁이 난다는 표현 같습니다. "엄마, 나 미워하면 안 돼. 나 힘들어"의 신호일 수 있어요. 아이가 과장하느냐 거짓말을 하느냐에 초점을 맞추지 말고, 숨겨진 진짜 마음을 읽어주세요.

✎ 공감을 제대로 받아본 적이 없을 수도 있습니다

친구의 스침은 울 정도로 아프지만, 내가 사과해야 할 일에는 그럴 수도 있고, 사과할 수 없다고 말하는 건 아이에겐 남을 공감해줄 마음의 여유가 없다는 뜻입니다.

아이는 누군가에게 공감을 제대로 받아본 적이 없을지도 모릅니다. 그리고 그런 아이의 부모님들 역시 자신의 부모님들에게 공감을 받아본 적이 없을 수 있습니다. 나도 어릴 적 부모님께 공감을 받아본 적 없기 때문에 아이가 힘들다고 하거나, 아프다고 하면 그저 징징댄다고 생각합니다. 불만이 많다고 생각해서 아이의 부정적인 감정을 무시하거나, 강하게 키워야겠다고 생각해 훈육만 했을 수도 있습니다.

아이의 감정을 조금 더 읽어주고, 아이의 좋은 점을 칭찬해주세요. 아이와 자주 대화를 나눠보는 게 좋을 것 같습니다.

"요즘 힘든 거 없어? 엄마한테 그동안 불만인 건 없어?" 하고 따뜻하게 이야기를 해보세요. 이런 어려움을 겪는 아이를 따로 불러 "그렇게 생각했구나. 그럴 수 있었겠다. 선생님이라도 그랬겠다" 하고 아이의 마음을 보듬어주면, 그 작은 공감에도 아이의 표정이 밝아지는 게 보입니다. 이 이야기를 엄마 아빠가 해준다면 선생님과 비교할 바가 아니겠죠.

친구의 감정을 읽는 방법을 알려주고, 정당하게 화내는 방법을 알려주는 것은 그다음 단계인 것 같아요. 아이의 마음을 애정으로 채워주지 않은 채, 가르치려고만 하면 아이는 또 '우리 엄마는 내 마음은 몰라주고 친구 편만 들어'라고 생각할 수 있습니다. 혹시 동생이나 언니, 오빠가 있다면 아이와만 따로 둘만의 시간을 보내는 것도 좋습니다. 애정 표현도 듬뿍 해주고, 평소에도 아이의 부정적인 감정을 조금 더 받아주는 노력이 필요할 것 같습니다.

친구들과 놀 때 이기려고만 하고
자기 잘못을 인정하지 않아요

어릴 때보다는 나아졌지만 집에서 엄마 아빠와 게임을 할 때도 그렇고 친구를 데려와서 놀이할 때도, 게임에서 자기가 지고 있거나 불리한 경우 그걸 인정하지 않는 편입니다. 승부욕이 강하고 지고 있으면 규칙이 아닌 걸로 얼렁뚱땅 넘기기도 합니다. 작년에 학교에서 친구들과 문제가 있을 때도 담임선생님께서 자기의 잘못은 인정을 잘 안 한다고 말씀하시기도 했고요. 왜 그랬는지 물어보면 물론 늘 자기만의 이유가 있습니다. 아이의 마음을 먼저 알아줘야 한다는 건 알지만 그럴 때마다 먼저 그러지 말아야 한다는 훈육이 앞섭니다. 이럴 땐 어떻게 지도해야 좋을까요?

✏️ 양육 태도를 점검하세요

지려고 하지 않는 아이는 크게 두 가지입니다. 타고난 성향이 승부욕, 성취욕이 강한 경우가 있고요. 또 하나는 양육 태도로 인해 그게 더 강화된 경우입니다. 강한 승부욕을 만든 양육 태도는 다시 두 가지 태도로 생각해볼 수 있습니다. 어릴 때부터 "너무 예쁘다", "잘한다" 칭찬만 했을 경우, 이런 과잉보호적 양육 태도가 나는 항상 잘해야만 하고 이겨야만 한다는 생각을 만들었을 수 있습니다. 반대로, 사랑과 관심을 많이 못 받고 자란 아이도 지기 싫어하는 마음을 강하게 갖기도 합니다. 남과의 경쟁에서 이기는 것을 통해 부모에게 관심을 받으려고 하는 겁니다.

◥ '이겨야 좋은 것이다'라는 인지적 오류를 바꿔주세요

이기지 못해서 씩씩거리고 있거나, 이기고 싶어서 자기가 유리할 대로 규칙을 바꾸고 해석하는 친구가 있으면 따로 불러서 이야기합니다. "선생님도 그런 마음이 이해된다"고, 그리고 설명합니다. "꼭 이기는 게임만 하는 게 아니라 게임은 즐기는 거야. 결과가 좋지 않으면 그 이유를 생각해보고, 더 발전하도록 노력하면 되는 거고 실수는 고치면 되는 거야. 세상에 완벽한 사람은 없어"라고요. '자신이 완벽해야만 한다는 것, 지는 것은 나쁜 것'과 같은 승부욕 강한 아이들이 가진 인지적 오류를 바꿔주어야 합니다. 제가 아이를 불러서 하는 이야기들을 계속해주는 것이 좋습니다.

아이가 무언가를 시도하고 노력했을 때, 결과가 좋지 않더라도 인정해주고 과정에 대한 칭찬을 해주세요. 게임을 하고 나서 게임에 열심히 참여했던 태도, 게임을 즐기려고 했던 태도를 칭찬해주는 겁니다. 도전과 노력, 과정의 중요성에 대해 끊임없이 알려주세요.

◥ 친구들이 싫어하게 될 거라고 알려주세요

지는 것을 극도로 싫어하는 아이들에게 계속 그렇게 행동한다면 친구들이 곁에 남지 않을 거라는 사실도 알려주세요. 아이는 지금 당장 이기는 것의 쾌감만 기대하면서 친구들에 대한 배려, 게임의 규칙까지 함께 고려하지 못하고 있습니다. 그런 행동이 친구들에게 불편함과 피해가 될 수 있다는 걸 알려주세요.

어차피 항상 이길 수는 없습니다. 아이는 자연스럽게 패배를 경험할 거예요. 때로는 지기도 하면서 건강한 좌절을 통해 '내가 항상 이길 수 있는 것은 아니다. 꼭 이겨야만 하는 것은 아니다'는 것을 점차 배워간다면 더 좋아질 것입니다. 나아가 이런 타고난 성취욕을 자신만의 잠재 에너지로 사용할 수 있도록 하는 방법은 고민 295를 참고하세요.

남자아이 같은 여자아이, 친구 관계가 애매해요

저희 아이는 초등학교 3학년으로 여자아이지만 기질적으로 남성적인 아이입니다. 그래서 항상 걱정이에요. 남자아이들하고 노는 게 편하고 재미있다는데, 여자 친구들과의 불편한 관계가 버거워서 그런 건지 모호한 상태입니다. 2학년 때는 그래도 여자 친구도 사귀고 했는데, 노는 걸 보면 그 친구는 여성스럽고 저희 애는 남성스럽다 보니 처음엔 같이 놀다가 어느 순간 보면 제각각 놀고 있어요. 같이 놀자고 했으니 네가 싫어도 조금 배려하자 하면 그 친구 하는 게 재미없다고 해요. 어떤 식으로 가르쳐 줘야 할지 고민입니다.

저희 반에도 이런 여자아이가 있어서 엄마가 걱정을 많이 했습니다. 결론부터 말씀 드리자면 아이의 성향 그대로 두셔도 됩니다. 저희 반에 있던 친구는 점심시간에도 남자아이들이랑 나가서 놀고, 쉬는 시간에도 남자아이들이랑 놀았습니다. 남성적인 성향의 여자아이들은 나중에 씩씩하고 리더십 있어 보여서 여자아이들도 좋아해요. 비슷한 성향의 여자아이를 만나면 좋겠지만 그렇지 않더라도, 남자처럼 논다는 이유로 친구들 사이에서 배제되지는 않습니다. 자기가 좋아하는 놀이를 할 수 있는 친구와 즐겁게 하는 것이 중요합니다.

고민 054
친구와 싸운 후 무조건 자기 탓은 아니라는 아이, 믿어야 할까요?

아이가 친구와 싸우고 돌아왔을 때, 가장 먼저 해줄 일은 아이의 마음을 받아주는 것입니다. "진짜 화났겠다! 엄마라도 그 상황에서 속상했을 것 같아" 하고 공감하며 아이를 위로해주세요. 반대로 아이가 싸우고 왔을 때 "바보처럼 친구한테 당하고 와?" 등의 부정적인 반응을 보이는 것은 옳지 않습니다. 아이가 밖에서 친구와 싸우고 돌아왔을 때, 가정은 아이를 지키고 감싸는 든든한 울타리가 되어야 합니다. 그래야 불안이 줄고 안정감을 느낄 수 있습니다.

✎ 객관적인 눈으로 정확한 원인 알아보기

이유 없이 싸움이 일어나는 경우는 거의 없습니다. 조금 더 거친 남자아이 간의 갈등뿐 아니라 여자아이들끼리의 갈등도, 더러 일어나는 남자아이와 여자아이의 싸움도 마찬가지입니다. 남자아이가 여자아이를 때려서 싸움으로 번진 경우도 여자아이가 먼저 시비를 걸었다거나 도가 지나치게 간섭을 해서와 같은 이유가 있습니다.

많은 부모님이 아이들의 말을 곧이곧대로 듣고 반응하는 경우가 많습니다. 특히 친구끼리의 다툼에 있어서는 더 그렇습니다. 하지만 아이들은 자기에게 유리한 이야기만 하고 불리한 이야기는 빼고 한다는 사실을 기억해야 합니다. 그렇다고 "친구들끼리 그럴 수도 있지", "네가 이해해"라고 넘어가면 아이는 억울하고 힘들지요. "그런데 영철이가 아무 이유 없이 때렸어? 우리 준혁이가 영철이한테 정말 아무것도 안 했는데 먼저 때린 거야? 엄마가 잘 이해가 안 가서 그러는데" 하고 되물으며 정확한 원인을 알아보고 반응하세요. 평소에 부모님이 너무 엄격했다면 무서워서 사실을 말하지 않을 거예요. 신뢰할 수 있는 분위기를 만들어주세요.

아이가 싸움이 잦다면 아래 항목들을 체크해보세요.

- 사소한 문제도 크게 받아들이면서 친구와의 다툼으로 이어가는 게 아닌가?

  : 고민 51과 고민 286을 참고하세요.

- 갈등을 해결하는 방법을 모르는 것이 아닌가?

  : 고민 8을 참고하세요.

- 감정 조절을 못 하는 것은 아닌가?

  : 고민 286을 참고하세요.

- 자신감 없는 행동과 자세에 친구들이 만만하게 보는 것은 아닌가?

  : 고민 40을 참고하세요.

- 친구들 문제에 지나치게 간섭하는 것은 아닌가?

  : 고민 49를 참고하세요.

- 집에서 받는 압박을 밖에서 푸는 것은 아닌가?

  : 고민 24와 고민 51을 참고하세요.

근본적인 원인을 알고 상황에 맞는 해결책을 제시해주는 게 아이의 건강한 친구 관계에 도움이 될 것입니다.

고민 055 아이가 너무 자기중심적입니다. 친구들과 놀이 중에도 그래요

아이가 친구와 노는 모습을 지켜보는 중에 자기 마음대로 하려고 하는 것을 자주 목격하거나 담임선생님이나 다른 사람에게 자기중심성이 강하다는 말을 들었다면 걱정이 될 것입니다. 친구에게 너무 양보만 하고 끌려만 다녀도 문제지만 자기중심적이거나 지배적으로 행동하는 것도 문제가 되죠.

✎ 아이의 태도는 다듬어지는 것입니다

어린아이들에게 자기중심성은 사실 당연합니다. 나를 생각하는 것은 본능이고 배려는 배우는 것이니까요. 양보와 규칙이 필요한 놀이를 하면서, 일상생활 중에도 끊임없이 알려주세요. 친구의 마음이 어떨지 입장 바꿔서 생각해보기를 계속 연습하는 거예요. 끊임없이 생각하고 알려주는 것은 태도 필터링을 만드는 것입니다. 친구와 놀이 중에 무의식적으로 나왔던 반응이 한 번 더 생각해보고 필터링되어 다듬어져서 나오게 되지요.

다듬어진 반응이 계속되면 나중에는 자연스러운 자기 행동이 됩니다. '태도 필터링'은 곧 가정교육이고, 다시 말하면 부모님의 건강한 잔소리지요.

더불어 평소에도 참고 자제하는 훈련을 해주는 것이 좋습니다. 모든 상황이 자기 위주로 돌아가는 것이 당연한 아이는 친구 관계에서도 자기가 중심이 되어야 합니다. 아이가 원하는 것을 요구할 때 모두 들어주지 말고 선별해서 들어주는 것이 필요합니다.

공부에 대한 고민은 시대가 변해도 여전합니다.

어떤 일을 하든 '이 정도는 알아야 한다'를 의미하는 의무교육이 바로 초등 교육입니다.

또 어른이 되어 각자 먹고사는 일은 다를지라도, 학령기에는 예체능 등 자신만의 진로를 걸어 나가는

몇몇 아이들을 제외하고는 공부를 하면서 미래를 준비해야 하기 때문이죠. 보육 기관인 어린이집에서

교육기관인 학교로 넘어가는 것 자체가 보육보다는 교육에 중점을 둔 생활을 시작한다는 의미기도 합니다.

그만큼 초등학교는 부모님의 학습에 대한 고민과 관심이 본격적으로 폭발하는 시작점이 되죠.

02 PART

교과 학습

✔ 초등학교 입학 예정 　　✔ 저학년 　　✔ 고학년

초등 공부의 큰 그림을 그려보면서 부모님 나름의 방향과 소신을 세울 수 있을 만큼의 기본 정보를 정리했습니다. 그동안 받아왔던 공부에 대한 고민을 주제별로 소개하고자 합니다. 공부의 기본 마음가짐과 자기주도 학습을 위한 공부법에 대해서 이야기할 거예요. 또, 국어, 수학, 영어, 사회, 과학, 예체능 등 과목별로 갖는 고민도 다뤄보려 하고요. 학원과 방학 동안의 공부에 대한 고민도 생각해볼 시간을 갖겠습니다. 기본이지만 깊이 있는 내용이 될 것입니다. 꼼꼼하게 확인하여 초등 부모님으로서의 학업 소신을 꼭 잡아가면 좋겠습니다.

초등 부모들의
비밀 상담소

마인드
·
공부법

친구 관계

교과 학습

학교생활

진로와 심리

고민 056
아이가 공부에 취미가 없어요. 억지로 시키다 자존감만 낮아질 것 같아요

아이가 공부를 잘하지 못해요. 공부를 하다가 잘 안되니 짜증만 내고, 공부를 시킬수록

아이 자존감만 낮아질 것 같아요. 부모와 사이도 안 좋아지고요. 공부에 취미 없는 아이,

굳이 억지로 공부하게 해야 할까요?

"공부를 잘하는 아이는 공부만 잘하는 게 아니야. 어쩌면 자기 할 일을 그렇게 똑 부러지게 하고 예의도 바른지 말이야."

많은 선생님이 하는 말입니다. 너무 뻔한 얘기 같아 실망스러울 수도 있지만, 사실 저 역시 그렇게 느낄 때가 많습니다. 아이들은 한 명 한 명 모두 장점이 있고 잘하는 게 다르기 마련입니다. 하지만 공부를 잘하는 아이는 다른 것도 잘할 확률이 높습니다. '공부를 잘한다는 것'은 비단 머리가 좋다거나 시험 보는 기술이 좋다는 것만 의미하는 것이 아닙니다. 공부를 잘한다는 것은 놀고 싶은 마음, 딴짓을 하고 싶은 욕구를 참고 공부할 줄 아는 절제력을 갖고 있다는 것을 뜻하기도 하기 때문입니다.

'절제력'은 아이들의 교실 생활 곳곳에서 힘을 발휘합니다. 일단 친구들과의 관계에서도 감정적으로 욱하지 않고 차분하게 자신의 감정을 전달할 수 있기 때문에 갈등을 잘 풀어나갈 수 있습니다. 놀고 싶어도 자신이 해야 하는 학습지나 모둠 활동을 끝까지 할 수 있습니다. 친구들과 재미있게 하던 놀이도 공부할 시간이 되면 바로 정리하고 자기 자리로 돌아옵니다. 전반적으로 자기 절제가 높은 아이들은 학교생활이 정돈되어 있습니다.

✎ 공부의 진짜 의미

우리는 공부를 너무 좁은 의미로 보는 경향이 있습니다. 공부는 삶을 살아가면서 평생 해야 하는 일입니다. 공부는 사람을 인간답게 하고, 우리는 공부를 통해 삶의 태도와 자세를 배울 수 있습니다. 어떤 문제에 봉착했을 때 끈기 있게 파고드는 태도, 실패를 경험했을 때 좌절을 극복하는 태도, 스트레스를 이겨가는 태도, 성공 경험이 주는 짜릿함을 느끼고 다시 한번 도전해보는 태도, 감정을 조절해나가는 태도, 성실하게 노력하는 태도, 문제 해결 능력, 정보를 취합하는 능력, 이 모든 것은 공부를 통해 배울 수 있습니다.

공부하는 과정을 통해 성장기 뇌가 발달합니다. 공부란 뇌의 훈련인 거죠. 초등 교육은 특히나 가장 기초적인 교육이므로 '우리 아이는 수학에 재능이 없어', '우리 아이는 공부로는 길이 아니야. 다른 길을 찾아줄 거야' 포기해서는 안 됩니다.

공부의 과정을 차근차근 밟아나가면서 공부라는 도구를 통해 얻을 수 있는 삶의 태도를 배울 수 있게 해주세요. 하지만 공부의 결과에만 집착한다거나 가정 경제 상황을 고려하지 않고 지출하면 아이에게 부담을 주게 되며 원망하는 마음도 생깁니다. 공부하다가 자존감이 낮아지고 부모와 사이가 좋아지지 않는 것은 공부를 대하는 방식이 틀렸기 때문입니다.

공부도 타고난 재능이 분명히 있습니다. 아이의 성향과 부모의 상황을 고려하면서 서로의 관계를 해치지 않으면서 공부를 할 수 있도록 격려해주세요. 학생일 때는 학습이 내 시간의 비율에 많은 부분을 차지하기 때문에 공부를 통해서 얻는 학업 자존감도 아이들이 갖는 자존감 중 높은 비율을 차지합니다. 남과의 비교가 아니라 나 자신과의 비교를 통해 점점 나아지고 있다는 사실을 자각할 수 있도록 도와주세요. 공부는 어렵고 고독한 일입니다. 혼자서 노력하는 경험을 통해 아이는 많은 것을 배울 수 있을 것입니다.

공부하라면 짜증을 내요.
공부는 자기를 위해서 하는 일인데! 답답해요

공부로 아이와 기 싸움을 하는 것은 정말 힘든 일입니다. 싫은 소리를 하기 싫지만, 소리라도 질러야 공부하는 시늉이라도 하니 "아침부터 핸드폰만 붙잡고 뭐하는 거니? 숙제는 다 했어?" 하고 혼내게 되지요. 잔소리에 화들짝 놀라 방에 들어간 아이는 과연 엄마의 생각처럼 공부를 할까요? 이에 대한 흥미로운 실험이 있습니다.

초등학교 4학년의 교실, 수학 평균이 동일한 두 개의 그룹이 있습니다. 두 그룹의 아이들은 10분 동안 어떤 경험을 한 후 시험을 보았어요. 그 결과 A 집단은 73.5점, B 집단은 78.6점을 받았지요. 평균 점수가 무려 5점이나 차이가 났습니다. 아이들에게 시험 전 무슨 일이 있었던 걸까요?

A 집단의 아이들은 시험 전, 최근 일주일 동안 기분 나빴거나 짜증이 났거나 화났던 일을 떠올려 다섯 가지를 썼습니다. 반대로 B 집단의 아이들에게는 기분 좋았거나 신나고 행복했던 일을 다섯 가지 쓰라고 했죠. A 집단의 아이들은 그 활동을 하는 동안 다시 떠오른 기분 나쁜 일들로 기분이 나빠졌을 것입니다. B 집단의 아이들은 기분이 좋아졌을 거예요. 아이들은 서로 다른 기분 상태로 시험을 치렀고, 고작 그 10분 동안의 경험이 5점이라는 큰 점수 차이를 가져왔습니다. 이 실험은 EBS 〈다큐프라임〉 '공부 못하는 아이'에서 직접 했던 실험입니다. 만약 이런 경험이 누적된다면 얼마나 큰 차이를 가져올지 우리는 쉽게 예측할 수 있습니다. 공부도 기분이 좋은 상태에서 해야 더 큰 효과가 있습니다.

✏️ 부모와의 관계가 중요한 이유

교실에서 보면 기본적으로 공부를 잘하는 아이들은 부모와 관계가 좋고 안정적이라는 사실을 어렵지 않게 발견할 수 있습니다. 즉, 정서와 성적은 비례합니다. 공부를 잘하는 아이들은 가족 관계 내에서 충분한 안정감과 유대감을 받고 있는 경우가 많다고 저는 확신합니다.

부모와 정서적 교류가 이루어지면 아이의 뇌에는 아이의 심리를 안정시키는 엔도르핀, 활력을 느끼게 하는 도파민이 분비됩니다. 이는 아이에게 안정감과 활력, 행복감을 선사하죠. 특히 도파민은 동기 부여에 영향을 미칩니다. 기분이 좋을 때 뇌의 뉴런을 연결해 주는 시냅스에서 도파민의 분비가 원활하게 이뤄지기 때문입니다. 도파민이 증가하면 탐구력이 높아지고 지칠 줄 모르며 열정적으로 과제에 몰두하는 경향이 있습니다.

아이들이 공부에 대한 의욕을 갖게 하려면, 가족과의 충분한 유대감을 통해 공부 감정을 다잡아야 합니다. 정서적으로 안정된 아이는 언제든 공부할 준비가 되어 있습니다. 공부를 잘하고 싶지 않은 아이들은 없습니다. 스스로를 위해 하는 일이라는 걸 얘기하고 싶은 부모님의 마음은 잘 알지만, 그걸 안다고 하더라도 의무감에 하는 공부는 쉽게 지칠 수 있습니다. 공부가 재미있는 일이라는 것을 알고, 학습 동기를 스스로 찾아가게 하는 것이 좋습니다. 학습 동기를 어떻게 높여줄지는 다음 고민 58을 통해 함께 이야기하겠습니다.

고민 058

공부를 왜 해야 하는지 말해줘도
공부에 재미를 붙이지 못해요

'학습 동기'는 자발적으로 하려고 하는 상태입니다. 공부를 왜 해야 하는지 백날 설명해준다고 생기는 게 아닌 거죠. 그럼 어떻게 학습 동기를 만들 수 있을까요?

학습 동기는 내재적 학습 동기와 외재적 학습 동기 크게 두 가지가 있습니다. 내재적인 학습 동기는 정말 공부하는 게 즐거워서 하는 거예요. 공부를 하면 만족과 재미를 느끼는 거죠. 외재적 학습 동기는 엄마한테 칭찬받으려고, 보상을 받으려고, 벌을 받지 않으려는 마음으로 공부를 하는 겁니다. 공부 자체가 즐거워서라기보다 공부 외적인 요인 때문에 공부를 하는 거죠. 내재적 동기든 외재적 동기든 아무것도 없는 상태는 무동기라고 합니다.

어떤 동기가 더 좋은 동기처럼 느껴지나요? 내 아이가 공부를 즐기는 아이, 내재적 동기를 가진 아이였으면 좋겠다는 것이 모든 부모의 바람입니다.

✎ 외재적 동기, 일단 공부를 시작하게 하는 힘

아이들이 공부하는 이유는 간단합니다. 바로 '인정' 때문입니다. 어릴 적 부모의 반응에 의해서 아이는 자아상을 만듭니다. 꾸중을 하면 '이 행동은 하지 않아야 하나 보다' 하고 조심하며, 칭찬해 주면 '이렇게 하면 엄마 아빠가 좋아하는구나' 하고 더 해보려고 합니다.

아이들은 처음에 엄마 아빠에게 잘 보이기 위해서 공부를 합니다. 엄마 아빠가 공부를 잘하면 기뻐하고, 좋은 선물도 사주고, 칭찬도 해줍니다. 그래서 공부를 해보려고 하죠. 이 과정에서 성공 경험을 하게 되고, 습관을 만들게 되면 '나는 공부를 잘하는 아이'라는 자아상을 가지게 됩니다. 그 이후부터는 그 자아상을 충족시키기 위해 공부를 합니다. 꿈, 미래에 대한 희망은 이런 경험이 지속하여 아이가 성숙해진 뒤에야 눈에 들어오기 시작합니다.

그럼 아이가 공부 하게 하기 위해서 어떻게 하면 좋을까요?

첫째, 조금만 잘해도 정말 잘한다고 띄워 줍니다.
둘째, 조그마한 성공 경험을 자주 만들어 줘서 공부를 잘할 수 있는 아이라는 자아상을 만들어 줍니다.

외재적 동기가 나쁜 것만은 아닙니다. 외재적 동기로 인해 공부를 시작했다 하더라도 공부를 하다보니 재미있어져서 내재적 동기로 옮겨갈 수 있어요. 일단 공부를 시작하기 위해서는 적절한 외재적 동기를 이용하세요. 칭찬을 아끼지 말고, 함께 계획을 세워서 계획을 다 이행했을 때의 보상도 함께 정하세요(보상 사용법은 고민 103을 참고하세요). 하지만 무엇이든 적절함은 필요합니다. 과도한 외재적 동기는 오히려 무동기 상태로 가게 할 수 있습니다.

✎ 내재적 동기로 가기 위해서는 두 가지를 유의해주세요

외재적 동기로 시작한 공부를 내재적 동기로 옮겨 유지하기 위해서는 두 가지를 유념해야 합니다.

먼저 첫 번째는 '스스로 선택했다'는 느낌이 들게 하는 겁니다. 엄마가 시켜서 하는 것과 내가 하고 싶어서 하는 것의 동기 차이는 매우 큽니다. 내가 선택해서 하면 뇌에서 도파민이 분비되어 뇌가 더 즐거운 마음으로 공부를 합니다.

공부를 선택하려면 시간적 여유가 있어야 한다는 것입니다. 아이가 해야 할 것이 10개면 빡빡하게 시간표가 짜일 수밖에 없죠. 하지만 3개밖에 없으면 이야기가 확실히 달라집니다. 오후 3시부터 6시까지 할 일을 해야 하는데 해야 할 일이 3개면 그 시간 안에서 내가 해야 할 일을 언제 할지 선택할 수 있게 되는 거죠. '3시부터 4시에 책을 읽고 그다음에 잠깐 놀다가 연산학습지를 해야지' 이런 식으로 말이에요. 자기가 자기 시간을 조절하면서 통제력이 생기게 됩니다.

문제집을 선택할 때도 같이 서점에 가서 살펴보며 아이에게 선택권을 주고 고르게 하는 것이 좋습니다. 학원도 부모가 생각하기에 다녀야 할 것 같다고 느끼는 학원이 있다면, 아이와 충분히 대화한 후 최종 선택은 아이에게 할 수 있도록 합니다. 두 군데 정도를 엄마가 고른 후, 아이랑 가서 학원 설명을 들어보시고 장단점을 이야기해 보세요. 나만의 학습 커리큘럼을 만드는 과정에 아이를 동참시키면 스스로 선택했다는 느낌을 가질 수 있고, 이는 학습을 스스로 하게 하는 힘이 됩니다.

내재적 동기로 옮기게 하는 두 번째는 '성공 경험'입니다. 어린아이에게 무리한 공부를 시키지 말라는 것은 아이가 어리니까 공부를 아예 시키지 말라는 얘기가 아닙니다. 나중에 달려 나가기 위한 기초 공부 체력은 갖춰져 있어야 하죠. 말 그대로 기초 체력을 갖추면 됩니다. 처음부터 중무장하고 달려 나갈 필요는 없습니다. 기초체력을 기르는 와중에 성공 경험을 반복하고 쌓으면서 공부를 하는 동안 도파민이 나오도록 해야 합니다. 성취의 경험을 느끼면 아이의 뇌에는 도파민 호르몬이 분비됩니다. 그러면 다음 날도 그 느낌을 느끼고 싶어 '오늘도 한번 해볼까?' 하게 돼요. 도파민 중독이 공부 중독이 되는 겁니다.

성공 경험을 자주 할 수 있도록 아이의 수준에 맞는 학습을 하는 것이 좋습니다. 공부하는 방법을 몰라 답답해하고, 하기 싫어한다면 옆에서 직접 문제 해결을 도와주세요. 성공 경험의 횟수는 곧 자신감으로 이어집니다.

선행학습, 너무 앞서 하는 것도
싫지만 너무 안 시키자니 불안해요

선행학습, 과연 시킬 것인가 말 것인가! 늘 반복되는 고민입니다. 여기 지식의 물통이 있어요. '쪼르륵, 쪼르륵' 물을 채워나갑니다. 물을 채우면서 가설을 세워봅니다. "어릴 때부터 빨리 물을 따르면 더 빨리 물이 찰 것이고, 수능 볼 때쯤 물이 가득 차고 넘쳐서 대학 입시에서 성공할 것이다" 하지만 꼭 그렇지만은 않죠. 물이 차는 속도가 변함없다면 가설은 정확히 맞습니다. 그러나 물을 채워나가다가 공부가 질린다거나 부모와의 사이가 완전히 틀어지거나 한다면, 정말 중요한 때 아이는 물을 채우지 않기도 합니다. 물통을 던져버리게 되죠.

물론 아이마다 차이가 있습니다. 어떤 아이는 부모님이 시키는 대로 차곡차곡 사교육을 따라가다가 대학 입시에 성공할 수 있습니다. 성인이 되어서 괜찮은 직업을 가지고 부모님께 감사하며 살 수도 있는 겁니다. 하지만 누군가는 부모님이 시켰던 공부 때문에 공부에 질려 오히려 일이 잘 풀리지 않을 수도 있습니다.

그렇다면 어느 쪽이든 위험부담은 있습니다. 공부를 시키다 질리는 것이든, 끝까지 다 해내고 원망을 하는 경우든, 어차피 위험을 안고 가야 한다면 그래도 빨리 많이 공부를 시키는 것이 공부로 성공할 확률을 높이는 게 아닌가, 하고 생각해 선행학습을 시키게 됩니다.

✎ 아이와의 공부에서 가장 중요한 것

공부에 대한 긍정적 감정을 유지하면, 공부가 즐거워서 하는 '내재적 동기'가 생깁니다. 그러기 위해서는 부모와의 좋은 관계는 기본입니다. 어릴 때부터 과도하게 공부를 시키다가 심리센터에 상담받으러 다니는 아이들이 정말 많고요. 엄마 말이 먹혀들어 갈 땐 꾸역꾸역 공부를 하다가 사춘기 즈음 공부에 질려서 공부를 거부하는 경우도 정말 많습니다. 몇몇은 부모에게 복수하는 방법으로 일부러 공부를 포기하기도 하죠.

교실에서 보면 똑같은 100점을 맞아도 같은 100점으로 보이지 않습니다. 80의 잠재력으로 100을 발휘한 경우, 100의 잠재력으로 100을 발휘한 경우, 200의 잠재력으로 100을 발휘한 경우까지 다 다른 모습을 하고 있죠. 잠재력은 아직 드러나지 않은 빙산입니다. 학년을 올라갈수록 잠재력이 내 점수가 되는 겁니다.

그렇다면 잠재력이 높은 아이는 어떤 아이일까요? 그건 바로 내재적 학습 동기가 높고, 공부를 즐겁게 하는 아이들입니다. 내재적 학습 동기를 기르기 위해서 가장 중요한 것은 공부에 대한 긍정적인 감정을 갖는 것입니다. 그러려면 부모님과 사이가 좋아야 하죠. 아이에게 억지로 공부를 시키면서 아이와 관계를 망친다면 공부를 안 하는 게 낫습니다. 교실에서 보면 표정이 밝고 공부도 잘하는 아이들은 거의 부모님과 사이가 좋습니다.

아이를 공부시키면서(시킨다는 표현도 부정적이지만 처음부터 공부를 알아서 즐겨 하는 아이들은 많지 않으니까요) 염두에 두어야 할 것 딱 한 가지는 '아이와 관계를 망치지 않는다'입니다. 아이가 공부하는 데 스트레스를 별로 받지 않는다면 시키세요. 하지만 그게 아니라면 많은 공부 지식을 하루빨리 축적해야 한다고 불안해하지 마세요. 공부에 대한 긍정적인 감정을 해치지 말고 차곡차곡 공부 기초 체력을 쌓으세요. 그래야 초등 고학년부터 달려 나갈 수 있습니다.

자기주도학습은
언제부터 시작할 수 있을까요?

초등학교 2학년 아들을 키우는 엄마입니다. 매일 집에서 엄마와 학습하는 문제집이 있습니다. 아직까지 하라고 이야기를 해야 해요. 7살부터 시작하여 2년이 넘는 지금까지 스스로 하지 않고 시켜야 합니다. 언제쯤 주도적으로 공부 계획을 세워서 스스로 공부할까요?

자기주도학습에 관해 가장 먼저 말씀드리고 싶은 점은 자기주도학습은 굉장히 어렵다는 것입니다. 또한, 자기주도학습은 시키지 않아도 숙제를 하는 일이 아니라는 것도요. 아이가 "오늘의 공부를 해볼까?" 하고 책상에 앉아서 슥슥 공부를 해나가는 게 자기주도학습이 아니라는 겁니다. 그렇다면 자기주도학습은 무엇일까요?

자기주도학습의 정확한 정의는 '스스로 상세한 공부 계획 및 목표를 세우고 학습을 한 후에 평가까지 하는 것'을 의미합니다. 즉, 자기주도학습을 할 줄 안다는 것은 첫째, 스스로 학습 계획을 세울 줄 안다. 둘째, 공부를 한다. 셋째, 공부한 것 중에서 내가 부족한 부분을 알아차린다. 넷째, 부족한 부분을 보완하기 위해 다시 계획을 세운다. 다섯째, 계획한 것을 다시 공부한다. 이 다섯 단계를 모두 할 줄 알아야 합니다. '계획 – 공부 – 피드백 – 계획 – 공부 – 피드백' 이 과정이 계속 반복되는 거죠. '아, 내가 어제 어떤 공부를 했는데 이런 부분이 어려웠어. 공부를 더 해야겠어' 하고 부족한 부분을 알고서 다시 계획을 세워 공부하는 겁니다. 부모님이 보기에도 복잡하고 어렵죠. 자기주도학습을 할 수 있다는 것은 사실 '공부를 마스터했다'고 봐도 과언이 아닐 겁니다. 엄청난 일이죠!

자기주도학습을 초등 6년의 목표로 삼으세요

자기주도학습이 언제 되느냐는 아이마다 다릅니다. 제가 3학년에서 6학년까지의 담임을 맡았을 때, 자기주도학습을 하고 있구나 싶은 아이들은 반에 서너 명 정도가 있었어요. 다시 말해, 3학년이어도 이미 자기주도학습이 되는 아이들이 반에 서너 명은 되고, 6학년이 돼도 반에 서너 명 말고는 안 되는 아이들이 더 많다는 거예요. 앞서 말씀드렸듯 복잡하고 어려운 자기주도학습은 사실 중고등학생도 하기 어려운 일이기 때문에, 초등학교 6년 내내의 목표로 삼고 장기적으로 보기를 권합니다.

고민 사연 속 아이는 초등학교 2학년입니다. 엄마 마음은 이해해요. 7살부터 시작해서 2년이 넘게 문제집을 풀었는데, 이 정도 되면 알아서 할 때도 되지 않았나 싶으신 거죠. 하지만 2학년에게 너무 많은 것을 기대하고 계시는 겁니다. 저는 7살부터 매일 엄마와 문제집을 공부했고, 엄마가 하자고 할 때마다 그것을 꾸준히 했다는 것만으로도 훌륭하다 싶어요.

자기주도학습도 연습이 필요합니다

부모가 시키는 공부를 했다고 자기주도학습을 연습했던 건 아닙니다. 그러면 자기주도학습을 연습하려면 어떻게 해야 할지 알아보도록 하겠습니다.

계획 – 공부 – 피드백의 자기주도학습 과정 중에서 가장 어려운 과정이 무엇일까요? 바로 '피드백' 과정입니다. 내가 어떤 점이 부족하고, 무엇을 모르는지 아는 것이 가장 어려워요. 자기주도학습을 시작하려면 일단 학습 계획부터 시작하세요. 아이랑 같이 학습 계획을 세우는 일부터 하는 겁니다. 학습 계획을 세우는 방법은 고민 61을 참고하세요.

자기 전에 "아까 어떤 점이 어려웠어?", "어떤 점을 스스로 칭찬해주고 싶어?" 이렇게 피드백을 스스로 해볼 수 있도록 기회를 만들어주세요. 그리고 칭찬도 많이 해주시고요. "혼자서 공부 계획도 세우고 그걸 실천하다니 정말 멋지다!" 이렇게요. 아이가 다섯 개의 계획을 세웠다면, 그중에서 조금 더 쉽고 만만하고 재미있는 것을 먼저 할 것입니다. 그래서 두 개는 혼자서 했는데 세 개는 못 한 거예요. 그런데 부모님이 계획 세운 것은 다 해보자고 해서 억지로 했다고 생각해보세요. 그렇다 해도 계획을 세우고 피드백을 하는 과정이 있었다면 아이의 자기주도학습력은 올라간 겁니다.

아이가 세운 계획을 생각보다 일찍 마쳤다면, 공부를 더 시키고 싶은 마음이 생기겠지만 그 마음을 누르고 나머지 시간에는 자유롭게 하고 싶은 일을 할 수 있게 해주세요. 단, 게임이나 유튜브 등은 자유 시간에도 일정 시간을 제한해서 이용하도록 해야 합니다.

처음에는 잘 안될 수 있습니다. 며칠 하다가 지칠 수도 있습니다. 하지만 너무 낙심 말고, 다시 하면 됩니다. 학습 계획을 세우고, 그것을 실천해보고, 스스로 잘한 것과 못한 것을 피드백하는 과정을 자꾸 연습해보는 것입니다. 꾸준한 노력은 차곡차곡 쌓여 진짜 공부를 시작해야 할 순간 큰 발판이 될 거예요.

고민 061 학습 계획은 어떻게 세울까요? 학습 계획 세우는 방법이 궁금해요

계획이 성향이 맞지 않은 사람도 있고, 과도한 계획은 오히려 동기를 저하하기도 합니다. 하지만 알맞은 계획의 세세함 정도는 개인에 따라 차이가 있겠으나, 자신의 현재 위치를 알고 미래 목표를 상기하며 노력의 방향을 정하는 것은 반드시 해야 합니다. 계획을 세우는 일은 꼭 해야 하는 일이죠. 그러나 학교에서도, 학원에서도 그것을 가르쳐주지는 않습니다.

자꾸 연습을 하다 보면 아이에게 '계획이라는 걸 이렇게 세우는 거구나! 공부 분량을 나누고 점검하는 건 이렇게 하는 거구나!'라는 느낌이 올 겁니다. 장기적으로 공부를 바라보는 시선이 생기고, 목표 의식이 있으니 실제 학습 시간도 늘어나죠. 남들이랑 비교하는 것보다, 과거의 나 자신과 지금의 나 자신을 비교하면서 향상을 위해 노력합니다.

공부 계획을 세우는 것은 나 자신을 아는 과정입니다. 왜냐하면 내가 부족한 것을 알아야 하기 때문이죠. '메타인지'를 기르는 방법 중 하나입니다. 자기주도학습의 핵심이에요. 자기가 혼자 계획을 세워서 공부를 하는 것, 이게 우리가 초등학교 때 아이에게 길러줘야 하는 가장 중요한 목표입니다.

✎ 체크리스트부터 시도해보세요

공부 계획과 관련해서 체크리스트를 만들어보세요. 자기 전에 다음 날 해야 할 일을 간단하게 쓰는 겁니다. 수첩에 해도 좋고 달력에 해도 좋아요. 그리고 그 일을 했는지 안 했는지 체크하는 겁니다. 게임을 하며 미션을 완료하듯 할 일을 다 할 때마다 체크하는 거예요. 해야 할 일을 다 하는 것도 중요하지만 그것보다도 중요한 것은 지금 내 상태를 바라보고 그것에 맞는 계획을 세워가는 겁니다.

체크리스트 작성을 시작하면 부모의 또 다른 고민이 시작됩니다. 아이와 자꾸 다투게 된다는 겁니다. 했는지, 안 했는지 확인하면서 "너 그러려면 계획은 왜 세우니?" 닦달하지 마세요. 그 대신 어떻게 체크리스트를 지킬 수 있게 할까, 현명한 방법을 조금 더 고민했으면 좋겠습니다.

월, 화, 수, 목요일은 '체크리스트를 다 했는가?' 정도만 확인하고, 금요일은 체크리스트에 적었다가 실천하지 못했던 것을 마무리하는 방식도 괜찮습니다. 그러면 일주일 중 금요일 하루만 잔소리하게 되는 거죠. 또, 체크리스트에 적은 할 일을 할 때마다 자유 시간 30분을 보상 시간으로 주는 방법도 있습니다. 그 시간을 모아서 주말에 자유 시간을 쓰도록 하는 거예요. 그날 계획을 화이트보드나 벽면에 크게 써놓고 아이가 계속 보게 하는 것도 방법입니다. 할 일이 자꾸 눈에 띄면 이것도 신경이 쓰이거든요. 체계적인 보상을 정해도 좋습니다. 단, 하루 할 일을 다 했다고 당장 바로 무언가를 사주는 것이 아니라, 한 달 등 정해진 기간 동안 장기적으로 자기 할 일을 다 했을 때, 너무 과하지 않은 것으로 아이에게 보상을 주는 거예요. 막 시작했을 때는 일주일이나 이주일 정도로 조금 짧은 기간을 정해, 작은 보상을 주는 것으로 시도해보는 것도 좋습니다.

✎ 필수 과제와 선택 과제를 이용해보세요

체크리스트에 하루 할 일을 적을 때, 어디까지 아이한테 맡겨야 하나 고민이 됩니다. 아이가 학습 계획 초보자인 경우, 부모님의 도움이 필요합니다. 아이한테 "오늘은 뭐 공부해야 할까?"라고 물어보세요. 아이가 이야기하는 것들이 있을 거예요. 이

때, 아이가 말한 자기가 하고 싶은 것만 하게 놔둬야 할까요? 아이한테 전적으로 맡기는 건 아직 아닙니다.

하루에 반드시 해야 하는 필수적인 것을 정해주고, 나머지는 선택권을 주세요. "꼭 공부해야 할 것이 뭐라고 생각해?"라고 물어 필수 과제를 정하세요. 필수 과제란 계획을 세울 때 '이것만큼은 반드시 들어가야 합니다' 하는 활동입니다. 필수 과제에 들어가면 좋을 것은 고민 65(과목별 우선순위에 관한 고민)를 참고해보세요. 필수 과제 외의 나머지는 아이 자율에 맡겨서 선택 과제 계획을 세우도록 합니다. 선택 과제는 시기마다, 요일마다 달라질 수 있어요. 예를 들어 다음 주에 사회 수행평가가 있으면 사회 공부가 들어가는 거고요. 오늘 공부한 수학이 너무 어려웠다면 수학 공부를 더 많이 하는 겁니다.

이때 시간은 아이가 약한 부분은 더 시간이 걸릴 것이고요. 익숙한 일들은 금세 해낼 겁니다. 문제집을 풀 때, 어떤 부분은 쉬워서 금방 끝나기도 하고 어떤 부분은 어려워서 시간 투자를 더 해야 하기도 할 거라는 겁니다. 그렇기 때문에 계획을 세울 때, 시간 계획이 아니라 분량 계획으로 세우는 것이 좋습니다.

학년이 올라가고 계획 세우기가 익숙해지면 부모님과 함께 정할 필수 과제는 없습니다. 모두 다 아이가 스스로 계획을 세우도록 하는 거예요. 미션 클리어가 반복되다 보면 나중에는 미션 메이커가 될 수 있습니다.

예

필수 과제	선택 과제
✔ 연산학습지 3장	✔ 온라인 수업 배움 노트
✔ 독서 1권	
✔ 영어 독서 1권	
✔ 영어 영상 2개	

계획 세운 것을 못 지켰다고 너무 혼을 내지 마세요. 다만 어떻게 하면 계획 세운 것을 다 실천할 수 있을지 아이에게 책임을 넘겨주면서 궁리해보라고 해보세요. 가끔 계획을 세운 것을 지키지 못하더라도, 계획을 세우고 함께 점검해보는 일을 계속하면 언젠가는 계획한 것을 지키는 자신의 모습과 계획 세운 것을 다 해냈다는 사실 자체가 긍정적인 보상으로 돌아갑니다. 처음에는 함께 손을 잡고 걸어 나가다가 점차 부모가 손을 떼면 아이는 혼자서 걸을 수 있습니다.

고민
062

언제까지 옆에서
공부를 봐줘야 할까요?

아직 어리다 보니 아이가 공부할 때 봐주고 있습니다. 아이가 자기주도학습을 하기엔 너무 어리다고 생각되는데, 초등학교 생활 중에는 계속 조금이라도 봐주는 게 맞을까요?

아이가 공부를 시도하고 있는데 잘 안 된다면 어떨까요? 하기 싫을 겁니다. 교실에서 학생들에게 어떤 과제를 하라고 했는데 하지 않습니다. 왜일까요? 사실 그건 선생님께 반항하려는 것도 아니고 하기 싫어서도 아닙니다. 대부분은 어떻게 할지 몰라서, 너무 어려워서입니다. 입으로는 "귀찮다"고 하지만 옆에서 방법을 알려주면 아이는 이내 해보려고 시도합니다. 아이는 공부하기 싫어서 안 하는 게 아닙니다. 할 수 있는 것이면 당연히 해내서 인정도 받고 싶고, 끝내고 싶지요. 다들 공부하고 있는데 나만 튀고 싶어서 하기 싫다는 건 진짜 속마음이 아닙니다. 좌절이 계속되면 아이는 이렇게 생각하게 됩니다. '어차피 해도 안 돼. 해봤자 창피만 당할 거야. 그럴 바엔 그냥 시작 안 하는 게 나아.'

✎ 공부 낙관주의는 성공 경험의 횟수로 결정됩니다

공부 낙관주의는 내가 공부를 잘할 수 있을 거라는 자기 믿음을 의미합니다. 즉 공부에 대한 성공 경험이 많다면 공부 낙관성이 높을 것이고, 했는데 잘 안 된 경험이 많거나 공부에 대해 좋지 않은 기억이 많다면 공부 낙관성이 낮을 것입니다.

학교에서 아이들을 보면 학년이 올라갈수록 공부 낙관성의 차이가 점점 벌어집니다. 저학년일 때는 사실 아이들이 스스로 '내가 공부를 잘한다' 또는 '공부를 잘하지 못한다'는 생각을 하지 않습니다. 한 학생을 3학년 때도 맡고, 5학년 때도 맡은 적이 있습니다. 3학년 때 기초 학습 부진으로 방과 후에도 교실에 남아서 저랑 같이 공부를 했던 아이였습니다. "선생님이 너를 예뻐해서 따로 과외도 시켜준다"고 말하며 자존감에 상처를 주지 않으려고 노력했습니다. 실제로 아이는 열심히 해보려고 했고, 딱히 스스로 공부를 못한다고 생각하고 있지 않았습니다. 하지만 가정에서 신경을 써주지 못하는 상황이어서, 학교에서 기초 학습 부진을 메꾸어 놓아도 방학이 지나면 잊어버리기 일쑤였습니다. 아이는 스스로 내가 공부를 잘 못하는구나 생각해가기 시작했죠. 5학년이 되어 다시 만난 아이는 3학년 때의 열심히 해보고자 하는 의욕이 다 사라졌고 무기력해져 있었습니다. 이미 공부 낙관성을 잃어버린 후였습니다. 무척 안타까웠습니다.

공부했을 때 결과가 좋아서 기분이 좋으면 '나는 공부를 잘하나 봐'라고 생각하면서 공부 낙관성이 길러지고, 그럼 또 공부하고 싶어집니다. 수준에 맞지 않은 수업, 해도 안 되는 실패의 경험, 과도한 학습량 등은 억압된 감정 등과 맞물려서 공

181

부에 부정적인 감정을 연결해 버립니다. 스스로 공부를 하고 싶게 만들려면 공부 낙관주의를 길러주어야 합니다. 공부하면 그만큼의 성취감을 느끼고, 기분이 좋아지며 스스로 공부를 하게 되는 것! 그게 바로 자기주도학습이 됩니다.

✎ 근접발달영역(ZPD)을 넓혀주세요

공부를 하라고 해서 공부하려고 책상에 앉았습니다. 하지만 어떻게 해야 할지 모르겠고, 모르는 것투성이입니다. 그래도 해보려고 합니다. 잘 안 됩니다. 성공 경험을 할 수 있는 기회를 놓치고 좌절하게 됩니다. 공부 낙관성 −1이 되는 순간입니다. 자기 수준에 맞는 과제를 제시하는 것, 옆에서 힌트를 주는 것은 성공할 수 있는 확률을 높여줍니다.

근접발달영역(ZPD)

교육학에 근접발달영역(Zone of Proximal Development)이라는 개념이 있습니다. 결코 어려운 개념이 아니에요. 그림 속 'Can' 부분은 아이가 혼자 해결할 수 있는 부분입니다. 'Can't' 부분은 누가 도와줘도 절대 할 수 없는 부분이죠. 그 사이

'ZPD' 부분은 아이 혼자는 해결할 수 없지만 누가 도와주면 해결할 수 있는 부분을 말합니다. 즉, 근접발달영역은 현재의 발달 수준이 아닌 미래의 잠재적 발달 수준을 의미하는 거예요.

아이의 능력을 고무줄로 비유해보겠습니다. 고무줄을 가만히 두면 10cm입니다. 이 고무줄을 20cm로 잡아당기면 끊어집니다. 하지만 15cm 정도는 잡아당겨도 끊어지지 않고 계속 잡아당기다 보면 그 정도까지는 늘어나기도 합니다. 고무줄이 끊어질 정도까지 잡아당기는 건 공부 낙관성을 떨어트리는 것이며, 끊어지지 않을 때까지 잡아 당겨주는 것이 아이의 잠재 능력을 늘려주는 겁니다.

그렇다면 아이의 근접발달영역을 늘려주는 방법은 무엇이 있을까요? 아이의 ZPD 수준에 맞는 과제를 제시해주는 겁니다. 너무 어렵지도 너무 쉽지도 않은, 지적인 자극이 가해지는 과제를 제시해줘야 내재적 동기도 생깁니다. 아이가 푸는 문제집이 너무 어려운 건 아닌지, 너무 쉬운 건 아닌지, 아이가 다니는 학원이 아이의 수준이나 성향에 맞는 것인지 살펴봐 주세요.

혼자 공부하기 힘들어하면 옆에 같이 있어 주는 것이 좋습니다. "너 책 읽어" 하고 설거지를 하는 게 아니라, 아직 공부 습관이 잡히지 않은 아이 옆에 같이 있어 주는 겁니다. 옆에 있으면서 아이가 어떤 문제에 막혀서 진도를 못 나가고 있다면 힌트를 주세요. "문제를 다시 읽어볼까? 중요한 부분에 밑줄 쳐볼까?" 하며 살짝 힌트를 줘서 아이가 문제를 해결하는 성공 경험까지 하게 해주는 것이죠. 자꾸 성공하게 해서 아이의 잠재력을 끌어주고 성취감을 느끼게 해주는 겁니다.

✎ 도움의 적절한 선을 지켜주세요

근접발달영역을 넓혀주기 위해서 아이가 해결하지 못하고 있는 문제에 힌트를 주거나, 옆에서 같이 있어 줄 때, 적절함을 잘 지켜주세요. 문제 해결이라는 결과에 중심을 두는 것이 아니라, 아이 혼자 할 수 있는 부분을 늘려 가주는 겁니다. 중학생인데 옆에서 엄마가 퀴즈 내주고, 일일이 설명해주고 확인하면서 끌고 가는 건 아니라는 겁니다. 아이가 어릴 때부터 엄마와 함께 자기주도학습을 최대한 연습한다면, 점점 아이가 스스로 할 수 있는 일과 공부의 비율이 늘어갈 것입니다.

고민 063 꼭 잔소리를 해야 공부를 시작해요

머릿속엔 자기주도학습을 생각하고 시작했는데, 엄마가 하라는 대로 움직이는 듯합니다. 연산 문제, 속담 쓰기는 이제 혼자 풀 수 있는데 시키기 전에는 동생이랑 노는 게 먼저라 욱할 때가 많아요.

아이가 연산 문제와 속담 쓰기는 혼자 하는 이유는 무엇일까요? 그건 혼자 하기에 만만해서입니다. 다른 건 복잡하거나 어렵죠. 혼자 하는 부분이 있다는 것만으로 성공적입니다. 필수 과제와 선택 과제 정하기를 고민 61에서 살펴보았습니다. 계획을 세울 때 아이를 꼭 참여시키세요. '내가 선택했다는 느낌'이 중요합니다. 그다음 "영어책 읽기 해라!"의 표현을 "오늘 계획 세운 거 잘 되어가고 있지?"로 바꾸는 겁니다. 이는 아이에게 책임감을 넘겨주는 발언입니다. 학습의 주도권을 차차 넘겨주는 거지요.

저학년 때는 엄마가 계획을 세워주기도 하고, 아이 혼자 계획을 다시 세워 같이 점검하기도 하고 하면서 자기주도학습 걸음마를 시작합니다. 그러다가 조금씩 아이가 계획을 세우는 비율을 점점 늘리는 겁니다. 그때까지는 지루한 연습의 과정이에요. 욱하고 화날 때가 많겠지만 부모와 아이의 인내심이 모두 필요한 훈련이라고 생각하고 꾸준히 해나가세요. 잔소리도 당연히 하게 됩니다. 잔소리했다가, 후회도 했다가, 다시 계획을 세웠다가, 아이와 대화도 해봤다가, 포기도 해봤다가… 그런 과정의 연속일 거예요. 하지만 계획을 세우고 할 일에 모두 성공했을 때의 뿌듯함과 성취감을 느끼고, 할 일을 다 했을 때 보상을 받거나, 다 하지 않았을 때 감당해야 하는 책임을 일관되게 적용하고 연습하다 보면 점점 나아질 것입니다. 계획 세운 다섯 개 중에 하나만 겨우 혼자 하다가, 혼자 할 수 있는 일의 개수가 조금씩 늘어가고, 나중에는 엄마가 계획을 점검하지 않아도 아이의 공부는 잘 돌아갈 것입니다.

아이가 하루 할 일을 다하는 데 시간이 너무 오래 걸려요

고민 064

아이가 책상에 얼마나 앉아 있었는가 보다 중요한 것은 집중해서 공부한 실제 학습 시간이 얼마나 되는가입니다. 실제 학습 시간을 높이는 방법의 하나는 공부 계획을 세우는 겁니다. 목표가 있어야 집중해서 달려갈 수 있으니까요.

✎ 빨리 끝내는 게 더 좋다는 생각을 하게 하세요

행동 수정은 기본적으로 그 행동을 했을 때 좋은 것이 뒤따라야 가능합니다. 계획 세운 것을 다 했을 때 자유롭게 놀 수 있는 시간이 확실하게 주어지면 조금 더 빨리 끝낼 수 있습니다. 할 일을 다 했을 때 칭찬도 확실하게 해주세요.

옆에서 함께 공부하세요

아이가 공부할 때, 옆에서 부모님이 함께 공부해보세요. 엄마는 설거지하고, 아빠는 청소하고, 아이는 공부를 하는 것은 각자의 할 일을 하는 상황이지만 아이 입장에서는 집안일이 공부보다 훨씬 즐거워 보일 것입니다. 차라리 집안일도 함께하고 아이와 함께 공부하는 시간도 남겨두세요. 고민 90을 참고해서 아이의 공부 환경도 한번 점검해보는 것이 좋겠습니다. 아이가 공부에 집중할 수 있는 환경이 만들어졌는지 살펴보세요.

고민
065

과목별 우선순위가 있나요?
할 게 너무 많아요

초등학교는 6년을 다닙니다. 공부를 어떻게 시켜야 하는가에 대해 부모님이 큰 틀을 세우지 않으면 매 순간 불안하고 흔들릴 겁니다.

고민 60부터 고민 64까지에 담은 자기주도학습에 관한 이야기를 읽어보세요. 공부에서 가장 중요한 학습 동기와 학습 계획에 대해 이해하게 될 거예요. 학습 동기와 학습 계획은 초등 공부 틀의 가장 위에 있습니다. 아이의 학습 동기를 해치지 않으면서 수능 입시라는 장기적인 목표로 계획을 세워 초등 공부를 해나가는 겁니다.

그다음은 계획 다음의 실전으로 초등학교에서 무엇을 공부해야 하는가입니다.

초등 공부의 핵심은 딱 세 가지입니다. 크게 이 세 가지만 잡으면 됩니다. 바로 독서, 수학, 영어예요.

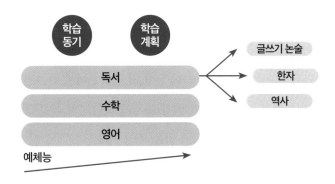

가장 먼저, 독서를 잡으면 학습의 대부분이 해결된다는 걸 아실 거예요. 아이가 어떻게 자발적으로 책을 읽고 책에 재미를 느끼게 할 것인지 계속 고민하고 시도해보는 것이 좋습니다. 글쓰기, 역사 교육, 한자 등은 모두 독서의 하위요소라고 할 수 있어요.

그다음은 수학입니다. 수학은 진도만 무작정 빨리 빼 서두른다고 잘하는 것이 아닙니다. 몇 번 끝냈는가가 중요한 게 아니에요. 방학 때 다음 학기 것을 예습한다는 생각으로 한 학기 진도 정도의 선행 예습을 하고, 학기 중에는 현행 진도를 충실하게 연습하면서 결손이 생기지 않도록 개념과 연습으로 무장을 해야 합니다.

영어는 학교에서 가르쳐보면 빈익빈 부익부의 격차가 확연히 드러나는 과목입니다. 한글을 쓰는 우리나라는 의도적으로 영어에 노출하지 않으면 영어를 배울 기회가 없습니다. 시간과 돈을 투자해야 그 기회를 얻을 수 있죠. 그래서 부모님이 집에서 영어 노출 시간을 확보해주시든, 사교육으로 노출을 하든 영어를 접할 기회를 얻는 아이들이 이런 기회가 없는 아이들과 격차가 현저히 벌어지는 과목이죠. 초등

영어는 기본적인 의사소통 능력을 기르는 것이기 때문에 아이가 공부에서 상위권이길 원한다면 학교에서 배우는 것보다 조금 더 시간을 투자하는 것이 필요합니다.

독서, 수학, 영어는 필수입니다. 초등학교에서는 그러고 난 후 선택적으로 예체능 교육이 더해지죠. 저학년 때는 아무래도 학교도 일찍 끝나고 수학이나 영어에 투자하는 시간도 더 적기 때문에 태권도, 피아노, 미술 같은 예체능 사교육을 아이의 흥미에 따라서 배우는 경우가 많습니다. 하지만 학년이 올라가면서는 학교도 늦게 끝나고 공부를 해야 하는 절대적인 양 자체가 많아지기 때문에 선택과 집중을 해야 합니다. 예체능도 끊을 건 끊어야 하는 때인 거죠.

수많은 사교육 학원들이 여기서 파생되는 학원들입니다. 최소한의 큰 뿌리만 잡고 가겠다 싶으면 다른 것도 다 필요 없습니다. 독서, 수학, 영어 이 세 가지만 잡고 가면 됩니다. 여기서 아이마다, 가정의 상황마다 '수학을 얼마나 선행하고 어느 정도 심화까지 들어갈지', '영어는 언제 시작할지' 등의 어떤 교육을 더 추가하고 뺄지가 달라지는 거예요. 앞으로 이어지는 고민을 통해 독서, 수학, 영어, 기타 영역의 공부를 어떻게 해나가면 될지 하나씩 풀어가겠습니다. 머릿속에 이 틀을 잡고 공부 계획을 어떻게 세워나갈지 초등생활 처방전에서 얻어갔으면 좋겠습니다.

입시 제도가 자꾸 바뀌어 혼란스럽습니다. 어떻게 대처해야 할까요?

대입제도는 정확히 이해해야 혼란 없이 준비할 수 있습니다. 대입 제도에는 크게 두 가지 전형이 있어요. 바로 수시 전형과 정시 전형이죠. '수시'는 말 그대로 '수시로 뽑는' 전형이에요. 수시 전형은 다시 크게 두 종류로 나눌 수 있는데 논술 위주 전형과 학생부 중심 전형이 그것입니다. 학생부 중심 전형은 또다시 학생부 종합 전형과 학생부 교과 전형으로 나뉩니다. 학생부 종합 전형은 학교생활기록부를 중점적으로 보는 전형이고, 학생부 교과 전형은 정말 딱 내신 성적으로만 학생을 뽑습니다. 정시 전형은 수시 전형에 해당하지 않는, 수능을 통해서 대학을 가는 전형이죠.

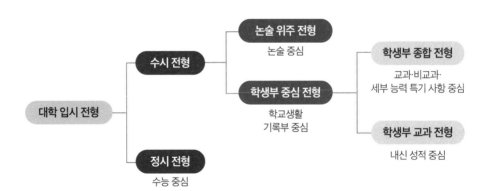

189
마인드·공부법

2019년까지는 수시 전형이 계속해서 확대되는 흐름이었습니다. 70~80피센트까지 수시 전형이 확대되기도 했었으나, 이번에 대입 제도를 개편하면서 정시를 40퍼센트까지 확대하겠다는 발표가 있었죠. 수시 전형에서도 논술 위주 전형은 점차 줄이겠다고 발표했습니다. 학생부 중심 전형은 내신 성적, 세부 능력 및 특기 사항(이하 세특), 비교과 등 학교생활을 전반적으로 평가하는 겁니다. 지금까지는 내신 성적, 세특, 비교과 등의 종합적인 학교생활이 담긴 학교생활기록부와 자기소개서, 추천서 등을 평가했고 면접도 필수로 봤습니다. 그러나 이제는 학생부에 기록되는 내용이 달라집니다. 공정성을 목적으로 학생부 종합 전형은 정규교육과정 중심으로 기재하도록 권고한 것입니다. 그래서 방과후활동 수강 내용, 영재, 발명교육 실적, 자율동아리, 청소년 단체활동, 소논문, 특기사항, 개인 봉사활동의 기재를 2020년도부터 차근차근 줄여가기로 했습니다. 그래서 2024학년도 입학생부터는 앞서 나열한 모든 사항과 더불어 수상 경력, 독서 활동까지 모두 미기재하게 됩니다. 자기소개서 역시 문항을 통합하고 글자 수를 차차 감축하도록 개편되었습니다. 자기소개서 역시 현 중2의 대학 입학 때 완전 폐지됩니다.

면접은 블라인드 면접으로 실시되는데, 면접 평가 시 수험번호, 출신고교 등을 밝히지 않은 채 면접 구술 고사를 치르게 됩니다. 이 면접도 꼭 필요한 부분에서만 실시하게 하고, 블라인드 평가를 서류와 면접 모두에서 확대 실시하겠다고 했죠.

정시 전형에서 보는 수능시험 역시 달라집니다. 수능 과목에서는, 사회와 과학을 문과나 이과의 계열 구분 없이 자유롭게 선택할 수 있습니다. 하지만 대학에서 요구하는 과목이 정해진 경우가 있기 때문에 잘 확인해야 합니다. 또한 과목 쏠림 문제가 있는 제2외국어와 한문은 절대평가로 변경하면서, 2022년도 후부터는 영어, 한국사까지 절대평가 되고 국어와 수학, 탐구 과목이 상대평가가 됩니다.

✎ 흔들리는 입시제도에도 중요한 것은 변하지 않습니다

끊임없이 변화하는 입시제도에서 흔들리지 않으려면 변하지 않는 본질을 정확히 보아야 합니다. 그래야 좋은 성과를 거둘 수 있습니다. "정시가 확대되었으니 정시로만 갈 거야!" 하고 수능 시험만 준비하며 학교 내신 공부를 안 할 수 없죠. 독서 활동이 학생부에 기록이 되지 않는다고 "독서를 할 필요 없어!" 하거나 "영어가 절대평가 되니 영어는 조금 공부할 거야!" 할 것도 아닙니다. 학교생활기록부에 기록되는 내용이 많이 없어지고, 정규과목 중심으로 기록이 됩니다. 논술 전형이 없어지며 정시전형이 확대되기 때문에 정규과목 공부가 더 중요해진다는 것을 알 수 있습니다. 하지만 정시 비율을 확대했다 하더라도, 수시 비율 자체도 높기 때문에 정시와 수시 중 한 가지만 골라 준비할 수는 없습니다. 결국, 정시든 수시든 가장 중요한 것은 어떤 변화에도 흔들리지 않는 자기주도학습 능력과 모든 공부의 기반이 되는 독서력입니다. 그것들이 기본적으로 갖춰져야 수시든 정시든 대학에 입학해서 공부할 자격이 있는지 평가하는 자리에서 좋은 평가를 받을 수 있죠.

특히 독서는 모든 공부의 기본입니다. 영상을 통해 보는 뇌와 책을 읽는 뇌는 전혀 다르고, 읽는 뇌는 훈련하지 않으면 절대 발달할 수 없습니다. 활자를 읽고 그 의미를 해석하는 활동이 계속되어야 세상을 읽는 눈을 가질 수 있습니다. 독서를 통해서는 필수 과목인 국어, 영어는 물론 배경지식이 중요한 사회, 과학까지 해결이 될 수 있습니다. 수학적 독해력에도 영향을 미치죠. 바뀐 제도로 인해 정규과목 공부가 더 중요해진 시점에서 독서의 힘은 학교 공부와 수능 공부를 모두 강하게 할 수 있습니다.

학년별 적절한 공부량이 있을까요? 하루 학습량과 과목별 공부 시간이 궁금해요

이 질문을 굉장히 많이 받습니다. 부모님은 이 질문을 왜 하는 걸까요? 이유는 불안해서라고 생각합니다. '다른 애들은 얼마나 하고 있지? 최소한의 학습량은 어느 정도일까? 이 정도 하면 될까?' 불안한 마음이 드니까 누군가 딱 정해줬으면 좋겠다 싶은 거예요. 매일 아이가 해야 할 일을 정해서 하고 있다면 이런 질문이 큰 의미가 없습니다. 어떤 일이든 중요한 것은 그 과제를 내가 정말 했느냐이지, 얼마나 오랫동안 했느냐가 아니니까요. 내가 해야 할 일을 빨리 끝내면 그날은 좀 놀면 되는 거고요. 어느 날 집중이 잘된다 싶으면 집중해서 더 많이 공부하면 됩니다.

✏ 학년별 학습량

하지만 불안한 마음을 위로하며 최소한의 기준으로 삼으라고 말씀드리자면, 초등학생의 학습량은 보통 해당 학년 곱하기 30분을 하루에 해야 할 최소한의 자기주도학습 시간으로 봅니다. 1학년은 30분, 2학년은 한 시간, 3학년은 한 시간 반 이런 식으로요. 이때의 자기주도학습 시간은 단어 그대로 자기가 주도하는 시간이 아닙니다. 선생님이 주도하는 수업을 듣는 시간도 아닙니다. 학교나 학원에 가서 또는 온라인 수업을 하는 것 말고, 내가 따로 복습하거나 책을 읽거나 연산학습지를 하거나 영어 공부를 하는 시간입니다. 예를 들어 2학년이라면 학원에 다니거나 인터넷 강의를 듣는 시간 말고 한 시간 정도는 혼자 공부하는 시간이 있어야 한다는 의미인데요. 물론 이 시간이 절대적인 것은 아닙니다. 우리 아이의 학년이 3학년이니까 '반드시 한 시간 반을 공부해야 한다' 이건 아니라는 거죠. 하지만 학년이 올라감에 따라 공부하는 절대적인 시간은 길어져야 한다는 것은 염두에 두는 게 좋습니다. 방학 때는 조금 더 늘어나야 하고요.

✎ 과목별 공부 시간

고민 61에서 살펴봤듯 매일 해야 할 필수 과제 세 가지를 아이와 먼저 정해보고, 선택 과제는 아이가 계획을 세우도록 합니다. 나중에는 필수 과제와 선택 과제 모두 아이에게 맡겨보면서, 자기의 수준에 맞게 분량으로 계획을 세워가다 보면 자연스럽게 학년이 올라갈수록 시간이 늘어나게 될 것입니다.

과목에 대한 우선순위 시간 분배에 대해서도 많이 질문 받는데, 고민 65에서 말씀드렸다시피 국어, 영어, 수학에 가장 많은 비중을 두어야 합니다. 여기서 국어에는 독서 시간이 포함되는데, 사실 독서 시간이 대부분이라고 생각하면 됩니다. 학생마다 다르겠지만 '국어(독서) > 영어 ≥ 수학 > 기타 남은 과목' 이렇게 시간을 투자한다고 생각하면 좋을 것 같아요. 거듭 강조하지만 가장 중요한 것은 독서에 뿌리를 둔 국어입니다. 독서 시간을 가장 먼저 넣고, 영어와 수학을 배분해서 필수 과제에 넣어요. 그리고 남은 것들을 선택 과제에 넣습니다.

✎ 자기주도학습 시간을 꼭 보장해주세요

고민 60에서 자기주도학습이 어떤 것인지, 얼마나 무단한 노력이 필요한지 아셨을 것입니다. 학원에 너무 의존하게 되면 아이가 나중에는 학원의 도움 없인 불안해서 공부하지 못합니다. 학원에 다니지 말라는 것이 아니라 현명하게 이용하라는 것입니다.

그런데 사실 학원에 다니다 보면 자기주도학습 시간을 갖기 힘들어요. 따라서 자기주도학습 시간이 보장될 만큼이 적정한 학원 이용 시간입니다. 물론 맞벌이 가

정도 많고 부모가 계속 돌봐줄 상황이 안 되어서 학원을 빽빽이 다녀야 하는 경우도 있지만, 적절하게 조절해서 혼자 공부하는 시간을 가져야 합니다. 혼자 이렇게도 공부하고 저렇게도 해보면서 이런 부분은 중요하고, 외울 땐 이렇게 외우면 좋고, 모르는 건 이렇게 찾는 거구나 하는 공부 전략을 스스로 기를 수 있어요. 그래야 학원 없이도 공부를 잘할 수 있다는 자신에 대한 믿음이 생기게 됩니다. 자기주도학습을 연습할 수 있는 시간과 기회를 충분히 갖는 것이 공부에 대한 자신감으로 이어집니다.

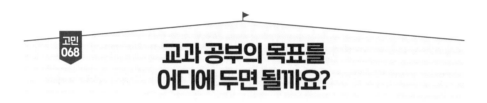

교과 공부의 목표를 어디에 두면 될까요?

초등학교 교과 공부의 목표는 공부 습관을 들이고, 공부 방법을 익히는 것이 가장 큽니다. "초등학교 때 공부 잘해도 소용없어. 어차피 중고등학생이 되면 달라지는 걸" 하고 말하는 사람들이 있어요. 물론 갑자기 철이 들어서 늦공부가 터지는 경우도 있지만 많지는 않습니다.

초등학교 교과 공부의 목표는 세 가지가 있습니다.

첫째, 교과서 공부를 차근히 따라간다. (고민 69부터 75를 참고해서 교과서 공부를 한다.)

둘째, 독서 습관을 잡는다. (고민 104부터 고민 114를 참고해서 독서 습관을 잡는다.)

셋째, 자기주도학습을 연습한다. (고민 60부터 61을 참고해서 연습한다.)

너무 당연하고 단순해 보이지만, 제대로 하려면 이것도 힘듭니다. 이 세 가지는 스스로 공부하는 힘을 기르게 해줄 것입니다.

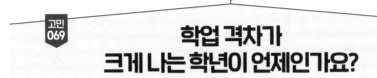

고민 069

학업 격차가 크게 나는 학년이 언제인가요?

초등학교는 교육과정이 6년으로 깁니다. 학년마다 학생들의 모습이 다르고, 한 학기 한 학기 정말 커가는구나가 몸소 느껴집니다. 그래서 학년별로 특징도 있죠. 제가 가르치는 6학년 학생들에게 물어보았어요. "너희들은 6학년이 되기까지, 몇 학년 때 공부가 제일 어려워졌다고 느꼈니?" 하고요. 대부분의 학생이 몇 학년을 말했을까요? "4학년이요" 하더라고요. 그다음으로는 "5학년이요"라고 말했습니다. 4학년이라 대답한 친구도 "4학년 때 처음으로 어려워졌다고 느꼈고, 가장 많이 난도가 뛴다고 느꼈던 것은 5학년"이라 했습니다. 그건 모든 학생이 공감하더라고요. 아이들이 생각보다 정확하게 느끼고 있어서 깜짝 놀랐던 기억이 납니다.

초등학교 교육과정은 학년군별로 되어 있습니다. 1~2학년 / 3~4학년 / 5~6학년으로 나누어지죠. 교과목의 종류나 수업 시간도 학년군별로 달라져요. 교육과정을 살펴볼게요.

구분		1~2학년	3~4학년	5~6학년
교과	국어	국어 448	408	408
	사회/도덕		272	272
	수학	수학 256	272	272
	과학/실과	바른 생활 128	204	340
	체육	슬기로운 생활 192	204	204
	예술(음악/미술)	즐거운 생활 384	272	272
	영어		136	204
	소계	1,408	1,768	1,972
창의적 체험활동		336 안전한 생활(64)	204	204
학년군별 총 수업 시간 수		1,744	1,972	2,176

총 수업 시간이 학년군별로 차이가 나죠.

1~2학년에서는 국어, 수학, 통합 교과, 안전한 생활이라는 교과가 있고요. 3~4학년에서는 국어, 수학, 사회, 과학, 영어, 음악, 미술, 체육, 도덕이 있어요. 5~6학년은 국어, 수학, 사회, 과학, 영어, 음악, 미술, 체육, 도덕에 실과가 더해집니다.

✎ 저학년 : 생활 습관과 학습 계획

저학년에서는 학업보다는 생활 습관에서 차이가 납니다. 얼마나 내 물건을 잘 챙기고, 지루하지만 책상에 잘 앉아 있는가 하는 것들이죠. 글씨를 쓰고, 색칠하고 가위로 자르고 하는 활동이 대부분이라서 연필을 잡고 쓰는 훈련만 되어 있으면 큰 차이가 나지 않아요. 저학년 때는 바르게 앉아서 바르게 쓰고 색칠하는 것들만 잘하면 됩니다. 하루 동안 무엇을 할지 이야기해보고, 할 일을 하는 것만으로 훌륭해요. 정리하자면 1~2학년은 생활 습관과 학습 계획을 연습합니다.

✎ 중학년 : 독서 습관, 연산 완성, 공책 정리, 영어 읽기

3학년이 되면 갑자기 과목이 많아지고 세분되며, 6교시도 생기면서 학습량의 변화가 일어납니다. 사회, 과학, 영어 과목이 새로 생겨 부모님 걱정도 많아집니다. 3학년을 몇 번 가르쳤는데, 3학년 때 과목이 여러 개 새로 생기니까 아이들은 신기해하고 즐거워해요. 또 전담 선생님이 수업에 들어가게 됩니다. 영어실, 과학실 등 수업을 위해 교실을 이동하기도 하니까 형, 오빠, 언니, 누나가 된 것 같다며 너무 신나합니다. 과학실에 가서 하는 실험이라 해도 그냥 비커에 물 붓기 등의 단순한 일이 전부인데 과학자가 된 것 같다고 좋아해요. 과목이 많아졌을 뿐 내용은 사실 많이 어려워지는 게 아니라서 아이들은 생각보다 잘 따라옵니다. 영어도 처음에는 별로 어렵지 않은 내용을 배우고, 영어 수업의 대부분이 게임식으로 이루어지니까 재미있어하죠. 학생들도 아직은 어린아이들 같습니다.

그런데 4학년이 되면 조금 다른 모습을 보입니다. 새로운 과목을 배우기 시작하고, 전담실을 처음 가며 좋아했던 흥분이 수그러들며, 학생들은 생각이 자라면서 서로 비교도 합니다. 교과목 수준 또한 확연히 올라가면서 '어려운데?' 하고 느끼는 때이기도 해요. 수학에서는 십 단위 자리로 나누는 나눗셈, 평면도형의 이동 등을 어려워하고요. 3학년 때 제대로 수학이 다져져 있지 않다면 그로 난 구멍 때문에 앞으로 나아갈 수가 없어요. 4학년부터 학업 격차가 커진다는 것을 느낍니다.

3~4학년인 중학년은 학업 격차가 벌어지기 시작되는 때이기 때문에 더 신경을 쓰셔야 합니다. 이때 독서 습관을 반드시 잡으세요. 글이 많은 책으로 반드시 옮겨가야 합니다. 자기가 공부한 내용을 정리해보는 것 또한 슬슬 시작해보세요. 배움 공책 정리하는 방법을 고민 76에 정리했습니다. 연산을 완성하고 영어는 소리 읽기를 많이 연습해야 합니다.

고학년 : 수학, 독서의 심화 확장, 다양한 공부법 시도, 영어 쓰기

체감 난도가 가장 많이 올라가고 학생들도 가장 힘들어하는 대망의 5학년입니다. 5학년부터는 모든 과목이 복잡해집니다. 양뿐 아니라 질적으로 공부가 심화하죠. '수포자(수학을 포기한 사람의 줄임말)'라는 아이들이 가장 많이 나올 때예요. 학업 격차가 슬슬 보이는 때가 4학년이라면 본격적으로 시작되는 때가 5학년입니다. 4학년까지 수학과 독서의 기초를 탄탄하게 해놓으면 5학년부터 심화가 되는 겁니다. 수학도 어려운 문제를 풀어보고, 영어도 읽기에 이어 쓰기도 해보고요. 5~6학년은 고민 71~74에서 소개하는 마인드맵, 비주얼씽킹 등 다양한 방법들을 시도하면서 공부에 재미를 느끼는 공부법을 배워갑니다.

고민 070 상위권과 하위권의 결정적 차이는 무엇일까요?

아이들을 공부시키기 위해 저는 교실에서 가끔 이런 방법으로 쪽지 시험을 봅니다. 시험 보기 일주일 전 시험지와 답안지를 미리 나눠주고 공부 시간을 준 후, 똑같은 문제로 시험을 보는 것입니다. 물론 같은 문제로 시험을 볼 것이라는 말을 해주고 말입니다. 그렇게 문제를 다 알려주고 시험을 보면 실력을 구분할 수 있을까요? 신기하게도 똑같은 문제를 시험으로 내도 시험 문제를 공개하지 않고 볼 때와 상위권, 중위권, 하위권이 거의 같게 나눕니다. 차이점은 최상위권과 상위권이 나눠지지 않는다는 것뿐이죠.

'공부를 좀 하는' 아이들은 시험 범위만 알려줘도 무엇이 중요한 내용인지, 어떤 부분을 공부해야 하는지, 이를 어떻게 응용할 수 있는지까지도 고려할 수 있을 것입니다. 하지만 무엇을 공부해야 할지 몰라 막막해하는 아이들이 더 많습니다. 그런 아이들에게 '이거라도' 공부해서 성취감을 느껴봐라 하기 위해서 '알려주는' 시험을 봅니다. 또 시험에 나오는 것만이라도 아이들의 머릿속에 남길 수 있을 거라 생각하기 때문입니다. 미리 나눠준 시험지만 공부하면 되지만, 이때도 아이들의 공부하는 모습은 제각각입니다.

A 학생

> 답안지를 가리고 시험지를 풀어본다 ➡ 답이 맞는지 확인한다 ➡
> 모르거나 헷갈린 문제에 표시한다 ➡ 다시 공부한다 ➡ 답을 가리고 풀어 본다 ➡
> 모르는 부분을 집중적으로 공부하고 이해가 안 되는 것은 다시 찾아보거나 질문한다

B 학생

> 답안지를 가리고 시험지를 풀어본다 ➡ 답이 맞는지 확인한다 ➡
> 모르거나 헷갈린 문제에 표시한다 ➡ 다시 공부하기 위해 시험지를 눈으로 본다

C 학생

> 답안지를 보며 시험지를 본다 ➡ 시험지를 눈으로 본다

답을 알려주어도 공부 방법은 다 다릅니다.

✒ 상위권이 가진 능력은 메타인지 능력

A 학생이 B, C 학생과 달리 뛰어난 게 무엇일까요? A 학생이 가진 것은 자신이 알

고 있는 것과 모르는 것을 구분해서 부족한 부분을 메꾸어 가는 능력입니다. 상위 0.1퍼센트의 아이들은 자신의 상태와 부족한 부분을 알고 그를 보완하기 위해 전략을 세우는 능력이 뛰어납니다. 이렇게 스스로를 보완하는 전략을 세우는 능력을 메타인지 능력이라고 합니다.

많은 학생이 자신이 알고 있다고 생각하는 것과 실제 알고 있는 것이 다를 수 있다는 사실을 모릅니다. 그래서 교과서를 쭉 훑어보고 '음, 이해했어. 됐어' 하고 넘어가는 것입니다. 공부를 못하는 사람일수록 이해했다고 생각하는 내용에 대해 제대로 설명하지 못하는 경우가 많습니다. 실제 알고 있는 것과 알고 있다고 생각하는 것은 완전 다릅니다.

이를 극명하게 보여주는 실험이 있는데, 평범한 학생들과 상위 0.1퍼센트 학생들에게 여행, 우산, 과자, 자동차 등 아무 관련 없는 단어들을 스크린에 띄워 빠르게 보여줍니다. 잠시 후, 스크린에서 본 단어 중 확실하게 기억하는 단어의 개수를 적어 보도록 합니다. 그러자 개수의 많고 적음을 떠나, 평범한 학생들과 달리 상위 0.1퍼센트의 학생들은 자신이 예측한 개수와 실제로 기억한 개수가 정확히 일치하였습니다. 즉 '얼마나 많이 기억하고 있는가'가 아니라 '자신이 알고 있는 것을 얼마나 정확히 알고 있는가' 이것이 바로 메타인지입니다.

✎ 메타인지 능력을 활용하는 공부

메타인지 능력은 크게 두 가지로 설명할 수 있습니다. 첫째는 '메타인지적 지식(meta cognitive knowledge)'입니다. 이는 내가 아는 것과 모르는 것을 정확히 파악할 수 있는 능력입니다. 둘째는 '메타인지적 기술(meta cognitive skill)'입니다. 잘 모르는 부분을 집중적으로 계속하여 볼지 아니면 여러 차례에 걸쳐 들여다볼지 등 부족한 부분을 보완하기 위해 전략을 짜는 능력을 말합니다.

답안지를 가리고 시험 문제를 풀어보는 것은 내가 아는 것과 모르는 것을 구분 (메타인지적 지식)하는 과정이고, 틀린 문제와 헷갈린 문제를 알기 위해 다시 공부하고 질문하는 과정은 전략을 짜는 과정(메타인지적 기술)입니다. 그럼 이런 메타인지 능력을 기르는 방법은 어떤 것이 있을까요? 다음 고민 71에서 효과적인 공부법에 대해 알아보도록 하겠습니다.

고민 071

공부를 했다는데 제대로 했는지 모르겠어요

대부분의 아이는 학교에서, 학원에서 소위 말하는 '멍 때리고' 있습니다. 학교에서는 같은 내용을 여러 차시 분량으로 나눠 수업하고 시험을 봅니다. 그런데도 많은 학생들의 쪽지 시험 결과가 좋지 않습니다. '세상에나, 나는 그렇게 열심히 가르쳤는데… 귀를 닫고 있단 말이냐…' 하는 생각이 들 때도 있습니다. 하지만 공부할 시간을 주고, 자기 스스로 문제를 고쳐보고 내용을 정리해보라고 하면 네 시간 내내 설명해도 헤맸던 내용을 금세 깨우칩니다.

학습 내용을 자기 것으로 만드는 유일한 기술은 스스로 공부하는 시간뿐입니다. 하지만 대부분의 아이는 많은 시간 동안 직접 공부를 하는(do) 것이 아니라 듣고 (hear) 있습니다. 주의 집중해서 듣는 것(listen)도 아니라 그저 스쳐 지나가는 듣기 (hear)로요. 공부하는 시간 대비 학습 효과가 매우 낮은 비효율적인 공부를 하고 있지요. 내가 아는 것과 모르는 것을 구분하고 적극적으로 지식을 구성하면서 공부해야 효율적인 공부를 할 수 있어요. 배운 내용을 다시 읽거나 그대로 베껴서 공책에 옮겨 적으면, 물론 아무것도 안 하는 것보다는 낫겠지만 아무 자극이 가해지지 않습니다. 내가 알고 있는지 모르고 있는지 확인하기도 힘들고, 심지어 내가 알고 있다고 착각하게 만들죠. 다 안다고 착각하지 말아야 합니다.

그럼 어떻게 공부하면 좋을까요? 내가 아는지, 모르는지를 확인할 방법은 간단합니다. '출력'을 해보는 거죠. 아래 다양한 출력 방법 중 가장 간단하면서도 유명한 방법을 소개하겠습니다. 학년에 따라, 때에 따라, 배운 내용에 따라 하고 싶은 방법으로 적용해서 공부해보도록 하세요.

✏️ 메타인지를 기르는 출력 공부법 ① 선생님 놀이

가장 간단한 출력 방법은 '말하는 것'입니다. 배운 내용을 선생님이 되어 말로 해보는 '선생님 놀이'는 쓰기를 힘들어하는 저학년부터 고학년까지 모든 학년에 좋은 방법입니다.

1. 마치 선생님인 것처럼 공부한 내용을 설명한다.
2. 교과서를 보며 잘 설명이 안 되는 부분을 확인한다.
3. 다시 설명한다.

무엇을 말해야 할지 모르겠다면 교과서의 목차를 보고 배운 내용을 말해보거나 교과서 학습 목표를 보고 그 답을 말해보는 시간을 가져보세요.

✏️ 메타인지를 기르는 출력 공부법 ② 문제 만들기

선생님은 시험지를 만들기도 합니다. 선생님의 관점에서 어떤 문제를 낼지 고민해봅니다. '뭐가 중요하지?', '어떻게 착각하게 해서 오답을 만들까?' 생각하면 내가 배운 내용을 확실하게 이해할 수 있겠죠?

1. 내가 선생님이 되었다고 생각하고, 오늘 배운 내용을 시험 문제로 만들어본다.

2. OX 문제, 단답형 문제, 객관식 문제, 서술형 문제 어떤 문제든 좋다.

3. 복습을 할 때 내가 직접 낸 문제를 다시 풀어본다.

✎ 메타인지를 기르는 출력 공부법 ③ 백지 쓰기

말로 하는 선생님 놀이의 '쓰기 버전'이라고 할 수 있습니다. 뇌를 상당히 자극하지요. 간단해 보이지만 교과서를 열 번 읽는 것보다 효과적입니다. 백지에 써보고, 생각 안 나는 것을 확인하고 다시 써보고 하는 과정을 몇 번만 하면 교과서를 완전히 학습할 수 있습니다. 고학년에서 시도해보세요.

1. 빈 공책에 배운 것 중에서 생각나는 단어나 내용을 무작정 쓴다. 무엇을 써야 할지 모르겠다면 그 단원의 학습 목표를 보고 그것에 대한 답을 쓴다.

2. 교과서를 보면서 확인한다.

3. 기억하는 것과 잊어버린 것을 확인한다.

4. 다시 백지에 쓴다.

✎ 메타인지를 기르는 출력 공부법 ④ 핵심 단어 복습법

공부한 내용의 핵심 단어를 써봅니다. SNS에서 해시태그를 다는 것처럼 핵심 단어를 기억해서 써보는 것은 좋은 출력 공부법입니다.

계속 이어서 세 가지 방법을 더 소개할게요. 고민 72~74를 꼭 읽어보세요.

비주얼씽킹, 어떻게 공부하면 될까요?

메타인지를 기르는 출력 공부법 중 비주얼씽킹이라는 방법이 있습니다. 비주얼 씽킹(visual thinking)이란 생각과 정보를 글과 간단한 그림으로 표현, 기록하는 것입니다. 비주얼씽킹의 핵심은 내가 글을 그림으로 바꿔 정리한다는 것에 있어요. 요즘 아이들은 비주얼로 검색하고 비주얼로 소통하는 비주얼 제너레이션(visual generation)입니다. 시각적인 것이 더 익숙하기 때문에 비주얼씽킹을 해보면 좋아요. 공부한 내용을 아이 스스로 비주얼씽킹을 하도록 지도해주세요. 말만 복잡하지 간단한 그림을 사용해서 배운 내용을 정리한다고 생각하면 됩니다.

내가 공부한 것을 글과 간단한 그림으로 표현하려면 주제, 텍스트, 키워드, 비주얼, 레이아웃 등을 생각해야 합니다. 텍스트로 공부한 것을 비주얼로 표현하는 과정에서 자신의 공부 상태를 점검할 수 있고, 공부에 더 적극적으로 임할 수도 있어요.

비주얼씽킹을 하면 기억하는 양도 훨씬 많아집니다. 우리는 좌뇌를 주로 사용해서 생각하고, 일하고, 판단합니다. 좌뇌는 숫자, 언어, 순서, 논리, 분석 등 이성적인 것들과 관련되고, 우뇌는 색상, 놀이, 그림, 음악, 감성적인 것과 관련되죠. 과거에는 좌뇌만 집중적으로 사용해서 공부하는 것이 요구되었지만, 우뇌를 사용해서 이미지와 함께 기억하면 89퍼센트나 남는다고 알려지기도 했습니다. 좌뇌와 우뇌를 동시에 사용해서 비주얼씽킹으로 정리하면 더 많이 기억할 수 있다는 거죠.

비주얼씽킹 하면 자기 생각, 공부 내용을 수동적으로 받아들이는 것에서 나아가 능동적으로 정리하고 참여하는 공부를 할 수 있습니다. 그럼 비주얼씽킹은 어떻게 하는 걸까요?

비주얼씽킹의 4단계

1단계

주제 정하기

비주얼씽킹할 주제를 정해보세요.
그날 공부한 내용,
한 단원의 내용 등이 될 수 있어요.

2단계

핵심 단어 찾기

고민 75의 교과서 6단계
공부법으로 핵심 단어를 찾을 수 있어요.
핵심 단어와 그림으로 표현할 부분의
이미지를 생각해보세요.

3단계

레이아웃 정하기

핑거형, 버블형,
더블 버블형, 트리형, 플로우형 등
주제에 맞는 레이아웃을 골라요.

4단계

표현하기

주제를 쓰고, 레이아웃을 그리고,
그 안에 핵심 단어와
이미지를 그리며 정리합니다.

비주얼씽킹은 크게 4단계로 진행할 수 있습니다.

이 과정 중 레이아웃은 비주얼씽킹의 큰 틀입니다. 어떤 내용을 비주얼씽킹으로 표현하는가, 그 주제에 따라 레이아웃이 달라집니다. 다음과 같은 레이아웃들이 있습니다. 꼭 이와 같은 레이아웃이 아니더라도 자유형 레이아웃으로 자유롭게 비주얼씽킹을 할 수 있습니다.

비주얼씽킹의 다양한 레이아웃

형태	설명
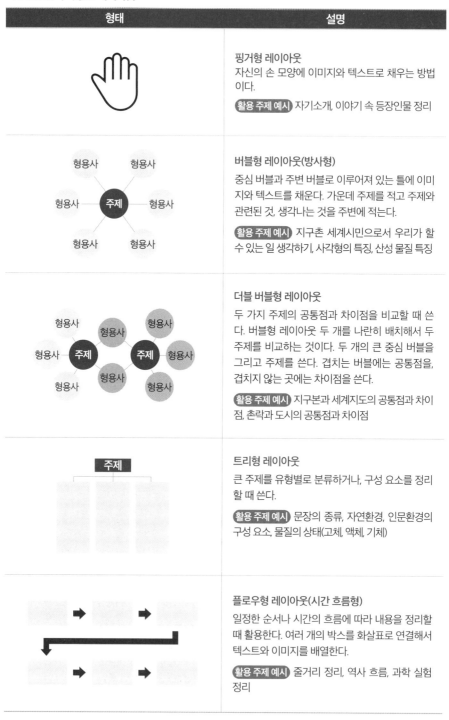	**핑거형 레이아웃** 자신의 손 모양에 이미지와 텍스트로 채우는 방법이다. **활용 주제 예시** 자기소개, 이야기 속 등장인물 정리
	버블형 레이아웃(방사형) 중심 버블과 주변 버블로 이루어져 있는 틀에 이미지와 텍스트를 채운다. 가운데 주제를 적고 주제와 관련된 것, 생각나는 것을 주변에 적는다. **활용 주제 예시** 지구촌 세계시민으로서 우리가 할 수 있는 일 생각하기, 사각형의 특징, 산성 물질 특징
	더블 버블형 레이아웃 두 가지 주제의 공통점과 차이점을 비교할 때 쓴다. 버블형 레이아웃 두 개를 나란히 배치해서 두 주제를 비교하는 것이다. 두 개의 큰 중심 버블을 그리고 주제를 쓴다. 겹치는 버블에는 공통점을, 겹치지 않는 곳에는 차이점을 쓴다. **활용 주제 예시** 지구본과 세계지도의 공통점과 차이점, 촌락과 도시의 공통점과 차이점
	트리형 레이아웃 큰 주제를 유형별로 분류하거나, 구성 요소를 정리할 때 쓴다. **활용 주제 예시** 문장의 종류, 자연환경, 인문환경의 구성 요소, 물질의 상태(고체, 액체, 기체)
	플로우형 레이아웃(시간 흐름형) 일정한 순서나 시간의 흐름에 따라 내용을 정리할 때 활용한다. 여러 개의 박스를 화살표로 연결해서 텍스트와 이미지를 배열한다. **활용 주제 예시** 줄거리 정리, 역사 흐름, 과학 실험 정리

이서윤의 초등생활 처방전 365

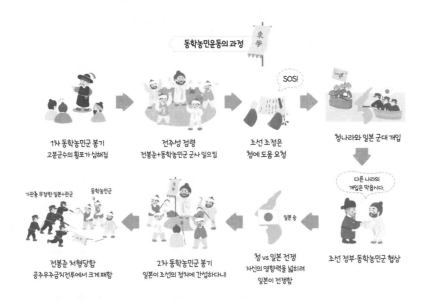

동학농민운동의 과정

1차 동학농민군 봉기
고분군수의 횡포가 심해짐

전주성 점령
전봉준+동학농민군 군사 일으킴

조선 조정은
청에 도움 요청

SOS!

청나라와 일본 군대 개입

다른 나라의
개입은 막읍시다.

조선 정부·동학농민군 협상

청 vs 일본 전쟁
자신의 영향력을 넓히려
일본이 전쟁함

일본 승

2차 동학농민군 봉기
일본이 조선의 정치에 간섭하다니!

전봉준 처형당함
공주우금치전투에서 크게 패함

기관총 무장한 일본+관군   동학농민군

東學

집중학습

트리형 6학년 2학기 사회 / 세계 여러 나라의 자연과 문화 (3) 우리나라와 가까운 국가들

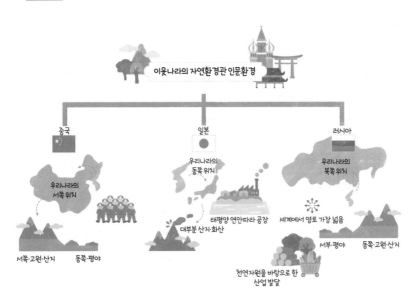

이웃나라의 자연환경관 인문환경

중국

일본

러시아

우리나라의
서쪽 위치

우리나라의
동쪽 위치

우리나라의
북쪽 위치

서쪽·고원·산지   동쪽·평야

대부분 산지·화산

태평양 연안따라 공장

세계에서 영토 가장 넓음

서부·평야   동쪽·고원·산지

천연자원을 바탕으로 한
산업 발달

비주얼씽킹 자료 QR코드
비주얼씽킹 관련 자료는
초등생활 처방전 카페에 있습니다.

복습할 때 쓸 수 있는
재미있는 방법이 있을까요?

고민 72에서 설명한 비주얼씽킹은 시각적 학습자들이 특히 좋아합니다. 이와 더불어, 글 쓰는 것을 좋아하고 상상력이 가득한 학생들이 더 좋아하는 방법이 있습니다. 바로 학습동화나 학습만화 만들기입니다. 학습동화는 공부한 내용이 녹아 들어가게 이야기로 바꾸는 것이고, 학습만화는 만화로 바꾸는 것입니다. 아이들이 학습동화 만들기보다 학습만화 만들기를 부담스럽지 않아 하는 경향이 있어요. 이해하기 쉽게 학습동화의 예를 몇 가지 보여드릴게요.

초등학교 3학년 수학 시간, 정사각형과 직사각형에 대해서 배우고 나서 학습동화 쓰기를 한다고 해볼게요. 이런 식으로 쓸 수 있습니다.

 예

정사각형 나라가 있었어요. 그곳은 정사각형들이 살고 있었어요. 정사각형 마을 앞에는 이런 팻말이 붙어 있었지요.
'네 각이 직각이고 네 변의 길이가 모두 같은 사각형만 들어오시오.'
어느 날 정사각형 왕과 정사각형 왕비가 아이를 낳았어요. 공주를 낳았지요. 그런데 왕비가 아이를 낳다가 공주가 눌려서 직사각형 모양으로 나온 것이었어요. 왕과 왕비는 어떻게 해야 하나 고민했어요. 왜냐하면 정사각형 나라의 원칙에 따르면 공주는 정사각형 나라에 살 수 없기 때문이었어요. 정사각형 왕은 명령을 내렸어요.
"여봐라. 팻말을 바꿔라."
그리하여 정사각형 나라의 팻말은 '네 각이 직각인 사각형만 들어오시오'로 바뀌었어요.
그래서 근처에 살고 있던 직사각형들이 정사각형 나라에 이사를 왔지요. 그 나라 이름은 정사각형 나라에서 정사각형과 직사각형이 사는 직사각형 나라로 바뀌었답니다.

4학년 사회에서 축척에 대해서 배웠을 때는 이런 학습동화를 써볼 수 있습니다. 축척은 지도에서 실제 거리를 줄인 정도를 말합니다.

예

난쟁이 나라의 왕은 거인들이 사는 나라에 놀러 가고 싶었어요. 하지만 거인국의 지도가 없었지요.
"여행 계획을 세우려면 지도가 있어야 하는데 말이야."
난쟁이 나라의 왕은 신하에게 거인국의 지도를 구해오라고 명령했어요. 난쟁이는 거인국으로 갔지요.
거인국은 모든 것이 커서 난쟁이가 온종일 걸어도 거인국의 성에 갈 수 없었어요. 그런데 다행히 난쟁이를 발견한 거인이 있었어요.
"어? 이웃 나라에 난쟁이가 산다고 하더니 진짜인가 보구나. 넌 우리나라에 왜 왔니?"
"아, 저기 거인국의 지도 좀 빌려줄 수 있니?"
"지도? 마침 내가 가진 지도가 있는데, 여기."
거인이 준 지도는 너무 커서 난쟁이가 들고 갈 수 없었어요. 난쟁이가 어쩔 줄 몰라 쩔쩔매고 있었어요. 그때 거인이 말했어요.
"나에게 좋은 생각이 있어. 이 지도를 그대로 줄이는 거야. 1km를 1cm로 표현하면 되지. 그리고 0___1km 이렇게 표시를 하는 거야. 그럼 큰 지도를 가져가지 않아도 되잖아."
"오, 좋은 생각이야." 거인은 친절하게 지도를 줄여서 그려주기까지 했답니다. 난쟁이는 무사히 거인국의 지도를 들고 돌아갈 수 있었어요.

이렇게 하나의 큰 이야기 형태의 창작동화처럼 만들어도 좋고 그게 힘들면 단순하게 인물 두 명이 대화하는 방식도 좋습니다. 예를 들면 6학년 과학에서 '하루 동안 태양고도, 그림자 길이, 기온은 서로 어떤 관계가 있을까요?'와 같은 내용을 배웠다고 해볼게요.

예

유니와 주니는 내일 단원평가가 있는 날이라 같이 공부를 하기로 했다.

주니 : 우리 서로 돌아가면서 퀴즈 내기를 해보자.

　　　내가 먼저 내볼게. 태양의 고도는 무엇일까?

유니 : 태양이 지표면과 이루는 각을 태양의 고도라고 해.

　　　그럼 태양이 남중했을 때 기온이 가장 높을까?"

주니 : 아니. 지표면이 데워지는 데에 시간이 걸려서 태양이 남중했을 때보다 두 시간 후에 기온이 가

　　　장 높아.

유니 : 딩동댕.

　　이런 식으로 말이에요. 이렇게 예를 보여주고 팁도 더해준다면 아이들은 생각보다 쉽게 학습동화를 만들 수 있습니다.

학습동화 만들기의 TIP
- 두 주인공이 교과 내용에 대해 대화하는 이야기 만들기
- 교과 내용에 나온 개념을 의인화시켜서 사람처럼 표현해서 이야기 만들기
- "옛날에 ~나라가 있었어요"로 시작해서 이야기를 이어가 보기

마인드맵 그리기는
어떻게 하는 건가요?

저는 마인드맵 그리기를 참 좋아합니다. 마인드맵을 그리며 공부했을 때, 효과를 정말 많이 봤기 때문이죠. 그래서 평소에 공부 외에도 계획을 세우거나 아이디어를 정리할 때 마인드맵 형식으로 메모를 자주 합니다.

마인드맵은 중심에 설명하고자 하는 주제나 단어를 적고, 방사형으로 그에 대한 설명을 그려가는 것입니다. 상대적으로 중요한 개념들을 강조해줘야 보기가 더욱 더 쉬워집니다. 마인드맵은 직관적으로 한눈에 볼 수 있다는 장점이 있고, 또 마인드맵으로 정리하는 과정이 학습 과정에 능동적으로 참여하는 과정이기 때문에 출력하면서 내가 정확하게 아는 부분과 모르는 부분을 구분할 수 있습니다. 시각적으로 기억하기 때문에 나중에 '아, 오른쪽 귀퉁이에 적었던 내용이구나' 하고 생각이 납니다. 저는 4학년 이상의 교실에서 한 단원이 끝났을 때, 단원 정리로 마인드맵 그리기를 하게 하고 있습니다. 과학 교과서에는 단원의 맨 마지막에 마인드맵 정리 활동이 수록되어 있기 때문에 그것을 잘 활용하면 됩니다.

마인드맵의 기본은 방사형으로 배운 내용을 정리한다는 것입니다. 조금 더 체계적으로 하길 바란다면 다음과 같은 방법을 활용해보세요.

마인드맵 그리는 법

1. 가장 가운데 대단원의 제목을 적는다.

2. 주가지를 그려서 소단원 제목을 적는다.

3. 부가지에 소단원 내에 있는 주제(꼭지)를 적는다.

4. 주제 아래에 가지들을 그려서 핵심 단어들을 적는다.

5. 같은 급의 가지는 같은 색을 입힌다.

마인드맵 그리기를 하면 학생들이 이런 질문을 많이 합니다.

"선생님, 공간이 부족해요", "선생님, 그리고 나니까 복잡해서 뭐가 뭔지 모르겠어요" 하고요.

그러면 이렇게 말해줍니다.

"교과서에서 소단원 제목이 몇 개인지, 주제가 몇 개인지 보고 공간을 미리 짐작해보고 가지를 그려야 한단다.", "공간이 부족해지니까 최대한 중요한 키워드를 짧고 간단하게 써야 하는 거야.", "주가지, 부가지에 색깔을 입혀서 구분하는 이유가 그거란다."

마인드맵을 다 그린 후, 며칠 뒤 키워드를 보고 교과 내용을 떠올려보는 과정이 필요합니다.

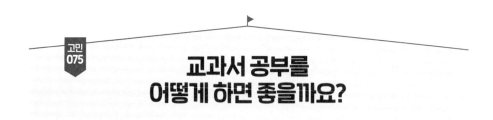

교과서 공부를 어떻게 하면 좋을까요?

고민 075

교과서가 가장 중요하다고 말합니다. 그런데 교과서를 이용해서 어떻게 공부해야 하는지 막막합니다. 사실 교과서를 읽고 나면 별달리 할 게 없는 거 같습니다. 그래서 문제집으로 넘어가게 되죠. 고민 70부터 고민 74까지 설명한 메타인지 출력 공부법을 활용해보세요. 그리고 또 다른 방법으로 교과서 6단계 공부법을 소개해드리겠습니다.

어떤 공부든 내 것으로 만드는 6단계 공부 정리법

1. 편안한 마음으로 교과서를 읽는다. (1회독)

2. 중요한 내용에 밑줄을 치며 읽는다. (2회독)

3. 더 중요한 내용에 형광펜으로 칠하며 읽는다. (3회독)

4. 중요 단어(키워드)에 괄호를 치며 읽는다. (4회독)

5. 괄호를 쳤던 부분을 수정테이프로 지우며 읽는다(이때 옆에 살짝 적어두어도 좋다). (5회독)

6. 지운 부분을 마음속으로 채우며 읽는다. (6회독)

6단계 공부법의 핵심은 5단계입니다. 지워버리는 것이죠. 6단계 공부법을 알려주면 학생들은 "교과서에 그렇게 낙서해도 되나요?"라고 물어요. 깨끗하게 공부해봤자, 학년말이면 다 버리는 게 교과서입니다. 지워버리는 순간 핵심 단어를 기억하기 위해 우리는 애를 쓰게 됩니다. 자연스럽게 핵심 단어들을 외우게 되죠. 이 방법을 말씀드리면 학부모님들은 "선생님, 요즘 교과서는 텍스트 자체가 없어서 6단계 공부법을 활용하기 힘들어요"라고 말씀하기도 합니다. 이 방법은 초등학교 고학년 이후에 활용하세요. 빨라도 4학년부터요. 사회, 과학에서 빛을 발합니다. 과학은 내용이 정리된 실험관찰 교과서에 6단계 공부법을 활용해보세요.

공책 정리 어떻게 하면 좋을까요?
배움 노트는 어떻게 쓸까요?

노트를 정리하는 방법은 여러 가지가 있습니다. 그리고 정리하다 보면 자기한테 가장 효과적인 방법을 찾아갈 수 있습니다. 미국 코넬 대학교에서 학생들의 학습 능률을 높이기 위해 만든 방법을 조금 변형해서 교실에서 사용했습니다.

날짜: 20○○. ○. ○
과목: 사회
단원명: 2. 고려의 발전
학습 문제: 고려의 기틀을 다지기 위한 노력을 알아보자.

핵심 단어	내용 정리
❶ 왕권 안정 ❷ 태조 왕건 ❸ 광종 ❹ 노비안검법	< (1) 을 위해> ① (2) : 여러 호족을 자기편으로 끌어들임. (후삼국 출신에 발해 사람까지) ② (3) : 양인이었다가 노비가 된 사람들을 풀어줌 (4), 과거제도 실시 ③ 성종 : 유교의 정치원리

퀴즈 만들기
고려 시대 왕권을 안정시키기 위해 왕들은 어떤 일들을 했을까?

➡ 태조 왕건은 호족을 자기편으로 끌어들였다.
   광종은 노비안검법과 과거제도를 실시했다.
   성종은 유교의 정치원리를 이용했다.

느낀 점
나라의 기틀을 다지기 위해서 왕들이 여러 가지 노력을 했다는 사실을 알게 되었다. 노비가 된 사람이 풀어졌을 때 좋았을 것 같다.

• **핵심 단어** : 내용 정리한 것 중에서 중요한 단어를 적는다. 수업이 끝나면 우리들의 기억 속에서 공부한 내용은 대부분 사라진다. 하지만 핵심 단어라도 기억을 하면 그 단어가 힌트가 되어 핵심 단어와 함께 배운 내용이 기억이 난다.

• **내용 정리** : 내 나름의 방법으로 내용을 정리한다. 색을 달리해서 적기도 하고 자기만의 기호를 만들어 적어 정리한다. 앞에서 말한 비주얼씽킹, 학습 동화/만화 만들기, 마인드맵을 활용해서 적어도 좋다. 핵심 단어 부분은 괄호로 비워두면 좋다.

• **퀴즈 만들기** : 배운 내용을 문제로 만들어본다. 이 문제는 주말에 풀어 본다.

• **느낀 점** : 개인화시키는 것은 좋은 기억법 중 하나다. 공부하면서 느낀 점, 생각났던 경험을 적는다.

처음에는 낯선 방식에 적응이 안 돼 이렇게까지 해야 하나 생각이 들 수도 있지만, 점차 익숙해지면 요령도 생기고 나만의 노트를 만들어가는 것이기 때문에 어떤 자료보다 눈에 쏙쏙 들어옵니다. 한 번 봤다고 내용이 머릿속에 들어가는 건 아닙니다. 주말에 자신이 만든 노트 속 내용 정리를 보면서 내가 어떤 핵심 단어를 썼는지 기억해보고, 또 거꾸로 핵심 단어만 보면서 어떤 내용이 있었는지 기억해보도록 하면 도움이 됩니다.

그대로 베껴 쓰는 것은 노트 필기가 아닙니다. 배운 내용을 나만의 지식으로 구조화하는 게 노트 필기입니다. 노트 정리를 하다 보면 수업 시간에 집중하게 됩니다.

그리고 자기만의 지식을 만들어내는 데 재미를 붙이게 되고 오래 기억힐 수 있습니다.

내용 정리 부분을 앞에서 설명한 비주얼씽킹, 학습동화나 학습만화 만들기, 마인드맵 등의 방법을 활용해 정리하고, 시험 문제도 만들어보면 앞서 소개한 '메타인지 출력 공부법'이 여기에 다 들어가게 됩니다. 요즘에는 옛날보다 공책 정리를 더 안 하게 되는 게 사실입니다. 집에서 부모님이 피드백을 주면 아이가 어떤 공부를 하고 있는지 알게 되고, 아이 역시 바짝 긴장하게 되지요. 5학년부터는 본격적으로 노트 정리를 해보세요.

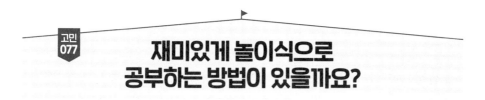

고민 077 재미있게 놀이식으로 공부하는 방법이 있을까요?

가정에서 할 수 있는 학습 놀이를 과목별로 말씀드릴게요. 다음을 참고하고 고민 78도 꼭 함께 읽어보기 바랍니다.

국어 놀이

① 국어사전 빨리 찾기 놀이
먼저 모르는 단어들을 모아보세요. 막연히 모르는 단어를 떠올리라면 "모르는 단어가 없는데요?"라고 할 수도 있어요. 교과서나 신문 기사, 책을 보면 많이 있을 거예요. 평소에 모르는 단어가 나올 때마다 써놓는 공책을 만들어도 좋고요. 그 단어들을 국어사전에서 빨리 찾는 놀이를 하는 겁니다.

② 좋은 문장 카드 만들어 선물하기

책을 읽으면서 내 마음에 와닿는 문장을 모아봅니다. 문장을 모은다는 생각만으로 독서를 하면 더 집중된답니다. 그리고 그 문장을 도화지를 잘라서 만든 카드에 예쁘게 옮겨서 꾸밉니다. 내가 직접 만든 좋은 문장 카드를 가족이나 친구에게 선물해보세요.

③ 뒷이야기 이어 쓰기

책이나 교과서 지문을 읽고 뒷이야기를 상상해보는 거예요. 나 혼자 뒷이야기를 만들어 봐도 좋고, 가족들과 한 문장씩 돌아가면서 릴레이 이어 쓰기를 해도 재미있어요. 쓰기가 힘들다면 이어 말하기로 해도 좋습니다.

수학 놀이

① 수학 선생님 되어 보기

새로운 수학 개념을 공부하고 나서, 수학 개념을 가족들에게 설명해보세요. 마치 선생님이 된 것처럼 말이죠. 수학 문제를 풀고 나서도 설명해보세요. 내가 아는지 모르는지 구분하는 '메타인지'는 불편한 학습을 통해 만들어집니다. 가장 불편한 학습은 말로 설명해보기예요.

② 수학 문제 뽑기 통 만들기

한 단원이 끝났을 때쯤 틀린 문제만 한 번 더 풀어보세요. 틀린 문제에 번호를 매깁니다. 아이스크림 막대나 병뚜껑 또는 종이쪽지에 숫자를 써서 통에 넣으세요. 숫자 통에서 숫자를 뽑습니다. 틀린 문제에 매겨놓은 번호 중에 뽑힌 번호에 해당하는 문제를 풀어보는 거예요. 놀이하듯 조금 덜 지루하게 틀린 문제를 풀어볼 수 있습니다.

③ 수학동화 쓰기

배운 수학 개념을 수학동화로 풀어보세요. 도형 나라에 놀러간 이야기일 수도 있고, 수학을 못하는 아이가 수학 천재 친구에게 수학을 배우는 이야기일 수도 있어요. 이야기로 풀다보면 개념이 더 잘 이해가 되는 효과가 있고, 수학 감각이 떨어지는 아이에게는 수학 기호보다 글자가 더 친숙하게 느껴질 수 있거든요.

사회, 과학 놀이

① 지도 베껴 그리기

얇은 기름종이를 지도에 대고 우리나라 지도, 세계지도를 베껴 그려보세요. 우리나라의 여러 지역, 도시 이름을 알 수 있고 세계 여러 나라의 위치, 도시 이름을 그림을 그리며 알 수 있어요.

② 신문 스크랩

신문을 읽는 것은 여러모로 도움 되는 일입니다. 다양한 주제의 글을 만날 수 있다는 것, 문단이 잘 정돈된 글을 만날 수 있다는 것, 세상일 돌아가는 일에 다가갈 수 있는 것 등 장점이 많습니다. 종이 신문을 구독하고 있다면 종이 신문으로, 그렇지 않다면 인터넷 신문으로 신문 기사를 스크랩해보세요. 신문 기사를 읽고 모르는 단어를 찾아보고, 주요 내용이 뭔지, 느낀 점, 더 궁금한 점을 정리하는 시간을 가져본다면 어휘력, 독해력, 배경지식까지 잡을 수 있을 것입니다.

③ 나만의 교과 어휘 노트 만들기

사회, 과학에는 일상 어휘가 아닌 교과 어휘들이 더 많이 들어 있습니다. 교과 어휘를 얼마나 잘 이해했는가가 교과 이해도를 좌우한다고 해도 과언이 아닙니다. 교과 어휘 노트를 만들어서 새로 만난 교과 어휘들을 정리해보세요. 정리하는 과정도 공부가 되고, 나중에 다시 보는 것도 공부가 될 테니까요.

모든 과목 놀이
① 도전 골든벨 놀이

퀴즈를 내고 답을 말하는 방법입니다. 화이트보드에 써도 좋고 말로 해도 좋아요.

② 교과 어휘 빙고 게임

빙고 게임 아시나요? 3×3, 4×4, 5×5 어떤 칸으로 해도 상관없어요. 빙고 게임 칸은 그냥 종이에 그리면 되니까 큰 준비가 필요없으니 편하죠. 교과 어휘 노트에 모아놓은 교과 어휘들을 칸에 엄마와 아이가 각각 채웁니다. 그리고 가위바위보를 해서 이긴 사람부터 어휘를 부르는 거죠. 상대가 부르는 어휘가 있으면 색을 칠하고 없으면 칠하지 못합니다. 가로, 세로, 대각선 중에서 세 줄이 다 완성되면 빙고가 되는 거예요. 이 게임을 통해서 낯설었던 교과 어휘와 익숙해질 수 있어요. 단원을 시작할 때 예습의 느낌으로 해도 좋아요.

③ 교과 어휘 워드 서치 만들기

그림과 같이 빈칸에 교과 어휘를 곳곳에다가 쓰고, 교과 어휘가 안 써진 빈칸에 전혀 상관없는 글자를 쓰는 거예요. 헷갈릴만한 글자를 채워도 좋고요. 만드는 과정이 공부이며, 시간이 지나서 자기가 만든 워드 서치로 단어를 찾아봐도 복습이 되지요.

④ 교과 어휘 그림 퀴즈

한 명은 화이트보드에 고사성어나, 속담, 어휘를 설명하는 그림을 그리고 다른 한 명이 알아맞히는 놀이예요.

⑤ 교과 어휘 몸으로 말해요

한 명이 고사성어, 속담, 교과 어휘 등을 몸으로 설명하는 거죠. 말은 하지 않고 동작으로만 설명하면 다른 한 사람이 맞히는 놀이입니다.

빙고 게임, 워드 서치, 그림 퀴즈, 몸으로 말해요 모두 영어 단어로 해도 좋아요.

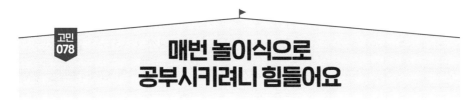

고민
078

매번 놀이식으로 공부시키려니 힘들어요

헷갈리지 말아야 할 것이 있습니다. 재미있는 공부, 즐거운 공부가 꼭 자극 있는 공부를 말하는 게 아니라는 겁니다. 고민 상담을 받을 때 종종 이런 고민을 받습니다. 아이가 공부에 스트레스를 받게 하고 싶지 않고, 재미있게 공부하게 하고 싶어서 체험학습, 놀이식의 공부를 위주로 해왔다는 겁니다. 그런데 고학년이 되니 공부를 힘들어한다는 거예요. 체험학습, 놀이식, 활동식의 공부도 물론 필요합니다. 초등학생은 집중 시간이 짧고 손으로 직접 만져보고 눈으로 봐야 이해할 수 있는 구체적 조작기이기 때문이죠. 하지만 결국 차분하게 앉아서 이해하고, 외우고, 글씨도 써보면서 공부하는 시간이 있어야 합니다. "선생님, 공부가 너무 지루해요" 그럼 제가 학생들에게 이렇게 대답을 해요. "원래 공부는 지루한 거야" 공부의 재미에 대해 말해줘도 모자랄 판에 공부가 재미없다는 편견을 갖게 한다고요? 어느 정도 궤도에 오르고, 작은 성취감이 반복되다 보면 공부도 재미있어집니다. 타고난 공부지능이 있는 아이는 더 쉽게 공부가 재미있어지고요.

✏️ 지루함을 넘어서야 합니다

초등학생에게 재미있는 놀이식 학습, 활동식 공부를 하게 해주는 것은 장점도 많지만 단점도 있습니다. 자극 있는 공부만 찾게 된다는 거죠. 원래 공부란 나와 학문의 조용한 속삭임이자 대화인데, 그 과정을 더욱 힘들어해요. 이해 후에는 암기가 있어야 하는데 암기는 오랜 공부의 잔재, 요즘 시대에 맞지 않는 촌스러운 공부법이라고만 생각하는 것도 문제죠. 아무리 시대가 변해도 반복과 암기는 필요합니다. 그게 바탕이 되어 응용도 되고 창의력도 발휘되는 거니까요. 공부는 원래 지루한 것이라는 생각을 차라리 수용하고 시작하는 게 오히려 엉덩이의 힘을 기르는 방법이 될 수 있습니다.

저 또한 수업을 위해 화려한 게임, 자료, 영상 이런 것들을 정말 열심히 준비했어요. 반면 옆 반 선배 선생님은 딱히 화려하지 않은 수업을 하는데 학생들이 차분하게 앉아서 공부하고 학업성취도 좋은 거예요. 공부의 재미는 화려하고 자극적인 자료나 방법에서 나오는 게 아니었습니다. 공부가 재미있어지는 방법은 딱 하나예요. 공부를 했는데 되는 것! 성취하는 게 느껴지는 것! 그것뿐이었습니다.

기초 학습이 부족한 학생들 몇 명만 모아서 따로 수업을 더 하는 프로그램도 진행했는데요. 처음엔 공부에 전혀 관심 없어 보이는 아이들이었지만, 수준에 맞게 하나씩 하나씩 차분하고 반복적으로 가르치니 무슨 말인지 알 것 같다고 좋아했어요. 또 같이 계획을 세우고 계획을 완성해가니 굉장히 뿌듯해했고요. 공부가 재미 있다고 그러더라고요. 공부 자체에 재미를 느껴야 오래 갑니다. 공부는 그 지루함 을 넘어설 수 있어야 하는 겁니다.

예습과 복습, 꼭 해야 할까요?

예습과 복습이 중요하다고 하지만 수업을 듣고 모든 과목을 예습·복습하기란 쉬 운 일이 아닙니다. 복습은 예습보다 더 지루합니다. 수업이 끝나면 책을 다시 들여 다보기 싫어지기도 하고, 다 아는 것 같은 느낌이 들어서 무언가 더 하기 싫습니다. 공부는 학교나 학원에서 수업을 받을 때 얼마나 집중하는가도 중요하지만, 그보다 배운 내용을 가정에서 어떻게 다시 학습하는가가 더 중요합니다.

기억한다는 것은 쉽게 말하면 잊어버리지 않는 것입니다. 우리는 눈으로 보고 귀로 듣고 맛으로 느끼고 냄새를 맡고 손으로 만지면서 정보를 받아들입니다. 그 정보는 뇌의 해마라는 곳에 단기 기억으로 저장이 됩니다. 그리고 중요한 내용은 대뇌피질이라는 곳으로 옮겨져 오랫동안 기억되는 장기 기억으로 저장이 됩니다.

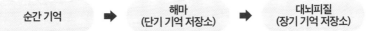

단기 기억은 잊어버리게 되는데, 장기 기억은 우리가 언제든지 꺼내 쓸 수 있는 기억이 되는 것이죠. 자기 이름이나 부모님 성함이 무엇인지는 바로 생각이 납니

다. 그건 장기 기억에 저장되어 있기 때문입니다. 그런데 지난 수업 시간에 배웠던 게 생각이 나지 않는 건 장기 기억으로 만들지 않았기 때문입니다. 장기 기억으로 만들기 위해서는 계속 반복해서 복습해주어야 합니다.

✏️ 복습도 메타인지 출력 공부법이면 됩니다

그렇다면 어떤 방법으로 복습하면 좋을까요? 앞에서 말한 메타인지 출력 공부법으로 출력하면서 내가 제대로 이해하거나 기억하지 못한 부분을 알아내야 합니다. 시간이 부족하다면 교과서 목차와 학습 목표를 보면서 배운 내용을 다시 상기시켜보는 정도라도 복습의 시간을 갖도록 하세요. 교과서를 들고 다니기 힘들다면 교과서를 주요 과목 정도만 한 세트 더 사서 집에 두어도 좋습니다.

✏️ 복습은 최대한 빨리, 자주 하는 게 좋습니다

복습에서 중요한 두 가지가 있습니다.

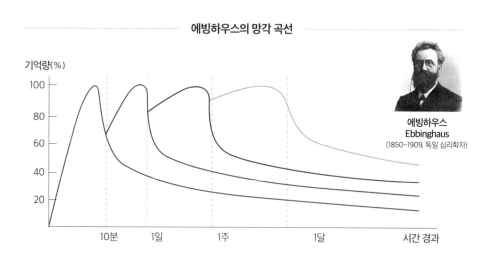

에빙하우스의 망각 곡선

에빙하우스
Ebbinghaus
(1850~1909, 독일 심리학자)

바로 복습법

기억과 관련하여 '에빙하우스의 망각 곡선'이라는 것이 있습니다. 에빙하우스라는 사람이 기억되는 양을 그래프로 나타낸 것으로, 이 망각 곡선에 따르면 배운 지 한 시간만 지나도 기억에 남는 것은 50퍼센트밖에 안 된다는 사실을 알 수 있습니다.

잊히기 전에 바로 복습하면 기억하는 양이 다시 올라가기 때문에 배운 후 바로 복습해야 합니다. 아이가 수업을 듣거나 공부한 당일 바로 복습할 수 있도록 하는 것이 가장 좋습니다.

누적 복습법

에빙하우스는 여러 실험을 통해 일정한 시간 간격을 두고 여러 번 반복하는 편이 훨씬 더 기억에 효과적이라는 사실을 알아냈습니다. 주기적으로 반복하는 것, 정기적으로 복습하는 것이 장기 기억의 핵심이라는 것입니다. 일정한 간격을 두고 잊어버릴 만하면 다시 복습, 또다시 복습하면서 자기가 배운 내용을 꼭꼭 씹어 먹을 수 있게 되는 것입니다.

매일 영어 단어를 10개씩 외우겠다고 계획했다면 첫째 날 10개, 둘째 날은 전날 외운 단어 10개를 살펴보고 새로운 단어 10개, 셋째 날은 이틀 동안 외운 단어 20개에 새로운 단어 10개… 이렇게 누적 복습하면서 암기해야 합니다. 복습 노트를 쓴다고 하더라도 다음날 쓸 때는 그전에 썼던 것을 읽고 새로 쓰는 것이 좋습니다.

✎ 예습은 간단하게 살펴보기만 해도 도움이 됩니다

그렇다면 예습은 어떨까요? 수업이 시작되기 전에 교과서를 펴놓고 쭉 훑어보면서 어떤 내용이 있는지 봅니다. 혹은 아침 자습 시간이나 그 전날 미리 읽으면서, 잘 이해가 가지 않는 부분에 체크해놓는 것도 좋겠습니다. 그 부분을 선생님께서 설명하실 때 더 집중해서 들을 수 있습니다. 자세하게 예습하지 않아도 좋습니다. 오늘 배울 내용이 어떤 내용인지 눈으로 훑어만 보고 수업을 들어도 훨씬 도움이 됩니다. 정말 간단하게는 학교에서 다음 시간에 배울 교과서를 준비할 때, 교과서를 책상에 올리는 것으로 끝내는 것이 아니라 오늘 배울 부분을 펼쳐놓으라 말하세요. 그런 후 쉬는 시간을 갖는 겁니다. 교과서를 펼치면서 오늘 배울 학습 목표만 읽는 정도라면 30초만에 끝나는 예습을 할 수도 있습니다.

고민 080 단원평가 대비 문제집, 모든 과목을 사서 매 단원 풀어야 할까요?

앞에서 말씀드린 교과서 공부법으로 복습을 하다 보면 시간이 부족할 것입니다. 문제집은 내가 아는지, 모르는지 확인할 수 있는 가장 간단한 방법입니다. 이미 만들어진 문제를 풀기는 내가 지식을 구성해야 하는 메타인지 출력 공부법보다 머리가 덜 아픈, 수동적인 공부 방법이기 때문입니다. 그래서 사실 더 중요한 공부는 문제집 풀기보다 오늘 배운 내용 말로 하기, 배움 공책 정리하기 같은 출력 복습입니다.

✏️ 수학 문제집은 꼭 푸세요

모든 과목을 문제집으로 풀어볼 필요는 없습니다. 하지만 수학 문제집은 꼭 구비하는 것이 좋겠습니다. 수학은 교과서로 개념을 익힌 후에 문제집으로 연습하는 것이 필요합니다. 구체적인 수학 공부법은 수학 관련 고민(고민 147과 148)에서 다시 말씀드리도록 하겠습니다.

✎ 다른 과목 문제집은 평가 전 시험 기술 익히기 용으로 풀어보세요

평가의 방법이 많이 바뀌었습니다. 하지만 객관적으로 수치화된 점수를 알고 싶다, 수행평가를 보는데 시험 기술을 익히고 가고 싶다할 경우에는 단원이 끝날 때마다 문제집으로 확인해보는 것도 방법입니다. 평가 며칠 전에 시험 기술 익히기 용으로 활용하는 것도 좋습니다. 물론 출력 공부로 완벽하게 복습한 후라는 전제가 있어야 합니다. 출력 공부가 잘되어 있으면 문제집을 푸는 데는 시간이 별로 걸리지 않습니다.

✎ 문제집의 모든 부분을 풀 필요는 없습니다

문제집의 모든 부분을 샅샅이 풀어야 한다는 부담감에서 벗어나세요. 출력 공부를 하면서 약한 부분을 문제집을 활용해 더 집중적으로 푸는 방법도 좋습니다. 그러나 여전히 중요한 것은 독서나 출력 공부에 투자하는 시간이 문제집에 투자하는 시간보다 많아야 한다는 것입니다.

틀린 문제 다시 푸는 것을
너무 싫어하는데 오답 정리 꼭 해야 하나요?

저는 오답 노트를 쓰는 일을 초등학생들에게는 군이 권하지 않습니다. 문제를 옮겨 쓰거나 잘라서 붙이고 풀이를 다시 쓰는 게 더 시간이 오래 걸리기 때문입니다. 오답 노트를 정리하는 게 비효율적일 때가 많아요. 오히려 문제집 자체에 틀린 문제를 체크해 놓고 며칠 후에 다시 오답을 보는 게 더 간단하고 시간도 절약됩니다. 다시 본다는 게 중요하니까요. 예를 들면 금요일 하루를 정해서 그날은 틀린 문제만 보는 날로 해도 좋고요. 주말에 틀린 문제 한 번씩을 다시 풀어보게 해도 좋습니다.

✎ 수학 오답은 누적해서 풀어보세요

"수학 오답 노트 정리를 꼭 해야 할까요?" 하는 질문을 받곤 합니다. 오답을 정리하는 이유는 틀린 문제는 또 틀릴 확률이 높기 때문이죠. 아는 것을 또 공부하는 것은 비효율적으로 공부를 하는 것입니다. 그래서 오답을 확인해야 합니다. 하지만 틀린 문제를 옮겨서 합니다. 그런데 틀린 문제는 이상하게도 다시 풀기가 더 싫습니다. 왜냐하면 틀린 문제만 풀면 속도가 잘 안 나거든요. 앞에서 학습 놀이(고민 77)로 소개했던 '수학 문제 뽑기 통 만들기'를 활용해서 흥미를 더해 오답 문제를 다시 풀어보는 것도 좋습니다.

누적해서 푸는 것도 좋습니다. 예를 들어 1단원이 끝나고 틀린 문제가 10문제였어요. 10번까지 번호를 매겨서 풀어봅니다. 두 번째 풀었는데 또다시 틀린 문제가 3문제예요. 그럼 2단원을 풀 때는 1단원에서 두 번째 풀면서 틀렸던 문제 3문제 +

2단원에서 틀린 문제 5문제를 풀어봅니다. 그리고 또 틀린 문제가 생기죠. 3단원을 다 끝냈어요. 1단원 세 번째 풀면서 또 틀린 문제 + 2단원 두 번째 풀면서 또 틀린 문제 + 3단원 틀린 문제… 이런 식으로 누적해서 틀린 문제를 풀어갑니다. 수학은 반복된 연습이 중요합니다.

고민 082 채점은 언제부터 혼자 하게 할까요?

아이가 채점을 혼자 하겠다고 하는데 걱정이 됩니다. 잘할 수 있을 거라고 생각하면서도 아예 혼자 하게 하는 건 아직 마음이 편하지 않아요. 채점은 언제부터 혼자 하게 하는 게 좋을까요?

채점을 언제부터 혼자 할 수 있는지 많이 묻습니다. 정해진 때나 방법은 없습니다. 하지만 1학년부터도 혼자 할 수는 있어요. 부모님이 봐주다가 서서히 손을 떼면서 아이한테 맡겨보는 게 좋은데요. 저학년 때는 아무래도 좀 힘들어할 수도 있습니다. 저는 3~4학년부터 차차 혼자 채점도 해보면서 혼자 공부해보는 것을 권하고는 합니다.

✎ 채점도 자기주도의 공부입니다

부모님이 채점을 맡아 해주시는 이유는 답안지를 보고 베낄까 봐 또는 혼자 제대로 못할까 봐 등의 이유 때문인데요. 그 마음은 노파심이 맞습니다. 내가 아는 것과 모르는 것을 구분하는 메타인지, 또 스스로 공부하는 방법을 알아가는 자기주도학습법은 둘 다 그 방법을 요약정리해서 아이에게 가르쳐줄 수 없습니다. 스스로 해보면서 깨달아가는 겁니다. 문제집을 풀고 스스로 채점한 후, 모르는 문제를 확인하고 다시 그 개념을 찾아보는 것도 스스로 방법을 찾아가야 해요. 중간중간 공부법을 알려주거나 다양한 것을 시도해볼 수 있도록 해 주는 것도 중요하지만, 스스로 채점하고 공부할 수 있도록 해주세요. 서투르고 걱정되는 부분도 있겠지만 스스로 하면서 배워갈 수 있어요. 점차 혼자 하는 게 익숙해지면 "다 했니?" 정도의 확인만 있어도 충분한 날이 올 겁니다. 아이는 믿어주는 만큼 성장합니다.

공부한 것들을 모두 암기해야 할까요?

요즘은 어디서든 검색할 수 있고, 지식 자체보다 지식을 구성하는 방법을 중요하게 생각합니다. 그 때문에 단순 암기를 과소평가하는 경향이 있습니다. 하지만 결국 새로운 지식도 가장 기본적인 지식에서 창조되는 것이고, 기본적인 것은 외우고 있어야 응용도 가능합니다. 완벽하게 공부한다는 것은 완벽하게 이해한 후, 중요한 핵심 내용을 완벽하게 암기한 뒤에야 끝나는 것입니다. 요즘 학생들을 보면 암기는 촌스러운 옛날 공부법이라고 생각하는 경향이 짙습니다. 초등 교육은 엄청난 지식을 배우거나 굉장한 창의성을 요구하는 과정이 아닙니다. 기본 교과 내용을 잘 배우는 것, 공부 방법을 익히는 것에 '암기'도 중요한 부분이라는 것을 알아야 합니다.

그럼 어떤 부분을 암기해야 할까요?

- 수학에서 중요 개념, 도형의 정의, 공식이 나오게 된 과정
- 사회, 과학의 중요 개념
- 영어 단어

이 정도는 암기가 꼭 필요합니다. 사실 이해한 후, 반복해서 출력하다 보면 암기는 저절로 됩니다. 또 이해가 잘되지 않을 때도 암기하다 보면 이해가 되기도 합니다. 그 때문에 암기와 이해는 서로 도와주는 관계이기도 합니다.

✎ 반드시 외워야 하는 건 누적 공부하세요

고민 81에서 수학 오답 다시 풀어보기를 누적해서 하라고 말씀드렸습니다. 다른 공부도 마찬가지예요. 특히 매일 영어단어 10개를 외운다고 하면, 고민 79에서 설명했듯 첫째 날은 새로운 단어 10개, 둘째 날은 전날 외운 단어 10개 + 새로운 단어 10개, 셋째 날은 이틀 동안 외운 단어 20개 + 새로운 단어 10개⋯ 이런 식으로 '누적 복습'하면서 암기하는 것입니다. 영어 단어 외우기에 대해서는 영어 공부법(고민 201)에서 다시 말씀드리도록 할게요.

그렇다면 어떻게 암기할 수 있을까요? 암기하는 방법을 터득하는 것도 훌륭한 뇌 훈련법입니다. 나만의 암기법을 찾아가는 과정을 다음 고민에서 함께해보세요.

암기를 쉽게 하는 방법이 있을까요?

이해하면 저절로 암기되는 내용이 있고 또 잘 듣기만 해도 외워지는 내용이 있습니다. 그런데 또 이해는 했지만 따로 시간을 들여 외워야 하는 내용이 있어요. 그러한 것들은 암기 시간을 만들어서 따로 외워야 합니다. 아이와 함께 공부하면서 외우는 내용이 나오면 외우는 스킬을 알려주고, 다시 확인을 위해 물어보는 일들을 함께해주세요.

✏️ 암기법 ① 머리글자 - 첫 글자를 따서 의미 있는 약자를 만든다!

기억할 내용을 따서 단어나 문장으로 만드는 방법입니다. 머리글자로 의미 있는 내용을 만들거나, 말이 안 되어도 이야기가 있는 내용을 만드는 방법을 알려주세요.

예를 들면 5학년 과학에 지시약을 넣어 산성인지 염기성인지 확인하는 내용이 나옵니다. 아이들은 지시약의 색깔을 외우는 것을 너무 힘들어합니다. 그때 앞 글자를 따거나 중간 글자들을 따서 외우기 쉽게 바꿔봅니다.

예

페놀프탈레인 용액은 염기성에서 붉은색으로 변한다.
푸른 리트머스 종이는 산성에서 붉은색으로 변한다.

스님이 폐가에서 염불을 외운다.
푸른 산이 붉게 변한다.

처음 들으면 이야기 내용도 어이없고, 오히려 이렇게 만드는 게 힘들다며 시간이 아깝다고도 하는데요. 이런 이야기를 만드는 과정 또한 기억력에 도움을 주어서 막상 시험을 볼 때 생각이 나기도 합니다. 모든 내용을 이렇게 만들 필요는 없지만 정말 중요한 내용 몇 개는 이런 식으로 머리글자를 따서 외우고 이야기까지 덧붙여 놓으면 시험 볼 때 바로 써먹을 수 있습니다. 이러한 스킬을 한 번 알려주면 아이가 잘 외워지지 않은 내용에 스스로 이야기를 만들어 외우는 모습을 볼 수 있을 거예요.

✎ 암기법 ② 이미지화, 연상법 - 장면을 상상하거나 그림으로 그려보는 방법

이번 암기법을 쉽게 설명하기 위해 5학년 교육과정인 용해와 용액 단원에서 나오는 '용질', '용매', '용해', '용액'의 개념을 살펴보겠습니다.

- **용질** : 소금이나 설탕처럼 다른 물질에 녹는 물질이다.
- **용매** : 물처럼 다른 물질을 녹이는 물질이다.
- **용해** : 어떤 물질이 다른 물질에 녹아 골고루 섞이는 현상이다.
- **용액** : 소금물이나 설탕물처럼 두 가지 이상의 물질이 골고루 섞여 있는 물질이다.

이 개념들도 가르치다 보면 많이 헷갈려합니다. 그래서 전 학생들에게 개념을 설명해준 이후 이런 이야기를 덧붙여 가르칩니다. "소금을 '질질' 물에 흘리는 모습을 머릿속에 그려보세요. 소금이 물에 들어오자 물이 '매'로 소금을 때리면서 말합니다. "녹아! 녹으라고!" 그러면서 녹여버리는 겁니다. 그러자 '해해' 웃으면서 소금은 녹아버립니다" 이런 식으로 조금은 '어이없는' 이야기일지라도, 개념을 연결해서 이야기를 만들어 그 장면을 상상하게 만듭니다. 그럼 용질, 용매, 용해를 헷갈려 하지 않아요. 굳이 이렇게 해야 하는가 생각이 드실지도 모르겠습니다. 말이 되든 않든 이야기를 만들려면 시간이 오래 걸리거든요. 그런데 분명한 것은 그렇게 생각하면서 개념이 더 확실하게 이해가 된다는 겁니다. 연습하다 보면 머릿속에서 이미지화시키는 것, 연상할만한 이야기를 만드는 것들이 익숙해져서 걸리는 시간도 짧아집니다.

✏️ 암기법 ③ 개념도 및 마인드맵 - 단어를 지도 그리듯이 시각적으로 정리하는 방법

고민 74에서 살펴본 마인드맵 공부법처럼, 시각적으로 정리를 하다보면 그 위치와 색깔이 기억하는 데 도움이 됩니다.

✏️ 암기법 ④ 범주화

비슷한 것끼리 묶어서 기억하는 것도 좋은 방법입니다. 영어 단어를 외울 때도 비슷한 주제의 단어들끼리 묶어봅니다.

다양한 암기법의 공통점은 머릿속의 방아쇠(트리거, trigger)를 찾는 것입니다. 어떤 글자나 그림을 봤을 때 내용이 생각날 만한 단서를 만드는 거예요. 최소한의 내용을 기억해서 최대한의 효과를 보는 것입니다. 이러한 암기법들은 공부할 내용이 많아지는 고학년의 사회, 과학부터 적용해보세요. 중고등학교 때는 훨씬 더 유용하게 활용할 수 있을 거예요.

문제집은 여러 권을 풀까요?
한 권을 반복해 풀까요? 매일 푸는 게 좋을까요?

아이가 다니고 있는 각 학년에서 알고 넘어가야 하는 개념은 사실 엄청 복잡하거나 많은 게 아닙니다. 하지만 교과서 개념을 완벽하게 이해하고 설명할 수 있는 학생들은 별로 많지 않아요. 초등 교과 공부의 목표는 핵심 내용을 정확하게 아는 것에 있습니다. 즉 교과서에서 배운 핵심 내용을 완벽히 이해하고 다시 설명할 수 있는 것을 목표로 삼는 겁니다. 문제집은 이 목표를 이루기 위한 도우미라는 걸 기억했으면 좋겠습니다.

✎ 문제집 여러 권 풀기 vs 한 권 여러 번 풀기

요즘 부모님은 '완전학습'이라는 개념을 접하면서 아이의 공부가 완벽해야 한다는 강박관념을 갖게 된 것 같습니다. 문제집을 풀면서 그 안에 모르는 내용이 정말 단 하나도 없이 푸는 게 가능할까요? 불가능합니다. 완전학습을 해야 하니까 문제집을 여러 권 풀면서 완벽하게 구멍을 없애야겠다고 생각한다면, 문제집 사는 돈과 문제집 푸는 시간을 낭비하는 거예요. 중요한 것은 문제집을 얼마나 여러 권 풀었느냐가 아니라 틀린 문제를 몇 번이나 봤느냐입니다. 문제집을 한 권 풀면서 구멍이 어디 있는지 찾아보는 거예요. 오답이 나오면 해설 부분만 읽고 끝나는 게 아닙니다. 틀린 문제 관련 개념이 나온 교과서를 다시 찾아보고 틀린 문제를 풀어봅니다. 그렇게 개념부터 차곡차곡 쌓아가야 합니다.

아이의 성향은 다 다릅니다. 완벽함을 좋아하는 아이, 지루함을 유난히 못 견뎌

하는 아이…. 아이의 성향에 맞춰서 틀린 문제의 반복 횟수나 문제를 반복해 푸는 방법은 달라져야겠지만, 문제집을 많이 풀어야겠다는 생각은 굳이 안 하셔도 됩니다.

✎ 몰아서 풀기 vs 조금씩 매일 풀기

매일 조금씩 성실하게 풀어나가는 것이 참 이상적으로 보입니다. 하지만 이것은 필수는 아닙니다. 매일 조금씩 푸는 것으로 공부 습관을 잡고 싶다면 연산 문제집 풀기, 수학 문제집 풀기, 독서하기를 매일 조금씩 해보세요. 다른 과목 같은 경우에는 고민 80에서 말씀드린 것처럼 문제집을 구석구석 완벽하게 풀어야 한다는 강박관념을 갖지 않아도 됩니다. 계획을 세우고, 출력 공부를 하다 보면 문제집이 필요하다는 메타인지도 아이 스스로 갖게 되는 순간이 올 겁니다. 아이가 약한 부분, 학교 공부 진도, 평가 스케줄, 아이의 컨디션 등을 고려하면서 조금 더 많이 풀고 싶은 날에는 많이 풀어보고, 아닌 날은 아예 풀지 않는다고 해도 상관없습니다.

고민 086
학교에서 평가가 없어져 아이의 실력을 알 수가 없어요

"선생님, 학교에 시험이 없어져서 아이가 어느 수준인지 알 수가 없어요" 하고 많이 말씀하십니다. 하지만 초등학교에서 시험이 아예 없어진 것이 아닙니다. 초등학교에서의 평가가 없어진 것이 아니라 평가 방법이 바뀐 것인데요. 어떻게 바뀌었는지 말씀드릴게요.

현재 초등학교는 '과정 중심 평가'와 '성장 중심 평가'가 진행되고 있습니다. 학생이 수업 시간에 공부하는 '과정'에서 평가를 하고, 그 평가에 대해 피드백을 바로 해서 부족한 점을 보완하고 성장하게 하는 데에 초점을 맞추는 거예요. 기존의 '결과 중심 평가'가 학생들이 몇 개월간 배운 내용을 얼마나 잘 아는지 한꺼번에 모아서 테스트하는 것이었다면, 지금의 '과정 중심 평가'는 수업 시간의 활동이나 과제 등을 통해서 수시로 평가를 하면서 학생의 부족한 점을 바로 알아내서 보완하는 것입니다. 평가의 의미가 순위를 매기는 것에 있는 것이 아니라 학생의 성장에 둔다는 데에 차이가 있습니다.

✎ 관찰을 해야 아이의 실력을 할 수 있습니다

'우리 아이는 몇 점이다. 몇 등이다' 이게 더 이상 중요하게 여겨지지 않는 이유는 한 번 시험 본 것으로 공부가 끝나는 게 아니기 때문입니다. 그럼 어떻게 해야 하느냐고요?

아이들이 평소에 가져오는 상시평가나 학교에서의 학습지, 활동, 과제들을 모아서 어떻게 학습하고 있는지 점검하고 아이가 보완해야 할 점은 없는지 잘 살펴보아야 합니다. 그래야 아이의 공부가 어느 정도 진행되고 있고, 잘하고 있는지를 알 수 있어요. 전 학년을 통틀어서 국어는 일기장과 독서록, 국어 교과서를 보면 아이의 학습 정도를 점검할 수 있어요. 수학은 교과서의 개념을 선생님이 된 것처럼 말로 설명해보기를 해보고, 수학과 수학익힘책의 틀린 문제를 확인하면서 점검해보길 바랍니다. 사회와 과학은 교과 개념어의 뜻을 알고 있는지와 단원이 끝날 때마다 마인드맵을 그려보게 하면서 우리 아이가 공부를 잘 따라가고 있는지 점검할 수 있습니다.

점검과 피드백은 함께 가야 합니다. 아이의 학습을 수시로 점검하면서 부족한 점을 보완하며 어제보다 나은 나가 되는 게 평가의 핵심이라는 사실을 꼭 기억하세요.

✎ 아이의 실력 확인을 위한 두 가지 방법

첫 번째, 아이의 교과서를 확인하세요.

요즘은 교과서를 두고 다녀서 아이의 교과서를 들여다볼 시간도 따로 만들어야 하지요. 일주일에 한 번 정도 주요 교과목의 교과서는 확인해보는 게 좋습니다. 부모님이 확인한다는 것 자체가 아이에게는 수업 시간에 잘 참여하는 동기가 될 수 있어요.

두 번째, 아이의 학습지와 평가지를 포트폴리오로 모아서 보관하세요.

시시때때로 학교에서 가져오는 아이의 학습지와 평가지가 있을 거예요. 아이가 어떤 부분이 부족한지, 어떤 개념을 잘 모르는지 잘 보고 확인한 후 파일 하나에 쭉 모아보기를 추천합니다.

고민 087 서술형 문제의 답을 너무 못 쓰고, 쓰기 싫어해요

수업 시간 중간중간 이뤄지는 평가는 다양한 방법이 활용되지만, '서술형 평가'로 많이 이루어집니다. 그도 그럴 것이 객관식 평가는 문제 해결 과정을 알 수가 없어서 아이가 어디까지 알고 있는지를 정확하게 평가할 수가 없습니다. 서술형 평가는 문제를 해결하는 과정과 결과가 모두 중요하기 때문에 학생들의 사고 과정이 다 드러납니다. 서술형 평가를 많이 하는 이유지요.

✎ '서술형 문제'를 잘 푸는 방법

학생들이 써놓은 서술형 평가의 답들을 보면 문제의 핵심을 이해하지 못하는 경우가 많습니다. 서술형 평가의 문제들은 긴 경우가 많이 있어요. 긴 문제를 읽다 보면 결국 '그래서 쓰라고 하는 게 뭔데?'라는 생각에 도달하면서 그냥 내가 생각나는 것, 내가 아는 것을 적어놓기도 합니다.

서술형 평가를 대비하는 가장 좋은 방법은 '독서'입니다. 긴 글을 끝까지 읽는 연습을 자꾸 하다보면 저절로 글을 읽었을 때 중요한 부분과 중요하지 않은 부분을 구분할 줄 알게 됩니다. 문제를 읽고 이 문제에서 요구하는 핵심적인 내용이 무엇인지 파악할 수 있다는 말이죠.

그렇다면 책만 많이 읽으면 서술형 평가는 만점일까요? 읽기를 많이 하면 쓰기에 유리한 것은 사실이지만, 읽기를 많이 한다고 쓰기를 무조건 잘하는 것은 아닙니다. 자기 생각을 표현하는 훈련, 즉 쓰는 훈련이 필요해요. 독서록이나 일기 쓰기 역시 쓰는 훈련이기 때문에 서술형 평가 연습을 도와줍니다. 또한 어떻게 답을 서술해야 할지 방법을 모른다면 답안지를 베껴 쓰면서 훈련해보세요. 서술형 문제의 경우, 어떤 식으로 답을 서술해야 하는지 알 수 있습니다. 쓰는 문제를 너무 싫어한다면 반은 말로 하고, 반은 쓰는 것으로 해보세요. 그리고 조금 익숙해지면 쓰는 비율을 점점 늘려가세요.

다음 학기를 예습하려면
미리 다음 학기 교과서를 봐야 할까요?

다음 학기 교과서를 미리 꼼꼼히 보면서 예습하는 것은 어떠냐는 질문을 많이 받습니다. 저는 미리 교과서로 공부하는 것은 수업 시간 흥미를 떨어뜨리는 일이라고 생각합니다. 교과서 나온 그대로의 내용을 미리 아는 것만이 예습이 아닙니다. 아이들의 흥미를 떨어트리지 않으면서 자신감을 가질 수 있는 예습 방법을 몇 가지 추천합니다. (수학 예습 방법은 수학 공부법에서 따로 다루겠습니다.)

🖊 다음 학기를 예습하는 책을 골라 읽어요

공부에 있어서 배경지식은 핵심입니다. 우리가 같은 글을 읽더라도 평소에 잘 알던 분야는 수월하게 읽을 수 있습니다. 얼마나 많은 배경지식을 갖고 있느냐는 사회와 과학이 얼마나 쉽게 느껴지느냐를 결정합니다. 국어와 수학도 마찬가지예요.

다음 학기 교과서를 받으면 쭉 한 번 훑어보세요. 그리고 수업할 내용의 키워드를 다룬 책을 읽는 겁니다. 예를 들어 다음 학기 과학 시간에 자석에 대해 배운다고 하면 도서관에 가서 자석이라는 키워드로 검색하는 거예요. 그리고 자석과 관련된 어린이 책 중에서 재미있어 보이는 것을 아이와 함께 골라서 읽어보는 겁니다. 책도 읽으면서 자연스럽게 다음 학기 예습의 효과까지 있겠죠. 국어 교과서 뒤쪽에는 교과서의 지문을 어떤 책에서 발췌했는지 정리해둔 리스트가 있습니다. 그 책들을 찾아서 원문으로 읽어보는 것도 다음 학기 국어를 예습하는 방법이 되겠죠. 수학도 다음 학기에 배우는 개념과 관련된 수학 동화책을 도서관에서 찾아서 읽으면 도움이 됩니다.

✎ 다음 학기를 예습하는 체험학습을 해보세요

다음 학기 교과과정에 맞는 체험학습을 하는 것도 훌륭한 예습이 될 수 있습니다. 예를 들면 다음 학기 사회 과목에서 역사에 관해 공부할 예정입니다. 그럴 때는 역사 유적지에 가보면 좋겠죠. 하지만 아무 준비 없이 가는 건 소용이 없습니다. 그저 노는 장소가 집 앞 놀이터에서 경주로 바뀌는 것뿐이죠. 불국사, 경복궁에 한번 가봤다고 해서 신라나 조선의 역사를 이해하게 되는 건 아니라는 겁니다. 아무런 준비 없이 문화유적지에 간다는 것은 이름을 안다, 가봤다 그게 전부입니다.

'목표와 준비가 있는 정선된 체험학습'이 중요합니다. 단순히 여행지를 찍고 돌아오는 것이 아니라 체험이나 여행을 통해 무엇을 배울 수 있는지 목표를 명확히 하고 준비를 해야 합니다. 아이의 발달 시기, 흥미, 다음 학기의 교과 내용에 비추어 목표를 정하고, 준비하세요. 여행을 가기 전이나 박물관, 미술관 등의 체험을 하기 전, 관련 책과 영상을 찾아보고 공부를 함께하고 가는 겁니다.

✎ 여행 준비 과정에 아이를 참여시키세요

제가 담임을 맡았던 한 학생은 방학 때 전주 여행을 가기로 했다고 합니다. 방학하기 전, 전주 여행을 위해 준비를 한 것들을 일기에 기록했어요. 전주 여행의 코스를 정하고, 맛집을 찾고, 여행지와 관련된 역사를 공부하고 책을 찾아서 읽었죠. 그 과정에서 여행을 더더욱 기대했고, 여행을 가서도 하나를 봐도 허투루 보지 않았다고 느껴졌습니다. 다녀와서 그곳에서 받았던 입장권과 찍은 사진을 정리하면서 느낀 점과 배운 점들을 꼼꼼하게 기록했더라고요. 2박 3일이라는 짧은 여행이었는데, 그 여행을 준비하고 공부하는 시간은 그 몇 배로 길었습니다. 그래서 참 알차고 배운 것이 많은, 음미하는 여행을 하고 돌아왔음을 충분히 느낄 수 있었어요. 주도적으로 준비한 체험과 여행은 다음 학기 준비를 더 즐겁고 풍요롭게 할 수 있습니다.

사회, 과학 공부에 도움이 되는 체험학습 장소는 사회와 과학 공부법에 소개하겠습니다.

공부가 잘되는
집 환경을 만들어 주고 싶어요

이 고민을 해결하기 위해서 우리는 자동시스템과 숙고시스템을 이해해야 합니다. 어떤 일에 대해 생각할 때 우리의 뇌는 항상 두 개의 시스템을 가동합니다. 전혀 힘들이지 않고 무의식적이고 신속하게 작동하는 '자동시스템'과 의식적으로 노력을 해야 하고 느린 '숙고시스템'. 자동시스템은 감성적 측면으로 본능에 치우치고 고통과 즐거움을 느끼는 부분이며 숙고시스템은 이성적 측면으로 심사숙고하고 분석하며 미래를 들여다보는 부분이에요. 다이어트를 하기로 했지만 맛있는 음식 앞에서 결국 무릎을 꿇는 것, 일찍 일어나기로 굳게 결심한 다음 날 알람 시계를 끄고 늦잠을 자는 일, 이 모든 것들이 모두 우리의 자동시스템이 작동했던 일이죠. 아이가 앉아서 바른 자세로 책을 읽는 것은 노력해야 하고, 이성적으로 좋은 점을 생각해야 가능한 것이니 숙고시스템이 작용해야 합니다.

자동시스템과 숙고시스템의 관계에 대해서 책의 한 구절을 소개해드리고 싶어요. 버지니아 대학의 심리학자인 헤이트는 자신의 저서 『행복의 가설』에서 이렇게 설명했습니다.

"우리의 감성적 측면이 코끼리라면 우리의 이성적 측면은 거기에 올라탄 기수인 셈이다. 코끼리 위에 올라탄 기수가 고삐를 쥐고 있기 때문에 리더로 보인다. 그러나 기수의 통제력은 신뢰할 수 없는 부분이다. 기수가 코끼리에 비해 너무 작기 때문이다. 진행 방향과 관련해 코끼리와 기수가 의견이 불일치할 때면 언제나 코끼리가 이긴다. 기수는 상대가 되지 않는다."

코끼리가 숙고시스템이고 기수가 자동시스템이라고 할 때, 기수가 아무리 노력해도 코끼리를 억지로 끌고 가는 것은 안 된다는 겁니다. 그렇다면 우리가 원하는 길로 코끼리를 끌고 가려면 어떻게 해야 할까요? 코끼리를 끌고 가려고 하지 말고 코끼리가 갈 수 있는 길을 기수가 미리 만들어놓는 게 코끼리를 기수가 원하는 길로 가게 하는 방법입니다. 즉 환경을 설계해야 한다는 것입니다. 우리가 의식적으로 숙고시스템을 통한 판단을 해서 행동하는 것이 아니라, 맞는 판단을 하게끔 환경을 만들어 주시는 겁니다.

혹시 『넛지』라는 책을 읽어보셨나요? 넛지는 슬쩍 팔꿈치로 찌른다는 뜻입니다. 직접적으로 금지하거나 명령하지 않고 올바른 선택을 할 수 있도록 설계를 해놓는 것이죠. 넛지에 나온 가장 유명한 예는 모두 한 번쯤 들어보셨을 거예요. 암스테르담 스키폴 국제공항의 남자 소변기 중앙에 그려진 파리 그림입니다. 파리 그림은 오줌을 흘리지 말라는 경고문보다 훨씬 효과가 있었다고 하네요. 파리 그림 하나를 그려놓는 환경 설계가 사람들이 자동시스템을 사용해서 무의식적으로 바른 판단을 하게 한 거죠. 그러면 우리가 이것을 적용해서 아이가 바른 판단을 할 수 있도록 어떻게 환경 설계를 할 수 있을지 살펴보겠습니다.

✏️ 독서 아지트를 만들어주세요

독서의 중요성에 대해서는 다들 알고 계실 거예요. 책을 읽을 수 있게 하는 공간의 변화에 대해 가장 먼저 말씀드릴게요. 눈에 보이는 곳에 책이 있는 것은 아이에게 독서 동기를 불러일으킵니다. 거실, 방, 곳곳에 책을 두고 책을 읽는 분위기를 만들어 주세요.

리딩 누크(reading nook)라는 말이 있어요. 책을 읽는 아늑한 공간, 독서 아지트를 말합니다. 독서 아지트가 집에도 이곳저곳 만들어져 있으면 좋겠어요. 거실 중앙에는 책상을, 그리고 거실 한구석에는 이불을 깔고 조그마한 의자와 테이블을, 아이 방 한쪽에 일인용 소파를 두어도 좋고요. 책을 읽을 수 있는 편안한 공간, 앉아서 읽는 공간, 바른 자세로 읽는 공간 등을 다양하게 만들어놓고, 그 곳곳에서 가족이 다 함께 독서를 하면 좋겠습니다.

✏️ 공부 공간과 쉬는 공간을 구분하세요

공부하는 공간과 쉬는 공간을 무의식적으로 인지하게 됩니다. 공부하는 공간은 공부 분위기로, 쉬는 공간은 편안한 분위기로 만들어서 환경의 도움을 받을 수 있게 해주세요.

✏️ 독립된 공부 공간과 함께 공부하는 공간을 만드세요

요즘 거실에 큰 테이블을 두거나 거실을 서재로 만드는 인테리어를 많은 집에서 하고 있습니다. 가족이 다 함께 공부하는 것은 집 공부를 위한 좋은 환경입니다. 특히 지금처럼 친구들과의 상호작용이 부족한 때는 짧게라도 가족들과 상호작용하면서 공부하는 시간이 있으면 아이의 공부에 큰 도움이 됩니다.

내가 집중해서 공부하고 싶을 때도 있습니다. 그때는 나 혼자 공부할 수 있는 공간도 필요합니다. 그게 꼭 넓은 공간일 필요는 없습니다. 1인용 앉은뱅이책상도 좋으니 집중이 필요할 때는 혼자 독립되어 공부할 수 있는 곳도 마련해주는 것이 좋습니다.

✎ 선생님 놀이를 위한 화이트보드를 두세요

내가 아는지 모르는지 아는 것을 '메타인지'라고 하고, 메타인지를 기르기 위한 방법으로 선생님 놀이를 추천합니다. (고민 70~71 참고) 온라인 학습을 통해 공부한 것은 특히나 제대로 이해하지 못하고도 알고 있다고 착각하기 쉽습니다. 그래서 그날 배운 내용을 나만의 언어로 설명해보는 것이 좋습니다. 화이트보드를 옆에 두고 선생님이 된 것처럼 설명해보는 시간을 가져보세요. 이때 잘못된 것을 고쳐주거나, 지적해주어야 한다는 생각을 가질 필요는 없습니다. 단지 말해보는 것만으로 머릿속에서 정리가 되고, 내가 말하다보면 잘못된 것을 찾아서 고치기도 합니다. 시간이 지나서 생각도 더 오래 남고요. 잘 모르는 것은 찾아보기도 합니다.

✎ 필기도구를 눈에 띄는 곳에 두세요

갑자기 생각나는 것을 메모하거나, 낙서도 하고 그림도 그릴 수 있도록 필기도구는 눈에 띄는 곳에 두세요. 지저분해 보일 수도 있지만 언제 어디서든 메모할 수 있는 필기도구가 있는 것은 창의력을 키우는 방법입니다. 독서를 하면서도 그냥 읽기보다 메모하면서 읽는 것도 좋은 독서 방법이기 때문에 책과 필기도구는 집안 여기저기 있으면 좋겠습니다.

✎ 미디어를 절제할 수 있는 환경을 만들어주세요

온라인 학습이 중심이 되면서 더욱 중요한 문제로 떠오른 것이 미디어의 절제입니다. 특히나 맞벌이 가정으로, 아이가 집에 혼자 남게 되어 스스로 설제해야 하는 상황이라면 여간 힘든 일이 아닐 것입니다. 미디어 이용 시간을 절제할 수 있는 시스템을 이용하세요. 적정 시간이 되면 인터넷이 꺼지는 등의 다양한 시스템이 있습니다. 스스로 절제하기 힘들다면 그러한 시스템을 이용하는 것도 좋습니다. 미디어를 이용하는 공간도 개방된 공간으로 마련해주세요. 미디어를 이용할 수 있는 시간을 약속한 후에, 할 일을 다 하고 이용할 수 있도록 일관된 규칙을 정해 꾸준히 온 가족이 실천해보세요.

많은 분이 이렇게 말씀하십니다. "저 환경이 우리 집에는 다 마련되어 있는데, 우리 집 아이는 공부를 하지 않아요." 환경은 효과적으로 집 공부를 할 수 있는 필요조건이지 필요충분조건은 아닙니다. 즉, 환경이 공부할 분위기를 만들어주고 집중해서 공부할 수 있도록 도와주지만, 환경이 마련되었다고 공부를 안 하던 아이가 갑자기 공부하게 된다는 것은 아니에요. 함께 대화를 나누면서 환경을 설계하고 자기주도학습을 할 수 있는 공부 계획 세우기 등을 함께하면서 학습을 효과적으로 해나갔으면 좋겠습니다.

고민
090

공부할 때 환경 영향을 더 많이 받는 아이예요

좋아하는 친구와 짝이 되면 이야기를 하고 장난을 치느라 공부를 못한다고 합니다. 평소에도 환경에 따라 공부 태도가 너무 달라지는 아이예요. 어떻게 해야 할까요?

좋아하는 친구와 짝이 되면 그 친구와 더 많은 이야기를 하고 싶고, 그래서 공부가 더 안 되는 건 어쩌면 당연한 겁니다. 하지만 그 강도는 아이마다 다르지요. 분명 주변 환경에 더 영향을 받는 친구들이 있습니다.

위트킨이라는 교육연구가는 주어진 상황에서 정보를 받아들이는 인지 양식에 따라 두 가지 유형으로 나누었습니다. 장독립(field independence)형과 장의존(field dependence)형이 그것입니다. '장독립형 학습자'는 말 그대로 장, 주변 환경으로부터 독립되어 있다는 거예요. 주변 환경의 영향을 받지 않거나, 적게 받는 사람 즉, 심리적 분화가 잘된 사람을 말합니다. 자기한테 관심 있고 필요한 건지, 아닌지를 금방 구분해서 자기한테 필요한 정보만 처리합니다. 성격에서도 장독립적인 사람은 어떤 일을 해결하려는 성취동기가 강하고 특히 분석적인 기능을 요구하는 영역에 높은 적성을 보입니다. 두 번째인 '장의존형 학습자'는 주변 환경에 영향을 더 많이 받는 사람입니다. 장독립적인 사람은 개인주의적인 경향이 높아 타인에게 무관심하지만, 장의존적인 사람은 사회 지향적이어서 타인의 감정이나 사고에 민감하여 사려 깊은 태도를 취하려는 경향이 높습니다.

이렇듯 주어진 상황에서 정보를 받아들이는 인지 양식은 모두 다릅니다. 각각의 특징이 다르고 장점이 다르기 때문에 다르게 접근을 해야 하죠. 고민 속 아이는 주변 환경에 영향을 더 많이 받는 스타일인 장의존형 학습자입니다.

✎ 우리 아이가 장의존형 학습자인가요?

장의존형 학습자인 아이들에겐 아래와 같은 특징이 있습니다.

- 사회적인 내용을 다룬 자료를 잘 학습하고 기억한다.
- 외부에서 정해주는 목표, 강화가 필요하다.

- 외부의 비판이나 평가에 영향을 더 많이 받는다.

- 구조화해서 자료를 줘야 공부를 하는데 수월하게 느끼고, 비구조화된 자료, 정리되지 않는 자료를 학습하는 데는 어려움을 겪는다.

- 문제 해결 방법에 대한 보다 명료한 지시가 필요하다.

이런 학생들한테는 잘 정리된 자료를 주고 공부를 하게 하는 것이 좋습니다. 기억하는 기술, 암기법 같은 것들도 알려주면서 공부를 하면 좋겠고요. 정해진 목표가 분명히 있거나 보상이 확실한 것이 학습 의욕을 끌어내는데 더 좋다는 걸 알 수 있습니다. 또 친구들과의 상호작용을 좋아하는 경향이 있어서 여럿이 하는 공부를 좋아합니다.

✏️ 우리 아이가 장독립형 학습자인가요?

아래는 장독립형 학습자인 아이들이 가진 특성입니다.

- 사회적인 내용을 다룬 자료를 이해하는 것은 좀 힘들어한다.

- 누가 정해준 목표가 아니라 자신이 설정한 목표나 강화를 갖는 경향이 있다.

- 비판의 영향을 적게 받는다.

- 구조화되지 않은 자료도 자기 나름대로 분석해서 잘 조직하고 구조화한다.

- 명료한 지시나 안내 없이도 문제를 잘 해결한다.

스스로 정보를 처리하고 조직화하는 것을 좋아하고 잘하므로, 혼자 탐구하고 과제를 해결해나가는 것을 좋아합니다. 또한 스스로 목표를 정해서 개별화 학습을 하는 것이 도움이 됩니다.

인지 양식은 본래 좋고 나쁜 것으로 표현할 수 없으며, 성향에 따라 차이가 있을 뿐입니다. 장의존적인 대학생은 인문과학, 사회과학, 교육 및 전체적인 시야를 포함하고 있는 영역을 전공으로 택하는 경향이 많다는 연구 결과가 있고, 반대로 장독립적인 대학생은 수학, 자연과학, 공학 및 분석적 사고를 요구하는 과목에 매력을 느낍니다.

아이가 장의존적이라면 전체적인 시야가 넓고 친구를 잘 배려하기 때문에 친구의 마음을 읽는 걸 더 잘할 수 있습니다. 그래서 친구와의 대화에 관심이 집중되는 것일 수도 있죠. 학교에 가서 수업 시간에 집중하기 위한 목표를 함께 정해보세요. 또 외부 평가의 영향을 많이 받으니까 이를 활용한 칭찬도 많이 해주는 것이 좋겠습니다. "엄마가 선생님이랑 이야기해보니까 수업 시간에 정말 잘한다더라" 하고요. 환경의 영향을 더 많이 받는 아이들은 집중할 수 있는 상황과 환경을 만들어주는 것이 중요해요. 공부하는 공간에는 공부와 관련된 물건들만 두고, 엄마도 함께 공부하는 분위기를 만들어주세요. 기본적으로 우리 아이의 인지 양식의 특성을 이해하고, 환경을 만들어주고 공부 목표와 칭찬, 보상을 통해서 끌어가면 좋겠습니다.

고민
091
공부할 때 자꾸 딴짓을 해요

공부하라고 하면 아이가 딴짓을 합니다. 공부가 사실 재밌는 것은 아니니, 딴짓하는 마음도 백번 이해합니다. 그래도 최대한 공부에 집중할 수 있게 도움을 줄 수 있는 부분이 무엇인지 생각해봐야겠죠.

✎ 학습 수준을 점검해보세요

고민 62에서 근접발달영역(ZPD)이라는 개념을 말씀드렸습니다. 혹시 아이에게 너무 어려운 것은 아닌지 살펴보세요. 보통 쉬운 것은 어떻게든 하지만 어려운 내용일 때 딴짓을 더 많이 합니다. 학교에서도 마찬가지예요. "너 왜 선생님이 하라고 한 거 안 하고 딴짓을 하느냐?"라고 하면 안 되는 이유가 있어요. 딴짓하는 아이들에게 가보면 99.9퍼센트가 어떻게 하는지 몰라서였거든요. 대부분의 아이는 자기에게 주어진 일을 하고 싶어 합니다. 어렵다면 어떤 부분이 막히는지 살펴보고, 힌트를 주거나 도움을 주어야 합니다. 문제집을 바꿔야 할 수도 있고요.

✎ 집 환경을 점검하세요

고민 89에서 환경의 중요성을 말씀드렸어요. 우리 아이가 집중하기 힘든 집 환경인지 점검해보고 변화를 한번 시도해보세요

✎ 계획을 세우세요

고민 60~61의 내용을 활용해서 학습 계획을 세우세요. 학습 계획은 목표 의식을 심고, 학습 계획의 성공은 성취감을 줘서 공부를 조금 더 해보게 하기도 합니다.

✎ 공부를 빨리 끝내면 놀게 해주세요

어차피 빨리 끝내봤자 또 공부해야 한다면 애써 공부를 빨리 끝내지 않을 겁니다. 하루 할 일을 다 했으면 자유로운 시간을 갖게 해주세요. 단, 자유 시간에도 정해진 스마트폰 사용 시간 외에는 스마트폰이나 컴퓨터는 허락하지 마세요.

엄마가 옆에 있으면 공부하는데, 없으면 공부를 잘 안 해요

상황이 된다면 자기주도학습 습관을 훈련할 수 있을 때까지 옆에 있어 주세요. 그러면 이렇게 걱정합니다. "그럼 엄마가 옆에 있는 게 습관이 될까 봐요"라고요. 걱정하지 않아도 됩니다. 조금 지나 사춘기가 되면 엄마가 옆에 있겠다고 해도 싫다고 합니다.

단, 옆에 있어주란 말을 대신 공부해주라는 말과 혼동해서는 안 됩니다. 한번도 혼자 공부해본 적 없는 아이가 되어서는 안 되겠죠. 옆에서 붙잡고 공부하라고 하고, 퀴즈 내주면서 확인해주고, 엄마가 일일이 설명해주면서 이해시켜주는 떠먹여주는 공부를 하라는 게 아니라, 아이와 함께 부모님의 공부를 하는 겁니다. 그러다가 잘 안되는 부분만 건드려주세요. 앞에서 설명해드린 자기주도학습(고민 60~61), 메타인지 출력 공부법(고민 70~74), 암기법(고민 83) 부분을요.

온라인 학습, 패드 이용 괜찮을까요?

페이퍼 학습지와 패드 학습기의 장단점을 알고 싶어요. 인내력이나 탐구 능력을 늘리기

엔 페이퍼가 좋을 것 같고, 이해도는 패드가 좋을 것 같은데. 어떨까요? 지금 7살인데 갈

아타야 하나 고민 중입니다.

시대가 분명 바뀌었습니다. 더 이상 스마트기기의 활용을 막을 수만은 없습니다. 그러니 유해하다고 막을 게 아니라 활용해야 한다고 주장하는 분들도 계십니다. 그런데 제 생각은 조금 다릅니다.

　교실에서 아이들을 보면서 느끼는 것들이 있습니다. 요즘 아이들은 설명서를 보고 이해를 하지 못합니다. 만들기 키트 등은 설명서를 보고 만들어야 하는데 설명서를 이해하지 못하는 거예요. 과학 교과서에 적힌 실험 과정을 봐도 그 과정을 이해하기 힘들어하고, 교과 내용도 텍스트로는 이해하기 힘들어합니다. 인내심을 가지고 반복해 읽으면서 '이게 무슨 말이지? 무슨 의미일까?' 이해하려는 노력이 부족하고, 머릿속으로 상상하고 이미지화시켜보는 것도 힘들어합니다. 결국 영상을 보고나서야 "아!" 하고 이해합니다. 직관적인 영상 설명에 너무 길들여 있다는 게 느껴지는 부분이죠.

✏️ 패드 학습기의 장단점

패드 학습기는 시각적으로 보여주고, 청각적으로 들려줍니다. 아이의 집중력과 환심을 사기에 훨씬 빠르고 유리하죠. 반면 책은 집중하기까지 워밍업하는 시간도 더

걸리고 노력도 더 필요합니다. 패드는 일단 공부하자고 꼬시기에도 좋습니다. 아이들이 더 재미있게 공부할 수도 있습니다. 그게 바로 장점이자 단점이죠. 페이퍼가 집중하기까지 시간이 오래 걸리는 것은 당연합니다. 활자를 읽는 능력은 선천적인 능력이 아니라 후천적으로 뇌가 배워야 하는 능력이거든요. '읽는 뇌'와 '보는 뇌'는 다릅니다. '보는 뇌'는 훈련하지 않아도 바로 쓸 수 있지만, '읽는 뇌'는 후천적으로 훈련하지 않으면 기를 수 없습니다. 공부는 뇌를 훈련하는 과정입니다. 즉 최대한 페이퍼와 친해져서 '읽는 뇌'를 발달시켜야 하고 눈으로 다 보여주지 않고 상상하는 능력도 길러주어야 합니다.

✎ 자극의 강도를 낮춰주세요

자극의 강도가 약해야 페이퍼와 가까워질 수 있습니다. 라면을 자주 먹는 아이에게 담백한 맛의 반찬을 주면 더 맛없게 느껴지는 것과 같습니다. 저는 개인적으로 패드 학습기는 가능한 한 늦게 접하는 게 좋다고 생각합니다. 스마트기기는 자꾸만 발달하는데 그것을 계속 거부만 할 수는 없을 거예요. 현명하게 이용한다면 현대 기기의 편리함을 십분 활용하는 거니까요.

최대한 페이퍼로 책을 읽고 학습지도 페이퍼로 하게 해주세요. 고민 속 아이가 지금 7세라면, 패드 학습이나 영상 학습은 영어 학습 정도에만 활용하는 것을 추천합니다. 조금 더 후에 시간을 정해서 차차 패드를 활용하세요. 패드 학습이 교육 회사 입장에서는 더 이윤이 남기 때문에 많이 권장할 거예요. 여러 장단점을 생각해 소신 있게 판단하면 좋겠습니다.

저학년 때엔 좀 놀리고 싶은데
한편으로는 불안해요

잘 노는 게 사실 제일 힘들어요. 노는 것은 자신만의 세상을 구축하는 것입니다. 친구와 함께 노는 것은 규칙과 협상을 배우고, 놀이를 고민하며 창의성이 생기지요. 혼자 노는 것 역시 집중력과 상상력을 배워요. 놀려도 됩니다.

그렇다고 주야장천 놀기만 하고 유튜브나 게임을 하고 싶은 대로 하라는 것은 아닙니다. 미디어의 이용 시간은 철저하게 지키고, 반드시 해야 하는 최소한의 공부를 하면서 공부 습관을 유지하면 됩니다. 이것에 대해서는 고민 64~68을 참고하세요.

잘 놀아야 진짜 공부가 필요할 때 공부할 수 있어요. 공부하다가 머리 식히고 쉬는 것도 잘 놀면서 충전해야 하고요. 멀리 봐서는 어른이 되어서도 잘 노는 것은 중요합니다. 요즘 사업 아이템은 '잘 노는 방법에 대한 콘텐츠'가 많습니다. 그만큼 잘 노는 것에 대한 수요가 많다는 것입니다. 놀아봐야 놀 줄 알아요. 불안해하지 말고 능동적으로 놀 수 있도록 해주세요.

어려운 문제가 나오면
짜증을 내거나 울어요

어려운 문제를 마주했을 때 짜증을 내고 우는 이유가 무엇일까요? 그 이유는 크게 두 가지로 나눠볼 수 있을 거예요. 첫 번째는 아이가 현재 하고 있는 절대적인 학습량이 너무 많거나 수준이 너무 높은 경우이고, 두 번째는 잘해야만 한다는 생각이 너무 강한 아이일 경우, 즉 성취욕 자체가 많은 아이기 때문입니다.

첫 번째는 학습의 과제가 원인이고, 두 번째 원인의 주체는 아이입니다.

과제가 원인일 때는 학습 수준과 양만 조절해도 어느 정도 문제를 해결할 수 있습니다. 하지만 충분히 할 수 있는 수준의 문제가 계속되다가 중간에 하나씩 나오는 조금 난도 있는 문제에 민감한 것이라면 아이를 살펴야 합니다. '잘해야만 한다'는 생각을 왜 강하게 갖고 있는지, 특정할 원인이 있는지 아이를 지켜봐온 엄마의 입장에서 천천히 생각해보세요. 아이가 타고난 성취욕이나 승부욕이 강한 경우는 고민 295를 통해 더 자세히 체크해보길 바랍니다.

아이의 타고난 성취욕에 더불어 부모님의 태도가 결과 중심적은 아니었는지 생각해보세요. 늘 강조하지만 과정 중심의 칭찬을 많이 해주는 것이 좋습니다. "어려운데도 최선을 다해서 문제를 풀어보려고 노력하다니! 정말 대단해" 하고 아이의 노력을 칭찬하고 격려해주세요. "지금 푸는 게 너무 어려우면 쉬운 문제를 조금 더 풀어보고 다시 풀어볼까?", "누구나 처음엔 잘 안 되는데 하다보면 될 수 있어" 하고 아이가 잠시 쉴 틈을 주고 계속할 수 있는 용기를 주는 것도 꼭 필요합니다.

너무 높은 기대를 하면서 아이가 할 수 있는 것 이상을 요구하지 않아야 합니다.

적절한 목표와 기대치를 함께 설정하고 목표를 이루는 과정의 즐거움을 느낄 수 있도록 도와주세요.

수업 시간에 자꾸 엎드려 있대요

선생님께 아이가 교실에서 자주 엎드려 있다는 이야기를 들었어요. 컨디션 문제일까 싶어서 잠도 푹 재우는데요. 오늘 모둠원끼리 서로를 평가하는 종이를 가져왔는데 "너무 말을 안 하고 누워 있어서 답답하다"라고 쓰인 문장이 있더라고요. 친구들 사이에서 아이가 이렇게 인식이 돼 있다 생각하니 너무 속상해요. 아이에게 물어보니 본인은 아무렇지 않으며 모둠 활동이 귀찮다고만 합니다. 학교 가는 것도 재미있어하지 않고 수업 시간에도 흥미를 느끼지 못하는 것 같습니다. 엄마로서 마음에 공감해주고 응원해주며 다독이고는 있는데 제 속이 너무 갑갑해서요. 다른 도움될 방법이 있을까요?

제가 사연에 담긴 단편적인 모습으로 모든 상황을 판단하기는 어렵습니다. 지금 아이가 몇 학년인지, 성적이 어느 정도인지, 수업 시간 이외의 학교생활은 어떤지, 친구들과의 관계는 어떤지, 많은 부분을 잘 모르겠습니다. 그래도 제가 판단되는 부분까지 최선의 답변을 드려볼게요.

✎ 평소에도 무기력한지 살펴보세요
학교생활 외에도 평상시 무기력한 모습을 계속 보여왔다면, 여러 이유가 있겠지만 부모님과의 관계나 가정의 상황이 어떤가를 가장 먼저 고려해보아야 합니다. 부모님과 아이와의 소통은 잘 되고 있는지 집에 아이가 걱정할만한 일이 있는지 살펴보세요.

반면, 집에서는 괜찮은데 학교에서만 그렇다면 친구 관계나 학교생활 자체가 원인일 확률이 높습니다. 고민 글에서 컨디션 조절을 해주며 엄마로서 응원하고 계신다는 것으로 보아 이전에는 눈치채지 못한 것으로 생각됩니다. 학교생활이나 친구 관계에 있어 아이에게 걱정이나 고민은 없는지 세심한 체크가 필요한 때입니다.

혹은 모둠 활동을 할 때만 무기력한지, 다른 개인 활동을 할 때도 무기력한지 알아보는 것도 필요합니다. 유독 모둠 활동을 싫어하는 아이들이 있습니다. 성향이 혼자 하는 것을 좋아하다 보니 모둠 활동을 하면 뒤로 빠져 있는 아이들이 있거든요.

🖋 수업 시간에만 무기력한지, 친구들과 놀 때도 무기력한지 확인하세요

모둠 활동을 포함한 전반적인 수업 시간에만 무기력한 모습을 보인다면, 학습과 관련해 어려움을 느끼는 것이니 학업적으로 성취감을 주면 훨씬 좋아질 수 있습니다. 그런데 수업 시간뿐만 아니라 학교생활 전반에 힘이 없고 늘어져 있다면 원인을 여러 가지로 생각해봐야 해요. 친구들과의 관계 때문에 학교생활이 재미없는 것일 수 있고, 또는 심리적 우울감이 있어 전반적인 일상에서 무기력을 느낄 수도 있습니다. 이 심리적 우울감이 학업과 연관돼, 학업적으로 자신감이 떨어지며 자존감이 하락하고 친구들과의 관계와 학교생활에까지 영향을 미치는 경우도 많이 있습니다.

🖋 잘하는 과목으로 학습된 무기력 극복하기

학업에서의 실패를 반복하면서 자존감이 많이 떨어진 아이라면, 아래 공유하는 제 경험을 참고해보는 것도 좋을 것 같습니다. 너무 무기력하고 눈빛에 힘이 없으며 글씨에도 힘이 없는 남자아이가 있었어요. 제가 관찰한 결과, 부모님의 지지도 부

마인드학습

족한 데다, 학업적으로 실패 경험을 계속 반복하면서 부기력을 학습한 경우였죠. 부모님의 지지나 가정 상황은 제가 어떻게 할 수 없는 부분이 아닙니다. 그래서 전 가장 먼저 아이가 제일 잘하는 부분을 찾았습니다. 전반적으로 부족했지만 사회가 그래도 괜찮았어요. 암기력이 좋았거든요. 그래서 강점을 가진 분야를 통해 성취 경험을 만들어주자 생각했죠. 사회 쪽지 시험을 볼 때, 전 그 아이와 따로 공부했습니다. 이때 그냥 "잘한다"고 칭찬하는 것은 별로 효과가 없어요. 이미 무기력을 학습했기 때문에 칭찬을 해도 칭찬을 거부하기 때문입니다. 구체적으로 정보를 주면서 칭찬을 해야 해요.

"선생님이 봤더니 넌 암기력이 뛰어나더라. 30분 줬는데 이걸 암기했다는 건 가능성이 있다는 거지. 이번 쪽지 시험은 선생님이 이 시험 문제들과 거의 비슷하게 낸다고 했으니 90점은 넘겨보자" 하고 구체적인 칭찬과 더불어 적절한 목표와 기대치를 같이 설정해주었습니다. 그리고 옆에서 계속 봐주고 퀴즈도 내면서 내 것으로 만들 수 있도록 도왔습니다. 얼마 지나 시험을 봤고 아이는 실제로 90점을 넘었습니다. 친구들 앞에서 칭찬도 굉장히 많이 해줬고요. 아이는 자신의 존재감을 인정받는다고 느꼈는지, 수업 시간 태도가 달라졌습니다. 가장 어려워했던 수학은 기초부터 다시 연산과 개념을 점검하면서 조금씩 해나갔죠. 학업적으로 자신감을 찾으니 가장 먼저 눈빛이 달라졌어요. 그리고 목소리가 달라졌고요. 친구들이랑 놀 때도 절대 먼저 끼지 않는 아이였는데 조금씩 끼어서 놀기 시작하더라고요.

또 하나의 일화로, 어느 한 아이는 수학을 잘하긴 하지만 자신감이 없었습니다. 수학을 집중적으로 공략했습니다. 수학 과목에서 먼저 성취하게 해준 후, 그다음에 설득하고 꾀는 거죠. "봐봐. 넌 이렇게 능력이 있는 애야. 하면 할 수 있다는 거지. 선생님이랑 같이 책도 읽어보자" 하면서요.

공부에 매몰되어 공부로 인해 아이의 자존감을 깎는 것은 옳지 않습니다만 공부를 도구로 해서 자존감을 키울 수 있다는 것도 간과해서는 안 됩니다. 운동, 그림, 노래 등에 재능이 있다면 그쪽으로 자신감을 충분히 키울 수 있어요. 그런데 사실 그런 눈에 띄는 재능을 갖고 있지 않은 사람이 더 많습니다. 자신감을 되찾아줄 뾰족한 요소가 눈에 보이지 않는다면 공부부터 시작하는 것도 나쁘지 않다고 생각합니다. 꼭 1등을 해야 자신감을 되찾는 것은 아닙니다.

✎ 누구나 존재를 인정받는 공간에서는 활기를 보입니다

먼저 수업 시간이 왜 재미없는지, 그래도 하나를 꼽으라면 어떤 과목이 제일 흥미 있는지 이야기를 나눠보고 혹시 학교생활이나 친구 관계에 다른 문제가 있는 건 아닌지 대화해보세요. 학교에서 자신이 주목받거나 존재감이 인정받는다는 생각이 든다면 엎드려 있지 않을 겁니다. 존재감을 인정받기 위해 엎드려 있는 것일 수도 있어요. 이렇게 해야 그나마 날 주목해준다고 무의식적으로 생각할 수도 있다는 거죠. 그래서 저는 문제 행동을 일으키거나 엎드려 있거나 한다는 건 '날 좀 봐주세요'라는 의미로 교실에서 해석합니다. 부정적인 행동으로 주목받지 않게 하고 긍정적인 행동으로 주목받을 수 있도록 노력해야 합니다. 아이를 응원함과 동시에 친구들과의 고민은 없는지 학교생활에 어려움은 없는지 꼼꼼하게 들어 보는 것이 필요합니다.

공부 성향이 다른 남매, 각자 기질에 맞는 공부를 동시에 진행할 수 있을까요

성향이 다른 두 아이를 봐줘야 하는데 엄마 몸은 하나이니 얼마나 힘들까 싶습니다. 교실에서도 항상 고민이에요. 수준차가 나는 스물다섯 명 내외의 학생들을 끌고 가려니 말입니다. 한 명은 정적이고 차분해서 조용히 써가며 공부하는 방식이고, 한 명은 활발해서 놀이식으로 해야 한다면 그것을 엄마가 다 맞춰줄 수 있을까요?

전 우선 '기질별로 맞춰서 공부를 시켜주어야 한다'는 생각부터 내려놓았으면 좋겠습니다. 엄마와 아이가 함께 공부할 수 있는 시간은 한정되어 있는데 '각자 기질에 맞게 + 같은 시간에 + 남매' 자체가 불가능한 조건이라는 것이죠.

아이가 각자 혼자 해야 하는 부분을 많이 만들어주는 게 좋습니다. 매일 해야 할 계획을 함께 세우고, 방과 후 루틴을 일정하게 만듭니다. 그리고 그것을 매일 합니다. 그 후에 남매가 시간을 분배하고, 한 명씩 엄마와 함께 점검합니다. 그때 활발하게 놀이식으로 복습해볼 수도 있고, 또는 정적으로 공책에 써보는 방법으로 할 수도 있어요. 아이가 더 좋아하는 방식으로 간단하게 점검하세요. 그 후에 남매가 함께할 수 있는 부분이 있다면 퀴즈 만들기, 선생님 놀이와 같은 것으로 함께할 수 있습니다.

지금은 엄마 손길이 많이 필요하겠지만, 자기주도학습을 계속 연습하면서 또 점차 자라면서 책상 위에 앉아서 혼자 공부하는 시간이 더 많아질 것입니다. 아이들은 어른들이 생각하는 것보다 스스로 많은 것을 배우고 있어요. 혼자 공부할 때도 자기 기질에 맞게 공부하는 방식을 찾아가고 있기도 하고요. 부모님과 선생님이 모든 것을 해주어야 '그 시간에', '그만큼' 배우는 게 아니라는 것을 꼭 기억하셨으면 좋겠습니다.

어릴 때부터 놀이 중심으로 키웠는데 이제 공부하려니 힘들어해요

초등학교 6학년입니다. 어렸을 때부터 공부보다는 놀이 중심으로 키웠어요. 그런데 이제 공부하려니 아이가 힘들어하는 것 같아요. 공부 시작이 좀 늦어져서 힘든 거 같기도 하고 학교에서 뒤처져서 그것이 어려운 것 같기도 해요. 공부를 스스로 할 수 있는 아이가 되었으면 좋겠는데 방법이 있을까요?

공부를 스스로 할 수 있으려면 공부를 했을 때, 내가 이해되는 것이 많고, 성취감도 느껴야 합니다. 우리 아이가 공부를 힘들어한다면 전 학년에서 학습이 잘 안 된 부분이 있는 것인지, 앉아서 하는 공부 습관을 기르지 못한 것은 아닌지 생각해보아야 합니다. 놀이식 공부의 주의점은 고민 77에도 있으니 한 번 읽어보는 것도 좋을 것 같습니다. 공부에 재미를 붙일 방법을 교과 별로 소개해보겠습니다.

✎ 수학 문제를 풀며 구멍난 곳을 메워가세요

본격적으로 공부해야겠다 싶으면 다른 것은 일단 다 두고, 수학부터 점검하세요. 현재 학년의 수학 문제를 풀면서 아이가 부족한 부분이 어떤 부분인지 살펴보세요. 6학년인데 4학년, 5학년 수학 문제집을 다시 차근차근 풀면서 실력을 상향시켜야 하는 거 아니냐고요? 그렇게 하면 원 학년인 6학년 공부에 또 구멍이 생깁니다. 일단 아이 학년 공부를 부모님이 함께하다 보면 어떤 게 부족한지 알 수 있습니다. "선생님이니까 보이는 거 아닐까요?" 하실 수 있어요. 아니에요. 부모님 눈에도 어떤 종류의 연산이 부족하구나가 보입니다. 부족한 연산은 전 학년의 연신 문제집을 사서 반복해서 풀어보는 거예요. 그 부분만 반복해서요. 6학년 수학 중 분수의 나눗셈, 소수의 나눗셈, 비례식 등은 모두 어렵습니다. 4학년과 5학년에 나온 분수의 연산이 제대로 되어 있어야 합니다. 분수의 나눗셈이 잘 안 된다 싶으면 4, 5학년에 나온 분수 연산 부분만 더 풀어봅니다. 직육면체의 겉넓이와 부피를 어려워한다면 5학년에 나온 다각형의 넓이와 둘레를 제대로 개념 확립될 때까지 익혀주세요. 5학년 수학에서 그 부분만 더 연습합니다.

그렇게 자기 학년 수학 문제를 풀면서 발견한 구멍만 다시 전 학년으로 돌아가서 메꾸는 방식으로 공부합니다. 동시에 자기 학년 수학 교과서를 반복해서 보면서 직접 말로 개념을 설명해보고, 문제집은 여러 권 풀기보다는 쉬운 문제집을 반복해서 두 번 풀어보시는 것을 권합니다. 수학에서 자신감을 찾으면 아이가 성취감을 느끼면서 공부에 흥미를 느낄 겁니다.

✎ 글이 많은 책을 읽으세요

공부 습관을 익히는데 독서만큼 좋은 것도 없습니다. 독서를 해야 합니다. 아이가 재미있어하는 책부터 시작하세요. 판타지 소설이라도 좋으니까 글이 많은 책, 재밌는 책을 장편으로 읽으세요. 우선 당장 "이번 방학 때 몇 권만 집중해서 읽어보자!" 와 같은 약속을 정하고 실천해보세요.

✎ 영어는 영어 단어장 외우기부터 시작하세요

놀이식 영어를 통해 소리 노출을 하고 노래도 부르는 것도 좋지만, 고학년인데 기초가 부족하다면 영어 단어를 외우는 것이 좋습니다. 영어 단어를 암기하면 자신감이 굉장히 상승합니다. 중학교 영어 단어장을 사서 하루에 몇 개씩 외우기, 방학 때 영어 동화책 몇 권 읽기, 중학교 대비 영어 문법책 한 권 풀기 이렇게 눈에 보이는 성과가 바로 나타날 수 있는 방법으로 접근해주세요.

1학년이 된 아이가 많이 산만해요. 어떻게 공부하면 좋을까요?

저학년 아이, 특히나 남자아이들이 많이 산만합니다. 초등학생들의 집중시간은 개인에 따라 다르긴 하지만, 평균적으로 학년에 따라 늘어납니다. 1학년 친구들의 평균 집중시간은 10분, 2학년은 20분, 3~4학년은 30~40분, 5~6학년은 50~60분 정도로, 학년이 올라가면서 아이들의 집중력은 점차 늘죠. 하지만 개인별 집중력은 또 달라집니다. 유난히 집중하기 힘들어하고 산만한 아이들이 있습니다. 집중력을 향상하는 방법을 함께 생각해봐요.

✎ 집중하는 일에 성공을 경험하게 해주세요

아이의 집중력을 키우겠다며 너무 많은 좋은 습관을 만들려고 하지 마세요. 딱 하나의 핵심 습관을 고르는 겁니다. 예를 들면 '책 읽기 15분', '연산학습지 15분' 이런 식으로요. 아이와 함께 목표 과제를 하나 정하고, 언제 할지도 함께 정해 매일 해보세요. 이때 목표는 아이의 현재 모습을 보고 결정합니다. 당장 5분도 앉아 있기 힘든 아이에게 20분을 앉아서 뭔가 하도록 약속하면 지키기 힘들 것이고, 좌절감만 안게 될 것입니다. 예를 들어 매일 학습지 10분을 집중해서 하기로 약속했어요. 한 달을 성공하면 점점 분량을 늘려주세요. 이때 목표 행동에 맞는 긍정적인 행동을 보일 때는 충분한 칭찬이 필요합니다. 한 분야에서의 자기 절제 훈련은 삶의 모든 부분을 향상하는 효과가 있습니다. 집에서 이런 연습을 하면 학교 수업 시간에서의 집중시간도 늘어날 수 있습니다.

✏️ 행동 및 목표의 단위를 쪼개주세요

아이가 집중하고 싶은데, 집중하지 못하는 것일 수 있어요. 과제가 너무 어려운 것이죠. 어른에게도 자기 수준을 훨씬 뛰어넘고, 모르는 것을 계속하라고 하면 집중은커녕 앉아 있기도 힘이 듭니다. 아이들에게는 구체적이고 세분된 활동이 필요합니다. 특히 집중력이 약한 친구는 뭉뚱그려서 과제를 주는 것이 아니라 한 단계, 한 단계 세분해서 과제를 주어야 합니다.

✏️ 몰입되기 전까지 함께합니다

그냥 "책 읽어라" 시키는 게 아니라 서서히 집중할 수 있도록 도움을 주어야 합니다. 같이 앉아서 표지도 보고, 그림도 살펴보고, 앞부분은 엄마랑 아이가 돌아가면서 한 줄씩 읽기를 하는 거예요. 아이가 어느 정도 이야기에 관심을 보이고 몰입을 한다면 남은 부분은 혼자 읽고 엄마한테 말해달라고 하는 거죠. 수학 문제집 풀기도 마찬가지예요. 뭐든 처음이 힘듭니다. 자전거를 처음 배울 때처럼 같이 하다가 슬쩍 손을 떼어보는 거예요. 물론, 그 후에도 엄마는 옆에서 다른 책을 읽습니다.

✏️ 집중할 수 있는 공부 환경을 조성해주세요

산만한 아이는 주변의 사소한 자극에도 쉽게 집중력이 흐트러집니다. 아이가 공부할 때는 가족들도 핸드폰, TV, 집안일을 모두 멈춰주세요. 함께 공부할 수 있도록 해주셔야 합니다. 장난감이나 놀잇감, 스마트기기도 안 보이도록 치우고 깔끔한 환경에서 공부에 집중할 수 있도록 만들어주세요.

✏ 충분히 뛰어놀 시간을 주세요

교실에서만 봐도 1교시에 체육이 있는 날, 땀을 흘리고 들어온 후에 아이들은 그다음 수업 시간부터 집중을 잘합니다. 자신의 에너지를 풀 시간이 있어야 정적인 활동에도 집중력을 발휘합니다.

아이가 욕심은 많은데 공부는 하고 싶지 않아 해요

3학년 아이예요. 아이가 욕심은 많은데 그만큼 공부를 열심히 하고 싶어 하진 않아요. 그럼 학원을 줄일까? 하면 욕심이 나는지 끊기 싫대요. 그런데 막상 학원 가야 할 시간에는 짜증을 냅니다.

✏ 욕심은 의욕입니다

욕심과 노력이 늘 함께하는 것은 아닙니다. 욕심이 많은 사람이라고 해서 꼭 노력까지 열심히 하는 것은 아니죠. 우리 어른도 그렇잖아요. 욕심만큼 노력한다면, 아마 욕심 순으로 성공했을 겁니다. 다시 말해, 욕심이 많은데 노력을 하지 않은 것은 문제가 아닙니다. 욕구가 없다면 그게 문제일 거예요. 자존감이 낮으면 욕심도 부리지 않거든요. 오히려 아이가 불안해서 학원을 못 끊겠다고 하는 경우도 많아요. 욕심도 있고 불안감도 있다는 것은 의욕이 있다는 것입니다. 놀고 싶고 귀찮아하는 것은 당연한 마음이니, 조금만 도와주면 그 의욕이 빛을 발할 수 있을 것이라 생각합니다.

🖊 학습 계획을 아이와 같이 세워보세요

1년 동안 어떻게 공부하면 좋을지, 지금 부족한 부분이 무엇인지 아이와 이야기를 나눠보세요. 지금 상황에서 아이에게 꼭 필요한 학원이 무엇일지, 학원 대신 책을 읽으면서 공부할 수 있는 부분이 있는지, 독서 시간을 어떻게 늘릴 수 있을지 대화를 하면서 계획을 세워봅니다.

🖊 남과 비교하지 말고 내 할 일을 하게 하세요

욕심 많은 아이가 조심해야 할 점은 남과 비교하면서 자기 공부에 집중하지 못하는 것입니다. 잘하고 싶은 욕심이라는 것이 '남들보다' 잘하고 싶은 마음인 경우가 많기 때문이죠. 그럴수록 내가 성장하는 것을 느끼면서, 성장 자체에 성취감을 느낄 수 있게 해주세요. "전보다 나아졌구나!", "열심히 하는 모습이 기특하다"와 같은 과정을 칭찬하는 말을 많이 해주세요.

🖊 성과를 포트폴리오 형식으로 만들어 보세요

눈에 보이는 성과를 포트폴리오로 만드는 것도 동기가 될 수 있습니다. 자신의 성장에 집중하는 것이 쉬운 일은 아니에요. 눈으로 보이고 확인할 게 있다면 도움이 되죠. 내가 풀어놓은 학습지를 쭉 모아놓는다거나, 수학 문제 풀이 공책을 계속 모아놓는 겁니다. 가끔 들춰보면서 내 성장을 곱씹고 뿌듯함을 느낄 수 있을 거예요.

고민 101 상급 학교에 가서 성적이 떨어질까 봐 불안해요. 공부 멘탈을 기르는 방법이 있을까요?

제가 드리고 싶은 말씀은 우리는 완벽하게 준비할 수 없다는 겁니다. 그렇기 때문에 공부 멘탈은 클수록 중요합니다.

초등학교 공부는 '부모님이 얼마나 신경 써주시는가?'와 '타고난 머리' 이 두 가지가 결정합니다. 하지만 중학교, 고등학교 공부에서 영향력을 미치는 건 '학습 동기를 얼마나 가지고 있는가?', '연습과 훈련을 얼마나 하는가?' 이 두 가지예요. 초등학교 때 공부 결과에 너무 집착하지 마세요. 상급 학교로 갈수록 중요한 것은 학습 동기와 연습을 오래 할 수 있는 인내심입니다. 고민 58의 학습 동기를 유지하고 고민 61의 학습 계획을 꾸준히 실천하면서 인내하는 방법을 익힐 수 있도록 해주세요.

✎ 실패면역주사를 일찍 맞으세요

우리 아이가 계속 1등만 한다고 좋아할 것도, 우리 애는 시험 점수가 제대로 나오지 않는다고 실망할 것도 없어요. 공부를 최고로 잘했다가 사회생활을 하면서 갑자기 다가온 실패에 힘들어하는 사람도 있고요. 공부를 꾸준히 잘해왔다가 갑자기 떨어진 점수를 받아들이지 못하고 힘들어할 수도 있습니다. 즉, 살면서 실패를 하는 순간은 언제든지 올 수 있다는 것입니다. 오히려 빨리 실패해보면 실패를 극복할 수 있는 방법을 배웁니다. 어쩌면 일찍 실패면역주사를 맞는 것이 더 좋을 수도 있습니다.

아이가 실패하는 것에 좌절하고 '나는 실패하는 아이'라고 스스로 낙인찍을까봐 걱정하는 부모님이 많습니다. 실패하면 상처를 받는 것은 당연합니다. 하지만 좌절을 할지, 실패를 극복하는 방법을 배울지는 실패를 했을 때 받아들이는 방법을 알려주느냐 마느냐에 달려 있습니다. 실패했을 때 "누구나 실패할 수 있어", "다시 해보면 돼", "엄마도 실패했을 때 속상했어" 하고 아이의 마음을 달래주세요. 초등 시절 실패하지 않게 막는 것이 중요한 게 아니라 실패를 바라보는 시선을 길러주는 게 중요합니다. 모든 것을 완벽하게 준비해야 한다고 생각하지 말고, 매 순간순간을 배움의 기회로 삼았으면 좋겠습니다.

공부를 하게 만들려면
어떤 말을 해줘야 할까요?

제가 하루에도 몇 번씩 아이들에게 듣는 말이 있습니다. "선생님, 공부는 왜 해야 해요?", "이런 거 배워봤자 소용없잖아요", "선생님, 저 백수로 살 건데요"라는 말입니다. 그런데 아이들이 정말 공부해야 하는 이유가 궁금해서 저런 질문을 하는 걸까요? 그래서 공부해야 하는 이유를 자세하고 납득할만하게 설명해주면 아이가 "아, 공부를 열심히 해야 하는구나" 하며 공부할까요? 아닙니다. 이런 아이들에게 가장 큰 효과가 있는 방법은 아이의 수준에 적절한 공부부터 시작하는 것입니다. 고민 61에서 설명했던 바른 학습 계획 세우기를 하고, 성취감부터 느끼도록 해주세요. 그다음 고민 56에서 얘기했던 '공부의 진짜 의미'에 대한 이야기를 해주는 겁니다. 그런 이야기를 들려주는 것도 중요하니까요.

무엇보다 중요한 것은 함께 공부하는 것입니다. 공부하는 모습, 책 읽는 모습을 먼저 보여주고 함께하는 거죠. 공부해야 할 이유를 말로 백번 설명하는 것보다, 한번 함께 공부하며 엄마 아빠가 앞장서 공부하는 모습을 보여주는 것이 효과가 좋습니다.

할 일을 다 했을 때 핸드폰 게임 등의 보상은 괜찮을까요?

고민 58에서 언급한 적 있는 외재적 동기에는 여러 가지가 있습니다. 그중 하나는 보상이지요. 보상을 활용하는 것에 많은 부모님이 죄책감을 갖고 있습니다. '스스로' 할 일을 하고, '자율적으로' 공부를 해야 하는데 무언가를 바라고 하는 공부가 습관이 될까 봐 걱정이 되는 거죠. 그럼 보상을 현명하게 활용하는 방법은 없을까요?

✏ 당연히 해야 할 일에는 보상을 하지 마세요

'당연히 해야 할 일'에 대한 기준은 다 다를 수 있겠지만, 우리가 보통 생각하는 학교를 가고, 먹고, 씻고 하는 것들은 당연히 해야 할 일이겠지요. 무조건해야 하는 일은 말 그대로 '무'조건입니다. 협상의 대상이 아니라는 거죠. 아이에게 최대한 선택권을 주고, 자율 양육을 하라고 말씀드렸지만 선을 그어줘야 하는 부분은 단호하게 그어줘야 합니다. 당연히 해야 하는 기본적인 일은 일관되게 그냥 하도록 해주세요.

✏ 누적되어 장기적으로 하는 게 좋아요

단기적인 보상보다는 장기적인 보상이 좋습니다. 마시멜로 실험 아시죠? 마시멜로를 지금 먹지 않으면 다음에 더 많이 주겠다고 했더니 참는 아이가 있었고, 못 참고 먹는 아이가 있었어요. 참는 아이가 나중에 더 임금도 높고 사회적인 위치도 좋았다는 유명한 실험이 있었습니다. 초반에는 짧은 보상을 주다가 점점 장기적인 보상으로 바꿔 정해보세요. 하루 할 일을 일주일간 다 했을 때의 보상, 그리고 나중에는 '한 달 중 20일 이상을 했을 때' 이런 식으로 보상의 기간과 범위를 늘려가는 거예요.

✎ 꼭 물건만이 보상은 아니에요

교실에서 쿠폰을 만들어 보상으로 쓰곤 합니다. '청소 일일 면제권', '일기 일일 면제권', '선생님과 함께 급식 먹기권' 등. 당연히 해야 할 일을 면제해주거나, 특별한 일을 함께 할 수 있는 쿠폰을 만들어도 좋습니다. 혹은 아이가 평소에 꼭 가보고 싶었던 곳에 함께 놀러간다거나, 먹어보고 싶은 음식을 먹는다거나 하는 '경험'의 보상도 생각해보세요.

✎ 미디어 사용은 보상으로 안 하는 게 좋아요

미디어 사용 시간의 절제는 아주 중요합니다. 스마트폰에 대해서는 고민 33과 고민 46에서 다루고 있으니 참고하세요. 미디어 사용의 자유 시간을 보상으로 줄 수는 있지만, 하루 동안의 미디어 사용 가능 시간은 엄격하게 제한하세요.

독서·국어

 친구 관계

 교과 학습

 학교생활

 진로와 심리

독서 습관을 잡아주고 싶어요

저학년은 책에 글씨도 별로 없고 부모님이나 선생님이 읽어주는 경우도 많아서 책 읽기를 싫어하는 아이들이 많지 않습니다. 그런데 3학년쯤 되면 아이가 한글도 뗐고, 혼자 책을 읽고 이해 가능한 '읽기 독립'도 되었으니 혼자서도 책을 잘 읽을 것이라고 생각합니다. 읽어주기보다는 "책 읽어라" 하고 마는 경우가 많죠. 하지만 아이들은 책에 글씨도 많아지고, 책도 두껍고 내용도 어려워졌는데, 엄마는 혼자서 읽으라하니 난감합니다. 책을 싫어하는 아이들도 많아지는데, 그래서 3학년을 책을 좋아하는 아이와 싫어하는 아이로 나뉘는 '독서 분화기'라고 일컫기도 합니다. 그럼 책을 좋아하는 아이로 만들기 위해서는 어떻게 해야 할까요?

✎ 독서 사다리를 만들어주세요

부모님이 아이의 독서 사다리가 되어 주었으면 합니다. 아이의 수준이 a라고 한다면 a+1 수준의 책을 건넨 후, 너무 어려워하면 부모님이 읽어주기도 하고, 흥미를 느끼지 못한다면 앞부분만이라도 같이 보기도 하고요. 한 줄씩 돌아가며 읽기, 한 장씩 돌아가며 읽기, 같이 읽기 등 혼자 하기 힘든 과정을 함께하면서 독서 사다리를 계속해서 만들어주는 겁니다. 저는 교실에서 이런 방법도 씁니다. 아이들의 흥미를 끌 만한 책을 가져와서 읽어줍니다. 앞부분을 한참 읽어주다가 멈춰요. 그러고는 말합니다. "이 책이 너무 길어서 다 읽어줄 수는 없을 것 같아. 나머지는 너희들이 읽어봐" 하면 그다음 날부터 그 책을 읽는 아이들이 교실에 굉장히 많아집니다. 영화 예고편을 보여주듯이 책의 예고편을 보여주는 거죠. 독서 사다리를 만드는 작업을 계속하면 읽기에도 익숙해지고 아이가 책에 재미를 붙이게 될 겁니다.

✎ 가장 좋은 독서 사다리는 책 읽어주기입니다

아이가 혼자 읽기는 어려워하는 책을 읽어줄 때는 읽어주면 이해가 되는 수준으로 읽어주세요. 글자 그대로가 아닌 아이 수준으로 풀어서 읽어주는 겁니다. 그럼 고학년도 책을 읽어주는 것을 좋아합니다. 아이에게 맞는 수준보다 조금 더 어려운 책을 골라서 독서 사다리를 계속 만들어주세요. 너무 쉬운 것은 "내가 혼자 읽으면 더 빨리 읽을 수 있는데" 하고 지루해질 수 있고, 너무 어려운 것은 좌절감을 주지요. 고학년도 자신의 수준보다 조금 더 어려운 책으로 읽어주면 독서 습관을 기를 수 있습니다.

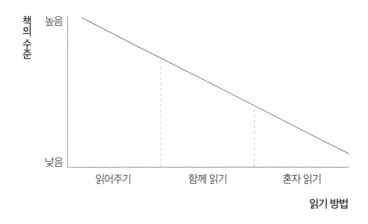

책의 수준은 상대적인 개념입니다.

같은 책이라도 아이의 독서 수준이 올라가면 책의 수준은 낮아지는 것이죠. 내 아이를 기준으로 책의 수준이 높다면 읽어주는 것이 좋습니다. 읽어주기 단계를 거쳐, 함께 읽기를 하다가 혼자서도 충분히 읽을 수 있는 수준이 되면 차차 혼자 읽기를 하는 것입니다.

✎ 아이가 재미있을 만한 책을 권해주세요

책을 읽으라고만 하는 게 아니라 책을 권해주셔야 합니다. '책을 권한다'에는 다양한 의미가 들어 있습니다. 아이의 독서 수준을 알아야 하고, 아이가 좋아할 만한 책도 알아야 해요. 아이들 수준에 맞는 책들을 함께 읽어봐야 가능하겠죠. 함께 읽는 것이 가장 좋습니다.

✎ 정말 재미있는 책 한 권을 푹 빠져 읽은 경험을 하게 해주세요

초등시기에는 책을 읽는 재미를 느낄 수 있게 해주는 것이 가장 중요하다고 할 수 있습니다. 정말 재미있는 책을 한 권 만나서 푹 빠져 읽는 경험을 한다면 내가 재미있는 책을 찾아 읽을 수도 있을 겁니다. 독서의 킬링 포인트가 바로 여기에 있습니다. 책 읽는 재미를 느낀 경험이 한 번이라도 있었느냐는 거죠. 정말 재미있는 책을 읽어볼 수 있도록 책을 추천해주세요(단, 글이 좀 있는 것이 좋습니다). 제가 운영하는 유튜브 〈이서윤의 초등생활 처방전〉에 소개했던 구독자들과 초등학생이 직접 뽑은 재미있는 책 목록을 부록에 넣어둘게요. 살펴보면서 아이가 흥미를 느낄 만한 책으로 골라 읽어보세요.

아이가 책을 끝까지 읽었다면 과장된 리액션으로 충분히 칭찬해주세요. "이렇게 두꺼운 책을 혼자 다 읽었어? 대단하다!" 흥미 있는 책으로 끝까지 읽어내는 힘을 길러낸 후, 골고루 영양을 섭취하듯 다양한 읽을거리를 제공해서 골고루 접하게 해주세요.

✎ 독서 데이 혹은 독서 타임을 만드세요

옆 반 선생님께서 추천한 방법으로, 인상 깊어 자주 권하고 있습니다. 초등 자녀 두 명을 키우고 있는데 아이들의 독서 습관을 위해 매주 토요일은 북데이로 정했다고 해요. 매주 토요일은 아침 9시부터 오후 6시까지 거실에서 온 가족이 책을 읽는 날인겁니다. 그날은 집안일도 모두 멈추고, 음식도 배달음식을 주문해 먹었다고 해요. 그렇다고 아이들이 그 시간 내내 책을 읽는 건 아니죠. 물론 딴짓도 하고, 형제끼리 놀이를 하기도 했지만 미디어기기가 금지되고, 부모님이 책을 계속 읽고 있으니 놀다가도 거실 테이블로 와서 책을 읽더랍니다. 그렇게 계속하면서 독서 습관이 잡혔고, 지금은 한 달에 한 번만 하고 있다고 해요.

여기서 중요한 것은 가족 다 같이 거실 테이블에 앉아서 책 읽는 시간을 정기적으로 가졌다는 거예요. 9시부터 6시가 너무 길게 느껴지면 주말에는 세 시간, 하루에 매일 30분 이런 식으로 정해진 시간은 책상에 앉아서 가족 모두 책을 읽는 시간을 가져보세요.

독서 습관을 위해서는 다각적으로 노력해야 합니다. 재미있는 책을 소개해주기도 하고, 도서관이나 서점도 자주 가고, 집도 책을 읽는 분위기로 만들어주세요. 아이에게 책을 읽어주기도 하고, 집에서 정기적으로 온 가족이 같이 책 읽는 시간을 가져보는 것도 좋겠습니다. 아이가 읽든 안 읽든 책을 빌려서 아이 책상 위에 쌓아도 보세요. 자연스럽게 책과 가까워지면서 정말 재미있게 읽은 책이 한 권, 두 권 쌓이면 독서 습관이 생기게 될 거예요.

그림만 보고 글은 안 읽으려고 해요

그림만 보려고 한다는 것은 아직 읽기가 익숙하지 않은 것입니다. 책을 더 많이 읽어주세요. 읽기 독립이 이루어져 있지 않기 때문에 한글 읽기 자체가 어려운 것일 수 있습니다. 책을 함께 읽으며 소리와 문자의 대응을 자꾸 시켜보세요.

✎ 글을 읽는 연습을 더 많이 해야 합니다

혼자 글을 읽는다는 것은 고독하고 집중력을 요구하는 작업입니다. 요즘처럼 영상이 익숙한 생활 속에서는 정적 속에서 글을 읽는 것이 더 익숙하지 않을 거예요. 특히나 글 읽는 경험을 별로 해보지 않은 아이들은 글 읽기 자체를 힘들어합니다. 한글을 뗐고, 소리 내어 글도 읽지만 어떤 내용인지 해석을 할 수 있는 '문해력'이 길러지지 않는 것이죠. 글을 읽어도 재미가 없고 힘들기만 한 것입니다. 그림을 보고 어떤 내용일지 상상해보고, 글을 읽으면서 내용을 확인해보고 같이 이야기해보는 시간을 많이 가지세요.

글이 짧은 책만 읽으려고 해요

아이의 독서 수준을 꼭 점검하세요. 아이의 학년이 독서 수준을 의미하는 것은 아닙니다. 아이마다 독서 학년은 천차만별입니다. 초등학교 2학년에 벌써 객관적인 4학년 독서 수준을 가진 아이들도 있고, 5학년이지만 2학년의 독서 수준을 가진 아이들도 있어요. 독서 수준이 낮다는 것은 활자 집중력이 낮다는 것이고 문해력이 떨어진다는 것입니다. 당연히 읽어도 이해가 안 되는 재미없는 책은 읽기 싫겠죠. 고민 104를 참고해서 어떻게든 책을 많이 읽어보도록 해야 합니다. 독서 수준을 높이는 방법은 왕도가 없어요. 독해력 문제집을 푼다고 독서 수준이 올라가는 것도 아니고요. 책을 많이 읽다 보면 독서 수준은 자연스럽게 올라갑니다. 평소 읽던 글보다 조금 더 긴 글의 책을 끝까지 읽어내는 경험을 만들어주는 것이 중요합니다. 글 있는 재미있는 책을 처음부터 끝까지 읽는 경험을 해보세요.

✎ 책 읽기의 즐거움을 뺏지 않았나 생각해보세요

혹시 책을 읽을 때 다음과 같은 것을 강요하지 않았나 생각해보세요.

- 책을 읽으면서 모르는 단어가 나오면 무조건 사전으로 찾고 넘어가야 한다.
- 책을 읽고 난 후 독후활동을 꼭 해야 한다.
- 책을 읽고 나서 어떤 내용인지 반드시 물어보고 책의 내용을 모를 때 혼낸다.

부모님들은 책을 읽고 나서 어떤 내용인지 요약해보라고 하면 바로 할 수 있나요? '요약'이라는 기능은 고난도 기능이에요. 그런데 꼭 아이가 책을 읽고 나면 요약해보라고 하는 부모님이 있습니다. 모르는 단어를 무조건 사전으로 찾아 알아야 한다면, 쉬운 책은 단어를 찾지 않아도 되니 굳이 어려운 책을 읽지 않겠죠. 무조건 독후활동을 해야 한다는 것도 아이에겐 책을 책으로 읽는 게 아니라 독후활동이라는 숙제를 하기 위한 도구로 여겨질 수 있습니다. (고민 119 참고)

책을 읽었는데 내용을 물어보면 기억이 안 나서 모른다고 했어요. 그랬더니 집중해서 책을 읽지 않았다고 혼내요. 모르는 단어가 많이 나오는 책은 책을 읽다 말고 찾아야 하고요. 그러면 아이는 최대한 쉬운 책을 읽으려고 할 겁니다. 책을 읽는 즐거움을 빼앗지 마세요.

고민 107 아이가 학습만화만 읽어요

학습만화는 긍정적인 영향이 분명히 있습니다. 그래서 저 역시 학습만화를 권장합니다. 하지만 학습만화만 읽는다면 그건 독서 편식이에요. 글을 읽으면서 읽기를 훈련할 기회를 놓치게 됩니다.

처음 교사를 시작했을 때, 아이들이 학습만화를 열심히 읽는 거예요. 그때만 해도 학습만화로 활자에 익숙해지면 글이 많은 책으로 옮겨가겠지 생각했습니다. 한 학년이 끝날 때쯤, 학기 초에 학습만화만 읽던 아이는 어떻게 되었을까요? 제가 생각했던 대로 글이 많은 책으로 저절로 업그레이드되었을까요? 학기 초의 독서 수준 그대로 비슷한 학습만화만 읽고 있었어요.

✏️ 비율을 맞춘 독서 사다리가 필요합니다

그 후로 저는 교실에서 학습만화를 읽지 말자고 합니다. 학습만화와 글밥이 있는 책을 모두 읽고 있다면 괜찮지만, 학습만화만 읽고 있다면 글자가 많은 책에 재미를 붙여야 합니다. 고민 104에서 소개한 여러 방법을 시도하면서요. 읽어주기도 하고, 같이 읽기도 하고, 서점도 자주 가고, 재미있는 책도 권해주고 말이에요.

가정에서는 아이가 읽는 학습만화와 글이 많은 책의 비율을 정해주세요. '학습만화 2권에 글 많은 책 1권' 이런 식으로 말이죠. 용돈을 주고, 서점에서 읽고 싶은 책을 고르라고 하세요. 단, 이때 읽고 싶은 책 1권, 네가 읽어야 할 것 같은 책과 너에게 도움이 많이 될 것 같은 책을 각각 1권씩 고르라고 비율을 맞춰주시는 겁니다. 자꾸 읽어봐야 재미있어집니다. 글 있는 책으로 이끌어주지 못하면 학습만화만 읽게 됩니다.

책을 대충대충 읽어요.
슬로리딩, 어떻게 하는 건가요?

평소 독서에 대한 보상을 책을 읽은 권수에 따라 하지는 않으셨나요? 가끔 독서라는 행동만 목적이 되어 읽은 책의 권수를 늘리는 데만 집착하는 아이들을 볼 때가 있습니다. 책을 읽는 권수에 따라 보상을 받았기 때문에 그게 익숙해진 거죠. 처음에는 동기 유발이 될 수 있지만, 점차 독서 권수를 늘리기 위해 그림책이나 만화책만 읽는 경우가 많아집니다.

만약 아이가 빨리, 많은 양을 읽어서 보상을 받으려고 한다면 권수로 주는 보상을 없애세요. 다독보다는 읽는 것 자체에 목표를 뒀으면 좋겠습니다. 권수가 아니라 '새로운 책에 시도해보았을 때', '책을 읽은 후 독후활동을 함께 해보았을 때'와 같이 다른 방향의 보상을 활용해보세요.

✎ 부모님의 기대가 높은지 확인하세요

책을 대충대충 읽는 것 같다는 질문을 정말 많이 받습니다. 부모님이 기대하는 모습은 책을 집중해서 읽고, 독후활동 삼아 내용을 물으면 척척 내용 요약도 해보이는 거죠. 기대하는 모습이 나오지 않으면 걱정이 됩니다. "책을 대충대충 읽는데, 또 내용을 물어보면 알기는 아는 것 같아요"라고 고민하는 분들께는 "괜찮습니다"라고 답해드립니다. 그렇다면 아이가 속독할 만큼 독서 수준이 높다는 것이니까요. 다만 꼼꼼하게 정독하는 경험을 위해 '슬로리딩'을 해보게 하는 것도 좋습니다.

✎ 독서의 신세계, 슬로리딩

슬로리딩은 책 한 권을 씹어 먹듯 천천히, 깊게 읽는 것입니다. 책 한 권을 3개월, 6개월에 걸쳐서 읽으며 책 내용으로 할 수 있는 것들을 다 해보는 거죠. 예를 들어 책 『그 많던 싱아는 누가 다 먹었을까』에 나온 시 「향수」를 읽고 그리운 집을 그려보는 겁니다. 나무들 이야기가 나오면 밖으로 나가 나무를 보고 사진을 찍고 느낌도 적어봅니다. 모르는 단어가 나오면 뜻을 유추해 본 뒤 사전을 찾아보고, 그 단어를 이용해서 문장을 만들어봅니다. 책에 일본식 성명 강요(일제강점기 일본식 성과 이름을 갖게 한 것) 이야기가 나오면 이를 주제로 찬반 의견으로 토론을 합니다. 피난민이 먹었던 감자와 달걀을 이용해서 요리를 만들어보고, 전쟁 영화 '태극기 휘날리며'를 보며 책을 오감으로 느낍니다.

이러한 읽기를 지속하자 아이들은 이제 누가 시키지 않아도, 스스로 책을 보고 흥미로운 부분이나 영감을 주는 부분에 대해 자신만의 방식으로 표현합니다. 어떤 아이는 만화를 그리고, 어떤 아이는 작곡을 하고, 어떤 아이는 영상을 만들었습니다. EBS 〈다큐프라임〉 '슬로리딩'에서 나온 장면입니다. 한 아이가 이렇게 인터뷰를 했습니다. "한 권의 책으로 할 수 있는 게 이렇게 많다는 것을 처음 알았어요. 한마디로 책 사용법을 완전히 알게 된 것 같아요."

슬로리딩은 깊이 읽어 생각의 경지를 넓히는 것입니다. 지식을 내 것으로 만드는 방법, 주제를 탐색하는 방법, 내 생각을 다양하게 표현하는 방법 등을 가르쳐 줍니다. 그렇다면 슬로리딩은 어떻게 할 수 있을까요?

✏️ 슬로리딩 3단계

1단계 : 슬로리딩용 책 선정하기

슬로리딩용 책을 선정할 때 제일 중요한 것은 절대 번역서를 선정하지 않는 것입니다. 어렸을 때는 바른 문장과 다양한 우리 어휘를 접할 필요가 있습니다. 아무리 좋은 번역서라 할지라도, 우리글에 비하면 문장력이나 어휘에서 크게 차이가 납니다. 따라서 초등학생의 슬로리딩에 최적화된 책은 국내 소설입니다.

학년별로 다음과 같은 책을 추천하지만, 혹시 다른 책을 고른다 해도 이 책들을 기준 삼아 고르면 됩니다.

- 『가방 들어주는 아이』 : 초등학생 1~2학년
- 『자전거 도둑』 : 초등학생 3~4학년
- 『몽실 언니』 : 초등학생 5~6학년

양보다는 질이 중요합니다. 다음의 방법들을 활용하여 책 한 권을 3~6개월에 걸쳐 읽습니다.

① 한 단락씩 소리 내어 천천히 읽기

모든 내용을 음독하기는 힘들 수도 있습니다. 책의 중요한 부분이나 책에 집중이 안 될 때는 성우가 된 것처럼 소리 내어 읽어 봅니다.

② 단어 찾아보기

책을 읽으면서 모르는 단어가 나오면 찾아봅니다. 찾아본 단어로 간단한 작문을 해 보는 것도 좋습니다. 단어를 이용해 글을 짓고, 주제어를 놓고 다양한 자료를 검색해 봅니다.

③ 토론하기

책의 내용을 주제로 대화를 나눕니다. 예를 들어 특정 사건에 대해서 등장인물들의 심리 상태를 기준으로 아이와 대화를 해봅니다. "지금 가방을 들어주는 석우의 마음은 어떨 것 같아?", "친구들의 잘못된 행동은 어떻게 바꿀 수 있을까?" 등의 질문을 던지고 아이의 답을 들으며 서로 이야기를 나누는 것입니다.

④ 배경지식 찾기

책의 배경지식을 찾아봅니다. 책에 나오는 장소에 대해 찾아보기도 하고, 역사적 사실을 찾아보기도 합니다. 인터넷으로 검색하거나, 다른 책을 찾아보거나 관련 동영상을 찾아봐도 좋습니다. 배경지식을 알면 책의 내용이 더 잘 이해됩니다.

⑤ 그려보기

소설에 나오는 장소, 주인공의 모습, 인상 깊은 장면을 상상해서 그려봅니다.

⑥ 직접 경험하기

소설 속에서 바느질하거나 요리를 하면 그것을 직접 해보거나, 소설 속에 나오는 장소를 직접 찾아가 봅니다. 친구의 가방을 들어주는 주인공의 모습을 따라 아픈 친구를 도와주거나 소설에 나온 동물이나 곤충을 직접 관찰해봅니다.

⑦ 파생 독서

슬로리딩한 도서에 등장하는 다른 책, 그 저자의 다른 책, 또는 소설 속 내용과 연관된 다른 책들을 찾아 읽습니다.

3단계 : 나만의 방법으로 표현하기

슬로리딩한 책과 내 생각을 나만의 방법으로 재구성해서 표현해봅니다. 글, 그림, 음악, 만화, 목소리, 노래, 영상 어떤 것이든 좋습니다.

① 글로 생각을 풀어내는 방법

주인공에게 편지 쓰기 / 나의 글과 친구의 글 비교해 보기 / 뒷이야기 이어 쓰기 / 시 바꿔 쓰기

② 목소리로 표현하는 방법

아나운서가 되어 북 토크쇼에서 책 소개하는 모습 녹화하기 / 성우가 되어 가장 인상적인 부분 녹음하기 / 아나운서가 되어 독서 퀴즈쇼 진행하기

이렇게 슬로리딩을 한 번 경험하고 나면 책을 어떻게 활용해서 읽어야 할지 배울 수 있습니다. 단지 권수를 늘리는 독서가 아니라 즐기는 독서, 성장하는 독서를 할 수 있게 될 것입니다.

책을 많이 읽어서 좋은데, 책만 읽어서 걱정이에요

책이 재미있다는 건 좋은 일입니다. 초등학생 정도의 아이가 책이 정말 재미있어서, 독서에 푹 빠져 있다면 큰 문제는 되지 않아요. 스마트폰에 중독이 된 것도 아니고, 책에 빠진 것이라면 책을 못 읽게 할 필요는 없다고 생각합니다.

✏️ 스트레스가 있는지 확인해보세요

단, 책에만 빠진 이유가 '현실 회피'일 때는 문제가 조금 다를 수 있습니다. 아이가 스트레스를 갖고 있지는 않은지 살펴보세요. 친구 관계가 생각만큼 되지 않을 때, 가정 상황으로 인해 아이가 힘들어하지는 않는지, 현실에서 도망치고 싶은 것은 아닌지 확인해보는 겁니다. 아이의 마음을 충분히 읽어주고 도와줄 수 있는 부분은 있는지도 솔직하게 나눠보세요.

✏️ 운동 시간을 확보하세요

정적인 활동을 좋아하는 아이들이 있습니다. 그런 아이들이 가장 좋아하는 것 중

하나가 독서죠. 그래도 최소한의 운동은 필요합니다. 술넘기나 달리기와 같은 운동을 짧은 시간이라도 할 수 있도록 해주세요.

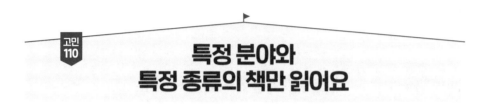

특정 분야와
특정 종류의 책만 읽어요

고민 107에서 학습만화만 읽으며 독서 편식을 할 경우, 글 있는 책으로 넘어갈 수 있도록 도와주는 게 좋다고 했습니다. 하지만 글이 많은 책 중에서도 특별히 좋아하는 분야가 있고, 그래서 그 장르의 책만 읽는다면, 그건 꼭 문제가 있다고 볼 수는 없어요. 이미 책 읽기의 즐거움을 알고 있는 것이니까요.

✎ 관심 주제의 책을 더 심화, 확장시켜보세요

주제별로 특별히 읽는 책이 있다면 관심 주제에서 시작해서 수준도 장르도 더 다양하게 읽게 해보세요. 역사 분야의 책만 읽는 아이라고 한다면 역사책의 수준을 높여보고, 역사책을 이야기책, 지식책 등으로 다양하게 읽습니다. 우리나라 역사에서 세계사로 넓히기도 하고, 하나의 역사적 사건을 집중적으로 다룬 책을 읽기도, 역사적 인물의 일대기를 다룬 위인전도 읽어봅니다. 과학책만 읽으려고 한다면 과학 관련 소설, 과학 위인 이야기나 과학적인 사실을 심도 있게 다룬 책 등을 다양하게 읽어보고, 칼 세이건의 『코스모스』를 읽을 수 있는 수준까지 끌어올려 보는 것입니다.

✎ 관심 분야의 내용을 담은 이야기책 시작하기

창작책은 긴 호흡 속에서 주인공의 성격과 마음, 줄거리를 생각하며 몰입해서 읽는 책입니다. 그래서 짧은 호흡으로 필요한 지식을 취하는 지식책과는 다르지요. 그래서 창작책이나 이야기책을 읽기 싫어하는 아이도 있습니다. 아이들에게 다양한 이야기책을 읽어주세요. 그리고 아이가 관심 있는 소재와 주제를 담은 이야기 창작책을 찾아주세요. 아이가 재미를 느낄 수 있게 독서 사다리가 되어주는 겁니다.

고민 111

책을 엄마 아빠와 같이 읽으려고 해요

저학년 아이들을 둔 부모님이 많이 갖는 고민입니다. 옆에서 계속 같이 읽어주면 습관이 될까 봐 언제까지 같이 읽어줘야 할까 걱정하는 거죠. 한글을 떼고, 책 읽기를 아예 못하는 것 같지는 않으니 혼자 읽어도 되지 않을까 싶겠지만, 아이는 아직 읽기 독립이 안 되었을 수 있습니다. 책을 혼자 읽는다는 것이 아직 어려운 거죠. 책을 읽으려면 집중해서 글자를 읽고 그 의미까지 파악해야 합니다. 어떤 내용인지 이해해야 다음 내용을 읽어도 이해가 되고 재미도 있어요. 읽기 독립이 안 되어 책 읽기가 부담스럽고 힘드니 읽어달라고 합니다. 읽어준다고 해서 아이가 영영 혼자서는 책을 못 읽게 되는 것은 아닙니다. 읽어 주다 보면 문자와 소리의 대응이 계속되어 읽기 독립이 이루어질 수 있어요. 혹시 책의 수준이 너무 높은 건 아닌지도 확인해보세요. 혼자 읽기에 너무 어렵지는 않은지 객관적 진단이 필요합니다.

✎ 부모님과 함께하는 활동이 좋을 수 있어요

읽기 독립이 되었는데도 책을 읽어달라는 경우도 있습니다. 부모님과 함께하고 싶은 겁니다. 부모님이 곁에 앉아 나를 위해 책을 읽어준다면, 아이는 사랑받고 있는 기분이 들고 정말 좋을 거예요. 조금 더 자라면 같이 읽자고 해도 싫다고 할 때가 옵니다. 그 시기의 아이만 갖는 어리광이고 바람인 거죠. 그러니 책을 읽어 달라는 아이가 읽지 않고 듣는 것에 습관이 될까 봐, 독서 습관이 안 좋아질까 봐 등의 걱정은 안 하셔도 됩니다. 마음껏 읽어주세요.

✎ 같이 읽기는 고학년 독서에도 좋은 방법입니다

책을 읽어주는 것은 독서에 있어 학년을 불문한 좋은 방법입니다. 책을 잘 읽지 않는 고학년 아이들도 책을 읽어주면 집중해서 듣습니다. 그렇게라도 책과 가까워질 수 있다면 계속 노출하며 연결해주는 것이 좋습니다. 아이가 책을 읽어달라고 한다면 상황이 되는 데까지 읽어주세요. 긍정적인 효과로 나타날 겁니다.

고민 112 자꾸 틀리는데 혼자 읽겠다고 해요

저는 예비 초등학생 여자아이를 둔 엄마입니다. 독서의 중요성 때문에 지금부터 책 읽기를 조금씩 실천하고 있습니다. 그런데 한 가지 궁금한 점이 있습니다. 아이가 7살 중반부터 공부해서 현재 한글을 80퍼센트 정도 읽을 수 있는 단계입니다. 유치원에서 들은 강의 중에 "저학년까지 부모가 함께 독서를 해 줘야 한다"고 해서 저는 그렇게 해주고 싶은데요. 아이는 한글을 조금씩 읽기 시작하더니 엄마는 읽지 말고 본인이 틀려도 아무 말 하지 말아 달라고 합니다. 저는 솔직히 아직 책의 내용을 온전히 이해하지 못하는 아이 가 단순히 글자만 읽고 있는 것 같아 걱정이 되는데요. 그래서 한 장은 딸이 한 장은 제가 읽으면서 어려운 부분은 설명을 더 하고 있기는 한데, 딸이 제가 설명하려고 하면 빨리 넘어가려고 해서요. 책의 내용을 같이 서로 이야기하면서 보고 싶은데. 지금 같은 시기에 는 독서 교육을 어떻게 해줘야 할까요?

✎ 원래 이래도 고민, 저래도 고민입니다

'지금 시기에 어떻게 해야 한다' 하고 정해진 것은 없습니다.

미취학, 저학년 아이를 둔 부모님이 많이 하는 질문은 다음 두 고민입니다. 고민 105의 '혼자 읽을 때는 그림 있는 것만 읽으려고 한다'와 고민 111의 '아이가 엄마 한테 읽어달라고만 한다' 두 가지요. 그런데 이번 고민은 정반대입니다. 아이가 자 꾸 혼자만 읽겠다고 고집을 하는 거죠. 책을 같이만 읽으려고 하면 그것도 고민, 혼 자 읽는다고 해도 고민, 음독만 해도 고민, 묵독만 하면 또 그게 고민입니다. 독서에는 다양한 방법과 의미가 있고 그 어떤 것도 한 방향으로 답을 정할 수 없기 때문이지요.

✎ 아이의 욕구는 아이의 성장 시기를 결정합니다

아이가 혼자 걷고 싶어 할 때 혼자 걸어보게 해줘야 걸을 수 있게 됩니다. 아이는 혼자 해보고 싶은 거예요. 글자 읽기에 재미를 붙인 겁니다. 이때 엄마가 자꾸 개입 하면 아이는 흥미를 잃어버릴 수 있어요. 글자만 읽는 과정을 지나야, 글자를 읽으 며 내용 파악도 하는 읽기 단계로 넘어갈 수 있습니다. 아이가 혼자 읽을 수 있게 해주세요.

✏ 엄마가 정해놓은 기준이 너무 많습니다

책을 100퍼센트 완벽히 이해해야 한단 생각도 내려놓았으면 좋겠습니다. 성인도 책을 한 권 읽으면 전부를 이해하지 못해요. 반복해서 읽거나 다른 책들을 읽다 보면 전에 읽던 책이 다시 이해되기도 하죠. '지금은 엄마랑 같이 읽어야 하는 시기다', '책의 내용을 다 이해해야 한다', '책을 읽고 같이 대화하면서 독후활동을 해야 한다' 이것은 모두 엄마가 정한 기준입니다. 지금 아이가 하고 싶은 '소리 내어 글자 읽기'를 혼자 할 수 있게 놓아 두어도 됩니다. 지금처럼 번갈아 읽기 등의 방법으로 엄마랑 같이 책 읽기를 하시되, '내가 더 설명해줘서 아이에게 이해시켜줘야지'라는 생각은 잠시 내려놓아도 될 것 같습니다.

고민 113 소리 내서 읽으면 이해하는데 소리를 내지 않으면 이해 정도가 떨어져요

소리 내어 읽는 것을 음독이라고 하고 소리 내지 않고 눈으로 읽는 것을 묵독이라고 합니다.

음독(音讀)   묵독(默讀)

눈 ➡ 입 ➡ 귀 ➡ 두뇌   눈 ———➡ 두뇌

음독과 묵독의 인지 과정을 살펴보면, 음독은 이해가 수행되기까지 여러 단계를 거치게 됩니다. 묵독에 비해 독서의 속도나 효율성이 떨어지죠. 사실 독서의 최종 목표는 묵독이라 할 수 있습니다.

✎ 음독을 제대로 해야 묵독으로 잘 넘어갑니다

모든 일에는 순서가 있습니다. 묵독이 최종 목표라면 음독은 시작일 수 있습니다. 음독을 제대로 하지 않고 묵독으로 넘어가면, 독해력이 떨어집니다. 그래서 저학년 때는 스스로 소리 내어 책을 읽어 보거나 부모와 교대로 소리 내어 읽어 보는 음독을 하는 게 좋습니다. 일본 도호쿠 대학의 카와시마 류타 교수의 연구에 따르면 "소리 내어 읽으면 뇌의 신경 세포가 70퍼센트 이상 반응한다"고 합니다. 또한 음독은 아이의 읽기가 유창한지, 발음을 정확하게 하는지 등을 가늠해볼 수도 있습니다. 음독 역시 꼭 필요한 읽기 방법이죠.

중요한 것은 음독에서 묵독으로 잘 넘어가야 한다는 것입니다.

음독을 하면 글에 대한 이해도가 높지만 묵독을 하면 이해도가 떨어지는 문제는, 읽기에 대한 능력이 평균보다 부족한 아이들의 경우에 도드라졌습니다. 일반 학생은 음독과 묵독에 따른 이해 정도의 차가 크지 않았습니다. 이것은 읽기 부진 학생들은 음독에서 묵독으로 넘어가는 과도기를 제대로 겪어 내지 못했기 때문이라 볼 수 있습니다.

초등학교 1~2학년 때는 이제 막 한글을 배우는 아이들이 글자와 소리의 관계를 인식하면서 소리 내어 읽는 음독이 중요합니다. 하지만 초등학교 3~4학년 때는 음독의 속도보다 묵독의 속도가 더 빨라지는 음독과 묵독의 과도기입니다. 저학년 때 음독 훈련을 충분히 한 뒤 중학년 때는 안정되게 묵독할 수 있어야 합니다.

✎ 음독 연습을 하며 쉬운 책 묵독을 시작하세요

앞서 설명했지만 음독과 묵독 중 어느 하나의 읽기 방식이 더 좋다고 할 수 없습니다. 읽기 목적에 따라 다르기 때문에 음독과 묵독의 조화가 필요합니다. 책 읽기 초기 단계에서는 음독을 충분히 하고, 학년이 올라가면서 많은 글을 빠르게 읽어 낼 때는 묵독으로 적절하게 정보를 읽어 낼 수 있어야 합니다. 만약 속으로 읽었을 때 책에 대한 이해도가 떨어진다면 음독을 더 많이 연습하세요. 그리고 쉬운 책부터 묵독을 시도해보는 것이 좋습니다.

아래와 같은 문제가 있다면, 묵독으로 넘어가기보다 음독 훈련을 더 충분히 해야 합니다.

- 한 글자, 또는 한 낱말씩 읽는다.
- 단어나 구절의 끊어 읽기가 안 된다.
- 앞뒤 낱말의 순서를 바꿔 읽는다.
- 한 줄을 건너 뛰고 읽는다.
- 익숙하지 않은 글자는 빼고 읽는다.
- 조사를 자주 빼고 읽는다.
- 책에 없는 낱말을 만들어 읽거나 다른 낱말로 바꿔 읽기도 한다.
- 쉼표, 온점, 물음표, 느낌표 등 문장부호를 무시한다.
- 손가락으로 글자를 짚어야 읽을 수 있다.
- 묵독을 할 때 자연스럽지 못하고 입으로 중얼중얼하며 읽는다.
- 읽는 속도가 느리다.
- 읽고 나서 무엇을 읽었는지 글의 내용을 이해하지 못한다.

고민 114 저학년이면 낭독을 해봐야 할 것 같은데 묵독만 하려고 해요

학습이나 독서에 꼭 정해진 시기, 정해진 학년이라는 것은 없습니다. 아이가 빠르면 빠른 대로 걱정, 느리면 느린 대로 걱정이 됩니다. 원래 삶은, 특히나 아이를 키우는 일은 불안의 연속이니까요. 고민 113에서 음독과 묵독의 중요성에 대해서 말했지만, 묵독을 해도 글을 잘 이해하는 수준이라면 문제가 될 것은 없습니다. 음독을 충분히 잘하고 넘어간 거니까요. 독서 수준이 오히려 높다는 의미니 걱정하지 않아도 됩니다. 낭독이나 묵독의 시기는 아이가 정하는 것입니다.

그러나 아이가 잘 이해하고 있는지 살펴보는 것이 중요합니다. 소리 내어 읽기가 귀찮아서 이해가 잘 안 되어도 묵독하고 있는 경우도 있기 때문입니다. 묵독했을 때 글을 잘 이해 못 한다면 함께 낭독하세요. 같이 소리 내어 읽고, 부모님이 책 읽어주기도 더 많이 해주세요.

영상으로 보는
책만 보려고 해요, 괜찮을까요?

저희 아이는 아기 때부터 읽는 책에 전혀 관심이 없었습니다. 제가 읽어주는 것도 흥미

가 없었어요. 대신 영상으로 보여주는 책(케이블 TV나 교육 방송에서 하는 전래동화, 명

작동화, 위인전)은 완전히 심취해서 보고 있습니다. 집에서 독해 문제집은 일주일에 2일

이상 꾸준히 풀고 있는데, 이대로 계속 아이가 원하는 방향의 독서패턴을 이어가도 될까

요? 아니면 강제로라도 하루에 일정 시간은 활자로 된 책을 읽고 독서 습관을 잡아줘야

할까요?

✏️ 보는 책과 읽는 책은 전혀 다릅니다

영상으로 보여주는 책이나 활자로 된 책은 전혀 다른 종류의 글이에요. 아이마다

책에 관심을 보이는 정도는 다릅니다. 어떤 아이들은 언어적으로 더 뛰어나서 책을

읽는데 흥미를 보일 수도 있고, 어떤 아이는 시각적 청각적 자극을 받아야 효과가

전달돼 텍스트에는 흥미가 없지만 인터넷 강의를 듣거나 영상을 보는 것으로 도움

을 받을 수도 있어요. 하지만 지금 아이에게 영상으로 보여주는 책은 아이가 좋아

하는 반찬이라고 한다면 활자로 된 책은 아이가 좋아하지는 않지만 영양 발달을

위해 꼭 필요한 반찬입니다. 반드시 섭취해야 하죠.

✏️ 독서 외에는 배울 수 없는 것

영상으로 보는 책은 노력하지 않아도 아이가 볼 수 있지만, 활자로 된 책은 옆에서

함께 노력을 해줘야 볼 수 있습니다. 우리가 책을 읽는 이유는 단순히 줄거리를 알기 위해서가 아닙니다. 내용만 아는 것이 목표라면 영상으로 보는 책을 보면서 내용을 기억해도 괜찮겠지만, 책을 읽으며 기를 수 있는 '문해력'은 어떤 것도 대신 채울 수 없어요. 독해 문제집을 푸는 것은 짧은 호흡의 글을 읽으면서 문제 푸는 기술을 올려주는 겁니다. 책을 읽는 것은 긴 호흡의 글에 대한 집중력, 이해력을 길러주는 과정이기 때문에 독해 문제집에서 배울 수 있는 것과는 다른 문해력입니다.

✎ 노력해도 책을 좋아하지 않을 수 있습니다

별다른 노력을 하지 않았는데 독서가 취미인 아이도 있고, 노력을 해주면 그만큼 따라오는 아이도 있지만, 아무리 노력을 해도 책에는 전혀 관심이 없는 아이도 있습니다. 하지만 책을 함께 읽으려는 노력을 꾸준히 한다면 완전히 즐기는 사람은 아니어도 내가 필요할 때 도움을 받을 수 있을 정도의 독서 습관은 가질 수 있습니다. 아이가 싫어하면 활자가 많지 않으면서 흥미 있는 책, 혹은 학습만화라도 먼저 시작해보세요. 하루에 일정 시간을 정하고, 독서 습관을 잡지는 못해도, 맛보게는 해주면 좋겠습니다.

아동발달학자 매리언 울프의 『다시, 책으로』라는 책의 한 구절입니다.

"독서는 선천적인 능력이 아니라 뇌가 새로운 것을 배워 스스로 재편성하는 과정에서 탄생한 인류의 기적적인 발명이다."

독서 습관이 안 잡힌 아이, 북큐레이터가 추천해준 책을 읽히고 싶어요

북큐레이터라면 아이가 흥미를 보일 만한 책에 대한 데이터를 갖고 있을 거예요. 북큐레이터라는 직업은 '너무 많은 책의 종류' + '어떤 책을 읽혀야 할지 모르겠는 부모의 막막함' + '책을 읽기 싫어하는 아이'의 조합이 만들어낸 직업입니다.

돈을 내고 이용하는 서비스는 활용하는 사람의 몫입니다. "북큐레이터가 추천해준 책을 읽었더니 우리 아이가 책에 흥미를 보이네요!"와 같은 반응을 보일 수도 있습니다. 하지만 앞에서도 말씀드렸듯이 책을 읽는 습관은 다각적으로 노력해야 겨우 만들어질까 말까 하는 습관이에요. 북큐레이터가 추천해주는 책을 읽으니 척척 책 읽는 아이가 되는 건 아니라는 겁니다. 확신에 조심성이 필요합니다.

또한 책을 고르는 안목은 직접 골라봐야 생깁니다. "이 책을 골라 읽으니 재미가 없고, 이 책을 골라 읽으니 나한테 맞네?" 하는 생각 등. 직접 부딪히며 좋아하는 작가도, 좋아하는 느낌의 책도 알아가는 것이 좋습니다. 물론 처음에는 북큐레이터의 도움을 받을 수도 있어요. 아이의 성향과 수준에 맞는 책을 추천해줄 수 있으니까요. 하지만 결국 책을 고르는 것도 연습해야 합니다. 너무 북큐레이터에 의지하지 말고 고민 117의 도움을 받아 혼자 힘으로 골라보는 것도 해보기 바랍니다.

학년별로 읽으면 좋은 책이 있을까요?

책 고르는 법에 대한 질문을 많이 받습니다. 독서가 좋다는 것은 알지만, 막상 책을 읽으려면 어떤 책부터 읽어야 할지 막막합니다. 학생들과 다 함께 학교 도서관에 가보면 평소에 책을 잘 읽는 아이인지, 아닌지 간단히 알 수 있습니다. 평소에 책을 잘 읽는 아이는 책을 금방 골라서 그 시간이 끝날 때까지 집중해서 읽어요. 하지만 그렇지 않은 아이들은 책을 고르는 데 시간이 오래 걸리고, 책을 골라서 자리에 앉았다가도 계속 왔다 갔다 하면서 책을 바꿉니다.

책을 잘 고르는 방법이 있을까요? 제가 책을 고르는 꿀팁들을 알려드릴게요.

✎ 학년별 추천 도서 목록을 이용해보세요

아이에게 어떤 책을 추천해줘야 할지 모르겠다면 학년별 추천 도서 목록을 활용해 봐도 좋습니다. 각 학교의 사서 교사는 학년별 추천 도서 목록을 만들어 나누어줍니다. 집에서 가까운 도서관만 가도 학년별 추천 도서 목록이 있어요. 보이는 곳에 없다면 사서에게 물어보세요. 교과 연계 책 목록이 나온 책이 도서관에 비치되어 있습니다. 학년별 추천 도서 목록은 필독서가 아니며, 같은 학년이더라도 '독서 학년'은 아이마다 다르기 때문에 학년별 추천 도서 목록이 절대적인 기준이 되어서는 안 됩니다. 하지만 그 목록을 참고로 해서 책 읽기를 시작해보는 것도 하나의 방법이 될 수 있습니다.

✏️ 교과서에서 힌트를 얻으세요

국어 교과서 맨 뒤에는 교과서에 실린 지문을 발췌한 책 목록이 실려 있습니다. 이 책들을 읽으면 교과 공부도 저절로 되는 거예요.

또, 사회나 과학 교과서도 활용할 수 있는 방법이 있습니다. 교과서를 훑어보며 어떤 내용이 실려 있는지 확인하세요. 예를 들어 다음 학기에 '화산'에 대해 배운다면, 도서관에 가서 화산을 검색어로 도서 검색을 해보는 겁니다. 검색에 나온 책들을 보면서 어린이 책들로 몇 권 추려 아이와 함께 읽어보세요. 아이 수준에 맞는 것으로 고르면 자연스럽게 예습 및 복습이 되면서 배경지식도 넓힐 수 있습니다.

✏️ 인터넷 서점의 데이터를 이용하세요

아이가 재미있게 읽었던 책 한 권이 있다면 인터넷 서점에 들어가서 그 책을 검색하세요. 해당 책에 대한 정보가 나열돼 있고, 화면 아래쪽을 보면 '이 책을 구입하신 분들이 산 분야 연관 책'이라는 게 뜰 거예요. 비슷한 장르, 비슷한 느낌의 책들이 추천되어 아이가 좋아하는 책을 찾는 또 하나의 방법으로 활용할 수 있습니다. 저도 이 방법으로 책을 많이 고르기도 합니다. 컴퓨터가 데이터를 분석해 추천해주는 책들이기 때문에 그간 선호해온 취향에 맞아떨어질 때가 많아요. 활용해보기를 추천합니다.

✏️ 책이 많은 공간에 자주 가세요

평소에 도서관이나 서점에 자주 가세요. 자꾸 가서 보다 보면 책에는 어떤 종류가 있는지, 얼마나 많은 장르가 있는지 알게 됩니다. 다양한 책을 구경하다 보면 '이런 종류의 책을 읽어보고 싶다'는 마음이 생깁니다. 막상 그 책을 빌려서 읽다가 끝까지 못 읽을 수도 있습니다. 그렇다고 해서 의미 없는 경험은 아닙니다. 서점에 가서

'내 책'을 사세요. 책을 골라서 돈을 지불하고 책을 사는 것은 애착 있는 내 책을 만드는 일입니다. 단, 이때 아이들에게 책을 고르라고 하면 학습만화나 흥미 위주의 책을 고를 확률이 높습니다. '재미있는 책' 하나, '유익해서 도움 될 것 같은 책 하나'를 고르자고 하세요. 내가 고르고 직접 산 책은 재미없어도 더 읽어보려고 합니다. 용돈을 주고 직접 한 권씩 골라서 사다 보면 책을 고르는 안목이 또 생기지요. 그렇게 책을 자꾸 고르고 읽다 보면 좋아하는 작가도 생기고 내가 좋아하는 분야의 책도 생기게 됩니다.

✎ 학년별 독서 로드맵

저학년에는 그림책, 글자가 많지 않은 책을 읽으며 읽기 독립에 성공하고, 중학년에는 재미있는 텍스트 위주의 책으로 독서의 재미를 느낍니다. 고학년에는 고민 121을 참고해 고전 독서를 하면서 수준 있는 독서를 해야겠다 생각하며 독서의 큰 그림을 세워보세요.

고민 118
2학년 남자아이, 독서 논술 학원을 보낼까 고민됩니다

독서는 반드시 해야 하지만 독서 논술은 반드시 해야 하는 건 아닙니다. 독서는 어떤 과목에서든 기본이 되고 중요하기 때문에 집에서 하든, 학원을 다니든 무조건 해야 합니다. 물론 부모님과 함께 독서 습관을 잡는 것이 가장 좋아요. 하지만 독서 논술은 책을 읽고, 독서록을 써보면 됩니다. 글쓰기에 대한 내용(고민 131~134)을 참고하세요.

✎ 학원이 필요한 과목의 우선순위를 생각합니다

경제적으로 넉넉하고, 아이가 학원에 다니는 것에 큰 스트레스를 받지 않으며, 시간도 충분하다면 뭐라도 배우는 것이 도움 됩니다. 하지만 경제적으로 부담이 있거나 아이가 학원에서 보내는 시간을 한없이 늘릴 수 없는 이상, 가정에서 봐주는 게 더 힘든 과목일수록 '학원의 도움이 필요한 우선순위'가 높아집니다. 가정에서 도와주는 게 다른 과목보다 수월한 과목과 가정 학습이 어려워 외부의 도움을 받아야 하는 과목이 있다면 독서는 전자에 더 가깝습니다. 다양한 방법을 통해 독서 습관을 들이도록 해주고, 독서록을 쓰거나 간단한 독후활동을 하는 것만으로도 초등학교 2학년 아이의 독서 활동은 충분할 거라 생각됩니다. 고민 108을 참고해서 슬로리딩을 해보거나, 글 안 써도 되는 독후활동 놀이(고민 120 참고), 일기 쓰기(고민 132 참고), 간단한 독서록 쓰기(고민 133 참고) 등을 집에서 시도해보세요.

✎ 부모님의 확인과 노력이 항상 필요해요

만약 학원을 보낸다고 하더라도 교육이란 완벽한 아웃소싱이 불가능하다는 사실을 명심하면 좋겠습니다. 내 아이의 교육은 제3자에게 전적으로 맡겨서 처리할 수는 없다는 뜻입니다. 독서 논술 학원에 다닌다고 해서 아이가 이 시기에 해야 할 모든 독서 활동이 채워지는 것은 아닙니다. 집에서도 독서할 분위기를 만들어주고, 바른 독서 습관을 들이기 위한 여러 노력이 필요합니다.

고민 119 독후활동을 꼭 해야 할까요?

아이가 책은 잘 읽는데, 책을 읽은 후 독후 대화라도 하자면 자꾸 거부합니다. 제대로 읽고 있는지 확인할 방법이 없어 걱정이 돼요. 그대로 놔둬도 될까요?

결론부터 말씀드리면 저는 독후활동을 꼭 할 필요는 없다고 생각합니다. 물론 하면 좋겠죠. 책을 한 권 읽고 독후활동을 하면 기억에 남는 게 더 많을 거예요. 하지만 책을 읽는 데에 재미를 붙이고 있는데 독후활동을 억지로 하다가는 책을 읽는 재미마저 놓칠 수 있습니다. 독후활동이 귀찮아서 책을 안 읽으려고 하는 거죠. 어른들도 책을 읽는 건 재미있어도 그걸로 독후감을 쓰라고 하면 귀찮잖아요. 게다 엄마가 너무 점검하려는 분위기라면 아이는 독후활동이 더 싫어질 수 있습니다. 아이가 심하게 거부한다면 책을 읽은 직후가 아닌, 일상생활 중에 읽었던 책의 내용으로 넌지시 대화를 해보는 방법도 있습니다. 또는 "엄마는 책 읽기가 너무 귀찮은데 줄거리 좀 말해줄 수 없을까?"로 대화를 시도해보세요. 그래도 싫다고 한다면, 하지만 책은 잘 읽는다면 독후활동은 하지 않아도 됩니다. 책만 꾸준히 읽게 하세요.

제게 이 질문을 하는 대다수는 저학년 학부모입니다. 저학년생에게 일기나 독서록 쓰기는 무리입니다. 학교에서 독서록 숙제도 내주고 국어 교과서에서 독후감 쓰는 법을 배우는 학년은 3학년부터입니다. 자연스럽게 독후감을 써야 할 때가 온다는 거죠. 저학년은 가끔 고민 120에서 소개하는 쓰지 않아도 되는 독후활동 정도를 해보면 좋겠습니다.

쓰기 싫어하는 아이, 글을 안 써도 되는 독후활동이 있나요?

글을 쓰기 싫어하는 아이, 아직 유려한 글쓰기를 하지 못하는 아이들에게 적합한 독후활동이 있습니다. 독서란 '즐거움'으로 우선 기억되어야 한다는 사실을 잊지 말고, 아이가 흥미를 잃지 않도록 아이의 취향과 수준에 맞는 독후활동을 권해보길 추천합니다. 글쓰기를 너무 힘들어하는 아이에게는 다음과 같은 '말로 하는 독후활동'을 해보세요.

✏️ 조각상 만들기 놀이

책을 읽고 가장 기억에 남는 장면을 조각상으로 표현하는 것입니다. 내가 조각상이 되어 책 속 장면 중 하나를 정지된 동작으로 표현하고, 왜 그 동작을 선택했는지 이유를 설명합니다.

✏️ 즉흥 연극하기

책을 읽고 난 후, 부모님이 책을 보며 한 문장을 읽어주면 그 문장의 상황을 아이가 즉흥적으로 표현하는 것입니다. 줄거리를 다시 살펴보는 재미있는 놀이가 되죠.

✏️ 책 속 인물과 대화하기

아이와 부모님 중 하나가 주인공이 됩니다. 글 속 주인공이 의자에 앉았다고 생각하고 부모님이 주인공인 아이에게 질문합니다. 또는 아이가 질문자가 되어 주인공

역할인 부모님에게 질문합니다. 아이와 부모님이 둘 다 이야기 속 인물이 되어 서로 대화를 해도 좋습니다. 단, 철저하게 책 속 인물의 입장에서 대답해야 하는 게 규칙입니다.

✏ 뒷이야기 릴레이 말하기
이야기 뒤에 이어질 내용을 상상해서 가족들이 돌아가면서 말합니다.

고민 121 고전 독서, 어떻게 시작할까요?

고전 독서가 중요하고 학습에 큰 효과 있다는 것을 말해주는 사례가 두 가지 있습니다.

첫 번째는 존 스튜어트 밀 독서법인데요. 『자유론』이라는 책으로 유명한 존 스튜어트 밀은 영국의 철학자이자 경제학자, 역사학자에 정치인까지 다방면에 존재감을 드러냈습니다. 굉장히 평범한 지능을 갖고 태어났는데, 철학자였던 아버지 제임스 밀에게 철학 고전 독서 교육을 받으면서 천재적인 두뇌를 갖게 되었다는 일화로도 유명하죠. 철학 고전 독서 교육은 고대부터 서양 상류 및 지식인 계층이 자녀를 천재, 엘리트로 키우기 위해 사용해 온 고전적인 독서법입니다. 이를 적용해서 존 스튜어트 밀의 아버지는 존 스튜어트 밀이 어렸을 때부터 플라톤, 아리스토텔레스, 데카르트 등의 천재 사상가들 책을 읽고 아버지인 자신과 토론을 하게 했다고 해요. 존 스튜어트 밀은 이 독서법 덕에 또래들보다 25년 이상 앞서갈 수 있었다고

자서전에 고백하기도 했습니다. 그리하여 존 스튜어트 밀은 '만들어진 천재'라고 불렸습니다. 많은 사람이 이 고전 독서 방법을 '존 스튜어트 밀식 독서법'이라 부른 이유이기도 하죠.

두 번째는 시카고 플랜입니다. 미국의 석유 재벌 존 록펠러가 세운 시카고 대학교는 사실 개교 후 30년 가까이 삼류 대학교로 알려졌었습니다. 소위 문제아로 불리는 학생들이 주로 다니던 학교였죠. 그러다 1929년, 로버트 허친스 박사가 5대 총장으로 취임하면서 시카고 대학교에 변화의 바람이 불기 시작했습니다. 존 스튜어트 밀 독서법에 정통했던 새 총장은 존 스튜어트 밀 스타일의 독서법만 충실히 따르면 바보도 천재가 될 수 있다고 생각했거든요. 그래서 도입한 것이 시카고 플랜입니다. 학생들에게 100여 권의 세계 고전 리스트를 주고서, 이 책을 전부 외울 정도로 성실히 읽은 학생들만 졸업할 수 있다는 조건을 걸겁니다. 시카고 플랜을 실시한 이후, 시카고 대학은 명문대학교가 되었습니다. 지금까지 노벨상 수상자만 100명 가까이 배출했죠.

✎ 보상을 걸면 어려운 책도 읽을까?

교실에서 아이들을 가르치면서 깜짝 놀란 적이 많습니다. 독서 수준이 생각보다 너무 낮았기 때문입니다. 특히 『비밀의 화원』, 『안네의 일기』, 『플랜더스의 개』 등의 명작 고전을 읽은 아이들은 정말 몇 명 되지 않았습니다. 철학 고전은 조금 어려울 수 있지만, 명작 고전은 그냥 재미있는 이야기책인데도 말이에요. 5학년 담임을 맡고 있던 때, 반 아이들에게 고전 독서를 시켰습니다. 고전 목록을 만들어서 나누어 주었어요. 『채근담』, 『논어』 등의 철학 고전도 목록에 넣었고, 『비밀의 화원』, 『80일간의 세계 일주』 등의 명작 고전들도 있었습니다.

저는 가정용 솜사탕 기계를 샀습니다. '보상을 주면 아이들에게 동기부여가 되겠지!' 기대했기 때문이었어요. 책 두 권당 솜사탕 하나씩을 만들어주겠다고 약속했습니다. 아이들은 곧바로 『채근담』을 사서 읽기 시작했습니다. 하지만 기대는 오래가지 않았습니다. 소수의 아이만, 목록 중에서 그나마 쉬운 책을 읽고서 솜사탕 한두 번을 받아먹더니 금세 다들 포기하고 말았습니다.

"공부해라" 시킨다고, '보상을 건다'고 아이들이 갑자기 책을 읽거나 공부를 하는 건 아닙니다. 아이들이 봤을 때 '할 만한 도전'이어야 도전하고, 수준에 맞아야 이해도 하고요. 마음에서 우러난 도전을 통해 스스로 성취감을 느껴야 계속합니다. 너무 높은 담벼락은 아예 쳐다보지도 않더라고요. 다시 말해, 아이들의 독서 수준을 높일 때는 부모님의 도움이 꼭 필요하다는 것을 기억하셨으면 좋겠습니다.

✎ 고전 독서를 시작하는 세 가지 방법

그렇다면 고전 독서는 어떻게 시작해야 할까요? 우선, 고전이 굉장히 어려운 것이라는 편견부터 없애야 합니다. 고전은 오래되었어도 사람들에게 널리 읽히는 책이거든요. 고전 읽기의 부담을 없애는 세 가지 방법을 소개해볼게요.

첫 번째는 어려운 철학 고전부터 시도하지 않아도 된다는 겁니다. 고전은 크게 명작 고전과 철학 고전으로 나누어 볼 수 있습니다. '고전'이라 하면 철학 고전부터 떠올리는 분들이 많습니다. 정말 꼭 읽어야 할 것이지만 『소학』, 『논어』, 『명심보감』 등 제목부터 무겁습니다. 하지만 명작 고전은 이야기죠. 『아낌없이 주는 나무』, 『꽃들에게 희망을』 등은 길이도 짧아요. 『15소년 표류기』, 『장발장』, 『아라비안나이트』 이런 책은 정말 재미있죠. 독서를 꾸준히 할 수 있게 하는 중요한 힘은 '재미'입니다. 고전 독서를 한다고 꼭 철학자들이 쓴 어려운 책부터 읽어야 한다고 생각하지 않았으면 좋겠어요.

두 번째는 원작을 읽어야 한다는 부담감을 갖지 않는 것입니다. 저는 초등학생 때 명작 고전을 참 좋아했어요. 『수레바퀴 아래서』를 읽으면서 '학업 부담은 그 옛날에도 똑같았구나'를 깨달았고, 『파리 대왕』을 읽으며 너무 재밌어서 시간 가는 줄을 몰랐습니다. 『장발장』을 읽으면서는 꼬이고 꼬인 장발장의 인생이 너무 안타까웠고, 『몽실 언니』를 읽으며 눈물 콧물 짰던 기억이 아직도 생생합니다. 그때의 제게 글씨도 작고 두께도 두꺼운 원작을 읽어야 한다고 강요했다면 싫었을 겁니다. 저는 초등학생용으로 재편집된 명작 고전을 읽었습니다. 글씨도 크고 내용도 좀 쉽게, 그림도 섞여 있는 그런 책으로요. 접근성을 높인 책들로 친밀감을 쌓다 보니 고전에 대한 흥미가 저절로 생겼고, 나중에는 원작도 읽어보고 싶다는 생각을 자연스럽게 하게 되었어요.

세 번째는 출판사는 따지지 않아도 된다는 것입니다. 같은 책이라도 출판사 별로 그림도 번역도 다르지만 큰 차이가 있는 건 아니에요. 아이와 함께 서점이나 도서관에 가서 마음에 드는 출판사 것을 골라보도록 하세요. 전집 구매를 고민 중이라면, 그렇게 몇 권 직접 골라 읽어보면서 아이가 좋아하는 출판사 것으로 들이는 것을 추천합니다. 꼭 전집을 사야 하는 건 결코 아닙니다. 서로 다른 출판사 것을, 읽고 싶은 책을 우선으로 한 권씩 사서 모아도 좋아요. 전집이 집에 있으면 자꾸 접하다 보니 읽게 되고, 언제고 반복해서 읽을 수 있다는 장점도 있더라고요. 아이가 잘 읽는다면 깨끗한 중고로 알아보는 것도 한 방법이 될 것 같습니다.

✒ 철학 고전 읽기

'고전이라는 게 마냥 어려운 건 아니구나'를 느꼈다면, 인지적인 부분이 발달된 5학년쯤 조금 더 수준을 높여서 철학 고전에도 도전해보는 것이 좋습니다. 물론 절대적인 기준은 아니며, 철학 고전을 시작하는 학년은 아이의 독서 수준에 따라 달라질 수 있어요. 『난중일기』, 『채근담』, 『정약용의 유배지에서 보낸 편지』와 같은 책을 부모님도 아이와 함께 읽는 겁니다. 한 번에 이해하기 어려우니 소리 내어도 읽어보고 필사도 해보고요. 넉넉히 3개월에 한 권이라도 읽는다면, 독서의 한 단계를 뛰어넘을 수 있을 겁니다.

고전 독서 3단계
1단계 : 명작 고전 어린이용 읽기
2단계 : 명작 고전 원작 읽기
3단계 : 철학 고전 읽기

고민 122 국어 교과서 사용법이 궁금해요

국어는 교육과정 중 가장 많은 시간이 할애되어 있습니다. 한 학기에 '국어 - 가', '국어 - 나' 두 권을 배우고, '국어 활동'이라는 책도 따로 있어요. 교과서 양이 정말 많습니다. 수업 시간에 필수적으로 다루는 교과서는 국어 가와 국어 나입니다. 국어 활동은 자기주도적으로 학습할 수 있는 내용이 담겨 있으며, 필요시 국어 수업 시간에 활용합니다. 따라서 국어 교과서에 연관한 국어 활동이 되어있지 않다면 집에서 할 수 있게 지도해주세요. 저도 수업 중에는 교과서 진도 나가기가 바빠서 국어 활동을 못 할 때가 많았거든요.

국어 교과서는 크게 '단원도입 → 준비 → 기본 → 실천 → 정리'로 구성되어 있습니다. 새로운 단원에 들어가면 교과서를 함께 쭉 살펴보세요.

저학년은 긴 지문이 많지 않아요. 긴 지문 중 모르는 단어를 찾아보며 예습해보세요. 내일 배울 부분을 미리 한 번 읽어보고, 모르는 단어 뜻을 찾아 그 단어가 들어가는 짧은 문장을 만들어보는 거예요. 공책을 하나 만들어서 그렇게 만든 문장을 차곡차곡 쌓는 겁니다. 예를 들어 내일 배울 국어 교과서 지문에 '공터'라는 단어가 나왔어요. 그럼 공터 뜻을 찾아보고, 짧은 문장을 만듭니다.

예

공터 : 집이나 밭 따위가 없는 비어 있는 땅
짧은 문장- 우리 가족은 어제 공터에서 함께 축구를 했다.

독서를 하면서 쌓은 기술로, 맥락을 보며 모르는 단어의 뜻을 대충 유추할 수도 있을 거예요. 하지만 정확하게 단어 뜻을 찾아보는 활동을 할 기회가 많지 않습니다. 그 경험을 국어 교과서를 예습하며 해보면 좋겠습니다.

국어 교과서 안에는 '쓰기' 활동을 할 수 있는 부분이 많이 있어요. 수업 시간에 적극적으로 참여해서 쓰기 활동 부분을 꼼꼼하게 쓸 수 있도록 해주세요. 물론 학교에서도 지도하지만, 가정에서 교과서를 살펴보며 관심을 가져주면 아이는 수업 시간에 더 열심히 참여합니다.

한글을 재미있게 떼는
방법이 있을까요?

한글을 떼는 방법은 여러 가지가 있죠. 몇 가지 방법을 추천해볼게요.

　첫 번째, 다양한 재료로 한글 만들기예요. 공부는 손으로 조작하는 활동과 함께 하면 좋은데요. 클레이나 밀가루 반죽으로 한글 자음과 모음 만들기를 하고, 크레파스와 물감 등으로 글자를 색칠해보기도 하고요. 색종이로 한글 만들기, 낙엽으로 만들기, 과자를 이용해 만들기 등 다양한 재료로 한글 자음과 모음을 만들면서 글자와 친해져 보는 거예요. 가족들과 몸으로 한글을 만들어보는 것도 좋고, 전단지에서 글자 찾기 놀이를 해도 좋아요. 신문에서 '가' 찾기, '하' 찾기 등을 하면서 글자를 익혀보는 겁니다.

　두 번째는 한글 카드를 이용하는 방법입니다. 눈에 익숙한 '통낱말'이 많으면 그건 읽기 능력을 다지는 데 유리해요. 그렇기 때문에 한글 카드를 자주 활용하는 것이 좋습니다. 한글 카드를 집 안 곳곳에 붙이세요. 냉장고, 선풍기, 컵 등의 단어를 통으로 익히는 거죠. 또, 한글 카드로 게임도 해보세요. 예를 들어, '사과', '책상', '의자', '누나', '나뭇잎' 등의 카드를 여러 장 바닥에 두거나 벽에 붙여놓고, 아빠가 한 단어를 부르면, 아이와 엄마가 달려가서 누가 그 카드를 먼저 짚는지 놀이하는 거예요. 또, 카드를 바닥에 펼쳐두고 엄마가 부르는 한글 낱말 카드를 밟는 놀이를 해도 재미있습니다. 시중에 파는 한글 카드가 없다면, 포스트잇에 단어를 쭉 쓰기만 해도 훌륭한 한글 카드를 만들 수 있어요. 포스트잇에 낱말을 써서 엄마 몸에 붙여놓고, 아빠가 낱말을 부르면 그걸 찾아서 떼어내는 놀이도 재미있겠죠. 한글 카드를 파는 가게도 만들어 보세요. "나비 카드 한 장 주세요. 얼마예요?" 이런 식으로 놀이를 하면 한글과 숫자를 같이 익힐 수도 있습니다.

세 번째는 한글의 조음 원리를 알 수 있도록 가르쳐주는 거예요. 한글 자석이나 한글 블록을 활용하면 좋습니다. 자음과 모음 자석을 합해보면서 어떤 글자가 되는지 익히게 해주세요. 탁상 달력을 이용해서 만들 수도 있어요. 스프링을 그대로 둔 채, 달력의 가로를 반으로 나눠 자릅니다. 왼쪽 달력을 넘기면 쭉 자음이 나오고, 오른쪽 반을 넘기면 모음이 나오게 만들어요. 자음과 모음이 만나면 글자가 만들어진다는 걸 익히게 할 수 있습니다. 또는 간단하게 포스트잇을 활용하는 것도 좋아요. 포스트잇에 자음과 모음을 하나씩 써서 자음이랑 모음을 연결해서 글자를 만들어보는 거예요.

무엇보다, 한글 교육에서 가장 중요한 것은 책이에요. 책을 또박또박 한 글자씩 짚어가며 읽어주세요. 글자와 소리가 연결되는 과정을 반복하는 게 좋습니다. 학교에 입학하기 전 아이들과 많은 대화를 나누고, 간판이나 과자 봉지 등 실생활에서 쓰이는 글자를 함께 보면서 글자와 소리를 짝짓는 과정을 설명해주세요. 부모와 많은 시간 대화하고 책도 읽어주면서, 아이에게 다양한 언어 재료를 공급해주는 것으로 충분합니다. 완벽하게 익히지 못했더라도 다양한 방법으로 한글을 접한 아이들은 학교에서 공부하면서 체계적으로 정리가 될 거예요.

글쓰기를 꼭 잘해야 할까요?

고민 124

저는 글을 쓰는 사람이지만, 솔직히 '글쓰기는 정말 중요해요! 꼭 잘해야 해요!'라고 생각하지는 않습니다. 글쓰기란 모두가 잘할 수 있는 일이라고 생각하지 않거든요. 분명히 강점으로 가진 친구들이 따로 있을 거예요. 반대로 취약한 친구들도 있겠죠. '글쓰기를 반드시 잘해야 해요!'라는 건 그림을 못 그리는 아이에게 '그림을 잘 그려야 해!', 노래를 못하는 아이에게 '노래를 반드시 잘해야 해!'라고 말하는 것과 같다는 겁니다.

물론, 훈련하면 나아집니다. 그렇지만 개인적으로 차이는 있을 거예요. 타고난 흥미가 있는 아이들은 똑같이 연습을 시켜도 더 재미있게 하고, 실력도 훨씬 더 좋아집니다. 그런데 일기 쓰기를 세상 무엇보다 싫어하는 아이들은 연습을 통해 나아지기는 하지만 흥미가 있고 좋아하는 아이보다 나아지는 정도는 크지 않습니다. 사실 생각해보면, 글 쓰는 것과 전혀 상관없이 사는 부모님들이 더 많을 거예요. 글쓰기는 하나의 기술이며, 기술은 잘하거나 못할 수도, 계속 갈고 닦아 쥐고 있을 수도, 금세 잊을 수도 있습니다. 이런 말씀을 드리는 이유는 조금 더 마음을 편하게 가질 필요가 있다는 겁니다.

그렇지만 초등 교육에서는 글쓰기에 대한 전반적인 사항을 경험해보고, 훈련해보는 게 목표이기 때문에 자기가 할 수 있는 부분까지는 해보는 게 좋겠지요. 이어지는 고민 125에서 134까지를 참고하면서 연습하는 것을 목표로 하세요.

책을 많이 읽는데 글을 잘 못 써요

독서를 많이 하면 글을 잘 쓸 확률이 높은 것이 맞습니다. 왜냐하면 글을 잘 쓰는 사람은 생각이 많은 사람이기 때문입니다. 100만큼의 생각을 해야 20~30 정도가 글로 나옵니다. 생각이 넘쳐서 글이 되고 말이 됩니다. 생각이란 것은 입력된 재료를 바탕으로 하는 것입니다. 생각의 양을 많이 하게 하기 위해서는 보통 세 가지가 필요합니다.

1. 직접 경험을 많이 한다.
2. 책, 영화 등으로 간접 경험을 많이 한다.
3. 사색의 시간을 많이 갖는다.

어떤 경험의 재료를 입력하느냐에 따라서 어떤 생각을 하는지가 달라집니다. 그래서 어떤 세상에서 어떤 책을 읽으며 사는지가 중요합니다. 다양한 책을 읽으면, 하나의 현상을 봤을 때 다양한 관점으로 생각을 할 수 있게 되고 생각의 양도 많아집니다. 독서라는 것은 좋은 재료를 준비하는 것과 같아요. 질 좋은 음식 재료로 요리하면 음식도 맛있어질 확률이 높습니다. 하지만 재료만 좋다고 해서 요리가 맛있는 것은 아닙니다. 요리법도 알아야 하고, 요리 연습도 해야 합니다. 글쓰기도 마찬가지예요. 글을 쓰는 방법도 알고, 글쓰기 연습도 해야 합니다.

학년별 글쓰기 방법이 있나요?

많은 아이가 국어 시간을 싫어합니다. 특히 학년이 올라갈수록 글씨 쓰는 것을 너무 싫어해요. 수학은 포기하고 국어는 귀찮아합니다. 특히 국어 중에서도 글쓰기와 일기, 독서록 숙제는 정말 싫어합니다.

보통 글쓰기라고 하면 일기 쓰기와 독후감 쓰기를 많이 얘기하잖아요. 일기랑 독후감 쓰기는 왜 하는 걸까요? 초등학교 국어 교육과정 중 쓰기 부분의 학년군별 내용 요소를 살펴보면서 초등학교 글쓰기의 6년 로드맵을 그려보도록 하겠습니다.

초등 국어 쓰기 학년군별 내용 요소		
1~2학년	3~4학년	5~6학년
· 주변 소재에 대한 글 · 겪은 일을 표현하는 글	· 의견을 표현하는 글 · 마음을 표현하는 글	· 설명하는 글 · 주장하는 글 · 체험에 대한 감상을 표현하는 글
· 글자 쓰기 · 문장 쓰기	· 문단 쓰기 · 시간의 흐름에 따른 조직	· 목적과 주제를 고려한 내용과 매체 선정 · 독자 고려
· 쓰기에 대한 흥미	· 쓰기에 대한 자신감	· 독자의 존중과 배려

✏ 저학년의 글자 쓰기

1~2학년 교육과정을 보면 주변에서 본 것, 경험한 것을 바탕으로 글을 쓰는 내용이에요. 저학년은 글자와 문장을 쓰는 정도의 수준이기 때문에 글쓰기가 익숙하지 않아요. 글씨를 바르게 쓰고, 바른 자세로 책을 읽고, 맞춤법과 띄어쓰기를 익히는

것 정도를 하고 있다면 충분합니다. 교육과정에서 제시하고 있는 내용 요소도 '쓰기에 대한 흥미'까지죠. 가장 먼저 글씨 쓰는 것을 배웁니다. 따라서 저학년에는 따라 쓰기, 받아쓰기를 통해서 글자 쓰기를 제대로 할 줄 아는 것이 목표입니다. 저학년인데 "우리 아이가 일기를 잘 못 써요. 독서록을 잘 안 쓰려고 해요" 하고 고민하는 분들이 많습니다. 듣기, 말하기가 먼저 발달하고, 그다음 읽기가 발달합니다. 쓰기는 가장 마지막에 발달하는 과정이고, 어려운 일입니다. 저학년은 읽기 독립, 글자 쓰기, 자기 생각을 말하기가 목표라고 생각하면 됩니다. 고민 127에서 받아쓰기와 관련된 내용을 읽어보며 참고해보세요.

✏️ 저학년의 글쓰기

글자 쓰기가 잘 연습되었다면 본격적으로 글쓰기로 들어갑니다. 부모님이 글을 쓴다고 가정해보겠습니다. 어떤 글을 쓸 건가요? 글 그릇에 담을 소재가 필요합니다. 어떤 소재를 담을까요? 가장 쉽게는 자기 경험을 소재로 그 경험에 대한 생각을 쓰는 것입니다. 자료 조사를 따로 할 필요 없고, 내 경험을 상기하면서 글을 쓰는 거죠. 그게 바로 일기입니다. 내 경험이 소재가 되는 글. 그래서 쓰기 활동으로 가장 먼저 일기를 쓰는 겁니다. 그런데 처음부터 많은 내용을 쓰기 힘드니까 '그림일기'를 쓰는 거죠. 반은 그림으로 표현하고 반만 글로 써보라고 합니다. 있었던 일을 차분하게 곱씹어보면서 자세하게 써보고, 내 생각이 어땠는지 표현해보는 것을 일기를 통해서 연습하지요. 일기를 잘 쓰는 더 자세한 방법은 고민 131을 참고하세요.

✏️ 중학년의 글쓰기

3~4학년 때는 의견과 마음을 나타내는 글쓰기를 배워요. 글이 좀 길어져야 하기 때문에 3학년 때 처음으로 문단에 대한 개념이 나오고, 수업 시간에 독서록 쓰기,

일기 쓰기, 짧게 자기주장을 쓰기 등을 배워요. 쓰기에 대한 자신감을 더 가질 수 있도록, 저학년 때보다 조금 더 자세하게 쓸 수 있도록 도와주세요.

저학년부터 일기 쓰기를 조금씩 연습했다면 중학년에서는 본격적으로 제대로 된 일기 쓰기를 한다고 생각하면 됩니다. 그럼 그다음은요? 내 경험이 소재가 되는 글 말고 다른 글을 쓰라고 하면 어떤 소재로 글을 쓸지 막막합니다. 뭔가를 주장하거나 설명하려면 자료 조사가 필수거든요. 그렇다면 어떤 소재로 글을 쓰면 좋을까요? 상상하셨듯, 정답은 바로 책입니다. 책을 읽고 그 내용을 녹여서 글을 쓰면 되거든요. 맨땅에 헤딩하듯 "아무 글이나 써봐라" 하면 힘들지만 "책을 재료로 네 생각을 쓰라" 하면 쓸 말이 더 많아요. 독후감을 통해 인용이라는 것도 처음 배울 수 있습니다. 책에 나온 문장을 가져다가 쓰기도 하고, 책의 내용을 설명하며 그것에 대한 생각을 풀어 글을 채워갑니다. 이를 기반으로 3~4학년 때는 일기와 독서록을 충실히 연습해주세요.

✒ 초등 글쓰기의 고급 단계

5~6학년은 논리적인 글을 씁니다. 설명하는 글, 주장하는 글을 본격적으로 쓰고 이제 독자까지 고려하면서 글을 씁니다. 자기 생각이 강해지고, 배경지식도 많아지는 때이기 때문에 다양한 주제로 긴 글을 쓰는 것을 연습해보면 좋습니다. 하나의 주제를 가지고 내 생각을 주장해나가는 겁니다. 자기의 생각을 주장하기 위한 글을 서론, 본론, 결론으로 나누어서 형식에 맞게 씁니다. 이때 주장을 하기 위해서는 그 내용에 대해서 알아야 하기 때문에 공부가 필요합니다. 우리가 모든 것을 알고 있을 수 없고, 어떤 글을 쓰려면 글의 목적에 맞는 정보를 또 찾아봐야 하기 때문입니다. 예를 들어 환경오염에 대한 내용이라면 그 내용에 대해서 관련 자료를 찾아봐야 하고, 인권존중이라고 하면 인권에 대해 공부해야 합니다. 나중에 성인이 되어

315

논문을 쓸 때, 우선 나만의 논제를 정한 후, 그 논제를 위해 내가 공부한 이론적 바탕부터 연구한 내용, 내 연구를 통해 끌어낸 결론을 지지하는 내용을 써가는 것과 마찬가지예요. 논문은 초등 고학년 때 연습하는 '주장하는 글'의 확장판이라 할 수 있습니다. 이때의 탄탄한 기초 다지기와 훈련이 앞으로 이어갈 글쓰기의 주춧돌이 된다 해도 과언이 아닐 겁니다.

✏️ 초등학교 글쓰기의 흐름

앞서 설명했듯 초등학교의 글쓰기는 '받아쓰기 – 그림일기 – 일기 – 독서록 – 주장하는 글'의 순서로 이어집니다. 글 그릇에 담는 소재로, 가장 기본이 되는 '글자'부터 시작해 '내 경험', '책의 내용', '나의 주장과 그에 관련된 자료 조사'로 수준이 점점 올라가는 거죠. 계단을 밟고 가듯 차근차근 올라가는 것이 초등학교 글쓰기의 흐름입니다.

편지 쓰기, 보고서 쓰기 등 다른 형식의 글쓰기도 있지만 초등학교 때 쓰는 대표적인 글의 종류는 일기, 독서록, 주장하는 글입니다. 물론, 3학년 때 쓰는 독서록과 6학년 때 쓰는 독서록은 다릅니다. 중학년에서 일기와 독서록을 연습하라고 해서 이것들을 고학년에선 쓰지 말라는 것은 아니에요. 중점을 두어서 연습해야 할 부분을 말씀드린 겁니다. 저학년 때는 글자 쓰기와 일기 쓰기 초급, 중학년 때는 일기 쓰기와 독서록 쓰기, 고학년 때 논리적인 글쓰기인 주장하는 글을 연습한다는 큰 흐름만 머릿속에 기억하면 됩니다. 각각의 글쓰기에 대한 더 자세한 내용은 다음 고민에서 꼭 살펴보세요.

받아쓰기 시험 준비를 재미있게 하는 방법이 있을까요?

받아쓰기 시험에 대해서 어떻게 생각하세요? '요즘 같은 시대에 무슨 받아쓰기람?' 하고 생각한 적도 있으실 거예요. 받아쓰기를 원시적인 공부법이라고 생각할 수도 있지만, 실제로는 아이들이 글자에 익숙해지고 읽고 쓰는 데에 적지 않은 도움이 됩니다. 하지만 '시험'이라는 형식 때문인지 받아쓰기 시험으로 스트레스를 받는 경우가 많더라고요. 요즘은 교과서에 있는 문장으로 받아쓰기 급수표를 만들어 미리 나누어줍니다. 문제를 미리 알려주는 거예요. "다음 주에 여기를 시험 볼 거야" 하고 범위도 정해주고요. 그것만 연습하면 됩니다. 스트레스 받을 것 없어요.

✏ 효과적인 받아쓰기 연습 방법

그렇다면 재미있게 받아쓰기를 연습할 방법은 무엇이 있을까요?

1. 숨은그림찾기를 하듯 받아쓰기 급수표에 있는 문장을 교과서에서 찾아보도록 해요.

2. 형광펜이나 색연필로 표시를 합니다.

3. 칸 공책에 옮겨 씁니다. 두세 번 따라 씁니다.

4. 아이가 선생님 역할을 하게 합니다.

"엄마랑 아빠가 받아쓰기할 테니 민이가 문제 내봐! 더 많이 틀린 사람이 설거지 하기로 했어" 하는 거예요. 문제를 내면서 아이가 문장을 읽습니다. 이때 엄마, 아빠가 100점을 맞으면 될까요? 아이가 어려워할 만한 곳, 헷갈릴만한 곳, 틀릴만한 곳에서 틀려주세요. 그런 후 아이에게 채점을 해달라고 하세요.

"아빠 설거지하기 싫으니까 정확하게 채점해 줘야 해!" 엄격하게 채점해 달라는 요구에 아이는 마치 진짜 선생님이라도 된 듯 눈에 불을 켜고 틀린 곳을 찾으려 할 거예요. 이때 문장을 한 번 더 보게 되는 거고, 수동적으로 반복하며 따라 쓰기만 하는 것보다 엄청난 집중력을 발휘합니다. 채점된 받아쓰기 공책을 받아들고 "아빠가 어디 틀린 거야? 이건 어떻게 써야 해?" 하고 물어보세요. 그러면 아이가 설명해주는 거죠. 이 경험 속에서 아이는 받아쓰기 문제를 내면서, 채점을 하면서, 틀린 문제를 설명해주면서… 반복해서 문장을 마주합니다.

이번엔 역할을 바꿔서 아빠가 문제를 내고, 엄마와 아이가 시험을 보는 거예요. 엄마가 문제를 내고, 아빠와도 시험을 봅니다. 이때 아이의 도전을 자극할만한 적당한 점수를 받는 것도 아이를 적극적으로 놀이에 참여시키는 요령입니다.

고민 128

글씨를 잘 못 쓰는데
고쳐줘야 할까요?

글씨 쓰기에 관한 고민도 많이 받습니다. 글씨에 관한 고민은 크게 두 가지예요. '아이가 싫어하는데 굳이 글씨를 잘 쓰게 해야 할까?'와 '부모님 욕심에 아이 글씨 잘 쓰게 하고 싶은데 잘 안 되는 경우 어떻게 해야 할까?'입니다.

✎ 공부 잘하는 아이와 글씨 잘 쓰는 아이

요즘 아이들은 손으로 글씨를 잘 쓰지 않습니다. 전자기기 사용이 많아졌기 때문입니다. 글씨 쓰는 법을 배우기 위해 학원을 다니기도 한다고 해요. 지금까지의 교직 생활 경험을 돌아봤을 때, 공부를 잘하는 아이들은 99.9퍼센트 글씨를 잘 썼습니다. 반에서 공부를 제일 잘하는 아이와 글씨를 제일 잘 쓰는 아이가 거의 일치했어요. 10년간 매해 그랬으니까 우연의 일치는 아닌 것 같아요. 교과 전담을 맡을 때는 다섯 반 이상씩을 다녀서 비교 데이터가 더 많습니다. 가끔 글씨는 지렁이 같은 반면, 공부를 잘하는 아이도 있기는 했지만 정말 소수였어요. 신기하게도 공부를 잘하는 아이들은 활발하고 장난꾸러기 같다가도 공부할 때만큼은 차분하게 글씨를 쓰고 있더라고요.

✎ 글씨 잘 쓰는 아이들이 공부를 잘하는 이유

그렇다면 글씨를 잘 쓰는 아이들이 왜 공부를 잘할까요? 저는 크게 두 가지 이유가 있다고 생각해요.

첫 번째는 손으로 글씨를 쓰는 행동 자체의 유익함입니다. 글씨 쓰는 활동은 뇌 활동을 활발하게 합니다. 글씨를 차분하게 쓰는 동안 머릿속에 기억도 되고 정리도 더 잘 되고요.

두 번째는 그만큼 글씨를 바르게 많이 써봤기 때문입니다. 글씨를 잘 쓴다는 건 글씨를 정성스럽게 쓰려고 노력을 더 많이 했다는 것입니다. 글씨로 내 생각을 정리해 적어보고, 수학 문제도 풀어보고요. 글씨를 써볼 시간 자체가 많았다는 것이기 때문에, 학습 습관도 잘 길러져 있을 것이고, 공부한 시간도 더 많았다는 의미로 볼 수 있습니다.

글씨를 잘 쓴다 ➡ 글씨를 써서 손 조작 활동으로 뇌 활동이 활발해졌다 ➡
정성껏 글씨를 쓰는 시간, 공부했던 시간이 양적으로 더 많다 ➡ 공부를 잘한다

이런 프로세스가 만들어지는 것이죠.

✏ 글씨 쓰기와 내용 완성도의 상관관계

교실에서 학생들 글씨가 너무 엉망이면 "다시 써와"라고 하거든요. 그럼 정말 싫어해요. 자기가 힘들게 다 썼는데 다시 하라고 하면 얼마나 짜증이 나겠어요. 제가 처음에는 아이들 마음에 너무 공감해서, '아이들이 얼마나 짜증 날까? 온종일 글씨를 써야 하는데 지루할 수도 있지. 글씨 못 쓴다고 안 죽잖아? 요즘은 다 노트북이나 핸드폰으로 처리하는걸' 싶은 마음에 다음부터 잘 쓰라 하고 넘기곤 했어요. 다시 써오라고 했을 때 아이가 싫다고 하고 짜증을 내면 그게 또 제겐 큰 스트레스니까 아이와 부딪히기 싫은 마음도 있었고요. 그렇게 제가 좋은 선생님, 너그러운 선생님이 되어가는 동안 저희 반 아이들의 글씨는 엉망이 되어갔습니다.

그런데 더 큰 문제는 글씨만 엉망이 되어 가는 게 아니라 내용의 완성도, 성실도도 점점 떨어지고 있다는 것이었어요. 심지어 글씨를 신경 써서 써왔던 아이들도 점점 같이 엉망이 되어가고 있었습니다. 그래서 생각을 고쳤습니다. 다시 글씨에 대해 엄격하게 지도했죠. 잘 쓴 글씨는 칭찬해주고, 못 쓴 글씨는 다시 써오라고 하면서요. 반복적으로 학습하면서 아이들의 글씨는 점차 나아졌고, 성실도와 내용완성도 또한 전반적으로 다시 올라갔습니다.

선생님 또는 부모님이 아이들의 글씨 쓰기를 바르게 잡아줘야 할 이유는 여기에 있다고 생각해요. 당장의 글씨가 보기 싫어서, 누가 못 알아볼까 봐서가 아니라, 글씨 쓰기가 학생으로서 아이들의 태도와 자세, 성실함과 연결되어 있기 때문입니다.

빼어난 글씨체를 다듬기 위한 연습이 아니라 바른 자세로 앉아 바르게 글씨를 쓰기 위한 노력이 꼭 필요합니다.

고민 129 글씨를 잘 쓸 수 있게 하는 방법이 있을까요?

딸이 초등학교 4학년이에요. 그런데 악필입니다. 글씨 크기도 다 다르고 숫자도 삐뚤빼뚤해요. 천천히 또박또박 쓰라고 해도 안 됩니다. 학교에서도 빨리 써야 한다는 생각에 대충 써오는 것 같아요. 일을 하는 엄마라 저학년 때 신경 써주지 못했습니다. 학년이 올라가면 좋아질 거라 생각한 게 잘못이었어요. 다른 여자아이들 글씨를 보면 부럽고 답답하네요. 좋은 방법이 있을까요?

✎ 글씨를 못 쓰는 아이가 해야 할 여섯 가지

첫 번째, 연필을 바르게 선택하도록 해주세요. 연필 위에 쓰여 있는 알파벳과 숫자를 본 적 있나요? 무슨 뜻일까요? 앞에 있는 숫자는 연필심의 굵고 얇음을 의미합니다. 숫자가 클수록 연필심이 굵어요. 뒤에 있는 알파벳은 연필심의 진하고(B) 연하기(H)를 나타내죠. 글씨 연습은 내 글씨를 선명하게 볼 수 있는 4B나 2B의 굵고 진한 연필로 하는 게 좋습니다. 평소에 공책에 쓸 때는 B나 HB연필을 사용하고 샤프나 볼펜은 글씨 연습을 많이 해서 익숙해지면 고학년 때 쓰도록 합니다.

두 번째는 바른 자세로 앉아서 글씨를 쓰게 해주는 것입니다. 책상에 바르게 앉아서 바르게 글씨를 쓸 수 있도록 해주세요.

세 번째는 글씨 쓰기 연습을 많이 해보는 거예요. 연습 앞에 장사 없습니다. 교과서에 있는 글씨 쓰기 연습, 일기 쓸 때 글씨를 신경 쓰는 것, 필사를 하거나 글씨 쓰기 책을 따로 한 권 구매해서 집중 연습해보는 것도 좋습니다. 이런 글씨 쓰기 연습은 저학년 때, 조금이라도 빨리 시작하는 것이 좋습니다. 아이가 학년이 올라가면 글씨 좀 예쁘게 쓰라는 엄마의 말이 듣기 싫은 잔소리만 되기 때문입니다. 저학년 때 글씨 쓰기를 많이 연습하는 게 좋은 이유 중 하나는 저학년 때는 부모 말이 좀 더 통하기 때문이죠. 글씨를 잘 쓴다는 것은 정성 들여 쓴 글씨와 대충 쓴 글씨의 차이가 크지 않다는 말입니다. 차이가 별로 나지 않으려면 어떻게 해야 할까요? 의식적으로 글씨를 잘 쓰려고 노력하다 보면 어느 순간 무의식적으로도 바른 글씨로 쓰게 됩니다. 의식적으로 바르게 글씨를 쓰는 시간을 늘려가야 한다는 거예요.

넷째, 바른 글씨쓰기 프로젝트 기간을 가져보세요. 이 방법은 부모님 말씀에 반항심을 갖는 고학년에게도 쓸 수 있는 방법입니다. 아이와 이야기를 해보세요. "네 글씨에 대해서 어떻게 생각하니? 글씨는 내 얼굴과 같아. 우리 글씨 쓰기 연습을 같이 해보자. 바른 글씨 쓰기 프로젝트야. 집중적으로 글씨를 연습하는 기간이지. 그 기간은 조금 더 정성 들여서, 차분하게, 천천히, 반듯하게 써보는 거야" 글씨를 예쁘게 쓰라고 계속 말을 하다 보면 나중에는 흘려듣게 돼요. 기간을 정해서 연습을 해보는 겁니다. 기간이 아닌 과제를 기준으로 하는 방법도 있습니다. '국어 과목만큼은 글씨를 바르게' 또는 '일기 쓸 때만큼은 좀 더 정성 들여서' 이렇게 말이에요. 모든 부분에서 글씨를 바르게 쓰기에 부담을 느끼는 아이에게 '어느 기간 동안, 어느 과목에는'의 범위 축소는 동기와 의욕을 불어넣을 수 있습니다. 이때 다른 것보다 이걸 집중적으로 연습하게 해주세요. 모음을 자음보다 길게 쓰는 것입니다. '공'이라는 글자를 쓴다고 하면 'ㅗ'를 'ㄱ'이나 'ㅇ'보다 길고 반듯하게 쓰는 거예요.

다섯째, 잘 쓴 글씨는 충분히 칭찬해주고, 마지막 여섯째는 글씨를 차분하게 쓸 수 있는 시간을 주는 것입니다. 아이가 빨리 써야 한다고 생각하는 이유가 혹시 해야 할 일이 너무 많아서가 아닐지, 적절한 하루 할 일을 해내고 있는지 확인해주세요.

고민 130 맞춤법, 띄어쓰기를 잘 못해요

맞춤법이나 띄어쓰기를 잘 못하는데 시간이 지나면 저절로 좋아질지, 따로 훈련을 시켜야 할지 고민입니다.

글자 쓰기, 받아쓰기 활동을 많이 하고, 책을 많이 읽으면서 맞춤법은 점점 좋아집니다. 하지만 유난히 맞춤법이 약한 아이들이 있어요. 5학년인데 맞춤법을 유독 많이 틀리는 두 명이 있었어요. 둘 다 공부도 잘했고, 특히 글쓰기를 아주 잘했어요. 책을 많이 읽어서 자기 생각이 풍부한 아이들이였죠. 책을 많이 읽으면서 맞춤법이 교정되는 아이들이 있지만 그렇지 않은 아이들도 있더라고요. 1학기가 지나고 한 명은 자연스럽게 좋아졌는데, 다른 한 명은 여전히 맞춤법을 너무 많이 틀렸습니다. 이를 인지한 아이 엄마가 따로 필사하기를 시켰습니다. 그렇게 석 달쯤 지나니까 맞춤법이 거의 자리 잡히더라고요.

아이가 지금 어리다면 책 읽기를 더 많이 하게 하고, 책을 읽으면서 아이가 헷갈릴만한 맞춤법을 한 번씩 짚어주세요. 글씨 쓰기 연습도 할 겸 필사하기를 해봐도 좋습니다. 시간이 지나면서 자연스럽게, 그게 부족하다면 일부러 시간을 내 훈련하면서, 두 가지가 함께 더해지면 점점 좋아질 것입니다.

고민 131 일기 쓰기를 너무 힘들어해요

일기 쓰게 하기 힘드시죠. 아마 학교에서 일기 검사가 있기 전날이면 집에서 일기 쓰기로 아이랑 전쟁을 치르는 부모님들이 많을 거예요. 일기 쓰기가 힘든 이유는 세 가지입니다. 첫 번째는 주제 잡기가 힘들어서, 우리 아이가 "뭐 써요?"라고 질문을 하는 경우죠. 두 번째는 주제는 잡았는데 그 안에 내용을 채우기 힘들어서입니다. 일기가 너무 금방 끝나요. 축구를 주제로 잡았다면 '나는 친구랑 오늘 축구를 했다. 내가 3대 2로 이겼다. 참 재미있었다' 이러면 끝인 거죠. 세 번째는 느낀 점 쓰기가 힘들어서입니다. 매번 한 일만 나열하거나 느낀 점을 더해봤자 '참 재미있었다', '참 즐거웠다'로만 끝나죠.

🖋 뭘 쓸지 모르겠어요 : 구체적으로 생각을 끌어내는 연습을 하세요

채울 내용이 없다는 것은 '더 자세히, 더 구체적으로 쓰는 방법을 모른다'는 것과 같아요. 한 대상을 보고, 같은 경험을 해도 각자가 생각하는 양은 다릅니다. 어른들도 마찬가지죠. 그래서 무언가를 경험하거나 보았을 때, 최대한 많이 관찰하고 많이 끄집어내는 것을 연습해봅니다. '자세히, 구체적으로 게임'을 하면서 '최대한 많이' 관찰하고 '최대한 많이' 생각하는 것을 배우게 해주세요. '자세히, 구체적으로 게임'은 어떤 물건을 보고 최대한 구체적으로 묘사하기를 해보는 것입니다. 예를 들면 지금 눈앞에 보이는 교실 안의 모습을 관찰해서 최소 20가지 이상 써보기 → 그다음은 관찰 범위와 대상을 줄여서 '우유갑을 보고 관찰한 것, 드는 생각, 떠오른 경험 등 우유갑과 관련된 생각을 20가지 써보기'를 하면서 한 가지 주제로 최대한 많은 생각을 끄집어내는 연습을 하는 겁니다. 가족끼리 릴레이 말하기로 해도 좋아요. 물건을 하나 앞에 두고 그것을 보고 생각나는 것, 겉모습, 관련된 경험 등 무엇이든 이야기해보는 거예요. 한 명씩 돌아가면서 한 문장씩 말하기를 해보세요. 자기 차례에 말을 못 하면 지는 겁니다. 일기도 같은 원리라 볼 수 있습니다. 오늘 겪은 경험 중 하나의 장면을 뽑아서 이런저런 생각을 써내는 것이니까요. 그렇기 때문에 최소 분량은 정해 놔야 합니다. 어떻게든 쓰려고 머리를 굴리다보면 그 당시에 생각이 안 났던 것도 떠오르기도 하고, 평소에 더 관찰하는 습관도 갖게 됩니다.

✎ 느낀 점을 쓰기 힘들어요 : 느낌을 표현하는 다양한 방법을 알려주세요

1. 다양한 감정어 알려주기

아이의 일기 표현이 항상 비슷하게 끝나서 고민이라는 분이 정말 많습니다. 저도 어릴 때 일기를 보면, 특히 저학년 때는 항상 '참 재미있었다', '참 슬펐다'로 끝나더라고요. 아이들의 표현이 늘 똑같은 건 표현을 잘 모르기 때문이기도 합니다.

저는 아이들의 일기장 맨 앞에 세 가지 종이를 붙이게 해요. 그중 하나가 '감정 사전'입니다. 다양한 감정어들이 쭉 인쇄된 종이로, 일기를 쓸 때 그중에서 감정어를 골라서 쓰라고 합니다. (감정 단어 사전은 부록에 실어놓을게요.)

『아홉 살 마음 사전』과 같은 감정어를 배우는 책도 함께 읽어보세요. 사람은 내가 아는 언어만큼 생각합니다. 따라서 내가 아는 감정어만큼 감정을 느끼기도 하겠죠. 다양한 감정어를 깨우쳐주세요.

2. 직유법과 은유법을 이용해서 느낀 점 표현하기

감정을 표현하는 재료인 감정어를 다양하게 접했다면, 내 마음을 어떻게 표현하면 좋을지 감정을 표현하는 방법인 직유법과 은유법을 연습합니다.

예

하늘은 ☐☐ 와(과) 같다.

엄마는 ☐☐ 와(과) 같다.

문장의 중간을 비워두고 빈칸에 들어갈 단어와 이유를 여러 개 말하는 게임을 해보세요. 이것도 가족과 함께 릴레이 말하기로 연습하면 좋겠지요.

3. 기분을 물건이나 색깔로 표현하기

꼭 정해진 비유가 아니어도, 물건이나 색을 활용해 기분을 표현해보는 것도 좋아요. 예를 들면 이렇게요.

예

친구가 나에게 "오늘은 같이 못 놀아!"라고 말했다. 그때 내 기분은 맛없는 빵을 먹는 기분이었다. 오늘 하루는 검은색이다. 엉망진창이었다.

평소에 대화에서도 "엄마는 지금 기분이 코코아 같은데, 넌 어때?" 이런 식으로 생각을 나눠봐도 좋습니다.

✎ 주제 정하기가 어려워요 : 다양한 형식, 주제를 이용해보세요

오늘 하루 있었던 일을 시간에 따라 장소에 따라 쭉 떠올리게 해주세요. 그런 후 아래의 다양한 일기 형식을 알려주면 쓰고 싶은 일기가 생기기도 합니다.

다양한 일기 형식
만화 일기, 단어 그림일기, 관찰 일기, 주장 일기, 대화 일기, 편지 일기, 뉴스 일기, 사진이나 입장권 붙인 일기, 신문의 사진 글자 오려 붙인 일기

　정말 쓸 게 없는 날은 다양한 글쓰기 목록 중에 하나 골라서 글을 쓰게 하는 것도 좋아요. '친구에게 편지 쓰기', '나의 10년 후 모습', '우리 반에서 내가 좋아하는 친구', '내가 만약 1박 2일 PD라면 어느 지역으로 여행을 갈 것인가?'와 같이 주제를 주고 일기를 쓰라고 하는 거예요. 아이들이 참 재미있어합니다. 항상 어딘가에 놀러갔던 이야기만 가득한 일기는 '한 일' 위주로 서술되는 것에 그치는 경우가 많습니다. 오히려 쓸 게 없을 때 사소하고 평범한 일상에서 주제를 찾아내려 최대한 노력하고 그것을 자세하게 풀어가는 연습을 하는 데에 좋습니다.

　아이가 주제 정하는 것을 너무 힘들어해서, 일기 제목을 부모님이 정해주고 쓰게 하는 경우가 있는데, 그래도 괜찮은지 고민을 받기도 합니다. 주제 잡기의 예를 보여준다고 생각하고 한 번은 엄마가 잡아주고 한 번은 아이가 직접 잡으면서 서로 번갈아 가며 주제를 잡아보는 것도 좋겠습니다. 몇 번의 연습이 쌓이면 나중에는 혼자서도 잘 잡을 수 있을 거예요. 더 자세한 실전 팁은 다음 고민을 계속해서 꼭 읽어보세요.

327

일기를 잘 쓸 수 있는 실전 적용 팁이 있을까요?

예를 들어 아이가 일기를 '나는 친구랑 오늘 축구를 했다. 내가 3대 2로 이겼다. 참 재미있었다'라고 썼습니다. 엄마는 정말 궁금하다는 듯이 물어요. "친구 누구? 어디서 축구 했는데? 처음에 골 넣은 사람은 누구였어? 축구 하다가 기분 나빴던 건 없었어? 축구 하면서 힘들지는 않았어? 둘이 축구할 때 주변엔 아무도 없었던 거야?" 아이는 엄마의 관심에 신이 나서 대답을 합니다.

이야기를 듣고 나서 말씀하세요. "그런 내용이 모두 일기에 들어가게 쓰는 거라고, 그 상황에 없던 사람도 네 일기장만 보면 어떻게 축구를 했는지 머릿속에 그려져야 한다"고요. 다시 써보라고 하되, 이때는 '일기 쓰는 미션 종이'를 주고 보면서 쓰라고 해보세요. 미션을 보면서 일기를 쓰는 거예요. 미션을 잊어버리지 않게 말이에요. 어떤 경우든 이미 다 했다고 생각한 걸 다시 쓰라고 하면 분명히 싫어할 거예요. 그때는 "엄마랑 일기 쓰기 연습 방학 동안 딱 다섯 번만 해보자" 하고 처음에 아이와 협의 후에 시작하면 더 좋겠습니다.

일기 미션지

❶ "대화 글"을 2줄 이상 쓴다.

❷ 소리를 흉내 내는 말(의성어)이나 모양을 흉내 내는 말(의태어)이 들어가도록 쓴다.

❸ 내 감정을 나타내는 말을 다양하게 쓴다(감정 사전에서 골라 쓰거나, 마음을 색깔이나 물건으로 표현한다).

❹ 일기를 들은 사람이 궁금한 것이 더 없도록 자세하고 구체적으로 쓴다.

❺ 10줄 이상은 채운다.

다시 쓰기가 끝난 후에는 미션 중 성공한 부분에 동그라미를 치면서 칭찬해주세요. 미션 외에도 부모님이 봤을 때 멋진 표현이 있다면 특히 강조해서 칭찬해주세요.

✏️ 형식에 너무 얽매이지 않게 지도해주세요

맞춤법과 띄어쓰기 등의 형식을 강조하며 얽매이게 하면 아이들이 마음속에 있는 글을 자연스럽게 표현해내는 데 어려움을 겪을 수 있습니다. 글쓰기에 대한 흥미를 잃지 않도록 해주세요. 일기를 쓸 때만큼은 맞춤법을 지적하지 말고, 아이가 물어볼 때 알려주는 것이 좋겠습니다. 맞춤법에 대한 고민은 고민 130을 참고해주세요.

✏️ 분량과 글씨체는 챙겨주세요

분량을 채우는 것은, 앞서 말씀드렸듯 채워보려 노력하고 연습하는 자체가 글쓰기에서 중요한 부분 중 하나기 때문에 3학년 이상이 되면 최소 10줄 이상은 쓰도록 지도하고 있습니다.

글씨체 역시 글씨 연습을 할 기회가 사실 많이 없고, 글씨를 바르게 쓰려는 노력이 글씨체의 바른 모양뿐 아니라 내용의 완성도도 향상시키기 때문에 신경을 쓰는 게 좋습니다. 저 역시 일기 검사를 하면서 또박또박하게 쓴 글씨는 일부러 더 칭찬을 많이 하는 편입니다. 일기 쓰기를 마치고 보여줬을 때, 글씨를 잘 써오면 칭찬을 최대한 많이 해주세요. 그렇다고 글씨 때문에 잔소리를 너무 많이 하거나 다시 쓰기를 시키는 등 아이와 관계가 나빠질 것까지는 아니고요. 고민 128과 129를 참고해서 칭찬을 통한 유도 정도가 좋겠습니다.

✏️ 일기를 쓰는 정체성을 부여해주세요

아이에게 일기를 쓰는 또 다른 이유를 만들어주세요. 일기 쓰기를 단순히 숙제로 생각하지 않고 재미를 붙일 수 있도록이요. '이서윤의 초등생활 처방선' 유듀브 구독자가 댓글로 알려준 팁인데요, 글쓰기는 싫어하지만 코난이나 셜록홈즈를 좋아하는 아이라면 "네가 탐정이라 생각하고 사건 일지처럼 써봐"라고 하는 거예요. 역사를 좋아하는 아이라면 "조선왕조실록처럼 '이서윤 실록'을 만들어보자"고 제안해보세요. 자신만의 역사 기록가가 되는 거죠.

✏️ 아이의 일기를 꾸준히 모아주세요

저도 초등학교 6년의 일기를 1년 단위로 어머니께서 묶어주셨어요. 자신의 일기가 꾸준히 쌓이는 모습을 보면 뿌듯합니다. 일기를 왜 쓰냐고 묻는 학생들에게 "모아놓은 일기를 커서 보면 정말 좋을 것"이라 말해주며, 제 초등학교 시절의 일기장을 보여줍니다. 1년이 지나갈 때마다 쌓여가는 일기장을 보고, 어릴 때 썼던 일기를 함께 읽어보는 시간도 가지면 일기를 써야 하는 이유가 조금 더 분명해질 수 있습니다.

고민
133

독서록을 잘 쓰려면
어떻게 해야 할까요?

아이들은 책 읽기도 힘들어하지만 책을 읽고 독서록을 쓰는 것은 더 힘들어합니다. 일기 쓰기만큼 글쓰기의 어려움을 느끼게 하는 하나죠. 독서록 쓰는 것을 조금 수월하게 하기 위한 방법이 뭐가 있을까요?

✒ 독서록에 쓸 내용을 생각하며 책을 읽어보세요

아이들은 독서록에 무슨 내용을 쓰면 좋을지 몰라서 줄거리만 가득 씁니다. 독서록을 쓰기에 앞서, 독서록에 들어갈 내용을 미리 알려 주세요. "이런 내용이 들어가면 좋으니 책을 읽으면서 생각해보렴"이라고요. 책을 다 읽고 난 후에 다시 쓸 내용을 생각하려면 머릿속이 하얗게 되거든요. '이런 내용을 써야지'를 처음부터 생각하며 책을 읽으면, 읽으면서도 한 번 더 생각해보게 됩니다.

독서록에 들어가면 좋을 내용
- 인상 깊은 구절이나 내용
- 책 내용과 관련된 자신의 경험
- 새로 알게 된 사실
- 책을 읽고 궁금해진 내용
- 나였다면 어떻게 했을까?
- 자신의 행동 돌아보기
- 앞으로의 계획

✒ 문단별로 쓸 내용을 알려주고 연습해보세요

글쓰기가 어려운 가장 큰 이유는 어떤 내용을 쓸지 막막해서입니다. 앞에서 살펴본 '독서록에 들어갈 내용'을 문단별로 나눈 후, 자리까지 정해주고 연습해보게 하세요. 정해진 패턴대로 연습해서 익숙해지면 응용하는 글쓰기도 가능해집니다.

1문단 : 책의 주인공은 누구이고, 주인공이 어떤 사람인지 소개
2문단 : 제일 기억에 남는 사건 쓰기
3문단 : 내가 주인공이었다면 어떻게 행동했을지 쓰기
4문단 : 제일 기억에 남는 문장 쓰기, 왜 기억에 남는지 이유 쓰기
5문단 : 이 책을 친구에게 추천해주고 싶은지 또는 그렇지 않은지 쓰기, 그 이유 쓰기

✏️ 밑줄 독서를 하세요

독서록 쓰기가 힘든 또 하나의 이유는 긴 책을 읽고 난 후, 생각이 나지 않기 때문입니다. 책을 읽고 난 뒤 기억에 남는 내용 자체가 많이 남도록 하는 방법을 생각해야 합니다. 빌린 책이 아닌 내 책으로 읽을 때 '아, 이 부분 정말 좋다' 생각되는 부분을 밑줄 치면서 읽어보라고 합니다. 부모님도 함께 밑줄 독서를 해보세요. 눈으로만 책을 읽는 게 아니라 교과서 읽듯이 책을 읽으면 기억에 남는 내용도 많고, 책을 읽으면서도 더 많은 내용을 생각할 수 있어서 독서록 쓰기가 훨씬 쉬워질 거예요.

✏️ 다양한 독서록 쓰기 방법을 알려주세요

책의 내용과 더불어 느낀 점을 쓰는 것이 독서록이지만, 독서록에는 다양한 형식과 쓰기 방법이 있습니다. 아이들에게 여러 방법으로 독서록을 쓰게 해보세요. 형식을 바꿔서 써보면 아이들은 훨씬 재미있게 독서록을 쓰기도 합니다.

다양한 독서록 방법
- 읽으면서 좋은 구절 쓰기
- 책 속의 주인공에게 편지 쓰기
- 책 속의 주인공에게 상장 주기
- 뒷이야기 상상하여 쓰기
- 독서 퀴즈 만들어 풀기
- 책 홍보하는 광고 전단 만들기
- 동시로 독서록 쓰기
- 책 내용을 만화로 표현하기
- 책 속의 주인공을 인터뷰하기
- 책 내용을 신문 기사로 쓰기

논리적인 글쓰기를
잘할 수 있는 방법이 궁금해요

학교에서 양성평등 글쓰기 대회가 열렸습니다. 사실 주제만 주고 글을 쓰라고 하면 쉽게 쓰지 못합니다. 특히 '양성평등'과 같은 논리적인 주장이 필요한 때는 더 그렇죠. 저희 반 학생들 역시 어떻게 글을 써야 할지 막막해하더라고요. 주로 자신의 경험을 바탕으로 글을 많이 쓰는 중학년까지는 자료 조사는 필수가 아닙니다. 하지만 고학년에 올라가 논술을 하기 위해서는 자료 조사를 통해 객관적인 데이터나 사례 등을 모으는 작업이 필요합니다. 저는 관련 영상을 보여주고, 여러 이야기를 해주었어요. 생각의 재료가 모인 거죠. 이제 본격적인 글쓰기를 준비해야 합니다. 서론 – 본론 – 결론에 어떤 내용이 들어가면 좋을지 함께 이야기를 나눴습니다. "서론에는 이 문제에 대해 간단하게 설명해주고, 사람들의 관심을 끌어들일 수 있는 사례를 이야기해주면 좋겠지? 본론에는 양성평등이 이루어지기 위해 우리가 노력해야 할 일에 대해 몇 가지 쓰고, 결론에서 다시 한번 주장하는 거야" 하고요.

글쓰기에서 중요한 건 하나예요. 사실 그거 하나만 알면 됩니다. 바로 문단! 문단별로 어떤 내용을 쓸지 아예 정해주는 겁니다.

1문단 : 양성평등이 이루어지지 않았던 일상의 사례 쓰기, 양성평등이란 무엇인지 쓰기
2문단~4문단 : 양성평등을 위해 노력할 점 세 가지를 이유와 함께 쓰기
5문단 : 세 가지 요약해서 한 번 더 쓰고 다시 한번 주장하기

배경지식도 있고, 각 문단에 써야 할 내용노 정리되었습니다. 재료를 주고, 요리법도 알려줬으니 이제 기다리면 어느 정도 맛있게 요리된 글이 나옵니다. 이 과정을 반복적으로 연습했습니다. 나중에는 제가 틀을 제시하지 않아도 자연스럽게 개요를 짜고 각 문단에 어떤 내용을 써야 할지 스스로 정하고 글을 쓰더라고요.

✎ 색종이를 활용한 문단별 글쓰기

문단별 글쓰기 연습을 조금 더 재미있게 하려면 색종이를 이용해보세요. 다섯 문단을 쓰게 할 계획이라면 색종이 다섯 장을 준비합니다. 꼭 색종이가 아니어도 돼요. 포스트잇 등 덩어리를 구분할 수 있는 종이면 됩니다. 준비된 색종이에 각각 한 문단씩 쓴 다음, 그 색종이들을 테이프로 붙여 연결합니다. 그러면 글 한 편이 완성되는 거예요.

색종이 글쓰기를 통해 알 수 있는 것
❶ 문단의 개념 : 한 주제를 담은 생각의 덩어리가 문단이다.
❷ 생각의 색깔이 바뀌는 때가 문단이 바뀌는 때다.
❸ 문단을 연결하면 글이 된다.
❹ 글을 쓰기 전에 '대충 이런 내용을 쓸 것이다'라고 문단별로 계획을 세우는 것이 개요를 짜는 것이다.

주장하는 글은 이것만 반복 연습하면 됩니다. 연습을 통해 익숙해지면 쉽게 글 한 편이 써져요. 물론 글의 질은 연습할수록 좋아지고, 나중에는 응용도 하고, 정해진 틀에서 확장된 글이 나오기도 합니다. 문단에 들어갈 내용을 정하고, 틀 잡기를 반복해서 연습하는 것은 꼭 주장하는 글이 아니라 독서록, 설명하는 글 모두에 활용할 수 있습니다.

한자 공부를 꼭 해야 할까요?

결론부터 말씀드릴게요. 저는 한자 공부를 추천합니다. 왜 그런지, 그렇다면 어떻게 공부하면 좋을지 이야기 드릴게요.

✎ 한자 공부를 하면 좋은 이유 : 언어 감각과 어휘력

언어에 있어서 중요한 것은 '언어 감각'입니다. 언어 감각이 높으면 새로운 단어를 봤을 때 어떤 뜻일 것 같다는 느낌, 글을 읽으며 느껴지는 분위기, 글을 쓴 사람은 이런 느낌이었겠구나 하는 것들을 잘 알아채요. 물론 태어나기를 발달된 언어 감각을 갖고 태어난 사람도 있어요. 말도 빠르고, 가르치지도 않았는데 어디서 단어를 듣고 와 적재적소에 그 단어를 써 보이는 그런 아이들도 있죠. 그런데 언어 감각은 더 강하게 키우거나, 부족했던 것을 후천적으로 충분히 자라게 할 수 있습니다.

그 방법으로 가장 좋은 것이 바로 한자 공부입니다. 물론, 독서를 많이 하면 언어 감각은 자연스럽게 자라게 됩니다. 그런데 한자 공부를 하면 자라는 속도가 조금 더 빨라진다는 거예요.

요즘 교실에서 보면, 한자를 따로 공부하는 친구들이 평균 서너 명 정도 됩니다. 아이들이 한자 공부를 하는 방법은 다양합니다. 방문 학습지를 하거나, 방과후활동으로 한자부를 다니기도 하고 집에서 한자 문제집을 따로 풀거나, 한자 급수 시험을 준비하기도 합니다. 공통적으로 이 친구들은 어휘력이 상당합니다. 수업 시간에 나오는 교과 어휘를 이해하는 데도 막힘이 없어요. "선생님, 등고선이 같을 등에 높을 고죠?"라고 말하며 왜 그 어휘가 어떻게 그 뜻이 되었는지를 알아요. 이런 아이들은 내용에 대한 이해도 더 빠르며, '동구선', '등개선' 같은 오답은 쓰지 않습니다. 더 쉬운 예로 몇몇 친구들은 '장점', '단점'도 헷갈려하며 "선생님, 장점이 좋은 거였나요? 단점이 좋은 거였나요?" 하고 질문을 하기도 합니다. 그런데 한자를 아는 친구들은 '길 장(長), 짧을 단(短)'을 아니까 뜻을 헷갈려하지 않죠. '다툴 쟁(爭)'이라는 한자의 뜻과 음을 안다면 '쟁점(爭點)'이라는 단어를 보고서 '뭔가 의견이 부딪히는 지점을 뜻하는구나'를 추론할 수 있는 거죠. 이게 바로 언어 감각이 생기는 거예요.

저 역시 어려서부터 한자를 좋아했어요. 고등학교 때 수준 높은 어휘가 나오거나, 고전 지문이 나오거나, 고사성어 문제들이 나왔을 때도, 처음 보는 지문을 빨리 읽고 풀어야 하는 긴 지문의 문제들이 나올 때도 속을 썩어본 적 없는 이유 중 하나는 한자 공부였다고 생각합니다.

✎ 가성비 높은 한자 공부법

이렇게 말씀하실 수도 있어요. "선생님, 뭐든 하면 좋죠! 해서 안 좋을 게 뭐가 있겠어요?" 네, 맞습니다. 하지만 우리는 시간과 에너지가 부족합니다. 해야 할 건 넘치고요.

저는 한자 급수시험을 보거나 한자 방문학습지를 하라고 부추기는 게 아닙니다. 고급 한자를 알라는 것도 아니에요. 한자 공부를 통해 한자 모양을 꼭 기억해야 한다는 게 아니에요. 옛날처럼 신문 중간중간 어려운 한자어가 끼어 있는 시대가 아니잖아요. 저는 어릴 때 한자 학습지를 꾸준히 했고, 중학교 때 급수 시험을 준비해 한자 자격증이 2급까지 있어요. 하지만 그렇게 오래 공부했음에도 불구하고 몇 개월 공부하지 않으니 정말 지우개로 지운 듯이 잊히고, 가장 기본적인 한자어들만 머릿속에 남더라고요. 그러니 한자 공부도 가장 효율적인 방법을 찾아야겠죠.

저는 2자 공부법을 추천합니다. 기본 한자가 나온 책을 사서, 학기 중은 바쁘니까 방학 때 하루에 2자씩만 써보는 거예요. 방학 때 50자만 쓴다고 하면, 한 학년에 겨울방학과 여름방학을 합쳐 총 100자를 알 수 있어요. 3학년부터 5학년까지만 한다고 해도 300자 정도의 한자를 접해볼 수 있는 거죠. 그 정도만 봐도 충분해요. 한자는 어떻게 생겼는지 잊어버려도 뜻과 음은 기억이 나거든요. 이건 제 경험담이라 자신 있게 말씀드릴 수 있어요. 급수 시험을 보면서 한자를 외우려고 애쓰는 것은 에너지가 너무 많이 소비됩니다. 방학 때 하루에 2자씩 한자를 쓰고, 그 한자가 들어가는 한자어를 생각해보세요. 예를 들면 스스로 '자(自)'라는 한자를 썼다면 '자(自)신, 자(自)기소개' 이런 식으로 말이에요. 한자가 들어가는 단어가 잘 생각이 나지 않으면 국어사전을 찾아봐도 좋습니다. 특별히 시험을 보고, 그럴 것까지는 없어요. '그냥 접해본다, 한자가 들어간 단어를 생각해본다' 딱 여기에 의의를 두세요. 독서를 통해 맥락으로 추론해서 단어의 뜻을 아는 방법도 중요해요. 방학 때 하루 딱 10분만 투자해서 한자 공부를 하면 교과어휘력도 향상되고, 언어 감각도 자라납니다. 이것은 방학 동안 느낄 '하루 2자의 힘'입니다. 이번 방학 계획을 세울 때 하루에 한자 2자씩 공부하기를 꼭 넣어보길 추천드립니다.

고민 136 어휘력을 높일 수 있는 방법이 있을까요?

국어 단어 뜻을 모르는 것보다 영어 단어 뜻을 모르는 것을 더 부끄러워하는 아이들을 보면서 안타깝다는 생각이 들었습니다. 독해력은 모든 공부의 기본이고, 독해력의 기본은 어휘력이죠. 즉 어휘력은 공부의 핵심입니다. 우리는 각자 세상과 소통하는 여러 개의 통로를 갖고 있습니다. 내가 하고 싶은 이야기를 그림으로 하기도 하고, 노래로 하기도 하고, 춤으로 표현하기도 하죠. 그중에서 가장 많이 사용하는 것은 아마 언어가 아닐까 합니다.

우리는 대부분 언어를 이용해서 말과 글로 소통하며 살아가요. 아이들의 일기를 검사하다보면, 어떤 친구들은 "참 재미있다" 한 줄로 그날의 모든 감정을 대신합니다. 그런데 어떤 친구들은 순간순간의 감정, 관찰한 것과 겪은 것들을 자세하고 실감 나게 잘 표현해요. 별것 아닌 것 같지만 이런 표현의 차이는 우리 생활에서 많은 것을 다르게 만듭니다. 예를 들면 친구와 싸우고난 후 무슨 일이었는지 물었을 때 어떤 친구는 왜 싸움이 일어났는지, 그때 자신의 느낌은 어땠는지를 설명하면서 친구와의 갈등을 풀어갑니다. 하지만 잘 설명하지 못하는 친구들은 생각의 차이를 좁히지 못하고 감정의 골만 더 깊어져요. 어휘력은 그만큼 중요합니다. 우리가 생각할 수 있는 양은 우리가 알고 있는 단어의 양과 비례합니다.

✎ 어휘력을 높이는 다섯 가지 방법

어휘력은 어떻게 높일 수 있을까요? 첫 번째는 책을 많이 읽는 것이고, 두 번째는 고민 135를 참고해서 한자를 공부하는 것입니다. 세 번째는 고사성어와 속담을 공부하는 것인데, 도서관에 가면 고사성어와 속담 관련 어린이 책이 많이 있을 거예요. 그런 책을 다양하게 읽어보는 것이 좋습니다. 네 번째는 국어사전을 구비해서 집에 두는 것입니다. 책을 읽다가, 대화를 하다가, TV를 보다가 모르는 단어가 나오면 바로 찾아볼 수 있게 해주세요.(국어사전 관련 고민 137~138 참고) 마지막 다섯 번째는 나만의 어휘 사전을 만들어보는 거예요. 책을 읽다가, 신문을 보다가, 평소 일상생활 중 모르는 단어가 나오면 사전을 찾아보고 그 단어가 들어가게 짧은 문장을 만드는 연습을 평소에 계속해보는 거예요. 공책에 정리하면서 나만의 사전을 만들어가는 거죠.

고민 137 꼭 종이 국어사전을 써야 할까요?

종이 사전을 찾는 건 굉장히 아날로그적이죠. 하지만 종이 사전은 정말 장점이 많습니다. 우선 찾는 과정에 노력을 더 많이 들일수록 기억에는 더 오래 남습니다. 또, 종이 사전은 필요한 것만 빠르게 바로 습득할 수 있는 전자사전과 달리, 단어를 찾으면서 주변에 다른 단어들도 같이 볼 수도 있죠.

그렇지만 사실 종이 사전으로 찾는 것과 스마트폰 사전으로 찾는 것이 기억의 정도에 아주 큰 영향을 미치는 것은 아닙니다. 사전으로 찾은 후, 그 단어 뜻이나 한자를 몇 번이나 복습하는가가 더 많은 영향을 미치죠. 때문에 꼭 종이 사전을 이용하라, 전자사전을 쓰지 말라는 것은 아닙니다. 하지만 종이 사전 찾는 방법을 아예 모르거나 종이 사전을 열어본 경험 없이 전자사전을 찾는 것과, 종이 사전을 쓸 줄 알면서 전자사전을 이용하는 것은 다릅니다.

종이 국어사전 찾기는 3학년 국어 시간 중에 배울 기회가 있습니다. 아이들은 사전 찾기를 무척 좋아해요. 그래서 저 역시 종이 국어사전을 찾는 것을 해보라고 권하는 편입니다. 3학년이 되어 처음 배울 때 충분한 연습 후, 방법을 익힌 다음에는 종이 사전으로 찾아보고 싶거나 시간이 많을 때는 종이 사전을 이용하고, 급하거나 귀찮을 때는 스마트폰이나 컴퓨터 사전을 이용하면서 융통성 있는 사전 활용을 해갔으면 좋겠습니다.

어떤 종이 국어사전을
사주는 게 좋을까요?

어떤 국어사전을 사주면 좋을지 추천해달라는 질문을 많이 받습니다. 국어사전을 고를 때 다음과 같은 기준을 생각해보세요.

✎ 국어사전을 고르는 일곱 가지 기준

1. 글씨 크기

어릴수록 큰 글씨의 사전이 보기 편합니다.

2. 단어 수

저학년이면 단어가 많이 실린 두꺼운 사전은 부담스러울 수 있습니다. 하지만 고학년이라면 단어가 적게 수록된 사전은 찾는 단어가 없어 불편할 수 있어요. 따라서 어린이용 사전을 쓰다가 고학년 되어서는 성인용 사전을 함께 구비해 두고 같이 쓰는 것도 좋습니다.

3. 설명

단어의 의미가 어떻게 설명이 되었는지 읽어보세요. 성인용 사전과 어린이 사전의 설명은 다릅니다. 성인용 사전은 한자어가 더 많고 설명이 어렵게 되어 있어요. 그런데 어린이 사전도 사전에 따라 설명이 다릅니다. 순우리말을 더 많이 써서 설명한 사전이 있고, 조금 더 높은 수준의 단어들로 설명이 이루어진 경우도 있어요. 구매 전 부모님이 사전을 살펴본다면 충분히 느낌이 올 겁니다.

4. 예제

단어의 뜻뿐 아니라 그 단어가 들어간 예제 문장이 있어야 단어의 활용을 쉽게 이해할 수 있습니다. 단어별로 예제가 추가로 쓰인 사전을 찾아보세요.

5. 삽화나 사진

어린이용 사전일 경우에는 삽화나 사진이 들어가 있는 사전도 있어요. 어릴수록 사전을 펼쳐보기에 심리적 부담이 덜한 사전을 고르세요.

6. 디자인

디자인도 무시할 수 없는 요소입니다. 눈에 띄고 친근하게 느껴져야 자꾸 펼쳐보고 싶을 거예요.

7. 휴대성

사전의 목적을 어디 두느냐에 따라 다릅니다. 집에 두고 쓸 것이라면 휴대성은 고려 대상이 아니지만, 가지고 다닐 것이라면 휴대성도 살펴봐야겠지요.

✎ 보리 국어사전 VS 동아연세 국어사전

두 사전은 부모님에게 가장 질문을 많이 받는 국어사전입니다. 보리 국어사전은 문장의 예시 등이 순우리말로 이루어져 어린아이들이 이해하기 쉽게 되어 있고, 삽화도 많이 수록돼 있습니다. 이에 반해 동아연세 국어사전은 삽화 없이 글자로만 단어가 설명돼 있으며, 단어별 한자어, 유의어, 반대어 등이 수록되어 있습니다. 따라서 국어사전을 처음 접할 때는 부담이 덜한 보리 국어사전을 사용하다가, 학년이 올라가면서 동아연세 국어사전을 사용하는 것도 방법이 될 수 있겠습니다.

어린이용 사전은 아무래도 성인용보다 어휘 수가 적기 때문에, 고학년이 필요할 때 찾아도 없는 단어가 있을 수 있어요. 성인용 국어사전이 필요하다는 생각이 들 때가 올 것입니다. 그때 성인용 국어사전을 추가로 구비해야 하니 처음부터 동아연세 국어사전을 쓰다가 성인용 국어사전을 더하는 것도 좋겠습니다.

국어 독해력 문제집, 꼭 풀어야 할까요?

어휘력과 독해력은 공부에 있어서 가장 중요한 두 축이라 해도 과언이 아닙니다.

독해력이란 읽고 이해하는 능력을 말합니다. 모든 과목이 읽고 이해하는 것을 기본으로 하기 때문에 독해력은 공부의 필수조건이죠. 국어는 학년이 올라갈수록 교과서의 지문도 길어지고 복잡해집니다. 결국에는 교과서에서 만난 글뿐 아니라, 한 번도 접해보지 못한 새로운 글도 독해할 수 있어야 하죠. 수학은 서술형 문제가 차지하는 비율이 높아지며, 길어진 문제 자체를 이해하지 못하면 문제를 풀 수 없어요. 기본 개념의 이해도 독해력이 있어야 가능합니다. 초등학교 사회 역시 마찬가지입니다. 내용이 지역에서 지구촌까지로 확장되고, 역사에서 현재, 미래까지 시공간을 넘나드는 내용이 만만찮아요. 과학도 실험 과정과 결과가 길게 서술되어 있으며, 영어 역시 외국어는 모국어의 수준을 넘지 못하기 때문에 국어 독해력 없이는 영어 실력 역시 오를 수가 없습니다. 독해력이 특히 중요한 이유입니다.

✎ 초등 국어 독해력 문제집이 나온 이유

그렇다면 초등 독해력 문제집은 왜 이렇게 많이 나와 있는 걸까요?

첫 번째 이유는 아이들의 독해력이 떨어져서입니다. 아무래도 요즘 아이들은 글을 차분히 앉아서 읽기보다는, 영상물을 많이 접하고 SNS 등 자기표현 역시 짧은 글로 간단하게 하다 보니 독해력이 점차 떨어질 수밖에 없습니다. 중요성은 점차 높아지는데 실력은 자꾸만 따라가지 못하는 거죠. 그렇다 보니 우리 아이의 독해력을 올려야겠다는 부모님들의 수요가 생기게 됩니다.

두 번째 이유는 이런 수요를 읽은 출판사들이 돈을 벌기 위해서입니다. 한 출판사에서 냈는데 잘 팔리면 다른 출판사도 우르르 만들어내는 겁니다. 가끔 초등학생용 독해 문제집을 보면 고등학생 수능 국어영역의 문제집을 초등학생 수준으로 바꿔놓은 느낌이 들어 당황스러울 때가 있습니다. 이런 독해력 문제집을 아이들이 꼭 풀어야 할까요?

✎ 독해 문제집보다 중요한 것은 독서

뭐든 하면 도움이 됩니다. 안 하는 것보다 낫죠. 하지만 문제는 우리는 시간도 에너지도 한정된 것을 쓰고 있다는 겁니다. 아이는 어느 정도 공부를 하면 지치죠. 그러니 꼭 필요한 부분에 에너지를 투자해야 합니다. 독해 문제집을 푸는 것은 문제를 푸는 기술을 연습하는 거예요. 독해 문제집들을 보면 다양한 지문을 접하게 하려고, 과학, 역사, 사회, 문학 등 여러 분야의 지문을 수록하고 그에 맞는 문제들을 내놓습니다. 잘 만들어져 있죠.

그런데 이 지문이 독해력 문제집의 단점이 되기도 합니다. 독해 문제집은 글의 일부만 가져오거나, 초등학생 수준에 맞게 문제집 한쪽 정도로 글을 만들어놓습니다. 긴 호흡의 글이 아니라 짧은 호흡의 글이 되죠. 글에 몰입하기도 전에 글이 끝나버립니다. 물론 긴 글을 가져온 문제집도 있어요. 하지만 그 사이 사이에 문제들을 배치해 글을 읽는 데 집중을 할 수 없게 만들어놓았습니다. 다시 말해, 독해력 문제집으로는 긴 글에 대한 집중력이 길러지지 않는다는 겁니다.

진짜 독해력을 기르는 방법은 긴 책을 읽는 것입니다. 가공되지 않은 긴 글을 읽으면서 글에 대한 이해력과 집중력을 높이는 거예요. 독해 문제집을 통한 연습으로 독해력을 100점 만점에 80점까지 높일 수 있습니다. 하지만 책을 읽으면 100점 만점에 200점까지 끌어올릴 수 있죠.

문제를 푸는 기술은 조금만 연습하면 기를 수 있습니다. 책으로 독해력을 다져 놓으면 충분히 가능해요. 초등학생 때만큼 독서하기에 좋은 시간이 없습니다. 중고등학생 때는 시험을 준비하기 위한 공부를 하는 데에 시간을 많이 투자해야 해요. 초등학교 때 독해 문제집을 풀면서 기술을 익힌다는 것은 그만큼의 독서 시간이나 노는 시간을 줄여야 한다는 거겠죠. 독해 문제집을 풀 시간에 아이가 재미있어하는 책 한 권을 보는 게 더 낫다는 게 제 생각입니다. 그게 만화책이나 판타지 소설일지라도 말이죠.

아이의 독해력을 점검할 수 있는 방법이 있을까요?

모든 공부의 기본이 되는 독해력. 그렇다면 독해력이 어느 수준인지는 어떻게 알 수 있을까요? 독해 문제집을 풀고 몇 문제를 맞혔는지 보면 되는 걸까요?

저학년은 어떤 글을 읽고 간단한 내용을 확인해서 알고 있다면, 책에 나와 있지는 않지만 글 속 인물의 심경을 헤아릴 수 있다면 수준에 맞는 독해력을 갖고 있다고 생각하면 됩니다.

아이가 3학년 이상일 경우에는 다음의 것을 체크해보세요.

① 문단의 개념을 아는가?

독해에 있어서 가장 핵심이 되는 것은 문단입니다. 하나의 생각 덩어리를 문단이라고 하지요. 문단은 초등학교 3학년 국어 시간에 배웁니다. 문단의 개념을 알고, 문단이 나누어지지 않은 글을 보고 문단을 나눌 수 있는지 확인해보세요.

② 중심 생각을 찾아낼 수 있는가?

각 문단 안에는 하나의 중심 생각이 있어요. 보통은 문단의 시작에 많이 드러나 있습니다. 그 중심 생각을 찾아낼 수 있는지 살펴보세요. 가장 쉬운 확인 방법은 교과서 내 문단이 깔끔하게 잘 나누어진 글로 확인해 보는 것입니다.

③ 내용 요약을 할 수 있는가?

내용 요약은 독해력의 척도라고도 할 수 있습니다. 글을 읽고 어떤 내용인지 아는 것이 결국 독해력이니까요. 내용 요약은 국어 교육과정 중 3학년부터 6학년까지 모두 걸쳐 배우는 요소입니다. 그만큼 중요하다는 것이고, 또 그만큼 어렵다는 거예요. 내용 요약은 간단해 보이지만 생각보다 고난도 기술입니다. 문단을 나누고 ⓒ 그 문단에서 중심 생각을 찾아내고 ⓒ 중심 생각을 연결하면 글의 내용이 요약됩니다.

④ 배경지식이 얼마나 있는가?

배경지식이 많으면 오로지 글에 의존해 독해하지 않습니다. 배경지식은 글의 내용과 함께 내가 독해하는 것을 열심히 도와주지요. 내가 알고 있는 분야의 글을 읽기가 훨씬 쉽고 빠른 것을 보면 알 수 있죠. 아이의 배경지식 정도는 독해력에 많은 영향을 끼칩니다.

위의 네 가지 기준에 비춰 살펴보면 아이의 독해력이 어느 정도 수준인지 가늠할 수 있습니다. 특히 교과서의 지문이나 어린이 신문 기사로 확인해볼 수 있는데요. 교과서 지문은 문단이 깔끔하게 나눠진 글이 대부분이므로 교과서 지문의 문단을 나누고, 중심 생각을 찾아서 내용을 요약해보는 활동을 꾸준히 해보는 것도 좋습니다. 다양하고 꾸준한 독서를 통해 부족한 부분을 채우고, 독해력을 향상시키는 연습을 할 수 있는 기준점으로도 삼을 수 있을 거예요.

독해력을 기르는 방법이 있을까요?

독해 문제집보다는 독서와 더불어 독해 훈련을 함께하는 것이 더 도움이 됩니다. 아래 방법들로 독해력을 기르는 훈련을 해보세요

① 교과서 지문을 꼼꼼하게 읽기

교과서 지문은 교육과정 목표에 맞추어 깔끔하게 정돈된 글이라고 할 수 있습니다. 지문과 함께 주어지는 여러 활동 역시 독해력을 돕기 위한 것들이에요. 독해 훈련의 가장 기본은 교과서 지문 읽기와 교과서 활동들입니다. 수업 중에는 글씨 쓰는 부분이 많아서 시간상 그냥 넘어가기도 하고, 대충하고 지나가는 경우도 많아요. 집에서 틈틈이 연습하면 독해력을 키우는 데 큰 도움이 될 거예요.

② 문단이 잘 나누어진 글을 읽으며 중심 생각 찾기

문단을 깔끔하게 나눌 수 있는 지문을 읽으며 문단을 나누고, 그 속의 중심 생각을 찾아보는 훈련은 가장 좋은 독해 훈련입니다. 교과서 지문을 활용하는 것이 가장 좋고, 또 신문의 사설도 독해 훈련을 하기에 참 좋습니다.

③ 책을 읽고 책 내용 말해보기

내용 요약의 가장 기본적인 훈련은 '내가 읽고 본 것을 남에게 말로 전달해보는 것'입니다. 책을 읽고 책 내용을 설명해보기를 해보세요. 책으로 바로 하기 막막하고 힘들다면 내가 본 영화, 드라마, 만화의 내용을 요약해서 설명해보는 것도 좋은 훈련이 됩니다.

국어 단원평가 문제집은
풀어야 할까요?

사실 초등학교 때는 깊이 있는 독서를 꾸준히 한다면 문제집은 필요 없습니다. 독서를 통한 독해력과 문해력이 길러져 있다면 어느 때고 문제집을 들이밀어도 어려워하지 않아요. 중요한 것은 시기가 아니라 문해력의 깊이거든요.

"우리 아이는 책을 많이 읽는데 학교에서 단원평가를 보면, 국어 시험점수가 좋지 않아서 자신감을 잃는 것 같아요" 하고 걱정하는 분들이 더러 있습니다. 그럴 땐 국어 교과서 지문으로 이뤄진 단원평가 문제집을 구매해서, 단원평가를 보기 며칠 전에 풀며 국어 문제를 푸는 기술을 연습하세요. 책을 많이 읽어도 단원평가를 보면 틀리는 친구들은 문제 푸는 기술이 조금 약하기 때문입니다. 책을 많이 읽어놓았기 때문에 기초는 탄탄히 쌓은 것과 다름없어요. 국어 문제집을 한두 번만 풀어보면 금세 감을 잡을 수 있을 거예요. 단원평가 준비는 짧은 시간에 할 수 있고 좋은 점수를 얻을 수 있습니다.

국어 서술형 문제를 잘 못 풀어요

많은 부모님이 아이의 학습과 관련해 조급한 마음을 갖고 있습니다. 쓰기 능력은 맨 마지막에 발달하는 능력입니다.

"저희 아이가 저학년인데 서술형 문제를 잘 못 풀어요", "저학년인데 일기를 잘 못 써요" 하는 것은 "이유식 먹는 아이가 고기를 잘 못 씹어요", "붕붕카 타는 아이인데 자전거를 못 타요" 하는 것과 같습니다.

국어 서술형 문제를 푸는 것은 정말 어려운 일입니다. 어른들 보기에는 쉬어 보일지 몰라도 아이에게는 벅차요. 저학년 아이가 국어 서술형 문제 쓰기를 힘들어한다면 먼저 말로 하기부터 해보세요. 답안지 베껴 쓰기를 통해 훈련해보는 것도 좋겠습니다.

고학년의 경우도 서술형 문제 쓰기를 꾸준히 연습하지 않았다면 힘들어할 수 있어요. 말로 하기 – 베껴 쓰기 과정이 반복되면 서술형 문제 풀기를 충분히 할 수 있습니다.

수학

| 친구 관계 | 교과 학습 | 학교생활 | 진로와 심리 |

고민 144

6년 동안 초등수학에서 배우는 내용이 궁금해요

사실 초등수학은 그렇게 어려운 내용은 아닙니다.

초등수학은 크게 다섯 영역으로 나뉘어 있어요. 수와 연산, 도형, 측정, 규칙성, 자료와 가능성으로 구성돼 있죠. 각 영역별, 학년별로 어떤 내용을 배우는지 흐름을 알면 공부의 로드맵을 잡는 데 도움이 될 거예요.

초등학교 수학 교과서의 학기별 내용

	1-1	2-1	3-1	4-1	5-1	6-1
1단원	★ 9까지의 수	★ 세 자리 수	★ 덧셈과 뺄셈	★ 큰 수	★ 자연수와 혼합 계산	★ 분수의 나눗셈
2단원	● 여러 가지 모양	● 여러 가지 도형	● 평면도형	▲ 각도	★ 약수와 배수	★ 각기둥과 각뿔
3단원	★ 덧셈과 뺄셈	★ 덧셈과 뺄셈	★ 나눗셈	★ 곱셈과 나눗셈	■ 규칙과 대응	★ 소수의 나눗셈
4단원	▲ 비교하기	▲ 길이 재기	★ 곱셈	● 평면도형의 이용	★ 약분과 통분	■ 비와 비율
5단원	★ 50까지의 수	◆ 분류하기	▲ 시간과 길이	◆ 막대그래프	★ 분수의 덧셈과 뺄셈	◆ 여러 가지 그래프
6단원		★ 곱셈	★ 분수와 소수	■ 규칙 찾기	▲ 다각형의 둘레와 넓이	◆ 직육면체의 겉넓이와 부피

	1-2	2-2	3-2	4-2	5-2	6-2
1단원	★ 100까지의 수	★ 네 자리 수	★ 곱셈	★ 분수의 덧셈과 뺄셈	▲ 수의 범위와 어림하기	★ 분수의 나눗셈
2단원	★ 덧셈과 뺄셈	★ 곱셈구구	★ 나눗셈	● 삼각형	★ 분수의 곱셈	★ 소수의 나눗셈
3단원	● 여러 가지 모양	▲ 길이 재기	● 원	★ 소수의 덧셈과 뺄셈	● 합동과 대칭	● 공간과 입체
4단원	★ 덧셈과 뺄셈(2)	▲ 시각과 시간	★ 분수	● 사각형	★ 소수의 곱셈	■ 비례식과 비례배분
5단원	▲ 시계보기 규칙 찾기	◆ 표와 그래프	▲ 들이와 무게	◆ 꺾은선그래프	● 직육면체	▲ 원의 넓이
6단원	★ 덧셈과 뺄셈(3)	■ 규칙 찾기	◆ 자료의 정리	● 다각형	◆ 평균과 가능성	● 원기둥, 원뿔, 구

(★수와 연산, ●도형, ▲측정, ■규칙성, ◆자료와 가능성)

1학년부터 6학년까지 수학 교과서의 구성입니다. 한 학기에 여섯 단원씩을 배우고, 1학년 1학기 한 달은 적응 기간으로 5단원까지만 있어요. 단원 설명 앞 도형은 앞서 설명한 다섯 영역을 표시한 거예요.

★은 수와 연산 영역입니다. 초등수학에서 가장 많은 부분을 차지하죠. 초등수학에서 연산이 중요한 이유입니다. 도형 영역은 ●, 측정 영역은 ▲으로 표시했어요. 수와 연산 다음으로 많은 부분을 차지하는 게 도형과 측정 부분입니다. 도형과 측정은 긴밀하게 연결되어 있는데요. 도형 영역이 다양한 도형에 대해 배우는 것이라면, 그 넓이를 구하는 건 측정 영역이거든요. 그래서 도형과 측정은 묶어서 생각할게요. 규칙성 영역은 ■모양으로 표시했습니다. 규칙성 영역 중에서는 6학년 비례식 부분이 특히 어려우니까 여기에 신경 써서 집중하면 됩니다. ◆표시의 자료와 가능성은 막대그래프, 꺾은선그래프 등의 다양한 그래프와 평균에 대한 내용입니다. 아이들이 비교적 다른 영역에 비해 쉽다고 느껴요.

3학년까지는 수와 연산이 대부분입니다. 아이들은 4학년부터 슬슬 수학이 어렵다고 느끼고요. 5학년은 소위 말하는 수포자(수학 포기자)가 가장 많이 나오는 학년입니다. 5학년부터는 내용이 급격하게 복잡하고 어려워집니다.

전체적으로 연산과 도형이 차지하는 비율이 큽니다. 즉, 초등수학을 잡으려면 연산과 도형, 측정을 잡으면 된다는 겁니다. 고민 147에서 다시 말씀드리겠지만, 연산 문제집을 꾸준히 풀면서 연산 훈련을 하세요. 또, 도형과 측정 영역을 잡기 위해서는 손으로 직접 도형을 그려보고 만들어보고 머릿속으로 계속 그리면서 문제를 풀어보도록 해야 합니다. 더불어 퍼즐이나 종이접기 같은 것들을 하면서 공간 감각을 기르는 것을 추천해요.

고민 145 초등수학을 잡기 위한 선행학습, 어떻게 해야 할까요?

수학 선행학습은 기본 개념을 찾아가는 한 학기 정도의 예습이 적당합니다. 수학을 잘 못하는 친구들은 복습과 예습의 비율을 7 : 3으로 하고, 수학에 자신 있는 친구들은 복습과 예습의 비율을 3 : 7로 한다고 생각하면서 한 학기 정도만 예습하는 거예요. 물론, 예습은 복습이 제대로 된 상태를 전제로 하도록 합니다.

방학 중	학기 중
한 학기 예습의 문제집 한 권	본 학기 수학 교과서 + 수학익힘책 + 문제집 한 권
연산은 꾸준히	
수학 동화, 퍼즐, 종이접기, 수학 보드게임(1~3학년에서 더 많이)	

초등수학 공부의 기본 틀입니다. 방학 때 쉬운 문세집으로 한 학기 정도 예습을 합니다. 본 학기에 학교 수업을 따라가면서 기본문제집을 풉니다. 연산은 방학 중이든 학기 중이든 계속 연습합니다. 여기에 추가로 수학 동화 읽기, 퍼즐, 종이접기, 수학 보드게임 등을 적절하게 넣어주세요. 이 기본 틀에서 아이의 수학 실력이나 흥미에 따라서 문제집 수를 더 늘릴지, 심화 수학이나 사고력 수학을 넣을지 선행의 속도를 더 낼지를 결정하는 겁니다. 우리 아이가 조금 빠르면 예습의 비율이나 예습의 속도를 조금씩 늘릴 수 있습니다. 이 기본 틀만을 '제대로' 하는 것도 쉽지 않아요.

아이가 몇 학년의 내용을 미리 배웠고, 중학교 수학을 몇 번 끝냈는지가 중요한 게 아니에요. 배운 수학 개념을 이해하지 못한 채 진도만 빼는 공부는 진짜 공부가 아닙니다. 부모님은 항상 아이의 수준이 어느 정도인지 교과서와 문제집을 보면서 체크해 봐야 합니다. 그리고 적정한 수준의 문제집을 풀고 있는지, 학원만 왔다 갔다 하면서 공부하는 시늉을 하고 있는 건 아닌지 확인해야 합니다. 초등 시기는 앞질러 가기보다 제 학년 것을 충실히 익혀 공부 그릇을 다져서 키워 놓아야 해요.

아이가 수학을 너무 싫어해요. 잘하는 거만 하면 되지 않을까요?

아이의 담임선생님께서 아이가 국어는 그래도 곧잘 하는데 수학은 반에서 꼴등이라며 문제가 있다고 생각하십니다. 좋고 싫음이 분명한, 그리고 집중력이 높은 3학년 아이입니다. 저는 배움의 공백만 없다면 괜찮다고 생각하는데, 제가 이상한가요?

어머님의 말씀처럼 배움의 공백만 없으면 괜찮아요. 하지만 그 배움의 공백에 대한 기준은 조금 다를 수 있습니다. 사실 의무교육인 초등 교육에서의 3학년 수학 난도는 높다고 할 수는 없습니다. 즉, 아이들이 노력하면 충분히 이해할 수 있는 정도라는 거예요. 호불호가 분명할 수는 있지만, 3학년은 수학을 포기하거나 아예 놓아버리기엔 너무 이른 때입니다. 집중력이 높다는 것은 내가 좋아하는 것을 얼마나 오랫동안 하는가를 의미하는 것이 아닙니다. 게임을 한자리에 앉아 오래 한다고 집중력이 높다고 할 수는 없다는 의미죠. 내가 느끼기에 조금 지루한 활동이라도 일정시간 집중할 수 있는가를 의미합니다.

국어는 곧잘 하고 있으니 수학도 조금만 끌어주면 더 잘할 수 있을 거예요. 목표 점수를 80점으로 잡으세요. '수학 교과서와 수학익힘책은 이해하고 가자', '기본적인 수학은 할 수 있도록 하자' 등으로 목표를 아이와 함께 잡으세요. 국어를 좋아한다니 수학 동화 읽기부터 시작하는 것도 좋겠습니다.

연산 연습을 지루해해요.
꼭 해야 할까요?

스켐프라는 영국의 교육학자는 '수학 교육의 이해'를 두 가지로 나눠 이야기했습니다. '도구적 이해'와 '관계적 이해'가 그것이죠.

도구적 이해	이유는 모른 채 암기한 규칙을 문제 해결에 적용하는 것
관계적 이해	무엇을 해야 할지 그리고 왜 그런지 모두 알고 있으면서 일반적 수학적인 관계로부터 특수한 규칙이나 절차를 연역할 수 있는 상태

원의 넓이를 잘게 잘라서 사각형으로 만든 후, 원의 넓이를 구하는 방법을 아는 것은 '관계적 이해'이고 반지름×반지름×원주율(3.14)의 암기한 공식으로 원의 넓이를 계산하는 것은 '도구적 이해'입니다. 관계적 이해가 '왜(why)'라면 도구적 이해는 '어떻게(how)'라고 할 수 있죠. 관계적 이해는 원리를 이해하는 것이므로 새로운 과제에 더 잘 적응하게 해주고 기억의 지속력이 강합니다. 이 자체가 효과적인 목적이 될 수 있어요. 반면 도구적 이해의 장점은 바로 정답을 찾아내기 쉬워서 보상이 즉각적이고 분명하다는 것입니다. 따라서 관계적 이해와 도구적 이해는 모두 필요합니다. 교과서에 나온 개념 설명 부분도 정확하게 이해해야 하고, 반복적인 연산 훈련(drill)을 통해서 정확하고 빠른 연산도 가능해야 합니다.

아이가 개념은 정확하게 이해했으니 지루한 연산 연습은 안 해도 된다고 생각하는 것은 초등 교육에서는 절대 있어서는 안 되는 일입니다. 연산 연습을 권하는 또 하나의 이유는 연산 연습은 그 결과가 눈에 바로 보인다는 데에 있습니다. 공부 자신감에 무척 도움이 되는 부분이에요. 연산 연습은 하루 10분씩 꾸준히, 적어도 4학년까지는 필수로 했으면 합니다.

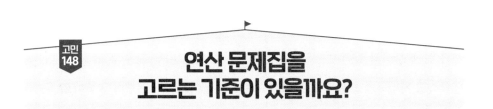

고민 148
연산 문제집을 고르는 기준이 있을까요?

연산 문제집은 종류가 정말 많습니다. 어떤 기준으로 골라야 할지 막막하죠. 몇 가지 기준을 정리해볼게요. 기준에 맞춰 살펴보며 비교해 보세요.

첫 번째 기준은 '연산 원리의 제시 방법'입니다. 물론 교과서를 통해 배우고 난 뒤 문제집을 푸는 것이기 때문에, 굳이 연산 원리의 제시 방법이 따로 나와 있지 않아도 된다 생각되면 문제만 나열된 문제집을 골라도 상관이 없습니다. 하지만 수모형이나, 동전과 같은 구체적 조작물로 연산 원리가 제시된 후에 연산 문제를 접한다면 원리에 대해 한 번 더 생각해볼 수 있습니다.

두 번째는 '연산 방법'입니다. 덧셈, 뺄셈에서 수를 가르고 모으면서 가로셈으로 더하고 빼는 연산 방법을 이용하면 수 감각을 길러낼 수 있습니다. 또 같은 수에서 다른 수를 더하거나 빼는 문제가 주어지는 것도 좋은 훈련 도구가 됩니다. 예를 들어 21+10, 21+11, 21+12, 21+13 이렇게 쭉 연이어 커지는 수를 더하는 문제들이 나오는 겁니다. 그러면 자연스럽게 반복 연습이 되고, 어떤 수를 더하거나 빼면 이런 수가 된다는 게 외워집니다. 그러면서 연산 능력이 길러지죠.

세 번째는 '얼마나 반복되는가'입니다. 문제 개수가 많아 반복이 많이 되는 문제집이 있고 연산 문제집이지만 문제가 많이 없는 문제집도 있어요. 수 감각이 뛰어나서 반복 없이도 충분히 연산을 할 수 있다면 문제 개수가 많지 않아도 되지만, 우리 아이는 반복 연습이 필요하다 싶다면 문제 개수가 많은 것을 고르세요.

네 번째 기준은 '편집 방식'입니다. 문제집의 느낌이죠. 색이나, 편집이 너무 답답하게 구성돼 문제를 풀기 싫어질 수 있어요. 이것도 무척 중요한 선택 요소죠. 문제와 문제 사이의 간격이 너무 붙어 있거나 한 면에 너무 많은 문제가 있는 것은 답답하고 지루하게 느껴집니다. 이건 아이에게 물어보면서 선택하면 좋아요.

대표적인 연산 문제집
- 기적의 계산법 (길벗스쿨)
- 쎈연산 (좋은책신사고)
- 기탄수학 (기탄교육)
- 빨라지고 강해지는 이것이 연산이다 (시매쓰출판)
- 하루 한 장 쏙셈 (미래엔)

고민 149
연산이 느린데 기초부터 다시 시켜야 할까요?

우선 자기 학년의 연산 문제를 풀어보며 연습합니다. 문제를 풀다 보면 계산 오류가 자주 나는 부분이 보일 거예요. "저는 잘 모르겠어요", "아이들을 가르치는 선생님이 아니라 잘 안 보여요" 할 수 있습니다. 하지만 아이가 계산하는 모습을 옆에서 계속 지켜보면 분명 안 되는 부분이 보일 겁니다. 그 부분의 연산 연습을 따로 시킵니다. 예를 들어 '두 자리 수 × 두 자리 수'가 자꾸 틀립니다. 그런데 그 연산은 아이의 지금 학년이 아니라 전 학년의 문제예요. 그렇다면 전 학년의 연산 문제집 중 그 부분만 연습하는 거예요. 전 학년의 연산에서 실수가 난다고 처음부터 끝까지 다 풀 필요는 없습니다. 셈이 조금 느린 편일 수도, 연습량이 부족한 것일 수도 있습니다. 자기 학년의 연산 연습을 하면서, 전 학년 연산은 오류가 자주 나오는 부분만 다시 찾아서 연습해 보세요.

고민 150 아이가 너무 힘들어하는데 심화 문제집을 꼭 풀어야 할까요?

심화 문제집, 사고력 수학, 경시 대회 대비! 너무나도 매력적인 말들입니다. 심화 문제집을 풀면 수학 실력이 심화로 발전될 것 같고, 남들 다 푸는데 우리 아이만 안 풀면 최상위권이 안 될 것 같고 그렇잖아요. 그래서 앞 다투어 심화 문제집을 풀게 하죠. 그러다 아이가 잘 모르겠다고 하면 아이한테 싫은 소리가 나갑니다. "문제를 잘 읽어봐. 수업 시간에 수업 잘 안 들었어? 왜 다 배운 건데 못 풀어? 문제가 풀릴 때까지 계속 풀어야 하는 거야. 계속 생각해봐" 하고 기 싸움을 하게 되지요.

제가 교실에서 보는 학생들의 모습이에요. 수학 학원을 다니는 아이들이 쉬는 시간 내내 오늘 수학 학원 가는 날인데 숙제를 안 했다며 풀고 있는 모습을 꽤 많이 볼 수 있습니다. 그러다 모르는 부분이 있으면 저한테 와서 묻죠. "선생님, 이거 어떻게 풀어요?" 하고요. 아이를 도와 문제를 보다 보면 물론 좋은 문제도 있지만,

'이렇게까지 비비 꼬아야 하나?' 혹은 '선행을 해야 쉽게 풀 문제잖아' 하는 생각이 드는 문제들이 참 많아요. 그래서 설명을 해주면 아이는 이렇게 말하죠. "선생님, 그래서 답이 이거라는 거죠? 이 정도 풀어 가면 안 혼나겠다."

많은 문제들이 별표가 되어 있습니다. 사실 학교에서 보는 수학 단원 평가는 그렇게 어렵지 않아요. 그리고 초등수학은 학교 단원 평가를 제대로 준비한다는 정도만 공부해도 중고등학교 수학을 배우는 동안 '초등수학이(기초가) 부족해서 못한다'는 경우는 없습니다.

제가 말씀드리고 싶은 것은요. 수학 심화 문제집을 푸는 것은 대부분의 학생들에게는 시간 낭비라는 거예요. 진정한 의미의 심화란 심화 문제집이라는 이름으로 출판된 것이 아니라 '아이의 수준 이상의 것'을 뜻합니다. 따라서 심화는 상대적이죠. 아이의 수준이 학교 수업을 따라가기 힘들면 교과서가 심화 수업이 될 수 있고, 교과서와 수학익힘책은 문제없다면 그 위의 단계가 심화 수업이 될 수 있습니다. 우선 본격적인 질문에 앞서 심화의 현실에 대해 정확히 알아야 합니다.

✒ 수능 시험에서 성공하기 위한 효율적인 수학 공부법

수능 시험의 경우, 일정한 시간 안에 신속하고 정확하게 문제를 풀어야 합니다. 2점짜리, 3점짜리 문제는 어떤 개념을 적용해야 할지가 눈에 바로 보이는 것이고, 4점짜리 문제들은 머리를 싸매고 해결법을 찾아내야 합니다. 문제를 보다보면, 어느 순간 적용해야 할 개념과 문제가 통과되며 직관적으로 알아차리게 되는 그런 문제들이 많죠. 물론 이것은 개념을 정확하게 이해하고 있을 때에 직관적으로 알아차리게 됨을 의미합니다.

수학에서의 사고력, 즉 생각하는 힘은 무작정 어려운 문제를 푸는 훈련으로 길러지는 것이 아닙니다. 개념에 대한 정확한 이해를 하고, 적당한 수준의 문제를 반복해서 풀면서 직관적으로 그 개념이 완성될 때 생기는 것이 사고력이죠. 심화 문제가 도움 될 것이라는 막연한 기대로 푸는 경우가 많지만 솔직히 도움이 되지 않는 경우가 많습니다.

그렇다면 심화 문제집을 아예 풀지 말라는 것이냐? 정리하겠습니다. 출판사들이 가장 많이 출간하는 초등수학 문제집은 크게 세 단계입니다. 1단계는 기본 개념 문제집으로 기본, 개념, 원리 등의 이름으로 출간되어 있습니다. 다음 2단계는 문제 유형 별로 모음 또는 기본 문제보다 약간 더 응용된 문제들을 섞어놓은 문제집으로, 실력, 유형, 응용 등의 이름이 문제집에 붙어 있어요. 그리고 마지막 3단계는 다양한 심화 문제집이죠. 아이 수준별로 선택해 풀게 하는 것이 좋습니다.

● 수학을 못하는 아이

심화 문제집을 풀지 않아도 됩니다. 자기 학년의 교과 개념을 정확하게 이해한 후, 교과서 수준 문제와 1단계 수준의 문제집의 연산을 완벽하게 하는 것이 최우선입니다.

● 기본, 응용 수학 문제는 잘 푸는데 심화 문제를 많이 틀리는 아이

'설명해도 이해하기 힘들어한다' 이런 경우는 방법을 달해야 합니다. 괜히 아이랑 사이만 안 좋아지고, 수학을 싫어하는 결과를 초래할 수 있으니까요. 미리 사놓은 문제집이 아깝겠지만 그만 풀게 하고, 기본 문제에 응용 문제가 더해진 2단계 문제집을 반복해서 푸세요.

● 수학에 재능이 있는 아이

자기 학년의 수준을 금방 이해하고, 개념이 조금 심화된 경우라도 잘 풉니다. 중학

년까지는 수학에 시간을 많이 투자할 필요도 없습니다. 그 시간에 차라리 책 읽기나 영어 공부를 하세요. 물론 마치 게임을 하듯, 수학 심화 문제집 푸는 게 너무 재미있다면 당연히 풀어도 돼요.

그렇다고 쉬운 문제만 풀면 '이렇게 어려운 문제도 있을 수 있구나!' 하는 겸손함이나 문제를 끝까지 풀며 끈기를 기를 수 있는 경험을 놓칠 수 있습니다. 아이가 고학년이면서 제 학년의 기본 문제집을 두 권 이상 풀었고, 오답률이 적다면 심화 문제집에 도전해보세요.

부모님과 아이들의 수요를 잘 읽은 출판사는, 저마다 다양하고 많은 문제집을 쏟아냈습니다. 선택권이 많아졌다는 장점이 있지만, 문제집이 너무 많아서 무엇을 골라야 할지 더 고민해야 합니다. 심화 문제집들을 살펴봤을 때, 사실 문제집들은 거의 비슷했어요.

기본 개념 설명은 자세하게 하지 않습니다. 기본서가 아니니까요. 처음에 그 단원의 어려운 대표 문제 유형이 나오고, 비슷한 문제들이 쭉 나온 후, 그다음 장에는 조금 더 어려운 문제, 또 다음 장에는 조금 더 어렵고 긴 문제, 또 다음 장에는 가장 어려운 문제… 이렇게 수준을 높여가며 문제를 실어놓았어요. 여기서 수준을 높였다는 것은 문제를 풀면서 알아야 할 '개념'이 많다, 생각해야 할 '조건'이 많다, '숫자'를 복잡하게 해두었다, 문제를 '길게' 해놓았다 등을 의미합니다. 심화 문제집을 푸는데 대표 유형이 정리된 부분과 조금 심화시킨 부분까지는 곧잘 푸는데 많이 심화된 부분은 너무 힘들어한다 싶으면 1, 2단계 심화 문제들만 풀고 나머지는 남겨두는 방식으로 문제집을 활용해도 괜찮습니다.

1학년 수학은
어떤 것을 배우는지 궁금해요

1학년 1학기는 수와 모양, 덧셈과 뺄셈 등의 기본 수학 개념과 친해지는 시간입니다. 직접 세어보고, 바둑돌이나 사탕 같은 구체물로 수를 가르고 모으는 구체적인 조작 활동을 하면서 수 감각을 기릅니다.

1학년 2학기는 여섯 단원 중 세 단원이 덧셈과 뺄셈입니다. 수 모형을 통해 십의 자리와 일의 자리의 자릿값 개념을 정확하게 이해하고, 단순히 덧셈과 뺄셈을 하는 것에서 더 나아가 10으로 만들어 덧셈과 뺄셈을 하는 방법을 익히는 수업을 합니다. 1학년 수학 단원별 개요표로 1학년 수학의 수업 흐름을 참고하세요.

학기	단원명	1학년 수학 개념
1학기	9까지의 수	1부터 9까지의 수 읽고 쓰기 순서를 나타내는 수 '몇째' 1 큰 수와 1 작은 수 0의 이해
	여러 가지 모양	입체도형 모양 알고 굴려 보기
	덧셈과 뺄셈	9 이하의 수 모으기와 가르기 한 자리 수 덧셈과 뺄셈
	비교하기	길다/짧다, 무겁다/가볍다, 넓다/좁다, 많다/적다 두 가지 또는 세 가지 대상 직접 비교
	50까지의 수	50까지의 수를 알고 수 크기를 비교 9 다음 수 10개씩 묶어 세기

2학기	100까지의 수	100까지의 수를 알고 수 크기 비교 짝수와 홀수의 이해	
	덧셈과 뺄셈(1)	받아올림이나 받아내림이 없는 두 자리 수 덧셈과 뺄셈	
	여러 가지 모양	세모, 네모, 동그라미 모양 찾기	
	덧셈과 뺄셈(2)	세 수의 덧셈과 뺄셈 10이 되는 더하기, 10에서 빼기 10을 만들어 더하기	
	시계 보기와 규칙 찾기	몇 시와 몇 시 30분 읽기 배열의 규칙을 찾기	
	덧셈과 뺄셈(3)	세 수 더하기 받아올림과 받아내림이 있는 (몇) + (몇) = (십몇), (십몇) - (몇) = (몇) 덧셈과 뺄셈	

고민 152 1학년 수학에서 반드시 알아야 하는 수학 개념은 무엇인가요?

1학년의 수학은 어려운 내용은 아니지만 수 개념과 수 감각을 위해 기초를 꼭꼭 잘 다지고 넘어가야 하는 부분입니다. 말씀드리는 부분을 특히 염두에 두어 1학년 수학을 잡아가기 바랍니다.

① 수 개념

1학년 1학기에는 50까지의 수에 대해 배웁니다. 1단원에서는 9까지의 수, 5단원에서는 50까지의 수, 2학기에는 100까지의 수에 대해서 배우죠. 처음 배울 때 제대로 수 개념을 잡는 것이 좋습니다. 다양한 물건으로 수를 세어보고 수 판을 이용해서 수만큼 그림을 그려보는 활동들을 해주세요.

예

수판으로 그림 그리기 : 1만큼 더 작은 수

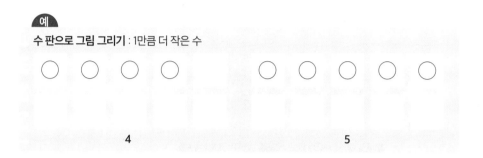

4　　　　　　　　　　5

10 이상의 수에서는 10개씩 묶음 모형과 낱개 모형으로 몇십 몇에 대한 양감을 기를 수 있도록 연습합니다. 이때 두 자리 수를 단순히 쓰고 읽는 연습이 아니라 자릿값을 정확하게 이해할 수 있도록 두 자리 수를 10개씩 묶음과 낱개로 나누어 표현하는 것을 연습해야 합니다.

② 모으기와 가르기

수를 모으고 가르는 것은 덧셈과 뺄셈의 중요한 기초가 되고 수 감각을 기르는 데도 큰 도움이 됩니다. 사탕이나 바둑돌로도 연습을 많이 해보고, 숫자로도 가르고 모으고를 많이 연습할 수 있도록 해주세요. 1학기 3단원에서는 9 이하의 수의 범위에서 모으기와 가르기를 하고, 5단원에서는 10부터 19까지의 수를 모으기와 가르기를 합니다.

예

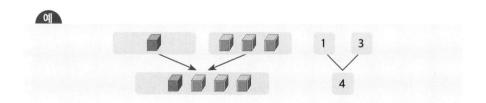

또, 2학기 4단원에서는 10이 되는 더하기와 빼기를 아래 그림과 같이 수 모형이나 수 판에 그리는 활동 등을 하면서 충분히 연습합니다. 감각을 익혀 조작 활동 없이도 10에 대한 보수를 구할 수 있게 합니다.

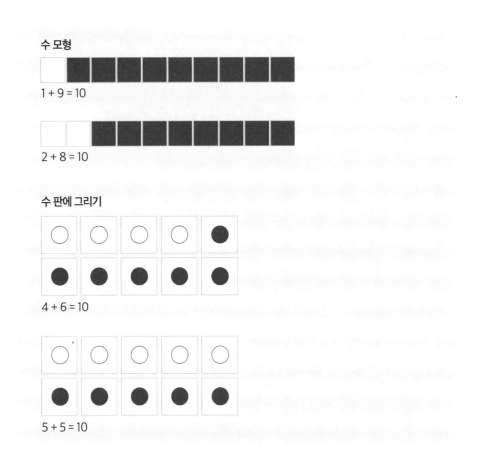

③ 덧셈과 뺄셈

1학기에는 두 수의 합이 9 이하인 덧셈을 합니다. 단순히 연산을 하는 것에서 끝나는 것이 아니라 '하나씩 세어보기', '그림으로 그리기', '수직선에 표현해보기', '식으로 세어보기', '수의 가르기와 모으기' 등의 다양한 방법으로 덧셈을 할 수 있도록 해주세요.

1학년 2학기는 여섯 단원 중 세 단원이 덧셈과 뺄셈을 다룹니다. 2학기를 내용을 다 배우면 (몇) + (몇) = (십몇), (십몇) − (몇) = (몇)과 같이 받아올림, 받아내림이 있는 덧셈, 뺄셈까지 할 수 있게 되죠. 이때 강조하는 것은 수 모형을 통해 원리를 이해하는 것입니다. 또, 10을 만들어서 덧셈과 뺄셈을 하는 법을 연습합니다. 수 가르기와 모으기를 했던 것, 10의 보수를 연습했던 것이 활용되는 것이죠.

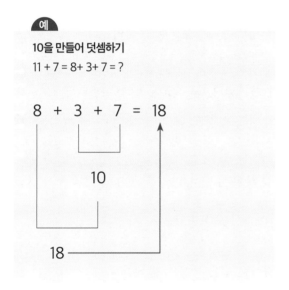

예

10을 만들어 덧셈하기
11 + 7 = 8+ 3+ 7 = ?

$$8 + 3 + 7 = 18$$

10

18

덧셈과 뺄셈의 두 가지 상황에 대해서 이해를 하고 있으면 좋습니다. 덧셈, 뺄셈과 관한 이야기나 문제를 만드는 것이 나오기 때문입니다.

먼저, 덧셈의 상황은 '첨가 상황'과 '합병 상황'으로 구분할 수 있어요.

❶ 첨가 상황

"아기 사자가 여섯 마리 있었는데 두 마리가 더 들어왔습니다. 모두 몇 마리일까요?" 같이 처음 있었던 양에서 증가하는 상황이에요.

❷ 합병 상황

"노란 물고기 네 마리와 흰 물고기 두 마리가 있습니다. 모두 몇 마리일까요?" 같은 상황입니다. 변화가 없이 합하는 상황입니다.

물론 아이에게 '첨가 상황', '합병 상황'이란 말을 해줄 필요는 없습니다. 덧셈 문제를 만들 때, 두 가지 상황이 있다는 것을 이야기 나눠 보는 정도면 됩니다.

"나는 사탕 3개를 갖고 있습니다. 엄마는 사탕을 4개 갖고 있습니다. 사탕이 모두 몇 개일까요?"

"내가 사탕을 3개 갖고 있었는데 엄마께서 사탕 4개를 더 주셨습니다. 나는 사탕을 모두 몇 개 갖고 있나요?"

뺄셈의 상황은 '제거 상황'과 '비교 상황'이 있어요.

❶ 제거 상황

"풍선이 6개가 있었는데 2개가 터졌어요. 남은 풍선은 몇 개인가요?" 같이 처음 있던 양에서 감소하는 상황, 덜어내는 상황입니다. 그림에서는 지워내면서 풀 수 있어요.

❷ 비교 상황

"분홍 솜사탕은 파란 솜사탕보다 몇 개 더 많은가요?" 같이 두 집합의 크기를 비교하는 상황이에요. 대응하다가 남는 개수로 알아볼 수 있어요.

뺄셈의 경우도 역시 아이에게 '제거 상황', '비교 상황'이란 말을 할 필요는 없습니다.

고민 153
2학년 수학은
어떤 것을 배우는지 궁금해요

2학년 1학기에는 특히 3단원 덧셈과 뺄셈에서 여러 가지 방법으로 덧셈과 뺄셈하는 것을 힘들어합니다. 수를 재료로 다양한 방법의 요리를 한다고 생각하고 가르고 모으기를 계속 연습하는 것이 수 감각을 기르는 가장 좋은 방법입니다.

구구단을 외우는 것이 2학년 2학기의 가장 중요한 미션이라면 미션입니다. 2학년 1학기에 배웠던 곱셈 개념을 다시 생각하면서 2개씩, 3개씩 묶어보고, 동수 누가의 개념으로 구구단이 나왔다는 것을 꼭 알았으면 좋겠습니다. 더 자세한 내용은 2학년 수학 단원별 개요표를 참고하세요.

학기	단원명	2학년 수학 개념
1학기	세 자리 수	백(100)과 세 자리 수 읽고 쓰기 세 자리 수의 개념 이해
	여러 가지 도형	원, 삼각형, 사각형의 이해 삼각형과 사각형의 변과 꼭짓점 오각형, 육각형 구별하기
	덧셈과 뺄셈	받아올림이 있는 두 자리수 덧셈 받아내림이 있는 두 자리수 뺄셈 여러 가지 방법으로 두 수의 합과 차를 계산
	길이 재기	단위 길이의 이해 표준 단위 길이 1cm 자로 길이 재기
	분류하기	기준에 따라 분류하고 세기
	곱셈	곱하기(×)의 개념 이해 '몇씩 몇 묶음', '몇의 몇 배' 개념 알기 '몇의 몇 배'의 곱셈식 표현

	네 자리 수	천(1000)과 네 자리 수 읽고 쓰기 네 자리 수의 개념 이해
	곱셈구구	2단부터 9단까지 곱셈구구 원리 이해 2, 5단 → 3, 6단 → 4, 8단 → 7단 → 9단 순 학습
2학기	길이 재기	1m의 개념 이해 cm와 m의 관계 이해 길이의 합과 차 구하기
	시각과 시간	분 단위의 정확한 시계 읽기 1시간 = 60분 1분, 1시간, 1일, 1주일, 1개월, 1년 사이의 관계 이해
	표와 그래프	자료를 표와 그래프로 나타내기
	규칙 찾기	덧셈표, 곱셈표, 무늬, 쌓은 모양에서 규칙 찾기

고민 154 2학년 수학에서 반드시 알아야 하는 수학 개념은 무엇인가요?

2학년 역시 연산이 중요합니다. 덧셈, 뺄셈, 곱셈의 원리를 정확히 이해할 수 있도록 하고, 반복 연습을 꾸준히 하세요. 꼭 알아야 할 개념들을 몇 가지 정리했습니다.

① 자릿값

새로운 단위의 수가 등장하면 반드시 수 모형을 이용해서 이해하는 과정이 필요합니다. 세 자리 수 역시 백 모형, 십 모형, 일 모형을 사용해, 세 자리 수가 100이 몇 개, 10이 몇 개, 1이 몇 개로 구성됨을 알아야 합니다. 324에서의 3은 그냥 3이 아니라 300을 의미함을 알아야 하는 것이죠. 자릿값을 잘 알지 못하면 삼백이십사를

300204라고 쓰는 오류를 범하기도 합니다. 생각보다 자주 하는 실수예요. 2학기에는 네 자리 수까지 배우는데, 이 역시 수모형으로 이해하도록 합니다.

② 덧셈과 뺄셈

덧셈과 뺄셈을 처음 배우는 1학년 때와 마찬가지로, 2학년에서 역시 덧셈과 뺄셈은 아주 중요합니다. 특히 1학기 3단원 덧셈과 뺄셈에서 받아올림과 받아내림이 있는 두 자리 수의 계산을 배우는데, 1학년에 배운 것의 연장선이라 많이 어려워하지는 않습니다. 하지만 답을 구하는 것에 그치지 않고, 하나의 식을 여러 가지 방법으로 접근해 푸는 과정을 배우기 때문에 이 부분을 힘들어하는 경우가 있습니다. 예를 들어 다음과 같은 건데요.

　29 + 13을 한다면 1) 29 + 10 + 3, 2) 29 + 11 + 2, 3) 30 + 13 − 1 의 세 방법으로 문제를 풀어보는 겁니다. 단순히 세로셈으로 바꾸어서 받아올림을 하는 방법 외에 여러 경우로 수를 가르고 모아 덧셈과 뺄셈을 하는 거지요. 연습만큼 좋은 무기는 없습니다. 계속 연습하면서 수 감각을 기르면 좋겠습니다.

③ 곱셈

2학년 수학은 중요한 미션이 하나 있습니다. 바로 구구단이에요. '구구단을 외우면 계산을 쉽게 할 수 있다'는 생각으로 단순 암기를 통해 생각 없이 "이오 십!"을 외치기 쉽습니다. 2와 5를 곱한다는 의미는 2를 다섯 번 더한 것이라는 것을 개념을 모른 채 외우기만 하는 것이죠. '2×5 = 2+2+2+2+2'와 같은 기

예

2 × 5 = ★ ★ × 5 =
★ ★ + ★ ★ +
★ ★ + ★ ★ +
★ ★

본 개념을 정확하게 짚고 넘어가지 않으면, 문장제 응용문제도 못 풀뿐 아니라 학년이 올라가면서 계속 확장되는 분수의 곱셈 개념도 이해하지 못합니다.

2학년 1학기 때 여러 가지 방법으로 물건의 수를 세고, '몇씩 몇 묶음'을 '몇의 몇 배'로 나타냄으로써 배의 개념과 동수누가의 개념을 배웁니다. 이를 정확하게 이해한 후, 2학기에 2단부터 9단까지의 곱셈구구를 배우고 한 자리 수의 곱셈을 해야 합니다.

고민 155

3학년 수학은 어떤 것을 배우는지 궁금해요

3학년은 수학을 잘하게 되느냐, 못하게 되느냐로 갈리기 시작하는 학년입니다. 3학년이 되면 자연수, 분수, 소수까지 다양한 수의 기본 개념을 모두 배우게 됩니다. 이후 학년에서는 이를 발전시켜 자릿수를 늘리거나 연산이 어려워지는 것이기 때문에 3학년까지 꼭 기본 연산의 개념을 확실히 이해해야 합니다.

또, 3학년에서 처음으로 나눗셈과 분수가 등장합니다. 곱셈도 수준이 더 올라가

(두 자리 수) × (두 자리 수)까지 곱셈을 합니다. 처음 접한 개념의 의미를 익히고, 연산 연습도 충분히 하는 것이 좋습니다.

직선, 선분, 반직선을 배우고, 각과 직각에 대해서도 공부하며 도형을 조금 더 깊이 다루기도 합니다. 3학년 수학 단원별 개요표로 3학년 수학의 수업 흐름을 참조하세요.

학기	단원명	3학년 수학 개념
1학기	덧셈과 뺄셈	받아올림이 있는 세 자리 수의 덧셈 받아내림이 있는 세 자리 수의 뺄셈
	평면도형	직선, 선분, 반직선 구별 각과 직각의 이해, 예각과 둔각 구분 직사각형, 정사각형, 사다리꼴, 평행사변형, 마름모의 성질 이해
	나눗셈	나누는 수가 한 자리 수인 나눗셈의 계산 원리 이해하고 계산하기(구구단으로 가능한 나눗셈)
	곱셈	(두 자리 수) × (한 자리 수) 곱셈의 계산 원리 이해
	시간과 길이	초 단위까지 시각 읽기 1분 = 60초 시간의 덧셈과 뺄셈 1mm, 1km 단위 알고 길이 측정하기
	분수와 소수	양의 등분을 통한 분수 개념 이해 단위분수, 진분수, 가분수, 대분수 이해 소수 한 자리 수 이해하고 소수 크기 비교
2학기	곱셈	(세 자리 수) × (한 자리 수), (두 자리 수) × (두 자리 수)의 곱셈
	나눗셈	나눗셈의 의미를 알고 곱셈과 나눗셈의 관계 이해하기 (두 자리 수) ÷ (한 자리 수), (세 자리 수) ÷ (한 자리 수)의 나눗셈
	원	원의 중심, 원의 반지름, 원의 지름 알고 관계 이해
	분수	이산량에서 분수의 의미 알기
	들이와 무게	들이와 무게의 단위 1ℓ, 1㎖, 1kg, 1g
	자료의 정리	그림그래프의 특성 알고 해석하기

3학년 수학에서 반드시 알아야 하는 수학 개념은 무엇인가요?

곱셈의 수가 커지고 나눗셈과 분수가 처음 도입됩니다. 기계적인 계산이 되지 않도록 원리를 이해하려는 노력은 끊임없이 필요합니다.

① 곱셈

2학년 때는 구구단으로 가능한 곱셈을 했다면, 3학년은 1학기에 (두 자리 수) × (한 자리 수)까지, 2학기는 (세 자리 수) × (한 자리 수), (두 자리 수) × (두 자리 수)까지의 곱셈을 합니다. 이때 기계적으로 세로셈으로 바꾸어서 계산해 답을 내는 게 끝이 아니라, 수모형을 이용하여 계산 원리를 이해해야 합니다. 또 계산하기 전에 어림하고 그 결과를 확인하는 과정도 꼭 가져보세요. 이것도 수 감각을 길러 줍니다.

　1학기의 곱셈은 어려움 없이 따라오는 경우가 많지만, 2학기의 (두 자리 수)×(두 자리 수) 곱셈은 많은 아이들이 어려워합니다. 그 원리를 이해할 때 교과서에서 설명된 다음 활동으로 연습하면 좋습니다.

53×29의 계산을 모눈종이에 그림을 그려보면서 연습합니다.

가로는 53칸, 세로는 29칸일 때 전체 칸수가 53×29가 됩니다.
53을 50과 3으로 나누고, 29를 20과 9로 나눈 후에, 색깔별 모눈의 수를 곱셈식으로 나타내어 보면
50×20, 3×20, 50×9, 3×9가 되죠. 이것을 모두 더하면 전체 모눈의 수가 되는 겁니다.

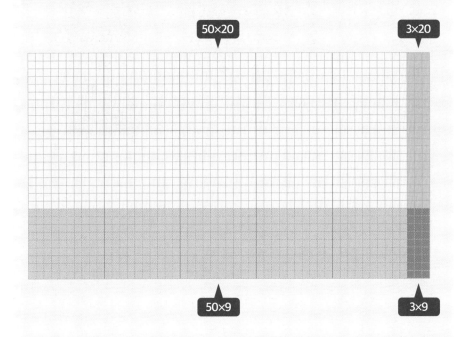

53×29를 세로셈으로 바꿔서 계산할 때, 53×9를 계산하고 53×20을 계산하잖아요.
이때, 53×9는 50×9와 3×9라고 생각할 수 있고, 53×20은 50×20과 3×20으로 생각할 수 있어요.

			5	3
		×	2	9
		4	7	7	⋯ 53×9
	1	0	6	0	⋯ **53×20**
	1	5	3	7	

예

또 다른 예시로 38 × 12를 사각형 계산으로 연습해보세요.

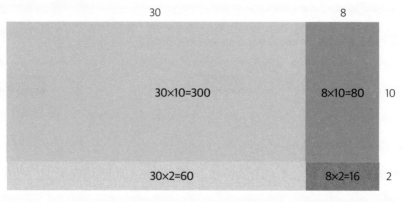

이런 활동을 반복해 연습하면 개념을 확실하게 이해할 수 있습니다.

② 나눗셈

3학년 1학기에 나눗셈이 처음 등장합니다. 1학기에는 나눗셈의 개념을 익히는 과정으로 구구단으로 풀 수 있는, 나누는 수가 한 자리 수인 나눗셈을 합니다. 그렇게 기본 개념을 익힌 후 2학기 때 (두 자리 수) ÷ (한 자리 수), (세 자리 수) ÷ (한 자리 수)의 복잡한 나눗셈을 배우게 되죠. 반드시 수 모형을 활용해 계산 원리를 이해해야 합니다.

교과서에서는 '똑같이 하나씩 나누어 주기'와 '똑같이 덜어내기'의 두 가지 상황으로 나눗셈이 나옵니다. 이는 각각 '포함제'와 '등분제'라고 말해요. 집에서 과자, 사탕, 블록 등을 활용해 직접 덜어내보며 개념을 확실하게 할 수 있도록 해주세요.

이때 포함제나 등분제 등의 용어를 직접적으로 사용하는 것은 아니지만, 두 상황을 구분해서 이해하도록 교과서가 정리돼 있습니다. 기계적으로 계산을 하는 것이 아니라 나눗셈의 개념을 정확하게 이해해야한다는 것이죠.

❶ 포함제 상황

"전체 10개의 사과가 있습니다. 한 사람당 2개씩 나눠주면 몇 명에게 나눠줄 수 있습니까?"

10-2-2-2-2-2 = 0 / 답 : 5번

10개의 사과를 0이 될 때까지 2개씩 덜어내면 몇 번 덜어내느냐를 묻는 것입니다. 덜어내는 의미의 포함제입니다.

❷ 등분제 상황

"전체 10개의 사과가 있습니다. 2명이 똑같이 나눠 먹으려면 한 사람당 몇 개씩 먹을 수 있겠습니까?"

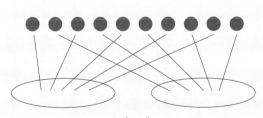

답 : 5개

10개의 사과를 2명에게 사과가 떨어질 때까지 하나씩 나눠주었을 때, 한 사람당 몇 개씩 갖게 되는지를 묻는 것입니다. 똑같이 나누는 개념의 등분제입니다.

③ 분수

분수 개념을 처음 배우는 시기이기 때문에 어려움을 겪을 수 있습니다. 일상생활에서 음식을 나눠본 후에 개념을 이해할 수 있도록 해주세요. 3학년 때 배우는 분수는 1학기 때는 하나를 같은 크기로 나눠보는 것을 배우고, 2학기 때는 여러 개를 같은 개수로 나눠보는 개념이 등장합니다. 2학기의 내용에서 많은 어려움을 겪습니다.

1학기 분수의 목표는 전체와 부분의 크기를 아는 것으로 아래와 같은 내용입니다.

하나를 같은 크기로 나누기 : "전체에 대하여 색칠한 부분의 크기를 분수로 쓰세요."

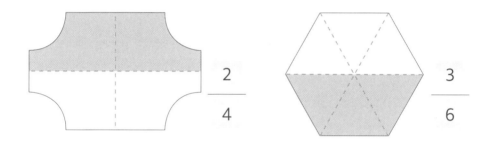

3학년 2학기 분수 내용은 이산량에 대한 분수입니다. 예를 들면 다음과 같은 것이에요.

여러 개를 같은 개수로 나누기 : "12의 $\frac{4}{6}$ 는 얼마입니까?"

12개를 6묶음으로 나눈 것 중에 4묶음

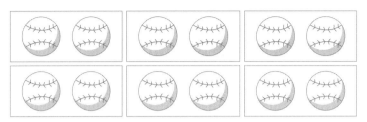

답 : 8

이때 많은 학생들이 원리를 이해해서 묶음으로 나눠서 푸는 것이 아니라 선행 학습을 통해 (자연수) × (분수)로 도구적 계산을 해서 답을 씁니다. 이산량을 등분할 하고 부분을 세어 보는 과정을 통해 이산량에 대한 분수를 이해해야 합니다. 또, 진분수, 대분수와 가분수와 같은 여러 가지 분수가 나오는데 가분수와 대분수를 상호 변환하는 것을 충분히 연습해야 합니다.

④ 도형

3학년 도형 영역에서는 선분, 반직선, 직선, 각, 직각, 직각삼각형, 예각삼각형, 둔각삼각형을 배웁니다. 이것들의 정의를 확실히 알 수 있도록 합니다. 또, 2학기 3단원에서 배우는 원에서는 원의 중심, 원의 반지름, 원의 지름과 같은 정의를 확실히 알고 컴퍼스를 능숙하게 이용하여 원과 원이 포함된 다양한 모양을 그릴 수 있어야 합니다.

4학년 수학은
어떤 것을 배우는지 궁금해요

4학년 때는 세 자리, 네 자리 수의 곱셈과 나눗셈, 자연수의 혼합 계산 등 3학년에 비해 갑자기 연산이 복잡해집니다. 특히 아이들은 (두 자리 수 이상의 수) ÷ (두 자리 수)의 계산을 어려워합니다. 3학년 때까지 했던 나눗셈은 구구단만 알면 나누어떨 어졌습니다. 그러나 4학년 때는 나누는 수가 두 자리 수 이상이 되면서 몇 번 정도 들어가는지 어림잡을 수 있어야 몫을 구할 수 있으므로 어렵게 느끼게 됩니다. 또 분수와 소수의 연산 개념도 처음 등장합니다. 개념을 정확하게 이해해야 점차 복잡 해지는 다음 단계도 자신감을 갖고 나갈 수 있습니다. 학교에서의 수업 외에도 충 분한 연습을 하는 것이 좋겠습니다. 4학년 수학 단원별 개요표를 살펴보며 4학년 수학 수업을 가늠해 보세요.

학기	단원명	4학년 수학 개념
1학기	큰 수	다섯 자리 이상의 수 만, 십만, 백만, 천만, 억, 조
	각도	예각과 둔각 구별 각도기의 사용 삼각형과 사각형 내각의 크기의 합 추론하기
	곱셈과 나눗셈	(세 자리 수) × (두 자리 수) (두 자리 수) ÷ (두 자리 수) (세 자리 수) ÷ (두 자리 수)
	평면도형의 이동	평면도형의 밀기, 뒤집기, 돌리기
	막대그래프	막대그래프의 특징 이해
	규칙 찾기	수의 배열, 도형의 배열, 계산식에서 규칙 찾기

2학기	분수의 덧셈과 뺄셈	분모가 같은 분수끼리의 덧셈과 뺄셈 진분수 + 진분수, 대분수 + 진분수, 대분수 + 대분수 대분수 + 가분수, 자연수-진분수, 자연수-대분수, 대분수-가분수, 대분수-대분수
	삼각형	여러 가지 모양의 삼각형에 대한 분류 이등변삼각형, 정삼각형, 직각삼각형, 예각삼각형, 둔각삼각형
	소수의 덧셈과 뺄셈	자릿값의 원리를 바탕으로 소수 두 자리 수와 소수 세 자리 수를 이해하고 쓰고 읽기
	사각형	수직 관계와 평행 관계 이해 사다리꼴, 평행사변형, 마름모의 특징 이해
	꺾은선그래프	꺾은선그래프 이해하고 그리기 물결선 사용
	다각형	다각형과 정다각형의 의미 이해

고민 158 4학년 수학에서 반드시 알아야 하는 수학 개념은 무엇인가요?

자연수의 곱셈과 나눗셈의 마지막 단계이므로 4학년에서 자연수의 사칙연산을 다 완성한다고 생각하세요. 분수와 소수의 덧셈, 뺄셈이 처음 등장합니다. 자연수 개념을 확장시켜 이해하게 해주세요.

① 곱셈과 나눗셈

곱하는 수가 한 자리 수 또는 두 자리 수인 곱셈과 나누는 수가 두 자리 수인 나눗셈이 나옵니다. 곱셈과 나눗셈을 계산하기 전에 어림하는 습관을 길러서 수 감각을 키워주세요.

특히, (두 자리 수) ÷ (두 자리 수), (세 자리 수) ÷ (두 자리 수)와 같은 나눗셈은 단순히 구구단으로 해결되는 나눗셈이 아니라 어림하는 능력이 필요하기 때문에 많이 어려워해요.

예

예를 들어 '87÷18'을 계산한다면, 먼저 어림해 보고 계산에 들어가면 좋습니다. 87을 80으로, 18을 20으로 바꿔서 '80÷20'으로 생각해보거나 87을 90으로, 18을 20으로 바꿔서 생각해보는 거예요. 그럼 몫이 4나 5가 나올 것이라는 것을 짐작할 수 있습니다. 처음에 5로 생각했다가 안 되면 몫을 하나 낮춥니다.

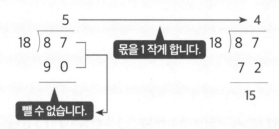

아이들은 이때 몫을 어림해서 계산을 마칠 때까지 숫자를 머릿속에 띄워 두었다가 나누는 수를 높이거나 낮춰서 맞춰가야 하기 때문에 힘들어합니다. 충분히 연습해야 합니다.

② 분수의 덧셈과 뺄셈

분모가 같은 분수의 덧셈과 뺄셈을 배웁니다. 분모가 다른 분수의 덧셈과 뺄셈은 5학년 때 배우기 때문에 분모가 같은 분수의 셈은 많이 어려워하지 않습니다. 다만 분모는 분모끼리, 분자는 분자끼리 더하거나 빼는 오류를 범하는 경우가 있으니 주의해주세요. 또 자연수 부분끼리, 분수 부분끼리 더하거나 빼는 방법과 가분수로 바꾸어 계산하는 방법 두 가지 중 어느 한 가지 방법만 강조하지 말고 둘 다 경험하고 방법을 선택하여 계산할 수 있도록 합니다. 5학년 때 배우는 분수의 곱셈과 나눗셈이나 중학교에서 학습하게 될 유리수 계산에서는 가분수로 바꾸어 계산하는 활동이 주가 되므로 가분수로 바꾸어 계산하는 방법을 이해하게 하는 것이 필요합니다.

분수의 덧셈을 계산하는 두 가지 방법

❶ 자연수 부분끼리 더하고 진분수 부분끼리 더합니다.

⑩ $2\dfrac{4}{7} + 1\dfrac{1}{7} = (2+1) + \left(\dfrac{4}{7} + \dfrac{1}{7}\right) = 3\dfrac{5}{7}$

❷ 대분수를 가분수로 고쳐서 계산합니다.

⑩ $2\dfrac{1}{5} + \dfrac{6}{5} = \dfrac{11}{5} + \dfrac{6}{5} = \dfrac{17}{5} = 3\dfrac{2}{5}$

③ 도형

1학기의 각도와 2학기의 삼각형, 사각형 단원에서 여러 가지 도형의 정의가 나옵니다. 도형을 직접 그려보면서 정의를 꼼꼼하게 이해하는 것이 중요합니다. 또, 평면도형의 이동에서 도형 밀기와 뒤집기, 돌리기가 나오는데 밀기는 큰 어려움 없이 해내지만 뒤집기와 돌리기는 어려워합니다. 평면도형의 변환 방법은 외우는 것이 아니라, 다양한 경험을 통해 모양을 관찰하고 직관적으로 이해하는 것이 중요합니다.

383

수학

평면도형의 이동

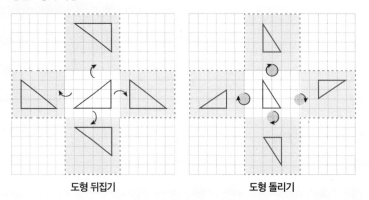

도형 뒤집기   도형 돌리기

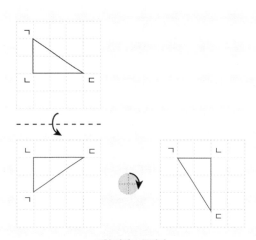

도형 뒤집고 돌리기

5학년 수학은
어떤 것을 배우는지 궁금해요

4학년에서 5학년으로 올라갈 때 아이들은 많이 힘들어합니다. 5학년 수학의 난도가 올라가며 어려워지기 때문입니다. 자연수의 혼합 계산이 나오는 등 연산이 복잡해지고 어려워지며, 분수의 곱셈과 소수의 곱셈이 처음 등장합니다. 분수와 소수의 크기 비교처럼 다른 형태의 수를 서로 비교하는 방법도 배웁니다. 계산 형식을 암기한 단순 계산법에 익숙해지는 것이 아니라, 왜 그렇게 계산하는가를 이해해야 합니다. 과정을 정확히 알아야 응용도 해낼 수 있습니다. 5학년 수학 단원별 개요표로 5학년 수학의 개념을 살펴보세요.

학기	단원명	5학년 수학 개념
1학기	자연수의 혼합 계산	덧셈, 뺄셈, 곱셈, 나눗셈의 혼합 계산 괄호 등 계산하는 순서를 알고 혼합 계산하기
	약수와 배수	약수, 공약수, 최대공약수의 의미 배수, 공배수, 최소공배수의 의미 약수와 배수의 관계 이해
	규칙과 대응	한 양이 변할 때 다른 양이 그에 종속하여 변하는 대응 관계를 나타낸 표에서 규칙을 찾아 설명 □, △ 등을 사용하여 식으로 나타내기
	약분과 통분	크기가 같은 분수 만들기 약분, 기약분수, 통분 공통분모 만들어 비교하기 분수와 소수 크기 비교

1학기	분수의 덧셈과 뺄셈	진분수 + 진분수 대분수 + 대분수 진분수 - 진분수 대분수 - 대분수
	다각형의 둘레와 넓이	넓이 단위의 이해 : 1㎠, 1㎡, 1㎢ 직사각형의 넓이 구하기 평행사변형, 삼각형, 사다리꼴, 마름모의 둘레와 넓이
2학기	수의 범위와 어림하기	이상, 이하, 초과, 미만, 올림, 버림, 반올림
	분수의 곱셈	진분수×자연수 대분수×자연수 자연수×진분수 자연수×대분수 단위분수×단위분수
	합동과 대칭	합동의 의미 이해 합동인 두 도형의 대응점, 대응변, 대응각 성질 이해 선대칭 도형과 점대칭 도형 이해
	소수의 곱셈	소수×자연수 자연수×소수 소수×소수
	직육면체	면, 모서리, 꼭짓점 직육면체의 겨냥도와 전개도
	평균과 가능성	평균의 의미를 알고 주어진 자료의 평균 구하기

5학년 수학에서 반드시 알아야 하는 수학 개념은 무엇인가요?

5학년의 수학을 가장 어려워하는 경향이 있습니다. 약수와 배수의 개념에 분수의 사칙연산이 들어가게 되면서 부쩍 어려워하지요. 4학년에서 5학년으로 올라갈 때 아이들은 가장 힘들어합니다. 수학 교과서의 개념 부분을 꼭 자기 말로 설명해보고 연습할 수 있도록 해주세요.

① 약분, 통분, 최대공약수, 최소공배수

5학년 수학 중에서도 아이들이 가장 어려워하는 부분은 '약분, 통분, 최대공약수, 최소공배수'입니다. 이 부분을 이해하기 위해서는 무엇보다, 5학년에 올라가기 전에 4학년까지의 수학을 완벽하게 복습해야 합니다. 5학년에서 배우는 약수, 배수, 약분, 통분은 4학년까지 배우는 곱셈, 나눗셈이 자유자재로 되어야 개념 이해뿐 아니라 연산도 할 수 있기 때문입니다.

최대공약수VS최소공배수

최대공약수와 최소공배수를 구할 때, 도구적인 계산 연습에 익숙해지는 것을 지양해야 합니다.

약수 → 공약수 → 최대공약수, 배수 → 공배수 → 최소공배수의 개념을 차근차근 이해할 수 있게 해주세요. 그렇지 않으면 결국 문장제 문제에서 막혀 어려움을 겪습니다. 최대공약수를 구하라는 문제인지, 최소공배수를 구하라는 문제인지 파악하지 못하기 때문입니다.

- **약수** : 어떤 수를 나누어떨어지게 하는 수

- **공약수** : 두 수의 공통인 약수

- **최대공약수** : 공약수 중에서 가장 큰 수

12와 18의 공약수는 1, 2, 3, 6이고 최대공약수는 6이다.

12의 약수	1	2	3	4	6	12
18의 약수	1	2	3	6	9	18

- **공배수** : 두 수의 공통인 배수

- **최소공배수** : 두 수의 공배수 중에서 가장 작은 수

4와 6의 최소공배수는 12이다.

4의 배수	4	8	12	16	20	24	28	32	36	40	...
6의 배수	6	12	18	24	32	36	42	48	54	60	...

최대공약수와 최소공배수의 개념이 자리 잡혀 있지 않다면, 최대공약수와 최소공배수를 구하는 방법을 안다고 해도 문제는 풀지 못합니다. 최대공약수를 구해야 하는지, 최소공배수를 구해야 하는지 문제를 보고 결정할 수 없기 때문이죠.

예

최대공약수와 최소공배수의 문제 예시

❶ 장미 30송이와 튤립 45송이를 될 수 있는 대로 많은 학생에게 남김없이 똑같이 나누어 주려고 한다. 한 학생이 장미와 튤립을 각각 몇 송이씩 받을 수 있을까?

풀이 : '남김없이 똑같이'에 주목하면 쉽다. 될 수 있는 대로 많은 학생에게 주는데, 거기다가 똑같이 나누어 주기로 했으므로 30송이와 45송이의 최대공약수를 구하면 된다. 두 수의 최대공약수는 15로, 최대 15명의 학생에게 똑같이 나누어 줄 수 있다는 의미가 된다.

따라서 장미는 2송이씩(30÷15), 튤립은 3송이씩(45÷15) 받을 수 있다.

❷ 윤희네 가족은 6주에 한 번씩 이웃돕기 성금을 내고, 8주에 한 번씩 지역 봉사활동을 한다. 이번 주에 두 가지를 동시에 하였다면, 다음번에 두 가지를 동시에 할 때는 몇 주 뒤인가?

풀이 : '두 가지를 동시에'에 주목하면 쉽다. 윤희네 가족은 6의 배수(6, 12, 18, 24, 30, 36…)에 한 번씩 성금을 내고, 8의 배수(8, 16, 24, 32…)에 한 번씩 지역 봉사활동을 한다. 이 두 가지를 동시에 하는 경우는 두 배수의 공배수일 때다.

다음번이라고 했으므로, 최소공배수인 24주 뒤가 답이 된다.

② 분수의 덧셈, 뺄셈, 곱셈

분수의 덧셈, 뺄셈, 곱셈은 실수하기도 쉬울 뿐 아니라 복잡해서 아이들이 싫어하고 어려워하는 부분입니다. 분모가 다른 분수의 덧셈과 뺄셈을 하려면 통분을 해야 하고, 분수의 곱셈과 나눗셈을 하려면 약분을 해야 하니 앞뒤 단원이 긴밀하게 연계되어 있습니다.

곱셈과 나눗셈 ➡ 약수와 배수 ➡ 약분과 통분 ➡ 분수의 사칙연산

❶ 분수의 덧셈과 뺄셈

5학년 분수의 덧셈, 뺄셈이 어려운 이유는 분모가 다른 분수를 같도록 통분한 뒤에 해야 하기 때문입니다. 분수의 덧셈을 할 때 통분을 왜 해야 하는지, 통분의 개념을

그림을 통해 정확하게 이해하는 것이 중요합니다.

예

$\frac{1}{3}$ + $\frac{1}{5}$ 를 푼다면,

$\frac{1}{3}$ + $\frac{1}{5}$ = $\frac{5}{15}$ + $\frac{3}{15}$ = $\frac{8}{15}$

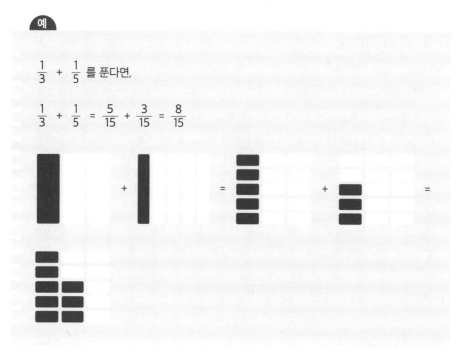

　분모가 같은 분수는 여러 개 만들 수 있습니다. 하지만 최소공배수로 공통분모를 만들면 가장 계산이 편리하죠. 통분을 하면 수가 커져서 통분하는 과정 중에 실수를 많이 합니다. 많은 연습을 해야 어떤 수를 공통분모로 하여 통분할 것인지 빨리 정해서 정확하게 계산할 수 있습니다.

이서윤의 초등생활 처방전 365

❷ 분수의 곱셈

분수의 곱셈 역시 조작 활동을 통해 계산 원리를 알아야 합니다.

예

예를 들어, $\dfrac{3}{5} \times \dfrac{2}{3}$ 를 푼다면,

$\dfrac{3}{5}$ 을 그림으로 그리면 이렇습니다.

$\dfrac{3}{5} \times \dfrac{2}{3}$ 는 $\dfrac{3}{5}$ 을 세 조각으로 나눈 것 중에 두 조각을 의미하는 것이므로

위의 그림을 다시 세 조각으로 나눈 후, 그중 두 조각이라고 할 수 있어요.

다섯 조각으로 나누고 다시 세 조각으로 나누면 총 15조각이고, 겹쳐진 부분은 6조각입니다.

따라서 답은 $\dfrac{6}{15}$ 입니다.

② 도형과 측정

❶ 다각형의 둘레와 넓이

평면도형(직사각형, 삼각형, 평행사변형, 사다리꼴, 마름모)의 둘레와 넓이를 구하는 방법을 배웁니다. 공식을 단순 암기하는 것이 아니라 둘레 직접 재어보기, $1cm^2$ 일일이 붙여서 넓이 알아보기와 같은 구체적 조작 활동을 하면서 원리를 이해하고 설명할 수 있어야 합니다.

❷ 합동과 대칭

구체적인 조작 활동을 통하여 도형의 합동의 의미를 알고 합동인 도형을 찾습니다. 선대칭과 점대칭 역시 어려워하는 부분입니다. 특히나 점대칭을 헷갈려 하는데 4학년 때 나온 도형 뒤집기를 잘 못했던 아이들이 5학년 때도 힘들어합니다. 지난 학년의 기초를 꼼꼼하게 익힐 수 있게 해주세요.

❸ 직육면체

직육면체 단원에서는 직육면체와 정육면체의 여러 가지 전개도를 직접 접어보면서 평면을 보고 완성된 모양을 상상할 수 있도록 공간 지각력을 높입니다.

6학년 수학은
어떤 것을 배우는지 궁금해요

6학년 수학은 완전히 새로운 내용을 배운다기보다 기존에 배워온 수학 개념이 심화되는 경향이 큽니다. 분수, 소수의 나눗셈을 하거나 직육면체의 부피와 겉넓이를 구하는 과정에서 연산 실수가 잦습니다. 정리하면서 푸는 연습이 필요해요.

2학기 때 배우는 비례식의 경우 그 개념을 정확하게 이해하는 학생은 드뭅니다. 하지만 6학년 교육과정의 '비와 비율', '비례식'은 중학교, 고등학교에서 배우는 함수의 기초개념이 되는 아주 중요한 과정이기 때문에 확실히 개념을 이해하고 넘어가야 합니다. 6학년 수학 단원별 개요표로 6학년 수학의 수업 흐름을 살펴보세요.

학기	단원명	6학년 수학 개념
1학기	분수의 나눗셈	(자연수) ÷ (자연수), (분수) ÷ (자연수), (대분수) ÷ (자연수) 나눗셈의 몫을 분수로 나타내기
	각기둥과 각뿔	각기둥과 각뿔을 알고 구성 요소와 성질을 이해하기 각기둥의 전개도 그리기
	소수의 나눗셈	(자연수) ÷ (자연수), (소수) ÷ (자연수) 나눗셈의 몫을 소수로 나타내기 소수의 곱셈과 나눗셈 결과 어림하기
	비와 비율	비의 개념 이해 비율을 이해하고 비율을 분수, 소수, 백분율로 나타내기
	여러 가지 그래프	그림그래프, 띠그래프, 원그래프 그리기 그래프 분석하기
	직육면체의 부피와 겉넓이	직육면체와 정육면체의 겉넓이 직육면체와 정육면체의 부피
2학기	분수의 나눗셈	(자연수) ÷ (분수) (분수) ÷ (분수) 분모가 같은 진분수끼리의 나눗셈 분모가 다른 진분수끼리의 나눗셈
	소수의 나눗셈	(소수) ÷ (소수), (자연수) ÷ (소수)
	공간과 입체	쌓기 나무 개수 구하기 쌓기 나무로 만든 입체도형의 위, 앞, 옆에서 본 모양 알기 여러 가지 모양 만들기
	비례식과 비례배분	비례식의 성질 이해 전항, 후항, 외항, 내항 비례배분의 이해
	원의 넓이	원주와 원주율 이해 원의 넓이
	원기둥, 원뿔, 구	원기둥(옆면, 밑면, 높이, 꼭짓점)을 알고 전개도 이해하기 원뿔(모선, 높이)과 구(구의 중심, 구의 반지름) 이해

6학년 수학에서 반드시 알아야 하는 수학 개념은 무엇인가요?

6학년 수학을 대하는 충격은 5학년보다는 약할 것입니다. 6학년의 수학 내용을 보면 글자도 많고 그림도 많으며 빡빡합니다. 연산이 주된 내용이 아니지만 분수, 소수의 나눗셈을 하거나 직육면체의 부피와 겉넓이를 구하는 등 다양한 연산을 다루며, 그 과정에서 실수가 자주 나타나기 때문에 꼼꼼하게 노트에 정리하면서 푸는 것이 중요합니다. 많이 놓치고 가는 부분의 개념을 살펴보겠습니다.

① 분수의 나눗셈

나눗셈은 크게 등분제와 포함제의 두 개념으로 설명됩니다.(고민 156 참고) 포함제는 '0이 될 때까지 몇 번 빼는가?'의 개념인데요. 이 개념만 생각하면 자연수가 아니라 분수의 나눗셈도 쉽게 풀 수 있습니다.

예

예를 들어 $(1 \div \frac{1}{4})$을 그림으로 표현하려면 막막합니다. '$(1 \div 4)$라면 1판의 피자를 4명이 나누어 먹는다. 한 사람당 $\frac{1}{4}$조각씩 먹을 수 있으니 $(1 \div 4 = \frac{1}{4})$이다'라고 말할 수 있습니다.

그렇다면 $(1 \div \frac{1}{4})$은 어떻게 설명해야 할까요? 이때는 1 안에 $\frac{1}{4}$이 몇 번 포함되어 있는지를 생각해보면 됩니다. 그림으로 나타내면 아래와 같이 나타낼 수 있어요.

Q. $1 \div \frac{1}{4}$을 어떻게 계산하는지 알아보시오.

뺄셈식으로 표현하자면 $(1 - \frac{1}{4} - \frac{1}{4} - \frac{1}{4} - \frac{1}{4} = 0)$,

$\frac{1}{4}$을 네 번 뺐으니, $(1 \div \frac{1}{4} = 4)$라고 설명할 수 있습니다.

$(\frac{5}{6} \div \frac{1}{6})$도 마찬가지입니다.

그림으로 $\frac{5}{6}$를 나타낸 다음 $\frac{1}{6}$씩 빼보는 거예요.

$(\frac{5}{6} - \frac{1}{6} - \frac{1}{6} - \frac{1}{6} - \frac{1}{6} - \frac{1}{6} = 0)$, $\frac{1}{6}$을 다섯 번 덜어내면 0이 됩니다.

$(\frac{5}{6} \div \frac{1}{6}) = (5 \div 1) = 5$처럼 분모가 같은 경우에는 분모를 없애고 계산해도 같은 결과가 나온다는 것을 알 수 있습니다

② 비와 비율, 비례식과 비례배분

비와 비율, 비례식과 비례배분은 이미 배운 분수와 같습니다. 새로운 개념이라고 생각할 필요가 없죠. 비로 나타낼 때 기준이 되는 양이 뒤로 가고, 기준에 대해 비교하는 양은 앞에 써준다는 사실을 기억합니다. 즉 '(비교하는 양 : 기준량)이다'라고요. 그런데 아이들은 무조건 큰 수를 뒤에 써서 비로 나타내려고 하는 실수를 합니다.

예를 들어 "쌀 5컵에 물 6컵을 넣어 밥을 지으려고 한다. 쌀 양에 대한 물양을 비로 나타내어 보시오"라는 문제가 있다고 해볼게요.

쌀 양에 대한 물 양이므로 기준이 되는 양은 쌀입니다. 따라서 (6 : 5)로 나타낼 수 있습니다. 기호(:)의 왼쪽에 있는 6이 비교하는 양이고, 오른쪽에 있는 5가 기준량입니다.

기준량은 '~에 대한'의 표현으로 나타낸다는 것도 기억해야 합니다. (6 : 5)는 '5에 대한 6의 비', '6의 5에 대한 비', '6과 5의 비'라고 읽을 수 있습니다.

비를 분수로 바꾸면 '비교하는 양을 기준량으로 나눈 값'이 되며, 이를 비율(비의 값)이라고 합니다. 따라서 150(비교하는 양) : 200(기준량)이라고 하면 비의 값은 $\frac{150}{200} = \frac{75}{100} = 0.75$가 됩니다. 또 이 경우처럼 기준량이 100이 될 때의 비율은 백분율이라고 합니다.

비례배분(전체의 양을 주어진 비로 나누는 것)에서 적절한 시각적 표현을 통해 직관적으로 개념을 이해합니다.

이서윤의 초등생활 처방전 365

도넛 10개를 3 : 2로 나누어 먹는 것을 구한다고 하면 이렇게 그려볼 수 있겠죠.

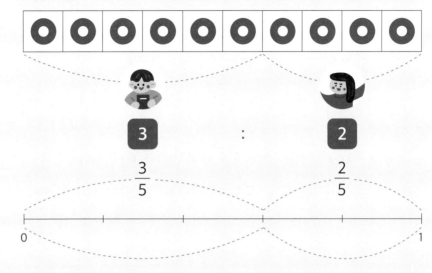

③ 도형과 측정

원의 넓이, 직육면체의 겉넓이와 부피를 배울 때 공식만 단순히 암기할 경우, 심화 및 응용으로 넘어가며 무너지게 됩니다. 원주나 원의 넓이를 왜 그렇게 구하는지 공식이 유도된 원리를 이해하고, 직접 도화지에 전개도를 그려보면서 공부해야 합니다. 원의 넓이는 원주율 3.14를 곱하는 계산이 복잡해서 실수할 때가 많으니 연습을 충분히 하는 것이 좋습니다.

쌓기 나무, 각기둥, 각뿔, 원기둥, 원뿔, 구와 같은 입체도형들 구체물을 활용하여 직접 만들어 보고 머릿속에 그려 보는 활동을 하면서 연습하는 것도 좋습니다.

아이가 수 감각이 떨어져요

타고난 수학적 감각을 갖고 있는 아이와 그렇지 않은 아이는 확실히 다르긴 합니다. 감각이 있는 아이는 수학 개념을 몇 번 연습하지 않아도 개념 자체로 이해해서 적용해요.

몇 가지 예를 들어 설명해보면, 연산을 할 때 어림셈이나 가르기와 모으기를 잘 이용합니다. 96+96을 계산할 때 '먼저 6과 6을 더하면 12가 되니 10이 받아 올림이 되고…'와 같은 기계적인 방법으로 계산하기보다는 96을 100 − 4로 인식해서 '96+96 = 100 − 4 + 100 − 4 = 200 − 8 = 192'로 빠르게 계산합니다.

또, 수학 감각이 남다른 아이는 수학적 패턴화를 잘 시킵니다. 문제를 풀 때, 문제의 상황을 간단하게 그림을 그려서 표현한다거나 긴 문제를 수학 기호 몇 개를 사용하여 줄여서 생각하죠.

그렇다면 후천적으로 수 감각을 기를 수는 없을까요? 물론 기를 수 있습니다. 타고난 사람보다는 한계가 있을 수 있지만, 그래도 훈련을 통해 훨씬 성장할 수 있습니다.

✎ 반드시 직접 조작해보세요

수 감각을 기르기 위해서는 저학년 때 생활 속 다양한 조작을 통해 수 인식을 늘리는 것이 필요합니다. 10을 4와 6으로 나누고, 3과 7로 나눠 보는 것, 과자나 콩의 개수를 어림해 보는 것, 무게 어림해 보기 등 여러 상황에서 조작을 적용해보는 것이 좋습니다.

연산을 배울 때 가장 중요한 것은 그 개념을 '제대로' 이해하는 것입니다. '제대로 짚어준다'는 것은 교과서에서 개념을 도입할 때 소개된 그림과 구체물을 꼭 직접, 반복해서 확인해본다는 의미입니다. 고민 167에 소개된 보드게임과 교구를 활용하는 방법도 좋습니다. 손으로 자꾸 만들고, 조작해보세요. 고민 151에서 162까지 초등 6년간의 수학 교과서 단원별 목표와 주의점에서 말한 것만 제대로 짚어줘도, 수 감각이 부족하기 때문에 입시에서 실패할 일은 없습니다.

✎ 수 가르기와 모으기를 매년 훈련하세요

99를 100 - 1로, 12를 10+2처럼 생각해 보는 훈련을 하는 것도 도움이 됩니다. 덧셈과 뺄셈을 배울 때마다 가르기와 모으기로 계산하는 것이 교과서에 나옵니다. 이 부분을 열심히 연습할 수 있게 도와주세요.

도형 문제만 나오면 막혀요

중학교 교육과정에서 다루는 도형에 아이들은 굉장한 어려움을 겪습니다. 중학교의 도형 수업은 초등학교 4학년부터 6학년까지 배운 각종 도형의 정의와 성질이 기본이 됩니다. 따라서 초등학교 때 배우는 도형 부분은 특별히 더 신경 써야 합니다.

도형 감각은 선천적인 경우가 많습니다. 때문에 선천적으로 도형 감각이 떨어진다면 후천적으로 도형을 많이 접해볼 수 있도록 해주어야 합니다. 도형 감각을 키우기 위한 후천적인 노력은 어떻게 해야 할까요?

✏ 직접 해보기

도형 감각이 떨어지는 아이들은 초등학교 수학 교과의 도형 중 '도형 돌리기', '쌓기 나무 개수 세기', '도형의 넓이와 부피 계산'을 어려워합니다. 그렇지만 어려울수록 직접 해보아야 합니다. 원의 넓이를 구하는 공식을 배울 때나 겉넓이를 배울 때 등 교실에서 역시 직접 만들어보며 이해할 수 있게 하지만, 이후 아이가 혼자 문제집을 풀면서 헤맨다면 집에서도 다시 한번 직접 만들어보게 하세요. 직접 눈으로 보고 이해하는 것을 반복하는 것이 큰 도움이 됩니다.

✏ 도형 그리기

도형 문제를 푸는 동안 교과서와 문제집에 나오는 문제를 깔끔하고 정확하게 그리는 연습을 해보세요. 도형 그리기를 통해 도형 감각을 길러봅니다.

✏ 암기할 정도로 개념 이해하기

삼각형의 정의, 예각 삼각형의 정의, 정삼각형의 정의를 정확하게 아는 학생이 몇 명이나 될까요? 어렴풋하게 아는 것과 도형의 명칭과 정의, 성질을 줄줄 외울 정도로 정확히 아는 것은 다릅니다. 물으면 개념이 바로 툭 튀어나올 정도로 머릿속에 넣어두고 있으면 심화된 문제를 푸는 데 도움이 됩니다.

✏ 다양한 수학 교구로 놀기

수학 퍼즐을 비롯해 다양한 수학 교구를 구할 수 있다면 가지고 노는 시간을 가져보는 것도 좋습니다. 도형 감각과 직관력이 길러집니다. 고등학교 때 나오는 공간도형과 벡터는 초등학교 때 배우는 '도형 돌리기'나 '쌓기 나무'와 밀접하게 관련이 있습니다. 또, 직접 도형을 만들어보고 체험해보는 방법으로 고민 167에서 소개한 도형 영역 교구, 보드게임, 퍼즐을 공부에 활용해보세요.

✎ 임계양을 넘는 도형 문제 풀기

구체적 조작물을 통해 길러진 도형 감각으로 실전 문제들을 풀어봅니다. 이때, 교과서 → 수학익힘책 → 기본문제집 순으로 풀도록 지도해주세요. 오답확인은 분명하게 합니다. 그리고 자주 틀리는 유형이 눈에 들어오면 유형별 문제들을 모은 문제집 중 그 부분만 골라서 문제를 풀게 합니다.

고민 165
4학년 아이, 분수를 너무 어려워하는데 3학년 분수부터 연습해야 할까요?

4학년인데 분수를 어려워해서 분수 개념을 가르치기가 힘들어요. 기초학습이 부족한 걸까요? 전 학년으로 다시 돌아가 연습해야 할까요?

분수 개념은 3학년 때 처음 도입됩니다. 3학년 1학기 내용을 보면 똑같이 나누어 보는 분수, 분모가 같은 분수의 크기 비교, 단위분수의 크기 비교와 같은 내용이 나와요. 사실 이때는 아이들도 그렇게 어려워하지는 않습니다. '$\frac{2}{3}$는 3개 중에 2개를 칠하는 거고, $\frac{4}{5}$는 5개로 나눈 것 중에 4개다' 이런 식의 단순한 개념이니까요. 그런데 분수 개념을 정확하게 그림이나 구체적인 조작물로 이해하지 못하면 색은 칠하면서도 그게 무엇을 의미하는지 모르는 경우가 생깁니다. 예를 들면 단위분수 비교로 $\frac{1}{2}$과 $\frac{1}{3}$을 비교하는데 $\frac{1}{2}$이 크다는 것을 어려워하는 학생들이 있는 기죠. 그래서 '분수는 분모의 숫자가 더 작은 게 크다'라고 외우는 학생들이 생깁니다. 평소 자연수 개념만 배우다가 처음으로 유리수 개념이 나오는 것이기 때문에, 유리수로의 개념 확장이 사고의 혼란을 주면서 부진이 많이 발생하는 영역이 분수입니다.

그런데 여기까지는 그림을 그려서 계속 설명해주면 그래도 대부분 이해하고 넘어갑니다. 문제는 3학년 2학기부터죠. 정말 어려워해요. 고민 155와 고민 156에서 설명했듯이 1학기는 연속적인 양에 대한 분수고, 2학기는 이산량에 대한 분수 개념입니다. 반드시 반복적으로 그림을 그리면서 이해하도록 해주세요.

4학년 2학기 때는 분수의 덧셈과 뺄셈이 등장합니다. 1학기에는 분수가 나오지 않다가 2학기에 다시 나오게 되죠. 첫 분수의 계산이기 때문에 분모가 다른 분수의 덧셈과 뺄셈은 나오지 않습니다. 통분을 하는 개념은 나오지 않죠.

$\frac{3}{5} + \frac{1}{5}$, $\frac{3}{5} - \frac{1}{5}$과 같이 분모가 같은 분수의 덧셈, 뺄셈 이런 건 금세 따라옵니다. 아이들이 어려움을 겪는 건 진분수를 대분수로 바꾸거나, 대분수를 진분수로 바꿔야 하는 상황이 들어 있는 덧셈, 뺄셈입니다. 예를 들면 $1\frac{3}{5} + 2\frac{4}{5}$를 계산하면 $3\frac{7}{5}$입니다. 계산해서 얻은 $3\frac{7}{5}$ 중 분수 부분인 $\frac{7}{5}$을 대분수로 바꾸어서 $1\frac{2}{5}$를 만들고, $3\frac{7}{5} = 3 + 1\frac{2}{5} = 4\frac{2}{5}$로 만드는 과정을 조금 어려워합니다. 또 뺄셈의 경우도 마찬가지입니다. $3\frac{3}{5} - 1\frac{4}{5}$의 계산에서 분수끼리 뺄셈이 안 되기 때문에 $3\frac{3}{5}$을 $2\frac{8}{5}$로 바꾸어서 $3\frac{3}{5} - 1\frac{4}{5} = 2\frac{8}{5} - 1\frac{4}{5} = 1\frac{4}{5}$로 계산하는 과정을 어려워합니다.

지금 아이가 4학년인데 분수를 어려워한다는 고민 내용으로 미루어보아, 아마 대분수와 진분수를 오가는 덧셈, 뺄셈 부분을 힘들어하고 있는 것으로 생각됩니다. 4학년 분수를 어려워한다고 해서 3학년 분수가 제대로 공부되어 있지 않다고 단정

할 수는 없습니다. 앞서 설명했듯, 3학년 분수와 4학년 분수는 다른 개념을 배우니까요. 4학년 때 새로 배운 분수의 덧셈, 뺄셈 연습이 많이 되어 있지 않다면 어려운 것이니까요. 4학년이 잘 안 되니 3학년의 기초 내용으로 무조건 돌아가야겠다고 생각하지 않아도 됩니다. 3학년 내용의 핵심 개념을 충분히 이해하고 있다고 확인했다면 4학년 내용을 반복 연습해야합니다.

먼저 그림으로 그려서 분수의 덧셈과 뺄셈을 연습해보세요. 분수의 개념을 잘 모르는 경우, 분수 연산을 제대로 이해하지 못한 채 기계적인 계산을 하게 됩니다. 분수라는 개념은 추상적인 사고입니다. 이 추상적 사고의 어려움을 해결하기 위한 방법으로 실물을 활용하는 경우가 많습니다. 하지만 처음에는 흥미를 이끌어내는 중요한 요소가 되겠지만 지속적으로 사용하기 어렵고, 반구체물 형태의 색종이나 모눈종이는 여러 번 반복하여 사용하기 어렵기 때문에 단기적으로 적용하는 경우가 많습니다. 학교에서도 처음에는 그림도 그리고, 구체물로 수업을 하지만 충분하게 많이는 못 한다는 뜻이죠. 집에서 그림과 색종이 등으로 표현해서 연습하도록 하세요. $3\frac{3}{5}$을 그림으로 표현하고 거기서 $1\frac{4}{5}$를 빼는 것을 그림으로 그려보면 관계적 이해를 도울 수 있습니다.

하지만 매번 그림을 그릴 수는 없잖아요. 도구적 이해가 나쁜 것은 아닙니다. 개념을 완벽하게 이해하지 못한 채 계산 방법만 알고 계산을 반복하다가 어느 순간 개념이 이해되기도 합니다. 즉 관계적 이해와 도구적 이해는 상호보완적이어야 해요. 그림을 반복적으로 그려서 문제를 풀며 개념 이해를 한 후, 4학년 과정의 분수 덧셈, 뺄셈 연습을 충분히 많이 반복해서 하세요. 자꾸 연습하다 보면 익숙해지고 실수가 줄고, 쉬워지고, 개념도 이해하게 됩니다.

수학 문제집을 풀 때마다 징징거려요

공부를 하기 싫어할 때, 가장 먼저 점검해야 할 것은 난이도입니다. 제가 교실에서 10년간 지켜본 결과, 초등학생 아이들은 기본적으로 해야 할 일이 주어졌을 때 일단 해보려고 시도는 합니다. 처음부터 아예 하기 싫다고 하지 않아요. 살짝 시도해보고 할 만하다고 판단되면 집중해서 하기 시작해요. 중간중간 장애물을 만났을 때, 그것을 뛰어넘으려는 시도를 하느냐 마느냐는 '그동안의 성공 경험'이 결정합니다. 성공 경험이 있다면 어려운 문제에 봉착해도 다시 한번 생각해보고, 끝까지 생각해봅니다. 성공 경험이 부족하면 조금만 어려워도 바로 포기하고 말지요. 아이가 수학 문제집을 풀 때마다 징징거린다면 너무 어려운 문제집은 아닌지부터 확인하세요. 징징거린다고 그만 풀게 하면 혹시 아이가 포기하는 습관에 젖게 될까 봐아이의 마음을 읽어주지 못한 채 문제집을 계속 풀게 하는 경우가 있습니다. 아이가 싫은 표현을 한다면 우선 과감하게 접어두세요. 다시 교과서로 돌아가서 개념을 확인한 후, 70~80퍼센트 이상의 정답률을 보이는 문제집으로 풀도록 합니다. 아주 낮은 단계를 반복해서 풀면서 자신감을 얻고 수학의 재미를 느낀 후 다음 단계의 문제집을 풀게 합니다. 한 학년의 내용을 반복적으로, 나선형으로 풀다 보면 실력과 자신감이 생깁니다. 느린 아이라면 특히나 쉬운 단계를 반복해서 풀면서 성취감을 갖게 해주세요. 난이도는 적절한데 양이 너무 많은 것일 수도 있습니다. 아이와대화한 후, 양을 줄이는 것도 방법입니다.

✎ 보상을 해보세요

만약 난이도와 양이 적절한데도 단순히 수학 문제집이 풀기 싫어서 풀 때마다 싫은 내색을 한다면 보상을 이용해보세요. 어른도 하기 싫은 일을 마주했을 때, 인센티브를 준다고 하면 갑자기 동기가 생깁니다. 고민 58에서도 말했듯이 내재적 동기가 중요하지만 처음에는 외재적 동기를 활용해서 공부에 대한 동기를 일으킬 수 있습니다. 수학 문제집에서 한 단원을 다 끝낼 때마다, 혹은 한 권을 다 끝냈을 때, 하고 싶은 것이나 갖고 싶은 것으로 보상을 정해보세요. 조금 더 즐거운 마음으로 수학 문제집을 풀 수 있을 것입니다.

✎ 수학 놀이나 동화책을 활용해보세요

수학에 대한 흥미를 끌어올리기 위해 수학 동화책을 몇 권 빌려서 함께 읽어보세요. 고민 167에 나오는 교구나 보드게임도 활용해봅니다. 수학에 대해 아이가 부담 없이 다가갈 수 있는 방법을 생각해보세요.

✎ 재밌어서 잘하는 게 아니라 잘하게 되면 재밌어집니다

게임이나 TV와 같이 노력 없이 주어지는 수동적인 쾌락의 종류 말고, 능동적이고 생산적인 즐거움은 노력이 필요합니다. 악기든, 운동이든, 공부든, 누구나 처음부터 재미있는 것은 아니에요. 잘하게 되면 재미있어지는 것이죠. 수학도 마찬가지입니다. 매일 조금씩 연습하면 눈에 보이지 않아도 분명 성장을 합니다. 난이도와 양도 점검했고, 보상도 정해보았다면 꾸준히 연습할 수 있도록 격려해주고, 지지해주는 것이 중요합니다. 힘들어서 포기하고 싶다가도 옆에서 응원해주고 믿어주고, 다시 한번 해보자고 하는 누군가가 있다면 다시 도전해보거든요.

수학 교구나
수학 보드게임 추천해주세요

고민
167

① 도형 영역

도형 감각과 직관력이 길러집니다. 직접 도형을 만들어보고 체험해보세요.

교구 명	특징
지오픽스	평면도형, 입체도형과 관련해서 활용할 수 있다. 정삼각형, 정사각형 모양의 요철 있는 조각이 있어서 요철을 맞추고 조립할 수 있다.
카프라	모양이 같은 나무 블록 형태로, 이 나무 블록으로 다양한 입체 건축물을 만든다.
양면 지오보드	고무줄을 걸 수 있는 작은 막대가 판에 여러 개 꽂혀 있다. 그 막대에 고무줄을 걸어서 다양한 모양을 만들 수 있다.
패턴 블록	옮기기, 뒤집기, 돌리기 수업과 무늬 꾸미기 수업에 활용 가능하다. 삼각형, 평행사변형, 마름모, 육각형 등 평면도형을 배울 때 도형 만들기를 할 수 있다.
쌓기 나무	교과서의 쌓기 나무 단원에 직접 활용할 수 있다. 다양한 모양을 만들 수 있다.
소마큐브	크기가 같고 면이 서로 접하는 3~4개의 큐브들이 다양하게 조합된 블록이다. 이 블록들로 정육면체를 맞추는 방법이 240가지나 된다.
펜토미노 /입체 펜토미노	테트리스와 비슷한 조각들로 구성된 도형이다. 하나의 정사각형을 모노미노라고 하며, 정사각형 두 개를 붙여서 만든 건 도미노, 세 개는 트리오미노, 네 개는 테트로미노, 다섯 개를 붙여서 만든 도형을 펜토미노라고 한다. 평면도 있고, 입체도 있다. 평면 펜토미노로 직사각형 만들기, 재미있는 모양 만들기, 도형의 이동과 대칭 알아보기 등에 활용할 수 있다.
칠교놀이 (탱그램)	7개의 도형 조각으로 이루어져 있어서 다양한 모양을 만들 수 있다.
악마퍼즐	칠교놀이와 비슷하나 난도가 더 높다. 악마처럼 무서운 퍼즐이라는 뜻으로 이름 붙였다.
달걀퍼즐	달걀 모양의 도형 조각 퍼즐로 교재에 주어진 문제를 해결하는 퍼즐이다. 저학년은 해답을 보고 따라 맞추기를 해보고 고학년은 그림자만 보고 따라 맞추기를 하는 식으로 놀이가 가능하다.

원형퍼즐	원형 모양의 도형 조각 퍼즐로 교재에 주어진 문제를 해결하는 퍼즐이다. 저학년은 해답을 보고 따라 맞춰보고, 고학년은 그림자만 보고 따라 맞추며 놀이한다.
메이크 앤 브레이크	블록 완성품이 그려진 건축 카드를 보고 가장 빨리 정확하게 건축물을 만들면 된다. 가장 먼저 건축물을 만든 사람은 테이블 중간에 있는 베이지색 블록을 가져올 수 있다.
브릭 바이 브릭	다양한 모양의 벽돌 조각으로, 주어진 모양을 만드는 블록 퍼즐게임이다.
쉐입 바이 쉐입	다양한 모양의 도형 조각으로 주어진 모양을 만드는 도형 퍼즐게임이다. 어려워서 해결을 못 할 때는 뒷면의 두 가지 힌트 중 하나를 보고 해결한다.

② 수와 연산 영역

수 감각을 생성시키기 위해 조작을 통한 수 인식을 늘리는 것이 필요합니다.

교구 명	특징
수 모형 (연결큐브)	낱개짜리가 모여서 열 개를 만들고, 열 개짜리를 붙여서 백 개가 되는 큐브 형태의 모형이다. 이 모형을 통해 받아올림과 받아내림을 직접 조작하며 깨우칠 수 있다.
퀴즈 네르막대	서로 다른 색깔과 크기를 가진 직육면체 막대들을 모아 놓은 교구다. 덧셈과 뺄셈, 분수, 통분 등 여러 단원에 걸쳐서 활용이 가능하다. 가장 긴 막대가 10, 가장 짧은 막대가 1을 의미한다.
할리갈리	과일이 그려진 카드로 하는 게임으로, 같은 과일의 숫자가 5가 되었을 때 먼저 종을 치는 사람이 카드를 갖는 게임이다.
로보77	덧셈 뺄셈을 연습할 수 있다. 앞 사람 카드의 숫자와 내 카드의 숫자를 더해서 77이 넘지 않아야 한다.
가우스X	구구단을 활용해서 조각들을 올려놓는 형식의 게임이다. 2~4인이 즐길 수 있으며, 단순한 계산 능력을 넘어서 사고력과 판단력이 요구된다.
셈셈 피자가게	한 자리 수 및 두 자리 수의 덧셈과 뺄셈 게임으로 피자 3판을 먼저 완성하면 승리하는 게임이다.
테이크 잇 이지	벌집 모양의 판에 벌집 숫자 조각들을 올려놓고 하는 퍼즐형식의 게임이다. 타일을 놓으면서 줄의 색상을 맞춰서 연결하면 점수를 얻는다. 같은 색상의 줄 숫자와 타일 개수를 곱한 값이 그 줄의 점수가 된다. 다양한 상황에서 최적의 조합을 만들어야 하는 전술이 필요하다.
부루마블	세계 도시와 수도를 여행하는 재산 증식형 게임이다.

교구 명	특징
루미큐브	차례마다 자기가 가진 타일을 조합해 내려놓거나, 더미에서 타일 하나를 새로 가져와 내 받침대에 추가한다. 타일을 내려놓으려면 같은 숫자의 다른 색깔 타일이나 같은 색깔의 다른 연속된 숫자로 3개의 이상의 타일을 조합해야 한다.
다빈치 코드	상대방의 숫자를 추리하는 보드게임이다.

③ 문제 해결 영역

수학적인 사고력을 자극하고 두뇌를 쓰는 수학 보드게임입니다. 연결되는 교과 관련 단원은 많이 없다하더라도, 수학적인 사고방식을 길러주는 데 도움을 줍니다.

교구 명	특징
펜타고	스웨덴에서 개발된 변형 오목 게임이다. 4개로 나눠진 판을 돌려가면서 오목을 진행한다. 기존의 오목보다 더 많이 고민하고 생각해야 하는 두뇌 게임이다.
아발론	검은색, 흰색 구슬을 이용하여 상대방을 밀어내면 이기는 창의적 사고 전략 게임이다. 다양한 상황에서 주어진 조건에 맞게 판단해야 한다.
SET	인원수의 제한이 없는 독특한 게임으로, 1명도, 10명도 게임이 가능하다. 모양, 색깔, 무늬, 개수의 4가지 조건이 각각 모두 같거나 모두 다른 3장의 카드를 SET 라 하고 이 SET를 찾는 게임이다.
블로커스 /블로커스트라이콘	정사각형 도형 조각들로 이루어진 블로커스 조각들을 조건에 맞게 게임판에 많이 놓으면 이기는 게임으로, 창의적인 사고 전략이 필요하다. 변, 모서리, 꼭짓점 수업에 활용 가능하며, 4가지 색상의 블록 조각으로 하는 일종의 땅따먹기 게임이다. 가진 블록을 제일 빨리 판에 올린 사람이 이긴다.
보난자	콩을 심고 수확하고, 트레이드하고 판매하는 과정을 통해서 경제, 경영을 즐겁게 배울 수 있다. 더불어 사회성과 의사소통 능력도 기를 수 있다.
러시아워 /사파리 러시아워	경우의 수를 따져가면서 미로를 빠져나가는 길 찾기 형 퍼즐게임이다. 사파리 러시아워는 러시아워의 확장판으로, 주어지는 문제 카드처럼 배열한 후 빨간 차가 빠져나가야 한다.
팁오버	경우의 수를 따져가면서 미로를 빠져나가는 길 찾기 형 퍼즐게임이다. 주인공이 빨간 테두리에서 시작하여 빨간색 블록에 도착해야 한다.
구슬퍼즐	다양한 모양의 구슬 조각들로 교재에 주어진 문제를 해결하는 퍼즐이다.

수학을 곧잘 하는데 수학을 싫어해요

고민 166과 비슷하면서도 다른 느낌입니다. 두 답변을 함께 보실 것을 추천해요.

보통은 잘하면 좋아하기 마련입니다. 자기가 자신 있다고 생각하는 과목은 좋아하거든요. 그런데 수학을 웬만큼 잘하는데도 수학을 싫어한다. 도대체 왜 그럴까요?

✎ 잘한다고 몰아치지는 않았는지 생각해보세요

'아이가 수학적인 머리가 있는 것 같다, 어? 이거 조금만 시키면 유명한 선행 수학 학원 보낼 수 있겠는데?' 이런 생각으로 시간과 돈을 투자하기 시작합니다. 저는 그게 꼭 나쁜 건 아니라고 봐요. 아이를 지원해줘서 충분히 잘할 수 있게 만들 수 있다면 부모로서 투자해주는 게 맞지요. 처음엔 조금 힘들어해도, 나중에 공부하는 데 도움을 받을 수도 있고요. 하지만 부모의 투자가 성공으로 계속 이어질지, 실패로 끝날지는 아이를 잘 관찰해야 합니다. 아이 성향에 따라서도 다르고, 여러 요인이 영향을 미치기 때문에 공부하는 과정을 잘 살펴봐야 해요.

잘하는데 싫어한다면 잘한다는 이유로 오히려 너무 많은 양, 높은 수준을 강요한 건 아닌지 생각해봐야 합니다. 초등학교 시절에는 수학적 개념을 빠르게 익히는 것보다 수학에 대한 긍정적인 감정을 유지하게 하는 것이 더 중요합니다. 중요도를 부등호로 나타내면 다음과 같아요.

조기 교육으로 인한 수학적 사고력 키우기 〈 수학에 대한 긍정적 감정 유지

기본 개념을 이해하고 연산에 익숙해지는 기초를 잘 다져놓았다면, 수학에 대해 긍정적인 감정을 갖고 있는 아이들은 언제고 마음먹으면 수학적 사고를 즐길 수 있기 때문입니다. 조금 더 쉬운 수준의 문제집이나 문제 수가 적은 문제집으로 바꿔보세요. 사고력 수학, 창의력 수학과 같은 것에 미련두지 말고요.

✏️ 부모의 기대감이 현실을 회피하게 합니다

평소에 부모의 너무 높은 기대가 부담이 되는 아이는 수학 점수를 '못' 받은 것보다 '안' 받는 게 차라리 낫다고 생각합니다. 나는 마음만 먹으면 잘할 수 있지만 이번에는 최선을 다하지 않아 이 점수를 받은 거라고 합리화하고 싶은 것입니다. 그래야 내 본 실력이 탄로가 나지 않고 내 자존심도 지킬 수 있으니까요. 매번 최선을 다하지 않으며 현실을 회피하는 방법을 선택해서 원래는 잘하지만 하기 싫어서 이 점수를 받은 것, 이 점수는 내 실력이 아니라 단지 내 게으름의 결과일 뿐임을 보여주고 싶어 하는 것이죠. 그러한 방법으로 부모의 기대를 유지하고 싶어 합니다. '적당한' 관심, '적당한' 기대. 어렵지만 중요합니다. 적당한 기대를 하기 위해서는 부모님 역시 뭔가를 열심히 해보는 게 좋습니다. 이것은 아이에게 지나친 관심이나 과도한 기대를 품는 것을 방지하기도 하지만, 노력해도 잘 안 되는 마음이나 성공했을 때의 성취감도 공유할 수 있기 때문입니다. 또 "너는 마음만 먹으면 잘할 애야", "너 머리 좋잖아" 이런 칭찬은 금물입니다. "너 스스로 부끄럽지 않을 정도로 열심히 했으면 괜찮아"라고 말해주세요.

수학 자신감이 떨어져 있어요

제가 보기엔 잘하는데 아이는 그렇게 받아들이지 않는 것 같아요. 수학 문제를 틀리거나 하면 "거봐, 나 수학 못 한다고 했잖아" 하고, 문제를 풀고 검사를 받기 전부터 계속 "아, 틀렸을 것 같아"라고 말합니다. 그럴 때마다 그러지 말라고는 하는데 어떻게 조언해주어야 할까요?

아이가 수학에 대한 자신감이 떨어져 있습니다. 자신감이 떨어진 것은 객관적으로 실력이 부족해서인 경우가 있고, 고민 사연처럼 실력은 괜찮은데 스스로 느끼기에 자신감이 부족한 경우가 있습니다. 스스로에 대한 기준이 높거나, 주변에 잘하는 친구들이 너무 많아서 스스로 비교를 하게 된 경우죠. 실제 실력이 괜찮은데도 자신감이 떨어져 있다면 칭찬과 지지가 더 필요합니다. 또 조금 더 쉬운 문제집을 풀면서 내가 푼 문제집에 동그라미가 많은 것을 목격한다면 자신감은 차차 올라갈 수 있습니다.

✏️ 초등수학 자신감의 원천은 연산

스스로의 자신감 부족이 아니라, 정말 실력이 부족해서 자신감이 떨어진 것이라면 자신감을 키우는 방법은 한 가지입니다. 진짜 실력을 키우는 것이죠.

수학 실력을 높이고 자신감을 찾기 위해 중하위권에게 가장 먼저 필요한 것은 바로 연산 연습입니다. 연산은 초등수학의 대부분을 차지하기 때문에 연산 연습을 열심히 하면 자신감은 저절로 갖게 됩니다. 또, 연산은 연습한 만큼 실력이 올라가는 정직한 영역입니다. 초등학교 4학년 때까지는 자연수의 사칙연산이 완성되고, 초등학교 6학년까지는 분수, 소수의 사칙연산이 완성됩니다. 또 도형과 측정의 영역 역시 연산이 기본이 되어야 할 수 있는 것이기 때문에 연산 영역은 굉장히 신경 써줘야 하는 부분입니다.

✎ 문제집을 반복해서 풀어보세요

같은 문제집을 반복해서 푸는 것은 지루할 수 있는 일입니다. 하지만 정확한 피드백을 받은 후에 같은 문제를 풀게 하면 오답률은 훨씬 줄어듭니다. 그때 아이의 자신감은 올라갑니다. 저는 아이들을 가르칠 때, 한번 푼 학습지를 오답 체크를 하게 한 후 새 학습지로 다시 한번 더 풀게 합니다. 아이들은 그 전보다 좋은 점수를 받아들고 굉장히 뿌듯해하죠. 그와 더불어 확실하게 개념을 이해하고 지나갈 수 있게 됩니다. 이때 또 중요한 한 가지는 반복이 역효과를 가져오지 않게 해야 한다는 것입니다.

아이의 성향에 따라 반복을 통해 완벽에 가까워가는 과정을 좋아하는 아이가 있고, 반복보다는 새로운 것을 좋아하는 아이도 있기 때문에 기본적으로 반복을 하게 하되 반복의 횟수는 아이에 따라 다르게 하는 것이 좋습니다.

다른 과목은 잘하는데
유독 수학만 못해요

크게 두 가지 경우가 있어요. 수학을 공부하려고 해봤지만 잘 안돼서 수학을 포기하게 된 경우와 계속 열심히 공부하고 있는데 잘 안 되는 경우입니다. 소위 수학 머리가 부족하고, 문과적 성향인 아이들이 이런 경우가 많이 있죠. 다른 과목보다 수학을 힘들어하는 경우, 수학의 목표 자체를 낮추세요. 잘하는 과목에 초점을 맞추되 초등수학은 교과서와 기본 연산을 완벽하게 하는 것을 목표로 삼으세요.

첫째, 학교에서 배우는 수학을 잘 이해시킵니다.

둘째, 기본적인 연산을 아이에게 맞는 양으로 챙깁니다.

셋째, 어렵지 않은 문장제 문제를 반복적으로 풀게 하세요.

다른 과목은 잘한다는 말은 공부에 아예 흥미가 없다는 것도, 공부 습관이 잡혀 있지 않은 경우도 아닐 겁니다. 하루에 최소 한 시간씩 수학 개념을 이해한 후, 차분하게 문제를 끝까지 풀어내도록 도와주세요. 당장에 효과가 드러나지 않더라도, 열심히 하고 있는 과정을 계속 칭찬해주면서 한 번 더 시도해볼 수 있게 해주세요.

계속 열심히 노력하는데도 안 되는 경우, 혹시 공부 방법에 문제가 있는 건 아닌지 살펴보세요. 메타인지를 키우는 방법으로 공부를 하지 않고 있을 수 있어요. 수학 교과서의 개념을 읽어본 후, 반드시 말로 출력해보세요. 연산을 기계적으로 풀고 있지는 않은지 연산의 개념을 말로 설명해보는 시간을 가져보세요.

✏️ 수학은 위계적인 학문입니다

사회나 과학은 지난 학년의 개념을 잊어버렸다고 해서, 현 학년 공부를 못하는 것은 아닙니다. 하지만 수학은 지난 학년의 공부를 제대로 이해하지 못했다면 현 학년의 공부도 힘들 수 있어요. 수학이라는 과목 특성상, 복습이 중요하다는 말이죠. 구멍이 뚫린 부분이 있는지 아이가 문제 푸는 모습을 보면 확인해보세요.

고민
171

서술형 문제를 못 풀어요

서술형 문제란 문제의 풀이 과정을 쓰게 하는 문제입니다. 연산 문제를 빠르게 푸는 게 익숙한 아이라면 차분하게 생각하는 것은 낯설 수 있어요. 수학 문제와 대화하기를 연습하세요. 처음에 아이가 힘들어한다면 옆에서 도와주는 게 좋습니다. "소리 내어 문제를 읽어볼까?", "문제에서 무엇을 구하라고 해?", "그럼 어떻게 해야 할까?" 이렇게 질문을 하고 대화하듯이 풀어봅니다. 조금 익숙해진다면 혼자 풀때도 스스로에게 질문을 던지고 문제를 풉니다.

서술형 문제를 푸는 전략

- 무엇을 묻는지 찾아가는 연습을 하세요.

- 문제에서 물어보는 것을 밑줄 치면서 문제를 끊어서 읽는 연습을 해보세요.

- 아이와 대화하듯이 풀어보고 스스로 식을 써보게 합니다.

✎ 풀이 과정을 베껴 쓰기 연습하기

학교에서 수학 시험을 치른 후, 아이들이 제출한 서술형 문제 답안지를 보면 다들 제각각입니다. 똑같은 풀이를 썼는데 어떤 아이는 수학적 기호와 식을 사용해서 간단명료하게 쓰는 반면에 어떤 아이는 마치 국어책처럼 주저리주저리 설명을 써놓은 경우도 있습니다.

서술형 문제를 연습하기 위해서는 먼저 서술형 문제의 풀이 과정을 스스로 써보도록 합니다. 그런데 풀이를 어떻게 써야 할지 모른다거나 너무 자기만의 방식으로 쓴다면 풀이집을 베껴 써보도록 하세요. 머릿속으로 어렴풋하게 진행되었던 풀이가 눈앞에 글자로 나타나면 '아하!' 하는 순간이 생깁니다. 그렇게 풀이를 베껴 쓰다 보면 서술형 문제의 수학적 풀이 방식으로 사고하게 됩니다. 물론 베껴 쓰기가 생각 없이 단순한 베껴 쓰기가 되어서는 안 되겠지요. '답지 보지 않고 풀이 쓰기 → 답지 보면서 이해하기 → 답지 보지 않고 답지 방식으로 풀이 쓰기' 이런 방식의 베껴 쓰기여야 합니다.

고민 172 기본은 잘 푸는데 응용력이 없어요

수준에 맞는 문제집을 푸는 게 좋다 하여 개념 수학 위주의 쉬운 문제집만 풀게 하고 있습니다. 그래서인지 조금이라도 꼬인, 평소 수준보다 약간 어려운 문제는 항상 틀려요. 하던 대로 개념 위주 쉬운 문제집만 풀어도 실력이 쌓일까요? 어려운 문제들도 풀게 하면서 연습을 시켜야 하지 않을까요?

✏️ 뭐니 뭐니 해도 개념!

문제가 조금만 응용이 되어도 틀리는 아이, 왜 그런지 이유를 생각해봐야 합니다.

가장 먼저, 개념을 명확하게 익히지 못했다는 것입니다. 조금만 응용이 되어도 틀린다는 건 계산 방법은 익혔으나 왜 그렇게 계산해야 하는지 개념을 정확하게 이해하지 못했다는 것입니다. 수학에서 '개념'이 중요하다는 말은 듣고 또 듣습니다. 하지만 보통 개념 부분은 별로 신경 쓰지 않고 문제 풀이로 넘어갑니다. 개념을 안다는 의미는 일단 그 개념이 어떻게 도출되었는지 정확하게 이해한다는 것입니다. 다시 교과서로 돌아가서 그 개념이 처음 도입된 부분을 꼼꼼하게 읽고 이해해보세요. 그리고 말로 설명하게 해보세요. 그 후 문제를 풀면서 개념이 어떻게 적용되었는지 살핍니다. 이때 눈으로 풀기보다 한 줄 한 줄, 정리하면서 풀어야 해요.

추가로 드리고 싶은 말씀은 아이가 받아들이는 속도가 조금 늦을 수 있다는 것입니다. 수학적인 재능이 있는 아이는 몇 문제 풀지 않아도 개념을 정확하게 이해합니다. 하지만 느린 아이는 여러 문제를 풀어봐야 어떻게 개념이 적용되었는지 이해합니다. 즉 '개념 이해 → 자기 설명 → 문제 풀이 → 문제에서 적용된 개념을 다시 살펴보기' 이런 과정을 반복하면서 응용력을 향상시켜보세요.

✏️ 귀차니즘 타파! 생각하기 훈련

응용문제에서 고전하는 또 다른 이유는 생각하는 게 귀찮아서 끝까지 문제를 잡고 늘어지지 않아서입니다. 문장제 문제, 응용문제를 차분하게 생각해 보는 훈련을 하지 않았기 때문에 문제가 조금만 복잡해져도 포기해 버리는 거죠. 다시 말해, 공부 자체보다 끝내는 것에 더 집중하고 있다는 거예요. 그래서 시간이 조금만 오래 걸리거나 사고력을 요구하는 문제는 모른다고 체크하고 아는 문제는 빨리 끝내고 숙제를 다 했다고 합니다. '듣는 것'은 수학에서 공부가 아니에요. 한 문제라도 '직접'

풀어봐야 합니다. 문제 수가 많지 않아도 끝까지 매달려 풀어보는 연습을 하게 해주세요.

✎ 수학적 독해력 부족, 책 읽기만이 살길!

① 수학 문제를 읽고 ② 수학 어휘를 이해하고 ③ 문제를 수학적 기호로 바꿀 수 있는 능력을 수학적 독해력이라고 합니다. 수학적 독해력이 떨어지면 문제를 읽고도 무엇을 물어보는지 모릅니다. 그래서 문제에 나온 숫자를 대충 조합해서 이 단원에서 배운 연산으로 풀려고 하죠.

수학적 독해력 부족은 책 읽기를 충분히 하지 않아 활자 자체를 많이 접해보지 않았기 때문입니다. 연산 문제와 더불어 책 읽기를 꾸준히 하세요. 연산학습지만 많이 하다 보면 빨리 풀어내야 한다는 강박관념이 생겨서 차분히 생각하려고 하지 않습니다. 이는 수학적 독해력 부족으로 이어질 수 있다는 걸 잊지 말아야 합니다.

✎ 비슷한 유형이 모아진 문제 풀어보기

앞에서도 말했듯이 수학적인 감각이 뛰어난 아이는 연산이든 문장제 문제든 몇 문제 풀지 않아도 직관력이 생깁니다. 하지만 수 감각이 조금 부족하면 더 많은 노력이 필요합니다. 그렇다고 좌절할 필요는 없습니다. 수 감각이 떨어지지만 뛰어난 다른 감각이 있을 테니까요. 뭐든 꾸준히 하는 성실함이야말로 모든 문제의 해결점입니다. 아이가 문제를 풀었을 때, 그런 유형의 문제를 몰아서 풀게 해보세요. 수학 문제집 중에 문제 유형별로 정리된 문제집이 있습니다. 문제집을 구비해서 처음부터 끝까지 푸는 용도가 아닌, 아이가 약한 부분을 찾아서 보충하는 용도로 사용하세요.

수학 실수가 잦아요

"왜 이런 실수를 해?" 아이의 수학 시험지만 보면 속이 터집니다. 너무도 간단한 계산 실수를 해서 아깝게 틀려 오기 때문입니다. 왜 틀렸냐고 물었을 때 아이들은 실수했다고 말합니다. 엄마는 다음부터 실수하지 말라고 잔소리하고 넘어가죠. 대부분 연산 실수는 정말 실수일 것이라고 생각합니다. 하지만 단순한 실수가 아닐 수도 있습니다.

일회적인 오류 ➡ 유의미한 오류 ➡ 반복적인 오류

순간적인 실수로 나타난 오류는 일회적인 오류라고 할 수 있으나, 비슷한 연산 실수가 한 시험지에서 2회 이상 나타난다면 유의미한 오류라고 할 수 있습니다. 그리고 이러한 유의미한 오류가 반복적으로 나타날 때, 이를 반복적인 오류라고 합니다.

아이가 받아올림이나 받아내림의 개념을 확실히 모르고 있는 건 아닌지, (두 자리 수 × 두 자리 수), (두 자리 수 이상 ÷ 두 자리 수)와 같은 약간 수준 높은 연산이나 혼합 계산 등에서 기초 개념이 이해되지 않은 것은 아닌지, 그로 인해 수학적인 알고리즘이 잘못 자리 잡혀 반복적으로 실수하는 것일 수 있으니 확인해 보세요. 그리고 개념이 잘 안 잡힌 부분은 교과서와 수학익힘책으로 다시 한번 점검해 보는 것이 좋습니다.

🖋 실수를 하면 더 손해라는 생각을 하게 해주세요

빨리 끝내고 놀고 싶어서 무조건 빨리만 하다가 실수하는 경우가 많습니다. 분명히 모르는 게 아니라, 고치라고 하면 다 잘 고치는데 번번이 틀리니까 이게 실력으로 굳어질까 봐 걱정이 됩니다. 아이가 수학 문제를 푼 후에 바로 채점하게 하세요. 그리고 틀린 문제를 고치고 다시 설명까지 하게 합니다. 그리고 아이에게 실수로 인해 버리는 시간이 더 많다는 것을 인지시켜주세요.

처음부터 꼼꼼하게 문제를 읽고 풀어서
실수를 거의 하지 않았을 때 주어진 노는 시간

빨리 끝내느라 틀린 문제가 많아서
그것을 고치고 다시 푼 후에 주어진 노는 시간

빨리 끝내려고 서두르면 오히려 노는 시간이 줄어들어 손해라는 생각이 들어야 처음부터 '정신 차리고' 꼼꼼하게 풀어냅니다.

🖋 속도에 너무 치중하지 마세요. 연산 실수가 잦아집니다

연산학습지를 하면서 시간을 재는 부모님이 있습니다. 빠르기와 정확성을 둘 다 잡고 싶은 욕심 때문이죠. 하지만 정확하게 푸는 연습을 '반복'하면 속도는 저절로 빨라집니다. 굳이 처음부터 빠르게 푸는 연습을 할 필요는 없습니다.

🖋 글씨를 확인하라!

2와 3, 0과 6 등 글씨를 급하게 써서 실수하는 경우도 많습니다. 숫자를 쓰고 동그라미를 치면서 숫자가 원에 가려지는 경우도 생기기도 합니다. 글씨를 항상 또박또박 쓸 수 있게 연습시켜주세요.

문제를 제대로 안 읽어서
자꾸 틀리는데 어떻게 하죠?

성격이 급해 마음이 앞서는 아이는 차분하게 푸는 3단계 연습을 함께합니다.

1단계 : 문제를 소리내어 읽기 훈련

수학 문제를 소리 내어 읽어보도록 합니다. 처음에 아이가 이해하기 쉽게 끊어서 읽어주고 같은 방법으로 읽어보도록 합니다.

2단계 : 반복해서 문제 읽고 중요한 것 표시하기

천천히 중요 단어에 밑줄 치고 동그라미 치면서 읽어보는 훈련을 합니다.

3단계 : 소리 내어 풀기 훈련

교육학자 반두라는 어린아이들은 문제 해결 과정에서 혼잣말을 하면서 풀어내다가 점점 내적 언어가 된다고 했습니다. 어릴 때 어려운 수학 문제를 만나면 갑자기 중얼중얼 거리면서 문제를 풀던 경험이 있을 것입니다. 소리 내어 풀면 놓칠 수 있는 계산 단계도 놓치지 않고 살펴보게 됩니다. 친구에게 설명하듯이 또는 선생님이 되어 문제에서 무엇을 구하라고 했는지 설명하도록 합니다.

위의 세 단계가 습관이 들 때까지 지켜봐 주세요. 한두 번 해서는 습관이 되지 않습니다. 반복해서 연습하도록 지도해주는 것이 좋습니다. 그 과정을 처음에는 옆에서 지켜봐주세요.

✒ 속도보다는 정확성을 강조하세요

문제를 대충 읽고 문제를 푸는 아이가 풀이하는 과정을 보면, 원래 성질이 급하거나 빨리 숙제 자체를 끝내는 데 급급하구나 하는 것이 느껴집니다. 속도보다는 정확성이 중요하다는 것을 꼭 알려주세요. 또, 풀이 노트를 만드는 것이 좋습니다. 공책에 쪽수와 문제 번호를 쓰고 꼼꼼하게 풀이 과정을 쓰면서 풀이 노트를 쓰는 연습을 해보세요.

고민175 오답노트, 꼭 정리시켜야 할까요?

시험을 본 후 학생들에게 오답 정리를 하라고 할 때, 시키는 제가 굉장히 미안해지는 학생들이 있습니다. 바로 너무 많이 틀린 학생들이죠. 1~2개를 틀린 아이들은 안 그래도 시험을 잘 봐서 기분이 좋은데 틀린 문제를 정리하는데도 얼마 안 걸리니 기분 좋은 마음으로 오답 정리를 합니다. 하지만 틀린 문제가 많은 아이들은 시험 문제를 공책에 베끼다가 한 시간이 끝나고 맙니다. 이렇게 틀린 문제가 너무 많으면 오답 정리를 따로 하는 것이 별 의미가 없습니다. 차라리 교과서를 보며 개념 정리를 하고 새 시험지로 한 번 더 풀게 하는 편이 낫습니다. 틀린 문제가 많다면 오답 노트보다는 개념 정리를 다시 하세요. 그리고 시험지에 색이 있는 펜으로 문제를 진하고 깔끔하게 다시 풀게 하세요.

✎ 틀린 문제를 표시하고 일주일 후에 다시 풀어보세요

오답을 확인하고 문제를 다시 풀어보며 모르는 부분은 이해를 했습니다. 하지만 시간이 어느 정도 지나서 풀어보라고 하면 또 못 푸는 경우가 많습니다. 한번 생긴 오개념을 바꾸는 것은 새로운 개념을 만드는 것보다 힘이 들기 때문입니다. 오답 확인한 것이 무용지물이 되지 않으려면 시간이 지난 후 반드시 다시 풀어봐야 합니다. 오답을 체크했다가 다시 풀어서 맞을 때까지 시간 간격을 두고 풀어보도록 합니다.

✎ 틀린 문제를 모아 다시 풀어보고 같은 유형 찾아 풀기

틀린 문제가 많지 않은 경우, 다음 시험의 100점을 목표로 하려면 그간 틀린 문제들을 모아서 아이가 잘 틀리는 유형이 무엇인지 살펴봅니다. 틀린 부분을 복사해서 모아도 되고 워드로 쳐서 인쇄해도 됩니다. 그리고 유형별 문제를 모아놓은 문제집에서 그 부분만 찾아서 풀어보는 것도 도움이 됩니다.

수포자가 안 되려면 어떻게 해야 할까요?

초등학교 4학년쯤이 되면 수학이 어려워진다고 들었어요. 누군가는 '초4'의 4는 '죽을死'

라고 이야기할 정도로 힘들어한다고 하더라고요. 내 아이를 수포자로 만들지 않으려면

어떻게 해야 할까요?

너무 겁먹지 마세요. 초등수학은 어렵지 않아요. 정확한 개념 이해의 바탕 속에서
연산 연습만 잘 되어 있어도 수포자는 되지 않습니다. 고민 144를 보며 초등 6년의
수학이 어떤 흐름으로 가는지 살펴보세요. 그리고 고민 145를 참고하면서 기본 틀
은 꼭 유지하겠다고 마음먹으세요.

✎ 아이의 수준을 꾸준히 확인하세요

아이의 수준은 아이가 풀어놓은 수학익힘책 한 단원만 봐도 알 수 있어요. 수학익
힘책에는 꼭 어렵고 헷갈릴만한 문제가 몇 문제씩 들어있습니다. 우리 아이가 '수
학익힘책을 다 맞았다면 잘하고 있구나. 몇 문제 틀린다고 하면 개념을 확실히 모
르는 부분이 있구나. 많이 틀린다면 복습에 치중해야겠다'고 판단하면 됩니다. 수
포자는 갑자기 되지 않습니다. 처음 생긴 구멍이 점차 커지는 거죠. 최초의 구멍을
발견하는 것은 꼭 가정에서 함께해주어야 합니다.

수학 시험 80점은 늘 나오는데 100점은 안 나와요

줄 세우기 시험은 없어졌지만, 각자의 실력을 확인하는 용으로 단원평가 같은 것을 가끔 봅니다. 80점과 100점은 분명히 다르죠. 물론 100점을 받기 위해서 노력해야 하는 양은 아이마다 달라요. 타고난 감각이나 수학머리가 다르기 때문이지요. 하지만 일반 수준의 교과 단원평가라면 조금 더 신경써서 연습하면 90점은 받을 수 있어요. 80점은 개념을 덜 이해한 부분이 있거나 연습이 조금 부족하다는 것을 의미하거든요.

✎ 엉덩이 힘이 길러지지 않았나요?

수학을 잘하려면, 수학적 이해력과 사고력도 중요하지만 결국은 엉덩이 힘이 성공의 필수 무기입니다. 엉덩이 힘이 본격적인 진가를 발휘하기 시작하는 것은 중학교 입학 이후입니다. 사실 초등학생 때는 어느 정도 하면 웬만한 성적은 나오거든요. '애가 머리는 되는데 노력이 좀 부족한가? 나중에 정신 차리면 하겠지' 하고 생각합니다. 그게 바로 수학 점수가 80점인 이유일 수 있어요. 절박함과 간절함이 가장 강력한 엉덩이 힘을 만들어내지만, 공부도 습관이라 꾸준히 무언가를 해본 경험은 계속해서 노력하게 만듭니다. '매일', '꾸준히' 하는 수학 근육을 만들어주세요.

✎ 문제를 풀고 바로 체크하기

문제집을 푼 후 바로 피드백을 해주세요. 아이에게 문제집을 풀라고 한 후, 바로 체크하지 않거나 오답을 정확하게 짚고 넘어가지 않으면 아이는 문제를 풀고자 하는 의욕을 느끼지 못합니다. 채점은 '얼마나' 맞고 틀리는지보다 '어떤' 문제를 맞고 틀리느냐를 확인하는 데 의미가 있어요. 바로 채점하지 않고 며칠이 지나 채점하면 아이는 자신이 어떻게 풀었는지 잘 기억하지 못하고 틀린 문제를 고치기도 싫어집니다. 만약 채점을 하지 않고 넘어간다면 다음에 문제를 풀 때 전에 잡아주지 못했던 오개념이 누적되어 오답률이 늘어갈 수도 있습니다. 채점을 통해 꼭 전 단계 학습이 잘 되어 있는지 확인하세요.

고민 178 수학 학습지를 해야 할까요?

수학적 감각이 떨어지는 초등학생 1학년 아이를 둔 워킹맘입니다. 아이가 벌써부터 빼기가 어렵다고 해요. 국어 해석 능력도 떨어져서 어떨 땐 문제 지문을 이해 못 할 때도 있습니다. 수백만 번 고민해도 또렷한 답을 못 찾겠는데, 주위에선 학습지가 정답이라고 합니다. 그런데 또 아이를 다 키운 엄마들은 학습지가 돈 낭비라고 하네요.

집에서 함께 문제집으로 배운 내용을 복습도 하는데, 학교에서 배운 거라고, 아는 문제라고 신나게 풀 줄 알았더니 재미없어하더라고요. 무조건 놀릴 수도 없고, 어떻게 교육을 해야 할지 너무 고민입니다.

초등학교 1학년 아이의 수학 학습지를 고민하는 분이 많습니다. 주변에 고민 상담을 해보면 일부는 학습지를 시켜라. 또 일부는 돈 낭비다 늘 두 가지 입장으로 갈려요. 어려운 문제죠.

아이들을 다 키워 막상 대학을 보내놓고 나면 그런 생각이 가장 많이 들어요. '어릴 때 뭐 그렇게 이것저것 시켰을까, 딱 이것만 했어도 됐을 텐데…' 하고요. 그런데 전 그 생각에 두 가지 맹점이 있다고 생각해요. 첫 번째는 아이마다, 내가 처한 상황마다 다르다는 거예요. 방문학습지를 해서 이득이 있을 것인지 해봤자 큰 효과가 없을지는 아이에 따라 달라요. 그러니 모든 사람이 말하는 것은 자기 입장일 뿐입니다. 참고해 볼 하나의 의견일 뿐이라는 거죠. 두 번째는 기억의 왜곡입니다. 고등학교를 다니면서, 또 어른이 된 후에, 저는 사실 '초등학생들이 뭐 배울 게 있나' 싶었어요. 그런데 초등 교육과정을 배우고 가르치다 보니 '아, 나도 이렇게 하나하나 계단을 올라갔던 거구나', '중고등학교의 수학 개념을 배우기 위해 난 이렇게 기초부터 공부를 했던 거구나'라는 생각이 들더라고요. 잊고 있었던 제 초등학생 때의 수업 시간이며 여러 기억이 조금씩 떠올랐습니다. 다시 말해, 지나고 난 후 학습지를 시켰던 게 돈 낭비라고 기억될 수도 있지만 그걸 했기 때문에 수학적 기초를 쌓는 훈련이 더 됐을 수도 있어요.

워킹맘이니 엄마가 직접 공부시키기 힘든 상황입니다. 또, 엄마 입장에서 우리 아이가 수학적 감각이 떨어진다고 생각하게 된 근거들이 있을 거예요. 수학 연산은 초등수학에서 무척 중요합니다. 계속된 연습이 필요하죠. 문제집을 이미 아는 것이라고 지겨워했다면, 조금 다른 방식인 학습지를 새롭게 해보는 것도 괜찮은 선택이라고 생각합니다. 아이가 복습을 지루해하고 있으니 학습지를 하면서 약간 진도를 앞서서 예습을 하는 거예요. 꼭 엄마와 함께, 엄마표를 해야 할 필요는 없어요. 엄마가 바쁜 상황이면 엄마를 대신해줄 학습지를 이용해도 괜찮습니다. 아이가 잘 따라가고 있는지 엄마는 확인만 잘해주면 됩니다. 매일 꾸준히 하면 성취감도 느끼고 습관 잡기에도 좋을 수 있습니다.

매일 꾸준히 수학 훈련을 하는 것은 꼭 필요합니다. 그것을 집에서 문제집이나 프린트 등으로 할지, 돈을 지불하고 사교육 학습지로 할지는 가정의 상황과 아이의 성향에 따라 결정하세요.

고민 179 자꾸 답지를 몰래 보고 문제를 풀어 놔요

저학년의 경우, 문제집의 답지를 떼고 풀도록 합니다. 채점은 엄마가 해주되, 문제를 푼 후 최대한 빠르게 해주세요. 왜냐하면 답안을 채점한 후 틀린 문제를 다시 푸는 것은 새로운 문제를 푸는 것보다 더 귀찮고 짜증 나는 일이기 때문이죠. 아이에게 사탕을 쥐여주고 먹지 말라고 하기보다는 처음부터 사탕을 주지 않는 편이 낫습니다.

반면 학년이 올라가면 스스로 채점하며 성취감을 느끼게 하는 것도 좋습니다. 아이가 수학 문제를 푸는 것 자체에 재미를 느낀다면 굳이 베끼려고 하지 않을 거예요. 너무 많은 양을 풀게 하지 말고 못 푼 문제에 대해 스트레스도 너무 주지 말고요. 저학년 때 문제 풀기 훈련이 잘되었다면 점차 아이의 손으로 넘겨주셔도 됩니다. 개념 이해 후, 수학 문제를 풀고 오답을 확인하면서 새로운 것을 알아가는 과정을 스스로 할 수 있게 하는 거죠.

✎ 노력과 과정에 대한 칭찬

아이가 답지를 보는 이유는 여러 가지가 있을 거예요. 빨리 놀고 싶어서, 귀찮아서, 하기 싫어서, 그리고 부모님께 잘 풀었다고 칭찬받고 싶어서…. 답지를 보고 베끼면 편하고, 좋은 점수를 얻어 칭찬을 들으니 참 좋지요. 만약 문제를 혼자 풀었다면 실수도 하고 틀리기도 하고, 결국 혼나고 잔소리를 들었을 텐데 칭찬해주니 몰래 답지를 봐서라도 문제를 잘 풀려고 합니다. 처음에는 양심에 찔리기도 하고 찜찜하지만 자꾸 하다 보면 아무렇지도 않아요.

평소 아이 스스로 문제를 풀어냈을 때, 문제를 풀어낸 것에 대한 노력과 과정에 대한 칭찬을 많이 해주세요. 부모님이 먼저 결과에 집중하지 않아야 아이에게도 바른 인식을 줄 수 있습니다.

고민
180

수학 점수가 들쭉날쭉해요

수학 시험 점수가 들쭉날쭉한 경우, '이번에는 컨디션이 안 좋았구나', '이번에는 실수를 많이 했구나' 생각하고 넘어가나요? 저학년의 점수 차이보다 고학년 때의 점수 차이에 더 집중해야 합니다. 저학년의 80점과 100점 간 차이는 별것 아닐 수 있지만, 고학년 때 80점과 100점의 차이는 정말 커집니다. 단원별로 시험 점수 차이가 크다는 것은 일시적인 문제일 수도 있지만, 아이의 약점 단원을 발견할 수 있는 기회가 될 수 있습니다. 아이가 어려워하거나 싫어하는 단원이 너무 많이 나온 것이 아닌지 체크해보는 거죠. 예를 들어 '도형을 싫어하는데 도형 부분이 많이 출제됐다' 하는 경우 말입니다. 시험별로 특정 영역의 문제가 치중되는 경우가 있다면 문제 출제 영역을 보고 약점을 보완하세요.

🖊 시험의 난이도를 확인하세요

기본적인 문제들이 있을 때는 점수가 잘 나오다가 어려운 문제가 출제됐을 때 점수가 많이 떨어지는 것은 기본 실력은 갖추어져 있지만 응용문제에 약하다는 의미입니다. 응용문제를 어려워할 경우, 고민 172에서 설명한 것처럼 여러 이유가 있을 수 있습니다. 또, 어려운 문제를 만났을 때 특유의 도전 정신이 발휘되기보다는 당황해서 더 못 푸는 경우도 있죠. 시험 점수에 대해 지나치게 부담감을 갖고 있는 경우 그렇습니다. 아이가 스스로 최선을 다한 후 편안한 마음으로 결과를 받아들일 수 있도록, 평소 결과보다 과정에 집중할 수 있게 도와주세요.

🖊 컨디션에 영향을 많이 받는지 확인하세요

자신의 감정을 조절하는 능력을 기르는 것이 소위 '멘탈을 강하게' 해나가는 과정입니다. 시험에 대한 부담감이나 당황하는 느낌을 극복해서 컨디션 조절 능력을 기르는 기회로 삼도록 해보세요. 시험을 보기 전에 실전처럼 연습을 해보도록 합니다. 과도한 스트레스를 받고 있는 것은 아닌지, 현실을 회피하거나 그날의 컨디션을 못 나온 시험점수에 대한 핑계거리로 삼고 있는 건 아닌지 살펴보세요.

곧 중학생이 되는데 수학을 너무 못해요. 어디서부터 손을 대야 할까요?

초등 6년의 로드맵을 보고 저학년 공부법을 보면 속이 타들어가는 분들이 있습니다. '우리 아이는 고학년이지만 수학을 너무 못하는데, 늦은 건 아닐까, 포기해야하나' 말이죠.

고학년이면 인지적인 면이 저학년보다 발달됐으니 충분히 따라잡을 수 있습니다. 제가 매 수학 고민마다 반복했던 말! '초등수학의 대부분은 연산이다!' 연산부터 손을 대세요. 저는 고학년 중에 수학 기초가 너무 없는 것 같은 아이가 교실에 있으면 초등학교 3학년 연산 문제집을 몇 장을 풀어보게 합니다. 이 정도는 할 줄 안다 싶으면 4학년 연산을 풀게 해요. 그렇게 가늠해보고 '익숙하지 않다, 느리다' 싶은 학년의 연산부터 연습하게 하는 거죠. 연산을 채우고 나면 도형을 채웁니다. 이 두 가지를 채운 후, 자기 학년의 수학 진도를 다시 나갑니다. 이렇게 한 단계 한 단계 이끌다보면 아이 스스로 부족한 부분을 메워가는 느낌을 받으며, 수학에 재미를 느끼고 자신감을 느낍니다.

아이가 수학을 못하는
이유를 알고 싶어요

이유를 알기 위해 먼저 할 일은 내 아이의 수학을 직접 진단해보는 것입니다. '남'이 기준이 아니라, '내 아이' 자체가 기준이 되어야 해요. 아이의 수학 교과서, 수학 시험지를 보고 직접 진단하세요. 아이가 문제 푸는 과정을 지켜보고, 함께 공부해보세요. 담임선생님과도 상담합니다. 예를 들어 아래와 같은 문제점이 보이기 시작할 거예요.

- 쉬운 문제도 실수함

- 계산 실수가 잦음

- 서술형 문제에서 독해력이 부족함

- 수학에 대한 자신감이 없음

우리 아이가 수학에 고전하는 이유, 고민을 찾았다면 아이와 대화도 해보세요.

아이의 특성과 수준을 생각해서 문제를 찾고 해결을 위해 여러 방법을 시도할 수 있는 것은 부모님만 할 수 있습니다. 학원에서의 평가나 다른 아이들과의 비교가 아닌, 아이에 대해 얼마나 관심을 갖고 아이와 함께 노력하느냐에 계속 못 하는 채로 남을 것인가 나아질 것인가가 달려 있습니다. 물론 쉽지 않습니다. 가끔은 노력한 만큼의 결과가 나오지 않는 게 교육이기도 하지요. 하지만 초등수학은 포기하기에 일러요. 특히나 초등수학만큼 좋은 뇌 훈련이 없으니 꼭 초등수학의 기본을 잘 잡아가면 좋겠습니다.

영어

친구 관계　교과 학습　학교생활　진로와 심리

영어를 배우는
'결정적 시기'가 있을까요?

영어는 일찍 배우면 배울수록 좋을까요? 과연 영어 교육 시작의 최적 연령은 언제일까요?

언어 습득과 관련해 '결정적 시기 가설'이라는 것이 있습니다. 인간은 2살부터 사춘기 이전에 언어를 배워야 하고, 이 시기를 놓치면 언어를 배우기 어렵다는 것인데요. 즉, 언어를 배우는데 '결정적인 시기'가 있다는 것이죠. 하지만 성인이 된 후에 영어를 배우기 시작했지만 원어민과 비슷한 수준의 영어를 익히는 사람들도 있습니다. 그래서 어떤 학자들은 '결정적 시기'가 아니라 '민감한 시기'라는 용어를 사용합니다.

그렇다면 영어를 배우는 데 정말 '민감한 시기'가 있을까요? 영어를 하나도 모르는 상태에서 시작한다고 할 때, 7살짜리 아이에게 6개월간 영어를 가르친 것과 14살 아이에게 6개월을 가르치는 것, 6개월 후에는 과연 누가 영어를 더 잘할까요? 모국어가 아니라 제2언어로 영어를 배우는 학생을 대상으로 학자들이 실험을 했습니다. 영어를 동일한 기간 동안 배운 학생들의 점수를 다양한 기준(발음, 문법, 구문의 능숙도, 어휘, 화용)으로 분석했어요. 결과는 흥미로웠습니다. 발음 면에서는 나이 어린 집단이 높은 점수를 보였으나, 문법이나 구문의 능숙도 면에서는 나이 많은 집단이 더 높은 점수를 받았죠. 영어를 모른다는 같은 조건에서, 똑같은 기간 동안 영어를 배울 경우, 발음을 제외하면 나이 많은 학생이 나이 어린 학생보다 더 잘하고 빨리 습득한다는 것을 알 수 있습니다. 나이가 많을수록 배운 것들이 더 많고 모국어로 아는 것도 많으니 영어에도 빨리 적용이 되겠지요. 너무 어린아이들은 영어를 배워도 단순한 문장밖에 구성하지 못합니다. 그건 모국어에서도 마찬가지죠.

✎ 아이와 부모의 가치관, 가정의 상황이 시작 시기를 결정합니다

모든 교육의 적정 시기는 아이가 정합니다. 거기에 부모님의 가치관과 가정의 상황도 영향을 미치죠. 어떤 아이는 언어적으로 발달해서 더 흥미를 보이며 쉽게 받아들이기도 하고, 어떤 아이는 스트레스를 받아 오히려 모국어 발달까지 저해되는 경우도 있어요. 우리 아이는 영어에 흥미가 있고 시키면 하는 애인데 굳이 "늦게 시작할 거야" 할 필요도 없고요. 영어를 접했을 때 크게 흥미가 없는데 "이 나이에는 꼭 시켜야 해" 할 필요도 없다는 거예요.

부모님이 우리 아이는 모국어와 외국어를 동시에 습득하도록 만들겠다는 가치관을 갖고 계실 수도 있고요. 어떤 부모님은 모국어 체계를 다 잡은 후 외국어를 투입 시키겠다 하는 부모님도 계십니다. 또, 가정 상황이 일찍부터 영어에 돈을 많이 투자해도 무리가 없는 상황일 수도 있고, 최대한 가성비를 따져야 하는 상황일 수도 있어요. 다만 어떤 길을 선택하든 얻는 것과 잃는 것은 반드시 있다는 것입니다.

✎ 영어를 본격적으로 시작하는 가장 무난한 시기

유아 때 영어를 접해보겠다 하면 쉬운 영어책을 읽어주세요. 더불어 영어 노래를 들려줬는데 아이가 흥미를 보인다면 경제적으로 큰 부담이 되지 않는 선에서, 아이에게도 부담 주지 않는 선에서 조금씩 노출해보세요. 하나의 놀이처럼 말이죠. 하지만 별로 흥미가 없다면 조금 더 있다가 시작하세요. 아이의 속도에 맞춰서 지루해하면 조금 느리게, 흥미를 붙이면 속도를 내서 공부해 나가면 됩니다.

가성비를 생각했을 때 영어 학습은 8~10세에 시작하는 게 가장 효율적이기는 합니다. 영어에 대해 친숙함을 느끼기 위해 노래나 그림책과 같은 것으로 노출시켜 주었다가 8~10세 때부터 본격적으로 공부를 시작하는 것이 가장 무난한 영어 공부 시기입니다. 물론 모국어의 실력만큼 외국어 실력도 따라 올라가기 때문에 영어를 언제 시작하든 우리말 책 읽기는 꾸준히 해야 합니다. 국어 실력이 뛰어난 아이는 영어를 늦게 시작해도 실력이 금방 오릅니다. 책을 읽으면서 언어 감각을 만들어 놓았으니 유리하고, 배경지식이 풍부하니 영어책을 읽어도 쉽게 이해가 된답니다.

고민184 초등 6년, 공교육에서 배우는 영어가 궁금합니다

초등학교는 3학년부터 정규 수업 시간에 영어를 배우기 시작합니다. 3~4학년은 40분씩 주 2회, 5~6학년은 40분씩 주 3회 수업을 합니다. 수업 방식은 외우거나 쓰는 암기 위주의 수업이 아닌, 말하기를 유도하는 상황을 게임이나 활동 안에 녹인 형태로 진행됩니다. 아이들은 특별히 지루해하거나 재미없어하지 않아요. 3~4학년은 듣기와 말하기 위주로, 5~6학년은 듣기, 말하기 외에 읽기와 쓰기까지 교과서에 더 많은 양을 다루고 있습니다. 초등영어 교과서는 출판사가 다양하며, 학교에서 재량껏 교과서를 선정합니다. 출판사별로 교과서는 다르지만, 내용이나 수준은 비슷해요. 다만 강조하는 내용이나 어떤 활동으로 연습을 이끄는지 등이 조금씩 다르죠.

✏️ 3~4학년의 영어 교육과정 목표와 교과서 구성

국가 수준 영어 교육과정에서 3~4학년군의 듣기, 말하기, 읽기, 쓰기의 목표를 살펴보도록 하겠습니다.

3~4학년군 듣기 목표	· 알파벳과 낱말의 소리를 듣고 식별할 수 있다. · 낱말, 어구, 문장을 듣고 강세, 리듬, 억양을 식별할 수 있다. · 기초적인 낱말, 어구, 문장을 듣고 의미를 이해할 수 있다. · 쉽고 친숙한 표현을 듣고 의미를 이해할 수 있다. · 한두 문장의 쉽고 간단한 지시나 설명을 듣고 이해할 수 있다. · 주변의 사물과 사람에 관한 쉽고 간단한 말이나 대화를 듣고 세부 정보를 파악할 수 있다. · 일상생활 속의 친숙한 주제에 관한 쉽고 간단한 말이나 대화를 듣고 세부 정보를 파악할 수 있다.
3~4학년군 말하기 목표	· 알파벳과 낱말의 소리를 듣고 따라 말할 수 있다. · 영어의 강세, 리듬, 억양에 맞게 따라 말할 수 있다. · 그림, 실물, 동작에 관해 쉽고 간단한 낱말이나 어구, 문장으로 표현할 수 있다. · 한두 문장으로 자기소개를 할 수 있다. · 한두 문장으로 지시하거나 설명할 수 있다. · 쉽고 간단한 인사말을 주고받을 수 있다. · 일상생활 속의 친숙한 주제에 관해 쉽고 간단한 표현으로 묻거나 답할 수 있다.
3~4학년군 읽기 목표	· 알파벳 대소문자를 식별하여 읽을 수 있다. · 소리와 철자의 관계를 이해하여 낱말을 읽을 수 있다. · 쉽고 간단한 낱말이나 어구, 문장을 따라 읽을 수 있다. · 쉽고 간단한 낱말이나 어구를 읽고 의미를 이해할 수 있다. · 쉽고 간단한 문장을 읽고 의미를 이해할 수 있다.
3~4학년군 쓰기 목표	· 알파벳 대소문자를 구별하여 쓸 수 있다. · 구두로 익힌 낱말이나 어구를 따라 쓰거나 보고 쓸 수 있다. · 실물이나 그림을 보고 쉽고 간단한 낱말이나 어구를 쓸 수 있다.

3~4학년군에서는 간단한 낱말, 어구, 문장을 따라 읽고, 알파벳과 간단한 낱말 정도를 쓰는 것이 목표입니다. 이런 교육과정 목표를 달성하기 위해 교과서에서는 핵심 표현이 단원명으로 드러나 있고, 그와 관련된 표현을 한 단원에서 배웁니다. 핵심 표현을 말하는 상황을 영상으로 보고, 듣기와 말하기를 연습합니다. 한 단

원을 배우는 4차시의 수업 동안 그 표현을 반복적으로 연습할 수 있는 게임이나 활동을 계속합니다. 교과서 수준이 어느 정도 될까 궁금한 분들을 위해서 천재출판사 (함순애 저) 교과서의 단원명들만 살펴보도록 하겠습니다.

3학년

1. Hello!

2. Oh, It's a Ball!

3. Sit Down, Please

4. How Many Apples?

5. I Have a Pencil

6. What Color Is It?

7. I Like Chicken

8. It's Very Tall!

9. I Can Swim

10. She's My Mom

11. Look! It's Snowing

4학년

1. My Name Is Eric

2. Let's Play Soccer

3. I'm Happy

4. Don't Run!

5. Where Is My Cap?

6. What Time Is It?

7. Is This Your Watch?

8. I'm a Pilot

9. What Are You Doing?

10. How Much Is It?

11. I Get Up Early

✎ 5~6학년의 영어 교육과정 목표와 교과서 구성

초등영어 교육과정에서 5~6학년군의 듣기, 말하기, 읽기, 쓰기의 목표는 다음과 같아요.

5~6학년군 듣기 목표	· 두세 개의 연속된 지시나 설명을 듣고 이해할 수 있다. · 일상생활 속의 친숙한 주제에 관한 간단한 말이나 대화를 듣고 세부 정보를 파악할 수 있다. · 그림이나 도표에 대한 쉽고 간단한 말이나 대화를 듣고 세부 정보를 파악할 수 있다. · 대상을 비교하는 쉽고 간단한 말이나 대화를 듣고 세부 정보를 파악할 수 있다. · 쉽고 간단한 말이나 대화를 듣고 줄거리를 파악할 수 있다. · 쉽고 간단한 말이나 대화를 듣고 목적을 파악할 수 있다. · 쉽고 간단한 말이나 대화를 듣고 일의 순서를 파악할 수 있다.
5~6학년군 말하기 목표	· 그림, 실물, 동작에 관해 한두 문장으로 표현할 수 있다. · 주변 사람에 관해 쉽고 간단한 문장으로 소개할 수 있다. · 주변 사람과 사물에 관해 쉽고 간단한 문장으로 묘사할 수 있다. · 주변 위치나 장소에 관해 쉽고 간단한 문장으로 설명할 수 있다. · 간단한 그림이나 도표의 세부 정보에 대해 묻거나 답할 수 있다. · 자신의 경험이나 계획에 대해 간단히 묻거나 답할 수 있다. · 일상생활 속의 친숙한 주제에 관해 간단히 묻거나 답할 수 있다.
5~6학년군 읽기 목표	· 쉽고 간단한 문장을 강세, 리듬, 억양에 맞게 소리 내어 읽을 수 있다. · 그림이나 도표에 대한 쉽고 짧은 글을 읽고 세부 정보를 파악할 수 있다. · 일상생활 속의 친숙한 주제에 관한 쉽고 짧은 글을 읽고 세부 정보를 파악할 수 있다. · 쉽고 짧은 글을 읽고 줄거리나 목적 등 중심 내용을 파악할 수 있다.

5~6학년군 쓰기 목표	· 소리와 철자의 관계를 바탕으로 쉽고 간단한 낱말이나 어구를 듣고 쓸 수 있다. · 알파벳 대소문자와 문장부호를 문장에서 바르게 사용할 수 있다. · 구두로 익힌 문장을 쓸 수 있다. · 실물이나 그림을 보고 한두 문장으로 표현할 수 있다. · 예시문을 참고하여 간단한 초대, 감사, 축하 등의 글을 쓸 수 있다.

5~6학년군에서는 3~4학년군에서 다뤘던 핵심 표현보다 조금 더 복잡한 표현들이 나오고, 읽기와 쓰기를 3~4학년군보다 많이 다룹니다. 각 단원에서 배운 핵심 표현이 들어간 간단한 영어 글을 읽고 편지나 대화문 쓰기와 같은 것들을 해요. 교과서 중간중간 문법적인 내용도 나옵니다. 5~6학년군 역시 수업 방식은 3~4학년 때와 마찬가지로 다양한 게임과 활동식으로 진행됩니다.

교과서에서 다루는 표현 자체의 수준이 많이 높아진 것은 아니지만 읽기와 쓰기의 양이 조금 더 많아져서 그 부분을 힘들어하니, 3~4학년에서 소리 읽기를 충분히 했다면 5~6학년은 쓰기 활동도 함께 해보도록 합니다. 교과서의 단원명들만 살펴보며 어떤 내용을 배우는지 살펴보겠습니다. 학교마다 선택하는 출판사에 따라 다르지만 그 수준은 크게 다르지 않습니다. 다음은 천재출판사(함순애 저)의 교과서 목차입니다.

5학년

1. Where Are You From?

2. What Do You Do on Weekends?

3. May I Sit Here?

4. Whose Sock Is This?

5. I'd Like Fried Rice

6. What Will You Do This Summer?

7. I Visited My Uncle in Jeju – do

8. How Much Are the Shoes?

9. My Favorite Subject is Science

10. What a Nice House!

11. I Want to Be a Movie Director

6학년

1. What Grade Are You In?

2. I Have a Cole

3. When Is the Club Festival?

4. Where Is the Post Office?

5. I'm Going to See a Movie

6. He Has Short Curly Hair

7. How Often Do You Eat Breakfast?

8. I'm Taller Than You

9. What Do You Think?

10. Who Wrote the Book?

11. We Should Save the Earth

영어를 자연스럽게 모국어처럼
습득하는 방법이 있을까요?

일반적으로 외국어를 배우는 환경은 크게 두 가지로 나누어 볼 수 있습니다. 제2언어 환경(ESL environment)과 외국어 환경(EFL environment)이 그것입니다.

제2언어 환경은 보통 ESL이라고 불러요. English as a Second Language란 뜻으로, 제2의 언어로써 일상생활에서 꼭 필요하고 언제든지 사용해야 하니까 학습 동기가 무척 강합니다. 영어가 상용어거나 공용어인 말레이시아, 필리핀, 이스라엘, 남아프리카공화국 등이 그렇습니다.

외국어 환경은 English as a Foreign Language로 EFL이라 말해요. 우리나라가 그렇지요. 영어를 공부하는 목적이 시험을 보거나 상급 학교에 진학하는 데에 있고, 교실 밖에서 실제 사용되는 영어는 접할 기회가 거의 없습니다. 의사소통을 영어로 할 기회가 거의 없지요. 이런 환경에서는 자연스럽게 영어에 노출된 후, 상호작용하면서 영어를 습득한다는 것이 불가능합니다.

모국어를 배우는 과정에서는 습득을 하지만, 외국어를 배우는 과정에는 학습을 하게 됩니다. 습득은 자연스럽고 학습은 의도적이죠. 영어라는 외국어를 처음 가르칠 때, 듣기와 말하기부터 접근한 후에 읽기와 쓰기를 가르치면 습득의 과정과 조금 더 비슷하게 됩니다. 우리가 우리말을 배울 때 '기역, 니은, 디귿' 하며 한글부터 가르치진 않잖아요. 알파벳과 파닉스부터 접근하기 전에, 영어 노래, 영어 동화책 듣기, 영어 영상 보기부터 접근하는 거예요. 그럼 조금 더 자연스러운 습득으로 가죠. 하지만 우리나라는 영어를 '습득'할 수 있는 환경은 절대 아니에요. 아무리 영어유치원에 다닌다 한들 외국에 나가서 살거나, 외국인과 같이 국제학교에 다니시 않는 이상, 일상생활에서 영어를 사용할 일은 거의 없죠. 최대한 습득의 상황과 비슷한 환경을 만들기 위해서 노력하는 것뿐입니다. 최대한 많은 노출과 상호작용의 기회를 만들어 주는 게 방법입니다. 다양한 방법으로 영어를 끊임없이, 또 최대한 습득과 비슷한 환경으로 학습할 수 있도록 해주어야 합니다.

✎ 영어 교육의 역사적 흐름

또 영어 교육의 역사적 흐름을 보면서 생각해보면 영어를 어떻게 공부해야 할지 영감을 얻을 수 있을 것입니다. 영어 교육에는 여러 가지 교수법이 있습니다. 시대의 흐름에 따라서 주로 사용되는 교수법이 달라지는데, 가장 먼저 소개할 건 문법 번역식 교수법(Grammar - Translation Method)입니다. 1840년대부터 성행한 외국어 교수 방법이에요. 문법의 규칙을 자세히 분석하고 그 문법 지식으로 글을 번역하는 것이 주요 활동이고, 읽기와 쓰기를 강조하며 듣기와 말하기를 경시합니다. 이 방법은 언어 자체에 대한 지식은 증대시킬 수 있으나 언어를 사용하는 능력을 기르는 데는 효과적이지 못하다는 것이 경험적으로 점차 알려지게 됐죠.

다음은 직접 교수법(Direct Method)이에요. 19세기 중반부터 모국어를 배우는 방법과 같은 방법으로 외국어를 가르쳐야 한다는 주장이 생기며 만들어진 방법입니다. 외국어를 가르칠 때 모국어는 전혀 사용하지 않고 목표 언어만 사용해서 가르치는 거죠. 이 방법은 외국어를 배우는 것과 모국어를 배우는 것의 같은 점만 지나치게 강조하고, 외국어를 배우는 각기 다른 상황을 고려하지 못한 비현실적이고 비효율적인 방법이라는 지적을 받았습니다.

다음은 청각 구두 교수법(Audio - Lingual Method)입니다. 이 교수법은 특별한 배경이 있는데, 제2차 세계 대전 중 외국어가 능통한 군사 요원이 필요해서 그때 군사들을 가르친 방법이라는 겁니다. 목표 언어의 기본 문장 문형들을 소리 내어 반복적으로 발화하는 연습을 통해 언어를 익히는 것입니다. 미리 정해진 대화를 소리 내어 모방, 반복하고 암기하며 문형 연습을 통해 익히면 자동적으로 발화가 가능해진다는 거예요. 요즘도 많은 교재가 이런 방향을 지향하고 있으며, 다이얼로그나 패턴 문장을 반복적으로 연습하고 변형하며 영어를 익히게 되어있죠.

과거에 유행했던 이런 교수법들의 한계를 느끼면서, 점차 의사소통을 중요시하고 정확성보다 유창성을 중요시하는 방향으로 발전되기 시작합니다. 의사소통 중심 교수법(Communicative Language Teaching)은 의사소통 능력을 길러내는 것을 교육의 목표로 해서, 의사소통이 이루어지는 맥락, 상황을 통해 영어를 습득하도록 합니다. 예를 들어 가게에서 점원에게 가격을 묻는 상황을 가정해, 상대방과 의미 있는 협상을 위해 상호작용하면서 이해할 수 있는 대화와 표현을 배웁니다. 의사소통을 중시하고, 실생활과 상황을 적극적으로 활용하며, 듣기, 말하기, 읽기, 쓰기가 분리되지 않고 통합적으로 엮어 총체적인 언어 교육을 하도록 합니다.

외국어를 완전히 '습득'할 수 있는 상황이라면 '자연스럽게'가 가능할지도 몰라요. 하지만 우리에게 주어진 보통의 환경에서는 학습이 이루어질 가능성이 높죠. '학습'을 하는 이상 한 가지 방법으로만은 불가능합니다. 영어 노래도 같이 듣고, 재미있는 영어 동화책도 읽으세요. 실생활 속에서 자연스럽게 반복적으로 노출되거나 습득되는 것이 어렵기 때문에 영어 단어도 같이 공부하고 영어 문장 패턴도 연습하는 겁니다. 두 가지 방향을 함께 가는 것이 필요합니다.

왜 다들 영어책 읽기가
중요하다고 할까요?

고민 185에서도 설명했지만 '영어를 습득하기'에 가까운 환경을 만들어 주기 위해서는 '노출량'과 '상호작용'이 중요합니다. 영어권 국가라면 영어를 항상 듣고 말해야 하는 환경일 수밖에 없지요. 하지만 우리나라는 영어가 외국어인 EFL(English as a Foreign Language)환경입니다. 영어에 노출되거나 상호작용하는 시간이 별로 많지 않다는 의미입니다.

영어에 노출하기 위해서 계속 귀에 영어가 들리게만 하면 되느냐? 그렇지 않아요. 아이가 모국어를 배우는 과정을 생각해보세요. 아이 앞에 계속 한국어 드라마를 틀어놓는다고 아이가 말을 배울까요? 아니죠. '상호작용' 없이는 말을 배울 수 없어요. 영어를 언제든지 사용할 수 있고, 영어로 말해야만 하는 상황이 계속해서 주어지며, 영어를 사용하는 사람이 바로 옆에서 말을 걸어주는 등 지속적인 노출 상황이 필요합니다.

그렇다면 이런 상호작용하는 환경은 어떻게 만들어줄 수 있을까요? 영어권 국가가 아닌 곳에서 영어에 노출될 수 있는 좋은 방법은 바로 '영어 읽기'입니다.

✏ 언어 지식은 두 가지가 있습니다

언어 지식은 크게 두 가지로 나눌 수 있습니다. BICS와 CALP가 그것인데, 캐나다 토론토 대학의 짐 커밍스 교수가 쓰기 시작한 개념으로, 영어 학습에 의사소통 능력과 학문적 언어 능력은 별개로 얻어진다는 점을 이야기했습니다.

BICS는 Basic Interpersonal Communication Skills의 줄임말로 '기본 의사소통 능력'을 뜻합니다. 일상적인 말이나 단순한 문장을 사용하는 공간이나 때에, 스트레스가 낮은 대화나 상황에서 얻어지는 언어 능력으로 주로 듣기와 말하기를 통해 발전합니다. 이 기본 의사소통 언어 능력을 발전시키는 데에는 대략 1~3년의 시간이 걸립니다.

'인지적 학문 언어 능력'을 가리키는 CALP(Cognitive Academic Language Proficiency)는 학교 교과(수학, 사회, 역사, 과학 등)에 쓰이는 학문적인 언어 실력을 뜻합니다. 여기서 쓰이는 언어는 추상적이거나 포괄적이고 전문화되어 있으며 정교합니다. 따라서 CALP를 향상시키기 위해서는 비평적 사고, 비교 분석, 분류, 가설 세우기 등이 요구됩니다. 이러한 학문적인 언어에 능숙해지기 위해서는 읽기(reading comprehension)와 쓰기를 숙련할 필요가 있습니다. 이 언어 능력을 숙련하는 데 걸리는 시간은 최소 5~7년 정도가 걸린다고 알려져 있죠.

같은 한국인이더라도 어휘의 수준은 다 다릅니다. CALP에서 차이가 많이 나기 때문이죠. 일상 회화를 통해 배우는 것과 영어책 읽기를 통해 배우는 언어 지식은 또 다릅니다. CALP를 얻기 위해서는 영어책 읽기가 필요합니다. 일상 회화에서 접하는 구문과 책을 통해서 접하는 구문은 다르거든요. 책에는 더 정교하고 세련된 문장이 많습니다. 또, 내용적인 측면에서도 깊이 있는 내용을 영어책으로 읽으면서 CALP를 쌓아 가면 가깝게는 입시 공부를 위해서, 조금 더 멀리는 살아가며 필요한 지식까지 영어를 도구로 얻을 수 있도록 만들어 줍니다.

초등 6년
영어 공부 로드맵이 있을까요?

학교 공부를 충실히 따라가면 영어 실력은 늘지만, 영어에 노출되는 시간이나 표현력을 생각하면 가정에서의 추가 학습을 병행한다면 더 좋습니다. 학교 교육과정이 부족해서라기보다는, 언어라는 특성상 자주 접할수록 훨씬 유리한 위치를 잡을 수 있으니까요.

집에서 추가로 영어를 공부할 수 있는 다양한 방법을 담아, 초등 6년간의 영어 공부 로드맵을 그려보았습니다. 물론 이것이 정답은 아니에요. 하지만 어떻게 시작하고 어떤 그림을 그려가야 할지 막막하다면 이 틀을 활용해보세요. 제가 정리한 로드맵을 따라가면서, 아이에 맞게 내 아이만의 영어 커리큘럼을 만들어가는 거예요. 각 영역에 대한 설명은 다음 이어지는 고민에 자세하게 설명되어 있습니다.

	저학년 (초급)	중학년 (중급)	고학년 (고급)
듣기 (고민 192~193)	· 노래 · 간단한 애니메이션 · 미술, 체육 활동	· 애니메이션 · 과학, 사회 개념 영상	· 교육 영상 · 드라마 · 뉴스 · 영화
	· 흘려듣기 · 섀도잉	· 흘려듣기 · 섀도잉 · 3단계 집중 듣기	· 흘려듣기 · 섀도잉 · 3단계 집중 듣기 받아쓰기
알파벳, 파닉스 어휘 (고민 194~201)	· 알파벳 · 파닉스 · 사이트 워드	· 플래시카드	· 단어장 · 어원 공부

읽기 (고민 202~206)	· 그림책 · 리더스북	· 리더스북 · 예비 챕터북	· 챕터북 · 소설책
말하기 (고민 207~211)	· 일상에서 간단한 영어 말하기	· 패턴 이용해서 말하기 · AI 스피커	· 힌트카드로 외우기 · AI 스피커
쓰기 (고민 212)	· 철자 쓰기	· 받아쓰기 · 한 문장 쓰기	· 영어 일기 쓰기 · 편지 쓰기 · 그래픽오거나이저 내용 정리
문법 (고민 213)	· 독서를 통한 간접 경험	· 독서를 통한 간접 경험	· 문법 개념

고민 188 영어 동영상, 꼭 봐야 할까요?

아이 영어 교육에 영어 동영상은 필요 없다고 조언하는 사람이 있다면, 부모님이 영어에 무척 능숙해서 일상생활 속 영어 입력을 충분히 줄 수 있는 경우일 거예요. 다시 말해, 영어를 배울 때 영어를 직접 사용하는 장면을 눈으로 보는 것은 꼭 필요합니다. 그 경험을 가까운 누군가가 직접 제공하거나 외국에 가서 경험하지 않는 이상, 영어 영상으로 제공 받을 수밖에 없죠. 하지만 아무것도 모르는 상태에서 영어 영상만 무작정 보는 것은 도움이 되지 않습니다. 영어책을 보거나 어휘를 따로 공부하는 등 다른 활동이 병행될 때, 영어 영상도 시너지 효과를 낼 수 있죠.

단, 영어 동영상 시청의 시작 시기는 부모의 가치관이 많이 개입됩니다. 언제 노출할지, 얼마나 노출할지 말이에요. 유아 시기에는 영어 영상이 필수라고는 생각하지 않습니다. 영어 그림책 보기, 간단한 영어 놀이, 영어 어휘 익히기 등이 함께하지 않으면, 멍하게 영상만 보고 있게 될 뿐이죠. 또, 유아시기에 영어 영상을 보는 것과 초등학생 시기에 영어 영상을 보는 것은 받아들이는 양 또한 다릅니다. 초등학생은 배경지식도 더 많고, 알고 있는 영어 구문도 많기 때문에 같은 시간을 노출시켰을 때 훨씬 많은 것을 배우고 흡수할 수 있습니다. 영어 영상을 통해 영어에 노출시켜서 간접적으로 살아있는 영어를 접할 수 있게 해주세요. 단, 뭐든 과한 것은 안 한 것보다 못합니다. 아이와 합의하여 영어 영상을 보는 적절한 시간을 정하세요.

초등 저학년이 활용할 수 있는 유튜브 영어 영상을 추천해주세요

영어 노래를 많이 활용하세요. 영어 노래는 듣다 보면 흥얼거리게 되고, 그 안에 쉽고 좋은 표현이 많이 들어있습니다. 초기 학습자에게는 '흘려듣기'가 영어 듣기 공부의 한 방법이 되는데, 영어 노래는 가장 좋은 흘려듣기 재료거든요. 유튜브에 '영어 노래'만 검색해도 많이 찾을 수 있습니다. 영어 노래를 자꾸 들으면서, 율동도 같이해보면 좋습니다. 간단한 영어 애니메이션도 활용해보세요. 영어로 미술 활동을 해보는 채널을 보며 그림도 그리고 종이접기도 합니다. 실내 운동을 따라 하며 영어 표현을 접해보는 것도 좋습니다. 대표적인 채널 몇 가지를 추천합니다.

채널 이름(검색 키워드)	설명
super simple song (슈퍼 심플 송)	반복적이고 신나는 영어 노래를 들을 수 있는 채널
cocomelon (코코멜론)	재미있는 영어 노래를 들을 수 있는 채널
Mother Goose Club (마더구스)	즐거운 리듬의 노래와 율동을 함께할 수 있는 채널
Curious George (큐리어스 조지)	호기심 많은 원숭이의 이야기가 담긴 영어 애니메이션 영상
Diniel Tiger (다니엘 타이거)	유치원에 다니는 호랑이 다니엘의 이야기가 담긴 영어 애니메이션 영상
Max and Ruby (맥스 앤 루비)	토끼 남매 맥스와 루비의 이야기
peppapig (페파피그)	귀여운 돼지 페파 가족의 이야기를 만날 수 있는 영어 애니메이션 영상
Tayo (타요)	꼬마 버스 타요의 이야기를 담은 영어 애니메이션 영상
Pororo the Little Penguin (뽀로로)	꼬마 펭귄 뽀로로와 친구들의 이야기가 담긴 영어 애니메이션 영상
Octonauts (옥토넛)	바다 탐험대 옥토넛의 이야기 애니메이션 영상
Maple Leaf Learning Playhouse	색칠할 수 있는 활동지를 제공하고, 색칠 활동을 함께하는 미술 놀이 채널
Draw So Cute	귀여운 그림을 그리는 채널
Little Sports	간단한 실내 체육 활동을 할 수 있는 채널

초등 중학년이 활용할 수 있는
유튜브 영어 영상을 추천해주세요

저학년과 중학년 채널을 확연하게 구분할 수 있는 것은 아닙니다. 어느 쪽이든 아이가 흥미 있어 하는 것으로 보여주세요. 추천 채널 중 저학년과 다른 점이 있다면 수학, 과학 개념을 영어로 설명하는 채널들이 추가돼 있다는 거예요.

채널 이름(검색 키워드)	설명
Timothy goes to school (티모시 학교에 가다)	이제 학교에 가기 시작한 티모시의 학교생활 에피소드
Charlie and Mimmo (찰리 앤 미모)	우리나라에 '추피와 두두'로 소개된 캐릭터의 영어 원작
Berenstain Bears (베렌스타인 베어스)	아동 도서 베렌스타인 베어스의 애니메이션으로, 네 마리의 곰 베렌스타인 가족의 이야기
Caillou (까이유)	장난꾸러기 4살 꼬마 까이유의 이야기
PBS KIDS	'Super Why!', 'Daniel Tiger' 등. 어린이를 위한 다양한 콘텐츠 시리즈를 제공하는 유튜브 채널
Art for Kids Hub	네 아이를 둔 아빠가 아이와 함께 그림을 그리며 다양한 미술 놀이를 알려주는 채널
Peekaboo Kidz	'곤충을 먹으면 어떻게 될까?', '이 닦기를 안 하면 어떻게 될까?' 등 다양한 궁금증을 해결해주는 애니메이션 채널
Science Max	다양한 과학 실험을 보여 주는 채널
Homeschool pop	수학, 과학, 사회 개념을 영어로 설명해주는 온라인 수업의 영어 버전 느낌의 채널
Tic tac toy	자매가 장난감이나 다양한 체험을 소개하며 일상도 보여주는 채널

초등 고학년이 활용할 수 있는 유튜브 영어 영상을 추천해주세요

과학 개념, 지적인 자극을 줄 수 있는 주제, 뉴스, 드라마와 같이 조금 더 수준 높은 영상들을 활용해봅니다.

채널 이름(검색 키워드)	설명
J House blog	미국 일반 가정의 데일리 브이로그 채널. 일상에서 쓰이는 영어를 들을 수 있다.
Crash Course Kids	다양한 주제의 초등과학 개념을 영어로 설명하는 채널
Animal Wonders Montana	여러 동물에 관한 영상으로 동물을 좋아하는 아이들이 흥미 있게 볼 수 있는 채널
Scishow Kids	궁금증 '왜?'를 만들고 대답할 수 있게 하는 모든 이야기를 담은 채널로 수학, 사회, 과학 등의 개념을 다룬다.
Kurwgesagt - In a nutshell (쿠르츠게작트)	'만약 지구가 태양계에서 쫓겨난다면?', '외계 생명체의 삶이 우리의 운명인 이유' 등 재미있는 과학 주제를 3D애니메이션으로 이야기하는 채널
Ted Ed (테드 에드)	TED라는 강연 채널을 교육적인 영상용으로 만든 채널. '바나나의 어두운 역사', '우리는 왜 열이 날까?' 등의 흥미로운 질문에 대한 답을 볼 수 있다.
Bright side	'집에서 1년을 보내야 한다면?', '이가 다 없어진다면?', '가상현실에서 살아야한다면?' 등 다양한 주제에 대한 이야기를 들을 수 있는 채널
영어 뉴스	CNN, BBC, 아리랑 뉴스 등을 활용한다.
the suite life of zack and cody (잭과 코디, 우리 집은 호텔 스위트룸)	엄마와 함께 호텔에 사는 쌍둥이들의 이야기
iCarly (아이칼리)	'아이칼리'라는 인터넷 방송을 하면서 일어나는 이야기를 다룬 드라마
Wizard of Waverly Place (우리 가족 마법사)	마법 능력을 가진 가족의 이야기를 다룬 드라마

영어 영상을 계속 보면
듣기 실력이 올라갈까요?

크라센이라는 언어학자는 "언어는 이해 가능한 입력을 통해서 습득된다"고 했습니다. 지금 학습자의 수준에서 '이해 가능한 수준'을 i 라고 한다면 i+1의 수준으로 언어 입력을 제공해야 하는 것입니다. 또한 그림이든 손동작이든 언어 입력을 이해할 수 있도록 도와주는 장치들이 중요하죠. 따라서 이해되지 않는 영어 영상은 장치가 될 수 없습니다. 즉, 아무것도 이해되지 않는 듣기 자료를 열심히 듣는 것은 시간 낭비에 가깝다는 말입니다. 소리에 익숙해지다 보면 어느 순간 귀가 뚫린다는 세간의 '썰'은 그냥 전설일 뿐이죠.

모국어를 배울 때도 마찬가지입니다. 우리는 아이가 이해할 수 있도록 유아 언어를 사용해서 천천히 말해줍니다. 계속 반복해서 들려주기도 하죠. 어려운 어휘는 아이 수준에 맞게 바꿔 설명해주고요. 아이가 이해할 수 있는 자료를 제공하면서 동시에 상호작용을 합니다. 내가 들은 것을 말로도 해보고 다시 들으면서 새로운 표현을 알게 되기도 하지요.

물론, 듣기를 통해서 영어 노출량을 늘리는 것은 무척 중요합니다. 하지만 영어 음원이 배경음악처럼 들리는 환경을 만드는 것은 영어에 친숙해지는 데 도움이 될지는 몰라도 그 이상을 기대하기는 어렵습니다. '이해 가능한 입력'이 되거나 '상호작용'이 없는 듣기 입력은 결코 저절로 듣기 실력을 높여주지 않습니다. 고민 193에 있는 활동을 병행하며 영어 영상 보기를 해보세요.

영어 듣기를
잘하는 방법이 있을까요?

영어는 크게 네 가지 기능이 있습니다. 듣기, 말하기, 읽기, 그리고 쓰기죠. 듣기와 말하기는 음성이고, 읽기와 쓰기는 문자입니다. 듣기와 읽기는 입력이고, 말하기와 쓰기는 출력이에요. 이 네 가지 기능은 다 연결되어 있지만, 각 기능을 높일 수 있는 방법도 있습니다. 그중 가장 먼저 듣기입니다.

	음성	문자
출력	말하기	쓰기
입력	듣기	읽기

듣고 무슨 뜻인지는 대충 알겠는데 말은 못하는 경우가 있죠. 예를 들어 "I've been loving you too long" 이런 문장을 들었다고 해보세요. I've been loving을 말할 수 있다면, 아무리 혀를 굴리고 연음이 된 문장이라도 그 문장을 들을 수 있어요. 말할 수 있는 단어는 정확하게 들을 수 있다는 뜻입니다. 결국, 잘 듣기 위해서는 많이 말해봐야 한다는 거죠.

듣기 실력을 향상시킬 수 있는 첫 번째 방법은 '섀도잉(shadowing)'입니다. 섀도잉은 그림자를 뜻하는 섀도우처럼 그대로 따라 말하는 것을 말하는데요. 원어민의 영어 대화를 들리는 그대로 따라 말하는 방법입니다. 중요한 것은 속도 또한 원어민의 속도대로 따라 하는 거예요. 직접 해보면 원어민의 속도를 그대로 따라 한다는 것이 쉽지 않다는 것을 아실 거예요. 쉬운 문장도 듣기만 할 때의 속도와 말할 때의 속도는 달라요. 교실에서 영어를 가르칠 때, 처음 교과서 다이얼로그나 글을 따라 말한 뒤에 반드시 원어민의 속도대로 따라 말하기 시간을 갖습니다. 단순한 활동 같아 보이지만 이것만 계속해도 발음 개선과 듣기 실력을 향상시킬 수 있습니다. 많이 듣고 계속 따라 말하기 때문에 말하기 실력 향상에도 매우 도움이 됩니다. 집에 영어책 오디오가 있다면 그걸로 해보는 것도 좋고요. 아이가 좋아하는 영화나 애니메이션 중 하나를 선택해 흥미를 잃지 않으면서 섀도잉 훈련을 할 수 있게 도와주셔도 좋습니다. 문자를 아직 몰라서 읽기에 익숙하지 않아도, 듣기와 말하기인 섀도잉은 할 수 있어요.

두 번째 방법은 '3단계 집중 듣기'입니다.

1단계 : 처음에는 집중해서 귀로만 들어요. 분명 안 들리는 것들이 있을 거예요. 단번에 다 듣지 못한다고 1단계가 소용없는 과정은 아닙니다. 머릿속에 미해결 과제로 남는 거예요.

2단계 : 문자와 소리를 대응하면서, 손이나 연필로 문자를 짚으면서 듣습니다. 그때, 아까 미해결 과제로 남았던 것이 해결되면서 '아, 아까 그렇게 들리던 게 이거였구나!' 하고 생각이 듭니다. 처음부터 바로 문자를 보면서 듣는 것과는 분명 달라요.

3단계 : 다시 집중해서 귀로만 듣습니다. 3단계 집중 듣기를 한 것을 다시 흘려듣기 하는 것도 큰 도움이 됩니다. 3단계 집중 듣기 후에 섀도잉을 해도 좋고요.

듣기 실력을 높이는 세 번째 방법은 '받아쓰기'입니다. 이 방법은 저 스스로 효과를 정말 많이 봤던 방법이기 때문에 고학년 영어 수업을 할 때 꼭 쓰는 방법이기도 해요. 섀도잉에서 쓰는 기능은 듣기와 말하기예요. 3단계 집중 듣기에서 사용하는 기능은 듣기와 읽기고요. 마지막 방법인 받아쓰기는 듣기와 쓰기를 사용합니다. 듣고 쓰기까지 된다는 것은 고난도 기능이기 때문에 고학년 이후일 때 해볼 것을 추천합니다. 영어 만화의 일부도 괜찮고, 영어 뉴스도 좋습니다. 영어 음원을 틀어놓거나, 영화나 드라마의 자막을 가리고 들으며 써보세요. 최대한 내가 들리는 것을 다 쓸 수 있을 때까지 반복해서 한 문장씩 듣고 씁니다. 중요한 것은 수십 번을 들어도 도저히 안 들린다 싶을 때, 그때 확인하면서 들어야 한다는 것입니다. 받아쓸 수 있는 것들을 다 쓸 때까지 들은 후 자막을 확인하며 들으면 그때는 탄성이 나옵니다. 이 방법은 3단계 집중 듣기에서 글자를 보지 않고 듣기를 했던 것보다 더 강력하게 미해결 과제를 만드는 방법입니다. 수업 시간에 이런 방법으로 받아쓰기를 하면 영어를 잘하는 친구들도 탄성을 지릅니다. 눈으로 보면 쉬운 문장인데 귀로는 안 들렸다는 것을 알게 되면 말이죠. 몇 번을 들려주면서 받아쓰기를 해도 결국 못 쓴 단어들이 중간중간 생깁니다. 막상 답을 눈으로 문장을 보면, "아, 그거!" 이렇게 되는 거예요.

앞서 설명했듯, 영어 듣기 실력을 향상시키는 방법 중 섀도잉은 듣기와 말하기를 함께 활용하는 것이고, 3단계 집중 듣기는 듣기와 읽기를, 받아쓰기는 듣기와 쓰기를 함께 하는 것입니다. 초급 단계는 섀도잉으로, 중급 단계에서는 섀도잉과 3단계 집중 듣기로, 고급 단계가 되면 섀도잉, 3단계 집중 듣기, 받아쓰기를 모두 활용하며 영어 듣기를 잡아보세요.

저학년(초급) : 흘려듣기 + 섀도잉
중학년(중급) : 흘려듣기 + 섀도잉 + 3단계 집중 듣기
고학년(고급) : 흘려듣기 + 섀도잉 + 3단계 집중 듣기 + 받아쓰기

알파벳을 재미있게 익히는 방법이 있을까요?

알파벳을 익히는 것과 파닉스를 익히는 것은 조금 다릅니다. (파닉스 지도법은 고민 195~197을 참고하세요.) 정규 수업에서 영어를 배우는 3학년이 되기 전에 영어 알파벳을 미리 다 익혀야 하는지 질문을 받곤 합니다. 완벽하게는 아니더라도 간단하게 익히고 오면 영어 수업에 자신감을 가질 수 있습니다. 베껴 쓰기, 보고 쓰기, 듣고 쓰기 등의 다양한 활동을 통해 알파벳 대·소문자를 써보게 해보세요. 알파벳 노래나 알파벳을 배울 수 있게 하는 무료 영상도 쉽게 찾아볼 수 있을 거예요.

✎ 영어 대문자·소문자 익히기

대문자 이름을 알고 색칠하기, 스티커 붙이기, 도장으로 찍어서 알파벳 모양 만들기, 몸동작이나 손동작으로 알파벳 만들기 등을 하며 자연스럽고 재미있게 알파벳을 접할 수 있게 하세요. 다양한 재료와 색으로 알파벳을 접했다면 알파벳 따라 쓰기도 반복합니다. 대문자를 익힌 후, 소문자 이름과 함께 익힙니다. 이 역시 색칠하기, 스티커 붙이기, 도장으로 찍기, 몸이나 손으로 표현하기, 따라 쓰기 등을 합니다.

🖊 알파벳 북 활용하기

흥미롭고 창의적인 알파벳북이 많습니다. 아이가 관심을 갖고 볼 알파벳북을 골라 활용해보세요. 몇 가지 재미있는 알파벳북을 추천해볼게요.

알파벳북 이름	설명
Alphabatics	알파벳(Alphabet)과 아크로바틱(Acrobatics)을 합성해서 만든 말로, 작가가 창안한 단어다. 사람이 곡예를 하듯 몸을 움직여 만든 형상으로 알파벳을 표현한다.
Eating the Alphabet : Fruits & Vegetables from A to Z	알파벳별로 다양한 과일과 채소를 그림과 함께 표현한다. 하나의 과일과 채소를 대문자와 소문자로 두 가지로 표기해 대문자와 소문자를 함께 익힐 수 있는 것이 특징이다. 책을 읽고 독후활동으로 식물을 과일과 야채로 분류하는 활동을 할 수 있다.
Animal Parade : An Alphabet Safari	알파벳과 함께 곤충을 포함한 다양한 동물을 소개한다. 각 알파벳으로 시작하는 동물 이름과 함께 알파벳을 익힐 수 있다. 사진의 동물 수에 따라 단수와 복수로 표현해 수의 개념도 함께 배워볼 수 있다.
On Market Street	아이가 돈주머니를 들고 시장에 가는 장면으로 시작해, 아이가 사는 물건을 알파벳순으로 나열한다. 알파벳별로 시장에서 살 수 있는 물건을 하나씩 제시하고, 그 물건으로 만들어진 사람 형상을 일러스트로 꾸미며 재미를 더했다.
ABC T-rex	아이들이 좋아하는 공룡을 주인공으로, 알파벳을 좋아하는 먹보 공룡이 알파벳을 차례로 먹는 이야기가 귀여운 그림과 함께 표현돼있다. '식욕을 돋우는 A(A was appetizing)', 'B는 더 좋아(B was even better)', 'D는 맛있어(D tasted delicious)'와 같이 알파벳이 들어간 짧은 문장으로 이야기가 진행된다. 그림 안에는 각 알파벳으로 시작하는 단어가 그림으로 그려져 있어서(A : 사과(apple)그림, B : 침대(bed)그림, D : 도넛(donut)그림) 그림을 찾는 재미도 쏠쏠하다.
The Accidental Zucchini : An Unexpected Alphabet	알파벳을 기발한 사물과 함께 소개하는 책으로, 알파벳을 색다르고 재미있게 배울 수 있다. A는 'Apple autos'라는 단어와 함께 사과 모양의 자동차로 설명하고, B는 'Bathtub boat'로 욕조배 그림과 함께 소개하는 식이다. 두 단어 조합 중 첫 단어는 대문자, 다음 단어는 소문자로 나타내면서 알파벳의 대문자와 소문자도 함께 배울 수 있다.

Tomorrow's Alphabet	알파벳으로 시작하는 단어를 제시하는 것에서 그치지 않고, 각 단어의 과거와 미래를 보여주며 상상력을 더한 이야기를 전하는 책이다. 예를 들어, 'A is for seed - tomorrow's APPLE', 'B is for eggs - tomorrow's BIRDS'와 같은 방법으로, 따뜻한 느낌의 삽화와 함께 예쁜 동화책을 읽듯 알파벳을 배울 수 있는 책이다.

알파벳북은 수준에 따라 이렇게 활용해볼 수 있습니다. 아이의 수준에 맞춰 알파벳북으로 다양한 영어 공부를 시도해보세요.

초급 학습자	알파벳의 모양을 재미있게 익히는 것에 중점을 둡니다.
중급 학습자	알파벳북 안에 새로운 어휘들을 접해봅니다. 알파벳북이지만 원서라 의외로 수준 높은 단어들이 많아요.
고급 학습자	영어 쓰기 활동과 연계해서 내가 읽은 알파벳 북의 패턴을 활용하되, 그 안에 들어가는 어휘와 그림을 바꿔서 '나만의 알파벳북'을 만들어봅니다.

고민
195

파닉스, 직접적으로 가르쳐야 할까요? 자연스럽게 익히는 게 좋을까요?

파닉스는 소리와 문자의 관계를 가르치는 것으로, 원어민의 모국어 교수법입니다. 외국인에게도 초기 읽기에 굉장히 효과적이라는 것이 다양한 연구를 통해 인정되기도 했습니다. 파닉스를 배우면 읽기를 할 때 예상 가능한 규칙을 활용할 수 있어,

단어의 철자를 일일이 암기하거나 사전을 찾는 번거로움을 없앨 수 있습니다. 올바르고 정확한 발음을 배워서 만들게 하며, 단어를 자세히 보는 습관을 길러 주어 철자 공부에도 좋은 영향을 미칩니다. 특히 영어는 불규칙한 문자기 때문에 파닉스 공부가 꼭 필요합니다.

파닉스를 가르칠 때 어떻게 해야 하는가에 대한 세 가지 주장이 있습니다.

첫 번째는 발음 중심 방법입니다. 글자와 소리의 관계를 직접적으로 배우고, 단어, 문장, 글 순으로 읽어야 한다는 것입니다. 이 방법은 너무 지루하고 의미 없는 공부가 될 수 있어요. 하지만 파닉스를 배우면 모르는 글자를 접했을 때도 머뭇거리지 않고 빠르게, 자동적으로 단어를 읽고 쓸 수 있습니다.

두 번째는 총체적 언어 교수법으로, 이야기 문맥 안에서 자연스럽게 파닉스 기법을 배우도록 하는 방법입니다.

마지막 세 번째는 균형적 언어 교수법입니다. 첫 번째 방법인 발음중심 파닉스 교수법과 두 번째 방법인 총체적 언어 접근법을 병행한 것이에요. 아이들이 실제 삶 속에서 다양한 문학작품 등을 통해 수준에 맞는 글을 읽으면서 체계적으로 글자와 소리의 관계나 읽기, 쓰기의 기술을 배우는 방법입니다.

발음 중심 방법과 총체적인 언어 접근법을 둘 다 이용하여 파닉스를 배울 수 있도록 해주세요. '영어책을 읽다 보면 자연스럽게 파닉스를 떼겠지', '파닉스를 뗀 후에 영어책을 읽어야지'와 같은 생각보다는 영어책으로 맥락 속에서 자연스럽게 접하기와 직접적으로 파닉스를 배우기를 둘 다 한다고 생각하세요.

· 총체적 접근법

영어책을 많이 읽으면서 소리와 문자를 대응해보거나, 이야기를 들으면서 '문자에 따라 이렇게 소리가 나는구나!'를 느껴보기

• 발음 중심 접근법

파닉스 관련 영상 보기, 시중 파닉스 책 이용하기, 영어 단어 카드로 영어 단어 많이 읽어보기

이에 대한 구체적인 방법은 고민 197에서 볼 수 있습니다.

고민 196 파닉스도 학습하는 순서가 있나요?

자음의 첫소리를 먼저 가르칩니다. 초기 파닉스 지도에서는 철자와 소리의 일대일 대응이 잘되는 자음부터 도입하는 것이 쉬워요. 예를 들면 p, b, m, t, n는 비교적 발음하기가 쉽고 일대일 대응이 잘 이루어집니다. 다음 불규칙적인 c, g를 학습하고 반모음 반자음인 y와 w를 학습합니다. 그런 다음 ch, sh, wh, th, ph, gh, ng와 같은 이중자음을 배웁니다.

불규칙 자음

c	Hard c ➡ cat, car, cap, can, cake soft c ➡ city, cite, center
g	hard g ➡ give, garbage soft g ➡ giraffe, gym

반모음 반자음

y	yet, yesterday, boy(모음)
w	west, weather, flow(모음)

이중자음

ch	**ch**in, **ch**air, ea**ch**
sh	**sh**ell, **sh**oe, **sh**eep
wh	**wh**istle, **wh**at
th	**th**e, **th**is, **th**ink, **th**ree, **th**ank
ph	**ph**one, gra**ph**
gh	**gh**ost
ng	ki**ng**, si**ng**

그리고 자음이 모음 없이 바로 뒤이어 와서 각각의 음가를 유지하는 혼성자음을 배웁니다. 예를 들어, l이 뒤에 오는 black, clock, glove, place, slide와 같은 것이에요. 다음 모음 소리를 지도합니다.

	혼성자음 종류	예문
L blends	bl, cl, fl, gl, pl, sl	**bl**ack, **cl**ock, **fl**y, **gl**ove, **pl**ace, **sl**ide
R blends	br, cr, dr, fr, gr, pr, tr	**br**oom, **cr**ow, **dr**ess, **fr**og, **gr**ass, **pr**ince, **tr**ee
S blends	sc, sk, sm, sn, sp, st, sw	**sc**ore, **sk**ill, **sm**all, **sn**ake, **sp**ider, **st**raw, **sw**im
3 letter blends	scr, spr, str	**scr**eam, **spr**ay, **str**ike

학습에 절대적인 순서가 있는 것은 아니지만, 단순하고 쉬운 것에서 단계를 높여가면 처음 배울 때의 거부감도 줄이고 학습 효과도 차곡차곡 쌓기에 효과적입니

다. 시중에 있는 파닉스 교재를 보면 보통 이런 순서로 제시되어있으니 참고하면 파닉스 지도에 도움을 받을 수 있을 거예요.

파닉스를 재미있게 가르칠 수 있는 방법이 있을까요?

다양한 학습 방법을 활용하여 자연스럽게 철자와 문자의 관계를 익히도록 하는 것이 효과적입니다. 몇 가지 방법을 소개해볼게요.

✏️ 단어카드, 영어책 속 영어 단어 많이 읽기

영어책 중에는 파닉스 교육을 위한 책들이 많이 있습니다. 같은 자음으로 시작하는 단어들을 모아 구성된 책 등을 구입해 단어를 반복해서 읽어보도록 하세요. 영어 단어카드를 활용하는 것도 좋아요. 단어카드를 시작 자음이 같은 것끼리 모아서 읽어보는 등의 활동을 해보세요.

✏️ 파닉스 노래와 영상 활용하기

파닉스 교육용으로 만들어진 노래도 많이 찾아볼 수 있습니다. 자음과 모음의 소리를 배우는 노래와 함께 챈트(chant), 랩(rap) 등을 같이 활용하는 것도 좋습니다.

✎ 동작으로 표현하며 익히기

각 자음의 첫소리를 동작으로 표현하면서 말해보는 것도 좋아요. 다음은 자음으로 시작하는 동작 단어들입니다 'bend'를 말하면서 몸을 구부려보고 'dance'를 말하면서 춤을 추는 것이죠. 몸으로 직접 움직이면서 익히면 더 잘 기억이 됩니다.

동작으로 익히면 좋은 단어

b	bend, bounce, bob	n	nap, nod
c	catch, call, comb	p	punch, push, paint
d	dance, dive	r	run, rest, rip
f	fall, file, fix	s	sit, sing
g	galop, gasp	t	tiptoe, talk, tickle, tap
h	hop, hide, hit	v	vacuum, vanish
j	jump, juggle, jog	w	wiggle, walk, wave
k	kick, kiss	y	yawn, yell
l	laugh, lick	z	zip, zigzag
m	mix, march		

자료출처 : vocca 외 5인

✎ 라임 활용해 익히기

철자와 소리의 일대일대응이 잘되는 자음, 모음의 소리를 위와 같은 방법들로 익혔다면 다음은 라임을 활용합니다. 라임은 하나의 모음과 연속해서 오는 자음으로 구성되며, 단어 마지막에 붙는 각운을 말합니다. 예를 들어 −ay라임에 자음이 합해지면 day, may, pay, say, way 등의 단어가 만들어지는 거예요. 라임을 활용해 같은 발음 패턴의 단어들을 발음해보세요.

✏️ 플립북이나 라임주머니를 활용하기

하나의 라임을 놓고 자음을 바꿔가면서 단어를 읽어보는 것도 재미있는 파닉스 공부가 될 수 있습니다. 예를 들어 h, m, b, c, f, t, w 뒤에 all의 라임을 붙여 단어를 바꿔서 읽는 것이죠. "hall, mall, ball, call, fall, tall, wall" 이렇게요. 플립북이나 라임주머니를 만들어 활용해보세요.

플립북 만들기

❶ 라임을 하나 정하고 그 라임으로 만들 수 있는 단어들을 쭉 생각합니다.

❷ 긴 종이를 준비하고, 오른쪽 끝에 라임을 적습니다.

❸ 여러 개의 자음을 적은 짧은 카드를 만듭니다.

❹ 라임을 쓴 카드를 가장 밑에 두고, 자음을 쓴 짧은 카드들을 라임 카드 위에 쭉 쌓아 올립니다. 그대로 스테이플러로 고정해 플립북을 만듭니다.

❺ 탁상 달력처럼 만들어도 좋아요.

라임주머니 만들기

❶ A4 용지나 도화지를 3~4등분하여 접습니다.

❷ 아랫단을 약간 접어 올립니다.

❸ 접어 올린 부분의 양옆을 스테이플러로 고정합니다.

❹ 각 칸에 끼워 들어갈 철자카드를 만듭니다.

❺ 포켓에 끼우면 보이도록 철자를 약간 위쪽으로 적어서 라임주머니를 완성합니다.

✎ **파닉스 책과 교재 활용하기**

문맥 안에서 파닉스를 지도하면 흥미 있게 파닉스를 접할 수 있습니다. 『Hop on pop』, 『one fish two fish red fish blue fish』, 『School Phonics』, 『Phonics Race』와 같은 책을 활용하세요. 『리틀 파닉스』, 『스마트 파닉스』, 『파닉스 몬스터』, 『기적의 파닉스』 등의 파닉스 교재를 활용하는 것도 추천합니다.

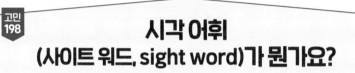

고민
198
시각 어휘
(사이트 워드, sight word)가 뭔가요?

시각 어휘(sight word)란 철자와 소리를 일대일로 대응시키기 어려워 한눈에 단어를 자동으로 인식해야 하는, 문자 텍스트에서 비교적 빈도수가 높은 어휘를 말합니다. 문자 텍스트에서 노출 빈도가 가장 높은 the를 비롯해, 등장 빈도가 비교적 높은 대부분의 기능어가 시각 어휘에 속하기 때문에 파닉스 규칙만으로는 영어 읽기가 쉽지 않습니다. 이런 단어는 하나의 그림처럼 통으로 인식할 수 있도록 매일 몇 개씩 익혀보세요.

등장 빈도 높은 시각 어휘 100개

the	he	at	but	there	will	some	two	my	long
of	was	be	not	use	up	her	more	than	down
and	for	this	what	an	other	would	write	first	day
a	on	have	all	each	about	make	go	water	did
to	are	from	were	which	out	like	see	been	get
in	as	or	we	she	many	him	number	call	come
is	with	one	when	do	then	into	no	who	made
you	his	had	your	how	them	time	way	oil	may
that	they	by	can	their	these	has	could	now	part
it	I	word	said	if	so	look	people	find	over

출처 : Fry(1977), Elementary Reading Instruction

파닉스, 완벽하지 않은데 넘어가도 될까요?

공부에 완벽이라는 것은 없습니다. 파닉스 규칙을 한번 쭉 배웠다면 이제 자연스럽게 접해봐도 됩니다. 영어 읽기는 끊임없이 해나가는 거니까요. 우리가 초등학교 1학년에서 한글을 집중적으로 배운 후에도 책을 읽고 다른 공부를 하면서 계속 '읽기'를 하는 것과 마찬가지예요. 파닉스를 다 익히지 못했다고 또다시 파닉스를 반복할 필요는 없습니다.

효과적인
영어 어휘 공부법이 있을까요?

발음하기 어려운 어휘, '묶음'처럼 소리와 철자 간 대응이 되지 않는 어휘, 길이가 길고 복잡한 어휘나 모국어와 다른 문법을 가진 어휘, 의미가 겹치는 어휘(예를 들어, make와 do: make an appointment / do the housework) 등에 많은 학생이 어려움을 느낍니다. 이런 어려운 어휘를 잘 배워나가려면 어떻게 해야 할까요?

✎ 문맥을 활용한 어휘 공부

영어로 의사소통을 하면서, 또는 듣기와 읽기를 통해 자연스럽게 어휘를 접하는 것이 좋습니다. 책을 읽으면서 이미 갖고 있는 배경지식과 연결해 어휘의 뜻을 유추하는 것입니다. 그림책을 읽으면서 그림으로 유추하거나 영어 동화를 들으며 내 경험에 비추어 뜻을 유추하는 거예요. 다양한 상황에서 어휘가 어떻게 사용되는지를 알 수 있죠.

그렇다면 단어와 뜻을 적고 익히는 의도적인 어휘 공부는 따로 할 필요가 없을까요? 그렇지는 않습니다. 중간중간 영어 공부의 속도를 빠르게 하고 싶다거나 아이가 책 읽는 것을 너무 힘들어한다면 한 번씩 영어 어휘를 정리하고 공부하는 것이 좋습니다.

✏️ 다양한 활동을 통한 어휘 공부

영어 플래시카드

플래시카드에 나온 영어 단어를 읽어보세요. 영어 플래시카드를 모두 모아놓고, 빨리 읽기 시합을 해도 좋아요. 이 시기에 속도가 중요할까 싶지만 이런 연습이 유창성을 키우기도 합니다.

나만의 그림 영어 사전 만들기

영어책이나 단어장 속 새로 알게 된 어휘를 담은 나만의 영어 사전을 만들어보세요. 뜻을 그림으로 표현해 그림 사전을 만들어보세요.

동작으로 단어 표현하기

단어를 동작으로 표현하며 익혀보세요. 몸으로 설명하고 그것을 맞추는 스피드 게임도 좋아요.

영어 사전 찾기

모르는 단어를 사전으로 찾아봅니다. 전자사전이든 종이 사전이든 아무거나 좋아요. 사전에 나온 예문, 유의어, 반의어 등도 함께 보세요. 영어 사전을 활용한 공부는 고민 206에 더 설명돼 있어요.

플래시카드나 워크시트 무료 이용 홈페이지

- **키즈 클럽(www.kizclub.com)**

  회원 가입 없이 알파벳, 파닉스, 다양한 워크시트를 PDF로 다운로드할 수 있습니다.
  영어 그림책 관련 워크시트가 있습니다.

- **트위스티 누들(twistynoodle.com)**

  다양한 워크시트가 동물, 음식, 계절, 교통수단 등 주제별로 게시되어 있습니다.

- **abc테크(www.abcteach.com)**

  음악, 수학, 과학, 스포츠 등 다양한 주제의 워크시트 수업 자료가 있습니다. 색칠하기, 쓰기, 읽기 등
  활동 방법도 다양합니다.

- **잉글리쉬 더블유 시트(www.englishwsheets.com)**

  플래시카드와 그림포스터 자료도 많고, 워드서치, 단어 퍼즐, 언스크램블 워드 등 영어 단어 워크시
  트가 많습니다.

- **잉글리쉬플러스(www.englishplus.co.kr)**

  유아부터 중학생까지 활용 가능한 폭넓은 플래시카드가 있습니다.

✎ 고학년은 어원을 아는 어휘 공부를 시작하자

영어는 라틴어나 그리스어에 어원이 있어요. 그래서 어근, 어원을 알면서 공부하면
기억도 더 잘될 뿐 아니라, 새로운 단어를 만났을 때도 어떤 느낌의 단어일지 유추
할 수 있습니다. 저 또한 어원으로 영단어를 공부했을 때 효과가 가장 좋았기 때문
에 고학년 영어 수업 때는 틈틈이 어원을 알려주고 있어요.

예를 들어볼게요. draw는 끌다, 당기다라는 뜻이 있어요. 아래의 단어들은 이 draw가 들어가서 파생된 것들이죠.

- outdraw : out(=super) + draw(끌다) = (인기, 청중 등을) 더 많이 끈다

  뭔가 도드라진다는 것은 훌륭한 일이죠. 훌륭하다 개념의 out에 draw(끌다)가 합쳐지며, outdraw는 훌륭하게 끌어낸다. 즉, (인기, 청중 등을) 더 많이 끈다는 뜻이 있습니다.

- withdraw : with(=away from) + draw(끌다) = 회수하다, 인출하다

  끌어서(draw) 떨어져 놔두는 것(with), withdraw는 회수하고 인출하다라는 뜻이 있습니다.

- drawback : draw + back = 결점, 장애 요소

  뒤(back)로 잡아당기(draw)는 것이니 결점이겠죠.

- indrawn : in(=into) + drawn(draw의 과거분사형) = 내성적인

  안(in)으로 끌어진 것(draw)은 성격으로 보면 내성적인 것입니다.

어원, 어근을 활용해 어휘를 정리해둔 영어 단어장도 서점에서 볼 수 있을 거예요. 이런 것들을 활용하는 것도 좋아요.

영어 단어장은 언제부터 외워야 할까요?

본격적으로 영어 단어장을 사용하는 것은 문맥을 통해 알게 되는 단어가 부족하다고 느껴질 때입니다. 아무리 책을 읽어도 어휘가 부족하다고 느껴질 때, 단어장을 활용해 단어를 암기합니다. 단어장을 외우는 것은 단시간에 영어 실력을 올릴 수 있는 효율적인 방법입니다. 영어책을 읽으면서 새로 알게 된 단어들로 나만의 단어장을 만들어보세요. 기출판된 단어장을 활용해도 좋습니다. 시기를 제안하자면, 이

렇게 따로 외우는 단어장은 5학년쯤부터 도전할 것을 추천해요. 단어장을 통해 본 단어들을 따로 공부하는 방법도 있는데요. 4단계 어휘 공부법입니다.

1단계 : 영어 단어를 찾아서 예문과 함께 봅니다.

2단계 : 영어 단어가 들어가도록 문장을 만들어봅니다.

3단계 : 연상 트리거를 만들어봅니다. 단어와 관련된 그림을 그려보거나, 동작을 해 보는 거예요. "bear는 '베어'야. 곰이 나무를 베어" 이렇게 영어 단어를 소리 나는 대로 읽어서 한국어와 연관시켜보는 방법으로도 트리거를 만들 수 있 어요.

4단계 : 누적적으로 외웁니다.

    영어 단어 공부는 시간을 계속 투자하는 것 말고는 방법이 없습니다. 성실함의 지표라고 할 수 있지요. 어제 10개 어휘를 공부했으면 다음 날은 전날 공부한 것 10개 + 오늘 새로 배운 10개… 이렇게 쌓아가며 공부하세요.

영어책 읽기를 하려는데 막막합니다

	음성	문자
출력	말하기	쓰기
입력	듣기	**읽기**

음성 언어로 이미 익힌 내용은 문자 언어로 제시하는 것이 바람직합니다. 문장 단위의 읽기 활동 후에는 일상생활에 관한 짧고 쉬운 이야기나 글 읽기를 해보세요. 소리 내어 읽어주기, 함께 읽기를 많이 해주세요. 읽고 있는 것에 흥미를 느끼고 능동적으로 참여하도록 하는 것이 좋습니다.

초등학생이 읽기 자료로 활용할 수 있는 것들을 몇 가지 추천해 드릴게요. 여기서 추천하는 것은 반드시 읽어야 하는 필수 목록은 아닙니다. 처음 영어책을 읽히려고 할 때 막막한 부모님들에게 어떤 느낌의 책을 읽으면 좋을지 보여주기 위한 것이니, 아이의 흥미와 수준에 맞게 활용하기 바랍니다.

✏️ 그림책

상황에 맞게 단어가 바뀌는 단어 단순 반복 패턴의 책, 등장인물이 대화하는 대화식 반복 패턴의 책, 이야기가 전개되면서 표현들이 점점 증가하는 누적식 반복 패턴 책 등 단순한 그림책을 먼저 접하는 것이 좋습니다.

대표적인 그림책

제목	작가
Clap your hands	Lorinda Bryan Cauley
Five Little monkeys jumping on the bed	Eileen Christelow
Mrs. Wishy-Washy	Joy Cowley, Elizabeth Fuller
I love you when	John Edward Hasse
When I was five	Arthur Howard
Clocks and more clocks	Pat Hutchins
We're going on a bear hunt	Helen Oxenbury, Michael Rosen
Quick as a cricket	Audrey Wood, Don Wood
Who sank the boat?	Pamela Allen
Have you seen my cat?	Eric Carle
Where is the green sheep	Mem Fox, Judy Horacek
I love mud and mud loves me	Vicki Stephens
Monster, monster	Melanie Walsh

✏️ 리더스북

파닉스를 조금 익혔다면 아주 쉬운 리더스북을 읽어봅니다. 리더스북은 어휘, 문법, 문장의 난이도에 따라 단계별로 구성해서 교육용 목적에 초점을 맞춘 영어 원서예요. 읽기 연습하기에 좋은 책입니다. 단계에 따라서 사용되는 어휘가 제한돼 있기 때문에 풍부한 표현을 배우기보다 수준에 맞게 읽기 연습을 하면서 성취감을 느낀다고 생각하면 됩니다.

리더스북은 여러 종류가 있습니다. '옥스퍼드 리딩 트리'라는 ORT북이 가장 대표적인 리더스북입니다. 추천서 외에도 다양한 것들이 있으니 검색해보면서 아이에게 적합한 책을 골라주세요. 동시집을 읽어보는 것도 좋습니다.

대표적인 리더스북

JY First Reader (제이와이 퍼스트 리더)
Learn to Read (런 투 리드)
Hello Reader (헬로 리더)
Ready to Read (레디 투 리드)
Step into Reading (스텝 인투 리딩)
Scholastic Reader (스콜라스틱 리더)

✏️ 예비 챕터북

예비 챕터북(Ready-for-chapers)을 읽는 것도 추천합니다. 챕터북과 그림책 중간 단계의 책인데요. 예비 챕터북은 몇 개의 소주제 또는 에피소드에 따라 챕터로 나누어져 있고, 텍스트의 이해를 돕기 위한 삽화가 있습니다. 예비 챕터북과 챕터북이 명확하게 구분이 되는 건 아니에요. 조금 쉬운 챕터북이라고 보면 됩니다.

대표적인 예비챕터북

책 이름	저자
Magic Bone	Nancy E. Krulik, Sebastien Braun
Horrid Henry	Francesca Simon, Tony Ross
Commander Toad	Jane Yolen
Nate the great	Marjorie Weinman Sharmat, Marc Simont
Houndsley and Catina	James Howe, Marie-Louise Gay
Judy Moody	Megan McDonald, Peter H. Reynolds
Mercy Watson	Kate Dicamillo, Chris Van Dusen
Dog man	Dav Pilkey
Owl Diaries	Rebecca Elliott
Bink & gollie	Kate DiCamillo, Alison McGhee, Tony Fucile
Princess Black	Shannon Hale, Dean Hale, LeUyen Pham
Black Lagoon	Mike Thaler, Jared Lee
Rainbow magic	Daisy Meadow

Amber Brown series	Paula Danziger, Tony Ross
Magic tree house	Mary Pope Osborne, Sal Murdocca
Rotten Ralph	Jack Gantos, Nicole Rubel

✏ 챕터북

챕터(chapter)는 이야기 장을 말을 합니다. 챕터북은 말 그대로 이야기가 챕터별로 나뉜 책이에요. 읽기 연습이 조금 된 아이들이라면 챕터북을 통해 꾸준한 읽기 학습을 해도 좋습니다.

대표적인 챕터북

책 이름	작가
Superfudge	Judy Blume
Horrible Harry	Suzy Kline, Frank Remkiewicz
Captain Underpants	Dav Pilkey
The Bears on Hemlock Mountain	Alice Dalgliesh, Helen Sewell
Rosie Revere, Engineer	Andrea Beaty, David Roberts
Charlotte's Web	E. B. White, Garth Williams
If I Built a Car	Chris Van Dusen
Once Upon a Cool Motorcycle Dude	Kevin O'Malley, Carol Heyer, Scott Goto
Could You? Would You?	Trudy White
Mr Popper's Penguins	Richard Atwater, Florence Atwater
Dear Max	Sally Grindley, Tony Ross
Roger the Jolly Pirate	Brett Helquist
A to Z mysteries	Ron Roy, John Steven Gurney
The World According To Humphrey	Betty G Birney
Frindle	Andrew Clements, Brian Selznick

✏️ 소설책

영어 소설책은 챕터북보다 더 두껍고 글도 많은 영어책이라고 생각하면 됩니다. 챕터북과 소설책도 정확하게 구분되는 건 아니에요. 아이의 수준에 따라 적합한 읽기 책을 권해주세요.

대표적인 소설책

책 이름	작가
Escape from Mr.Lemoncello's Liberary	Chirs Grabenstein
HOLES	Louis Sachar
Wonder	R. J. Palacio
Out of My Mind	Sharon M. Draper
Harry Potter and Sorcerer's Stone	J. K. Rowling
Frindle	Andrew Clements
A boy called Dichens	Deborah Hopkinson
The Wild Robot	Peter Brown
The Phantom Tollbooth	Norton Juster
Serafina and the Black Cloak	Robert Beatty
The Mouse with the Question Mark Tail	Richard Peck
The Quilt Walk	Sandra Dallas
The Right Word	Ten Bryant
The Girl With the Glass Bird	Esme Kerr
The Peculiar	Stefan Bachmann
Inside Out and Back Again	Thanhha Lai
Extraordinary	Miriam Spitzer Franklin
How to train your dragon	Cressida Cowell
The Wild Robot	Peter Brown
George's Marvellous Medicine	Roald Dahl
The Magnificent Lizzie Brown and the Ghost Ship	Vicki Lockwood
A Boy Called Dichens	Deborah Hopkinson
Real Friends	Shannon Hale

이서윤의 초등생활 처방전 365

✒️ 영어 신문과 영어 잡지

영어책 읽기를 어느 정도 연습한 후에는 현재 이슈를 다루는 영어 신문을 읽어봅니다. 영어 신문을 무료로 볼 수 있는 사이트도 많이 있으니 활용해보세요.

대표적인 영어 신문

트윈 트리뷴(www.tweentribune.com)   틴 타임즈(www.teentimes.org)
주니어 헤럴드(www.juniorherald.co.kr)   도고 뉴스(www.dogonews.com)
키즈 타임즈(www.kidstimes.net)   주니어 타임즈(www.juniortimes.co.kr)

또, EBS English(www.ebse.co.kr)에서도 영어 신문을 제공하고 있습니다. '영자신문'이라는 키워드로 검색하면 여러 신문을 볼 수 있어요. 회원가입만 하면 서비스 이용이 모두 무료니 활용해보세요.

월간, 주간 등 신문보다 넓은 간격으로 여러 재밌는 기회와 이슈를 다루는 영어 잡지도 재미있는 영어 읽기 자료가 될 수 있어요. 〈Time for kids〉, 〈ASK〉, 〈NG little kids〉 등의 잡지를 읽어보세요.

EBS English의 영어신문 강좌

영어책을 읽기만 하면 될까요?

책을 읽는 것만 해도 정말 훌륭합니다. 여기에 조금 더 단계를 높여 읽기의 효과를 높이려면 읽기 전, 중, 후 3단계 읽기를 해보세요.

1단계 : 읽기 전

배경지식이나 사전 경험을 활성화해서 앞으로 읽을 내용에 대한 동기를 유발하는 과정입니다. 책을 읽기 전에 표지를 보고 이야기를 나누며 펼쳐질 이야기를 예상해 봅니다.

2단계 : 읽기 중

같이 읽기, 그림 보며 읽기, 문자를 손가락으로 짚으며 읽기 등의 활동을 하며 적극적으로 읽기에 참여하도록 유도합니다. 중간중간 내용에 대해 질문을 해보고, 맥락을 통해 유추하기 힘든 필요 단어를 찾아보기도 합니다.

3단계 : 읽기 후

읽기 활동에 대한 점검을 하고, 다른 기능과의 통합을 꾀합니다.

- 말하기와 연계 : 읽은 내용에 대해 자신의 의견 말하기
- 쓰기와 연계 : 글의 구조를 도식화한 그래픽 오거거나이저(graphic organizer)를 이용해서 내용을 요약해봅니다. 자세한 활동 방법은 고민 212를 참고하세요.

영어 그림책을 한글로 번역하면서 읽어주는 것도 공부가 될까요??

언어를 배우는 과정은 가설을 세우고, 그 가설을 검증해가는 과정으로도 봅니다. 아이가 사과라는 단어를 배운다고 생각해보세요. 어느 날 엄마가 빨갛고 동그랗게 생긴 것을 보고 '사과'라고 말을 해요. 아이는 '저렇게 생긴 것을 사과라고 하는구나' 하고 가설을 세웁니다. 그 후로 계속 비슷하게 생긴 것을 사과라고 인지하는 상황을 몇 번 마주하고는 확신하죠. '아, 저걸 사과라고 부르는구나'라고 자신이 세운 가설이 맞다는 검증을 마친 후, 사과를 보고 사과라고 말을 하기 시작하는 거예요. 말을 빨리 배운다는 건 아이의 타고난 언어 감각으로 자기가 세운 가설이 맞는지 빠르게 검증한다는 것이고, 또 가설을 검증할 수 있도록 자주 언어 자극을 줬다는 것입니다.

가설 : 빨갛고 동그란 것(저렇게 생긴 것)을 '사과'라고 한다.
➡ 검증1 ➡ 검증2 ➡ 검증3… ➡ 확신 ➡ '사과'라는 언어 배움

영어 그림책을 읽는 과정도 마찬가지입니다. 아직 어떤 뜻인지 모르지만 그림과 분위기, 맥락 같은 것을 생각하면서 '이 문장이 이런 뜻을 뜻하겠구나' 하고 아이는 나름의 가설을 세웁니다. 그리고 그 가설을 확인하는 과정을 거치면서 '아, 이런 말을 이렇게 표현하는구나, 이런 뜻이구나' 하고 가설을 확인하는 거죠.

예를 들어 영어 그림책 『brown bear, brown bear, what do you see?』를 읽

어준다고 해볼게요. 그때 'brown bear'를 '갈색 곰'이라고 해석해주지 않아도 아이는 그림을 보면서 대충 이해할 수 있습니다. 그 후 다른 상황에서 'brown car'라는 표현을 듣습니다. 그럼 공통된 단어가 'brown'인데, 그림에 둘 다 갈색이니 자신이 세운 가설을 검증하면서 'brown'이라는 표현을 알게 되는 것입니다.

✏️ 언어 학습, 모호함의 연속

"what do you see?"라는 문장을 "너는 무엇을 보고 있니?"라고 해석해주어야 하는가? 해석해주지 않아도 됩니다. 대신 아이가 그 문장의 뜻이 무엇일지 나름의 가설을 세웠을 테니 가설을 검증할 수 있도록 만들어줘야 합니다. 문장을 읽어주면서 힌트를 주세요. "what do you see?"라고 했을 때 'see'를 말하면서 눈으로 보는 흉내를 내는 거예요. 그리고 그 문장을 사용하는 상황들을 자주 만들어주면서 가설을 검증할 수 있는 기회를 자꾸 줍니다. 아이가 무엇을 보고 있을 때, "what do you see?"라고 묻기도 하고요. 다른 책이나 영상에서 "what do you see?"라는 표현을 보기도 해요. 그 책을 반복해서 읽어줍니다. 그러다 보면 아이는 '아, 이런 뜻이겠구나' 하고 자신이 세운 가설이 맞다는 것을 확신해가기도 하고, 자기가 세운 가설이 틀렸다면 고쳐가기도 할 거예요. 그런 과정의 반복을 통해 스스로 배우는 거죠.

이서윤의 초등생활 처방전 365

추가 설명을 위해, 다음 설문을 보고 점수를 체크해보세요.

Q1. 어떤 질문에 대하여 전문가가 정확한 답변을 하지 못하면 많은 지식이 있는 게 아니다.

①————②————③————④————⑤

매우 동의한다   매우 반대한다

Q2. 해결될 수 없는 문제는 아무것도 없다.(모든 문제는 해결된다.)

①————②————③————④————⑤

매우 동의한다   매우 반대한다

영어 습득에 영향을 미치는 요인에는 다양한 것이 있습니다. '모호성의 수용 정도' 역시 여러 요인 중 하나로 꼽습니다. 모호성의 수용 정도란 '애매모호한 상태를 잘 받아들이는 것', '자신이 원래 믿고 있고 알고 있는 것과 다른 의견을 만났을 때 얼마나 잘 받아들이는가 하는 것'이에요. 앞선 설문에서 점수를 낮게 체크할수록 모호성의 수용 정도가 낮은 겁니다.

모호성의 수용 정도가 낮은 사람은 정확한 것을 좋아한다는 의미로 바꿔 생각해볼 수 있습니다. 학자들은 모호성을 잘 수용하면 제2언어를 습득하는 데 유리하다고 주장을 합니다. 그 이유는 언어라는 것은 모호성이 존재하기 때문입니다. 언어의 모든 규칙에는 예외가 있고 설명할 수 없는 모순된 요소가 있어요. 배우고자 하는 언어는 모국어와 체계가 다르며 모국어 문화와도 다르잖아요. 제2언어를 배우는 과정 자체가 모호함의 연속이라는 것입니다. 모호함을 잘 받아들이지 못하는 아이들은 문법 규칙을 배우다 예외를 발견했다거나 한국어와 다른 부분을 발견했을 때, "선생님, 왜 그래요?"라고 자주 물어요. 그리고 "그냥 이 언어는 그래"라고 대답하면 잘 받아들이지 못합니다. 하지만 '애매모호함'을 잘 수용하는 학습자는 '그냥 그럴 수도 있구나, 영어는 그런가 보다'라고 생각하는 거죠.

✎ 영어 그림책 잘 읽어주는 법

아이들보다 머릿속에 규율과 규칙이 더 많이 세워진 어른들은 모호함을 더 받아들이기 힘들어합니다. 반면 아이들은 모호함을 더 잘 받아들이죠. 그게 어릴 때 영어를 배우면 좋은 점 중 하나예요. 어른들은 이미 어느 정도 영어를 알고 있으니 애매모호한 상태를 더 견디기 힘들고, 아이가 그 뜻을 모르고 답답해할까 봐 걱정되기도 합니다. 하지만 아이는 그 애매모호한 상태를 더 잘 견딥니다. 바로 알려주지 않는 것이 모호한 상태를 더 견디게 하는 힘을 길러주기도 하는 것이죠.

영어 그림책을 읽을 때는, 뜻을 유추할 수 있도록, 자기가 세운 가설을 검증할 수 있도록 최대한 실감 나게 읽어주세요. 몸짓이나 말투로 힌트를 주세요. 또 새로 배운 표현과 비슷하거나 같은 영어 표현을 다른 상황에서 쓴다거나 다른 영어책에서도 접하게 해주세요. 아이가 세운 가설을 계속 검증할 수 있도록 말입니다. 물론, 절대 뜻을 먼저 알려줘선 안 된다는 건 아니에요. 아이가 뜻을 너무 궁금해하거나 영어 그림책에 너무 흥미를 보이지 않을 때는 알려줄 수도 있어요. 단, 바로바로 해석해주는 번역식 공부법은 조금 더 커서도 많이 하게 될 테니 어릴 때는 최대한 스스로 유추하게 한다는 생각으로, 아이가 가설을 검증할 수 있도록 어떻게 힌트를 줄지 더 고민하며 책을 읽어주면 좋겠습니다.

영어 읽기 수준을 한 단계 올리려면 어떻게 해야 할까요?

✏ 어휘를 늘리세요

영어책을 읽었는데 모르는 단어투성이면 과연 책이 재미있을까요? 영어 읽기를 힘들어한다거나 쉬운 책을 읽는데 도저히 읽기 수준이 올라가지 않는 것 같을 때는 어휘 공부를 해보세요. 아는 만큼 재미도 수준도 향상될 수 있습니다.

✏ 영어책을 많이 읽습니다

자기 수준 +1인 영어책 함께 읽기를 해보세요. 수준이 좀 높은 책은 읽어주기를 하고, 쉬운 책은 혼자 읽기를 합니다. 읽기 수준이 올라갈수록 혼자 읽기 할 수 있는 책이 많아지고 읽기 독립이 되어갈 거예요. 읽기의 재미도 더해질 거고요.

✏ 문법을 공부해보세요

영어책의 수준이 올라가면, 복잡한 구조의 영어 문장들이 등장합니다. 영어책 읽기를 통해 자연스럽게 문법을 익히게 되죠. 하지만 자연스러운 익히기가 잘 안 되는 부분이 있다면 문법을 따로 공부해보세요. '영어 읽기 → 자연스럽게 문법 익히기'가 아니라 '기본 문법 사항 알기 → 영어 문장의 패턴 익히기 → 영어책 읽기'의 단계를 따라 영어책 읽기를 해보는 겁니다.

영어 읽기를 할 때
모르는 단어가 나오면 찾아봐야 할까요?
종이 영어 사전은 어떤 걸 사용해야 할까요?

모르는 단어가 영어책 읽기의 집중을 방해할 정도라면 찾아볼 것인가 말 것인가를 고민하기에 앞서, 불편해서 찾아볼 것입니다. '도저히 궁금해서 못 참겠다' 또는 '이 단어가 자꾸 나오는 거로 봐서 중요한 단어 같은데 뜻이 유추가 안 되네' 싶은 것은 찾아보세요. 물론, 맥락상 충분히 넘어가도 되는 단어 같거나, 뜻이 유추된다면 넘어가도 됩니다.

✎ 영어 사전 이용법

영어 단어를 컴퓨터나 핸드폰을 통해 전자사전으로 찾아보는 것의 장점은 발음을 들어볼 수 있는 것입니다. 예문이나 문법 관련 사항도 연계돼 많이 나와 있고, 내가 찾았던 단어를 모아서 손쉽게 '내 단어장'을 만들 수 있는 기능도 있죠.

이와 달리 종이 사전의 장점은 '단어를 궁금해하고 찾아보는 시간'이 늘어나면서, 그 과정과 결과가 머리에 조금 더 깊이 각인된다는 것입니다. 내가 찾았던 단어를 형광펜으로 표시해가면서 차곡차곡 내 것으로 만들어가는 아날로그 공부의 '손맛'을 느낄 수 있지요.

초기에는 전자사전을 이용해서 모르는 단어를 찾아보세요. 어린이용 종이 영어 사전을 구비해 영어 공부를 재미있게 하는 방법의 하나로 사용합니다. 그리고 어느 정도 수준이 올라가는 고학년이 되었을 때는 두꺼운 영어 사전이 필요할 거예요. 영영 사전이나 영영한 사전도 좋습니다. 오히려 입시 공부를 하는 고등학생 때는 시간이 부족해서 차분하게 종이 사전을 찾고 있기 힘들더라고요. 입시의 압박에서 비교적 벗어나 있는 초등학생과 중학생 때 수준에 맞게 이용해보면 좋겠습니다.

물론 종이 사전으로 찾으면 기억이 더 잘 된다고 해서, 전자사전은 기억이 되지 않는 것은 아닙니다. 그 단어를 몇 번 반복해서 보느냐가 더 중요하지요. '둘 중 하나의 방법을 꼭 선택해야 한다. 기억에 더 남는 방법이 무엇인가?'의 관점보다는 다양한 영어 공부 방법 중 하나로 생각하세요. 상황과 시기에 따라 더 효과적인 방법을 선택하는 거예요.

고민 207 영어 말하기는 언제 터질까요?

언어 학습 시기 중에는 아이가 말할 준비를 하는 때인 '침묵기(Silent Period)'라는 게 있습니다. 아이는 "엄마"라는 말을 할 때까지 이 단어를 수천수만 번 듣습니다. 뱃속에서도 듣고, 태어나서도 계속 듣죠. 소리에 익숙해진 아이는 조그맣게 엄마의 단어를 흉내 내기 시작합니다.

말하기는 쉽지 않아요. 말하기 과정에서 가장 필요한 것은 소리에 대한 충분한 노출입니다. '소리에 대한 노출' 다시 말해 '듣기 활동'은 언어의 네 가지 기능 중에서 가장 먼저 익혀야 할 기능입니다. 입력량이 많아야 출력이 가능합니다. 입력량을 늘리기 위해 다양한 듣기와 읽기를 합니다. 영어 노래, 영어 음원, 영어 영상, 영어책을 이용해서 많은 입력을 하고 간단한 일상 상호작용을 하면서 기다려주세요.

다음 고민 208의 방법도 활용해보세요.

영어 말하기 잘하는 법을 알려주세요

듣기와 읽기를 통해 충분한 입력을 했다면, 출력을 잘할 수 있는 기술을 연습하는 것도 중요합니다. 말하기를 위해서는 상호작용의 기회를 많이 갖는 것이 중요합니다. 하지만 우리나라의 영어 환경에서는 조금 힘들죠. 따라서 최대한 많은 표현을 익히고, 나의 영어 그릇에 좋은 표현을 많이 넣어두는 것이 가장 현실적인 방법입니다. 그리고 짧은 상호작용의 시간일지라도 내가 익힌 표현을 활용해서 말해보는 것이죠. 말하기에 효과적인 몇 가지 방법을 말씀드릴게요.

✎ 패턴 외우기

앞에서 말했던 청각 구두 교수법은 지루하고 반복적이며 응용에 약하다는 단점이 있지만, 가장 효과가 빠른 것도 사실입니다. 자주 쓰고 활용도가 높은 영어 문장의 패턴을 암기하도록 해보세요. 유용한 패턴을 암기해두면 말하기나 쓰기와 같은 출력에 활용할 수 있습니다.

✎ 힌트카드로 좋은 문장 외우기

영어 읽기 연습이 충분히 되어 있을 때 할 수 있는 활동입니다. 영어 이야기나 신문을 읽거나 영어 강의를 듣고 난 후, 거기서 익힌 좋은 문장들을 영어 카드로 만듭니다. 예시와 같이 한 카드에 한 어절을 쓴다고 생각하고 만들면 됩니다.

Some	snow	is	wet	and	sticky
Some	snow	is	dry	and	fluffy
Who	loves	snow?			

처음에는 영어 카드를 보고 문장을 읽습니다. 그다음에는 한 문장에 카드 하나씩을 뒤집어서 안 보이게 하고 읽습니다. 그다음 또 카드를 몇 개 더 뒤집어서 안 보이게 하고 말합니다. 점점 뒤집힌 카드가 많아집니다. 나중에는 몇 개 안 남은 카드를 힌트로 전체 문장을 말합니다. 마지막에는 카드를 모두 뒤집은 채 암기하게 되죠. 내용은 누적적으로 복습해야 합니다. 이런 문장 카드 외우기 훈련의 횟수가 많아질수록 익숙한 구문이 생기고 그 구문을 직접 사용할 수 있게 됩니다.

✎ 영어 타임 갖기

영어 말하기를 잘 할 수 있게 하는 최고의 방법은 많이 말해보는 것입니다. 영어를 쓸 수밖에 없는 상황에 들어가는 것이 가장 좋아요. 영어가 생활어인 환경에 살고 있지 않은 상태에서, 최대한 영어를 많이 말할 기회를 갖기 위해 영어만 쓰는 영어 타임을 가져보세요. 한국어를 쓰년 벌칙을 받는 규칙을 두고 게임처럼 영어 타임을 갖고 영어로 말해야 하는 문제 상황을 갖는 거예요. 막막하거나 잘 모르겠다면 컴퓨터에서 찾아서 말해도 좋아요. 영어로 말해야 하는 상황에 놓인 경험은 영어 타임이 아닐 때도, 문득문득 '이건 어떻게 영어로 말할까?' 하는 생각을 떠올리게 합니다.

✎ 영어 표현 수첩 만들기

'영어로 어떻게 말하지?'라는 문제 상황을 떠올리는 일이 반복된다면 좋은 신호입니다. 스스로 일상에서 영어 과제를 풀고 있는 것이나 마찬가지니까요. 부모님과 아이가 함께 사용하는 영어 표현 수첩을 만들어보세요. 영어 타임 때, 혹은 평소에 아무 때라도 '영어로 어떻게 표현할까?' 하는 생각이 들었다면 그것을 수첩에 적습니다. 예를 들어서 세수를 하다가 눈곱을 보고 '눈곱이 끼었어!'를 영어로 어떻게 말하지?' 하는 생각이 들었다면 영어 표현 수첩에 적고 찾아보는 거예요. "I have eye boogers", "I have gummy eyes" 등 다양한 표현이 나옵니다. 내가 생각하고 찾아본 것 외에 서로가 채운 표현도 배워가며 풍부한 말하기를 배울 수 있습니다.

✎ AI 스피커 활용하기

구글 홈, 네이버 클로바, 카카오 미니와 같은 인공지능 스피커를 활용하는 것도 좋아요. AI 스피커에 영어로 말을 걸어보는 것이죠. "Sing a song for me", "Make an animal sound", "What's your name?" 같은 부탁이나 질문을 해보세요. 잘 모르는 영어 표현을 물어보기도 하고요. "책을 펴줘 영어로 어떻게 말해?"라는 식으로요. 주제 제약 없이 다양한 대화를 해볼 수 있는 색다른 경험이 될 거예요.

원어민 영어 회화가 꼭 필요할까요?

영어를 어느 정도 배운 후에는 영어를 직접 말해볼 기회를 주고 싶다는 생각이 들 거예요. 아이가 영어로 무언가를 말했을 때, '영어로 함께 대화를 나눠주거나 잘못된 부분을 고쳐주기도 하면서 상호작용해줄 수 있는 누군가가 있으면 참 좋을 텐데. 그럼 영어 스피킹 실력이 쭉쭉 올라갈 수 있을 텐데' 하고 고민도 생길 거예요. 엄마 아빠가 그 역할을 충분히 못 해주는 것 같아서, 원어민 과외나 학원의 도움을 꼭 받아야 할 것 같습니다. 많은 부모님이 하는 고민입니다.

원어민 영어 회화는 영어를 잘하게 하는 것보다, 원어민을 낯설어하지 않는 것에 목적을 둔다고 생각하세요. 아이가 사용할 수 있는 영어 구조나 어휘는 한정되어 있습니다. 그 상태에서 원어민과의 대화는 익숙한 문장만 반복해서 사용하기 때문에 실력은 별로 늘지 않습니다. 간단한 회화와 단어 나열에 불과한 대화를 하게 되거든요. 아이가 원어민 회화 과외를 하거나 학원에 다니면 '우리 아이가 원어민이랑 대화도 하다니!'라고 생각하며 부모님 마음이 뿌듯해집니다. 하지만 실제로는 몇 개 안 되는 문장만 반복해서 말하고 있는 경우가 많아요.

우리는 일상생활에서 영어를 사용할 수 없는 환경이기 때문에 엄선된 자료를 효율적으로 입력해주는 것이 더 필요합니다. 그런 입력 없이 일주일에 몇 번 원어민 선생님과의 대화만 한다면, 매번 하는 말만 하다가 한 시간이 훌쩍 끝나고 맙니다. 아이의 수준보다 조금 높은 수준을 '이해 가능한 입력'이라고 합니다. 한 시간 동안 원어민과 대화하며 제공받을 수 있는 이해 가능한 입력의 양과 한 시간 동안 영어 오디오북이나 DVD를 통해 제공받을 수 있는 이해 가능한 입력의 양은 어떤 게 더 많을까요? 오디오북이나 DVD로 받는 게 더 많습니다. 모든 공부에는 적당한 때가 있지요. 영어책 읽기나 꾸준한 영어 듣기를 하며 아이가 이해할 수 있는 문장수조나 종류가 많아졌을 때, 원어민과 대화할 기회를 만들어주세요. 무작정 만나는 것보다 훨씬 큰 효과를 낼 수 있을 거예요.

고민 210 화상 영어 선택 기준이 있나요?

학습지를 하거나 학원에 다니는 것 외에도, 영어는 화상을 통한 온라인 수업도 많이 받는 과목입니다. 화상으로 원어민과 상호작용하면서 수업을 하는 거죠. 화상영어 수업을 고민 중이라면 다음과 같은 것을 확인하세요.

✏ 우리 아이의 영어 수준

화상 영어의 장점은 실제 원어민 강사의 수업을 듣는 것보다는 저렴한 가격으로 원어민과 상호작용할 수 있는 시간을 가질 수 있다는 것입니다. 하지만 이것 역시 '원어민과의 대화'라는 것을 인지하고 고민 209에서 얘기했듯, 아이의 영어 수준이 어느 정도가 되는지 먼저 가늠해보는 것이 중요합니다. 영어에 대한 충분한 입력이 이루어져서 아이가 말할 수 있는 문장구조가 다양해졌을 때 이용하는 것이 효과적입니다.

✎ 교육 시스템

먼저, 화상 영어 교육 시스템을 살펴보세요. 어떤 교재로 수업을 하는지, 어떤 방식으로 수업이 이루어지는지, 어떤 말하기 주제로 수업이 진행되는지 등. 수업마다 정해진 시스템이 있습니다. 시스템이 촘촘할수록 교사의 수준으로 인한 차이가 조금 더 줄어들 수 있어요.

✎ 선생님의 수준

화상 영어는 어느 나라의 선생님이냐에 따라 수업료가 달라집니다. 필리핀처럼 제2언어로 영어를 사용하는 국가의 선생님이라면 조금 더 저렴하지요. 우리가 보통 알고 있는 영어는 미국식 발음이 많습니다. 그 발음에 익숙하기 때문에 그 외의 발음이면 생소할 수는 있어요. 하지만 그렇다고 무조건 수업료가 비싼, 영어 주요 국가의 선생님만 좋다고 말할 수는 없어요. 교사 개인의 책임감이나 수업을 이끌어나가는 교사의 역량에 따라 수업이 달라지거든요. 수업을 받고 맞지 않으면 새로운 수업 방식을 제안하거나 교사 교체를 선택할 수도 있습니다.

▶

고민 211 단기 어학연수, 해외에서 한 달이면 아이 실력이 정말 늘어날까요?

방학이 다가오면 각종 캠프 광고문을 여기저기서 볼 수 있습니다. 영어 캠프는 국내에서 가는 캠프가 있고 해외로 가는 캠프로 나뉘죠. 캠프에 따라 값도, 경험할 수 있는 섯도 천자만별입니다. 정해진 한 과목을 집중적으로 공부할 수 있어 몰입을 경험해 볼 수 있다는 장점도 있지만, 그 캠프가 정말 아이에게 도움이 되는지, 마케팅에 넘어가 비싼 이용료만 지불한 것은 아닌지 잘 생각해 보아야 합니다.

제 주변에는 영어 캠프에 아르바이트를 하러 가는 지인들이 많습니다. 교대를 졸업하고 교사로 발령이 나기 전, 필리핀 영어 캠프나 어학 연수원에 강사로 일하러 가는 친구들이 있었어요. 물론 필리핀 현지 강사들도 있지만 한국 선생님들이 가르치는 반도 많다는 것입니다. 그 이야기를 들으면서 굳이 비싼 돈을 들여 외국에 보내는 게 맞는 것일까 의문이 들었습니다. 저 역시 어릴 때 방학이었던 한 달 동안 영국으로 어학연수를 간 적이 있었습니다. 외국으로 어학연수를 보낼 만큼 여유 있는 형편은 아니었지만, 자식 교육에 열정적이었던 부모님께서 당시에 매우 드물었던 어학연수를 찾아서 보내주셨던 것입니다. 영국 가정집에서 홈스테이를 하며 쉽게 해볼 수 없는 문화 체험을 하고 다양한 친구들을 만나서 좋았지만, 솔직히 영어 실력 향상에 도움이 된 것은 아니었습니다. 그건 거기 함께 왔던 친구들도 마찬가지였어요. 오히려 한국에서 학습지나 학원을 다니면서 실력이 늘었지요.

외국에 장기간 머물며 영어를 지속적으로 학습하는 게 아닌 이상, 단기 어학연수나 영어 캠프로는 별 효과를 보지 못합니다. 한국에서 열심히 영어 공부를 한 아이들보다 못한 경우도 많죠. 외국에서의 체험은 그간 쌓은 영어 실력을 확인하는 기회지, 없는 실력을 늘리는 기회가 될 수는 없습니다. 이미 알고 있는 영어 문장 패턴이나 간단한 영어 단어를 시험해보는 정도로 생각해야 합니다. 한국에서 배운 영어를 직접 활용해보는 기회를 얻고 싶다거나, 문화를 체험하고 경험을 늘리는 목적에서라면 가도 좋습니다. 하지만 영어 실력을 늘리기 위해서라면, 수준에 맞는 영어책을 한 권 더 읽는 게 낫습니다. 영어 캠프 체험이 궁금한 것이라면 학습 위주의 타이트한 시간표를 가진 국내 영어 캠프를 먼저 경험해보게 하세요.

영어 쓰기 연습은
어떻게 해야 할까요?

출력	말하기	쓰기
입력	듣기	읽기
	음성	문자

영어를 쓸 줄 안다는 것은 두 가지 의미가 있습니다. 소리와 문자의 관계 즉 '파닉스를 확실하게 알아서 소리를 문자로 표현할 줄 아는 것(기능적인 쓰기)' 하나와, '그 단계를 넘어서 자기 생각을 쓰기로 표현할 줄 아는 것(의미 표현의 쓰기)'입니다. 알파벳과 파닉스를 익혀서 문자를 읽을 줄 알고, 그것을 쓰기까지 할 수 있다면 5단계 표준 철자 단계까지 가게 되는 거예요. 쓰기 초기에는 소리를 문자로 표현하고, 그 단계가 지나면 단순한 문자 표현을 넘어 철자 및 구두점 등을 지도하며, 그 후에는 점차 의미 전달에 중점을 두며 내가 하고 싶은 말을 쓰기로 표현하는 단계가 되는 것입니다. 입시 영어를 목표로 생각한다면 사실 영어 쓰기는 중요하지 않다고 할 수 있어요. 수능에서 영어 쓰기를 하는 건 아니니까요. 하지만 영어의 4가지 기능(듣기, 말하기, 읽기, 쓰기)은 서로 상호 보완하면서 수준을 늘리고 높여갑니다. 영어 쓰기를 통해 듣기, 말하기, 읽기 실력에 도움을 주고 영어 공부의 동기도 높일 수 있습니다.

🖊 아이의 수준에 따른 3단계 쓰기

아이의 수준을 고려하여 통제 쓰기 활동, 유도 쓰기 활동, 자유 쓰기 활동을 단계적으로 해봅니다.

1단계 : 통제적 쓰기(controlled writing)

쓰기 초기 단계의 학습자들에게 적합한 쓰기 방법입니다. 매우 간단한 구조의 문장으로, 기계적으로 글을 쓰도록 합니다. 통제적 쓰기에는 알파벳 쓰기, 베껴 쓰기, 연결하기, 받아쓰기, 제시된 문장을 알맞은 자리에 채워 넣기 등이 있어요.

• 베껴 쓰기

말로 배운 단어나 문장을 그대로 베껴 쓰게 하는 것입니다. 베껴 쓰면서 소리 내어 읽기를 하도록 합니다.

• 낱말 쓰기

다양한 방법으로 낱말 쓰기 활동을 해보세요. 그림을 보고 그림 속 낱말을 영어로 쓰기, 철자가 틀린 낱말 바로 고쳐 쓰기(예: mousa → mouse), 빈칸에 빠진 철자 써넣어 완성하기(예: 책상 d_sk, 전화기 _one), 끝말 이어 낱말 쓰기(예: yellow → watch → hat → triangle → early), 첫 낱말을 읽고 연상되거나 관계있는 낱말 이어서 쓰기 (예 : book → notebook → pencil → eraser…) 등이 있습니다.

2단계 : 유도적 쓰기(guided writing)

통제적 쓰기보다 통제가 줄어든 방식으로, 글을 쓰는 윤곽이나 내용에 대한 지침을 제공하고 이를 바탕으로 글을 쓰는 것입니다.

• 그림 그리고 문장 쓰기

그림을 그리고 그 그림을 설명하는 글을 한 문장으로 쓰는 것입니다. 예를 들어, 친구의 얼굴을 그리고 'This is my friend'라고 쓴다거나 소풍 때를 그리고 'I go on a picnic'이라고 쓰는 거예요. 오늘 배운 문장, 책에서 본 문장, 지금 그리고 싶은 그림 등 어떤 것이든 좋습니다.

• 받아쓰기

간단하고 짧은 문장을 정확하게 받아써 봅니다. 이때 문제를 읽는 속도는 정상 속도로 읽어 주는 것이 좋습니다. 한 단어 한 음절씩 천천히 읽는 낱말 받아쓰기가 아니라, 평소 말하는 속도로 문장이나 표현을 듣고 받아쓰는 연습이 될 수 있도록 합니다.

• 기억해서 쓰기

교과서 지문이나 영어책의 한 쪽, 영어 신문 기사의 일부 등을 읽고 기억할 시간을 충분히 줍니다. 그리고 읽은 것을 기억해서 종이에 써봅니다. 쓰다가 막히면 다시 시간을 주고, 보고 기억해 안 본 상태에서 씁니다.

3단계 : 자유 쓰기(free writing)

말 그대로 자유롭게 써나가는 것입니다. 자유 쓰기는 듣기와 읽기를 통한 입력이 충분히 되었다고 생각될 때 시도해봅니다. 일기 쓰기, 만화 대사 쓰기, 역할극 대본 쓰기, 독서록, 편지 쓰기, 사진 붙이고 이야기 쓰기, 상상해서 이야기 쓰기 등 어떤 것도 좋아요. 영어로 쓸 수 있는 부분은 최대한 영어로, 안 되는 부분은 한글로 씁니다. 힘든 부분은 컴퓨터나 핸드폰에서 번역기를 활용해서 써 봅니다.

✎ 그래픽 오거나이저 활용

계속 강조하고 있지만 쓰기는 듣기, 말하기, 읽기와 연계하는 것이 좋습니다. 특히 읽기와 쓰기는 직접적인 관련 있으며 서로의 기능을 강화시키는 역할을 하므로, 두 활동은 통합하여 해보는 것이 가장 좋아요. 영어 영상을 본 후에 느낀 점을 쓰기, 영어책을 읽고 나서 내용을 정리하거나 느낀 점 써보기를 하는 겁니다. 이때 무작정 쓰면 힘들기 때문에 정리하는 틀을 사용하면 좋아요. 시각적으로 조직을 한다는 의미의 이 틀은 '그래픽 오거나이저(graphic organizer)'라고 불립니다. 영어로 다양한 독후활동을 한다고 생각하세요.

다양한 형태의 오거나이저

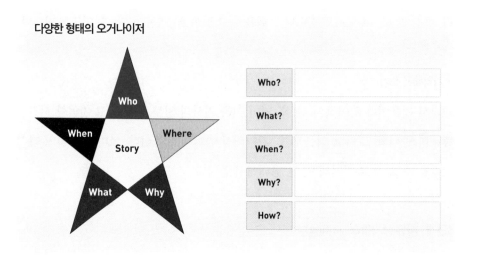

✎ 좋은 문장 모음 노트

잘 쓰기 위해서는 표현을 많이 알아야 합니다. 말하기든 쓰기든 출력이 되려면 입력이 많이 있어야 하죠. 좋은 문장을 모아보세요. 책을 읽으면서나 영화를 보는 중에 나오는 좋은 문장을 모아보는 거예요. 좋은 영어 문장 모음 노트를 따로 만들어도 좋아요.

✎ 배운 영어 문장 패턴 활용 쓰기

영어 교과서에 나온 쓰기가 대부분 이런 활동입니다. "I will go camping"이라는 문장을 배웠다고 한다면 'I will~' 이라는 패턴을 응용해서 여름 방학에 하고 싶은 일을 쓰는 거예요. 새로 배운 문법 표현 + 알고 있던 어휘가 만나서 유사한 형태의 문장을 쓰며 연습하는 것입니다. 영어 읽기를 하면서 배운 표현, 문법을 공부하면서 익힌 표현 등 하나의 패턴으로 여러 개의 문장 만들기를 하면 활용할 수 있는 세련된 구문이 늘어날 것입니다.

고민 213 영어 문법은 언제부터 가르칠까요?

영어가 모국어거나 영어 환경에 충분히 노출된 상황이라면 문법을 따로 배우지 않아도 됩니다. 우리도 모국어인 한국어 문법은 따로 공들여 배우지 않았으니까요. 하지만 외국어로 영어를 배우는 상황에서는 정확성과 효율성을 위해 문법 공부가 필요합니다. 그러니 문법을 가르치느냐 마느냐의 문제가 아니라, 어떤 내용을 언제

가르쳐야 하느냐가 문제인 것입니다.

책을 읽고, 영어를 계속 들으면서 최대한 많은 문장을 접하며 옳은 문장과 옳지 않은 문장이라는 감각을 만들어가는 것이 중요합니다. 충분히 접해본 후에 문법을 공부하면 그동안 머릿속에 쌓인 데이터가 많기 때문에 정리도 쉽게 됩니다. 어린 시절에는 명시적인 문법 지도가 필요하지 않지만, 5학년 정도가 되면 인지적으로 발달되어 있으므로 문법적인 설명이 필요합니다. 문법 공부는 어려운 개념의 이해를 돕고 학습 속도를 빠르게 할 수 있습니다.

✎ 문장 패턴을 통한 문법 학습

쉬운 문법 요소나 모국어와 비슷한 문법 요소는 빨리 배웁니다. 그래서 예외가 없고 간단하며 자주 사용하는 문법 내용은 표현을 접하는 중에 바로 가르치는 것이 효과적입니다. 복수는 -s가 붙는다거나 '-하고 있는 중이다'의 -ing와 같은 경우는 많이 듣고 보면서 자연스럽게 배우도록 하다가 헷갈려 할 때 명시적으로 설명해주고 예를 들어주세요.

하지만 to부정사, 관계대명사와 같은 어려운 문법 요소는 천천히 배워도 됩니다. 아이가 너무 어릴 때 설명해주면 아무리 설명해줘도 이해를 하지 못하거든요. 인지적인 발달이 충분히 된 고학년 때야 비로소 어렴풋하게 문법에 대해 이해를 하기 시작합니다.

영어를 듣고, 영어책을 읽고, 영어 DVD를 보면서 많은 문장 패턴을 접하게 해주세요. 그리고 5학년 이후에는 문법이 정리된 책을 따로 준비해 이용하며 공부해보세요. 만약 사교육의 도움을 받고 있다면 이러한 교육관으로 수업을 하고 있는 학원을 보내세요.

엄마표 영어는 언제까지 통할까요?
학원은 언제부터 보내는 게 좋을까요?

집에서 영어책 읽어주기, 영어 영상 보여주기 등의 영어 공부를 함께하고 있습니다. 영어 학원을 보내기 시작해야 하나 생각이 들어요. 언제까지 엄마표가 가능할지 고민됩니다.

시기에 정해진 것은 없습니다. 학원에 가는 게 시간도 많이 뺏기고 돈도 드니 집에서 봐줘야겠다고 생각되면 집에서 봐주는 겁니다. 반대로 집에서 공부할 자신이 없다면 학원을 보내셔도 되고요. 모든 것은 선택이지 정답은 아닙니다.

'엄마표'라는 것은 엄청난 열정과 노력을 뜻합니다. '단순히 문제집 푸는 것을 봐준다'를 넘어서 '어떤 책이 좋은지?', '어떻게 가르쳐야 할지?' 일일이 자료와 정보를 찾아보며 방향성을 찾아가고, 고민되는 순간에도 스스로 선택하며 진행해야 하는 거니까요. 차라리 누군가가 "이렇게만 따라오면 됩니다" 하고 주도해주면 좋겠다는 생각도 들 거예요. 하지만 엄마표를 하면 좋은 점이 많아요. 엄마가 내 아이를 가장 잘 알거든요. 내 아이 수준과 상황에 가장 잘 맞는 맞춤 공부를 시킬 수 있죠. 하지만 다음과 같은 이유가 생기면 학원의 도움을 받을 때입니다.

- 아이의 수준이 높아져서 전문가의 도움이 필요하다.
- 엄마표를 하기에 엄마가 시간과 체력이 너무 부족하다.
- 집에서 공부를 시키다가 아이와 관계가 나빠지는 것 같다.
- 아이가 학원에 가고 싶어 한다.

학원에 꼭 가야 할 이유가 생겼다면 사교육의 도움을 받는 것이 맞습니다. 하지만 단순히 불안하다고, 남들은 다니는데 우리 아이만 가지 않은 것 같다는 이유로 학원에 갈 필요는 없어요. 또, 학원을 간다고 해서 엄마가 손을 놔도 된다는 것은 아닙니다. 아이가 어떻게 공부하고 있는지 계속 확인하는 것은 꼭 필요해요. 초등학교 6년의 로드맵을 참고해서 방향성을 잡고, 엄마표를 진행했던 선배 엄마들의 자료와 경험담을 참고해서 나만의 엄마표 수업을 진행해보세요. 물론, 중간에 언제든 학원을 가야 할 이유가 생긴다면 보내도 됩니다.

고민 215 엄마가 영어를 잘해야 할까요?

엄마가 영어를 잘하면 좋은 점이 많아요. 아이와 영어로 한마디라도 더 대화해볼 수 있고, 아이가 영어책을 읽을 때 옆에서 더 잘 봐줄 수도 있지요. 하지만 영어 수준이 아예 높은 엄마보다 아이와 함께 노력하고 공부하는 엄마가 더 좋습니다. 함께 공부하면서 어려운 점도 이해할 수 있고, 엄마의 노력하는 모습을 보면서 아이도 배워갈 수 있으니까요. 시간적인 여유가 된다면 아이와 함께 영어 공부를 하는 시간을 가지는 것도 좋습니다. 아이의 영어책 읽기 로드맵을 쭉 따라가면서 엄마도 함께해보는 거지요. 엄마가 반드시 영어를 잘해야 아이가 영어를 잘하는 것은 아니니, 죄책감은 갖지 않으셔도 됩니다. 영어 공부를 함께 해주지 못하는 것보다 더 나쁜 것은 자책하는 엄마예요. 지금 내 상황에서 최선을 다하는 것이 가장 훌륭한 모습이라는 걸 잊지 마세요.

영어 학원 과제량이
너무 많아서 아이가 벅차해요

학원 숙제가 많아서 아이가 힘들어하는데 또 당장 그만두자니 우리 아이만 뒤처지는 것

같아서 고민이에요. 또 지금의 힘든 고비를 넘어서서 잘하는 수준이 되면 좀 나아질 텐

데, 힘들어한다고 그만두게 하면 포기부터 학습하게 될까 봐 쉽게 그만두라고 못 하겠어

요. 살면서 뭐든 힘들지 않은 것이 없을 텐데 말이죠.

엄마표든, 사교육이든 기준이 되어야 하는 것은 아이예요. 학습량이 어느 정도인지

를 '객관적으로' 봐야 합니다. 그리고 평소 아이의 학습 태도를 살펴보세요. 원래 열

심히 하던 아이가 힘들다고 하는 것은 정말 벅찬 경우가 많거든요. 그렇다면 잠시

쉬어가세요. 학습 감정을 해치지 않도록 학원 과제가 적은 곳으로 옮기거나, 그동안

했던 것을 바탕으로 집에서 스스로 학습해보는 자기주도 영어 공부도 해보세요.

　객관적인 학습량이 많은 게 아니거나 평소의 학습 태도가 공부를 열심히 하는

게 아니었다면 조금 더 적극적으로 옆에서 도움을 주는 게 좋습니다. 정서적으로

더 지지해주고, 외적 보상을 함께 정해서 인내심을 갖고 조금 더 공부해보도록 도

와주세요.

초반엔 영어 실력 차이가
크지 않다지만, 나중에 날까 봐 불안해요

독서 습관이 되지 않으면 영어 수준이 올라가더라도 더 이상 성장하지 못합니다. 국어책을 좋아하는 아이가 영어책도 좋아합니다. 국어 읽기 능력이 떨어지는데 영어를 잘할 것이라고 기대하는 것은 말도 안 되는 일입니다. 지속적인 책 읽기 훈련으로 쌓은 독해력이 있어야 전체적인 학습 능력이 향상되고 배경지식도 생깁니다.

국어 실력이 뛰어난 아이는 영어를 늦게 시작해도, 시작하면 실력이 금방 오릅니다. 책을 읽으면서 언어 감각을 만들어놓았으니 유리하고, 배경지식이 풍부하니 영어책을 읽어도 쉽게 이해가 됩니다.

수능 영어 문제를 보면 긴 지문들이 많습니다. 쉬운 영어는 영어만 잘해도 되지만 독해 문제는 국어 문제와 다를 것이 없습니다. 영어 시험은 영어 실력도 있어야 하고 국어 능력도 있어야 한다는 거죠. 물론 시험이 아니라 영어 듣기, 말하기, 읽기, 쓰기 모두가 마찬가지입니다. 영어 실력은 국어 실력을 넘을 수 없고 영어를 잘하려면 국어도 잘해야 합니다. 늘 강조하지만 책 읽기는 모든 공부의 엔진입니다. 책 읽기가 충분히 되어 있으면 영어 공부의 속도는 날개를 달고 날아갈 것입니다. 불안해하지 말고 꾸준하고 차분하게 독서 습관을 잡아가세요.

사회
·
과학

친구 관계

교과 학습

학교생활

진로와 심리

1~2학년 '봄, 여름, 가을, 겨울'은
어떤 과목인가요? 어떻게 공부해야 할까요?

아이가 초등학교에 처음 입학하면 부모님 눈에 생소한 교과목이 있을 거예요. 봄, 여름, 가을, 겨울 교과서 네 권이 그렇습니다. 이 교과는 1~2학년의 사회와 과학에 해당하는 교과로, '통합교과'라고 합니다.

봄, 여름은 1학기에, 가을과 겨울은 2학기에 배웁니다. 같은 이름의 통합교과지만 1학년과 2학년 때 배우는 내용은 달라요.

		1학기		2학기	
		봄	여름	가을	겨울
1학년	1단원	학교에 가면	우리는 가족입니다	내 이웃 이야기	여기는 우리나라
	2단원	도란도란 봄 동산	여름 나라	현규의 추석	우리의 겨울
2학년	1단원	알쏭달쏭 나	이런 집 저런 집	동네 한 바퀴	두근두근 세계여행
	2단원	봄이 오면	초록이의 여름 여행	가을아 어디 있니	겨울 탐정대의 친구 찾기

통합교과 교과서는 각 권이 두 단원으로 구성되어 있습니다.

1학년과 2학년의 1단원을 쭉 살펴볼게요. 1학년 1단원은 '학교에 가면', '우리는 가족입니다', '내 이웃 이야기', '여기는 우리나라'로 이어집니다. 학교에서부터 가족, 이웃, 나라까지 확장해서 배우는 거예요. 그렇다면 2학년은 어떨까요? '알쏭달쏭 나', '이런 집 저런 집', '동네 한 바퀴', '두근두근 세계여행' 순입니다. 단원 제목만 봐도 어떤 걸 배울지 느낌이 올 겁니다. 우리 몸이 하는 일부터 시작해 다양한 가족의 형태와 동네 사람들의 직업을 배우고, 세계 여러 나라의 옷, 인사, 집, 춤까지를 배우면서 점차 확장해가죠.

2단원은 어떨까요? 1학년 통합교과 2단원은 '도란도란 봄 동산', '여름 나라', '현규의 추석', '우리의 겨울'로 구성되어 있습니다. 2학년의 2단원들은 '봄이 오면', '초록이의 여름 여행', '가을아 어디 있니', '겨울 탐정대의 친구 찾기' 순이죠. 그러니까 1학년과 2학년 통합교과 2단원에서는 두 학년 모두 '계절'에 대한 내용으로 구성되어 있다는 것을 알 수 있어요.

✏ 통합교과와 연계한 체험학습을 해보세요

초등학교 때 배우는 사회와 과학은 체험학습이 큰 역할을 합니다. 특히 저학년의 경우, 직접 보고 느끼는 경험만큼 효과적인 학습이 없죠. 통합교과와 연계한 체험학습을 다양하게 해보세요.

앞서 각 학년의 통합교과에서 무엇을 배우는지 살펴보았습니다. 이제 '아, 통합교과 연계 체험학습은 어디로 가면 좋겠다' 하는 느낌이 올 거예요. 1~2학년 통합교과의 많은 부분이 자연, 생태와 관련된 내용입니다. 1~2학년 때는 자연과 관련된 체험을 많이 하는 게 가장 좋습니다. 산에도 가고, 바다도 가고, 동굴도 가고, 동물원과 식물원에도 가보세요. 길동자연생태공원, 아차산생태공원, 하늘공원, 서울숲, 양재천, 선유도공원, 창녕 우포늪, 국립수목원, 경기도해양수산자원연구소 민물고기생태학습관, 양평두물머리 애벌레생태학교, 아라크노피아생태수목원 주필거미박물관, 서천군 조류생태전시관, 서대문자연사박물관 등의 장소를 추천 드립니다.

우리나라에 대해서 배우는 수업도 있는 만큼, 국립국악원이나 김치뮤지엄(김치박물관) 등에 가서 우리나라 문화를 느껴보는 것도 좋겠습니다. 또, 2학년 때는 세계 여러 나라에 대한 이야기도 배우잖아요. 다문화박물관, 중남미문화원, 아프리카 예술박물관 같은 곳을 방문하면서 세계의 문화를 간접 체험해보세요.

이외에 1~2학년에서는 '안전한 생활'이라는 교과를 배우고 있어요. 여러 지역의 안전체험관을 가보는 것도 좋겠습니다.

고민 219 초등 6년 동안 사회 공부에서 중요한 것은 무엇인가요?

사회 공부에서의 핵심은 배경지식입니다. 글을 읽을 때도 평소에 잘 알던 분야는 수월하게 읽히지만, 처음 접하는 분야는 집중해서 읽어도 의미가 쉽게 와 닿지 않습니다. 그 차이는 배경지식에 있죠. 얼마나 많은 배경지식이 있느냐가 사회와 과학 공부를 좌우합니다.

사회는 세상을 읽는 눈입니다. 평소에 책을 많이 읽고, 다양한 체험을 하고, 신문과 뉴스를 보면서 부모님과 대화를 나눴던 아이들은 세상을 읽는 눈이 넓습니다. 그 아이들에겐 오히려 교과서 안에 제시된 내용이 좁을 뿐이죠. 하지만 단순한 오락거리만 좇아 즐겼던 아이나 영어, 수학 학습지에만 매몰되었던 아이들은 교과서에서 만나는 세상이 새롭기만 합니다. 여러 활동을 함께하면서 세상을 바라보는 눈을 넓혀주세요.

🔖 다양한 체험학습과 여행 가기

여행을 한다는 것은 살아있는 지식을 배우는 것과 같습니다. 관련 책을 읽고 다양한 곳을 여행하면서 눈으로 확인하고 대화하면 머릿속에 자연스럽게 풍부한 지식이 쌓이게 될 것입니다. 학년별 교과 연계 체험학습 장소는 고민 218과 고민 220~223을 참고하세요.

🔖 박물관이나 전시회 가기

박물관이나 전시회는 하나의 주제와 관련된 것들을 모아놓은 보물섬이라고 할 수 있습니다. 보물섬 정복의 기회를 많이 만들어 보세요. 만약 미술 전시회를 간다면 전시회 주제가 되는 화가나 작품에 관한 책을 읽고 궁금한 것들을 미리 적어보세요. 관람하면서 작품 감상과 함께 설명도 꼼꼼히 읽어보고, 다녀와서는 가기 전 궁금했던 내용을 확인하며 함께 이야기하는 시간을 갖습니다.

🔖 직접 사회 경험하기

가게에 가서 물건을 사거나 거스름돈을 받는 등의 사회 경험을 직접해보도록 하세요. 은행에 가서 통장을 만들어보는 경험도 좋습니다.

🔖 사회 관련 책 읽기

직접 경험하는 것이 가장 좋지만, 모든 것을 다 경험할 수는 없습니다. 그래서 필요한 것이 책입니다. 책을 읽으면서 경험해보지 못했던 것들을 간접적으로 겪어보는 기회가 많아야 합니다. 직업에 관련된 책을 읽으며 여러 직업을 경험해보고, 다양한 나라에 대한 책을 읽으며 가보지 못한 나라를 여행하면서 말이죠. 도서관이나 서점에 가면 사회 교과와 관련된 책을 찾아서 읽어보세요. 책을 선택할 때는 다음의 기준을 참고하세요.

- 사회 지식을 재미있게 알려주는 책

- 사회 교과서에서 배웠던 개념을 검색어로 해서 찾은 책

- 학년별 추천 도서

✎ 신문 읽기

우리가 사는 세상의 소식을 매일 알려주는 것이 바로 신문입니다. 신문이야말로 가장 좋은 사회 교과서라고 할 수 있어요. 신문 공부법은 따로 자세히 설명할게요. 고민 232를 참고하세요.

✎ 뉴스, 다큐멘터리 TV 프로그램 시청하기

우리나라의 역사와 문화, 자연환경이나 사회현상 등을 다루는 TV 다큐멘터리를 보면 상식이 풍부해지고 세상 보는 눈이 넓어집니다. 뉴스도 처음에는 무슨 말인지 어려워 못 알아듣지도 못하고 지루하지만 부모님과 함께 이야기하다보면 차차 배경지식이 생깁니다.

✎ 지도 자주 들여다보기

사회 공부는 지도가 기본입니다. 사회과부도나 다양한 지도책 속 우리나라 지도와 세계지도 등을 자꾸 보세요. 지구본을 자주 살펴보는 것도 좋겠습니다. 교과서를 보다가 또는 책을 읽다가 나라 이름이 나오면 세계지도에서 찾아보고, 지역 이름이 나오면 우리나라 지도에서 찾아봅니다.

처음 배우는 3학년 사회, 어떻게 공부할까요?

3학년이 되면 처음으로 사회라는 과목을 공부합니다. 아이들은 처음 만나는 교과목의 큰 변화를 걱정하기도 하지만 대부분 흥미 있어 합니다. '이제는 나도 사회를 배워' 이런 자랑스러움과 우쭐함이 느껴진다고나 할까요?

3학년 사회에서는 다음과 같은 내용을 배웁니다.

	1단원	2단원	3단원
1학기	우리 고장의 모습	우리가 알아보는 고장 이야기	교통과 통신수단의 변화
2학기	환경에 따라 다른 삶의 모습	시대마다 다른 삶의 모습	가족의 형태와 역할 변화

✎ 동네를 탐험하세요

3학년 1학기에는 '우리 고장의 모습', '우리가 알아보는 고장 이야기'와 같은 단원 주제로, 우리 고장에 대해 배웁니다. 먼저 우리 마을 또는 고장의 모습을 그려보고 그림지도로 나타내보세요. 3학년이 되기 전 부모님과 함께 현재 살고 있는 마을을 둘러보는 것만으로도 많은 도움이 됩니다. 동네로 떠나는 체험학습이죠. 공공시설도 들러보고, 우리 고장의 다양한 모습도 익혀보게 하세요. 인터넷이나 앱 등을 통해 동네 지도도 살펴봅니다. 고장의 중심지에 대해서 배우니까 중심지의 모습을 살펴보기도 하고요. 고장의 중심지(시내)에 나가서 여러 사회활동도 해보세요. 은행에서 통장을 개설해보기도 하고, 주민센터에 서류를 떼러 가보는 것도 좋습니다.

놀이공원이나 체험학습장에 가면 안내도와 간단한 지도가 있습니다. 이를 통해 아이에게 갈 곳을 직접 찾아보게 하면 지도 개념을 배울 때 훨씬 쉽게 받아들일 수 있습니다. 고장 사람들의 직업에 대해 배우는 시간도 있으니 방송국, 소방서, 경찰박물관 등에 체험학습을 가거나 평소 주변에서 만나는 사람들의 직업을 찾아보고 이야기해보는 것도 좋겠습니다.

✎ 옛날의 모습을 살펴보세요

2학년까지 통합교과를 통해 현재의 모습을 배웠다면 3학년부터는 옛날과 오늘날의 개념이 등장하기 시작합니다. 시대가 변함에 따라 교통, 통신수단, 삶의 모습, 가족의 모습이 어떻게 변화되었는지에 대해서 배워요. 그러니 옛날의 모습을 살펴보는 것도 공부가 되겠지요. 농업박물관, 쌀박물관, 민속박물관, 국립중앙박물관, 외고산 옹기마을, 남산골 한옥마을, 짚풀생활사박물관 등에 가서 옛날 사람들의 생활 모습을 살펴보세요. 교통, 통신수단의 변화에 대해서도 배우니 철도박물관, 삼성교통박물관, 우표박물관 같은 곳도 좋습니다.

✎ 3학년 사회 배경지식을 넓혀 주는 책

지식 관련 책 중에서도 재미있는 책들이 많습니다. 사회와 관련한 재미있는 그림책을 자주 접하게 해주세요. 공부라고 생각하기보다 아이의 호기심을 자극하고 충족시키는 활동으로 재미있게 접근하는 방법입니다. 아래 추천하는 책 외에도 사회 배경지식을 넓혀줄 그림책을 다양하게 만나보세요.

책 제목	지은이	출판사
세상을 담은 그림 지도	김향금	보림
초롱이와 함께 지도 만들기	로렌 리디	미래아이
방방곡곡 우리 특산물	우리누리	주니어중앙

조상들은 어떤 도구를 썼을까	우리누리	주니어중앙
마루랑 온돌이랑 신기한 한옥 이야기	햇살과 나무꾼	해와나무
우리 조상들의 의식주 이야기	표시정	다산교육
관혼상제, 재미있는 옛날 풍습	우리누리	주니어중앙
옛사람들의 교통과 통신	우리누리	주니어중앙
우리가 사는 도시 탐험	페트리샤 멘넨	크레용하우스
시골 장터 이야기	정영신	진선북스

고민
221
4학년 사회는 어떻게 공부할까요?

4학년 사회는 이런 주제의 수업이 진행됩니다. 단원명을 살펴보면 어떤 내용을 배우는지 짐작이 갈 거예요.

	1단원	2단원	3단원
1학기	지역의 위치와 특성	우리가 알아보는 지역의 역사	지역의 공공기관과 주민 참여
2학기	촌락과 도시의 생활 모습	필요한 것의 생산과 교환	사회 변화와 문화의 다양성

4학년 1학기에는 우리 지역에 대해서 배웁니다. 그래서 우리 지역에 있는 여러 관공서를 탐방해보는 것도 좋습니다. 주민센터, 도서관, 병원, 복지관 등에 들러보세요.

2학기에는 1단원에서 '촌락과 도시의 생활 모습'에 대해 배웁니다. 촌락에 사는 친구들은 도시에, 도시에 사는 친구들은 촌락에 가보고 비슷하거나 서로 다른 모습을 경험해보면 좋겠습니다. 2단원 '필요한 것의 생산과 교환'에서는 현명한 소비나 경제적인 교류에 대해서 배워요. 체험학습을 통해 한국은행 화폐박물관, 증권박물관, 한국금융사박물관 등을 가보면 도움이 되겠습니다.

5학년 사회는 어떻게 공부할까요?

5학년은 학기에 두 단원씩 배웁니다.

	1단원	2단원
1학기	국토와 우리 생활	인권을 존중하는 삶
2학기	옛사람들의 삶과 문화	사회의 새로운 변화와 오늘날의 우리

5학년 1학기 1단원의 단원명은 '국토와 우리 생활'이에요. 우리나라의 영역과 기후, 강수량과 같은 자연환경, 인구분포, 산업, 교통, 도시 발달과 같은 인문환경에 대해 배웁니다. 2단원 '인권을 존중하는 삶'에서는 법, 헌법 등을 배우고요. 뉴스에 나오는 기상예보를 함께 보며 기후, 강수량, 강우량과 같은 것에 가까워져 보고, 각종 사건 사고를 보면서 법에 익숙해져 보는 것이 도움이 될 수 있습니다.

5학년 2학기는 역사에 대해 배웁니다. 한 학기 동안 우리나라의 역사에 대해서 배우도록 구성이 되어있어요. 역사에 대해 심도 있는 공부를 하는 만큼, 경주, 부여, 공주, 강화도 등 우리나라 곳곳의 역사 도시들을 가보세요. 창경궁, 경복궁, 덕수궁, 독립문, 서대문형무소, 전쟁기념관, 수원화성, 인사동, 풍납토성, 몽촌토성 등의 주요 역사 건물과 지역 방문도 도움이 됩니다.

고민 223 6학년 사회는 어떻게 공부할까요?

	1단원	2단원
1학기	우리나라의 정치 발전	우리나라의 경제 발전
2학기	통일 한국의 미래와 지구촌의 평화	인권 존중과 정의로운 사회

6학년 1학기 1단원은 '우리나라의 정치 발전'이라는 단원명으로, 4·19 혁명, 6월 민주항쟁 등의 역사 사건과 국회, 정부, 법원에서 하는 일까지를 배웁니다. 그 후, '우리나라의 경제 발전'까지 1학기 때 수업하고, '통일 한국의 미래와 지구촌의 평화', '인권 존중과 정의로운 사회'는 2학기에 배웁니다.

6학년은 내용이 꽤 시사적이고, 범위가 넓어요. 법이나 정치에 관한 내용이 나오기 때문에 국회의사당, 청와대, 법원 등의 행정사법과 관련한 기관에 가보면 좋겠습니다. 통일에 대해 나오니 통일전망대나 임진각에 가보는 것도 좋아요.

초등 6년 동안 과학 공부에서
중요한 것은 무엇인가요?

3학년부터 6학년까지 과학 과목을 통해 어떤 내용을 배우는지 표로 살펴보도록 하겠습니다.

		1단원	2단원	3단원	4단원	5단원
3학년	1학기	★ 과학자는 어떻게 탐구할까요?	● 물질의 성질	▲ 동물의 한살이	■ 자석의 이용	◆ 지구의 모습
	2학기	★ 재미있는 나의 탐구	▲ 동물의 생활	◆ 지표의 변화	● 물질의 상태	■ 소리의 성질
4학년	1학기	★ 과학자처럼 탐구해볼까요?	◆ 지층과 화석	▲ 식물의 한살이	■ 물체의 무게	● 혼합물의 분리
	2학기	▲ 식물의 생활	● 물의 상태 변화	■ 그림자와 거울	◆ 화산과 지진	◆ 물의 여행
5학년	1학기	★ 과학자는 어떻게 탐구할까요?	● 온도와 열	◆ 태양계와 별	● 용해와 용액	▲ 다양한 생물과 우리 생활
	2학기	★ 재미있는 나의 탐구	▲ 생물과 환경	◆ 날씨와 우리 생활	■ 물체의 운동 속력	● 산과 염기
6학년	1학기	★ 과학자처럼 탐구해볼까요?	◆ 지구와 달의 운동	● 여러 가지 기체	▲ 식물의 구조와 기능	■ 빛과 렌즈
	2학기	■ 전기의 이용	◆ 계절의 변화	◆ 연소와 소화	▲ 우리 몸의 구조와 기능	● 에너지와 생활

(★과학 탐구, ■운동과 에너지, ●물질, ▲생명, ◆지구와 우주)

과학은 3학년부터 6학년까지 학기 당 다섯 단원씩을 배웁니다. 이 단원을 크게 다섯 영역(과학 탐구, 운동과 에너지, 물질, 생명, 지구와 우주 영역)으로 나누어서 표시했어요. 학부모님들이 배웠던 물리, 화학, 생물, 지구과학과 같다고 생각하면 됩니다.

★모양으로 표시된 '과학 탐구' 단원은 과학의 기본이라 할 수 있습니다. 과학을 탐구하는 기본적인 방법에 대한 내용으로 3, 4, 5, 6학년 모든 학년의 첫 단원에 배치되어 있습니다. 그만큼 중요하다는 것이고, 기본이 되는 내용이에요. 물리에 속하는 '운동과 에너지'는 ■모양, 화학에 해당하는 '물질' 영역은 ●, 생물에 해당하는 '생명'은 ▲, 지구과학에 해당하는 '지구와 우주' 부분은 ◆모양으로 표시했습니다. 표를 살펴보면 영역별로 내용이 쭉 연결된다는 걸 알 수 있습니다. 예를 들어 ●모양만 보면 '물질의 성질 − 물질의 상태 − 물질의 상태 변화 − 온도와 열 − 용해와 용액 − 산과 염기 − 여러 가지 기체'로 내용이 연결되어 있죠. 생명(▲)과 관련한 단원을 보면 3학년 때는 동물에 대해 배우고, 4학년 때는 식물에 대해 배웁니다. 5~6학년에는 생물 전반적인 것에서부터 우리 몸까지를 배우죠. 과학은 이런 흐름을 생각하면서 공부하는 게 좋습니다. 책을 읽을 때도 여기에 조금 더 초점을 맞춰 읽고, 과학관에 가서 살펴볼 때도 학년마다 중점을 두는 부분을 달리하는 겁니다.

고민 225~228을 통해 각 학년에서 배우는 내용을 조금 더 자세히 보면, 초등교육과정에서 배우는 과학이 많이 어렵고 복잡한 내용은 아니라는 걸 알 수 있습니다. 초등과학에서는 크게 두 가지만 생각하세요.

✎ 궁금한 것 많이 만들기

과학에서 가장 중요한 것은 뭐니 뭐니 해도 '호기심'입니다. 궁금한 점을 많이 만들기 위한 방법을 생각해보세요.

주변을 주의 깊게 관찰하기

주변을 자세히 관찰하다 보면 '왜 이럴까?' 하는 호기심이 생깁니다. 질문도 하다 보면 늘어요. 질문할수록 자꾸 궁금한 게 생기거든요. 주변을 관찰하면서 "왜?"라는 질문을 자꾸 던지는 대화를 해보세요. "이건 왜 그럴까? 같이 찾아보자" 하고 말이죠.

궁금이 수첩 만들기

궁금증을 바로바로 해결할 수 있는 건 아닙니다. 그런데 궁금한 것들은 적어놓지 않으면 금세 잊어버립니다. 궁금한 게 생길 때마다 수첩에 적는 습관을 갖게 하세요. 모았다가 나중에 궁금이 수첩에 있는 것들을 책이나 인터넷으로 찾아보기도 하고, 선생님이나 부모님께 질문해서 해결해봅니다.

배경지식 넓히기

과학도 배경지식이 참 중요하지요. 일상에서 배경지식을 넓힐 수 있도록 해주세요.

자연에서 살아있는 체험하기

자연에서 뛰어놀기, 집에서 식물이나 동물 키워보기, 밤하늘의 별자리 관찰하기, 식물의 냄새 맡아보기, 자연환경을 관찰하고 그림으로 그려보거나 사진 찍어보기 등을 해봅니다.

다양한 견학, 체험하기

과학박물관이나 과학전시회, 과학 캠프 등에 참여하세요. 체험학습관의 팸플릿이나 사진 자료 등을 읽어보고, 다녀온 곳의 안내 책자를 정리해두는 것도 많은 도움이 됩니다.

과학책과 과학 잡지 읽기

과학 관련 책을 읽다 보면 궁금한 것들을 해결할 수도 있고 과학 배경지식도 많이 쌓을 수도 있습니다. 전시회를 다녀와서 그와 관련된 과학책을 찾아봐도 좋고, 학교에서 배운 내용과 관련된 과학책을 찾아봐도 좋습니다. 도서관에 있는 과학 잡지도 읽어보고요.

과학 영화나 다큐멘터리 보기

시각적으로 보면 이해하기 더 쉽고 기억에도 오래 남을 수 있습니다. 아이 수준에 맞는 과학 영화나 다큐멘터리를 관람해봅니다. 유튜브에 있는 영상 중에도 도움 되는 것들이 많아요.

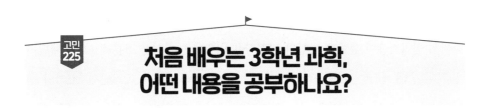

고민 225

처음 배우는 3학년 과학, 어떤 내용을 공부하나요?

	1단원	2단원	3단원	4단원	5단원
1학기	과학자는 어떻게 탐구할까요?	물질의 성질	동물의 한살이	자석의 이용	지구의 모습
2학기	재미있는 나의 탐구	동물의 생활	지표의 변화	물질의 상태	소리의 성질

3학년은 사회와 마찬가지로 과학이 처음 등장하는 학년입니다. 1학기 2단원은 '물질의 성질'에 대해 배웁니다. 우리 주변의 물건이 철, 나무, 플라스틱, 고무 등의 물질로 이루어져 있다는 것과 각 물질의 특징을 배워요. 3단원 '동물의 한 살이'에서는 동물 암수의 생김새와 하는 일이 다름을 알고 알 → 애벌레 → 번데기 → 어른벌레가 되는 배추흰나비의 한살이에 대해서 배웁니다. 알을 낳는 동물과 새끼를 낳는 동물의 한살이 차이에 대해서도 배우죠. 4단원 '자석의 이용'에서는 자석에 붙는 물체와 붙지 않은 물체에 대해 배우고, 극, 나침반에 관해서도 공부합니다. 5단원 '지구의 모습'에서는 지구는 둥근 모양이라는 것과 육지와 바다의 특징이 무엇인지, 지구에서 공기가 어떤 역할을 하는지, 지구와 달의 가장 큰 차이는 물과 공기의 여부라는 것을 배웁니다.

2학기 2단원 '동물의 생활'에서는 땅에 사는 동물, 물에서 사는 동물, 날아다니는 동물의 특징에 대해서 배웁니다. 3단원 '지표의 변화'에서는 바위나 돌이 작게 부서져서 흙이 만들어진다는 것과 침식작용과 퇴적작용에 대해서 배우고, 강과 바다에서 침식작용이 활발한 지형과 퇴적작용이 활발한 지형을 구분해봅니다. 4단원 '물질의 상태'에서는 고체, 액체, 기체의 성질에 대해서 배우고, 5단원 '소리의 성질'에서는 소리의 크고 작은 정도를 소리의 세기라고 하며 소리의 높고 낮은 정도를 소리의 높낮이라고 한다는 것을 배웁니다. 또, 소리는 공기, 철, 물과 같은 여러 가지 물질을 통해 전달된다는 것과 소리가 물체에 부딪쳐 되돌아오는 성질이 소리의 반사라는 것도 배워요.

주변의 물건이 어떤 물질로 이루어졌는지 생각해보고, 동물에 대한 수업이 있으니 평소 동물을 자주 관찰하거나 동물원을 갔을 때 좀 더 유심히 보는 것도 좋아요. 강과 바다에 대해 배우면서 갯벌이나 계곡에 직접 가서 지형을 살펴보세요.

4학년 과학은
어떤 내용을 공부하나요?

	1단원	2단원	3단원	4단원	5단원
1학기	과학자처럼 탐구해볼까요?	지층과 화석	식물의 한살이	물체의 무게	혼합물의 분리
2학기	식물의 생활	물의 상태 변화	그림자와 거울	화산과 지진	물의 여행

4학년 과학은 3학년에 배웠던 내용들에서 깊이가 좀 더 깊어집니다. 하지만 내용이 많거나 어려운 것은 아니에요. 교과서에 나오는 실험도 복잡한 실험은 없어요. 각 단원에서 어떤 내용을 배우는지 전체적으로 알아보겠습니다.

1학기 2단원 '지층과 화석'에서는 지층이 만들어지는 과정을 배우고 수평인 지층, 끊어진 지층, 휘어진 지층 등 지층의 종류에 대해 배웁니다. 퇴적암에는 이암, 사암, 역암이 있고 퇴적물이 누르는 힘으로 퇴적암이 만들어진다는 것을 배웁니다. 3단원 '식물의 한살이'에서는 강낭콩의 한살이(씨 → 싹이 튼다 → 잎과 줄기가 자란다 → 꽃이 핀다 → 열매를 맺는다)에 대해서 배웁니다. 씨가 싹 터서 자라는 데 적당한 양의 물과 적당한 온도가 필요하다는 것과 한해살이 식물과 여러해살이 식물에 대해서 배웁니다. 4단원 '물체의 무게'에서는 양팔 저울, 용수철저울로 물체의 무게를 측정해봅니다. 5단원 '혼합물의 분리'에서는 크기가 다른 혼합물(콩, 팥, 좁쌀)을 체를 이용해 분리해보고, 플라스틱 구슬과 철 구슬을 자석으로, 소금과 모래를 거름 장치를 이용해서 분리해봅니다.

4학년 2학기 2단원 '물의 상태 변화'에서는 물이 얼음이 될 때 부피는 늘어나고 무게는 변하지 않는다는 것을 배웁니다. 또, 물이 수증기가 되는 증발과 끓음, 수증기가 물이 되는 응결에 대해 배웁니다. 3단원 '그림자와 거울'에서는 빛이 불투명한 물체를 통과하지 못하면 그림자가 생기고 이는 빛이 직진하기 때문이라는 것, 물체와 빛이 가까우면 그림자가 커지고 멀면 그림자가 작아진다는 것을 배웁니다. 빛은 거울에 부딪혀서 방향이 바뀐다는 것과 거울에 비친 물체는 상하는 바뀌지 않고 좌우는 바뀐다는 것을 배웁니다. 4단원 '화산과 지진'에서는 화산활동으로 나오는 물질(용암, 화산재, 화산 암석 조각, 화산 가스), 현무암과 화강암의 차이, 지진이 발생하는 원인에 대해 배웁니다. 5단원 '물의 여행'에서는 빗물이 호수와 강, 바다, 땅속에 머물다가 공기 중으로 증발하거나 식물의 뿌리로 흡수되었다가 잎에서 수증기가 되고, 다시 구름, 비, 눈이 되어 바다나 육지로 내리는 물의 순환에 대해 배웁니다.

화산과 지진을 배우기 때문에 지질박물관, 공룡박물관, 태백 석탄박물관 등을 가보면 좋겠습니다. 강이나 바닷가에 놀러간다면 그 주변의 지형을 살펴보고, 돌들이 층층이 쌓인 단층(지층이 끊어져 어긋난 것)과 습곡(지층이 휘어진 것) 등을 찾아보고 주변의 돌도 관찰해보세요.

5학년 과학은 어떤 내용을 공부하나요?

	1단원	2단원	3단원	4단원	5단원
1학기	과학자는 어떻게 탐구할까요?	온도와 열	태양계와 별	용해와 용액	다양한 생물과 우리 생활
2학기	재미있는 나의 탐구	생물과 환경	날씨와 우리 생활	물체의 운동 속력	산과 염기

5학년부터는 과학 내용이 조금 더 복잡해지고 다양한 과학 용어가 등장합니다. 학생들이 어려움을 느끼는 부분이 '온도와 열', '용해와 용액', '산과 염기'인데요, 모두 물질(화학)과 관련된 부분입니다. 각 단원의 내용 살펴보도록 할게요.

5학년 1학기 2단원 '온도와 열'에서는 열은 온도가 높은 물질에서 온도가 낮은 물질로 이동한다는 것, 고체에서 열이 이동하는 것을 전도라고 하고, 액체나 기체에서 주변의 온도가 높아진 물질이 위로 올라가고 위에 있던 물질이 아래로 밀려 내려오는 것을 대류라고 한다는 것을 배웁니다. 3단원 '태양계와 별'에서는 태양계 행성들에 대해서 배우며, 행성과 별의 차이점에 대해 배웁니다. 4단원 '용해와 용액'에서는 용질이 용매에 용해되면 용액이 된다는 것과 각 용어의 뜻을 알아야 합니다. 물의 온도에 따라 용질이 용해되는 양이 다르다는 것, 용질의 종류에 따라 물에 용해되는 양이 다르다는 것, 용액의 진하기를 색깔이나 물체가 뜨는 정도로 비교할 수 있다는 것을 배웁니다. 5단원 '다양한 생물과 우리 생활'에서는 곰팡이나 버섯과 같은 균류, 짚신벌레와 해캄 같은 원생생물, 세균에 대해 배웁니다.

2학기에는 어떤 내용을 배울까요? 2단원 '생물과 환경'에서는 생태계가 생물 요소(생산자, 소비자, 분해자)와 비생물 요소(온도, 햇빛, 물, 공기, 흙 등)로 이루어져 있다는 것을 배우고, 생물의 먹이 관계인 먹이사슬과 먹이그물에 대해 배웁니다. 3단원 '날씨와 우리 생활'에서는 건습구 습도계로 습도 측정하는 법, 이슬, 안개, 구름의 공통점과 차이점, 고기압과 저기압, 그 기압의 차이로 공기가 이동하는 것이 바람이라는 것, 우리나라의 계절별로 영향을 미치는 공기덩어리가 다르다는 것과 계절별 날씨가 어떻게 변화하는지 배웁니다. 4단원 '물체의 운동'에서는 이동 거리를 걸린 시간으로 나누는 속력에 대해 배웁니다. 5단원 '산과 염기'에서는 다양한 지시약을 넣었을 때 산성 용액과 염기성 용액의 색깔 변화에 대해 배웁니다. 산성 용액과 염기성 용액에 달걀 껍데기, 대리석 조각 등을 넣어보고 산성 용액과 염기성 용액을 섞어보기도 합니다.

태양계나 별과 관련한 학습을 위해 별마로천문대 같은 천문대에 가보세요. 다양한 생물에 대해 미생물박물관도 있으니 가보면 좋겠죠. 또 생물 영역과 연계해서 서울대학교병원 의학박물관, 생명과학박물관을 관람해보는 것도 도움이 될 거예요.

고민 228

6학년 과학은
어떤 내용을 공부하나요?

	1단원	2단원	3단원	4단원	5단원
1학기	과학자처럼 탐구해볼까요?	지구와 달의 운동	여러 가지 기체	식물의 구조와 기능	빛과 렌즈
2학기	전기의 이용	계절의 변화	연소와 소화	우리 몸의 구조와 기능	에너지와 생활

6학년에서는 '지구와 달의 운동', '계절의 변화'와 같이 우리가 직접 볼 수 없기 때문에 공간적인 상상력을 통해 이해해야 하는 내용이 나옵니다. '여러 가지 기체'와 '연소와 소화'에서는 조금은 위험하고 어려운 실험이 나오고요. 실험 과정과 결과를 차근차근 정리하는 과정이 더 필요합니다.

1학기 내용을 살펴보겠습니다. 2단원 '지구와 달의 운동'에서는 지구의 자전 때문에 하루 동안 태양과 달의 위치가 달라진다는 것, 지구의 공전 때문에 계절에 따라 보이는 별자리가 달라진다는 것을 배우고 여러 날 동안 달의 모양과 위치를 관측해봅니다. 3단원 '여러 가지 기체'에서는 산소와 이산화탄소의 성질은 어떤지, 압력과 온도에 따라 기체의 부피가 어떻게 변하는지 배웁니다. 4단원 '식물의 구조와 기능'에서는 식물세포가 세포벽, 세포막, 핵으로 이루어졌다는 것, 씨가 퍼지는 방법(물, 바람, 동물)과 식물의 각 부분(꽃, 열매, 잎, 줄기, 뿌리)이 하는 일에 대해 배웁니다. 5단원 '빛과 렌즈'에서는 빛이 공기와 물의 경계에서 꺾여 나간다는 것, 볼록 렌즈로 물체를 보면 크게 보이고 상하좌우가 다르게 보인다는 것을 배웁니다.

2학기 내용도 함께 살펴보죠. 1단원 '전기의 이용'에서는 전지와 전구를 직렬, 병렬 연결해보고 전구의 밝기를 비교합니다. 전자석을 만들어보고 전자석은 전류가 흐를 때만 자석의 성질이 나타난다는 것을 배웁니다. 2단원 '계절의 변화'에서는 하루 동안의 태양고도, 그림자 길이, 기온의 관계를 배워요. 태양고도가 높을수록 그림자 길이는 짧아지고 기온은 높아지죠. 계절이 변하는 까닭은 지구의 자전축이 지구의 공전궤도면에 대해 기울어진 채 태양 주위를 공전하기 때문이라는 것을 배워요. 3단원 '연소와 소화'에서는 연소할 때 필요한 물질(산소, 탈 물질, 발화점 이상의 온도), 초가 연소할 때 생기는 물질(물, 이산화탄소)에 대해 알아야 합니다. 4단원 '우리 몸의 구조와 기능'에서는 소화기관, 호흡기관, 순환기관, 배설기관, 자극의 전달과 반응에 대해서 간단하게 배우고요. 5단원 '에너지와 생활'에서는 에너지의 형태(열에너지, 전기에너지, 빛에너지, 화학에너지, 운동에너지, 위치에너지)와 그 에너지들이 형태가 바뀌어 전환되는 과정을 배워요.

6학년 과학 수업 중 전기의 이용이나 에너지와 생활 내용과 연계해서 전기박물관, 에너지파크, 가스과학관을 가보면 좋겠습니다. 또, 국립과천과학관, 국립중앙과학관, 남산 탐구학습관, 대전 교육과학연구원 등의 종합 과학박물관을 방문해 관련 내용을 더 깊이 체험해볼 것을 추천합니다. 지구와 달의 운동, 계절의 변화 등의 내용과 연계해 천문대에도 가보세요.

교과 연계 체험학습을 할 때
주의할 점을 알려주세요

자신이 직접 체험하고 경험했던 것을 바탕으로 정리된 교과 지식을 받아들이는 아이와 단순히 활자로 받아들이는 아이의 차이는 생각보다 큽니다.

사회나 과학의 학년별 체험학습 장소를 추천하면, "6학년 추천 장소를 1학년 때 가는 것은 별 도움이 되지 않을까?" 하고 묻습니다. 대답은 "그렇지 않습니다"예요. 학년 구분 없이 같은 장소를 저학년 때 가도 되고, 고학년 때 가도 됩니다. 언제 가느냐, 얼마나 배경지식을 갖고 보느냐에 따라 보는 눈이 달라지기 때문에 학년별 추천 장소라 하여 추천 학년만 갈 것이 아니라, 같은 장소를 다른 학년에 여러 번 가도 된다는 거예요.

단, 아무리 좋다는 캠프일지라도, 아무리 좋은 곳으로 떠난 여행일지라도, 이 경험을 통해 무엇을 배울 수 있는지 목표를 명확히 하고 준비를 하지 않으면, 노는 장소만 달라질 뿐 아무것도 남지 않습니다. 특히 사회와 과학 등의 교과 연계 체험학습이 목표였다면 더욱 정선되고 준비된 체험학습이 되어야 합니다. 과학관에 가서 뛰어놀았다고 과학적인 창의력이 길러지는 것이 아니며, 불국사나 경복궁에 가봤다고 해서 신라나 조선의 역사를 이해하게 되는 건 아니기 때문이죠. 어떻게 준비하느냐에 따라 동네 놀이터에서 뛰어노는 것과 다름없는 시간이 될 수도 있고, 특별한 공부가 될 수도 있습니다. 그저 '한번 가보는' 의미의 체험은 책으로 읽는 게 더 나을 수도 있어요.

여행을 가기 전이나 박물관이나 미술관 체험을 하기 전, 관련 책과 영상을 찾아본 후 가세요. 사전공부를 하는 거예요. 아주 이상적인 이야기지만, 여러 집이 함께 간다면 엄마들끼리 품앗이해서 분야를 나누어 배경지식을 준비해 가도 좋아요.

목표는 작게 잡는 것이 좋습니다. 역사박물관에 가더라도 이번에는 신라에 관해서만 보고 오겠다 하는 식으로 말이에요. 그래야 주제에 대한 책을 읽고 이야기하는 프로그램을 부모와 아이가 함께 만들어 갈 수 있어요. 그냥 찍고 오는 체험을 한 뒤 무언가 배웠겠지 하고 위안한다면 들인 노력에 비해서 그 효과는 미미해요.

또, 체험이나 여행이 세상에 대한 이해를 더하고, 교과 지식을 이해하는데 밑바탕이 되는 것은 맞지만 이 모든 것은 '정선된 체험학습'이어야 가능합니다. 방학 때 어떤 체험을 한다면, 아이의 발달 시기와 흥미, 다음 학기의 교과 내용에 비추어 목표를 정하고 준비를 하고 가보세요.

고민 230 역사 논술 학원을 보낼까요? 역사 공부법이 궁금해요

5학년 2학기 한 학기 동안 한국사를 배웁니다. 그래서 5학년이 되면 역사 논술 학원에 다닌다는 아이, 역사 학습지를 하거나 한국사능력검정시험을 본다는 학생들이 반에 늘어나기 시작합니다. 물론 뭐든 해서 나쁠 건 없겠지만, '정말 꼭 필요할까?' 하는 생각이 드는 것도 사실입니다.

🖊 초등학생의 역사의식 발달 연구

초등학생의 역사의식 발달 연구 결과를 간단하게 말씀드리자면, 초등학교 저학년은 시간 개념의 차이를 인식하지 못하고 역사란 막연하게 '옛날 거다' 정도로 느끼는 것이 가능합니다. 따라서 '옛날이야기'를 읽는 정도로 교육하죠. 중학년은 옛것과 지금의 것을 구분할 수 있고, 시간의 흐름을 느낄 수 있습니다. 4학년부터는 연표 학습 정도도 가능하고요. 마지막 고학년에 해당하는 초등학교 5학년이 되면 역사적 사실에 대한 인과 관계를 생각할 수 있을 만큼 생각이 자랍니다. 역사적 흥미도 커지기 시작하죠. 5학년부터 역사 교육이 시작되는 것도 이 까닭이에요. 하지만 시대사 중심의 역사 교육은 아직 무리이며, 인물을 시대와 관련지어 공부하거나 전기적, 일화적 이야기를 통해 역사 교육을 하는 것이 좋다고 많은 연구는 말하고 있습니다.

🖊 역사책과 체험학습으로 시작해야 하는 이유

초등학교 역사 공부를 어떻게 할지에 대한 힌트는 책에 있습니다. 역사를 재미있는 이야기로 받아들일 수 있도록 역사 동화나 역사 만화로 역사를 접해 보게 해야 합니다. 동화책이나 만화책으로 역사와 충분히 친숙해졌을 때에는 지식 정보책으로 부족한 역사 지식을 확장시켜 줍니다. 더불어 방학 때 역사책을 읽은 후, 경주나 공주, 부여와 같은 역사 도시로 여행을 가보면 좋겠습니다. 그게 힘들면 박물관에 가보고요. 역사 드라마, 역사 영화를 시청해 보면서 역사 수업을 준비해 보세요. 이러한 것들은 역사 공부에 동기 부여가 굉장히 많이 됩니다.

🖊 역사 대화를 나누세요

역사책을 읽거나, 여행을 가고 영화를 보면서 '역사 대화'를 나눠보세요. 예를 들면 "이성계가 위화도 회군을 한 것은 잘한 일이었을까? 만약에 세종대왕, 이순신, 영조가 대통령 선거에 나오면 누구를 대통령으로 뽑을래? 이유가 뭐야? 홍선대원군은 개화를 해야 했을까? 10만 원짜리 지폐가 생기면 어떤 인물이 들어갔으면 좋겠어?"와 같은 질문을 던지고 대답을 듣는 거예요. 이것만큼 살아있는 역사 교육은 없습니다. 역사 대화를 나눌만한 질문을 만들기 힘들고 부담스러울 수 있어요. 아래의 만능 역사 대화 이 질문으로 아이와 역사 대화를 시작해 보세요.

• 만약 나였다면 어떻게 했을까?

• 타임머신을 타고 돌아간다면 역사 주인공에게 뭐라고 조언해줄래?

• 역사 주인공이 다른 선택을 했다면 지금 어떻게 되었을까?

단순히 역사적 사실에 대해 물어보는 것에서 더 나아가 '만약'을 상상해보거나 옳고 그름을 따져보는 대화를 해보세요.

✏️ 역사 학습일기를 써보세요

배운 역사 내용으로 역사 학습일기를 써보세요. 일기를 쓸 만한 내용이 없는 날 써도 좋고요. 역사책을 읽고 독후감으로 써도 좋고, 그냥 복습으로 써도 좋아요. 내가 과거로 돌아갔다고 생각하고 1인칭 시점에서 일기를 쓰는 거예요. 예를 들어서 고려 시대의 상감청자에 대해서 배우고 역사 학습일기를 쓴다면 이렇게 쓸 수 있어요.

"오, 이 도자기 너무 멋있네. 이거 나 주면 안 돼?"
옆집에 사는 친구 영식이네 집에 놀러 갔다. 마루에 있는 도자기가 너무 멋졌다. 하지만 영식이는 절대 안 된다고 하는 거였다.
"이거 우리 아빠가 몇 년 동안 고민하고 만든 새로운 기법의 도자기라고 중국에 가서 보고 새로운 공예기법을 만드셨대. 바로 상감이라는 거야."
영식이는 그 도자기는 이름이 상감청자라고 했다. 그때 영식이 아빠가 오시더니 설명을 더 해주셨다.

이런 흐름으로, 1인칭 시점으로 상상하면서도 역사적 사실이 드러나게 쓰는 겁니다. 이렇게 나만의 이야기로 바꾸려는 시도를 하면 역사가 더 가까이 와닿아 머릿속에 쉽게 잊히지 않고 기억됩니다. 역사적 사실을 나만의 방식으로 출력하는 것은 고민 70~75에서 강조했던 메타인지 출력 공부법의 일환입니다.

역사 공부를 시작하며 아이들이 많이 응시하는 한국사능력검정시험은 단순한 역사적 사실을 확인하는 테스트입니다. 책을 보고, 여행을 가고, 부모님과 토론을 하고 내 것으로 이야기를 만들어보면서 역사 공부를 한 친구와 시험을 보기 위해 공부를 한 친구. 둘 중 누가 더 역사를 재미있다고 느낄까요?

역사는 이야기이고 우리의 삶입니다. 어려워할 이유가 없어요. 사회 시간에 역사를 배우면 아이들은 옛날이야기를 듣는 것 같다고 좋아해요. 좀 더 학업적인 면으로 접근하는 학원에 다니면 오히려 역사는 부담스럽고 어려운 과목이라는 선입견이 생길 수 있습니다. 가볍게 책과 영화, 여행으로 역사를 접해보고, 역사 대화, 역사 학습일기 등의 방법으로 내 것으로 만들어 보세요.

사회, 과학 문제집을 미리 풀어야 할까요?

방학 때 예습으로 사회, 과학 문제집을 미리 풀어야 하는지 고민을 받곤 합니다. 혹은 학기 중에 사회, 과학 문제집을 매번 풀어야 하는지도요. 사회와 과학을 문제집으로 방학 때 예습하는 것은 군이 권유하지 않습니다. 최대한 독서와 체험을 통해서 예습을 하고, 사회와 과학 문제집 풀 시간에 독서를 했으면 합니다. 학기 중에도 문제집은 필수는 아니에요. 다음 소개하는 방법으로 공부해보세요.

✎ 간접 체험과 직접 체험 활용하기

사회와 과학의 가장 좋은 학습은 독서와 체험학습입니다. 독서는 직접 체험할 수 없는 많은 것들을 글을 통해 체험할 수 있게 해주는 간접 체험이며, 체험학습은 내 몸으로 경험을 쌓는 직접 체험이죠. 독서와 체험학습은 다방면의 배경지식을 축적하는 연료입니다. 교과 공부는 자신이 가지고 있는 많은 배경지식 중 일부를 꺼내 정돈된 상태로 배우는 것입니다.

✎ 교과 어휘 노트 만들기

사회와 과학을 어렵다고 느끼는 이유는 사회와 과학 교과서에 나오는 교과 어휘들이 어려워서입니다. 교과 어휘 노트를 만들어 교과서에서 처음 본 용어가 나왔을 때 뜻을 정리해 기록해보세요. 고민 77을 활용해서 교과 어휘를 가지고 학습 놀이를 해보세요.

✎ 메타인지 출력법 활용 교과서 읽기

교과서가 중요하다는 말을 많이 합니다. 교과서는 그야말로 기본이에요. 제대로 된 교과서 공부를 하지 않고 문제집만 푸는 것은 모래성 쌓기와 같습니다. 고민 71~75를 참고해서 다양한 출력 공부를 하세요. 배운 것을 말로도 표현해보고, 공책 정리도 하고, 문제도 만들어봅니다. 메타인지 출력 공부는 특히 사회, 과학 공부에 굉장히 도움을 줍니다.

✎ 문제집을 적절하게 활용하세요

문제집이 나쁜 것은 아닙니다. 수업 시간 동안 다양한 활동을 하고, 열심히 설명을 더한 후, 문제를 몇 개 내어 함께 풀어보면 배운 내용을 더 확실하게 정리합니다. 교과서를 제대로 공부하지 않고 문제집을 풀며 학습을 하려는 것이 문제지, 문제집을 푸는 것 자체가 문제는 아니라는 의미입니다.

　문제집을 적극적으로 추천하지 않는 두 번째 이유는 모든 과목의 문제집을 풀면 시간이 부족해지기 때문입니다. 어떤 시간이요? 노는 시간과 독서 시간이요. 즉, 노는 시간과 독서 시간이 보장된 상태에서 푸는 문제집은 좋습니다. 그럼 그 시간을 빼고 문제집 풀 시간이 별로 없을 때는 어떻게 하냐고요? 우선순위를 생각해야 합니다. 가장 먼저 챙겨야 할 것은 독서, 수학, 영어라고 말씀드렸어요. 매일 빠트리지 않고 해야 할 공부는 독서, 수학, 영어입니다. 사회와 과학의 문제집은 단원을 정리하거나 쪽지 시험이나 수행평가를 앞두고 있을 때 활용하세요. 학기 중에는 충실하게 수업 듣고, 교과서를 메타인지 공부 기술로 정리하면서 공부하는 것만으로도 충분합니다.

종이 신문을 읽게 해야 할까요?

인터넷을 통해 뉴스를 빠르게 접할 수 있는 시대입니다. 빠르고 편리하게 소식을 접할 수 있지만, 인터넷 신문의 단점이 있다면 내가 원하는 것만 클릭해서 보게 되기 때문에 정보의 편향이 이루어질 수 있다는 것이죠. 물론 종이 신문도 신문사의 가치관에 따라, 내가 어떤 기사를 골라 읽느냐에 따라 정보가 편중될 수 있지만, 한 부로 묶인 전체를 받아 읽는 것과 인터넷 기사를 찾아 읽는 것은 아무래도 다르겠지요. 종이 신문을 읽는 것은 분명한 장점이 있기 때문에 정기 구독을 하는 것도 좋겠습니다. 종이 신문 구독을 않는다면 인터넷 신문을 인쇄해서 읽어보세요. 화면 속 글자를 읽는 것과 인쇄된 글자를 읽는 것은 차이가 있습니다. 같은 인쇄물이지만 책을 읽는 것과도 차이가 있어요. 신문은 책과 달리 정보의 최신성을 갖고 있기 때문에 세상 사는 흐름을 읽을 수 있습니다. 성인 신문이 어려운 저학년은 어린이 신문을 활용해보세요.

대표적인 어린이 신문
어린이 조선일보(kid.chosun.com)
어린이 동아(kids.donga.com)
어린이 경제신문(www.econoi.com)
: 어린이 신문 사이트에서 여러 기사를 인쇄해 읽게 해보세요.

신문을 읽어보는 것에서 조금 더 발전시켜 스크랩을 해보는 것도 좋습니다.

신문 스크랩 방법
❶ 신문 기사를 공책에 오려 붙입니다.
❷ 기사에서 모르는 단어 뜻을 찾아 정리합니다. 단어가 들어가게 짧은 글도 만들어봅니다.
❸ 다시 기사를 읽어보며 중요한 내용에 밑줄을 칩니다.
❹ 문단을 나눠봅니다. 신문 기사, 특히 사설은 생각의 흐름에 따라 문단이 잘 나뉘어 정리되어 있습니다. 문단을 나누고 중심 문장을 찾아보는 훈련을 해보세요.
❺ 밑줄 친 내용을 이용해 기사의 내용을 요약해서 공책에 씁니다.
❻ 기사에 대한 자기 생각을 씁니다.

처음에는 모르는 단어 뜻 정도만 찾아서 정리하세요. 그다음 신문에 나오는 어휘와 신문 읽기에 어느 정도 익숙해졌다면 신문의 내용을 요약해서 써보는 것까지 합니다. 그리고 점점 자신의 생각을 쓰는 것까지 확장시키세요. 매일 하기 힘들면 주말 또는 방학 때만이라도 해보세요.

과학 학원이 도움이 될까요?

사실 과학 학원까지 다니면 도대체 언제 놀고, 책은 언제 읽을까 싶습니다. 매일 학교 가고, 학원도 가고요. 학교와 학원을 다녀오기만 하나요? 숙제도 하고 평가도 준비하고, 이외에 해야 할 것들도 많잖아요. 뭐든 하면 좋죠. 거기다 아이가 쏙쏙 받아들여 준다면 투자한 게 아깝지 않아요. 하지만 우리는 아이의 노는 시간과 독서 시간을 확보해야 하고, 아이의 체력과 경제적인 부담도 고려해야 합니다.

과학 학원에서는 무엇을 할까요? 보통 실험을 하고 보고서를 씁니다. 과학 실험에 중요한 것은 통제 변인과 조작 변인을 찾는 것이에요. 이는 초등 6년의 과학 교과 내용(고민 224 참고) 중 3학년 1학기 1단원과 2학기 1단원, 4학년 1학기 1단원, 5학년 1학기 1단원과 2학기 1단원, 6학년 1학기 1단원에서 배우는 '과학 탐구'에 관한 내용입니다. 탐구 영역이 학년마다 계속 나온다는 것은 그만큼 과학적인 사고와 태도에 있어서 중요하다는 의미입니다. 과학의 기본인 관찰, 측정, 예상, 분류, 추리, 의사소통에 대해서는 3~4학년 때 배웁니다. 5~6학년에서는 '탐구 문제 정하기 – 실험을 계획하기 – 실험하기 – 실험 결과를 정리하고 해석하기 – 결론 내리기'의 과정을 통해, 과학자가 다양한 실험을 통해 일련의 과학 활동을 해나가는 과정을 집중적으로 배우죠. 여기에서 중요한 것은 실험을 계획할 때, 결과 도출을 위해 '다르게 해야 할 조건(조작 변인)'과 '같게 해야 할 조건(통제 변인)'을 잘 찾는 것입니다. 이것은 중고등학교의 과학과도 연결되는 부분이며, 과학 실험에서 가장 중요한 '변인 통제'입니다. 따라서, 과학 학원에 가서 실험하고 보고서를 쓰는 것은 '변인 통제' 과정을 연습하는 것이라고 생각할 수 있습니다. 하지만 이는 학교와 가정에서 충분히 연습할 수 있는 부분입니다. 그럼 어떻게 과학 부분을 자기주도적으로 채워나갈 수 있을지 말씀드릴게요.

과학 교과서에 '과학 탐구' 단원이 매 학년 처음에 등장하다 보니, 수업 개요 정도로 받아들여 소홀히 하는 경향이 있습니다. 하지만 앞서 설명했듯 탐구는 중요한 영역입니다. 1단원에서 탐구와 관련된 내용을 꼼꼼하게 공부하세요. 그리고 그 후에 나오는 교과서 실험들을 정확하게 이해하세요. 준비물, 주의할 점, 실험에서 통제시켜야 하는 변인, 변화시켜야 하는 조작 변인을 찾아보세요. 다양한 과학 실험 관련 책을 읽고, 아이가 원하면 집에서 할 수 있는 실험을 해보는 것도 좋지만 필수는 아니라고 생각합니다. 관련 책을 읽고 이미지를 머릿속으로 그려보며 상상 실험을 해보세요. 과학 배경지식을 넓힐 수 있는 관련 책을 최대한 많이 읽으세요. 배경지식이 많으면 중고등학교 과학 공부도 크게 어렵지 않습니다.

공부에 활용할 수 있는 과학 관련 콘텐츠들도 정말 많지요. EBS초등만 해도 '과학땡큐', '과학할고양', '달그락 교과서 실험실', '과학탐정단 사드' 등의 좋은 프로그램이 많습니다. 아이가 좋아하는 것으로 찾아보세요.

경제적인 부담도 없고, 과학에 흥미가 많다면 과학 학원을 다닐 수는 있습니다. 하지만 과학 학원을 필수적으로 보내야 하고, 우리 아이를 과학 학원에 못 보낸다고 자책할 필요는 없습니다. 과학 학원에 갈 시간에 충분히 쉬고 독서를 하세요.

예체능 · 사교육

친구 관계

교과 학습

학교생활

진로와 심리

피아노 학원에 가기 싫어하는 아들, 언제까지 학원을 보내야 할까요?

아이가 어른이 되어서 취미 생활로 즐길 악기 하나쯤 미리 배우면 좋지 않을까 싶어서, 악기를 꼭 배우게 하고 싶습니다. 피아노를 멋들어지게 치고, 기타를 멋지게 연주하는 모습이 좋아 보여서 나도 어릴 때 악기를 배워둘 걸 아쉬운 마음도 들고, 학년이 올라가면 공부를 해야 하니 예체능은 어릴 때 배우게 하는 게 맞다는 생각도 들고요. 아이가 중간에 다니기 싫다고 투정을 해도, 그동안 배운 것도 아깝고 조금 지나선 꾸준히 하지 않은 것을 후회할까 봐 그냥 다니라 하기 일쑤입니다. 하지만 고민이 되죠.

운동과 악기를 꾸준히 시키는 것은 경험의 확장 측면에서 좋습니다. 하지만 이때에도 가장 중요한 것은 아이에 대해 잘 알고 시켜야 한다는 거예요. 어떤 고민이든 가장 중요한 것은 '아이'가 가장 중심에 있어야 한다는 사실입니다.

✏ 시냅스에 따라 다른 강점

우리가 하는 행동은 의식적으로 하는 것 같아도 사실은 뇌 안의 여러 신경이 만들어져 습관적이고 무의식적으로 나타나는 것이 대부분입니다. 뇌의 비밀은 '시냅스'라는 것에 숨겨져 있습니다. 시냅스란 뇌세포(뉴런)끼리 서로 의사소통을 하기 위해서 연결된 부분입니다. 뇌세포 사이를 연결하는 가느다란 줄이라고 생각하면 됩니다. 이 시냅스가 어떻게 연결되어 있느냐에 따라 재능이 달라집니다.

그렇다면 시냅스는 어떻게 만들어질까요? 아이가 태어나고 첫 3년 동안, 천억

개의 뉴런은 각각 1만 5,000개의 시냅스 연결을 민듭니다. 엄청나게 많은 시냅스가 연결되는 것입니다. 그리고 그 후 3살부터 15살까지 인체는 3년 동안 정성 들여 연결해 만들었던 시냅스를 끊어내면서 두뇌 가지치기를 시작합니다. 뇌 회로를 형성하기 위해 엄청난 에너지를 쏟아 부어놓고 도대체 왜 또다시 대부분을 없애는 것일까요?

시냅스가 많다고 똑똑해지는 것이 아니기 때문입니다. 오히려 너무 많은 시냅스는 잘하는 부분에 집중하지 못하게 합니다. 그래서 자신에게 약한 부분은 끊어 없애고 가장 강력하게 연결된 시냅스를 잘 이용할 수 있도록 하는 것입니다. 그렇다면 애초에 왜 그렇게 많이 연결하는 것일까요? 처음부터 유전적으로 강한 시냅스만 만들어내면 되지 않을까요? 처음 몇 해 동안은 태어난 후 최대한 많은 연결을 만들어내어 많은 정보를 흡수해야 하기 때문입니다. 이때는 무조건 일방적으로 정보를 흡수만 합니다. 그리고 어느 정도 성장하고 나면 유전과 경험을 바탕으로 자신에게 가장 유리하고 사용하기 쉬운 강점 회로를 골라내어 남겨놓고, 효율성이 떨어지는 회로는 없애는 거죠.

사람마다 연결된 시냅스가 다르기 때문에 어떤 사건을 이해하고 느끼는 것도, 행동하는 것도 다 다릅니다. 이 개개인의 뇌 회로 차이가 재능을 만들어내죠. 따라서 같은 상황에서도 사람들은 다 다른 자극을 받아들입니다. 똑같은 내용을 배우는 수업 시간에도 머릿속에 남아 있는 내용이 다릅니다. 같은 식당에 앉아 있는 아이들이라도 어떤 아이는 음식 메뉴를 보고, 어떤 아이는 주위 사람들의 대화 소리를 들으며, 어떤 아이들은 사람들이 입고 있는 옷을 봅니다. 같은 상황에 부닥쳐도 전혀 다른 필터를 써서 전혀 다른 방식으로 걸러낸다는 것이죠. 이것은 사람은 모두가 다르고 독자적인 존재라는 것을 말해줍니다.

시냅스가 연결된 부분은 자신의 강점입니다. 조금만 노력해도 효율이 나는 부분이에요. 시냅스가 연결되지 않은 부분은 투자한 시간과 노력 대비 효율이 떨어지는 부분입니다. 그렇다면 시냅스가 연결되지 않은 부분은 아무리 노력해도 연결될 수가 없을까요? 그건 아닙니다. 다시 연결될 수 있죠. 하지만 굉장히 많은 시간이 걸리고, 두꺼운 연결이 아닐 수 있다는 거예요.

✏ 약점인 분야는 경험으로 만족하세요

피아노를 배우면 음악 교과의 내용이 수월하게 느껴질 수 있습니다. 학교에서 악보를 보고 리코더를 불거나 노래를 부를 때 처음 배우는 아이보다 쉬울 수 있죠. 피아노의 기본을 배워두면 다른 악기를 배우는 것도 할 수 있어요. 그래서 피아노 학원에 다니며 기본적인 이론을 익히고 경험해보는 것을 추천합니다.

피아노에 관련된 시냅스가 있으면 조금만 배워도 잘 칩니다. 하지만 시냅스가 없는데 억지로 시켜서는 없는 시냅스가 만들어지기란 쉽지는 않습니다. 따라서 피아노 학원에 보내야겠다는 생각이 들었다면 아이와 상의 후 6개월~1년 정도 다녀보고 다시 생각해보세요. 아이가 피아노를 계속 배우고 싶어 하고 피아노를 재미있게 치고 있다면 고민 없이 피아노 학원을 계속 보내면 됩니다. 잘 배우고 있지만 언제 그만둬야 하나 고민된다면, 상황마다 다르겠지만 전공할 게 아니라면 고학년쯤 됐을 때 학습에 집중하면서 취미로 즐길 정도로 충분합니다. 하지만 1년을 다녔는데도 너무 하기 싫어한다면 굳이 오래 다녀야 할 이유는 없습니다. 아이의 유전적인 특성상 발달하기 힘든 시냅스라고 생각하고 발달할 수 있는 다른 시냅스를 찾아주면 됩니다. 초등 시절은 다양한 경험을 하면서 발달될 가능성이 있는 시냅스를 찾는 과정이기 때문에 무조건 시작하면 오래 해야 한다고 생각할 필요가 없습니다.

부모는 아이의 유전에 가장 알맞은 아이의 재능을 관찰하고 발견해서 발달시켜주어야 합니다. 학원을 고를 때도 그에 맞게 선택해야 하고요. 아이의 발달에는 부

539

모의 개입이 '적당하게', '반드시' 필요합니다. 하지만 그 개입은 아이의 시냅스 발달, 강점에 철저하게 바탕을 두어야 해요. 아이의 약점을 보완하는 것보다 강점을 강화하는 데 신경을 쓰는 게 훨씬 효과적이라는 말씀을 드리고 싶습니다. 이것은 진로 교육에서도 마찬가지입니다.

고민 235 발레 학원에 다니고 싶다고 해서 보내줬더니 한 달 하고 끊고 싶대요. 어떡하죠?

보기엔 멋있어 보였는데 막상 해보니 힘이 드는 겁니다. 겨우 한 달 하고 그만두면 끈기가 없어지는 게 아닐까 생각도 들 거예요. 조금만 버티면 충분히 즐길 수 있는 단계가 올 텐데 자꾸 끊으면 맛보기만 하다가 마는 것 같아 아쉬운 마음이 들기도 하고요. 어떤 분야든 초반은 기초적이고 반복적이라 지루합니다. '내 삶에서 즐길 수 있는 취미' 하나를 만드는 과정은 쉬운 일이 아니에요.

학원에 다닐 기회를 너무 쉽게 주지 마세요. 평소 부모님이 배워보고 싶거나 취미로 삼고 싶은 것들은 쉽게 수업료를 결제하지 못할 거예요. 생각보다 비싸거든요. 그렇지만 아이 교육에 드는 학원비는 내가 다니는 것보다 덜 고민하고 결제합니다. 다니고 싶다는데 안 보내주면 마음이 아프고, 무엇이라도 경험해보는 게 나중에 아이의 삶에 도움을 주겠지 싶어서요. 학원에 다니기 전에 아이와 학원을 둘러보고 "최소 6개월에서 1년은 다닐 수 있는지 한 번 더 생각해보고 말해주렴" 하고 생각할 시간을 주세요. 그 후에 약속을 하고 보내줍니다. 가격 부담이 덜한 학교 방과후교실에 있는 해당 분야 수업이 있다면 그곳을 먼저 활용해보는 것도 방법이 될 수 있겠죠.

고민 236 미술 학원을 다니고 싶어 하는 고학년 딸, 공부할 시간을 빼앗길까 봐 고민돼요

고학년이 되면 학습적인 면이 확실히 복잡해지고 어려워집니다. 학교 수업도 늦게 끝나는데 학습과 관련한 학원을 몇 개 다니다 보면 예체능 같은 것을 할 여유가 없습니다. 그런데 아이는 미술 학원이라든지 캘리그래피, 피아노 학원을 보내 달라고 합니다. 예체능 학원에 다니면 공부할 시간이 줄어들고, 고학년인데 이제 와서 그러한 것들을 배워야 하나 싶습니다.

그렇지만 입시의 최전선에 있는 고등학교 3학년도 24시간 공부만 하는 건 아니에요. 하물며 초등학교 5~6학년 아이들이 공부 때문에 일주일에 한두 번 가는 예체능 학원을 못 갈 건 아니라고 생각합니다. 스트레스를 풀어야 공부 능률도 오르는 법이지요. 너무 조급해하지 마세요.

리코더를 잘 못 불어요

한글을 못 읽으면 문맹, 컴퓨터를 못 하면 컴맹, 음악 시간에는 계이름맹이 등장합니다. 모든 학문에는 그 학문에 통하는 언어가 있습니다. 음악의 언어는 계이름이죠. 3학년 때 처음 음악 과목을 배우면서 계이름, 음표, 박자를 하나하나 배웁니다. 하지만 6학년이 되어도 악보를 못 읽는 아이들이 반에 몇 명씩 있습니다. 그래서 저는 어떤 학년을 맡든 처음 몇 시간은 계이름 읽기, 박자 익히기 등을 수업하는 데 씁니다. 게임, 학습지 등 다양한 방법을 이용해서 가르치는데, 아무리 정성을 쏟아도 모르는 아이들은 여전히 모르는 음악 부진아가 되고 맙니다. 관심이 없으니 집중을 못 하는 것이고, 집중을 못 하니 더 몰라서 관심이 없어지는 거죠.

노래는 대충 들으면서 따라서라도 부를 수 있는데 문제는 리코더 연주입니다. 계이름을 잘 못 읽으니 아래서부터 세어 봐야 알 수 있습니다. 리코더 연주 자체가 불가능합니다. 악기를 배우지 않아 수업 시간에 처음 계이름을 배운 아이들도 웬만하면 악보를 읽어낼 줄 알게 됩니다. 하지만 관심이 없는 아이들은 끝까지 못 합니다.

모두를 음악가로 키울 필요는 없지만 초등학교에서 배우는 것은 말 그대로 가장 기본 교육입니다. 악기를 배우는 것은 아이의 흥미, 상황, 형편에 따라 선택하면 되지만 초등학교 교과서에 나오는 악보 정도는 읽어 낼 수 있도록 신경을 써줘야 합니다. 따로 악기를 배우고 있지 않다면 악보를 보고 계이름을 읽고 리코더를 부는 연습을 집에서 꼭 해보세요.

고민 238 줄넘기 인증제를 통과 못했어요

학교마다 차이가 있겠지만, 아이들의 체력 향상을 위해 대부분의 학교에서 시행 중인 제도가 있습니다. 바로 '줄넘기 인증제'인데요. 줄넘기를 넘는 횟수에 따라 통과 기준과 등급을 나누고, 아이들이 다양한 줄넘기 활동을 할 수 있도록 독려하는 제도입니다. 물론, 학년마다 줄넘기를 하는 방법(자세 종류)과 통과 횟수는 다릅니다. 우리가 줄넘기라고 하면 기본으로 생각하는 모둠발 뛰기부터 발 바꿔 뛰기, 뒤로 뛰기, 팔 엇갈려 뛰기, X자 뛰기, 쌩쌩이(한 번 뛸 때 줄을 두 번 돌리는 이단 줄넘기), 짝과 뛰기 등 여러 가지 방법을 연습해야 합니다. 여러 가지 방법에서 일정 횟수를 넘으면 급수가 올라가는 방식으로 운영되고 있어요.

저학년의 경우, 줄넘기를 처음 하는 경우도 많고, 운동 신경도 발달하지 않아 줄넘기 활동을 힘들어하는 아이들이 꽤 있습니다. 가정에서 운동 삼아 꾸준히 연습할 수 있게 해주면 아이들의 체력 관리는 물론 자신감 향상에도 좋습니다.

줄넘기 인증 제도의 통과 횟수를 채우지 못하면 어떻게 되느냐고 물어보는 분들도 많은데요. 사실, 못한다고 해서 어떻게 되는 것은 없습니다. 체육 수행평가의 일부로 들어가거나, 1급이나 특급이 되는 학생에게 시상을 하는 학교도 있습니다. 연습하고 노력하는 만큼 실력도 따른다는 믿음을 갖고 꾸준히 연습해보세요.

종목	방법	그림 설명	학년별 통과 기준					
			1학년	2학년	3학년	4학년	5학년	6학년
모둠발로 넘기	두발을 모아 줄을 앞으로 휘돌리며 넘는다.		20	30	40	50	60	70
오른발 들고 뛰기	오른발을 들고 뛴다.		10	10	20	20	30	30
왼발 들고 뛰기	왼발을 들고 뛴다.		10	10	20	20	30	30
양발 엇갈리며 뛰기	양발을 번갈아 가며 뛴다.		10	20	30	40	50	60
둘씩 앞으로 뛰기	한 줄 안에 한 사람을 세우고 동시에 같이 줄넘기를 한다.		5	5	10	10	15	15

이서윤의 초등생활 처방전 365

둘씩 옆으로 뛰기	두 사람이 한 줄 안에 나란히 서서 같이 넘는다.		10	10	20	20	30	30
모둠발로 뒤로 넘기	두발을 모아 줄을 뒤로 휘돌리며 넘는다.		10	10	20	20	30	30
팔 엇걸어 뛰기	팔을 엇걸어 계속 돌리며 넘는다.		5	10	15	20	25	30
팔 엇걸었다 풀며 뛰기	팔을 엇걸며 뛰고 다시 풀면서 뛴다.		5	10	15	20	20	20
앞으로 두 번 넘기	모둠발로 한 번 뛰어 두 번 휘돌리기를 한다.		2	4	6	8	10	10

그림을 못 그리는 아이, 미술 학원을 보내야 할까요?

피아노는 배우면 음악 교과 공부를 이해하는 데에 도움을 줍니다. 하지만 그림을 못그린다고 해서 미술 교과를 못 따라가지는 않아요. 그래도 많은 부모님이 '적당히는', '평균은' 해야 하지 않겠냐고 말씀하십니다. 다시 말씀드리지만 그림을 적당히 그려야 할 이유는 없어요. 평균에 맞출 필요도 없고요.

아이가 배워보고 싶어 한다면 결과를 생각하지 말고 경험하게 도와주세요. 하지만 다니기 싫어하는 아이를 보낼 필요는 없습니다. 그림을 못그리던 아이가 학원에 다닌다고 미술대회에 나가서 상을 휩쓸 수 있는 것도 아니고, 미술 수행평가 점수 역시 그리 중요하지 않습니다. 미술 학원은 필수가 아닌 '선택'입니다. 아이가 배우고 싶어 하면 경험해보는 것도 좋지만, 배우고 싶어 하지 않는다면 학교에서 경험하는 미술 시간으로도 충분합니다.

고민 240 초등학생은 컴퓨터를 얼마나 익숙하게 다뤄야 할까요?

스마트폰과 컴퓨터 사용이 일상화된 요즘 아이들은 디지털 기기 사용에 매우 익숙합니다. 그런데 모순적이게도 컴퓨터를 활용하는 능력은 미숙합니다. 물론 어른보다 파워포인트를 잘 만들고 동영상을 제작해 유튜브에 올리는 등 능숙하게 컴퓨터를 활용할 줄 아는 아이들이 있기는 합니다. 하지만 대부분의 아이는 컴퓨터 타자 속도조차 느리죠. 독수리 타법으로 타자를 치는 아이들이 많은데, 독수리 타법은 정식 타자법으로 치는 것보다 당장은 빠를 수 있습니다. 하지만 정식 타자법은 익숙해지면 점차 가속도가 붙는 것을 경험해보셨을 거예요.

고학년으로 진급할수록 학교에서 컴퓨터로 작업하는 과제도 많이 있고, 교육 과정에도 한글 프로그램이나 그림판을 이용하는 내용이 들어가 있습니다. 그래서 한 달에 몇 번은 컴퓨터실에 가서 타자 연습을 시키는데 그 정도로는 부족합니다. 집에서도 틈틈이 타자 연습을 하도록 해주세요. 타자 연습이 되어야 한글이든 파워포인트든 활용할 수 있어요. 중학교도 자유학년제가 되면서 주제를 정해서 연구하고 파워포인트로 정리하여 발표하는 과제들이 많아졌습니다. 초등학교 고학년만 되어도 파워포인트 발표 수업을 하곤 하죠. 하지만 정규 수업 시간에는 컴퓨터를 하나하나 가르칠만한 여유가 되지 않아요. 학교 방과후수업을 활용해보는 것도 좋습니다. 한글과 파워포인트를 수업을 통해 한 학기 정도 배워두면 도움이 됩니다.

더 늦기 전에
코딩을 배워둬야 할까요?

'코딩'은 요즘 정말 많이 등장하는 용어입니다. 코딩은 컴퓨터가 이해할 수 있는 언어인 코드를 입력해 기계들이 작동할 수 있게 하는 과정을 말해요. 스마트폰, 자동차, TV, 컴퓨터 등과 같은 기기에는 기계를 작동시키는 프로그램이 탑재돼 있어요. 이 프로그램이 작동하기 위해서는 기계가 이해할 수 있는 언어로 명령해야 하는데, 이때 쓰이는 언어가 컴퓨터 언어인 코드입니다. 코딩은 바로 이 코드를 이용해 인간의 명령을 컴퓨터가 이해할 수 있게 프로그램을 만드는 과정이라고 할 수 있어요.

예를 들어 사람에게 "샌드위치를 만들어줘"라고 말하면 알아서 만들어주지만, 컴퓨터에게 샌드위치를 만들어달라는 명령을 입력하려면 '빵을 놓는다 → 양상추를 올린다 → 패티를 올린다 → 토마토를 올린다 → 소스를 뿌린다 → 치즈를 올린다 → 빵을 올린다'와 같이 절차를 하나하나 입력해야 합니다. 이 '절차적 사고'는 코딩의 가장 기본입니다.

절차적 사고에는 크게 세 가지 구조가 있어요. 순차 구조, 반복 구조, 선택 구조가 그것이죠. 각 구조의 내용을 살펴보면 다음과 같습니다.

① 순차 구조

주어진 명령을 순서대로 실행하는 프로그램 구조

양치질하기　　**칫솔을 잡아라 ➡ 치약을 잡아라 ➡ 치약 뚜껑을 열어라 ➡ 치약을 짜라 ➡**
칫솔을 입속에 넣어라 ➡ 칫솔을 치아에 대라 ➡ 칫솔을 위아래로 움직여라

② 반복 구조

일정한 횟수 또는 주어진 조건을 만족할 때까지 명령을 되풀이하여 수행하는 프로그램 구조

양치질하기　　**칫솔을 잡아라 ➡ 치약을 잡아라 ➡ 치약 뚜껑을 열어라 ➡**
치약을 짜라 ➡ 칫솔을 입속에 넣어라 ➡ 칫솔을 치아에 대라 ➡
칫솔을 위아래로 움직여라 3분간 반복

③ 선택 구조

조건에 따라 선택하여 명령을 수행하는 프로그램 구조

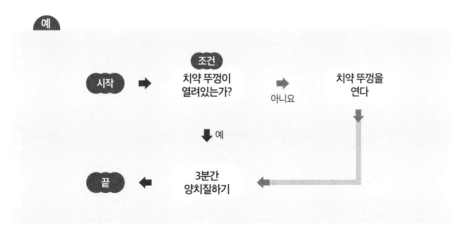

✎ 코딩의 진실

선택 구조의 그림이 익숙하다고요? 고등학교 수학에서 배웠던 알고리즘입니다. 코딩에 대해서 말씀드리고 싶은 것은 첫째, 코딩은 사실 별것 아니라는 것입니다. 그동안 일상생활에서 해왔던 것들과 수학과 과학 과목에서 우리가 사고하는 방식이 다 코딩이라는 것입니다. 두 번째는 컴퓨터의 언어는 계속 바뀐다는 것입니다. 제가 어린 시절에는 MS – DOS의 명령어를 외우고, BASIC이라는 컴퓨터 프로그래밍 언어를 배워서 프로그램을 만들기도 했습니다. 지금과는 좀 다르죠. 그러한 것들이 뇌 훈련에 도움이 되었는지는 모르겠어요. 교육은 눈에 보이지 않는 과정이니까요. 컴퓨터라는 것은 시대가 달라지며 계속 변해가는 것이고, 경험해보면 좋겠지만 굳이 미리 경험하지 않아도 큰일이 나지는 않습니다. 세 번째는 실과 교과서에 다 있다는 것입니다. 교과 내용에 들어가 있기 때문에 따로 큰 노력을 하지 않아도 됩니다. 다만 시간이 날 때 경험해보고 싶다, 무엇인지 궁금하다는 분들을 위해서 코딩을 연습하는 프로그램을 갖고 있는 교육용 사이트와 코딩을 게임 형태로 경험해볼 수 있는 앱을 몇 가지 소개해드릴게요.

방과후교실이든 교과 내용을 통해서든 경험을 해보는 학생들이 많고, 실제로 "선생님, 저 심심하면 엔트리 해요"라고 말하는 학생들이 많습니다. 그리고 요즘 아이들은 이런 것들을 한번 알려주면 몇 번 해보지 않아도 직관적으로 너무 잘하더라고요.

교육용으로 사용하는 프로그래밍 사이트

이름	설명	주소
엔트리 (Entry)	2013년 대한민국 엔트리 교육 연구소에서 개발한 블록 기반 교육용 프로그래밍 도구. 게임으로 하는 학습, 교과서 관련 학습 등을 할 수 있고 다양한 오픈 강좌도 볼 수 있다. 만들기를 통해 직접 프로그램을 만들 수도 있다. 우리나라에서 개발했기 때문에 한글이 완벽히 지원된다.	playentry.org
스크래치 (Scratch)	2007년 미국 MIT 미디어랩에서 개발한 블록 기반 프로그래밍 도구. 어린이들에게 그래픽 환경을 통해 컴퓨터 프로그래밍에 관한 경험을 쌓게 하기 위해 설계되었다. 세계적으로 널리 쓰이는 교육용 프로그래밍 언어로서 40여 개의 언어로 150개국 이상의 나라에서 사용되고 있다.	scratch.mit.edu
코르닷오아르지 (CODE.ORG)	미국의 모든 학생에게 과학, 기술, 공학, 수학 및 프로그램 코딩을 가르치도록 독려하기 위해 2013년 미국에서 만들어진 비영리 단체. 무료 코딩 교육 및 코딩 교육 과정을 제공하고 있으며 'Hour of coding' 프로젝트를 180개국 이상 국가에서 진행하고 있다.	code.org

프로그래밍 앱 추천

이름	설명	주소
MAKE	'학습하기'에 들어가면 프로그래밍 언어를 간단하게 배울 수 있다. 학습하기 - 코딩월드 - 펭카소 따라 그리기를 누르면 단계적인 코딩 학습이 가능하다.	플레이스토어
Box Island	게임을 통해 코딩의 기본 구조를 배울 수 있다. 난도가 매우 낮다는 게 장점이자 단점이다.	앱스토어
알고리즘시티	한국어 지원이 안 되고 아이콘이 직관적으로 파악하기 어려워 적응하는데 조금 시간은 걸리지만 다양한 난이도가 있다. 조건문은 없지만 반복 구조를 파악하는 데 좋다.	플레이스토어

미술관, 음악회, 운동 경기 관람 같은 문화 활동이 꼭 필요한가요?

저는 제 아이를 미술관, 도서관, 박물관을 제집 드나들듯 다니며 그 시간을 충분히 즐길 수 있는 아이로 키우고 싶다고 생각하곤 합니다. 무책임하고 자극적인 콘텐츠에 노출되기 쉬운 요즘, 좋은 콘텐츠를 골라볼 수 있는 안목이 있었으면 좋겠습니다. 콘텐츠를 보는 안목이 높은 사람, 훌륭한 문화를 즐기고 소비할 수 있는 사람, 자기만의 취향이 있는 사람. 참 멋있잖아요. 자극적인 영상이나 게임 콘텐츠에 절제 없이 노출되지 않고, 의식적으로 시간과 에너지를 들여야 즐길 수 있는 문화적 콘텐츠를 접하는 것은 아이의 삶과 취향에 지대한 영향을 미칩니다.

취향은 내가 접하는 문화적인 환경에 의해 만들어지는 경우가 많습니다. 물론 문화는 상대적이라 어떤 문화가 훌륭하다고 정의할 수는 없어요. 어떤 문화든 일정 시간의 교육과 소비를 통해 문화 자본이 축적되고, 축적되어야 즐길 수 있게 됩니다. 웹툰이나 드라마도 시간을 투자해서 봐야 내 취향이 생기고, 게임도 아예 해보지 않으면 방법을 몰라서 흥미가 안 생기잖아요. 시간을 투자하고 소비해야 그 분야의 문화 자본이 쌓이는 거죠. 국악, 발레, 클래식, 음악, 미술, 연극 등은 모두 일정한 문화 자본이 축적되어야 즐길 수 있어요.

하지만 이렇게 일정 수준 이상의 지식과 경험이 필요한 문화 콘텐츠도 있지만, 상대적으로 지식과 경험이 부족해도 손쉽게 접할 수 있는 문화 콘텐츠도 있습니다. 유튜브 영상이나 게임은 부모님이 에너지를 쏟지 않아도 쌓이는 문화적 자본이고, 그림을 보는 것은 의도적으로 에너지를 쏟아야 쌓이는 문화적 자본이죠. 따라서 우리 아이에게 폭넓은 문화 자본을 경험하게 해주는 것은 삶이 풍요로워지는 방법입니다.

예술은 최고로 창의성이 집약된 산물이라고 할 수 있어요. 남의 그림을 흉내 내는 것과 나만의 그림을 창조해내는 것이 다르고, 그냥 노래를 따라 부르는 것과 내가 노래를 작사·작곡해서 만들어낸 것은 다릅니다. 수많은 모방과 연습을 통해서 창조된 작품을 우리가 보고 즐기는 과정은 예술가의 정신을 향유하는 것이죠. 엄청난 겁니다. 최대한 많은 문화생활을 해볼 것을 추천합니다.

물론, 좋은 것도 다 알고 마음은 있지만 행동에 옮기기 쉽지 않다고 생각하는 분들도 계실 겁니다. 시간도 문제지만 문화적 자본은 경제적 자본과 연결되기도 하니까요. 부담이 될 수도 있어요. 하지만 요즘은 비용이 들지 않는 문화생활도 많습니다. 너무나 좋은 책이 많고, 인터넷에 좋은 자료도 많거든요. 온라인 공연 문화도 많이 생겼지요. 미술, 음악 관련 책도 찾아보고 예술가의 일생을 담은 영화도 함께 관람해보세요. 내가 꼭 그림을 잘 그리고 피아노를 잘 치지 않아도 흥미를 느낄 수 있는 문화가 있는지 찾아보는 시간을 가져보기를 추천합니다.

고민 243 부끄러움 많은 남자아이, 태권도 학원을 보낼까요?

남자아이인데 같이 놀고 싶은 친구에게 말을 못 걸겠대요. 숫기도 없고 쑥스러움도 많은 성격이 늘 고민입니다. 태권도 학원을 보내면 조금 나아질까요?

활동직인 태권도 학원을 보내면 나아질 수 있습니다. 낯선 환경에 대한 불안도를 낮추는 방법은 낯선 환경에 자주 노출해보는 것입니다. 그렇다고 무작정 낯선 환경에 내놓으면 안 되겠지요. 아이가 태권도 학원에 가고 싶은지 함께 이야기해보세요. 초반에 적응할 때 아이와 함께 학원에 가주는 것도 좋습니다. 물론 몇 번 가보고 너무 싫어한다면 억지로 보내는 것은 추천하지 않습니다. 낯선 환경에 대한 '적응'이 아니라 더 심한 '불안'을 가져올 수도 있기 때문입니다.

아이에게 도움이 될 것 같은 학원은 부모님이 더 잘 판단하실 것입니다. 시작을 하고 판을 깔아주는 것은 부모님의 몫입니다. 하지만 그 안에서 적응하고 성장해나가는 것은 아이의 몫입니다.

고민 244 어떤 방과후교실을 보내야 할까요?

방과후교실의 가장 큰 장점은 다른 곳보다 저렴한 가격에 다양한 수업을 경험해볼 수 있다는 것입니다. 방과후교실에서 선택할 수업은 크게 세 가지로 나누어 생각해 볼 수 있습니다.

- 학습 관련 수업으로 집에서 봐주기 번거로운 과목 : 한자, 독서 논술, 역사, 과학 등
- 흥미로워 보여서 한번 경험해보고 싶은 과목 : 미술, 바이올린, 클레이, 요리, 건축 교실, 방송댄스 캘리그래피, 창의로봇 등
- 집에서 하고 있거나 다른 사교육을 받고 있는데 보충하고 싶은 과목

학교마다 어떤 분야의 수업이 개설되었는지, 어떤 수업이 인기가 많은지는 다를 거예요. 위의 기준으로 수업을 나눠보는 것도 선택에 도움이 될 수 있습니다. 아이가 흥미 있어 하는 과목이 무엇인지, 아이에게 필요한 수업이 무엇인지 부모님과 아이가 충분히 상의해서 결정해보세요.

고민 245 방과후교실에서 배우는 생명과학, 창의로봇 등은 학습에 도움이 될까요?

학습에 직접적으로 도움 되는 것만 시키려면 예체능 교육, 경험 관련 교육은 다 제쳐두고 주요 과목만 해야겠지요. 교육은 결과가 눈에 바로 보이는 분야가 아닙니다. 그게 가장 어려운 점이기도 해요. 또 정확한 매뉴얼이 있는 것도 아니며, 우리는 매 순간 노력할 뿐이죠. 생명과학과 창의로봇 같은 수업은 직접적으로 학습과 연관이 안 된다고 하더라도 아이들의 사고력을 길러주는 경험이 될 수 있습니다. 일단 경험해보세요. 그리고 학년이 올라간 후, 그 수업 때문에 다른 공부를 할 시간이 너무 많이 빼앗기는 것 같아서 고민이라면 아이와 협의를 통해 개수를 줄이고 시간 분배를 하면 좋겠습니다.

사교육으로 선행학습을 할 때 주의할 점을 알려주세요

선행학습은 해야 한다, 하지 말아야 한다 정답이 없어요. 선행학습에 대해서는 고민 59를 참고하세요. 선행학습을 하는 게 학습 동기를 끌어올린다는 아이들도 있어요. 선행학습으로 아이가 자신감을 얻고, 현행학습에 영향을 주어 아이의 지적 욕구를 충족시켜준다면 선행학습이 학습 동기에 도움을 주는 것이죠. 충분히 지적 욕구가 있고, 더 배우고 싶은 아이인데 선행학습을 못 하게 할 이유는 없습니다. 하지만 무조건 추천할 수도 없죠. 선행학습이 위험한 이유는 착각하게 만들기 때문입니다. 아이들은 자기가 중학교 1학년 수업에 해당하는 부분을 공부하고 있으면 자기 실력이 중1이라고 착각을 해요. 그런데 실제로 그렇지가 않죠. 부모님 역시 마찬가집니다. 우리 애가 학원에서 진도를 선행해 현 학년보다 1년, 2년 앞서서 공부하고 있으면 그 정도의 실력이라고 생각을 합니다. 착각을 하면 어떻게 될까요? 아이들은 내가 지금 5학년 것을 배우는데, 이미 다 배운 4학년 수업이 웬 말이냐 생각합니다. 선생님 수업을 얼핏 들어보면 다 아는 것 같아요. 그래서 집중하지 못하죠. 솔직히 수업 시간에 집중하는 아이들은 채 3분의 1이 되지 않는다는 거예요.

다들 말합니다. "교과서에 나온 개념이 중요하다. 그러니 수업 시간에 잘 들어야 한다" 그러면 그렇게 중요한 수학 개념을 사교육으로 선행학습을 할 때 안 가르쳐줬을까요? 아니요. 다 가르쳤을 겁니다. 저도 대학생 때 정말 과외를 많이 했습니다. 초등학생, 중학생, 고등학생, 수학과 영어 과외를 하면서 부모님들께 약속을 해요. "이번 방학 한 달 또는 두 달 안에 다음 학기 것을 다 끝내드릴게요!" 돈을 지불한 게 아깝지 않도록 만들어야 하거든요. 결과가 빠르게 눈에 보여야 하기 때문에 '우리 아이가 짧은 시간 안에 다음 학기 수학을 딱 끝냈다'라고 생각할 수 있게 만드는 겁니다. 그렇다고 제가 소홀하게 가르쳤냐? 그렇지 않아요. 단지 학교 수업 시간에 한 시간에 한 차시씩 차분하게 가르치면서 반복을 하는 것들을 빨리 끝내야 하기 때문에 한 시간에 세 차시씩을 가르치면서 압축해서 가르치는 겁니다. 아이도 그 순간에는 이해를 하고 문제도 풀어요. 그런데 빠르게 배운 수학 개념은 머릿속에서 빨리 사라져버립니다. 내재화시킬 시간이 없거든요. 그렇지만 이미 다 배운 거고, 아는 거라고 착각을 합니다. 교과서도 얼핏 보니 쉬운 것 같고요. 선생님 설명이 잘 들리지 않죠.

그럼 어떻게 해야 할까요? 아는 것이라 착각하기 때문에 위험한 거라면 그 착각을 하지 않게 해야 한다는 것이죠. 사교육 선행학습을 했다면, 그걸로 안심하지 말고 현행 학교 수업을 잘 따라갈 수 있도록 해주세요. 아이의 수학익힘책만 봐도 확인할 수 있습니다. 수학익힘책의 문제를 다 맞히는 아이들은 의외로 한 반에 별로 없습니다. 우리 아이 수학책, 수학익힘책을 최소한 일주일에 한 번씩은 점검해보세요. 요즘 어떤 걸 배우고 있는지, 교과서와 익힘책은 잘 풀었는지 확인해보면 수업 시간에 집중하고 있는지 알 수 있습니다. 또 아이가 잘 모르는 개념이 있지는 않은지도 확인해보세요. 교과서를 보고 선생님 놀이를 하면서 아이가 직접 말로 설명해보게 해보세요. 이때 아이가 부족한 부분을 알아차리는 겁니다. 부모님이 교과서에 관심을 가지면 아이도 수업 시간에 더 집중해야 한다는 것을 알게 될 거예요.

학교 수업은 학교 수업만의 장점이 있습니다. 한 학기라는 시간 동안 한 학기 분량을 배우기 때문에, 개념을 배우고 반복하며 연습합니다. 그 수업 시간을 헛되이 보내지 않도록 하세요. 학교 수업 시간에 꾸준히 하는 것의 힘은 놀랍습니다. 학원에서 선행학습을 하더라도 현행학습을 하며 점검하여 다 알고 있다는 착각을 하지 않도록 하는 것이 선행과 현행의 공부가 서로 윈윈하는 방법일 것입니다.

고민 247 사교육을 많이 못 시켜주는 것 같아 자책하게 됩니다

아이를 낳았으니 자녀 교육은 부모의 책임이지요. 사실 부모의 책임이라고 이름 붙은 것들의 적정한 선이 어디까지인지는 아무도 모릅니다. 경제적 상황도 아이의 성향도 다 다르니까요. 다만 아이가 혼자서 걸어갈 수 있도록 돕는 건 모든 부모님이 반드시 해야 할 일입니다. 그래서 끊임없이 고민하고 방법을 알아보는 거겠죠.

하지만 사실 아이 교육에는 맹점이 많아요. 첫째, 아이는 부모가 투자하고 세팅한 대로 자라나지 않습니다. 둘째, 교육에는 매뉴얼도 정답도 없죠. 마지막 셋째는 해도 해도 자책감이 든다는 것입니다.

자녀 교육을 하는 이유는 자녀를 위해서도 있지만, 부모를 위해서기도 합니다. 제대로 교육하지 않아서 올바로 독립하지 못한다면 성인이 된 자녀 뒷바라지를 계속하고 있을 수도 있거든요. 그런데 또 교육에 올인한다고 완벽한 결과가 나오는 것도 아니에요. 솔직히 우리 아이가 공부에 재능이 있는 것 같지는 않지만, 지금 할 수 있는 것은 또 공부밖에 없습니다. 이것도 해야 할 것 같고, 저것도 해야 할 것 같아요. 또 돈으로 할 수 있는 것을 못 해주고 있는 것 같아 자책감이 들기도 하고, 돈으로 채우다보면 또 엄마가 해줘야 하는데 못 해주는 건 아닐까 자책감이 듭니다. 게다가 길어진 수명에 불안한 노후 준비도 동시에 해야 합니다. 이렇게 교육의 쳇

바퀴를 돌다보면 이 결론 없고 끝없는 고민에서 헤어 나오기 어렵습니다. 불안감을 조금이라도 덜 수 있는 기준을 정하고, 내가 부모로서 할 수 있는 적정선을 정하세요. 어차피 아이를 키우는 데 있어서 불안감과 자책감은 사라질 수 없는 거니까요.

첫째, 반드시 해야 하는 것을 정하고 집에서 못 해주는 것을 고르세요.
둘째, 모든 선택과 결정은 아이가 기준이 되어야 합니다.
셋째, 수입 대비 교육 투자 비율을 정하세요.

먼저, 반드시 해야 하는 것을 정해보세요. 이는 고민 65를 참고하면 좋습니다. 그리고 집에서 해줄 수 있는 것과 외부의 도움을 받아야 할 것을 나눕니다. 외부의 도움을 받아야 하는 것이라고 결론 내렸다면 아까워할 필요가 없어요. 결과가 나오지 않더라도 꼭 해야 하는 것이라고 결론 내렸으니까요. 이때, 두 가지를 고려해야 합니다. 바로 아이예요. 아이의 성향이 이것만큼은 도저히 집에서 하기 힘들다던가, 너무 싫어서 굳이 투자할 필요 없다고 생각한 분야라거나 하는 것을 말입니다. 우리 집 가정 상황도 고려해야 합니다. 수입 대비 교육에 투자하는 비율을 15퍼센트로 정했다면 그것은 아까워할 필요 없다고 생각해야 마음이 편합니다. 예를 들어 저도 아이의 성향과 흥미를 보니 영어 유치원을 보내고 싶다는 생각이 들었어요. 하지만 가정 상황에 영어 유치원은 무리라는 판단이 들었습니다. '제가 해줄 수 있는 부분만 해주자. 영어책을 사는 데는 돈을 아까워하지 말자'로 기준을 세웠습니다. 물론 이 기준은 아이가 커가면서 또 변해갈 거예요. 아이를 기준으로 꼭 필요한 부분과 가정 상황, 아이 혼자 공부하는 시간의 보장, 시키고자 하는 사교육이 단순히 유행의 흐름은 아닌지, 장기적으로 입시라는 목표점을 보았을 때 꼭 필요한 것인지 등을 고려하여 매 순간 현명한 결정을 내려가기를 바랍니다.

엄마표 공부, 꼭 해야 할까요?

저는 엄마표 공부를 모두가 꼭 해야 한다고 말씀드리지 않습니다. 아이마다, 가정마다 상황이 다른데 '엄마표'라는 말 자체가 모성애의 강요처럼 느껴지기도 하거든요. 그래서 엄마표 학습의 범위를 조금 넓혀야 한다고 생각해요. 엄마표 공부가 어디까지일까 생각해볼게요. 아이를 학원에 보낸다고 아이의 학습을 학원에 온전히 일임할 수 있는 건 아닙니다. 엄마가 해줘야 하는 부분이 반드시 있거든요.

자기주도학습은 스스로 상세한 공부 계획 및 목표를 세우고 학습을 한 후에 평가까지 하는 것을 의미해요. 자기주도학습을 '계획 – 공부 – 피드백' 3단계로 나눴을 때, '공부' 단계를 집에서 하는 것만이 엄마표 공부가 아니라는 겁니다. 공부 단계에서 일부 사교육의 도움을 받을지라도, '계획' 단계와 '피드백' 단계에서 함께했다면 엄마표 공부입니다. 즉, 엄마표 공부는 '엄마와 함께 공부한다'에 한정된 것이 아니라 엄마와 '계획'을 함께 세우고, 집에서 하든, 학원에서 하든 '공부'를 한 뒤, '피드백' 하는 것을 도와준다는 것을 말합니다. 학원에 다니는 것은 계획 – 공부 – 피드백의 과정 중 공부의 일부를 학원에 맡기는 거예요.

꼭 엄마가 모든 것을 해야 한다는 자책감을 갖지 않으셔도 됩니다. 학원에 보냈다고 손을 뗄 수 있는 것도 아닙니다. 계획을 세우는 과정을 함께하세요. 선생님과 공부를 했다 하더라도 복습하고 확인하는 공부는 또 필요합니다. 공부를 끝낸 후에 계획 세운 것을 얼마나 잘 실천했고, 공부를 얼마나 잘했는지 피드백하는 것을 함께하세요. 그랬다면 엄마표 공부를 하고 있는 것입니다. 엄마표 공부의 범위를 넓혔다면 엄마표 공부를 꼭 해야 하냐고 묻는 말에 대한 답은 달라집니다. 꼭 해야 합니다. 공부를 어느 정도로 어떻게 하고 있는지 확인하고 계획 세우는 것은 반드시 함께하세요.

엄마표 공부 중입니다. 학원은 언제부터 보낼까요?

공부 과정을 온전히 엄마표로 진행하는 분들도 불안해합니다. 이렇게 집에서만 해도 될까, 사교육을 더 하지 않아도 될까, 과연 잘하고 있는 걸가 하고 말이죠. 엄마가 충분히 할 수 있고 아이도 거부반응이 없다면 지금껏 해왔듯이 쭉 하면 됩니다. 하지만 어느 순간 엄마 스스로 한계가 느껴지고, 아이도 반항이 늘고 학원에 가고 싶어 하는 것 같다고 느껴지는 때가 올 수 있습니다. 그때는 그 과목만 '계획 - 공부 - 피드백'의 학습 단계 중 '공부' 단계 일부분을 학원의 도움을 받으면 됩니다. 꼭 해야 하는데 집에서 도저히 할 수 없다, 공부 단계에서 아웃소싱해야 할 때다 싶은 바로 그 순간이 바로 사교육의 도움을 받아야 할 때며, 이때는 엄마와 아이 모두 자연스럽게 변화를 받아들일 수 있을 겁니다. 아직 그럴 필요가 느껴지지 않았는데 다른 아이들이 학원에 다닌다는 이유로 불안감이 드는 거라면 그땐 조금 더 미뤄도 됩니다. 다른 아이를 기준 삼아 우리 아이를 학원에 보내야 할 이유는 없습니다.

아이의 행복과 성취를
다 잡고 싶었는데 고학년이 되니 불안해져요

아이에게 공부를 크게 강요하지 않았습니다. 행복과 성취를 함께 가져가고 싶었는데, 5학년이 되니 학습을 열심히 하는 아이들이 더 보이는 것 같아서 불안해집니다. 다른 아이들이 뭐 하나 궁금해지고, 저희 아이도 시켜야 하나 조바심이 납니다. 제가 욕심이 많은 걸까요?

당연한 겁니다. '행복과 성취를 함께 가져가고 싶다. 내가 좋아하는 일을 하면서 돈까지 많이 벌고 싶다' 누구나 원하는 거지만 힘든 일입니다.

학습을 별로 시키지 않은 채 고학년이 되었다면, 이 시점에서 한 번 고려해볼 점이 있습니다. 바로 '성취 압력에 대한 아이의 반응'입니다. 성취 압력을 받으면 지적인 자극과 동기를 느껴 더 열심히 할 수 있는 아이인데, 부모가 먼저 '공부시키면 스트레스 받을 거야' 단정하고 성취 압력을 주지 않은 것은 아닌가 생각해보는 거예요.

그동안 학습에 대한 성취 압력을 덜 주었고, 과한 학습은 하지 않겠다는 가치관을 가졌고, 우리 아이에게 그게 맞다고 생각이 된다면, '천천히, 느린 듯 보이지만 정서적으로 스트레스를 받지 않고서 공부 자체에 대한 성취감을 느낀다'라는 소신을 다시 한번 다지세요. 하지만 성취 압력을 받았을 때 학습적으로 더 발전 할 수 있는 아이라면 지금부터 다시 성취 압력을 주어서 공부를 더 하게 하면 됩니다. 인터넷 강의도 활용하고 필요한 학원도 보내며 공부를 하게 하세요.

무엇이든 장단점이 있습니다. 몰아붙였는데 아이에게 잘 맞아서 좋은 결과를 가져올 수도 있지만, 어떤 아이는 너무 지쳐서 폭발할 수도 있고 정서적으로 부모와의 관계에 좋지 않은 영향을 미칠 수도 있어요. 아이와 잘 지내고 있고 그저 다른 아이들을 보며 불안한 정도라면 소신을 다잡고 내가 가는 길의 장점을 바라보세요.

고민 251 영어 학원을 다니기 싫다고 해서 끊었습니다. 다시 가고 싶다고 해서 보냈더니 또 끊고 싶대요

초등학교 6학년입니다. 5학년 때 아이가 다니기 싫다던 영어 학원을 1년을 달래며 보냈어요. 너무 다니기 싫어하기에 그럼 혼자 해보라고 하고 끊었습니다. 그런데 두 달 정도 혼자 하더니 다시 학원을 보내 달라고 하더라고요. 그런데 다시 보내니까 또 힘들다, 숙제가 너무 많다, 이유를 대며 학원을 다시 끊고 싶다고 합니다. 5학년 때도 선생님 편을 들며 자기 마음을 몰라줬다고 원망을 합니다. 계속 억지로 보내도 되는지 혼란스럽습니다.

엄마가 보기에 아이가 학원을 그만두고 싶다고 한 이유는 그저 핑계로 느껴집니다. 두 가지를 살펴보면 좋을 것 같아요. 첫째는 아이가 내 마음을 읽어달라고 보내는 신호는 아닐까, 그리고 두 번째는 영어가 어려워서 힘들어하는 건 아닌지 말이에요.

첫 번째의 이유라면 왜 다니기 싫어하는지, 다른 불만인 부분이 있는지 충분히 대화를 나눠보세요. 대화를 통해 학원이 정말 다니기 싫은 건지 다른 이유가 있는지 확인해보면 좋겠습니다. 두 번째 이유라면 학원 수업의 난이도와 아이의 실력을 다시 확인해보세요. 혹은 둘 다 아니지만 정말 학원이 다니기 싫은 것이라면 '학원을 끊고 어떻게 나의 영어 학습을 책임지고 감당할지에 대한 계획'을 말해달라고 하세요. 그리고 혼자 공부할 기회를 다시 주세요. 만약 나중에 또다시 학원을 가고 싶다고 하면 그때는 쉽게 다시 보내주지 마세요. 학원을 다시 갔을 때 어떻게 공부할 것인지 생각해보고, 학원에 다니며 겪는 어려움을 감당하며 꾸준히 다닐 수 있을 때 다시 말해달라고 합니다. 학원을 끊을 때, 다시 다닐 때 모두 자신의 선택에 걸맞은 책임감을 느끼게 해주세요.

고민 252 한국사 자격증과 한자 자격증, 안 하면 뒤처지는 걸까요?

자격증 시험은 일제고사식의 시험이 사라진 초등학교에서 학습 동기가 될 수도 있고, 시험을 연습하는 도구도 될 수 있다고 생각합니다. 하지만 개인적인 생각으로는 시간과 에너지가 부족한 초등학생과 부모님들에게 반드시 꼭 필요한 것은 아니라고 생각해요. 시험이라는 것은 사실 에너지가 정말 많이 필요한 일이니까요. 한자 공부를 어디까지 해야 하는지는 고민 135를 참고하세요. 한국사 자격시험도 꼭 필요한 것은 아니라고 생각합니다. 한국사 공부는 고민 230을 참고하면 좋겠습니다. 만약 자격 시험이라는 것을 경험해보고 싶다거나 너무 늘어진 방학 동안 하나의 목표로 만들어서 성취하는 경험을 만들어주고 싶다면 그때는 시도해보는 것도 좋습니다. 하지만 필수는 아니기 때문에 자격증을 따지 않았다고 해서 불안할 필요는 없습니다.

방학
공부

친구 관계	교과 학습	학교생활	진로와 심리

작심삼일 방학 계획, 꼭 세워야 할까요?

계획을 짠다고 해서 모두 계획대로 되는 건 아니지만, 계획을 세우는 건 지키는 것 말고도 의미가 있습니다. 계획을 세우는 시간 자체가 자신을 돌아보는 과정이고, 그것을 실천하려는 노력 자체가 현실과 이상 사이를 좁히는 방법이라 생각합니다. 그래서 저는 방학 며칠 전부터 아이들에게 방학 계획을 세워 보게 합니다. 물론 저도 함께 세우고요. 단, 자신에게 맞는 방학 계획을 세워야 합니다. 제가 쓰는 방법을 소개해보겠습니다. 총 4단계로 이뤄집니다.

1단계 : 보충해야 할 것 생각해 보기

한쪽에 치우치지 않고 학습, 건강, 예체능적인 면을 골고루 살펴, 어떤 점을 보충해야 하고 어떻게 보충할 것인지 생각합니다.

예

	부족한 점	실천 방법
학습	수학 계산 실수 많음	연산문제집 한 권 풀기
	사회 이해가 잘 안됨	사회책 읽기
건강	줄넘기 인증제 통과 못함	매일 줄넘기 연습
	편식함	김치 먹기
예체능	그림을 잘 그리고 싶음	방과후교실 신청 - 그리기부
	피아노 연습	하루 30분 연습

2단계 : 해야 할 것과 하고 싶은 것의 균형 맞추기

방학에는 아이가 하고 싶은 것을 마음껏 하며 즐기는 시간도 중요합니다. 하지만 계획표를 세우다보면 해야 하는 것에만 치중하게 되죠. 아이와 함께 '해야 할 것'과 '하고 싶은 것'을 이야기해보세요. 하고 싶은 것을 자유롭게 하는 것에 대한 책임으로 해야 할 것을 하게 하는 것입니다. 아마 해야 할 것은 학습 관련이 대부분이며, 하고 싶은 것은 경험에 관련한 게 대부분일 것입니다. 해야 할 일과 하고 싶은 것의 균형을 맞추면 자연스럽게 학습과 경험의 균형이 이루어집니다.

예 방학 때 해야 할 것	방학 때 하고 싶은 것
수학 교과서 복습 수학 문제집 풀기 줄넘기 매일 하기 매일 1시간씩 책 읽기	스키 배우기 TV 1시간씩 보기 유튜브 보면서 슬라임 하기 친구 집에서 파자마파티 하기

3단계 : 마인드맵 형식의 계획표 만들기

1, 2단계는 기록하지 않고 부모와 아이가 대화하면서 생각해보는 것도 괜찮습니다. 하지만 3단계는 꼭 연필을 들고 함께 적으면서 해보았으면 좋겠습니다. 부족해서 보충이 필요한 부분, 해야 할 것과 하고 싶은 것을 생각해본 후, 마인드맵 형식으로 전체적인 계획을 세우도록 합니다. 이때 부모님의 코칭이 필요합니다. 혼내거나 잔소리하지 않고 "어떤 게 부족하다고 생각해? 시간을 좀 늘려볼까? 대신 이걸 하게 해줄게"와 같이 아이와 합의를 이끌어 내도록 합니다. 한눈에 전체적인 계획을 세워볼 수 있어서 마인드맵 형식을 추천했지만, 형식은 자기에게 맞는 방식으로 변형해도 됩니다.

마인드맵으로 계획표 만드는 방법

❶ 가운데 나만의 방학 계획표 제목을 붙입니다.

❷ 방학의 주제 가지들을 만듭니다. (놀이, 여행, 학습, 독서, 습관, 운동 등 자기가 부족했던 부분 / 해야 할 일과 하고 싶은 일이 골고루 들어가도록)

❸ 가지에 실천 내용을 적습니다. (장소, 시간, 분량, 방법 등이 구체적으로 들어가도록)

❹ 예쁜 색도화지에 옮깁니다.

중요한 것은 실천 내용을 적을 때는 구체적으로 적어야 한다는 것입니다. 아래의 예시를 보면 어떻게 해야 구체적으로 계획을 세우는 건지 알 수 있습니다.

· 독서 계획 세우기

제가 방학계획을 세우며 아이들에게 꼭 하는 질문이 있습니다. "하루 독서 시간은 얼마나 잡을까?", "일주일에 도서관은 몇 번 갈래?"입니다. 그러면 책을 잘 안 읽는 친구들은 짧은 시간을 대답하죠. 그러면 저는 "20분은 너무 적은 것 같지 않아? 좀 늘려 보자" 하고 시간을 아이와 합의해갑니다. 평소 독서를 잘하는 친구들은 제가 따로 말하지 않아도 한 시간에서 두 시간을 적어 옵니다. 책을 잘 안 읽는 친구들은 최소 30분은 읽기로 약속합니다.

"일주일에 도서관은 몇 번을 갈까? 무슨 요일에 갈까? 어디 도서관으로 가볼까?" 하고 구체적인 계획을 세울 수 있게 질문해주세요. 같이 이야기 나눈 것을 실천 사항에 적어 보게 합니다. 단순히 '독서'라고 계획을 세우는 것보다 '매일 한 시간씩 책 읽기, 수요일마다 도서관에 가서 책 빌려오기'라고 계획을 세우는 것이 실천 확률 높은 계획을 세우는 방법입니다.

• 학습 계획 세우기

학습에서 부족한 점을 보충하는 방법을 같이 생각해봅니다. 방학 동안 학원에서 배우는 것들은 매일 학원 숙제로 무엇을 하는지 적게 해서 꾸준히 하도록 합니다. 그 외에 보충할 게 있다면 "1학기 수학 문제집을 다시 풀어보자", "기적의 계산법은 하루에 몇 장 풀까?", "EBS에 들어가서 영어 강의를 하나 들어볼까?", "도서관에서 영어 동화책을 일주일에 두 권씩 빌려서 엄마랑 읽어볼까?" 하고 구체적인 활동을 계획하세요. 구체적인 계획 세우는 방법을 계속 배워간다고 생각하며 아이와 이야기 나누고 계획을 세워보세요.

• 시간 개념으로 생각하기

"여기 적은 것들을 공부하는 데 시간이 얼마나 걸릴 것 같아?" 하고 물어보세요. 무작정 계획을 세우면 아이들은 해야 할 일만 많아지는 것 같아서 버겁다고 느끼기 때문입니다. 질문하면 아이들은 대충 계산해서 시간을 대답하겠죠.

"그러면 하루에 한 시간 책 읽고, 한 시간 30분 공부하고, 또 학원을 가야 한다는 거네?"

"(머릿속으로 생각하며, 눈을 굴리며) 네."

"그리고 나머지 시간에 우리 민우가 하고 싶은 일, 그러니까 운동하고, 친구들이랑 놀기 같은 걸 하면 되겠다!"

"(머릿속으로 생각하며, 고개를 끄덕이고) 네."

시간 단위로 생각하면 의외로 내가 공부해야 하는 시간이 많지 않다는 것을 깨닫습니다.

사실 초등학교 학생들이 해야 하는 공부는 생각보다 시간이 많이 걸리지 않습니다. 그래서 할 일을 적어놓으면 뭔가 많아 보이는데 막상 공부를 하고 나면 빨리 끝나는 경우가 많아요. 따라서 얼마나 걸릴까를 함께 생각하면 마음의 부담을 줄일 수도 있고, 메타인지 능력도 키울 수 있습니다.

이렇게 계획을 세우는 것은 자기 자신의 부족한 점을 생각하고 보완하기 위해서 전략을 짜는 과정이기 때문에 메타인지를 길러줍니다. 3단계까지는 방학 전에 이루어지는 과정입니다. 나에게 부족한 점, 해야 할 것과 하고 싶은 것을 생각하고, 학습적인 면에서 놀이적인 면까지 전체적인 계획을 짜는 것입니다.

4단계 : 방학 계획표 체크리스트 만들기

3단계에서 세운 구체적인 목표를 기준으로, 매일 해야 할 일을 했는지 확인하는 체크리스트를 만들어보세요. 하루 단위로 체크할 수 있게 만들어, 매일 게임에서 아웃시켜 나가듯이 지워나가도록 합니다.

예

- ✔ 독서 1시간
- ○ 영어 학원
- ○ 수학 학원
- ○ 다녀와서 학원 숙제하기
- ○ 줄넘기 30개 하기

- ○ 연산 문제집 3장 풀기
- ○ 한자 5개 쓰기
- ○ 할 일을 다 한 후 하고 싶은 것 : 클레이 만들기, 유튜브 보기, TV 보기

계획은 세우는 자체도 의미 있는 일이라고 말씀드렸습니다. 하지만 가장 중요한 것은 실천하고 지키는 것이죠. 계획을 세우면 확인을 해야 합니다. 혼자 그 계획을 실천하고자 노력한다면 아이는 지칠 거예요. 할 일을 했는지 안 했는지 함께 확인하면서 꾸준히 노력하도록 도와주세요. 위의 방법은 예시일 뿐입니다. 아이에게 맞는 방법을 생각해서 실천해 보세요.

방학을 잘 보내는 방법이 있을까요?

창조적인 게으름을 만끽하는 방학 시작을 만드세요

아이가 손꼽아 기다렸을 방학, 그 시작을 충분히 만끽할 수 있도록 해주세요. 며칠은 빈둥거리며 멍하게 아무것도 안 해도 좋아요. 늦잠이든 컴퓨터 게임이든 하고 싶은 대로 충분히 충전할 수 있는 시간을 줍니다. 공부와 무관한 재미있는 책을 마음껏 읽게 하거나, TV를 실컷 보게 하거나, 가족이 다 함께 보드게임을 하는 등 여유 있는 시간을 보낼 수 있게 해주세요. 자신이 무엇을 좋아하고 무엇에 관심이 있는지는 혼자만의 시간을 통해 얻을 수 있습니다. 스스로에 대해서 생각해볼 시간을 갖지 못한 아이들은 뒤늦게 힘든 사춘기를 보내며 방황을 하기도 합니다. 물론, 보상같이 주어진 며칠이 지난 후에는 컴퓨터 게임이나 스마트폰의 사용을 엄격히 제한해야 합니다. 무기력한 시간 소비와 창조적 게으름은 분명히 다른 것이기 때문입니다.

올바른 매일 습관은 방학 때 더 중요합니다

'매일 아침 일어나서 하는 일 – 요일마다 해야 하는 일 – 저녁에 할 일 – 자기 전에 할 일' 등의 건강한 생활 루틴을 만들어서 온 가족이 함께 지킬 수 있게 노력합니다. 우리는 매 순간을 의식적으로 판단하면서 살아갈 수 없습니다. 그렇기 때문에 올바른 무의식적 습관이 중요하죠. 방학을 시작하고 3~4일 동안 충분한 휴식을 가진 후에는 루틴에 따라 차곡차곡 하루하루가 쌓일 수 있도록 도와주세요.

✎ 도서관과 서점을 정복하는 독서 여행가가 되세요

모든 공부의 시작은 책 읽기에서 시작해 책 읽기로 끝난다고 해도 과언이 아닙니다. 모든 교과 공부가 글을 읽고 이해하는 데서 시작하기 때문이죠. 하지만 한글을 읽을 줄 안다고 독해력이 있는 것은 아닙니다. 꾸준히 책을 읽으며 독해력을 다져야 합니다. 풍부한 배경지식과 독해력을 쌓은 아이는 모든 교과를 공부할 준비가 다 되었다고 할 수 있습니다.

✎ 스마트폰, TV 등의 미디어 노출은 엄격히 관리합니다

방학 때 가장 경계해야 할 것은 무의미한 시간입니다. 특히 스마트폰과 TV, 컴퓨터와 같은 디지털 기기 노출을 엄격히 관리해야 하죠. 규칙을 지키지 않았을 때 어떤 벌칙을 받을 것인지 아이와 대화를 통해 미리 정해 놓으세요. 스마트폰을 뺏거나 컴퓨터 전원선을 뽑는 등 규칙을 정한 후에는 단호한 태도로 철저하게 규칙을 따를 수 있게 합니다. 디지털 기기만 관리되어도 아이의 방학은 훨씬 알차진다는 사실을 명심하세요.

고민 255

방학 때 다음 학기
교과서를 보면 도움이 될까요?

저는 방학 때 다음 학기 교과서를 보며 예습하는 것을 추천하지 않습니다. 수업 시간이 지루해질 수 있거든요. 방학 때는 독서와 체험학습으로 배경지식을 넓히고, 꾸준한 학습이 필요한 영어와 수학 공부하기를 추천합니다. 방학 때 하면 좋을 공부 여섯 가지를 말씀드릴게요.

첫 번째는 다음 학기를 예습할 수 있는 책을 골라 읽는 거예요. 고민 117을 참고해서 다음 학기 국어 교과서 지문이 실린 책을 찾아 읽거나 사회와 과학 교과 내용과 연계된 책을 찾아 읽어보세요.

두 번째는 다음 학기를 예습하는 체험학습을 하는 겁니다. 방학만큼 체험학습을 하기 좋은 시간이 없습니다. 사회와 과학 관련 체험학습을 고민 218~229를 참고해서 해보세요. 다음 학기 수업과 관련된 체험학습이라면 더 좋겠죠.

세 번째는 수학 공부입니다. 전 학기 수학 교과서와 수학익힘책, 문제집에서 틀린 문제를 한 번씩 다시 풀어보세요. 그리고 서점에 아이와 함께 가서 다음 학기 수학 문제집을 쉬운 것으로 골라보고, 예습의 개념으로 방학 동안 풀어봅니다.

네 번째는 영어 공부입니다. 고민 202를 참고해서 수준에 맞는 영어책을 골라 읽어보세요. 이외에 평소 학기 중에 시간이 없어서 못 했던 것을 프로젝트처럼 시도해보세요. '영어 신문 읽기 도전', '나만의 영어 그림 사전 100개 단어 만들기', '영어 일기 10개 써보기'와 같이 말이에요.

다섯 번째는 한자 공부입니다. 방학은 학기 중엔 꾸준히 하기 어렵지만 공부를 하면 여러모로 도움되는 한자 공부를 하기 좋은 시간입니다. 고민 135를 참고해서 하루 2자 한자 공부를 해보세요.

여섯 번째는 신문 스크랩입니다. 고민 232를 참고해서 신문을 읽고 이야기를 나눠보세요. 국어는 물론 사회와 과학 등 다방면에 도움이 될 수 있습니다.

교과 내용 그대로를 미리 학습하는 예습은 수업 시간의 흥미를 떨어트리지만, 앞으로 배울 내용의 배경지식과 기초를 쌓는 예습은 자신감 상승과 더불어 수업을 더 즐겁게 만들 수 있습니다. 위의 여섯 가지를 모두 해야 한다는 부담감보다는 할 수 있는 것을 아이와 상의해서 해나갔으면 좋겠습니다.

방학 동안 캠프에 보내야 할까요?

방학은 평소에 하기 어려웠던 다양한 경험을 하는 절호의 시간입니다. 그런 의미에서 도시 아이들이 농촌 체험을 가거나, 밤하늘의 별을 관찰하고 우주의 신비를 맛보는 과학 캠프나 절제력과 예의범절을 배우는 인성 캠프 등을 가족 및 친구들과 함께 가는 것은 좋다고 생각합니다. 가서 새로운 친구들을 만나기도 하고, 학습적인 것 외의 어린 시절 추억을 쌓을 수도 있지요. 하지만 이때도 고려해야 할 것들이 있습니다.

첫째, 아이의 성향을 꼭 살펴보세요. 내성적인 아이는 캠프가 힘들 수 있습니다. 좋은 경험이 되었으면 하고 보낸 캠프가 스트레스로 기억될 수 있죠. 둘째, 아이의 발달 단계와 관심 분야도 반드시 고려해야 합니다. 저학년은 자연을 느끼는 캠프가 좋습니다. 학년이 어릴수록 지도 교사 한 명당 담당 인원이 많지 않은 곳이어야 하고요. 다음 학년 또는 학기의 사회나 과학 교과서를 살펴보고, 경제 관련 내용을 배울 예정이라면 경제 캠프, 역사 관련 수업이 예정돼 있다면 역사 캠프, 과학 중 지구과학을 배우기 전이라면 천문 캠프 등 앞으로의 학습과 연계해서 선택하는 것도 좋습니다. 또, 아이가 평소 특히 흥미로워하는 분야가 있으면 캠프를 통해, 보다 깊게 탐구하고 체험하게 하는 것도 좋겠습니다.

기업이나 각 시교육청, 동네 도서관에서 무료로 진행하는 캠프와 프로그램도 많이 있으니 아이와 상의해 참여하는 것도 좋습니다. 또, 영어 캠프, 과학 캠프 등 학교에서 진행되는 캠프도 있죠. 짧게는 며칠부터 길게는 일주일 동안 진행되는 캠프까지 기간이 다양합니다. 가격도 저렴하기 때문에 적절하게 활용하면 좋습니다. 하지만 캠프는 필수가 아닙니다. 필요하지 않은 경우도 많으니 공부가 목적이라면 책을 읽는 시간이 효과가 더 클 수도 있다는 점을 염두에 두세요.

국내 영어 캠프를 선택할 때에는 영어 학습에 전문적인 기관인지, 강사진은 어떤지, 교육 프로그램이나 식단은 어떤지 꼼꼼히 확인하세요. 엄마의 필요나 욕심에 의한 캠프인지 아닌지 역시 다시 한번 고려해 보셨으면 좋겠습니다. 캠프를 다녀온 후 자극을 받아, 그 경험을 열심히 공부하는 동기로 삼는 아이들도 있습니다. 프로그램이 매우 다양하고 알찬 캠프들도 상당히 많아 한 번쯤은 가볼 만한 곳입니다. 하지만 아이가 원하지 않는데 공부 목적으로 억지로 보내는 것은 얻을 수 있는 효과가 제로에 가까울 수 있습니다. 아이와 충분히 상의하여 결정하세요.

참고할 만한 어린이 캠프

한국은행 청소년 경제 캠프 www.bokeducation.or.kr

외교사료관 주최 어린이 외교관학교 diplomaticarchives.mofa.go.kr

미래에셋 우리아이 경제박사 캠프 etone.wizsoft.kr

솔로몬파크 어린이 법탐험 캠프 lawpark.bts1.kr

그밖에 교육기부포털 사이트에서 다양한 프로그램을 찾아볼 수 있습니다.
www.teachforkorea.go.kr

입학을 앞두고 학교를 고르는 순간부터 입학 후 학교생활을 하는 내내,
내 아이의 학교생활은 부모님의 끊임없는 고민거리이자 걱정거리입니다.
1학년 첫 적응을 잘한 후 학년이 올라간다고 수월한 것도 아닙니다.
아이가 학교에서 겪는 일, 엄마 아빠가 학부모로서 겪는 모든 일은 학년과
관계없이 처음인 경우가 많죠. 의견을 나누고 싶지만 물어볼 데가 마땅치도 않습니다

이서윤의 초등생활 처방전 365

03 PART

학교생활

✔ 초등학교 입학 예정 ✔ 저학년 ✔ 고학년

갑자기 전학을 가게 됐을 때, 담임선생님과의 갈등이 생겼을 때, 아이의 반 배치와 짝꿍 문제와 학부모 상담까지. 사소해 보이지만 너무나 궁금하고 아이와 엄마에겐 중요한 질문들을 담았습니다. 초등 교사로서, 한 아이의 엄마로서, 두 가지 역할을 함께 수행하는 입장에서 꼼꼼히 적었습니다. 아이의 학교생활에 도움이 되면 좋겠습니다.

초등 부모들의
비밀 상담소

사립이냐 공립이냐? 그것이 문제로다

아이가 초등학교에 입학할 때가 되면 고민이 생깁니다. 사립초등학교를 보낼지, 공립초등학교를 보낼지 선택하는 문제인데요. 아이의 첫 학교생활이자 6년의 시간을 보낼 곳이니 신중한 선택이 필요합니다. 여러 관점에서 차분히 생각을 정리해보세요. 고려해 봐야 할 몇 가지를 말씀드릴게요.

첫 번째는 경제적인 부분과 학교 교육과정입니다. 서울 내 사립초등학교의 연간 학비는 학교마다 차이가 있지만, 평균 1,000만 원 정도입니다. 여기에 체험활동비, 여름방학 캠프비, 소풍비 등의 추가 비용들이 들어가고요. 그런데 이런 비용 마련이 빠듯한 경우라면, 사립초등학교의 장점이나 매력이 들여야 하는 노력 이상의 메리트가 있어야겠죠.

학교 설명회를 통해 보내고자 하는 사립초등학교의 커리큘럼과 교육과정을 자세히 듣고 알아보세요. 사립초등학교는 보통 4시 정도까지 아이들이 학교에 있습니다. 아무래도 공립보다 다양한 수업이 교육과정 내에 있고, 각종 특성화 교육과 다양한 방과후활동이 있기 때문에 '다양한 교육을 받을 수 있다는 점'을 사립초등학교의 장점 중 하나로 꼽겠지요. 2시쯤 정규 수업이 끝나는 사립학교도 있어서, 학교마다 전업맘과 워킹맘 비율이 조금씩 다르고 분위기도 다릅니다. 맞벌이 부부 같은 경우, 어차피 방과 후 아이들끼리 집에 있을 수 없기 때문에 방과후교실이나 학원 등으로 소위 말하는 '뺑뺑이'를 돌려야 하는 경우가 많습니다. 그럴 바엔 한곳에 오래 있는 게 더 안전할 수 있다고 생각을 하게 됩니다. 비용적인 면에서도 여러 학원 수업비를 사립초등학교 학비로 내도 괜찮겠다 생각이 드는 거고요. 하지만 사립학교에서 스케이트를 배운다, 오케스트라를 한다고 하면 학교 수업을 따라가기 위한 사교육이 필요한 경우도 많이 있습니다. 처음 생각했던 학비 외에도 여러 사교육비가 추가로 필요하게 되며, 처음에 생각했던 '드는 돈은 그게 그거다'의 예상은 어긋나는 경우가 있으니 신중한 선택이 필요합니다.

두 번째는 친구 관계입니다. 사립초등학교는 셔틀버스를 운행하는 경우가 많습니다. 그만큼 곳곳에서 모이기 때문에 동네 친구가 많이 없다는 걸 단점으로 많이 꼽습니다. 그래서 교우관계를 위해 주말에 따로 모여서 여행을 가거나 시간을 보내는 노력이 필요할 때도 있어요. 학교 내 엄마들과 관계를 따로 맺어야 할 때, 경제적인 여건이 관계에 영향을 미치기도 합니다. 셔틀버스를 타고 멀리 가는 게 어린 아이들에게 힘들 수도 있고요. 하지만 학교 내에서 친구 간의 괴롭힘이나 놀림 등은 서로 예민하게 받아들이는 편이어서 서로 굉장히 조심시키기도 합니다. 그것이 마음이 여린 아이에게는 장점이 될 수 있습니다만, 중학교에 가면 그 울타리가 없어지는 느낌이 들 수 있습니다.

세 번째는 아이와 엄마의 정신력(멘탈)이에요. 사립초에 가면 어릴 때 친구들이 커서 경제적 · 사회적으로 좋은 인맥이 될 수 있다고 말을 하기도 합니다. 하지만 실제로 이것으로 인해 얻는 게 많을지 잃을 게 많을지 생각해봐야 할 것 같아요. 우리 애가 사립초에 갔는데 짝꿍은 수영장과 정원이 딸린 집에 살거나 아빠가 연예인이나 유명인일 수 있거든요. 그런 사실에 별로 신경을 안 쓰는 아이도 있겠지만 괜히 주눅이 들 수 있어요. 상대적 박탈감을 느끼고, 평범함을 불행하다고 느낄 수도 있고요. '우리 집은 왜 이렇지?' 친구들과 계속 비교를 하게 되죠. 그런 것들로 인해 아이나 부모님이 힘들어질 수 있어요. 어릴 때부터 만족이 아닌 불만족을 배울 수도 있지요. 물론 아이도 엄마도 그런 것에 큰 의미를 두지 않아서 그런 상황에 놓였을 때, '내 짝꿍은 멋진 애야!' 하면서 짝꿍 집에 가서 놀고, 그 짝과 좋은 친구가 되어 많은 부모님이 생각하는 좋은 인맥으로 만들 수도 있겠지요. 하지만 초등학교 때 친구가 성인까지 어떤 인맥으로 이어질지는 사실 잘 모르겠습니다. 그래도 학비가 비싼 사립초등학교의 특성상, 학교 내의 분위기도 그들만의 리그가 형성될 수 있겠다는 생각은 듭니다.

서울 내 사립초등학교의 경우 경쟁률이 가장 높은 곳은 서초구에 있는 계성초등학교로 5.6:1 정도의 경쟁률을 기록했고, 그 외는 평균 2:1 정도의 경쟁률을 보였습니다. 즉, 사립초등학교에 보내야겠다고 고민 끝에 결정해도 떨어질 수 있다는 거죠. 모든 사립초등학교 추첨일이 한 날이라 한 곳만 선택해야 하고, 떨어질 경우는 플랜B로 가야 한다는 사실 염두에 두세요.

사립초등학교를 보낼지, 공립초등학교를 보낼지는 집안의 경제적인 여건, 아이의 성향이나 다른 전반적인 상황까지 고려해서 결정해야 합니다. 꼼꼼하게 알아보면서 우리 아이가 사립초등학교에 간다면 가계가 학비를 견딜만한 경제적 여건을 갖고 있는가, 화려한 부모님들을 둔 친구들을 보며 우리 애가 박탈감을 느끼지 않고 다닐 수 있을 것인가, 그런 엄마들 사이에서 난 박탈감을 느끼지 않을 수 있는가, 다른 사람들의 교육 방식을 보면서 내가 흔들리지 않을 수 있을 것인가 등을 생각해보세요. 보통 사립초등학교의 추첨일은 11월 말로, 10월~11월에 학교마다 학교 설명회를 엽니다. 관심 있는 학교 설명회를 찾아가서 들어보고 최선의 판단을 하면 좋겠습니다.

너무 적은 학급 수와 학생 수, 학생이 많은 학교로 가야 할까요?

아이가 내년에 들어갈 학교가 한 학년에 한 개 반이고, 학급 인원도 15명 정도뿐이랍니다. 학생 수가 많은 학교로 가야 하나 고민이에요.

학생 수가 많은 학교의 장점은 '사람이 많음으로써 할 수 있는 것들'이에요. 첫 번째, 여럿이 해야 재밌는 종류의 수업입니다. 모둠 수업이나 체육 수업 같은 것들이죠. 두 번째는 여럿이 하면 더 즐거운 학교 행사입니다. 운동회, 학예회 등 큰 규모의 행사 역시 학생 수가 많으면 더 재미있게 느껴집니다. 세 번째는 다양한 방과후교실 프로그램입니다. 학생 수가 많으니 방과후교실이 다양하게 개설되면서 선택의 폭이 넓어집니다. 네 번째는 넓은 친구 선택권입니다. 아무래도 다양한 친구들이 있다 보니 다양한 관계를 맺게 될 것입니다.

반대로 학생 수가 적은 학교의 장점은 학생 수가 많은 학교의 단점으로 꼽을 수 있습니다. 우선 한 반당 학생 수가 적으면 적을수록 교사가 지도할 때 학생 한 명씩 더 관심을 줄 수 있어요. 반면 학생 수가 많으면 교사로서 학급 내의 일은 많아집니다. 일기 검사만 해도 35명의 일기를 지도해야 하는 것과 10명 것을 해야 하는 것은 달라지겠죠. 또한 많은 아이들 사이 존재감이 미미한 학생도 몇 명 안 되는 학생들 사이에서는 존재감을 더 크게 가질 수 있습니다. 하지만 그렇다고 학생 수가 적은 학교의 교사가 온 신경을 학생들에게만 쏟을 수 있는 것은 아닙니다. 교사 수가 적으면 과목 전담 교사가 더 적어서 수업 준비에 부담이 더 클 수밖에 없거든요.

또, 학교를 운영하기 위해서는 학교가 크나 적으나 기본적으로 해야 하는 업무가 있고, 학교가 작으면 더 적은 수의 교사가 그 행정업무를 나눠야 하니 행정 업무 역시 더 많아집니다. 아이들을 가르치는 일 외에도 일이 많아지죠.

학생 수가 작은 학교가 가진 또 하나의 장점은 긴밀한 친구 관계를 들 수 있습니다. 한 반에 몇 명 되지 않으니 서로를 잘 알 수밖에 없습니다. 익숙한 친구들과 같이 지내니 편안한 느낌도 들고, 친한 친구와 계속 가깝게 생활할 수도 있죠. 새로운 친구를 사귀는 데에 부담을 느끼는 아이들은 오히려 편하게 학교생활을 할 수 있습니다.

하지만 이건 동전의 양면입니다. 좋은 친구랑 계속 붙어있을 수 있다는 건, 맞지 않는 친구와도 계속 붙어있어야 한다는 것이거든요. 내게 스트레스를 주는 친구와 계속 같은 반에서 생활한다는 게 큰 어려움이 될 수도 있습니다. 보통 반 분위기가 바뀌거나 학년이 올라가 학급 구성원이 바뀌면 자연스럽게 해결되는 문제들이, 단일 반 구성에선 그럴 수 없죠.

또, 친구들이 많으면 다양한 관계를 맺을 수 있고 나랑 성향이 맞는 친구의 선택폭이 넓어질 수 있는데, 학생 수가 적은 곳에서는 선택권도 적어지고 다양한 친구를 사귈 기회가 더 적어질 수밖에 없습니다. 소심하거나 내향적인 아이들은 익숙한 친구와 계속 시간을 보낼 수 있어 좋은 것과 반대로, 다른 환경에 놓일 때 더 당황할 수도 있습니다. 실제로 학생 수가 적은 학교에서 초등학교 시절을 보냈는데, 새로운 친구 사귀는 방법을 익힐 기회가 적어서 "중학교에 진학했는데 새 친구를 어떻게 사귀어야 할지 모르겠어요" 하고 고민을 토로하는 학생들도 있었어요.

이 밖에 학생 수가 적기 때문에 특별한 프로그램을 운영하는 학교도 있습니다. 시골의 작은 학교는 폐교를 막고 학생들을 모으기 위해 예산을 많이 지원받아, 아이마다 악기 하나씩을 선물한 후 가르쳐주며 셔틀버스까지 운행하는 학교도 있습니다. 큰 학교에서는 누릴 수 없는 기회가 있기도 하죠. 탈락 없는 돌봄교실과 방과후교실도 장점입니다. 학생 수가 많으면 뽑기로 학생을 선정하는데, 학생 수가 적은 곳에서는 원하면 다 혜택을 누릴 수 있습니다.

학생 수에 따라 학교가 갖는 장단점은 다릅니다. 어느 것이 더 좋다 나쁘다 할 수 없는 일이고요. 아이의 성향과 가정의 상황, 부모님의 가치관에 따라서 달라질 거예요. 위에서 살펴본 장단점과 관련해 특별한 가치관이 있는 것이 아니라면, 아이 성향이 무난하다면 집에서 가까운 학교, 아이를 돌보기에 좋은 학교가 최고입니다.

고민 259

초등학교 입학을 위해 어떤 것을 준비할까요?

초등학교 입학을 앞두고 '학교는 유치원과 다를 텐데 잘 적응할 수 있을까?', '아이가 힘들어하지는 않을까?' 불안하고 걱정되는 마음이 드실 겁니다. 온라인으로 수업을 하든, 오프라인으로 학교에 가든, 가장 기본적인 것들을 준비하면 즐거운 학교생활이 될 수 있습니다. 어떤 것들을 준비하면 좋을지 여덟 가지를 말씀드릴게요.

첫 번째는 입학 전 정서적인 준비입니다. 초등학교라는 곳에 가는 게 얼마나 신나고 기대되는 일인지 이야기해주세요. "곧 학교 들어갈 애가 그러면 되겠니?" 하고 걱정스러운 말보다는 "새로운 친구들과 선생님을 만나는 건 정말 신나고 즐거운 일이야. 우리 딸(아들)이 갈 학교는 대한민국에서 가장 훌륭한 선생님들이 가르쳐주시는 곳이야"라고 학교와 교사에 대한 긍정적인 이미지를 전달해주세요. 또, 다양한 입학 대비의 어린이 책이 있습니다. 아이와 책을 함께 읽어보면서 학교생활에 대해 기대하게 해주세요.

두 번째는 아침에 일어나는 습관입니다. 아이가 학교에 가면 아침마다 일어나서 시간에 맞춰서 등교하는 것이 가장 힘든 일이고, 가장 대단한 일이에요. 학교에 입학하기 한두 달 전부터 등교 시간에 맞춰 일어나 생활하는 습관을 들여보세요. 낮잠을 자던 버릇이 있다면 낮잠을 자지 않고 밤에 일찍 자도록 습관을 들여주세요.

세 번째는 화장실 사용 방법 익히기 준비예요. 스스로 옷을 벗고 볼일을 본 후 닦는 연습을 해보세요. 또, 쉬는 시간에는 당장 화장실에 가고 싶지 않더라도 다녀오는 게 좋다고 아이에게 꼭 이야기해주세요.

네 번째는 식습관 잡기입니다. 점심시간은 단순히 밥을 먹는 시간이 아니에요. 식습관 지도도 함께하기 때문입니다. 대부분의 선생님은 반찬을 남기지 않게 먹도록 지도합니다. 먹을 만큼만 받아 가서 다 먹도록 하거든요. 그렇다고 강제적인 것은 절대 아니에요. 최소한 모든 반찬을 한 번씩이라도 시도해보는 것으로 지도하고 있습니다. 편식을 하면 아이가 가장 힘들어합니다. 밥 먹는 속도가 더 늦어지고 급식 시간을 힘들어해요. 점심을 먹고 난 후 남은 시간은 자유 시간인데 편식을 해서 늦게 먹으면 그만큼 친구들과 노는 시간이 없어지는 거니까요. 다양하게 골고루 먹어볼 수 있도록 해주세요. 또, 학교에 준비된 젓가락이나 숟가락은 다 성인용이기 때문에 아이가 젓가락질을 할 수 있으면 좋겠어요.

다섯 번째는 스스로 생활하기입니다. 학교에서는 책상과 사물함을 스스로 정리해야 합니다. 정리정돈이 잘 되지 않으면 교과서 준비도 잘 안 되고 자기 생활 관리도 되지 않는 게 사실입니다. 혼자 잘하지 못하면 수업 시간을 지키지 못하는 일이 생기기도 하지요. 이 밖에 우산을 펴고 개거나 운동화 끈을 매거나 우유갑을 혼자 열고 접고 하는 것도 스스로 할 수 있어야 합니다. 학교에서는 스스로 해야 할 일이 참 많기 때문에 집에서 자기 일을 스스로 하게 해주세요.

여섯 번째는 자기 의견을 말로 표현하기입니다. 선생님께 또는 친구에게 자기 생각을 언어로 제대로 표현할 수 있다면 학교생활이 훨씬 수월합니다. 집에서 또박또박 자기 생각을 말로 표현하게 해주세요. 가족들과 많이 대화해보는 게 가장 좋고, 그게 힘들다면 일정 시간을 가족회의 시간으로 만드는 것도 좋습니다.

일곱 번째는 40분 앉아있기 연습입니다. 초등학교 수업은 40분입니다. 40분을 수업하고 10분을 쉬어요. 40분간 온 가족이 앉아서 책을 읽거나 바른 자세로 앉아서 색칠 공부도 하면서 학교 수업 시간을 체험해볼 수 있도록 몇 번 연습해보세요.

마지막 여덟 번째는 입학 전에 집에서 자기소개를 해보는 겁니다. 새 학년이 되면 보통 자기소개를 하는데, 어떤 걸 말할지 생각해보고 가족들 앞에서 말해보면 갑자기 하는 것보다 자신감을 갖고 말할 수 있을 거예요. 특히 내성적이거나 부끄러움이 많은 친구들은 더 도움이 될 겁니다.

우리 아이들은 부모님이 생각하는 것보다 생각이 크고 강해서 적응을 잘합니다. 너무 불안해하지 않아도 될 거예요.

예비 초1 학부모, 워킹맘을 위한 팁이 있을까요?

아이의 초등학교 1학년 입학 때 워킹맘의 위기가 온다고들 하잖아요. 초등학교는 아무래도 어린이집보다 일찍 끝나고, 보육 기관이 아니다 보니 아이들이 혼자 스스로 해야 하는 부분이 많기 때문일 겁니다. 그런 아이를 곁에 두고 보살펴주지 못한다는 불안이 일하는 엄마의 마음을 힘들게 하는 거죠. 하지만 혼자서 하는 습관만 잘 잡혀있다면 학교생활은 어렵지 않아요. 준비물이나 숙제 자체도 요즘은 학교에서 많이 요구하지 않는 편입니다. 그럼에도 바쁜 워킹맘들에게는 그것조차 버거울 수 있어요. 놓치지 않고 잘 따라갈 수 있는 최고의 방법은 가정통신문과 알림장 확인을 잘해주는 것입니다. 그것만 잘해주셔도 아이는 학교생활을 빈틈없이 잘 해낼 수 있거든요.

또, 방과 후 스케줄 역시 큰 고민일 거예요. 아이에게 방과 후나 집에서 매일 스스로 해야 할 루틴, 시스템을 만들어 주세요. 학교가 끝나면 어디를 가야하고 무슨 일을 해야 하는지, 규칙적으로 만들어지면 아이도 정서적으로 안정되고, 스스로를 챙기기에도 훨씬 좋습니다. 그리고 아이의 학교생활에 궁금한 것이나 의심스러운 부분이 생긴다면 담임선생님과 상담을 꼭 하고 대화를 하면 좋겠습니다.

사실 엄마가 전업맘인지 워킹맘인지의 차이는 학년이 올라갈수록 잘 느껴지지 않아요. 아이가 말하지 않으면 모를 때도 많고요. 엄마가 챙겨주는 부분이 조금 부족하다면 그만큼 아이들이 스스로 잘 챙기고 야무집니다. 아직 어린데 혼자서 해나가야 하는 아이를 볼 때면 괜히 마음이 아플 때가 있겠지만, 그만큼 또 우리 아이는 독립적으로 성장하고 엄마를 자랑스러워하게 될 겁니다. 불안해 말고 아이를 믿으세요.

고민 261 학년별 수업 마치는 시간이 궁금해요

교육법에 따라 정해진 수업시수는 학년마다 다릅니다. 또, 학교마다 시기를 어떻게 달리해서 적용하는지와 수업 시작 시각을 몇 시로 하느냐에 따라서도 달라지죠. 아래 시간표를 참고하여 보통 이렇게 끝나는구나 예상하면 됩니다.

시작	끝	소요 시간	월	화	수	목	금
09:00	09:10	10분			아침 준비		
09:10	09:50	40분			1교시		
09:50	10:00	10분			쉬는 시간		
10:00	10:40	40분			2교시		
10:40	10:50	10분			쉬는 시간		
10:50	11:30	40분			3교시		
11:30	11:40	10분			쉬는 시간		
11:40	12:20	40분			4교시		
12:20	13:10	50분			점심시간		
13:10	13:50	40분			5교시		
13:50	14:00	10분			쉬는 시간		
14:00	14:40	40분			6교시		

위의 예시처럼 시간표가 진행된다면, 1~2학년은 일주일에 두 번은 4교시 후 점심을 먹고 끝나고, 세 번은 점심식사 후 5교시를 하고 끝납니다. 3~4학년은 일주일에 한 번은 4교시(보통 수요일), 두 번은 5교시, 두 번은 6교시를 하고요. 5~6학년은 일주일에 두 번은 5교시, 세 번은 6교시 수업을 하게 됩니다. 요일에 따라 끝나는 시간이 다르고 중간에 행사가 있거나 학기 말이 되어 수업 시간이 조정되면 달라지기도 합니다.

반 배치는 어떻게 이루어지나요?
특정 아이와 한 반이 되지 않게 해달라고
부탁해도 될까요?

1년 동안 아이들이 수행 평가한 내용, 수업 시간의 성취도 등을 보며 같은 반이 되면 좋을 아이들과 좋지 않을 아이들로 어느 정도 나눌 수 있습니다. 그리고 남학생은 1반부터 차례대로 한 명씩 넣고 여학생은 뒷반부터 차례대로 넣어서 골고루 들어가도록 합니다. 처음에는 학업성취 정도로 분반한 후, 교우 관계나 반 분위기 등을 고려해서 다시 살피며 조정합니다.

학습 능력이 우수한 아이와 그렇지 못한 아이가 같은 반이 되도록 하고, 분반을 다 한 후 말썽꾸러기 아이들은 같은 반이 되지 않도록 나눕니다. 또 특별히 어떤 친구를 못살게 굴어서 같은 반이 되지 않도록 해야 하는 관계가 있으면 또 나눕니다. 그런 후 새로운 학년에 담임교사들이 배정되면 보통 제비뽑기로 분반된 학급 명단을 뽑습니다. 저는 이 순간을 운명의 순간이라고 받아들입니다.

입학한 1학년 아이들을 어떤 기준으로 분반할까요? 1학년의 반 배정은 학업 성취도나 교우 관계, 성격과 같은 정보가 없기 때문에 거주지와 생년월일 등을 고려하여 반을 배정합니다.

1년 동안 특정 친구 때문에 너무 괴로웠다면 담임교사에게 상담을 요청해서 학급 배치를 할 때 가능하면 고려해달라고 하세요. 담임교사가 보기에도 좋지 않은 관계면 고려합니다. 그러나 아무 이유 없이 무조건 다른 반으로 해달라거나 친한 친구와 한 반이 되게 해달라는 등의 부탁은 받아들여지지 않습니다.

여러 과정을 거쳐 고민하고 분반을 하지만, 다 한 후에도 그 결과가 잘되었는지 잘못되었는지는 교사도 모릅니다. 왜냐하면 아무도 모르는 게 사람의 관계이기 때문이지요. 작년에는 문제가 되지 않았던 아이도 다른 반 분위기와 다른 친구들과의 관계에서는 문제가 될 수도 있습니다.

고민 263 짝꿍은 어떻게 정해지나요? 특정 친구와 짝을 해달라고 부탁하고 싶어요

보통 처음에는 키순으로 앉습니다. 남자와 여자의 짝으로 키가 큰 아이들은 뒤에, 키가 작은 아이들은 앞에 앉지요. 그 후 2주에 한 번 또는 한 달에 한 번 정도 짝을 바꾸는데, 그 시기와 방법은 담임교사마다 다릅니다. 제비뽑기를 하기도 하고, 담임교사가 학습 수준이나 수업 시간 태도, 교우 관계를 고려해서 자리 배정표를 만들어 짝과 모둠을 정해주기도 합니다.

이 경우 눈이 나쁜 아이의 부모님이 제일 걱정이 많습니다. 그래서 아이 시력이 좋지 않으니 앞자리에 앉게 해달라고 전화를 주기도 합니다. 교사는 가능한 배려를 하려고 하지만 모든 상황을 다 고려하기는 힘듭니다. 시력이 약한 아이들도 많고, 그 아이만 매번 앞쪽 자리를 배정하는 것은 다른 아이들 입장에서는 차별로 느껴질 때도 있기 때문이죠. 아이의 시력이 나쁘다면 제일 뒷자리에서도 칠판이 보일 수 있도록 시력을 확인하고 안경을 쓰게 하는 게 좋습니다. 하지만 안경으로도 교정하기 힘들거나 다른 이유가 있는 경우에는 특별히 매번 앞자리를 배정하기도 해요. 즉 어쩔 수 없는 상황일 경우에는 담임교사에게 부탁하세요.

짝꿍 때문에 스트레스를 받는 경우 짝을 바꿔 달라는 전화를 받기도 합니다. 아이가 받는 스트레스가 너무 크다면 교사 판단하에 바꿔줄 수 있지만, 여러 친구와 함께 생활하고 적응해야 하는 학교생활에서 마음에 맞는 친구도 있지만 마음에 맞지 않는 친구도 있다는 사실을 아는 것 또한 교육임을 생각해보고 판단하는 것이 좋습니다. 또, 그렇게 바꾸다 보면 친구의 장난이나 고집을 다 받아주는 착한 아이가 매번 장난꾸러기 아이와 짝을 해야 하는 경우가 생기는데 그 또한 그 아이에게는 불공정하고 힘든 일이 되기 때문에 다양한 친구들과 돌아가면서 짝을 하고 서로 맞춰가는 과정은 꼭 필요합니다.

짝 바꾸는 시기나 기준은 담임선생님의 철학이 있으니, 일단 담임선생님의 의견을 따르되 아이가 많이 힘들어 하는 부분이 있다면 선생님과 상담하세요.

워킹맘입니다. 꼭 참석해야 하는 학교 행사는 어떤 게 있을까요?

학부모 총회는 한 학기가 시작될 때 학교에서 진행되는 첫 공식 행사입니다. 학부모님들이 전체적으로 모여 학교에 대한 설명을 듣고, 1년의 교육과정이나 행사에 대한 안내를 받습니다. 그리고 각 교실로 가서 담임교사에게 담임 소개와 교육철학, 학급의 특색, 숙제의 종류와 같은 것들을 듣습니다. 이때 학급 학부모들끼리 인사를 하고 학부모회도 조직합니다.

연간 학부모님들을 대상으로 하는 학교 행사는 별로 많지 않습니다. 학부모 총회, 공개수업, 학부모 상담이 전부입니다. 운동회나 학예회가 있을 수 있습니다만, 학교마다 다르고 요즘은 운동회도 부모님은 모시지 않고 아이들끼리 간단하게 치르는 곳이 많습니다. 학부모 상담은 바쁘다면 전화 상담을 할 수 있고, 시간을 최대한 담임선생님과 맞출 수 있습니다. 따라서 학부모 총회 하루쯤은 참여해서 담임선생님 얼굴도 보고 이런저런 이야기도 들으면 좋을 거라 생각합니다.

참관수업 즉, 공개수업을 통해서 아이의 학교생활을 일부 볼 수 있습니다. 또 부모님이 오셔서 내 수업을 본다는 것 자체가 관심의 표현이며, 아이는 학교생활에 더 자신감을 가질 수 있습니다. 물론 부모님께서 학교 행사에 많이 참여하지 못한다고 불이익을 주는 것은 전혀 없습니다. 너무 부담 갖지 말고 가능한 일정에 참여하시면 됩니다.

고민 265 학부모회 조직, 꼭 들어야 할까요?

어떻게 보면 조금 예민한 부분일 수 있지만 초등학교 생활에 있어서 도움이 되는 부분이라 적습니다. 저학년은 학부모회에 가입하는 학부모님들이 꽤 많이 있습니다. 하지만 학년이 올라갈수록 점점 수는 줄어듭니다. 바쁜 일상에 하루 시간을 내어 학교에 나오는 게 쉬운 일은 아니기 때문일 거예요.

어떤 학부모들은 다른 엄마들과 친해질 수도 있고 담임선생님과도 친해지고 정보 교류도 되니 가입을 하라고 조언합니다. 물론 그러한 이점이 있을 수도 있습니다. 하지만 가장 큰 긴 우리 아이들을 위한 일이란 것이겠죠. 학부모회는 교사들을 위한 자원봉사가 아니라 우리 아이들을 위한 학부모회 조직입니다. 학부모회 조직은 아이들이 안전하게 횡단보도를 건널 수 있게 하고, 위생적인 급식을 먹을 수 있도록 하고, 도서관을 편리하게 이용할 수 있게 하는 등 아이들의 행복한 학교생활을 위해 도움을 줍니다. 게다가 우리 엄마가, 아빠가 학교에 오면 아이들은 괜히 우쭐해지고 기분이 좋아져요.

내 아이가 등교할 때 교통정리를 해주는 어른이 있다면 훨씬 마음이 놓이지 않을까요? 아이가 고학년이 되었다면 저학년 때 찻길이 위험할까 조마조마했던 마음을 생각하며, 지금까지 안전하게 다닐 수 있음에 감사하면서 하루 봉사할 수 있다면 정말 좋을 것 같아요.

한국 학교가 유독 부모를 귀찮게 하는 것일까요? 미국 학교는 학부모의 자원봉사가 더 활발합니다. 아이들의 시험지 채점을 비롯해 교실에서 교사 도와주기, 미술 및 과학 시간 도와주기, 체험학습 따라가기, 교실 꾸미기 등까지도 학부모 봉사를 통해 이루어집니다. 잘못된 치맛바람은 지양되어야 하는 게 맞지만 올바른 치맛바람과 바짓바람은 필요합니다. 왜냐하면 학부모와 교사는 아이들의 교육을 위한 동행자이기 때문입니다. 학부모회에 가입해주셔서 감사하다고 말씀드릴 때 "아니요. 저희 아이가 다니는 학교인데 도울 수 있는 건 돕는 게 당연하지요"라고 말씀해주시는 부모님을 만나면 저는 참 행복합니다.

물론 일 때문에, 개인 사정 때문에 정말 힘이 드는 경우는 어쩔 수 없습니다. 그리고 부모님이 학부모회를 하느냐 마느냐에 따라 차별하는 것도 없습니다. 하지만 하루라도 시간을 낼 수 있다면, 그 시간을 학부모회 활동에 써 주신다면 내 아이를 위한 좋은 시간이 될 거예요.

대표적인 학부모회 조직

학교 운영위원회 : 교육과정 운영, 학교 헌장과 학칙 제정 및 개정, 학교 예산과 결산 등 학교 운영 전반에 중요한 역할을 하는 심의, 자문 기구입니다. 학교 전체에서 가장 큰 대표성을 갖고 있으며 학부모 대표를 비롯해 교원 대표, 교장, 지역사회 인사 등이 골고루 구성됩니다.

녹색 어머니회 : 학생들의 교통안전 지도를 위한 대표적인 모임입니다. 학교 등하교 시간대에 차가 많이 다니는 도로나 신호등 없는 횡단보도에서 아이들이 안전하게 통학할 수 있도록 돕는 일을 합니다.

급식 모니터링 : 학교 급식의 안전을 감시하고 개선사항을 건의하는 모임입니다. 식자재 반입부터 검수까지 영양교사와 함께 확인합니다. 조리원의 복장과 개인위생, 조리실의 위생 상태, 조리 과정을 점검하기도 합니다.

도서관 봉사 : 학교 도서관에서 대출 업무, 책 정리 등을 도와 아이들이 책을 빌려 읽는 데 도움을 줍니다. (*조직의 종류는 학교마다 다릅니다.)

돌봄교실에서 아이들은 몇 시까지, 어떤 활동을 하나요?

고민 266

돌봄교실은 방과 후에 홀로 있어야 할 학생들을 학교에서 안전하게 돌보며 교육하기 위한 운영 프로그램입니다.

보통 1~2학년 아이 30명 내외로 한 반을 만드는데(학교마다 다를 수 있습니다), 신청한 학생 수가 너무 많다면 저소득층 및 맞벌이 가정의 자녀가 우선입니다. 운영 시간은 방과 후부터 오후 5~6시까지이며, 방학 중에도 운영을 해요. 아침 돌봄(06:30~9:00)이나 저녁 돌봄(방과 후~22:00)까지 운영하는 학교도 있습니다. 돌봄교실은 말 그대로 '돌봄' 해주는 역할을 합니다. 돌봄 선생님이 가정에서 부모님이 방과 후에 아이를 봐주는 것처럼 교과 보충이나 아이 숙제를 봐주는 것이죠.

방과후교실은 무엇인가요?

방과후교실은 수익자 부담 또는 재정 지원으로 이루어지는 정규 교육과정 이외의 학교 교육 및 보호 프로그램입니다. 저소득층 가정의 자녀에게는 자유수강권을 지원하고요. 꼭 해야 하는 것은 아니고, 참여하고 싶은 프로그램이 있을 때 참여하면 됩니다. 원하는 프로그램에 돈을 내고 수강하면 되는 것이죠.

아이들은 교실에서 담임선생님과의 수업이 끝난 후 해당되는 방과후교실에 각자 찾아갑니다. 너무 걱정하지 마세요. 아이들이 혼자 충분히 찾아갈 수 있으니까요.

방과후교실은 학교마다 개설 프로그램이 다릅니다. 로봇과학, 비누 공예, 방송 댄스, 바이올린 등 특기 적성을 개발할 수 있는 부서와 교과목을 보충할 수 있는 부서가 있습니다. 학교라는 공간에서 하기 때문에 안전하다는 점, 보충 학습과 특기 · 적성 교육을 종류별로 다양하게 참여할 수 있다는 점, 다른 사교육 학원보다는 저렴하다는 점이 장점입니다. 또 강사진 역시 서류 심사, 면접 등 심사숙고해서 검증된 선생님으로 뽑습니다. 방과후교실을 수강하고 싶으면 아이의 흥미, 시간, 비용 등을 고려하여 참여하면 되겠습니다.

선생님과의 학부모 상담을 위한 팁이 있을까요?

한 학기에 한 번씩 상담 기간이 있습니다. 가정통신문에 날짜와 시간을 적어서 상담을 신청합니다. 방문 상담도 가능하고 전화 상담도 가능합니다. 1학기는 부모님이 우리 아이에 대해서 말씀을 드리러 가는 상담이라면, 2학기 상담은 한 학기를 지내보고 선생님의 입장에서 아이의 학교생활에 대해 부모님께 이야기를 전달하는 상담입니다.

학부모 상담에 가야 할지 말아야 할지가 고민이라면 아이와 부모님의 상황을 보세요. 우리 아이가 별문제 없이 학교생활을 잘하고 있고, 엄마 아빠도 상담을 하러 갈만한 시간과 형편이 되지 않는다면 상담을 하지 않아도 됩니다. 상담 주간이라는 것이 '집중적으로 상담하는 기간'이긴 하지만 담임교사의 상담은 언제든 열려있습니다. 아이의 학교생활 문제로 고민이 생기면 그때 상담 신청을 해도 됩니다. '우리 아이는 문제가 없지만, 내 아이의 학교생활에 대해 들어보고 싶다'라면 신청하세요. 괜히 상담 신청하면 담임선생님이 귀찮아하실까 망설이지 마시고요. 우리 아이의 1년을 맡아주신 선생님인데, 서로 얼굴 볼 기회가 1년에 몇 번이나 있겠어요. 또한 아이에게 별문제가 없어도, 상담을 하다 보면 교사로서도 아이를 이해하는 데 도움이 많이 됩니다. '우리 아이의 학교생활에 대해 걱정과 고민이 있다. 그런데 시간과 형편이 안 된다'라면 전화 상담을 추천드립니다. 학부모 상담이라는 게 1년에 딱 두 번인데 사실 그 시간을 내는 것도 쉬운 게 아니니 전화 상담을 해보세요. 물론 걱정과 고민이 있고, 학부모 상담에 갈 시간을 낼 수 있으면 상담에 가는 게 가징 좋겠죠. 진화로 하면 오해가 생길 수도 있고, 충분히 상담을 못 할 수도 있으니까요.

✏️ 마음을 열고 솔직하게 이야기해주세요

그럼 학부모 상담에 가서 무슨 이야기를 해야 할까요? 부모님께서 걱정하시는 내용을 그대로 이야기하면 됩니다. 상담을 갈 때 면담하고 싶은 내용을 미리 생각하고 가는 게 좋습니다.

"아이가 친구들과 잘 지내나요?", "아이가 좋아하는 학습은 무엇인가요?", "학교생활이나 학습에서 부족한 부분이 있나요?", "가정에서 어떻게 지도해야 할까요?"와 같은 질문들을 편안하게 하면 됩니다. 집에서의 아이의 모습도 이야기해주고 특별히 교사가 신경 써야 하는 부분이나 알아야 하는 부분을 말씀해주시면 되지요. 상담을 하러 가면 선생님이 가정에서는 아이가 어떤지 물어볼 거예요. 이때 아이의 장점만 말한다고 좋은 것은 아닙니다. 부모님이 말씀해주지 않아도 사실 학교생활을 보면 아이의 성격, 기질, 습관이 다 보이거든요. 장점만 과도하게 말씀하시면 오히려 '아이에 대해서 잘 파악하고 있지 못하시나?' 하는 생각이 들기도 합니다. 아이의 문제를 말할 때 교사 역시 이야기를 꺼내겠죠. 선생님이 말하는 부분은 실제 아이의 학교생활 중 아주 일부일 수 있음을 알고, 어떻게 하면 문제를 해결할 수 있는지에 초점을 맞추어 마음을 열고 상담을 하셨으면 좋겠습니다.

✏️ 교사로서 들으면 힘이 났던 말 두 가지

학부모님이 "선생님, 가정에서 저희 아이를 어떻게 지도하면 좋을까요? 집에서 어떤 걸 해주면 좋을까요?"라고 물어오면 아이를 함께 키우는 파트너의 느낌이 듭니다. 물론 아이에 대한 책임감의 크기는 부모님에 비할 바가 아니겠지만 학교에서는 교사가, 가정에서는 부모가 함께 연대하며 1년간 아이를 교육하고 지도하는 거잖아요. 무조건 교사 탓을 하는 부모님들도 있어 의욕이 저하될 때도 있지만, 이렇게 물어봐 주시면 일단 힘이 납니다. 필요할 경우에는 아이가 학교생활은 이러이러하니 집에서 이런 걸 연습하면 좋겠다는 말씀을 드리기도 하죠. 사실 이런 대화는 있는 그대로 말씀드리기가 쉽지 않습니다. 상담 기간이 아니더라도 학부모님께 안 좋은 일로 전화를 드릴 일이 생기면 몇 번을 제 선에서 해결해보려 노력한 뒤에 그래도 안 될 때 전화를 드리곤 하는데, 학부모 상담 때도 마찬가지입니다. 아이에 대해 모든 걸 말씀드리는 것도 그게 부정적인 느낌으로 전달될 수 있는 경우 주저하게 되더라고요. 그런데 먼저 이렇게 물어봐 주시면, 마음을 열고 아이에 대해서 들으려고 하시는 것 같다는 믿음이 생깁니다. 아이를 이해하는 데에 도움이 될 수 있도록 말씀을 드릴 수 있는 용기가 생기죠.

또한 "선생님의 교육 방침이 좋다. 아이가 수업을 재미있어한다" 등의 이야기를 해주시면 선생님도 더 힘이 납니다. "선생님, 저희 아이가 선생님의 이런 점이 너무 좋대요. 선생님 덕분에 수학 수업이 재미있어졌대요"와 같은 칭찬의 말은 선생님을 힘나게 합니다.

학교에서 아이가 억울한 일을 겪은 것 같아요. 교육청에 민원을 넣거나 선생님께 따져도 될까요?

학교에서 아이가 좋지 않은 일을 겪었다는 말을 들으면 얼마나 속상하실지 이해가 갑니다. 하지만 내 아이를 맡아주는 담임선생님이라 함부로 따지기도 어렵고, 이럴 땐 교육청을 통해 민원을 넣어야 하나 그런 생각까지 들어요.

하지만 모든 단계 전에 꼭 기억하셔야 할 점이 있어요. 아이가 학교에서 있었던 일을 부모님께 전달할 때, 대부분 자신에게 유리한 대로 말한다는 것입니다. 특히 아이가 어린 경우 앞뒤 상황 맥락은 모두 빼고 전하는 경우가 많습니다. 또, 부모님께 혼날까 봐 자신의 잘못은 친구 때문에, 상황 때문에 어쩔 수 없이 일어난 일이라고 말합니다.

교실에서도 마찬가지예요. 아이들은 "나는 정말 안 하려고 했는데 친구가 먼저 하자고 해서", "나는 조금 화를 내었지만 친구가 먼저 욕을 해서", "나는 살짝 밀었는데 친구가 세게 때렸다"와 같이 자신의 잘못을 최소화하려고 합니다.

그래서 교실에서 친구끼리 싸운 경우, 물건이 부서진 경우, 다친 경우 등 어떤 사건이 터졌을 때 보통 담임교사는 부모에게 전화해서 사건을 설명합니다. 이때 어떤 학부모는 아이 말만 듣고 처음부터 공격적으로 받아들이기도 하고, 내 아이를 미워하기 때문에 내 아이만 잘못했다고 생각하는 건 아닌가 생각하기도 해요.

교사가 생각하기에 사소한 문제라고 판단한 경우, 사건의 전말을 전달하지 않을 때도 있습니다. 그런 때 아이의 말만 믿고 사건을 왜곡시켜 학부모님들 사이에 잘

못된 소문이 돌아 난감한 경우가 생기기도 합니다. 어떤 사건을 볼 때, 사람마다 입장이 다를 수 있습니다. 또, 전체 맥락을 알게 되면 충분히 이해되는 경우도 있죠. 아이 말도 듣고, 선생님께도 전화해보고, 혹시 주변에 다른 친구들이 있었다면 친구들의 이야기도 들어보면서 객관적인 사실 파악을 하는 것이 중요합니다.

아이의 의견만으로 섣불리 움직이지 마시고, 담임의 교육 방식에 서운함이 들거나 부탁할 일이 생겼을 때, 교장실로 바로 가거나 교육청에 바로 민원을 넣는 방법보다는 일단 담임교사와 이야기를 먼저 나눠보시기를 바랍니다. 담임교사도 감정이 있다 보니, 학부모님이 자신과의 대화 없이 불만을 표현하는 경우 서운한 마음이 생길 수 있습니다. 심한 경우는 그 아이에 대한 책임감이 줄어들 수도 있어요. 그러니 담임에게 의견이나 상황 묻기 어려워하거나 겁내지 말고, '항상 그 단계가 먼저다'라는 생각을 하면 좋겠습니다. 연락했을 때 "저희 아이가 이런 일이 있었다는데 어떻게 된 일인지 궁금해서 연락드렸어요" 정도로 이야기를 시작해보면 좋겠습니다.

고민 270
선생님이 너무 엄격해서 아이가 힘들어해요. 선생님 교육 방식에 불만이 있을 땐 어떻게 하는 게 좋을까요?

실제로 담임교사의 아이 행동 허용 범위가 너무 좁거나 엄격해서, 내 아이와 잘 맞지 않는 경우도 있습니다. 그렇다고 담임선생님께 말씀드리자니 괜히 내 아이에게 피해가 갈까 봐 못하는 경우도 많고, 조심스럽게 말해봤지만 오히려 아이가 너무 집중력이 없고 산만해서 선생님이 힘들다는 대답이 돌아와 당황스러운 경우도 있습니다. 아이가 괜히 또래 친구들 사이에서 말썽꾸러기로 낙인찍힐까 봐 걱정도 되고 말이에요.

하지만 아이가 선생님과의 관계를 너무 힘들어한다면 담임교사와의 상담을 통해 해결책을 찾아보세요. 따지는 듯한 뉘앙스보다는 '가정에서 지도하는 데 도움을 얻고, 다음 학년에도 도움이 될 수 있도록 아이의 학교생활이 어떤지 궁금하다'는 취지로 담임선생님께 구체적으로 묻기를 추천합니다. 그리고 아이가 학교생활을 적응하는 데 선생님이 많이 도와주셨으면 좋겠다고 말씀해보세요.

구체적인 고민의 여러 사례를 들어보면, 저도 아이를 키우는 엄마라 학부모님의 마음도 이해가 가지만 여러 아이를 함께 지도해야 하는 담임선생님의 마음 역시 이해가 되는 게 사실입니다. 그래서 부모님의 속상한 마음이 담임교사와의 관계 악화로 이어지는 안타까운 상황이 되지 않도록, 아이를 위한 상담으로 끝났으면 합니다.

✏️ 어려운 관계를 배우는 기회로 활용하세요

혹시 선생님과의 상담이 뜻대로 통하지 않는다면, 마음에 안 드는 선생님과 보내는 1년여의 시간을 아이가 평생 활용할 수 있는 사회생활 전략을 키우는 기회로 삼을 수 있도록 도와주세요. 엄격한 선생님과의 시간을 권위 있고 불편한 사람과의 관계를 이어가는 방법을 배우는 기회라고 생각해보는 거예요. 물론 아이가 선생님에 대해 불평할 때는, 아이가 하는 말이 부모님이 보기에도 충분히 그럴 만하다고 생각되면 아이의 감정에 공감해주세요. "그래, 선생님의 그런 면이 너랑 안 맞을 수 있겠다. 엄마도 선생님이 싫을 때 있었어" 하고요. 그리고 아이가 살면서 아이와 잘 맞기만 한 사람, 편안한 사람만 만나는 건 아니기 때문에 그 부분을 일러주시는 거예요.

"엄마는 네가 선생님 때문에 힘들어하는 것도 잘 해결해나갈 수 있을 거라고 믿고 있어. 모든 관계가 좋을 수는 없어. 어떤 사람을 알고 지내는 것은 그 사람의 장점을 즐기고 나와 맞는 부분을 반가워하는 것도 있지만, 실망스러운 면이 있다면 내가 맞추면서 살아가는 법을 찾아가는 것이기도 해. 엄마도 완벽한 사람이 아니기 때문에 너와 갈등이 일어날 때도 있고 엄마가 미울 때가 있잖아. 선생님도 마찬가지야."

그리고 가장 중요한 것은 선생님에게 인정을 못 받았다고 해서 내 아이가 나쁜 아이가 되거나 자존감이 낮은 아이가 되어서는 안 된다는 거예요. 그 부분도 꼭 알려주시면 좋겠습니다. "사람마다 기준이 다르고 생각하는 방식이 달라. 그래서 선생님이랑 네가 안 맞을 수도 있지만 그렇다고 해서 엄마는 네가 나쁜 아이라고 생각하지 않아. 넌 소중한 아이고 훌륭한 아이야"라고 말해주세요.

교사마다 학급 운영 방식과 가치관은 모두 다릅니다. 교사마다 장단점이 있습니다. 담임교사마다 중시하는 게 다르고 아이들의 행동에 있어서 허용범위가 다르기 때문에 부모는 우리 아이의 담임교사가 어떤 성향인지 파악하고 아이가 학교생활을 잘할 수 있도록 이끌어주면 좋겠습니다.

✎ 담임교사의 장점을 찾아보세요

담임교사도 인간인지라 장점도 있고, 단점도 있기 마련이지요. 더 잘 맞는 아이도 있고, 잘 맞지 않는 아이도 있을 거예요. 하지만 아이는 장단점을 객관적으로 보기보다는 부모가 말하는 대로 담임교사를 바라봅니다. 부모님이 담임교사에 대해 좋지 않게 말하면 아이 역시 선생님을 신뢰하지 못하게 된다는 것입니다(어떤 아이는 그 내용을 선생님께 직접 전달하기도 하지요).

내 아이와 1년을 지낼 담임교사의 장점을 찾아보세요. 예를 들어 글씨를 예쁘게 쓰는 것을 중요시하는 교사면 이번 연도는 예쁜 글씨를 쓰는 스킬을 배울 기회라고 생각하고, 독서록을 중요시하는 담임교사를 만나면 책을 읽고 글을 쓰는 것을 배울 수 있는 기회리고 생각하는 기예요. 그래서 그 부분을 더 신경 써서 숙제할 수 있게 도와주시는 것이 좋아요.

또 부모님께서 담임선생님에 대해 되도록 긍정적으로 말씀하시는 것이 아이에게 도움이 됩니다. 아이 앞에서 긍정적으로 말을 하면 아이는 '우리 선생님은 좋으신 분이야'라고 생각하고 선생님의 말에 더 권위가 실리게 되죠. 선생님 말씀을 더 잘 들으려고 하고, 수업에도 열심히 참여하려고 합니다. 교사 입장에서는 그런 아이가 더 예뻐 보일 수밖에 없고요. 선순환이 계속되죠. 상담에 가서도 직접 칭찬과 격려의 말을 전하면 교사도 더 힘이 나요. 더 열심히 해보고자 하는 마음이 생기고, 그게 자연스럽게 아이들에게 전해집니다.

저 역시 저와 잘 맞는 학생이 있으니, 교사와 학생 사이에도 궁합이 있을 겁니다. 잘 맞지 않는 관계일 때는 그 불편한 관계도 극복해나가도록 도와주는 겁니다.

담임교사와 궁합 맞는 학부모 되기
- 담임선생님을 긍정적인 시선으로 바라보고 믿습니다.
- 아이에게 담임선생님에 대해 좋은 말을 합니다.
- 아이의 이야기만 듣고 믿지 않고 담임선생님에게 사실 관계를 묻습니다.
- 가정통신문, 준비물, 숙제 등의 확인을 잘합니다.
- 담임선생님은 아이를 잘 키우는 목표를 함께하는 동행자라는 생각을 가지며 힘이 되어줍니다.

고민 271 선생님이 우리 아이를 미워하는 것 같아요

초등교사의 주된 전문성은 교과학습 지도뿐 아니라 생활지도에도 있습니다. 여기에서 생활지도는 단지 단체 생활의 규칙을 잘 지키게 하는 것뿐 아니라 아이를 전반적으로 살피는 것을 뜻하죠. 한 아이를 파악하는 것은 마치 퍼즐을 맞추는 것과 같습니다. 학기 초에 받는 가정생활 조사서, 아이와의 상담이나 대화, 평소 아이가 하는 말, 아이의 일기, 독서록, 발표, 그림, 친구 관계 등을 살핍니다. 그러한 과정을 통해 아이의 기질이나 성격, 대화 방식, 가족의 역학 관계, 부모가 아이를 대하는 방식 등을 파악해갑니다. 즉 담임교사의 머릿속에는 한 아이에 대한 포트폴리오가 펼쳐지는 것이죠. 그리고 그것에 맞춰 생활지도를 하고, 칭찬을 하거나 꾸중을 하기도 합니다. 하지만 아이들은 억울합니다. 공정하지 않다고 느끼는 경우가 생깁니다.

두 아이가 수업 시간에 떠들고 있습니다.

"석훈아, 뒤로 나가서 서 있어."

"왜 채영이랑 저랑 같이 떠들었는데 저만 뒤로 나가서 서 있어요?"

"너는 이번 수업 시간에 앞 친구, 뒤 친구, 짝꿍이랑도 떠들어서 지금이 네 번째 수업 시간을 방해하는 거고, 채영이는 너랑 떠들어서 처음 걸린 거잖아."

석훈이는 벌을 받으러 뒤로 가면서도 혼자 혼이 났다고 생각해 억울합니다. 그리고 집에 돌아가서 전달하죠. "같이 떠들었는데 혼자 혼났어"라고요.

교사는 생각보다 학생들에게 관심이 많습니다. 교사의 눈이 닿지 않은 사각지대도 있겠지만 최대한 친구들끼리 있을 때는 어떤지, 아이가 어떤 생각을 하고 있는지 생각하려고 합니다. 물론 교사도 평범한 사람이라, 어떤 사건이 일어났을 때 평소에 더 장난도 많이 치고 말썽을 부린 아이가 그랬을 것 같다는 생각을 안 하는 건 아닙니다. 하지만 생활지도가 들어가야 할 시점인지 아닌지를 최대한 객관적으로 판단해서 행동합니다.

무엇보다 중요한 것은 혼이 나는 아이가 꼭 미워지는 건 아니라는 것입니다. 선생님 말을 잘 듣고 자기 할 일을 척척 알아서 하는 모범생은 하루에 한 번도 이름이 안 불리고 집에 가는 경우가 종종 있습니다. 반면 제멋대로 행동하고 친구들에게 장난치는 말썽꾸러기 학생들은 선생님에게 이름을 수십 번 불리는 날도 있죠. 그런데 모순적이게도 속 썩이는 제자가 더 마음이 가고 신경이 쓰이는 경우가 있습니다. 실제로 나중에 졸업을 하고 선생님을 만나러 찾아오는 녀석들도 말썽꾸러기였던 제자들이 많다고 하니 말입니다.

물론 선생님 눈에 더 예뻐 보이는 학생도 있습니다. 하지만 내 아이만 미워서 일부러 더 혼을 내는 교사는 거의 없다는 사실만 꼭 알아주셨으면 좋겠습니다. 교사는 모든 학생을 사랑해야 한다는 사명감이 부여됩니다. 얄미운 학생들을 좋은 방향으로 이끌어가는 것이 선생의 역할이기도 하지만 학부모도, 학생도 함께 노력해나가면 그 시너지 효과는 엄청날 것입니다.

선생님께 개인적으로
연락(카톡)을 해도 될까요?

담임선생님에게 연락할 일이 생기면 우선 수업 시간표를 확인한 후 수업 시간을 피해서 연락을 주세요. 수업이 끝난 오후 3시 이후에 연락을 주시는 것이 가장 좋습니다. 먼저 문자를 한 후, 전화를 주셔도 좋고요. 긴급한 경우를 제외하고는 저녁 시간은 피하는 것이 좋겠습니다.

카톡과 같은 개인 연락이나 SNS를 통한 연락은 선생님마다 어떻게 받아들일지 알 수 없습니다. 어떤 선생님은 자연스럽게 받아들일 수 있고, 어떤 선생님은 '왜 카톡으로 연락을 하지?'라고 생각할 수 있으니까요. 선생님이 먼저 SNS를 사용해서 연락했다거나 SNS도 괜찮다고 말했다면 괜찮지만 그렇지 않은 경우에는 문자나 전화로 소통을 하는 게 낫습니다. 갑자기 결석을 해야 하는 경우에 학급 가정통신문 앱이나 채팅창에 남기는 분들이 있는데 확인하기가 어렵습니다. 꼭 문자나 전화로 연락을 주세요.

또한 아이에 대해 상담하는 일은 직접 대화하는 것이 가장 좋습니다. 요즘은 학급에서 소통하는 데 쓰기 위해 SNS 커뮤니티(클리스팅, 네이버밴드)를 많이 만들어 놓습니다. 그런 앱 채팅을 통해서 상담하는 것은 한계가 있어요. 상담 이외의 학부모 댓글에 일일이 댓글을 달지 못할 때도 많습니다. 그런데 그 부분을 서운해 하는 학부모들도 계십니다. 담임교사의 답이 필요한 소통은 반드시 직접 대화, 전화 상담, 개인적인 문자를 활용했으면 좋겠습니다.

아이가 써온 알림장이
이해가 잘 안 돼요

"왜 숙제 안 가져왔어?"라고 물을 때 "엄마가 안 챙겨줬어요"라고 말하는 학생들이 많습니다. 그러면 옆에서 몇몇 친구들이 "숙제를 엄마가 챙겨주냐?"라고 한마디 거들죠. 알림장의 내용이나 준비물을 보고 이해가 되지 않을 때마다 엄마가 교사에게 전화해서 해결해준다면 아이는 굳이 스스로 할 필요가 없다고 생각하게 됩니다. 숙제나 준비물에 대해 선생님 설명을 듣고서 이해가 안 되는 부분을 정확하게 다시 묻는 것은 아이가 스스로 할 수 있는 일이어야 합니다. 이해하지 못해서 준비물을 못 챙겼다면 꾸중을 들을 수도 있지요. 선생님께 꾸중을 듣고 '아, 다음부터는 더 신중하게 신경 써야겠구나' 하고 생각할 수 있으면 됩니다.

아무래도 여자아이들은 남자아이들보다 발달이 빠르고 꼼꼼해서 부모님께 전달하는 것도 정확하게 합니다. 야무진 여자아이의 엄마 한 명을 알아두는 것도 좋아요. 아이가 써온 알림장이 이해가 안 된다면 친구에게 연락해서 아이가 직접 물어볼 수 있도록 도와주는 것도 하나의 방법입니다. 또 다음부터 알림장을 쓸 때 알림장 내용이 이해가 안 된다면 바로 친구에게 물어보거나 선생님께 질문해서 알아오기로 약속하세요.

숙제를 안 봐주면 관심 없는
학부모로 보일까요?

요즘은 사실 숙제 자체가 많지 않습니다. 하지만 가정에서 따로 연습하고 추가 공부를 하는 것은 필요하죠. 그래서 아주 기본적으로 해야 하는 추가 공부를 숙제로 내주기도 합니다. 저학년 같은 경우는 부모님이 옆에서 숙제를 할 수 있도록 도와주는 것이 필요합니다. 하지만 이때 '숙제를 했느냐, 안 했느냐'가 중요하지 부모님의 도움으로 완성도를 얼마나 높였느냐가 중요한 건 아닙니다. 숙제를 할 수 있는 환경을 만들어주고, 방법을 모른다면 방법을 안내해주면 됩니다. 그 후로는 아이가 혼자 할 수 있도록 해주세요. '혹시 이렇게 엉망으로 가져가면 선생님이 관심 없는 학부모라고 생각하지 않을까?'라고 걱정하실 수도 있습니다. 하지만 전혀 그렇지 않아요. 그 학년 아이들은 당연히 그럴 수 있다는 것을 선생님은 알고 있습니다.

하지만 가정통신문과 알림장 확인은 매일 해주세요. 학교는 교육 활동을 안내하기 위해 가정통신문을 보내고 아이들은 알림장을 씁니다. 알림장에는 그날의 숙제나 준비물, 담임교사가 특별히 전달해야 할 사항이 있고, 가정통신문에는 현장체험학습이나 매달의 급식 일정표, 학교 운영위원회 개최, 학부모 연수, 교육청에서 진행하는 각종 프로그램, 교원평가 등이 안내됩니다. 또, 가정통신문에는 다음 날 회수해야 하는 것들이 많습니다. 신청서를 제날짜에 내고 숙제와 준비물을 잘 챙겨오는 아이들은 부모의 관심 정도와 비례합니다. 가정통신문과 알림장은 확인해서 아이의 학교생활을 파악하도록 해주세요. 학교 숙제나 준비물을 챙기는 것은 사소한 일인 것 같지만 자기 할 일을 스스로 체크하고 책임감을 길러줄 수 있는 중요한 발걸음입니다.

학급 임원은 시키는 게 좋을까요?

학급 임원을 통해 아이가 얻을 수 있는 경험의 가치는 돈으로 환산할 수 없습니다. 임원이 되면 아이는 일단 교실 생활에서 자신감을 얻습니다. 물론 친구들이 자신의 말을 안 들어주거나 친구들에게 쓴소리를 할 때 속상해하기도 하고, 학급 봉사를 많이 해야 해서 자신만 희생하는 것 같은 생각에 억울해하기도 합니다. 하지만 그런 과정에서 친구들과의 관계를 지키면서 동시에 반 분위기를 긍정적으로 이끌어내는 리더십과 책임감, 배려심과 같은 무형의 자산을 쌓아갑니다.

반에서 임원이 되는 아이는 친구들에게 인정받는 아이입니다. 반장이 되고 싶다고 해도 친구들이 인정해주지 않으면 될 수 없습니다. 아이들은 성실하고 어느 정도 공부도 잘하고 친구들의 의견을 잘 받아주고 공정할 것 같은 친구를 임원으로 뽑아줍니다.

따라서 아이가 임원에 나가겠다고 하면 그런 아이의 의욕을 기특해하고 적극적으로 밀어주면 좋겠습니다. 망설이고 있거나 생각이 없는 아이, 내성적인 아이에게는 한 번쯤 권유해보세요. 임원 선거에 나간다고 해서 돈을 주고 피켓을 만들거나 스피치 학원에 다니며 연설문을 준비할 필요는 없습니다. 대신 집에서 큰소리로 재미있게 말하도록 지도해주고 연설문 쓰는 걸 도와주며 함께 연습하는 정도면 선거 준비로 충분합니다.

아이가 학교생활을 충실하게 하고 있으면 친구들은 알아보고 임원으로 뽑아줍니다. 집안 형편이 어려운 아이도 임원이 되고, 맞벌이하는 부모의 아이도 임원을 합니다. 임원이 되었다고 너무 큰 부담을 가질 필요는 없습니다. 아이만 잘하고 있으면 임원 엄마의 역할도 충분히 훌륭하게 하고 계시는 거니까요.

2학기 학급 임원은 1학기와 또 다릅니다. 학기마다 학급 임원의 매력은 다르겠지만 친구들과 함께 한 학기 생활을 한 후에 뽑는 2학기 학급 임원은 단 한 번의 유세와 분위기로 뽑는 1학기보다는 객관적인 신뢰가 필요합니다. 아이들은 함께 보낸 시간 동안 느낀 후보 아이들의 리더십이나 배려심, 학습 능력 등을 객관적으로 파악해서 투표를 합니다. 따라서 어떻게 보면 2학기 학급 임원은 친구들에게 진정성 있게 평가된 결과라고 볼 수도 있지요. 우리 아이가 내성적이라면 임원 선거에 나가는 것만으로도 스스로에 대한 도전력이 상승하는 경험이 될 수 있습니다. 아이의 도전을 응원해주세요.

고민 276 과학의 날 대회에 참가해서 상을 받는 방법이 있을까요?

요즘은 학교의 많은 대회가 없어졌습니다. 대회 역시 아이들을 줄 세우는 것일 수 있다는 의미겠지요. 하지만 대회는 긍정적인 점도 분명히 있습니다. 일단 동기부여를 해주며, 대회를 준비하면서 배우는 것도 많습니다.

초등학교에서 4월에 열리는 가장 큰 행사는 '과학의 달'입니다. 과학과 관련한 여러 분야의 대회가 열리는데요. 학교마다 조금씩 다르지만, 과학 관련 그림 그리기, 글짓기, 과학 상자 만들기, 에어로켓 날리기, 관찰하기 등의 대회가 있습니다. 많은 학생이 그림 그리기와 글짓기 분야에 지원해요. 특히 그림 그리기 대회에 가장 많은 학생이 지원합니다. 아무래도 가장 편하게 끝낼 수 있다고 생각하기 때문이겠죠. 매년 열리는 대회지만 그림을 보면서 항상 하는 생각은 '어쩌면 그림이 이렇게 비슷할까?'입니다. 과학과 관련된 그림은 우주를 그린다거나 하늘을 나는 자동차를 그린 그림들이 대부분이거든요. 시간은 계속 지나가는데 십 년 전이나 지금이나 미래에 대한 그림은 항상 변하지 않는 것 같습니다.

그럼 과학의 달을 위한 교내 대회를 어떻게 준비할 수 있을까요? 과학 그림 그리기를 준비할 때 먼저 과학과 관련된 책을 이것저것 찾아보며 아이와 이야기를 나눠보세요. 머리를 말랑말랑하게 만들어주는 거예요. 창의력은 얼마나 다양한 이야기를 품고 있느냐에 좌우됩니다. 그림은 '창의력', '주제의 표현력', '회화 능력'을 함께 봅니다. 학원에서 미리 그려보고 오는 학생들이 많은데, 회화 능력에만 치중된 그림은 식상합니다. 그 아이만 할 수 있는 생각이 드러나는 그림이 더 눈에 띄거든요.

글짓기도 마찬가지입니다. 다양한 생각이 자극되어 풍부하게 표현할 수 있도록 생각을 이끌어주는 과정이 필요해요. 아이와 같이 영화도 보고, 책도 읽으면서 이야기를 나눠보는 시간을 가져보세요. 그리고 그것을 그림이나 글로 표현해보는 것이 바로 창의력 공부입니다.

그림이나 글이 자신 없는 친구들은 과학 상자나 에어로켓 날리기, 관찰하기 등의 대회에 참가해 보는 것이 좋습니다. 대부분의 학생이 그림 그리기나 글짓기에 참가하기 때문에 다른 대회는 나가기만 해도 상을 타는 경우도 많습니다. 틈새시장을 노리는 것이지요.

과학의 달 대회에서 상을 받는 팁이 있다면, 첫 번째는 배경지식 활성화를 통해 자신만의 생각을 담아보는 것, 두 번째는 친구들이 많이 나가는 대회 외에 자신이 관심 가는 대회에도 나가보는 것입니다. 수상을 하는 것도 중요하지만, '과학'에 대해 더 다양한 관심을 가질 기회로 만들어 보세요. 앞으로의 공부에서도 큰 도움이 될 거예요.

고민 277 생활통지표를 어떻게 받아들일까요?

생활통지표는 한 학기에 한 번씩, 한 학년에 총 두 번 작성됩니다. 하루에 5~6교시 이상의 시간을, 한 학기 동안 지켜본 결과를 종이 한 장에 기록해야 하는 만큼 상세하게 적는 게 쉬운 일은 아닙니다. 교사 입장에서는 그나마 할 수 있는 모든 방법을 동원해 최대한 우회적이고 긍정적이면서도 정확하게 기록하기 위해 애를 씁니다.

아이의 교과 학습 발달 사항이나 행동 발달 사항을 보면서 아이의 학교생활을 알아보면 됩니다. 이때 한 가지 염두에 두실 점은 최대한 긍정적으로 쓰여 있다는 것입니다. 언제 어떻게 변할지 모르는 아이의 가능성을 생각해 직설적인 평가는 삼가고 있기 때문입니다. 예를 들어 '에너지가 매우 넘치고 자기 자신에게 집중하는 면이 있다'라고 적혀 있다면 '주의가 산만해서 수업 분위기를 방해하며, 배려하기보다는 이기적인 면이 있다'는 내용을 쓴 것이라 볼 수 있습니다.

생활통지표 평가는 아이를 파악하는 수많은 방법 중 한 가지일 뿐입니다. 앞에서 말했던 포트폴리오라든가 평소에 아이가 쓰는 일기나 독서록, 아이의 말을 통해 학교생활에 불편함은 없는지, 아이의 학교생활을 이해하고 부모로서 해줘야 할 말은 뭐가 있을지 고민하셔야 합니다.

진로 교육이란 '나 자신에 대해 잘 아는 것', '내 삶의 그림을 그려보는 것'입니다.

또 이것은 아이의 심리와도 깊이 연결되어 있지요.

다양한 강점을 명명해보고 강점을 발견하는 일은

부모님과 아이가 함께 해보면 정말 좋은 활동입니다.

이서윤의 초등생활 처방전 365

04 PART

진로와
심리

✔ 초등학교 입학 예정 ✔ 저학년 ✔ 고학년

아이의 진로를 고민하고 심리를 이해하는 것은 학년에 상관없이 중요한 일입니다. 우리는 다른 사람들의 고민을 읽다보면 지금 내가 갖고 있는 고민도 해결되는 신기한 경험을 하기도 하지요. 꼼꼼하게 읽어보면서 내 아이의 마음에 더 가까이 다가갈 수 있는 기회가 되었으면 좋겠습니다.

초등 부모들의
비밀 상담소

진로
교육

친구 관계	교과 학습	학교생활	진로와 심리

진로 교육이 필요할까요?

학교에서는 매년 아이들의 장래 희망을 조사합니다. 아버지가 대기업의 임원이고 어머니가 교사인 아이의 꿈은 대기업 CEO나 교사입니다. 아버지가 의사인 아이는 의사를 꿈꾸고, 어머니가 영어 강사인 아이는 영어 교사나 외교관을 꿈꿉니다. 꿈이 없던 아이는 '미래직업지원서 쓰기'라는 수행평가를 하기 위해 처음 꿈을 생각해 적어냈습니다. 사과재배업자를 써왔습니다. 물어보니 아버지가 과수원을 하신다고 하더라고요. 꼭 그런 것은 아니지만, 아이들은 자신의 세계에서 자주 보고 접하는 직업을 자신의 목표로 삼는 경우가 많습니다. 아이는 자신의 주변에서 꿈을 찾습니다. 아이의 세상을 넓혀 자신에게 맞는 꿈을 찾도록 자극해주고 알려줄 조력자의 역할이 중요한 이유입니다.

✒️ 자존감이 높아지면 길이 보입니다

초등학교 때 꿈을 꾼다고 그 꿈이 다 이루어지지는 않습니다. 그럼에도 꿈이 필요한 이유는 삶의 방향성을 갖게 되면 아이들의 눈빛이 달라지기 때문이에요. 정말 무기력했던 한 학생이 있었습니다. 공부를 잘하지 못했어요. 공부는 학교에서 아이들이 누군가에게 평가받거나 서로를 평가할 때 중요한 잣대로 삼습니다. 잣대가 다차원적이지 못하고, 성적이라는 일차원적인 잣대로 평가를 하는 경우가 많죠. 때문에 공부를 못하면 자신감과 자존감이 떨어지는 경우가 많습니다. 그 아이도 그랬어요. 하지만 꿈 찾기 교육을 통해서 아이가 조금씩 달라지기 시작했습니다. 자기 자신을 돌아보고, 자기가 좋아하고 잘하는 것과 자신만의 콘텐츠를 찾으면서 자동차

디자이너라는 꿈을 갖게 됐거든요. 그러고 나서는 수업 태도도 달라졌고, 눈빛도 달라졌어요.

아이들도 고민이 많습니다. 다 잘하고 싶고, 학년이 올라가면 자신의 인생을 걱정하기도 해요. 방향을 어떻게 잡아야 할지 막막해 하기도 하고요. 이때 아이들이 꿈을 가질 수 있도록 도와주어야 합니다. 탐색할 기회를 주고 자기 자신을 바라볼 수 있도록 해주며, 나만의 콘텐츠를 만들어간다면 아이의 자존감을 지켜줄 수 있을 뿐 아니라 그것이 동기가 되어 공부에 대한 관심도 높일 수 있습니다.

✏️ 진로 고민은 자신을 알아가는 과정입니다

내가 무엇을 잘하는지, 내가 좋아하는 것은 무엇인지, 내가 가장 중요하게 생각하는 가치는 무엇인지 등. 자신에 대해서 정확히 알고, 자신만의 분명한 목표도 세워가면서 꿈을 가지면 나중에 꼭 그 꿈이 아니더라도 어릴 적 꿈과 관련된 일을 하는 경우가 많습니다. 미술을 잘한다고 예술고를 졸업하고 대학교 때 미술을 전공했다고 모두가 개인전을 여는 화가가 되는 건 아닙니다. 미적인 감각을 살려서 옷을 팔 수도 있고, 아이들에게 미술을 가르치는 선생님이 될 수도 있습니다. 축구선수가 꿈이라고 해서 모두 축구선수가 되는 건 아니지만 나를 찾아가는 과정을 통해 축구 강사가 될 수도 있고, 운동 관련 상품을 연구하는 사람이 될 수도 있죠. 따라서 진로 고민은 꼭 이룰 미래를 정답 찾듯 찾아내는 것이 아니라, 자기 자신을 알아가는 긴 과정입니다. 초등학교 때의 꿈이 그대로 실현되지 않더라도, 끊임없이 자신에 대해 탐색하고 미래를 상상해보는 일은 계속해야 합니다.

아이가 잘하는 게 없어요

"선생님, 저는 잘하는 게 없는데요" 많은 아이가 하는 말입니다. 아이뿐일까요? 어른들도 많이 하는 말이죠. 강점이 없는 사람은 없어요. 교실에서 아이들을 보고 있다 보면 아이마다 각자 가진 재능이 보입니다. 단지 그 재능이 눈에 띄는 분야인지, 눈에 띄지 않는 분야인지, 학교 교육 과정에 유리한 분야인지, 큰 영향이 없는 분야인지의 차이만 있을 뿐이죠.

지금 당장은 아이가 어떠한 분야에서도 뛰어난 능력이나 소질을 보이지 않을 수 있습니다. 아니면 여러 분야에 비슷한 호기심이나 능력으로 나타나서, 언뜻 보면 별다른 재능이 없는 것처럼 보일 수도 있죠. 그렇다면 재능이란 무엇일까요? 꼭 있어야 하는 걸까요?

재능이란 무엇인가

재능이란 '태어날 때부터 가지고 있는 특별한 능력이나 소질'이라고 정의합니다. 따라서 무의식적으로 하는 행동과 말, 반복되는 패턴이 모두 재능인 거죠.

모든 아이가 특정한 분야에서 두각을 나타내는 것은 아닙니다. 여러 방면에 흥미가 있고 다재다능한 아이의 경우, 특별한 재능을 꿰뚫어 알아보기란 오히려 쉽지 않지요. 발견하고 싶어 하는 아이의 재능을 부모님께서 너무 한정적으로 생각하기 때문에, 내 아이가 평범해 보이는 것뿐입니다.

예술적인 성과를 보일 수 있는 능력, 수리 능력, 언어 능력과 같은 것만 강점이 되는 것은 아닙니다. 재능은 음악이나 미술 같은 것일 수도 있고, 일상생활에서 발견되는 행동과 관련되는 일일 수도 있어요. 어떤 것을 팔거나 바꾸는 일, 친구들 사이 갈등을 중재하는 일, 의견을 모으는 일, 여러 사람 앞에서 말을 잘하는 일, 분위기를 밝게 전환하는 일도 재능이라고 할 수 있습니다. 즉, 자신만의 천재성이란 음악, 미술, 언어, 체육과 같이 눈에 잘 드러나는 영역에 있을 수도 있지만, 인간적인 매력, 친화력, 유머 감각, 분석력, 계획력과 같이 일상 속에 묻혀 아이의 성격이나 특징으로 지나칠 만한 영역에 있을 수도 있다는 겁니다.

아이가 본능적으로 유머 있는 말을 하면 그것이 재능이고, 본능적으로 새로운 것에 호기심을 발휘하는 성격을 갖고 있다면 그것 역시 재능입니다. 집중력이 강하거나 책임감 또는 인내심이 강하면 그것 역시 재능이죠. 겉보기에 부정적으로 보이는 것 역시 '생산적으로' 쓰인다면 재능이 될 수 있습니다. 예를 들어 아이가 너무 고집이 셉니다. 하지만 이 특성이 생산적이고 긍정적으로 쓰인다면 '자기주장을 굽히지 않는 올곧은 성격'으로 다듬어질 수 있고 재능으로 쓸 수 있습니다. 아이의 소심한 성격 역시 끊임없이 위험을 예상해야 하는 부분에서는 재능이 될 수 있습니다. 너무 긴장감이 없다는 것은 오히려 대범해야 하는 부분에서 재능이 될 수 있습니다. 결국 모든 인간의 특성이 재능이 될 수 있으며, 그것이 재능으로 쓰일 수 있느냐 마느냐는 자신의 손에 달려 있습니다.

✎ 재능과 강점의 차이는 무엇인가

'재능'은 쉽게 말해서 아이들이 갖고 태어나는 고유의 유전자입니다. 그리고 '강점'은 이 재능을 갈고닦아 만드는 것이죠. 아이의 타고난 소질을 뛰어난 능력으로 키워내기 위해서는 집중적인 학습과 훈련이 필요합니다.

언어적 재능이 있는 아이라 해도 대화가 적은 가정에서 자랄 경우 재능은 약해질 수밖에 없습니다. 음악적 재능을 타고났다 해도 꾸준히 악기 연습을 하지 않거나 집중력이 부족해 배운 것을 쉽게 잊는다면 재능을 온전히 살려내기 쉽지 않습니다. 마찬가지로 스포츠 분야에 자질이 있는 아이라 해도 운동보다 TV에 빠져 있다면 그 재능 역시 퇴색되고 말 것입니다. 재능을 발견한 후, 동기부여를 해주고 다양한 방법으로 갈고 닦아주면 강점으로 변화시킬 수 있습니다. 재능이 선천적인 것이라면 강점은 노력으로 점차 두껍게 쌓을 수 있는 후천적인 무기죠.

✎ 강점의 범위를 넓히세요

학습 강점뿐 아니라 관계, 활동, 감정적인 면에서의 강점을 찾아보세요. 강점은 '명명'입니다. 누구나 있는 강점을 '발견'하면 됩니다. 강점으로 명명한 후 생산적으로 쓰일 수 있도록 하는 거죠. 아래 표의 강점 외에 다양한 영역에서의 강점을 찾아보고, 아이와 함께 부모의 강점도 찾아서 명명해보세요.

학습 강점	관계 강점	활동 강점	감정 강점
· 언어 지능 · 논리 수학 지능 · 신체 운동 지능 · 음악 지능 · 공간 시각적 지능 · 실기 자연주의적 지능	· 감독자/명령 · 양육자/돌봄, 공감 · 정직자 · 개발자/코치 · 감사하는 사람/관계 유지 · 현상자/공평 · 유머	· 조사자/호기심 · 창의력/창조 · 조직자/정리, 계획력 · 분석가/평가자 · 집중 · 메타인지 · 자기표현 · 모방 · 학구열	· 성취/경쟁 · 조화 · 적응 · 책임 · 친밀감 · 미래지향 · 센스, 눈치 · 신중 · 낙관 · 비판

✎ 약점은 보완 가능한가

그렇다면 재능이 없는 부분도 연습하여 후천적으로 갈고닦으면 강점이 될 수 있을까요? 지식과 기술을 익힌다면 강점이 될 수도 있지 않을까요? 앞에서 살펴봤듯이 '재능'은 뇌에 형성된 시냅스 회로 학습을 통해 얻은 능력이기 때문에 후천적으로 학습을 통해 얻은 능력은 선천적인 재능을 따라갈 수 없습니다.

'재능'을 발달시켜 '강점'으로 만든다면 비교적 짧은 시간에 높은 성과를 얻을 수 있습니다. 하지만 강점이 아닌 분야를 학습하려면 익히는 데 시간이 오래 걸릴 뿐 아니라 성과 역시 기대만큼 나오지 않습니다.

재능과 학습을 통해 얻은 능력은 분명히 차이가 날 수밖에 없습니다. 운동 관련 시냅스가 만들어져 있어 운동에 재능이 있는 아이를 훈련시키면 빠른 속도로 최고의 상한치까지 끌어올려 강점으로 만들 수 있습니다. 하지만 재능이 없는 아이는 시냅스가 없으니 아무리 훈련하더라도 속도가 더 느리고 상한치가 더 낮을 수밖에 없습니다. 아이가 공부하는 과목만 봐도 알 수 있죠. 자신의 재능에 해당되는 지식이나 기술을 배우면 아이의 뇌에 만들어진 회로를 통해 빠른 속도로 전달되어 아주 빠르게 배우지만, 재능이 없는 부분은 가르치는 입장에서도 배우는 입장에서도 답답한 순간이 많습니다.

결론적으로 말해, 약점은 '관리'하는 개념이지 '보완'할 수 없습니다. 약점은 스스로 인정하고 조금만 더 잘해보려 노력하는 것이 되어야 합니다. 또 내 아이에게 반드시 강점이 있음을 인지하고 그 강점을 찾아내는 게, 약점을 고치는 것보다 빠르다는 것을 잊지 마세요.

아이 곁에 있는 어른들의 몫은 아이들이 평생 자신의 강점에 초점을 맞추며 살아가도록 해주는 것입니다. 아이의 강점을 볼지, 약점을 볼지는 스스로가 선택하는 것입니다. 앞에서도 설명했지만 처음에는 강점을 찾기 어려울 수도 있습니다. 결심하고 밝은 점에 초점을 맞추는 연습을 자꾸 하다 보면 사소한 행동이나 말, 일상생활, 풀어놓은 학습지, 그려놓은 그림 등 곳곳에서 강점을 찾아낼 수 있습니다.

진로에서 무엇보다도 중요한 것은 스스로를 믿는 마음입니다. 아무리 좋은 것을 봐도 자존감이 낮은 아이는 욕심내지 않습니다. 어차피 내 것이 될 수 없다고 생각하기 때문입니다. 이런 의미에서 강점은 더욱 중요합니다. 강점을 발견할수록 자존감이 높아지니까요. 부모는 끊임없이 아이의 잠재력을 알려주고 믿어주며 격려해 주어야 합니다. 그래야 아이는 수많은 꿈의 선택지 앞에서 주저하지 않고 선택하며 그 꿈을 이루기 위해 행동할 수 있습니다.

고민 280 강점을 찾는 방법이 있을까요?

 강점발견법 1 : 아이를 설명하는 단어를 적어보세요

아이를 생각하면 떠오르는 형용사를 전부 적어봅니다.

> 친절하다. 참견을 잘한다. 게으르다. 느긋하다. 성격이 급하다. 인기가 많다. 집중력이 좋다.
> 활발하다. 조용하다. 운동을 좋아한다. 유쾌하다. 밝다. 웃기다. 잘 삐친다.

쓰다 보면 이미 알고 있다고 생각했지만 깊이 알지 못했던 것들이 눈에 보일 것입니다. 아이와 관련한 형용사를 보면 긍정적인 것도 있고 부정적인 것들도 있을 거예요. 부정적인 형용사는 아마 아이에게 하는 자주 하는 잔소리 중 하나의 레퍼토리일지도 모릅니다. 예를 들어 '너무 소심하다', '고집이 세다'와 같이 적혀있다면 아이에게 그러한 것들을 고쳐주기 위해 "다른 사람들 앞에서 목소리 좀 크게 할 수 없니?", "엄마 말 좀 듣고 네, 네 해야지" 하면서 애를 쓰게 되니 말입니다. 같은 특성이더라도 부정적인 형용사를 아이에게 붙여주면 아이에게 부정적인 영향을 미칩니다. 내 아이의 장점이 무엇일까? 내 아이의 강점이 무엇일까? 밝은 점에 초점을 맞추어서 다시 생각해봅니다.

예

고집이 세다.	➡ 대범하다. 자신의 주관이 뚜렷하다.
수줍음이 많다.	➡ 신중하고 다른 사람의 말에 귀 기울인다.
친구와 몰려다닌다.	➡ 사교적이고 활발하다.
멍하게 있을 때가 많다.	➡ 풍부한 상상력이 있다.
다른 사람 일에 참견하기 좋아한다.	➡ 다른 사람에게 관심이 많다.
말이 많고 수다스럽다.	➡ 의사소통 강점이 있고 자기표현 능력이 뛰어나다.
과시한다.	➡ 다른 사람에게 인정받기 좋아한다. 용기가 있다.

아이가 가진 단점을 고친다는 시선이 아닌, 아이가 갖고 있는 강점을 키워준다는 생각으로 아이를 바라보며 '내 아이를 설명하는 단어들'을 작성해봅니다.

✎ 강점발견법 2 : 아이의 물건은 무엇인가요?

그 사람의 관심사와 가치관은 여러 가지에서 드러나지만, 물건에서도 드러납니다. 아이 역시 마찬가지입니다. 우리 아이에게 어떤 불광불급 물건이 있는지 알아보면 아이의 관심사와 강점을 알 수 있고 미래의 한 부분과도 연결할 수 있습니다.

교실에서 아이에게 다음과 같은 질문으로 설문조사를 했습니다. 300여 명의 아이를 대상으로 조사한 결과 '내 아이의 물건과 내 아이의 꿈은 관련 있다'라는 결론을 얻었습니다.

1. 내가 좋아하는 물건이 있나요?

2. 나에게 특별히 의미 있는 물건이 있나요?

3. 나는 무엇을 하며 시간을 보낼 때 행복한가요?

4. 내가 가장 해보고 싶은 일은 무엇인가요?

5. 내가 잘하는 것은 무엇인가요?

6. 나의 꿈은 무엇인가요?

설문조사 결과 몇 가지를 실제로 보면서 더 생각해볼게요. 첫 번째 아이에게 의미 있는 물건은 '아빠가 1학년 때 사주신 시집'이었습니다. 아빠의 선물이 아이의 꿈을 어떻게 변화시켰을까요? 아이는 자기만의 이야기를 쓰면서 시간을 보내고 있었고 작가를 꿈꾸고 있었습니다. 아이는 언어 재능과 창의성에 강점이 있을 거예요. 두 번째 아이의 물건은 '만화를 그리는 필기도구'와 '게임기'입니다. (사실 설문조사를 할 때, 좋아하고 의미 있는 물건을 묻는 질문에 핸드폰, 컴퓨터, 게임기라는 대답은 썩 유의미하지는 않습니다. 대부분 쉽고 수동적으로 시간을 때우는 도구이기 때문에 직접적으로 꿈이나 강점과 연관되기는 쉽지 않습니다. 그래서 핸드폰이나 컴퓨터는 제외하고 쓰게 하거나, 쓰더라도 다른 물건을 꼭 하나 더 써보라고 하는 게 좋습니다.) 아이의 꿈 역시 만화가와 게임 프로그래머로, 물건과 관련 있다는 사실을 다시 한번 확인할 수 있습니다. 이 아이의 강점은 무엇이 있을까요? 학습 강점으로는 언어 재능, 활동 강점은 자기표현, 모방, 창의력 등이 있을 것이며, 감정 강점은 직접적으로 드러나지는 않지만 조화, 친밀감, 낙관 등이 있을 것으로 예상됩니다. 마지막으로 세 번째 아이의 물건은 '레고'입니다. 해보고 싶은 일은 '레고로 엄청 큰 공장을 짓는 것'이라고 대답했어요. 없는 것을 창조해내는 것을 좋아하는 아이예요. 레고를 좋아한다는 것은 공간 지능이 높을 것을 의미합니다. 꿈 역시 그와 관련 있는 해양과학자였어요.

아이의 관심사를 알기 위한 힌트 중 하나가 바로 아이가 관심을 갖고 있는 물건입니다. 물건을 관찰하는 방법은 하나뿐이에요. 바로 아이의 관심사를 목록으로 만들어보는 겁니다. 여가를 어떻게 보내는지, 아이가 어떤 종류의 일에 흥미를 보이는지 적어보는 것입니다. 장난감 트럭을 갖고 노는 것, 단체 스포츠를 하는 것, 자동차를 그리는 것, 실내에 머무는 것, 요리를 돕는 것, 무언가를 만드는 것 등을 좋아하는지 빠짐없이 적는 것입니다. 이러한 것들을 아이와 함께 적으면서 아이를 움직이는 원동력이 무엇인지 생각해보세요.

✏️ 강점발견법 3 : 아이의 일상과 무의식적인 반응을 관찰하세요

아이가 노는 것을 관찰해도 아이가 보입니다. 창의적인 아이는 놀이를 제안합니다. 공정한 아이는 규칙을 정하고 놀이 안에서 공정한 심판자의 말을 합니다. 성취욕이 높은 아이는 어떻게 해서든 이기려고 눈을 부릅뜨고 놀이에 참여합니다. 정직한 아이는 남들이 안 봐도 자신이 틀리거나 졌으면 바로 인정합니다. 메타인지가 발달한 아이는 어떻게 하면 이길 수 있을 것인지를 게임 전체적으로 파악하려고 합니다.

학교 교과 과목뿐 아니라 상을 받는 부분, 담임교사가 칭찬하는 부분, '역시'라는 말을 한 번이라도 들어본 적이 있는 부분이 어디인지 살펴보세요. 아이가 책을 많이 읽는 것을 보고 독서에 강점이 있다고 생각할 수 있습니다. 좀 더 자세히 들여다보면 아이가 특히 좋아하는 책의 분야를 알 수 있을 거예요. 아이가 좋아하는 것, 즐기는 활동, 버릇, 성격 등 아이가 무의식적으로 보이는 모든 반응들이 곧 아이의 모습입니다. 음악 지능이 뛰어난 아이는 다른 아이들보다 음악 듣기를 좋아하고 리듬과 박자에 더 예민하게 반응합니다. 아이의 관심을 예민하게 포착하지 않으면 그러려니 넘어갈 수 있습니다. 하지만 부모가 먼저 알아봐주고 관심을 보이며, 음악 학원에 보내준다거나 악기를 사준다거나 공연을 보러 가는 환경을 조성해주면 아이의 재능에 지식과 기술에 더해져 강점으로 거듭나게 됩니다.

🖋 강점발견법 4 : 동경하는 대상이 누구인지 보세요

나에 대해서 알아가는 가장 쉬운 방법은 타인을 통해 들여다보는 것입니다. 꿈을 갖게 되는 순간은 닮고 싶은 사람을 발견했을 때이기도 하거든요. 가끔 '어? 저거 멋있어 보이는데? 나도 해보고 싶다!'라고 생각하는 순간이죠. 질투하는 대상, 동경하는 대상이 있다면 나에게 그 대상과 관련된 강점 씨앗이 있다는 겁니다. 먼저 부모님 자신을 보세요. 부모님이 어린 시절 혹은 지금 부러워하는 타인이 누구인가요? 그와 관련한 꿈을 꾸지는 않나요?

아이가 TV나 강연을 보다가 눈길이 가는 곳, 관심을 갖는 직업, 동경하는 사람을 통해 아이의 성향과 강점을 알아볼 수 있습니다. 아나운서라는 직업에 관심을 갖는지, 의사가 나오는 드라마를 보고 의사라는 꿈을 갖게 되는지, TV 코미디 프로그램을 보며 개그맨이 되고 싶어 하는지 등을 보는 것입니다.

🖋 강점발견법 5 : 부모님의 강점을 살펴보세요

아이에게 얻을 수 있는 힌트들을 토대로 아이의 강점을 구성할 때, 부모님 스스로를 돌아보는 일 역시 필요합니다. 내가 안정을 추구하는 성격이었다면 아이 역시 안정을 추구할 가능성이 높습니다. 내가 내향적이라고 하면 아이도 내향적일 확률이 높고요. 부모님 스스로의 인생을 돌아보며 내가 갖고 있는 강점을 어떻게 하면 더 잘 살릴 수 있을까를 먼저 생각해보세요. 주변에 대한 기대나 현실적인 조건으로 내가 꼭 이루고 싶었는데 포기했던 일이 있었는지도 돌아보는 거예요. 부모는 아이를 가장 잘 이해할 수 있는 사람입니다. 이 과정을 통해 아이를 이해할 수 있는 힘이 길러질 수 있어요. 왜냐하면 너무도 닮았기 때문이에요.

✎ **강점발견법 6 : 일상이 낯설어지는 순간을 많이 만들어주세요**

경험에서 무엇보다 중요한 것은 '일상 낯설어지기'입니다. 책을 보더라도 낯선 부분, 새로운 부분을 찾을 수 있어야 하며, 여행지에서도 그런 시각이 필요합니다. 이런 점에 초점을 맞춘다면 길거리 공연, 멘토의 강연회, 동네 산책 등의 모든 활동이 아이에게 경험이 되어 쌓일 것입니다. 그중 어떤 경험이 아이에게 결정적 경험이 될지는 아무도 알 수 없습니다. 미국 캘리포니아 대학 기계공학과 데니스 홍 교수는 시각 장애인용 자동차를 만들어 유명해졌습니다. 7살에 영화 '스타워즈'를 보고 '정말 멋지다!'라고 생각하면서 로봇 과학자를 꿈꾸기 시작했다고 해요. NASA 우주 비행사인 마이크 홉킨스는 고등학생 때 TV에서 우주 왕복선이 발사되는 장면을 본 뒤 우주여행에 관심을 가졌고 그것이 평생의 관심사가 됐습니다. 그는 곧바로 NASA에 관해 찾아보기 시작했고, 그 관심이 지금까지 발전되어 우주 비행사가 되었습니다. 특정한 한순간만이 아이의 미래를 결정하는 건 아니지만 다양한 순간 속 의미 있는 순간들이 모여서 관심사가 되고, 그 관심사가 새로운 관심사를 낳으며 발전해 갑니다.

고민 281 학습 강점이 궁금해요

아이의 강점 중 가장 쉽게 진단할 수 있는 강점은 학습 강점입니다. 눈에 드러나는 결과물이 있기 때문입니다. 하지만 이때 중요한 것은 '평가'의 의미로 보는 것이 아니라 '발굴'의 의미로 관찰해야 한다는 것입니다.

학습 재능을 판단할 때 관찰해야 하는 것은 다음 세 가지입니다.

학습 강점은 먼저, '성적'을 보면 알 수 있습니다. 아이가 국어, 영어, 수학, 사회, 과학을 공부하는 과정이나 결과를 보고, 아이의 언어 재능, 수리 재능, 논리 재능 등을 알 수 있습니다. 저학년 때는 드러나지 않다가도 점점 학년이 올라가고 난도가 높아지면 드러납니다. 지적인 능력이 뛰어나면 초등학교 시절이 끝날 때까지도 특별히 재능이 드러나지 않는 경우도 있습니다. 골고루 점수가 높기 때문입니다. 사실 이러한 경우가 더 어려운 경우죠. 아이와 부모 모두가 아이의 강점을 모르고 지나칠 수 있으니까요. 내 아이가 특별히 과목에 대한 편식이 없고 대체로 성적이 좋다면, "공부해라"라고 했을 때 먼저 꺼내 드는 과목을 보세요. 여기서 아이의 과목에 대한 흥미도를 알 수 있습니다.

또 아이에게 가장 부담스럽지 않은 과목이 무엇이냐고 물어보세요. '흥미'를 살펴보는 겁니다. 대부분의 초등학생에게 좋아하는 과목을 물으면 신체 운동지능이 높든 높지 않든 상관없이 '체육'이라고 답합니다. 그래서 아이에게 물을 때는 국어, 수학, 사회, 과학 중에서 무엇이 좋은지, 그리고 사회, 과학 중에는 무엇이 좋은지 구체적으로 답할 수 있게 해주세요. 그래야 조금 더 아이의 강점에 가까운 대답을 얻을 수 있습니다.

마지막으로 관찰해야 할 부분은 '효율도'입니다. 캐롤이라는 교육학자는 '적성'을 그 과목을 완성하는 데 걸리는 시간으로 정의했습니다. 같은 시간을 투자해도 나타나는 집중력과 효율성은 분명히 다르죠. 같은 시간 언어 영역과 수리 영역을 공부했을 때 언어에 강점이 있으면 국어에서 좋은 점수를 얻고, 수학 숙제를 하려면 시간이 더 걸리는 것과 같아요.

점수가 높은 과목이 우리 아이의 강점이라 생각하는 경우가 많습니다. 하지만 그건 착각일 수도 있어요. 관심은 없지만 점수는 잘 나왔을 수도, 무척 잘하고 싶고 관심 있는 과목인데 잘 안 풀리고 실수할 때도 있으니까요. 진짜 의미의 학습 강점을 알기 위해서는 결과로 나타나는 과목의 점수를 비롯해, 결과가 나오기까지의 과정에서 흥미도, 집중도, 효율도도 함께 보아야 합니다.

고민
282

아이에게 미래를 대비하는 현실적인 진로 교육을 해주고 싶어요

확실한 것은 없습니다. 지금 당장은 주목받는 직업일지라도 아이가 어른이 된 미래엔 사장되거나 그럴 위기에 처한 직업이 될 수도 있습니다. 이런 현실 속에서 우리 아이들에게 어떤 교육을 시켜야 할 것인가, 진로를 어떻게 이끌어 줘야 할 것인가에 대해서 고민이 많으실 겁니다. 사회 시스템이 바뀌기는 쉽지 않기에 입시의 벽을 넘어야 하는 것도 현실입니다. 그러니 시대가 계속 달라지고 있고 변화할 것이라 해서 지금하고 있는 공부를 소홀히 하거나 포기할 수도 없습니다. 현재도 잘 따라가면서 계속 바뀌고 있는 미래도 준비해야 한다니 막막할 따름이죠. 이런 막연한 상황에서 할 수 있는 일, 가장 현실적인 진로 교육의 한 방법으로 저는 '나만의 콘텐츠를 발견하고 만들어나갈 것'을 제안합니다.

✎ 한 단계 더 위를 알려주세요

관심사를 발견하는 일은 정말 중요한 일입니다. 하지만 발견으로만 끝내선 안 되죠. 관심사를 찾았다면 다음에는 발전시켜야 합니다. 바로 이 순간이 부모의 도움이 필요한 순간이에요.

〈뉴욕 타임스〉 십자말풀이의 편집자 윌 쇼츠는 어릴 적, 읽고 쓰기를 배운 지 얼마 지나지 않아 우연히 십자말풀이 책을 보게 되었습니다. 곧바로 퍼즐에 흥미를 갖게 되었고, 수학, 낱말 등 다양한 퍼즐을 섭렵했죠. 쇼츠의 어머니는 아들이 흥미를 보이는 것을 보고 퍼즐 책을 아낌없이 사주었다고 해요. 여기까지는 많은 부모님이 어렵지 않게 해줄 수 있는 일입니다. 쇼츠의 어머니는 거기에 하나를 더 해주셨죠. 그의 어머니는 쇼츠가 직접 십자말풀이를 만들 수 있도록 종이에 격자로 줄을 그어주었습니다. 가로와 세로로 칸을 채워 단어를 써넣는 법, 칸마다 번호를 매기고 뜻풀이를 쓰는 법도 알려 주었죠. 또, 쇼츠의 어머니는 쇼츠가 십자말풀이를 만들자마자 팔아보라고 권했습니다. 작품을 투고하는 방법을 알려 주면서 말이에요. 쇼츠는 14살에 첫 판매에 성공했고, 16살에는 퍼즐 잡지인 〈델〉에 정기적으로 기고하게 되었습니다.

저희 반에 레고를 좋아하는 아이가 있었습니다. 레고만 하려고 해서 부모님이 걱정을 했죠. 어느 날, 아이는 저에게 USB 하나를 내밀었습니다. USB에는 자기가 만든 레고 작품을 하나하나 사진 찍은 후, 말풍선을 넣어 영화처럼 만든 PPT가 들어 있었어요. 레고 작품에 이름을 붙여서 동화를 써오기도 했죠. 정말 깜짝 놀랐습니다. 정성이 묻어났고, 재미도 있었어요. 그 아이의 꿈은 레고 제작자, 동화 작가, 과학자, 영화감독이 되는 것입니다.

좋아하는 일을 하는 건 즐겁습니다. 억지로 시키지 않아도 하며, 경험이 쌓여 절로 실력이 향상되기도 해요. 아이가 좋아하는 일을 진로 교육과 연계하고 싶다면 좋아하는 것 다음 단계를 열어주고 알려주세요. 자신이 좋아하는 일을 '소비'하는 것에서 한발 더 나아가 '생산'하는 크리에이터가 되어보는 겁니다. '쿠키 구워서 팔아 보기', '종이접기 포트폴리오 만들기', '여러 직업인 인터뷰해서 인터뷰 신문 만들기', '만화책 만들기', '친구들 20명 캐리커처 그리기', '영화 찍어서 유튜브에 올리기' 등 흥미롭고 재미있는 주제들로 방학 동안에 프로젝트를 해보는 것도 좋습니다.

✏️ 콘텐츠를 만들어보세요

무작정 아이에게 "너만의 콘텐츠를 만들어 봐"라고 하면 아이들은 막막해합니다. 어른도 그럴 거예요. 저는 고학년을 맡으면, 학기 초에 아이들에게 블로그를 운영해 보라고 권합니다. 관심 있는 분야 이야기를 꾸준히 만들고 기록하게 하는 거죠. 집에서 키우는 고양이 이야기여도 좋고, 자신이 읽은 책에 대해 올려도 좋다고요. 주제는 무엇이든 자유롭게 정하도록 합니다. 차근차근 이야기를 올려가며 블로그 운영에 익숙해졌다면, 영상으로도 만들어 올려 보도록 합니다. 예를 들어, 내가 읽은 책을 영상으로 찍어보는 거죠. 쉬워 보이지만 사실 이를 해내려면 아래 것들을 할 줄 알아야 합니다.

- 일단 내가 잘하는 것, 관심 있는 것에 대해서 생각해봐야 합니다.
- 자료를 조사할 줄 알아야 합니다.
- 조사한 자료를 정리해서 나만의 언어로 표현할 줄 알아야 합니다.
- 컴퓨터를 다룰 줄 알아야 합니다.
- 남들 앞에서 표현할 수 있어야 합니다.

제가 맡은 반 학생들과 함께, 관심사를 주제로 정해서 자료를 조사한 후, 시나리오를 쓰고 영상을 찍어 유튜브에 올리는 '어린이 마리텔' 프로젝트를 해본 적이 있습니다. 요리에 관심이 많아 요리 영상을 찍은 학생도 있었고, 마술을 익혀서 마술을 찍어 올린 아이도 있었어요. 어떤 아이는 해리포터 책을 좋아해서 해리포터의 모든 것에 대해 소개하는 영상을 올렸고, 자신이 잘하는 게임 소개, 체스를 잘 두는 법에 대해 설명한 아이 등 기발한 동영상들이 올라왔습니다. 시각적으로 흥미로운 이야기뿐만 아니라, 수학 문제를 풀어서 그 풀이 과정을 올린다거나 영어 표현을 소개한 아이도 있었습니다. '나만의 콘텐츠 만들기 활동'을 학습과도 얼마든지 연결할 수 있는 것이죠.

꼭 유튜브나 블로그에 올리지 않아도 됩니다. 컴퓨터로 작성하지 않아도 됩니다. 파일 함에 쭉 모으거나 공책에 적어봐도 좋아요. 여기서 중요한 것은 조그마한 관심사를 발전적으로 살려볼 수 있도록 도와주어야 한다는 겁니다. 만화를 좋아한다면 좋아하는 만화 작가별 특징을 정리해보거나 만화를 직접 그려보게 할 수도 있습니다. 처음엔 그냥 모으기에서 시작해, 나만의 것을 만드는 창작으로 발전시킨 후, 그 결과물을 꾸준히 모아볼 수 있도록 해주세요. 그것이 쌓여 나의 콘텐츠가 되고 진로 교육이 될 수 있습니다. 미래에 어떤 직업을 갖든 중요한 핵심은 자신만의 콘텐츠를 만들어간다는 것이니까요.

심리 문제

| 친구 관계 | 교과 학습 | 학교생활 | 진로와 심리 |

말을 잘 듣는데
한 번씩 짜증을 내거나 뾰로통해요

기가 약하고 마음이 여린 아이는 보통 부모님이 좋아할 만한 선택을 하고, 부모님과 선생님 말씀을 잘 듣습니다. 심리적인 자기 통제가 높아서 하지 말라고 하는 것은 웬만하면 안 하려고 노력해요. 하지만 실상은 불평하지 못하고 혼자 힘들어하고 있을 수 있어요. 조금 더 지나서는 힘들어진 아이가 수동적인 공격을 하는 경우도 있습니다. 수동공격이란 다른 사람에 대한 공격적인 감정을 직접적으로 표현하지 않고 간접적인 행동으로 표현하면서 불만을 나타내는 것을 말해요. 엄마가 아이에게 공부를 너무 강요하자, 공부가 싫은 게 아니라 엄마가 싫어서 일부러 공부를 안 한다거나, 대답도 하지 않고 꾸물거리는 행동을 하는 것 등이 이에 해당합니다.

자신의 마음을 자유롭게 표현할 수 있는 가정 분위기가 아니라면 아이는 자기 표현력이 약해지고 타인의 주장에 맞추려는 데 익숙해집니다. 그러다 보니 친구 관계에서도 싫다고 하지 못하고 친구들이 하자는 대로 하며 친구의 의견에 무조건 맞춥니다. 그게 불만으로 쌓이면 소심한 복수인 수동공격을 하거나 분노로 폭발합니다. 수동공격은 직접적인 공격보다 안전하게 속풀이를 할 수 있는 방법입니다. 때문에 상대방보다 심리적 힘이 약한 경우, 자신의 성격이 의존적이어서 다른 사람이 내 마음을 알아주기를 바라는 경우, 이 방법을 사용해서 방어하죠. 하지만 수동공격이 계속되면 상대방을 교묘히 공격하는 인간관계를 형성하기 때문에 학교생활을 하는 동안의 친구 관계나 성인이 되어서의 인간관계 역시 좋지 못할 수 있습니다.

착하기만 한 아이는 오히려 위험합니다. 부모 말을 듣지 않기도 하고, 싫나고도 표현할 줄 아는 것은 건강한 마음을 가졌다는 것입니다. 부모는 아이가 편히 생각을 말할 수 있도록 분위기를 만들어줘야 합니다.

마음이 여린 아이, 자존심이 강한 아이, 부모의 기대를 가득 받은 아이, 부모가 더 강한 아이의 말일수록 아이의 진짜 속마음을 생각해보도록 하세요. 혹시 아이가 힘들 만한 상황인데 괜찮다고 하거나 부모가 좋아할 만한 선택만 한다고 생각이 된다면, 그동안 말 잘 듣던 아이가 달라진 것 같다면 편한 분위기에서 함께 대화해보세요. 그리고 아이가 자기 속마음을 조심스럽게 내비쳤을 때 무조건 공감해주세요. 아이의 진짜 마음을 읽어주고 자기 마음과 의견을 표현할 수 있게 해주세요.

고민 284 아이가 밖에서는 안 그런다는데 집에서 엉망이에요

집 밖과 안에서 아이의 모습이 다른 건 지극히 정상입니다. 가정은 아이에게 있어 가장 편안한 곳이어야 합니다. 밖에서 힘들었던 심신을 쉬게 하고 다시 바깥세상에 나가기 위한 준비를 하기 위한 곳이 가정이죠. 따라서 가정에서의 생활이 학교에서의 생활보다 덜 규칙적이고 덜 완벽한 건 누구나 그렇습니다.

너무 엄격한 부모면 아이는 혼날까 봐 긴장하고 눈치를 봐요. 그 엄격함이 꼭 체벌을 의미하는 것은 아닙니다. 부모가 원하는 행동을 할 때만 나를 사랑해주고, 그렇지 않을 때는 사랑해주지 않는다고 느낀다면 아이는 부모의 눈치를 볼 수밖에 없습니다.

그 스트레스가 어디로 빠져나갈까요? 고무풍선 같은 감정 덩어리는 한쪽에서 압력을 받으면 다른 한쪽으로 튀어나오게 되어 있습니다. 아이들의 마음에 있는 응어리는 어떤 방식으로든 표현됩니다. 그래서 엄격한 부모를 둔 아이들이 밖에서 더 엉망인 경우가 많습니다. 혹은 고민 283에서 말했듯 수동공격으로 불만을 표현하기도 하죠.

따라서 우리 아이가 밖에서 잘하고 있다면 집에서는 조금 흐트러져도 괜찮다고 생각하세요. 루틴도, 규칙도, 좋은 습관도 중요하지만 그러지 않을 때도 있고, 못 지킬 때도 있는 거예요. 집에서 샌 바가지가 밖에서도 샌다고요? 상황과 맥락이 바뀌면 아이들은 다르게 행동합니다. 방임하거나 손을 놓아버리지만 않으면 됩니다.

고민 285

거짓말을 하는 아이의 속마음이 뭘까요?

아이들은 때론 자신을 포장하기 위해, 혼나지 않기 위해, 어떨 때는 무의식적으로 거짓말을 합니다. 자신을 보호하고 싶은 마음은 어른이나 아이나 마찬가지입니다. 이 마음을 안다면 사랑받고 싶고 칭찬받고 싶은 아이들에게 거짓말은 생존일 수 있다는 사실을 이해하게 됩니다. 아이의 거짓말 깊은 곳에는 자신이 하는 행동이 부모를 실망시키고, 자신을 향한 사랑을 거둬버릴 것 같다는 두려움이 숨겨져 있기 때문입니다. 사소한 거짓말이면 그런 마음을 이해하면서 넘어갈 수도 있습니다. 하지만 기짓말이 크거나 반복되는 경우에는 조금 다르겠죠. 아이의 거짓말이 그저 스쳐 지나가는 문제일지, 부모가 아는 척하면서 잡아줘야 하는 정도의 문제인지 생각해보세요.

아이가 거짓말을 하게 되었다는 사실을 알고 난 후에는 어떻게 해야 할까요? 무조건 아이를 다그치기에 앞서 일단 왜 그랬는지 묻고 어떤 의도가 있었는지 파악해야 합니다. 이때 아이에게 "왜?"라는 질문을 사용하기보다는 "어떻게?"라는 질문을 통해 아이가 좀 더 편안하게 말할 수 있도록 하는 것이 좋습니다. 예를 들어, 만약 아이가 학원에 빠진 후에 학원을 갔다고 거짓말하는 상황일 경우를 생각해볼게요. "너 왜 학원에 빠졌어?"라고 물으면 아이는 겁이 나서 답하기 힘들 거예요. 하지만 "너 어떻게 하다가 학원에 빠졌니?"라고 물으면 아이는 '넌 학원에 빠지려고 한 게 아니었지만 상황이 널 학원에 빠지게 만들었구나!'라는 뉘앙스를 느껴서 더 편안하게 사실을 말할 수 있을 겁니다.

거짓말을 했을 때, 나쁜 아이라고 낙인찍어버리면 아이는 거짓말을 하는 습관을 고치지 못하고 더 철저하게 숨기기 위한 방법을 고안합니다. "엄마는 네가 그런 행동을 했다는 걸 알고 있지만 너에 대한 믿음은 변하지 않는다"는 사실을 알려주세요. 아이는 그 믿음을 지키기 위해 노력합니다. 아이도 '부끄러움'이 있습니다. 거짓말을 하면 나쁘다는 사실을 알아요. 거짓말을 한다고 기본도 모르는 아이로 몰아세우기보다, 아이가 이미 알고 있는 부끄러움에 비추어 거짓말이 나쁜 행동이라는 것을 다시 단호하게 알려줄 필요가 있습니다.

부모가 걱정하는 아이의 행동 뒤에는 항상 부모의 양육 태도가 영향을 미치고 있음을 생각해야 합니다. 아이의 거짓말이 도가 지나치다면 그 원인이 무엇인가 생각해보고 부모가 먼저 바꾸어야 하는 것과 바꿀 수 있는 것을 바꿔보세요. 거짓말을 자주 하는 아이는 부모님께 자주 혼났기 때문에 혼나고 싶지 않은 마음이 앞서서, 또는 아이가 잘할 때만 인정해주었기 때문에 인정받고 싶은 마음이 앞서서 일 수 있다는 사실을 생각해보세요.

마지막으로 말씀드리고 싶은 것은 아이가 보이는 대부분의 문제 행동 뒤에는 '사랑받고 싶어 하는 마음'이 있다는 사실을 기억하세요. 아이들은 혼나고 싶지 않아서, 부모님의 사랑을 잃을까 봐 자기 나름대로 애쓰고 있는 것일 수 있습니다.

짜증이나 화를 잘 내요

타당한 이유가 없을 때는 단호하게 말하세요

화를 내지 말아야 할 상황임에도 불구하고 화를 낸다면 그 화내는 이유가 올바르지 않다는 사실을 알려줘야 합니다. 정서의 충동성에 따라 감정을 쉽게 드러낸다면 아이에게 단호한 태도를 보여주세요. "네가 그렇게 이유 없이 화내는 거 엄마는 싫어한다"는 사실을 아주 단호하게 표현할 필요가 있습니다.

화가 날 만한 상황이었을 때는 공감해주세요

아이가 화가 났을 때, 부모가 소리를 지르고 혼내면 아이의 감정은 더 절정에 다다르게 됩니다. 차분하게 아이를 보다가 "뭐가 그렇게 화가 나?"라고 묻습니다. 아이는 자신이 화가 나는 부분을 얘기하겠죠. 그럼 "엄마가 민호 같은 상황이라도 똑같이 화가 났을 거야"라고 공감해주세요. 공감을 받으면 화가 났던 감정이나 짜증이 났던 감정이 가라앉습니다. 화내는 이유를 바로 말하지 않는다면 "말하고 싶지 않구나. 진정되고 말하고 싶을 때 말해줘"라고 말하고 기다립니다. 시간이 지난 후에 한 번 더 물어봐 주세요. 아이의 마음을 알아주는 게 먼저입니다.

✎ 화를 처리하는 방법을 가르쳐주세요

화난 것 자체를 나무라지 말고, 화가 날 법한 상황에서는 화내는 것이 바른 것임을 알려주세요. 무조건 억압하고 그저 참으라고 가르칠 것이 아니라 화를 적절하게 처리하는 법을 가르쳐야 합니다. 감정을 해소하지 않고 그대로 억누르면 무의식으로 가라앉게 되어 성격이 왜곡되거나 부적응 행동으로 나타날 수 있으니까요.

✎ 화를 다스리고 표현하는 방법

① 화난 감정 수치로 표현하기

화난 감정을 1단계에서 10단계의 수치로 매겨보도록 하세요. 내가 지금 화를 내고 싸울만한 상황인지를 객관적으로 생각해보게 하는 거예요.

② 마음 쓰기 공식 : 마음의 신호등

3단계의 마음 쓰기 공식을 통해 당장 화나는 마음을 차분하게 가라앉히는 방법을 알려주세요.

· **1단계 STOP** : 멈추고

"일단 화가 나는 일이 생기면 무조건 처음에는 스탑, 멈춰."

· **2단계 LOOK** : 살피고

"지금 네가 어떤 느낌인지 살펴보는 거야. 다른 친구와 노는 친구를 보며 느끼는 질투심인지, 내가 하고 싶은 것을 못 하게 하는 엄마에 대해서 짜증을 느끼는 건지 생각해보렴."

· **3단계 WIN-WIN** : 나도 좋고 남도 좋은 방법을 생각해봐

"네가 소리 지른다면 어떨까? 너한테는 좋을까? 속이 시원해지니 기분이 좋을 거라고? 다른 사람은 어떨까? 기분이 좋지 않을 거야. 네 기분도 좋기만 할까? 친구와 너는 점점 사이가 멀어질 거야."

아이가 감정 조절을 못 할 때, 이 마음 쓰기 공식을 이야기해준 후 "스탑" 하고 얘기해주세요. 아이는 이 공식을 몇 번은 잘 지킬 거예요. 하지만 요요현상처럼 "에이, 나 안 지켜" 하고 도리어 화를 낼 때도 있을 거예요. 하지만 그럴 때마다 단호한 모습으로 잘못된 방법으로 화를 표현하는 것이 좋지 않다는 것을 가르쳐야 합니다. 이러한 행동 수정에는 반드시 아이에게 부모님은 나를 사랑한다는 믿음이 형성되어 있어야 합니다.

③ 화난 것 표현하는 방법 알려주기

다음과 같은 4단계를 알려주고, 좋지 않은 내 감정을 표현하라고 알려주세요.

· **1단계, 내가 관찰한 것** : "네가 공을 패스하지 않고 혼자 경기하는 것을 보니,"

· **2단계, 지금 내 느낌** : "난 심심하고 서운해."

· **3단계, 내가 진정 바라는 것** : "왜냐하면 난 공놀이를 좋아하기 때문이야."

· **4단계, 부탁하기** : "나에게도 공을 패스해줄 수 있겠니?"

✎ 아이와 짜증(화)에 대해 생각해보는 시간을 가지세요

평소에 나를 화나게 하는 게 무엇인지, 화날 때 어떻게 행동하는지 생각해봅니다. 나를 화나게 하는 것들, 화날 때 하지 말아야 할 것들(다른 사람 때리기, 물건 부수기 등), 화날 때 할 수 있는 일(그림 그리기, 운동장에서 소리 지르기, 음악 듣기 등) 등을 이야기하고 적어 봐도 좋아요. 화나는 상황이 주로 어떤 것인지 느낄 수 있어 미리 조절할 힘을 길러갈 수 있습니다.

✎ 올바르게 화내는 모습 보여주세요

무엇보다도 가장 중요한 것은 평소에 부모가 어떻게 감정 표현을 했느냐를 되짚어 보는 것입니다. '이유 없이 아이에게 분풀이하거나 짜증을 내지는 않는가? 부부싸움이 잦은 건 아닌가? 다른 사람에게 잘못 화내고 있는 건 아닌가?' 생각해보세요. 아이가 화가 나고 부정적인 감정이 들 때 그런 마음이 나쁜 게 아니라 부정적인 마음은 누구에게나 들 수 있음을 알려주세요. 부모 역시 화가 나면 그 감정을 표현합니다. 기분 나쁨을 겉으로는 표현하지 않고 쌀쌀맞게 행동하면서 행동과 언어가 일치하지 않으면 오히려 아이는 부모의 눈치를 봐야 합니다. 부모 역시 부정적인 감정이 들 수 있음을 이야기하며 화나는 감정을 공감해주세요. 그리고 화를 낸다고 너를 사랑하지 않는 게 아니라는 사실을 알려줍니다.

행동이 느려서 속이 터질 것 같아요

교실에서 보면 느린 아이가 꼭 있습니다. 다른 건 다 잘하는데 급식만 늦게 먹어서 애가 타는 경우, 원래는 잘하는 아이인데 무슨 일 때문인지 그날만 유독 느린 경우, 매사가 천하태평이어서 모든 일에서 느린 경우도 있습니다. 점심시간은 계속 가는데 밥을 입에 넣고 씹지를 않는 아이…. 간신히 책상 앞에 앉혀 놓으면 한 글자 쓰는 데 10분은 걸리는 것 같은 아이, 매사에 느려 터진 아이, 어떻게 하면 좋을까요? 원인을 생각하며 방법도 생각해보도록 하겠습니다.

🖋 원래 기질이 그런 경우

교실에서 행동이 느린 아이의 대부분은 여기에 해당되는 경우가 많습니다. 이런 아이가 반대의 기질을 갖고 있는 부모를 두었다면 문제가 커집니다. 상황 판단이나 대처 속도가 느린 아이들은 학년이 올라가면서 좋아집니다. 다만 새로운 상황에 적응하는 데 시간이 조금 더 걸릴 뿐입니다. 단순히 아이 성격이 조금 느린 것이라고 판단된다면 인정하고 느긋하게 마음을 가지세요. 행동의 지시는 행동 지시법을 참고해서 지시해보세요.

🖋 일부 활동만 하기 싫어서 늑장을 부리는 경우

그림 그리기가 싫어서 늑장을 부리고 있다면 전체를 다 그릴 것을 강요하지 말고, "오늘은 사람만 다 그리자. 바탕은 내일 아침에 좀 일찍 일어나 칠하면 어때?" 하고 상황에 맞게 타협해 나가세요. 글씨 쓰기를 싫어해서 그것만 느린 경우처럼 부분적으로 느린 활동이 있다면 큰 문제가 되지 않습니다. 그러면서 필요 없는 활동인 경우도 많고, 커갈수록 나아질 수 있거든요. 아이가 정말 싫어하는 활동은 어느 정도의 수준만 되면 그 이상은 안 해도 된다는 생각을 가지세요. 억지로 시키면 사이만 안 좋아집니다.

✎ 잔소리가 지겨워 거부반응을 보이는 경우

완벽주의 부모가 지나친 잔소리를 할 경우, 아이는 거부반응을 일으켜 일부러 느리게 행동하는 경우가 있습니다. 부모의 지시가 잔소리로 여겨지면 아이는 부모 말을 듣지 않고 들어도 못 들은 척 넘어가는 경우가 많아집니다. '환경 설계'나 '규칙 만들기'와 같은 잔소리를 줄이는 방법을 생각해보세요. 엄마가 너무 바쁘고 지쳐있을 때 아이를 더 혼내고 다그치게 됩니다. 그럴 경우 아빠가 육아에 참여한다든가 엄마가 덜 바빠져 스트레스를 덜 받을 상황을 만들어가는 게 좋습니다.

✎ 스트레스로 인해 무기력해져 있는 경우

또래의 아이들이라면 재미있어 하는 게 당연한 활동인데도 그다지 흥미를 보이지 않고 무기력한 아이들이 있습니다. 이러한 경우는 아이가 스트레스를 받고 있을 확률이 높습니다. 아이가 과도한 양의 학습을 해내고 있는 것은 아닌지, 부모가 너무 완벽주의라 인정해주거나 칭찬해주지 않고 아이에게 지적하고 해야 할 일만 요구한 것은 아닌지, 학교생활에 있어서 스트레스가 있는지 함께 대화해보세요.

행동 습관 잡아주는 행동지시법

1단계 : 예비 지시 하기

시간을 예고하며 구체적으로 지시하는 게 좋습니다. 한 번에 한 가지씩만 지시하세요.

엄마가 TV를 가리키며 "8시에 TV 끄고 숙제하자." (O)

엄마 : "빨리해.", "네 할 일도 어서 하고 책도 좀 읽어." (×)

2단계 : 행동 지시하기

행동을 지시할 때는 멀리서 소리 지르면서 짜증스러운 목소리로 지시하지 말고, 아이의 눈을 바라보고 단호한 목소리로 지시합니다.

3단계 : 카운트다운하기

이야기했는데도 아이가 움직이지 않으면 카운트다운에 들어갑니다. 단 화내지 않고 단호하게 말합니다.

엄마 : "열 셀 때까지 알림장이랑 숙제할 거 안 가지고 오면 벌선다."

4단계 : 훈육하기

앞 단계들을 거쳤음에도 행동하지 않으면 아이와 약속했던 훈육을 합니다.

타임아웃 - 생각 의자에 앉아 있기, 보상 없애기 - 컴퓨터 게임 하루 못 하게 하기

5단계 : 훈육 후 마음 알아주기

"온종일 학교에서 수업 듣느라 힘들었구나. 그래서 TV만 계속 보고 싶었어?"

6단계 : 다시 행동 지시하기

"그래도 할 일은 해야겠지? 알림장이랑 숙제할 거 가지고 와서 숙제부터 먼저 하자."

아침마다 등교 준비가 늦어요

의외로 많이 듣는 고민이에요. 아침에 일어나서 멍하니 있거나 느릿느릿 준비해서 바쁜 아침마다 속이 터지는 부모님들의 고민이지요. 가장 먼저 행동을 바꿀 수 있는 환경을 조성해야 합니다. 예를 들어 학교 갈 준비를 늦추는 게 생각 없이 틀어놓은 TV 때문이라면 TV를 끕니다. 아침에 일어날 때마다 힘들어한다면 잠자리에 일찍 들도록 하고, 활기찬 분위기로 학교에 갈 수 있도록 기분 좋은 목소리로 아이를 깨웁니다. 옷 입는 시간이 오래 걸린다면 전날 부모와 함께 입을 옷을 미리 정해놓고 걸어놓으세요. 이런 섬세한 변화만으로도 큰 효과를 볼 수 있을 거예요.

지시할 때 구체적으로 한 가지씩 지시하고, 제한 시간을 함께 말합니다. "8시까지 씻자", "옷 입자" 그리고 나중에는 아이에게 책임감을 부여하는 지시 방식도 좋습니다. "몇 시까지 다 준비할 수 있어?" 이렇게 말입니다.

뭐든 대충대충 해요

아이들이 보이는 행동 스펙트럼의 양쪽 끝에는 행동이 느리고 너무 꼼꼼하게 해서 고민을 하는 한쪽과 대충대충 하거나 빨리해버리고 말아서 걱정인 한쪽이 있습니다. 그중에서 대충하는 아이를 보면 두 가지로 나뉜다는 생각이 들어요. 성격이 무척 급한 경우와 무기력하고 주의력이 부족한 경우로요. 생각의 속도가 빨라서 대충하는 것과 모든 게 귀찮아서 대충하는 것은 조금 다릅니다. 전자의 경우, 수학 개념 이해는 빠른데 꼭 작은 실수가 생긴다거나, 책을 빠른 속도로 대충 읽습니다. 또, 계획을 세우고 틀을 세우는 등의 큰 그림을 그리는 것은 능숙한데 꼼꼼한 작업은 힘들어합니다. 후자는 귀찮아서 글씨를 쓰는 손에 힘이 없고 색도 대충 칠하고, 전체적인 활동의 완성도가 떨어진다는 특성이 있어요.

아이의 원래 성향을 어디까지 인정해주고 얼마나 보완해주어야 하는가는 저도 늘 고민입니다만, 기질이나 성향의 문제라면 강점을 바라보는 것이 좋습니다. 대충하는 내 아이의 강점은 큰 틀을 보는 것, 다시 말해 숲을 볼 수 있다는 것입니다. 꼼꼼함이 조금 부족하다고 해서 큰 문제가 생기지 않는다면 아이의 성향에 맞는 일을 하면서 살아가면 됩니다.

무기력하고 귀찮아서 대충하는 것이라면 완성도 높은 결과물을 만들어내는 연습을 반복하며 성취감을 느껴보는 것이 중요합니다. 글씨를 한 글자 한 글자 또박또박 써서 글을 다 쓰는 것, 그림을 하얀 부분이 없이 꼼꼼하게 색칠해서 완성하는 것 등을 함께 해보세요. 그리고 칭찬을 많이 해주세요. 단번에 좋아지지는 않겠지만 반복하면 조금씩 나아집니다.

내향적인 아이라 걱정이에요

오바마, 스티브 잡스, 빌 게이츠, 간디. 이 네 사람의 공통점은 무엇일까요? 모두 내향적인 성격을 가졌다는 것입니다. 내향적인 사람들은 모두 소극적이고 부끄러움이 많을까요? 스티브 잡스는 내향적이었지만 부끄럼을 타지 않았고, 도전하는 것에 매우 적극적이었습니다.

내향적인 사람과 외향적인 사람은 제대로 기능하기 위해 필요한 외부 자극의 수준이 다릅니다. 내향적인 사람은 새로운 자극에 편도체가 강하게 반응해 심장 박동이 빨라지고 동공도 더 확장되며, 성대도 더 긴장하고 침에 스트레스 호르몬인 코티솔도 더 많이 분비됩니다. 경계심, 차이에 대한 민감성, 복잡한 정서성을 갖고 있습니다. 그런데 이러한 능력은 매우 과소평가되고 있는 능력들이죠. 내향적인 아이들은 비슷한 두 그림의 다른 점 찾기 활동을 할 때 답을 찾을 확률이 높았습니다. 또, 다른 아이의 장난감을 실수로 부쉈을 때 반응이 약한 아이보다 죄책감과 슬픔을 더 강하게 느꼈습니다. 내향적인 성격은 무조건 걱정하고 고쳐야 하는 것이 아닙니다. 부모는 아이를 그 자체로 인정하면서 내향성의 기질이 긍정적으로 발현될 수 있도록 도와주어야 합니다.

아이를 이해해주세요

내향적인 아이들이 느끼는 긴장과 불편함을 이해해주세요. 그리고 아이에게 이야기해주는 겁니다. "엄마도 학교에 처음 갔을 때 긴장했었어. 아직도 회사에 가면 가끔 그렇지만 시간이 지나면서 편해진단다", "한 번도 만난 적 없는 애랑 같이 노는 게 좀 이상할 수도 있지만 네가 먼저 놀자고 하면 재미있게 놀이를 할 수 있을 거야" 하고요.

아이의 감정이 정상이고 자연스럽다는 점을 알려주고, 두려워할 것이 없다는 것도 꼭 이야기해주세요. 다른 사람과 다른 것은 나쁜 게 아니라는 것도 알려줍니다.

🖋 바꿀 수 없는 성격으로 단정 짓지 마세요

낯선 사람을 만나 부끄러워할 때, 쭈뼛쭈뼛 인사하는 아이를 옆에 두고 아이 대신 변명하지 마세요. "우리 아이가 부끄러움이 좀 많아서요"라고 이야기하는 것은 아이가 '아, 나는 부끄러움이 많은 아이구나. 고칠 수 없어' 하고 생각하게 합니다. 부모가 먼저 '우리 아이는 어떤 아이'라고 규정해버리면 아이는 '나는 원래 그렇구나!' 생각해버리고 바꿀 수 없다고 단정 짓게 됩니다. 자신의 감정을 스스로 통제할 수 있는 것이 아니라 고정된 특성이라고 믿어버리게 되는 것입니다.

🖋 점진적으로 새로운 상황에 노출해주세요

아이의 한계를 존중하면서 아이를 조금씩 새로운 상황과 사람에 노출하도록 합니다. 친구와 사귀는 상황은 고민 3을 참고해보세요. 공감 능력을 발휘하여 아이가 충분히 두려움을 극복할 수 있는 상황인지, 아이에게 무리일지 판단해봅니다.

예를 들어 발표를 해야 하는 상황을 생각해볼게요. 교실 앞에서 반 아이들 전체를 보고 노래 부르는 것은 두려운 상황이지만, 소규모의 마음 맞는 사람들 앞에서 노래하는 정도는 할 수 있어요. 도전할만한 상황이면 독려합니다. 발표를 안 하는 학생도 독려하다 보면 자신의 의견을 말하는 것에 자신감을 갖게 되기 때문입니다. 쉬운 발표부터 시도하게 하고 철저하게 리허설을 해서 두려움에 둔감해지게 합니다. 물놀이를 가는 상황이라면, 물에 들어갈 때 처음에는 멀리서 보기만 하다가 부모님 목마를 타고 들어가보고, 발만 담가보고, 무릎까지 들어가보는 방식이에요. 새로운 상황에 차차 다가가서 받아들일 수 있게 해주세요.

✏️ 회복 환경을 만들어주세요

내향적이라는 말은 에너지가 자신의 내부로 향해있다는 의미입니다. 내향적인 사람들은 혼자서 시간을 보내면서 에너지를 채우고 외향적인 사람은 다른 사람들과 어울리면서 채웁니다. 내향적인 아이가 밖에서 생활한 후 에너지를 회복할 시간과 환경을 충분히 주도록 합니다.

내향성과 외향성은 원만성이나 성실성 같은 다른 주요 성격 특성들과 마찬가지로 40~50퍼센트 유전적으로 대물림된다는 결과가 지속해서 나오고 있습니다. 내향적인 부모는 내 아이만큼은 더 사교적이고 활발하게 크기를 바랄 것입니다. 하지만 마음을 바꾸면 아이를 더 잘 이해할 수 있어요. 외향적인 부모는 조용한 아이의 눈으로 보는 세상이 어떤지 볼 줄 알아야 합니다.

고민 291 부끄러움이 많아서 발표를 잘 못해요

공개수업을 한다고 해서 갔습니다. 다른 애들은 손을 들고 발표를 잘만 하는데, 한 시간 내내 우리 아이는 앉아만 있는 거예요. 그 모습을 보고 오니 속상하기만 합니다. 나아질 방법이 있을까요?

발표에 대한 반응은 사람에 따라 다르게 나타납니다. 어떤 사람은 발표를 즐깁니다. 발표를 통해 자신의 의견을 말하면서 인정받는 느낌에 카타르시스를 느끼기도 하죠. 이런 사람은 소위 말하는 '무대 체질'입니다. 반면에 어떤 사람은 남들 앞에 서기만 하면 식은땀이 흐르고 얼굴이 빨개지고 목소리가 떨립니다. 발표를 하는 게 큰 스트레스이며 발표는 공포로 느껴지기까지 합니다. 또 어떤 사람은 발표가 특별히 두려운 것은 아니지만 그렇다고 즐기는 것도 아닙니다. 손들기까지가 힘들지 손을 들거나 의무로 발표해야 하는 상황에서는 잘 해내죠.

✎ 발표 연습을 해야 하는 두 가지 이유

사실 요즘은 굳이 많은 사람 앞에 나서서 말을 하지 않아도, 온라인을 통해 얼마든지 소통할 수 있습니다. 전화가 힘들면 문자로 말을 하기도 하고요. 또 남 앞에서 말하는 게 힘들면 여러 사람 앞에서 말하는 일이 없는 직업을 선택하면 되고요. 하지만 그럼에도 발표 연습이 필요한 이유가 있습니다.

첫 번째는 발표하기 위해 손을 드는 것 자체가 굉장한 용기를 필요로 하기 때문입니다. 내 생각을 말하는 기회를 잡기 위해 하는 가장 기본적인 행동이 '손 들기'죠. 손 들기를 잘하는 것은 말을 잘하는 것과는 또 다른 의미 있는 활동입니다. 적극성과 용기를 뜻하니까요. 그게 바로 그냥 일상생활에서 말하기를 잘하는 것과 발표를 잘하는 것의 차이죠.

"선생님, 저희 아이가 독서록을 잃어버렸는데 한 권 더 주실 수 있나요? 저희 애가 선생님께 말을 못 하겠다고 해서요"라는 어머니의 부탁이 왔습니다. 아이가 등교해서 "선생님, 저 독서록 잃어버렸어요. 한 권 더 주실 수 있어요?"라고 물으면 간단히 해결될 일을 엄마의 힘을 빌리는 거예요 "선생님, 저희 아이가 과학 상자 대회에 나가고 싶다고 해요" 하고 따로 연락이 온 적도 있습니다. 아이를 불러서

"어제 신생님이 대회에 나갈 사람 손들라고 할 때 왜 말하지 않았니?" 물었더니 다른 친구들이 보고 있어서 용기가 안 났다고 대답합니다.

발표를 잘 못하는 것보다 더 큰 문제는 자기가 필요한 말을 해야 할 때 못 하는 것, 필요한 순간에 적극성을 발휘하지 못하는 것입니다. 내 아이가 발표는 잘 못해도 자기가 할 말은 하고 자신이 요구할 것도 표현하고 있다면 괜찮습니다. 하지만 그게 아니라면 적극성을 조금 더 길러줘야겠죠.

두 번째는 발표를 잘하지 못하면 수업 시간이 지루해질 수 있기 때문입니다. 초등학교 수업은 특히나 발표를 통해 서로의 생각을 주고받는 시간이 많습니다. 그런데 친구들이 손을 들면 딴 나라 사람을 보는 것처럼 구경하고 있는 아이들이나, 분명 눈빛은 손을 들어 친구들과 선생님에게 말하고 싶은데 손을 들까 말까 고민하는 아이들에게는 발표하는 수업 시간이 길게만 느껴집니다. 조용히 앉아서 내내 듣고만 있어야 하니, 재미없는 TV 프로그램을 보듯 수업을 방관하니 심심하겠지요.

그렇다면 부모님께서 어떻게 도와줄 수 있을까요?

✏️ 심리적 난도가 낮은 것부터 자신감을 길러보세요

아이에게 실수해도 괜찮으니 한 번만 해보자고 격려해주는 것은 큰 힘이 됩니다. 아이가 원하지 않는데 아이에게 과도한 스트레스를 주거나 부모의 욕심을 과도하게 반영하면서 발표를 강요하고 여러 활동에 참여하도록 하라는 것이 아닙니다. 아이가 원하는 방향, 아이의 기질 내에서 아이를 도와주는 것은 아이가 자신감을 갖게 하고 기질을 보완하게 해줍니다. 발표하는 아이가 되어 자신감을 쌓기 위해 이런 활동을 해보세요.

- 학교에서 하루 한 번 손들기 미션을 해보세요.

: 잘못해도 혼내거나 나무라지 말고 무슨 내용이든, 잘하든 못하든 상관없으니 딱 한 번만 해보고 엄마한테 말해달라고 해보세요.

- 배달 음식을 시키거나 식당에서 주문하기, 여행 예약하기 등을 아이가 해보도록 기회를 줘보세요.

- 당선 여부에 상관없이 임원 선거에 출마해보세요.

: 떨어지면 그 좌절감 때문에 힘들어할 것 같다고 걱정을 합니다. 하지만 그런 경험들이 아이를 성장시킨다는 걸 잊지 마세요.

- 최고난도 미션으로 물건을 환불하게 해보세요.

: 환불은 어른들도 쉽지 않은 일입니다. 지극히 내성적인 저는 성인이 되어서도 정말 힘들었던 일이에요. 하지만 이 어려운 미션 성공으로 아이는 큰 자신감을 얻을 수 있습니다.

진로와 심리

부모가 기대하는 것을 모두 갖춘 아이는 없습니다. 특히 타고난 성향은 웬만해서는 고치기가 어렵습니다. 하지만 부모의 기대 수준이나 지도 및 교육 방법에 따라 조금씩 변화를 보이기도 합니다. 아이의 타고난 성향 자체가 극적으로 바뀌는 일은 거의 없기 때문에 아이에게 없는 것을 꺼내려고 하기보다는 아이의 성향과 발달 단계에 맞게 적절한 자극을 제공하고 세심하게 지도하는 것이 현명한 방법입니다.

아이가 거절을 잘 못해요

거절을 잘 못하는 사람들은 거절에 대한 민감도가 높아서 상대가 내 부탁을 거절했을 때 상처를 더 많이 받아요. 그래서 다른 사람이 부탁해도 거절을 쉽게 하지 못하죠. 내가 거절하면 상대가 나를 싫어할까 봐 거절하는 말을 잘 못하는 거예요. 거절을 잘 못하는 아이에게 가르쳐 줄 것이 있습니다.

첫 번째, '요청'의 거절과 '존재'의 거절에 대한 차이를 알려주세요. "네가 친구에게 오늘 학교 끝나고 같이 놀자고 했는데 친구가 거절했어. 그건 네가 싫다고 한 게 아니라, 그 친구가 너랑 같이 못 놀 이유가 있었던 거야. 너 역시 네가 상황이 안돼서 친구가 부탁하거나 제안한 것을 거절할 수 있는 거야. 그건 친구를 싫어하는 게 아니야"라고 말해주세요. 너의 '존재'를 거절한 게 아니라 그 '요청'이 거절된 것이라는 것을 설명해주는 것이죠.

두 번째, 부드럽게 거절하는 법을 알려주세요. 내가 불편하고 힘든 것을 간단하게 이야기하는 게 좋습니다. 그리고 내 상황에 맞게 부분적으로 수락하거나 다른 대안을 제시하는 것도 좋은 방법입니다.

"엄마가 예를 들어 볼게. 서윤이가 정말 아끼는 샤프를 친구가 빌려달라고 했어. 그런데 서윤이는 빌려주기 싫은 거야. 어떻게 할 거야?" 하고 아이가 직접 겪었던 상황이나 예시 상황을 들면서 먼저 물어봅니다. 그리고 방법을 알려주세요. "서윤이의 마음이나 상황을 표현하면서 거절해. '이거 산 지 얼마 안 되고, 부모님께 힘들게 졸라서 산 거라 내가 빌려주기가 좀 그래'라고. 그리고 혹시라도 네가 생각하는 대안이 있다면 말하는 거지. '이 샤프는 힘들지만 네가 필기할 연필이 없는 거라면 이 연필은 어때?' 이렇게 말이야. 그래도 네 친구가 서윤이가 아끼는 샤프를 빌려달라고 계속 요구한다면 네가 거기에 꼭 응할 필요는 없단다" 이렇게 말이에요.

✏️ 거절을 연습하는 세 가지 방법

거절하는 방법을 안다고 해서 갑자기 거절을 능숙하게 할 수 있는 건 아닙니다. 거절을 잘하는 아이로 키우기 위해 세 가지 연습을 하도록 해주세요.

첫 번째는 거절 훈련입니다. 사소한 일상에서 자연스럽게 훈련해야 합니다. 아이가 거절할 수 있는 사항을 제안하세요. "동생 공부하는 것 좀 알려줄래?" 하고 물어보죠. 그리고 아이에게 네가 싫으면 거절할 수 있으니 너의 마음을 한 번 더 살피라고 해주세요. 아이가 정말 싫으면 싫다고 말할 수 있도록 일상에서 계속 훈련하도록 하는 겁니다.

두 번째는 부탁 훈련입니다. 거절을 잘하려면 반대로 부탁을 잘해야 합니다. 거절보다 난도가 더 높은 게 부탁일 수 있어요. 식당에서 반찬을 더 달라고 하는 부탁, 영화관에서 시끄러운 사람에게 조용히 해달라고 말하는 부탁 같은 것을 아이가 해보게 하세요. 그리고 부모님께도 원하는 것을 부탁하게 해보세요. 거절을 당할 수 있는 상황에 스스로를 노출함으로써 거절에 대한 예민도를 낮추는 훈련을 하는 것입니다.

세 번째는 협상 훈련입니다. 마음이 여린 아이는 무조건 양보하는 경우가 더 많으니 협상을 연습하는 기회를 자주 만들어주세요. 협상은 부탁, 거절과 함께하는 경우가 많이 있습니다. "엄마, 제가 집에서 열심히 공부할 테니 학원 하나만 끊게 해주세요", "동생아, 이번에는 초콜릿 맛 사고 다음에는 바닐라 맛 사자" 이런 협상을 계속해보는 겁니다.

아이에게 모든 사람들의 생각이 다르다는 것을 알려주어야 합니다. 또 친구의 의견을 무조건 따른다고 좋은 친구나 친한 친구가 되는 것은 아니라는 것도 가르쳐주어야 합니다. 그래서 싫어하는 것과 옳지 못한 것에 대해 죄책감이나 불안감 없이 "아니요, 싫어요, 안 돼요"라고 말할 수 있도록 해주세요. 그런 연습을 통해 아이의 마음도 건강해지겠지만 아이가 커서 살아갈 사회도 더 건강해질 수 있겠지요.

고민 293 자꾸 부정적인 말만 해요

부모는 아이가 낙관주의를 기를 수 있도록 먼저 자신의 사고방식을 낙관적으로 바꿀 필요가 있습니다. 마틴 셀리그만은 낙관적인 사고방식으로 우울증을 예방하기 위해서 자기가 겪은 일에 대해 설명 양식을 바꾸라고 조언합니다. 대개 비관적인 사람들은 나쁜 일의 원인이 영구적이라고 믿습니다. 그래서 원인이 영원히 사라지지 않을 것이기 때문에 나쁜 일도 계속해서 이어질 것이라고 생각합니다. 반대로 낙관적이고 어려움을 잘 극복하는 사람들은 나쁜 일의 원인을 일시적이라고 믿습니다. 다음은 아이가 나쁜 일에 닥쳤을 때 자신의 일을 설명하는 방식의 예입니다.

영구적(비관적)	일시적(낙관적)
새로 전학 간 학교에는 나랑 친구가 되고 싶은 아이가 한 명도 없을 거야.	새로 전학 간 학교에서 친한 친구를 사귀려면 원래 시간이 좀 걸려.
우리 엄마는 세상에서 제일 까칠한 분이야.	우리 엄마는 지금 세상에서 제일 기분이 안 좋은 상태야.
유민이는 날 싫어해. 항상 그래. 다시는 나랑 놀려고 하지 않을걸.	오늘 유민이가 나한테 화가 났어. 그래서 오늘은 나랑 놀려고 하지 않을 거야.

만약 아이가 자신이 겪은 실패나 따돌림을 말하며 '늘', '절대'라는 말을 쓴다면 비관적인 사고를 갖고 있을 가능성이 큽니다.

또 실패의 원인을 포괄적으로 보느냐 부분적으로 보느냐에 따라서도 낙관성이 달라집니다.

포괄적(비관적)	부분적(낙관적)
선생님들은 다 공평하지 못해.	이서윤 선생님은 가끔 공평하시지 않을 때가 있어.
나는 운동을 못해.	농구는 정말 자신이 없어.
아무도 날 좋아하지 않아.	민정이와 나는 맞지 않는 부분이 있어.

실패의 원인을 포괄적으로 해석하는 아이는 조금만 문제가 생겨도 모든 것을 포기해버립니다. 하지만 부분적으로 생각하면 그 일에서는 자신이 없을지라도 다른 일은 다시 씩씩하게 잘 헤쳐나가죠.

아이들은 부모와 교사로부터 설명 양식을 배웁니다. 그렇기 때문에 아이를 혼낼 때는 영구적이고 포괄적인 설명 양식으로 혼내지 말고, 일시적이고 부분적인 설명 양식으로 혼내야 합니다. "넌 정말 게으른 애야"라고 혼내는 대신 "오늘 열심히 하지 않았구나"라고 말하세요. 또 아이들은 부모가 자신들에게 닥친 불행을 어떤 식으로 해석하는지 듣고 있다가 따라 합니다. 그러니 자기가 닥친 일에 대해서 "내가 하는 일이 항상 그렇지 뭐. 여자가 직장을 다닌다는 건 어려운 일이야"처럼 영구적인 부정 설명 양식으로 해석하지 않아야 합니다. 이는 부모님 자신의 인격 향상에도 도움이 되죠.

어떤 부정적인 사건이 생겼을 때 그 이후로 생기는 결과는 내가 만드는 것입니다. 그 결과가 올바른 결과인가 내 생각을 잡아서(catch) 살펴볼 필요가 있습니다. 같은 사건이라도 그 사건에 대해 내가 어떻게 생각하고 해석하느냐에 따라 나타나는 결과가 달라집니다. 어떤 일이 생겼을 때 일시적이고 구체적이고 외적인 원인을 생각하세요. 힘든 일이 일어났을 때 자동으로 떠오르는 내 생각을 붙잡아 극단적인 결과로 생각하지 않고 일시적이고 부분적인 설명 양식을 사용해 생각해 보세요. 이런 설명 양식은 자신의 가치관을 변화시키고 아이의 가치관으로 흡수됩니다.

고민 294   어디까지 말로 훈육해야 하나요? 체벌은 나쁜 건가요?

9살, 7살 두 아들을 둔 직장맘입니다. 요즘 말을 안 듣는 두 아들 녀석 때문에 너무 힘든 상황에서 큰아이 학교 상담을 다녀온 후 여러 가지 문제를 느꼈습니다. 훈육 차원에서 아이들에게 가끔 매를 들고 있어요. 그런데 둘째 아이는 큰아이에 비해 웃음이 많고 자꾸 회피하는 경향이 있습니다. 어디까지 말로 훈육을 해야 하는 건가요? 체벌은 무조건 악영향을 미칠까요? 훈육해도 웃으며 회피하는 아이는 어쩌죠?

고민을 읽는 내내 엄마의 마음의 무게가 느껴져 먼저 깊은 위로를 해드리고 싶습니다. 직장맘인 데다가 아들 둘입니다. 두 살 차이예요. 얼마나 힘드실지, 그동안 얼마나 힘드셨을지 가늠됩니다. 너무 속이 상하고 힘들다 보니까 매도 들게 되고 그러셨던 것 같아요. 체벌을 하면 손쉽게 아이들이 말을 듣게 할 수 있습니다. 내 몸이 힘들고, 시간은 없고, 해야 할 일은 많은데 아이들이 말을 듣지 않으니 매를 들게 되죠.

제가 "체벌하지 마세요"라고 말씀을 드리면 아마 "지금 제 상황이 되어보면 그런 말 못 하실 겁니다. 매 아니고는 말을 안 들어서 도저히 안 됩니다" 하고 말씀하실 거예요. 부모님도 하고 싶어서 하는 일은 아닐 테니까요. 하지만 체벌을 하게 되면 어떻게 되는지를 이야기해볼게요.

🖌 체벌하면 나타나는 현상

일단 입장을 바꿔서 누군가가 나를 매로 때린다고 생각해보세요. 굉장히 기분이 나쁘고 아프겠죠. "네가 이것을 잘못했기 때문에 매를 맞아야 해"라는 이유를 붙여서 매를 때린다고 해도 일단 맞으면 '아, 내가 정말 잘못했으니까 이제 절대 그 잘못을 하지 않아야지'라는 생각보다 '아프다, 때리는 엄마가 밉다, 싫다' 하는 생각이 먼저 들기 마련입니다. 이런 생각이 들면서 마음속 깊은 곳에서 수치심이 올라옵니다. 그리고 그런 잘못을 하지 않기 위해 애쓰는 게 아니라 자신의 잘못을 숨기기 위해 애를 씁니다. 아이가 자기주도적으로 생각하고 판단하는 데 에너지를 써야 하는데 어떻게 하면 맞지 않을까를 생각하는 데에 에너지를 쓰는 겁니다. 어떤 일이 생겼을 때 일단 눈치부터 봐요. 엄마한테 혼날 일인지 아닐지를 보고, 혼날 것 같으면 거짓말을 하고 숨기는 거예요. 그런 행동을 이렇게 생각하실 수도 있어요. '맞을까 봐 겁나서 더 행동을 조심하고, 부모님이 옳다고 생각하는 방향으로 행동을 하지 않을까?'라고요. 전혀 그렇지 않습니다.

부모님이 지나치게 엄격하거나 체벌을 하면 밖에서 훨씬 엉망으로 행동할 가능성이 높습니다. 친구 관계에서도 조금만 기분이 안 좋으면 공격적으로 반응하거나 주눅들어 있다가 수동공격을 하는 식으로 행동하죠. 그리고 마음속에 억울함과 폭력성이 잠재되어 있어서 평소에는 아무렇지 않다가도 자기 감정이 통제되지 않는 순간이 오면 그 폭력성이 바로 표출됩니다. 욕으로든 행동으로든 나오게 되더라고요. 왜냐면 아이는 살기 위해 자기 스트레스를 풀어야 하거든요. 그리고 강사에센 약하고, 약자에게는 강한 성향을 보이기도 합니다. 집에서 체벌하는 사람의 강함보다 약함이 나타나면 말을 안 듣는 거예요. 엄마보다 센 사람인지 아닌지를 보고 '아, 저 사람은 나를 안 때리는구나. 무섭지 않다'고 자기 나름의 판단이 서면 그때부터는 엉망이 되는 겁니다. 그래서 제가 교사로서 지도하기 더 힘들어요.

그런데 무엇보다 가장 큰 문제는요. 아이가 엄마를 사랑하지 않습니다. 미워해요. 엄마는 아이 잘되라고 체벌했겠지만 아이는 그런 엄마의 마음을 이해하기 힘들어요.

아이가 어릴 때는 이런 체벌이 효과 있을 수 있어요. 그런데 '눈 가리고 아웅'입니다. 아이가 커갈수록 더 강한 자극이 필요하고, 결국 아이와 사이가 나빠지며 아이의 사춘기가 감당이 안 됩니다. 설사 사춘기를 어찌 지나갔다 하더라도 아이는 평생 부모에 대해 양가감정을 갖고 살아가야 합니다. 나를 낳아주시고 키워주셔서 감사해야 하는데 한편으로는 나를 아프게 하고 고통스럽게 했던 사람이라 '애증'의 감정, 양가감정이 스스로를 괴롭힙니다. 체벌을 하면 정도의 차이는 있지만 대부분 이런 경향을 보였어요. 즉 체벌로 인해 부모가 원한 결과를 얻을 수 없다는 거죠.

첫째 아이(맏이)는 자존심이 센 경우가 많아요. 그래서 체벌을 했을 때 입을 꾹 다물고 맞습니다. 심지어 엄마가 오해해서 체벌을 하더라도 변명도 하지 않고 맞고 있는 경우도 있어요. 그런데 둘째 아이들은 눈치가 빠삭해요. 형, 누나, 언니, 오빠를 통해서 봤잖아요. 맞지 않기 위해 나름의 생존 기술을 씁니다. 그게 고민에 언급된 것처럼 웃고 회피하는 것입니다. 아마 둘째가 어리니까 엄마 눈에는 더 귀여워 보이고, 더 아이처럼 보이는 게 있을 거예요. 그래서 둘째가 웃고 애교를 부리면 매를 때리지 않고 넘어갔던 일도 있을 겁니다. 둘째는 여기서 '아, 이러면 되는구나!'를 습득한 거죠. 아마 다른 사람들 눈치도 많이 볼 것입니다.

🖋 어디까지 말로 훈육해야 할까

이런 말씀을 드리고 싶어요. 아이들을 믿으라는 것. 아이들은 생각보다 잠재력이 큽니다. 처음에 자율을 주면 엉망이 됩니다. 엄마의 기대에 한참 못 미칠 거예요. 그런데 그 혼란기가 지나면 자기 생존에 위협이 되는 게 없어졌으니 무서운 걸 피하기 위한 결정이 아니라, 옳다고 생각하는 결정을 스스로 하게 됩니다. 그래서 매로 훈육하는 건 빠르지만 단기적이고, 말로 훈육하고 기다리면 느리지만 장기적인 교육을 할 수 있습니다.

훈육의 기준은 아이마다 다릅니다. 순응적이어서 말로 조금만 혼내도 엄마 아빠 말을 잘 듣는 아이가 있고요, 기가 세서 그 정도로는 꿈쩍도 하지 않는 아이도 있어요. '내 아이는 이 정도로 훈육하면 그래도 알아듣는다'는 정도가 있을 겁니다. 동시에 부모 역시 스스로 허용적인 부모 유형인지, 좀 엄격한 부모 유형인지를 생각해보세요.

🖋 체벌을 대신할 바른 훈육 방법 3가지

아이들과 함께 이런 대화를 나눠보세요. "엄마는 너희에게 이제 매를 들지 않을 거야. 우리가 지켜야 할 규칙을 같이 만들고 지켜보자"라고 이야기한 뒤, 아이들과 함께 규칙을 만드는 겁니다. 이때 규칙을 너무 장황하게 많이 만들지 말고 꼭 지켜야하는 몇 가지 규칙만 정하세요. 잘못을 했을 때는 왜 그런 행동을 하면 안 되는지 납득할 만하게 설명해주세요. 부모님이 아이의 잘못된 행동에 대해 걱정하고 있다는 것을 알려주고, 부모님이 생각하기에 훈육이 필요하다 싶을 때는 훈육하세요.

제가 추천하는 첫 번째 훈육 방법은 무시하기 방법입니다. 잘못된 행동이 사소할 때 사용할 수 있습니다. 부모님이 평정심을 유지할 만큼의 사소한 행동일 때 아이를 무시하는 겁니다. 평정심이 무너져 아이에게 소리를 지른다거나 더 이상 무시를 하시 못하면 잘못된 행동이 오히려 강화될 수 있어요. 부모님의 무시를 통해, 아이는 내가 이런 행동을 하면 '부모님이 나를 없는 사람처럼 대하기도 하는구나'라고 깨달을 수 있어요. 물론 너무 자주 사용하면 효과가 떨어지겠지만요.

두 번째는 타임아웃 방법입니다. 아이가 잘못된 행동을 하면 "타임아웃"을 외치고 혼자 빈 공간에 가서 생각하게 하는 방법입니다. 타임아웃이 끝나고 아이에게 무엇을 잘못했는지 물어봐요. 모르겠다고 하면 한 번 더 타임아웃시킵니다. 모르겠다고 하는 데는 정말 몰라서일 수도 있고 반항심에서일 수도 있어요. 세 번을 반복해도 대답을 못 하면 정말 모르는 것이니 잘못된 행동을 다시 인지시켜주세요. 그리고 잘못된 행동을 반성하기 위해 어떻게 할 것인지를 아이에게 묻습니다. 예를 들면 엄마에게 말을 함부로 했어요. 도가 지나쳐서 타임아웃을 시켰고 아이가 자기 잘못을 말했어요. "그럼 네 잘못에 대한 책임을 어떻게 질 거야?"라고 묻는 겁니다. 잘못된 행동에 대한 책임을 엄마가 벌 또는 체벌의 형태로 부과하는 게 아니라 아이 스스로 선택하게 하는 것입니다. 제가 교실에서 이 방법을 썼더니 학생이 그러더라고요. "선생님께 사과 편지를 쓸게요"라고요. 아이들은 우리가 생각지도 못한 반성의 방법을 말하기도 합니다.

세 번째는 강화 제거 방법입니다. 아이가 좋아하는 물건을 빼앗거나 활동을 못하게 하는 방법이에요.

중요한 것은 이런 훈육 방법들은 반드시 일관되게 사용해야 한다는 것입니다. 부모님의 즉각적인 감정에 의해서가 아니라 아이와 충분한 약속과 대화를 거친 후에 사용하고, 더불어 아이가 행동이 고쳐지고 노력하는 모습을 보일 때는 충분히 칭찬하면서 강화해나가야 합니다.

시간이 걸릴 수 있지만 계속 반복하면 아이도 옳은 행동과 옳지 못한 행동을 구분하게 되고, 좋은 습관을 갖게 되며 자율성을 찾게 될 겁니다. 그리고 너무 자책하지 마세요. 아이들에게 바른 훈육법을 찾아가면서, 그동안 많이 힘들고 지쳤던 엄마의 마음을 회복하기 위한 노력도 같이했으면 좋겠어요. 결혼하고 아이를 키우고 직장 생활하며 살다보면 엄마 자신을 챙기기 힘들어요. 그런데 '엄마만을 위한 시간을 가져라', '엄마 자신에게 보상을 줘라' 이런 말은 사치로 느껴지더라고요. 대단한 무언가를 하지 않더라도, 엄마 마음에 여유를 조금 더 갖고 지냈으면 좋겠습니다. 아이들을 키우는 동안의 최우선 목표를 '아이와 관계를 망치지 않는다' 정도로 두고 지내는 거예요. 우선 아이와의 관계가 회복되고 신뢰가 쌓여야 더 나아가 아이의 학업이나 친구 관계도 개선이 이루어질 것입니다.

고민 295

승부욕이 너무 강해서 게임에서 지면 울어요

승부와 경쟁에 대해서 많이 갖는 두 가지 고민이 있습니다. 너무 승부욕이 강해서 갖는 걱정과 너무 승부욕이 없어서 경쟁을 싫어할 때의 걱정입니다. 승부에 대한 욕구는 양날의 검이라 적절하게 사용하면 동기가 될 수 있으나, 그렇지 않으면 스스로를 괴롭힐뿐더러 친구와의 관계도 나빠질 수 있습니다. 승부욕과 성취욕을 잘 다듬어 사용할 수 있도록 고민 50과 고민 100을 참고해보세요. 더불어 타고난 성취욕을 자신만의 잠재 에너지로 사용할 수 있도록 하는 방법을 생각해보겠습니다.

• 경쟁이 필요하지 않은 놀이를 통해 승패의 결과 없이도 즐길 수 있다는 것을 배우는 것이 필요합니

다. 져도 재미있다고 웃는 모습을 자꾸 보여주는 것이 필요해요.

- 성취욕이 큰 사람은 성취를 함으로써 살아있다고 느낄 수도 있습니다. 성취할 수 있는 대상이 필요합니다. 승부가 있는 운동이나 게임과 더불어, 스스로 성장해나가는 악기나 언어 등을 꾸준히 배우게 해 성취욕과 뿌듯함을 느낄 수 있도록 해주세요.

- 타인과 비교하지 말고 과거의 나와 현재의 나를 비교할 수 있도록 해주세요. 타인과의 비교가 계속되면 성취욕이 질투심으로 변할 수 있습니다. 자신보다 잘하는 사람이 있을 때는 그 사람을 통해서 내가 배울 수 있는 점이 무엇일까를 생각하라고 알려주세요.

- 실패의 경험이 필요합니다. '열심히 노력해서 성취하는 경험'도 중요하지만 '열심히 노력해도 실패할 수 있다는 경험' 역시 중요합니다. 승부욕이 너무 강한 사람은 지는 것을 힘들어하는데 실패를 수용하는 방법도 배워야 합니다. 모든 것을 다 잘할 수 없기 때문이죠.

아이에게 실패는 살아가면서 겪는 삶의 일부분일 뿐임을 알려주세요. 다음에 더 잘할 수 있는 방법을 배웠다는 것을 알려주고 격려해주는 것은 큰 힘이 됩니다.

고민 296
경쟁을 싫어하는 아이, 경쟁 구도의 공부는 언제 시켜야 할까요?

경쟁 구도의 공부 방법이 필요한 시기를 딱 정하기는 어렵습니다. 부모님들은 아이가 중고등학교에 가면 그때부터 서열이 매겨지는데 초등학교 때 너무 경쟁이 없으면 그때 충격받고 힘들어하지 않을까, 어느 정도 면역력을 길러줘야 하지 않을까 생각합니다.

　전 아이의 특성에 따라 다르다고 생각합니다. 경쟁을 통해 동기를 부여받는 아이들은 어릴 때부터 경쟁하며 동기도 부여받고 인정욕구도 채울 수 있어 좋은 거고요. 경쟁으로 인해 스트레스를 받는다면, 혼자 공부하는 것에 대한 내재적 동기를 최대한 키우는 게 좋다고 생각해요. 중학교 때 성적이 갑자기 떨어지는 건 그간 경쟁을 하지 않아서가 아니라 제대로 공부를 하지 않았기 때문이거든요. 아이를 잘 보세요. 우리 아이가 혼자 연구하고 탐색하는 것을 좋아하는지, 다른 사람과 경쟁하고 함께 공부하는 것을 좋아하는지 말이에요. 또 학교에서 아이는 이미 경쟁을 하고 있습니다. 그러니 무조건 경쟁을 연습하기보다 아이의 기질에 맞춰 올바른 공부 방법을 익히게 하는 게 더 필요합니다. 어차피 경쟁이란 각자의 실력을 겨루는 일입니다. 스스로의 스킬을 단단히 연마한 후에 다른 사람과의 실력을 겨루는 것이 아이에게 올바른 경쟁을 배우게 하는 하나의 방법이 될 거예요.

고민 297 컴퓨터 게임을 너무 많이 해요

게임은 아이들이 시간을 메우고 재미를 느낄 수 있는 가장 쉽고도 수동적인 방법입니다. 게임을 하는 것은 컴퓨터를 켜거나 스마트폰을 열어 클릭만 하면 되거든요. 친구들을 모을 필요도, 특별히 어디에 갈 필요도 없습니다. 쉽게 할 수 있기 때문에 아이들은 게임을 통해 몰입감과 성취감을 느끼려고 합니다. 고민 46을 참고해보길 바라며, 게임 중독에 대처할 수 있는 그 이외의 방법을 소개하도록 하겠습니다.

아이들이 게임에 지나치게 중독되어 있을 때, 가장 좋은 해결책은 스스로 조절 능력을 기르도록 하는 것입니다. 스스로 조절 능력을 기르기 위해 아이와 약속을 합니다. 이때 아이가 선택권을 갖고 있다고 생각하게 하는 것이 중요합니다. 먼저, 아이가 하루에 몇 시간 정도 게임하는가를 아이와 함께 살펴보고 "너도 줄일 필요가 있다고 생각하니?"라고 물으며 동의를 구하는 거예요. 그리고 다음과 같은 활동을 해보세요.

대체 활동 찾기

아이들에게는 게임에 몰입할 시간을 대체할 무언가가 필요합니다. 따라서 아이가 운동, 음악, 미술 등의 취미 생활에 재미를 붙일 수 있게 하는 것이 좋습니다. 퍼즐이나 보드게임, 바둑이나 오목, 체스, 만화 그리기, 레고 만들기도 좋습니다. 컴퓨터를 제외한 놀잇감이 집에 필요해요. 또한 친구들과 함께 놀 수 있도록 지지해, 현실 세계에서의 대인 관계를 넓혀주어야 합니다.

게임 Free Day 만들기

게임을 손대지 않는 날도 만들어주세요. '게임 Free Day'를 만들어보는 거예요. 일주일 중 하루를 게임을 하지 않는 날로 정하는 것입니다.

행동계약서 쓰기

제가 맡은 반에 컴퓨터 게임을 매일 5시간씩 한다는 아이가 있었습니다. 아이가 너무 게임에 빠져있는 것 같아 특단의 조치를 내리기로 결심했습니다.

"현구야, 선생님이랑 컴퓨터 게임 딱 1시간씩만 하기로 약속하자."

현구는 알았다고 자신 있게 대답했습니다. 저는 행동계약서를 인쇄해서 사인을 하라고 했죠.

'나 김현구는 9월 23일 화요일부터 일주일간 컴퓨터 게임을 하루에 50분 이하로 할 것을 계약합니다. 일주일 동안 성공했을 시 선생님께서 원하는 쿠폰을 줄 것입니다.'

행동계약서를 받아든 아이는 자신 있게 대답했던 것과 달리 "네? 아… 아…" 하면서 사인을 하지 못했습니다. 아이는 20분간 고민의 끝에 결국 손을 덜덜 떨면서 계약서에 사인을 했습니다. 말로 하는 것과 실체를 만들어두는 것은 분명 다릅니다. 눈에 보이는 행동계약서에 사인을 하는 것은 자신만의 결심을 견고히 해나가는 과정입니다. 행동계약서를 작성한 후에는 잘 보이는 곳에 '딱!' 붙여놓습니다. 그리고 매일 체크리스트에 체크를 하게 하세요. 그렇게 일주일을 성공한 아이는 제게 보상인 쿠폰을 받아 갔습니다. 그리고 다음 주는 40분, 30분 점진적으로 줄여갔고, 계약 기간도 일주일에서 2주일, 3주일, 한 달로 늘려갔습니다.

아이가 게임 중독에서 벗어날 수 있도록 하는 데 또 중요한 것은 게임에만 몰입하지 않을 환경을 만들어주는 것입니다. 컴퓨터를 가족이 함께 사용하는 공동 물건으로 인식할 수 있도록 거실에 두거나, 아이와 부모가 대화를 하면서 컴퓨터를 함께 사용하는 방법도 도움이 될 수 있습니다. 스마트폰 잠금장치(고민 46을 참고)를 활용하고, 컴퓨터도 일정 시간 사용하면 꺼지는 시스템을 활용해보세요. 절제하려는 마음이 중요하지만 물리적 제재 장치를 활용하면 더 큰 효과를 볼 수 있습니다.

아이와 사이가 좋아지는
대화법이 있을까요?

아이와의 대화는 정서적 관계를 좋게 합니다. 그런데 부모는 아이가 말을 꺼내면 잘못을 고쳐줄 게 없는지, 지적할 게 없는지부터 눈에 띄지요. 아이와 나누는 말의 대부분이 잔소리로 이어지기 쉽습니다. 그렇다면 잔소리와 대화의 차이는 무엇일까요?

- 비난하면 잔소리 vs 해결하려고 하면 대화

- 감정의 분풀이면 잔소리 vs 수용과 공감이 있으면 대화

- 끝내야 할 때 끝내지 못하면 잔소리 vs 끝내면 대화

먼저 부모의 말투부터 점검하세요. 부모가 사는 게 힘들어서, 감정의 분풀이로 아이에게 습관적으로 짜증을 내고 있는 건 아닌지, 화내는 말투를 쓰는 건 아닌지 점검해야 합니다. 일관성 없이 내는 부모의 짜증은 아이를 눈치 보는 아이로 자라게 합니다. 날카로운 말투나 한숨과 같은 비언어적 표현으로 하는 심리적인 억압은 무관심보다 못하다는 사실을 기억하세요.

부모와 아이의 감정이 상하지 않으면서 관계를 좋게 하는 효과적인 대화의 기술을 여섯 가지로 정리해봤습니다.

① 의견제시형/선택형

아이들에게 청소를 하라고 말하고 싶을 때, "컴퓨터 게임 끄고 네 방 청소 좀 해라. 이게 뭐니? 이게 사람 방이니?"라고 하면 아이는 시무룩해져서 억지로 청소를 하거나 반항을 할 것입니다. 반면 "10분 후에 청소할래? 지금 청소할래?"라고 물으면 청소는 당연히 하는 일로 설계되어 있고 아이로 하여금 선택하게 하죠. 아이는 자신이 청소를 하겠다고 선택했다는 착각을 하고 책임감을 발휘합니다. 숙제를 하라고 할 때도 마찬가지예요. 자꾸 미루는 아이를 보며 욱 끓어오르는 화를 뱉으며 "숙제해!" 하기보다 화를 한 번 누른 채 "숙제하는 게 어떠니?"라고 의견제시형 화법을 써보세요.

② 나 메시지 I message

아이에게 말을 할 때 아이를 비난하거나, 아이가 주어가 되는 말을 사용하면 감정이 상하고 관계가 멀어집니다. 아이를 존중하는 부모는 아이가 순종하지 않는다고 화내지 않습니다. 이때는 '나'를 주어로 하는 화법이 효과적입니다.

"엄마는 우리 지현이가 숙제를 안 하니 속상하네?"

"현민이가 컴퓨터 게임만 하고 있으니 아빠는 걱정이 되는구나."

나 – 메시지 화법이란 위와 같이 나의 기분을 설명하면서 말하는 것입니다. 화법의 방법을 바꾸면 아이는 부모의 말을 더 잘 수용할 수 있습니다. 또한 가정에서 자신의 의견을 말할 수 있는 분위기가 만들어지고, 다른 사람과 어떤 식으로 대화하면 좋을지에 대해 배우게 됩니다.

③ 어떻게 How

'왜'라는 의문문은 공격적이지만, '어떻게'라는 의문문은 공격적이지 않습니다.

"니 도대체 왜 그러니?", "왜 시계를 훔쳤어?", "왜 선생님께 혼난 거야?"라고 묻기보다 "어떻게 하다가 이렇게 다친 거야?", "어떻게 하다가 선생님께 혼난 거야?", "어떻게 하다가 시계가 네게 있게 된 거니?"라고 묻는다면 아이는 거짓말하지 않고 좀 더 마음 편하게 말을 꺼낼 수 있습니다.

④ 그렇구나, 그런데 Yes, but

이 대화법은 '공감'을 전제로 합니다. 아이가 무언가를 말했을 때 "변명하지 마라", "엄마 말에 대꾸하지 마라"라고 말하며 아이의 의견을 수용하지 않는다면 아이는 더 이상 부모에게 말할 필요성을 느끼지 못합니다. 부모가 보는 앞에서는 "네"라고 하면서 뒤돌아서면 자신이 원하는 대로 행동하는 것이죠.

대화에서 가장 중요한 것은 '경청'과 '공감'입니다. 일단 아이의 말을 수용하고 새로운 대안을 제시하는 "그렇구나. 우리 현진이가 친구랑 계속 놀고 싶구나. 하지만 지금 시간이 너무 늦은 것 같은데" Yes, but 화법을 구사해보세요.

⑤ 알지?

일명 "알지?" 화법은 제가 교실에서 자주 쓰는 화법입니다. 예를 들어 지민이가 청소하는 것을 잊어버린 것 같았을 때, "지민아, 오늘 교실 청소인 거 알지?"라고 말하면 교실 청소를 해야 하는 것을 잊어버렸다고 하더라도 그 바탕에 선생님이 자신을 믿고 있다는 것을 전제하고 있다는 것을 느끼기 때문에 "네"라고 대답하고 더욱 열심히 청소합니다.

"영철아, 학교 다녀오면 옷부터 걸어 놔야 하는 거 알지?", "영철이 이제 숙제하려고 했구나?"라고 물으며 아이에 대한 절대적인 믿음을 보여줍시다.

⑥ 미안해, 고마워

"미안해, 고마워"는 사람의 마음을 풀어주는 마법의 말(Magic Word)입니다. 부모나 교사가 잘못했다면 아이에게 진심을 담아 사과하세요. 사과한다고 권위가 무너지는 것이 아닙니다. 자신의 잘못을 어른이라는 이유로 합리화시키면 그것이야말로 권위를 무너뜨리는 것입니다. 미안하고 고마운 것을 표현하는 것은 아이를 최고로 존중하는 대화입니다.

아이와 함께하다 보면 욱하는 순간들이 정말 많습니다. 하지만 의식적으로 바꿔야 해요. 바꾸다 보면 위와 같은 대화법들이 자연스러워지고 아이와의 관계를 좋게 한다는 걸 직접 느끼실 것입니다.

고민 299 사춘기라 방문을 잠그고 안 나옵니다

아이가 독립하려는 마음을 인정해주어야 합니다. 대부분의 부모는 성장하는 아이의 상태를 인정하려고 하지 않습니다. 아이가 어릴 때는 부모 말을 잘 듣고, 순진하고, 착하고, 반항도 안 했는데 언젠가부터 부모와 생각이 다르면 부모의 뜻을 따르지 않고 반항한다고만 생각합니다. 아이가 스스로 생각하고 스스로 삶을 주도하려는 모습이 부모 눈에는 말을 안 듣는 것, 반항으로만 보일 뿐이죠. 알고 보면 부모의 불안감은 원인이 따로 있어요. 자신의 품속에 있던 아이가 독립하려고 하는 것이 부모는 심리적으로 불안한 것입니다. 아이가 방문을 닫기 시작하면 심리적인 독립을 준비 중이라는 깃을 기억하세요.

🖎 지켜보되, 도움이 필요하면 언제든 돕겠다고 말하세요

사춘기 아이를 대하는 기본적인 태도는 간섭은 삼가고 아이가 도움을 청할 땐 기꺼이 손을 내밀어 주는 것입니다. 또한 아이가 혼란스러워하고 정체되어 있을지라도 끼어들지 않고 묵묵히 바라봐주는 인내심을 가져야 합니다. 간섭은 끊고 관심을 줄이되 방치하는 게 아니라 멀리서 지켜보는 것입니다. 그러면 아이는 자신의 문제에 대해서 돌아보기 시작합니다. 두려워하면서도 동시에 내가 잘 해내야 한다는 독립심과 책임감이 생겨나기 시작합니다. 지나친 걱정은 소유욕의 일종입니다. 대화를 빙자한 취조와 잔소리는 그만두세요. 버릇없다고 아이의 말을 묵살해버리는 것도 하지 마세요. 부모에게 반항도 해보고 자신의 의견을 강하게 말해보면서 자아를 찾아가고 독립해갑니다. 아이가 힘들어하면서도 도통 속내를 꺼내지 않으려 한다면 다음처럼 말해주세요. "항상 노력하는 현진이가 엄마는 고마워. 뭔지는 모르겠지만 요새 현진이가 힘들어하는 것 같은데 엄마한테 말해줄 수는 없을까? 네가 말할 준비가 될 때 언제든 말해주렴" 하고 말이죠.

🖎 아이의 감정을 담담하게 이성으로 대하세요

3학년 아이들에게 "옆에 떨어진 쓰레기 좀 주워서 버려줄래?"라고 말하면 "네" 하고 가서 버립니다. 하지만 5학년만 되면 "제가 안 버렸는데요? 왜요?"라고 되묻습니다. 그때 제가 "우리 모두의 교실이다, 선생님께 그게 무슨 말버릇이니?"라고 다그친다면 관계만 악화 돼요. "자기 밑에 쓰레기가 있으면 오늘은 운이 지지리도 없는 날이라고 생각하고 버려줄래?"라고 말하면 아이도 웃으면서 버리러 갑니다.

사춘기 아이들은 옳고 그름을 따지기 좋아합니다. 자기 나름의 논리를 가지고 부모나 교사를 설득하려 들기도 하고, 반박하기도 합니다. 하지만 그것이 비논리적이거나 감정적일 때가 많아서 그저 반항처럼 보이기 일쑤입니다. 사춘기 아이들의 반항 섞인 말에 감정적으로 일일이 대응하고, 논리적으로 반박하면 관계 악화의 수렁에 빠지고 맙니다. 아이들의 말투가 기분이 나빠도, 비논리적인 주장을 해도 꾹 참고, 전달하고자 하는 '목표'만 생각하여 담담하게 말해야 합니다. 유머러스하게 받아치기도 하면서요 그러면 아이도 이성적으로 받아들이고 그 순간을 지나갑니다.

✏ 잔소리를 줄입니다

잔소리를 최대한 줄이되, 잔소리를 한다면 예측 가능하지 않는 반응의 잔소리를 해보세요. 예를 들면 아이가 학원에 가기 싫다고 투정을 합니다. 그때 "너 학원 보내려고 엄마 아빠가 얼마나 고생하는데 엄마 아빠한테 그게 무슨 말버릇이냐!"라고 한다면 아이는 감정만 상할 것입니다. "그래? 우리 아들이 지루하게 느끼도록 가르치는 그 선생님께 가서 따져야겠다. 앞장서!" 하고 잡아끌면, "아, 됐어, 그냥 다닐게"라고 나온다는 겁니다. 뻔한 레퍼토리의 잔소리를 피하며 잔소리해보세요.

✏ 단순한 불만 비우기와 문제 해결을 구분하게 해주세요

아이가 부모님께 심하게 짜증을 낸다면 "지금 이야기하는 것에 대해 엄마의 도움이나 해결책이 필요한 거야? 아니면 그냥 엄마한테 불만을 비워버리고 싶은 거야?"라고 물어봅니다. 단순한 공감이 필요한 것이라면 들어줍니다. 어른이 개입해야만 한단 생각이 들면 "엄마는 그 상황에 대해 생각이 달라. 한번 들어볼래?"하고 물어보세요.

✎ 짜증이 너무 잦다면 정확하게 알려주세요

외재화란 타인이 나의 감정을 대신 느끼도록 감정을 전가하는 방법으로 본인의 감정을 조절하는 방법입니다. 사춘기 아이가 감정적으로 다루기 힘든 뜨거운 감자를 부모에게 던져버리는 것을 외재화라고 하죠. 그래서 아이가 이유 없이 자주 짜증을 낼 때는 이렇게 인지시켜 줍니다. "왜 짜증을 엄마한테 내는 거니? 너를 짜증 나게 하는 원인에 대해 짜증을 내야지", "스스로도 힘든 시기이기 때문에 하기 싫고 짜증이 나는 거야. 하지만 엄마한테 짜증을 내고 투정 부린다고 해결되는 건 없어"라고 말이죠.

✎ 아이의 성숙한 의식을 자극하세요

사춘기 아이들은 엄마가 공부를 하라고 하거나 위험한 일을 하지 말라고 하면 그게 옳다고 알고 있으면서도 괜히 부모에게 반항하려고 싫다고 하는 경향이 있습니다. 공부를 하는 것도 너를 위한 것, 위험한 일을 하지 않는 것도 너를 위한 것이라는 큰 목표를 자꾸 생각하게 하면서 너의 위험한 행동이나 잘못된 행동으로 인해 궁극적으로 직면하게 될지도 모르는 상황에는 어떠한 것이 있는지를 주제로 대화를 이끌어나가야 합니다.

사춘기 아이는 대화 자체를 피하고 싫어해요. 정기적인 가족 행사를 갖거나 한쪽 부모와만 데이트를 하거나 차로 이동하는 시간을 가져보세요. 그리고 부모와 건강하게 잘 싸우는 것도 아이의 정서 지능을 키우는 데 도움이 된답니다. 아이가 잘 독립하여 훌륭한 성인이 될 수 있도록 아이의 사춘기를 응원해주세요!

2학년 딸아이, 사춘기인지 무엇이든 반대로 하고 쌀쌀맞게 피합니다

초등학교 2학년에 다니는 딸아이의 엄마입니다. 아이가 자꾸 엄마한테 트집 잡고, 이거 해달라 저거 해달라 요구하며, 막연히 싫다고 짜증을 냅니다. 공부도 안 하고, 쌀쌀맞게 엄마를 피해요. 정말 걱정입니다.

부모한테 괜한 짜증을 내고 반항하는 것 같으면 '애가 벌써 사춘기인가?' 하고 생각합니다. 하지만 반항과 짜증이 사춘기라는 말과 동의어는 아니에요. 사춘기는 호르몬의 변화로 인한 것이죠. 독립의 과정에서 표출되는 짜증이나 반항과는 그 성격이 다릅니다. 아이가 짜증을 내고 반항을 한다고 무조건 사춘기는 아닙니다. 그 원인을 생각해봐야 하죠.

평소에 아이의 짜증을 너무 받아주어서 습관이 되었을 수도 있지만, 트집을 잡고 쌀쌀맞게 피하는 상황까지 생각하면 이때의 짜증과 반항은 불만의 표현입니다. 대화가 필요합니다. "엄마한테 불만 있어?" 하고 묻는다고 말하진 않을 거예요. 내 마음이 공감받을 수 있다는 확신이 있을 때 말을 할 테니까요.

또, 불만의 표현인 동시에 사랑을 확인받고 싶은 표현일 수도 있습니다. 엄마한테 트집 잡고, 이것저것 해달라 요구하며 짜증을 내는 것은 '내가 이렇게까지 하는데도 날 사랑해?', '내가 이래도 나한테 관심 안 가질 거야?' 이런 속마음인 거예요. 공부도 단순히 습관이 안 돼서일 수도 있지만 엄마가 공부하기를 원하는 것을 알기 때문에 일부러 더 '난 공부를 안 할 거야'라는 마음일 수도 있다는 겁니다.

부모는 아이한테 나름대로 충실했다고 생각할 수 있습니다만 아이마다 원하는 사랑에 대한 크기가 다릅니다. 어떤 아이는 200을 받아야 사랑을 받았다고 느끼고, 어떤 아이는 50만 받아도 사랑을 받았다고 느껴요. 서운한 마음을 품은 연인이라고 생각하고 혹시 속상한 게 있는지, 불만인 게 있는지 함께 이야기해보면 좋겠습니다.

고민 301 성교육을 어떻게 해야 할까요?

빠른 아이들은 4학년 때부터 성에 대해 관심을 갖고, 늦은 아이는 초등학교를 졸업할 때까지도 별 관심이 없을 수도 있습니다. 학교에서 일괄적으로 성교육을 하면 좋겠지만 아이들의 성에 대한 지식수준이 각각 다르기 때문에 한계가 있습니다. 따라서 각 가정에서 동성의 부모가 해주는 게 가장 좋습니다.

가정에서 성에 대해 이야기하는 게 처음에는 어색할지라도 아이에게 자연스럽게 이야기를 해주어야 합니다. 그래야 성의 소중함에 대해 느끼고 올바른 가치관을 가질 수 있습니다. 평균적으로 5학년 2학기 때쯤 부쩍 성적 이야기를 많이 하는 모습을 보입니다. 따라서 5학년 여름방학을 성교육 시기로 가늠할 것을 추천합니다. 물론 구체적인 시기는 각 가정에서 아이에 맞게 조절해야 하는 게 좋겠죠.

아이에게 성에 대해 알려 줄 때 다음 사항을 염두에 두고 지도하세요.

첫째, 어른이라는 전제를 두고 교육을 해야 합니다. 실제 임신이 가능한 나이임을 잊지 말아야 합니다. 초등학교 고학년생에게 성교육을 해보면 다양한 질문들이 나오는데, 이때 핀잔을 주거나 "남자와 여자가 사랑하는 거야"와 같이 단지 아름답고 추상적으로만 얼버무리면 아이들은 더 궁금해합니다. 적절한 용어를 사용하여 솔직하게 알려주어야 합니다. 성의껏 설명해주지 않는다면 더 이상 부모와 성에 대한 대화가 이루어질 수가 없습니다.

둘째, 아이들은 이 시기에 성행위에 대한 구체적인 대답을 듣길 원하는데 당황하지 말고 침착하게 설명해줍니다.

셋째, 임신과 출산에 대해서도 구체적으로 설명해주세요. 생명을 잉태하고, 출산할 때의 고통과 과정, 그리고 그 의미 등을 자세하게 설명합니다. 이와 더불어 피임에 대해서도 가르쳐야 합니다. 부모들은 우리 아이가 그러지 않았으면 해서 피임에 대한 언급 자체를 피합니다. 하지만 원치 않은 임신을 하는 것보다 피임을 하는 편이 낫습니다. 자제하지 못해 벌어질 수 있는 일들의 결과에 대해, 그 피해는 감당할 수 있는 것인지 스스로 고민해보게 합니다.

넷째, 남녀의 신체 차이를 속 시원히 알려주며, 초등학생 때 친구로서의 교제와 성인이 되어 책임을 질 수 있을 때의 이성 교제(결혼)는 큰 차이가 있음을 알려줍니다.

다섯째, 실제 빈번하게 일어나는 성폭력이나 장난에 대해 명확하게 교육해야 합니다.

여섯째, 집에 아무도 없을 때 이성 친구를 데려오거나, 이성 친구와 함께 있을 때 문을 꼭 닫는 것은 예의가 아니라고 알려주세요. 어느 정도 스킨십을 해도 되는지 기준을 제시해줄 필요도 있습니다. 성교육과 관련된 책을 사서 책장에 꽂아 놓는 것도 하나의 방법입니다. 성교육을 부모가 직접 하기 힘들다면 성교육을 하는 외부기관 교육에 함께 참여해도 좋습니다. 아이들과 솔직하게 이런 대화를 나누기 위해서 평소 대화를 자주 하는 분위기가 만들어져 있어야 합니다.

아이의 용돈은 얼마나, 어떻게 줘야 하나요?

큰 회사를 운영하는 부자 회장님들의 강연을 들은 적이 있습니다. 공통적으로 가족 끼리 돈 이야기, 주식 이야기, 경제 이야기를 항상 하고 있었습니다. "내가 자식한 테 물려줄 수 있는 것은 돈이기도 하지만 그것보다도 돈에 대한 가치관, 경제… 이런 것이라고 생각합니다. 아이가 초등학생 때부터 일정한 돈을 주고 주식을 하게 했습니다"라고 말하더라고요. 이미 어릴 때부터 이런 것에서 차이가 나고 있겠구나 싶었습니다.

아이에게 물려줄 수 있는 것은 많아요. 그중 하나는 부모가 가진 콘텐츠일 것입니다. 집에서 가족끼리 어떤 대화를 하는지, 어떤 것을 하면서 시간을 보내는지가 가정의 분위기이자 아이가 접하는 가정환경이죠.

우리 삶에서 돈은 떼려야 뗄 수 없는 것입니다. 그래서 돈 공부, 경제 공부는 꼭 필요합니다. 저학년은 일주일에 한 번 용돈을 주세요, 3~4학년은 2주 단위, 고학년은 한 달 단위 정도로 줍니다. 그리고 돈을 어떻게 사용할지 대화를 나눠보세요. 저축, 투자, 지출, 기부로 3 : 3 : 3 : 1의 비율로 분산해봅니다. 저축, 투자, 지출, 기부까지 생각해서 얼마를 용돈으로 줄지도 함께 생각해보세요.

저축을 통해 돈 모으는 즐거움을 느낄 수 있게 해주세요. 아이가 갖고 싶은 고가의 물건이 있다면 저축을 해서 사는 겁니다. 부모님과 아이가 함께 공부하면서 유망 주식이나 펀드도 사면서 투자도 해봅니다. 기부를 할 수 있는 곳을 알아봐서 아이 이름으로 생일마다 기부를 해보는 것도 가치 있는 경험입니다.

또한 '홈 아르바이트'로 집안일을 통해 돈 벌 기회를 주세요. 노동의 가치와 돈의 소중함을 알려주세요. 아이와 함께 상의해서 어떤 일을 항목에 넣을 것인지, 각각의 일을 할 때마다 얼마의 돈을 받을지 정합니다. 홈 아르바이트로 할 수 있는 일은 설거지, 화분에 물 주기, 책장 정리, 빨래 널기 등 다양합니다. 하지만 가정에 꼭 도움이 되고 엄마, 아빠의 일손을 덜 수 있는 일이어야 합니다. 숙제, 반찬 골고루 먹기와 같이 아이가 당연히 해야 할 일은 안 됩니다.

고민 303 아무리 자녀교육서를 봐도 실전은 다른 것 같아요

아이의 교육을 위해 우리는 정말 많이 애쓰고 있습니다. 그래서 이렇게 『초등생활 처방전 365』라는 책을 읽고 있고요. 아무리 책을 읽고 강의를 들어도 실전은 다릅니다. "선생님, 제 아이 키워보세요"라는 말이 목구멍까지 올라옵니다. 맞아요. 입으로 떠드는 것과 직접 내 아이를 키우는 것은 달라요. 하지만 우리가 아무것도 모르면 실천할 확률이 0인 반면, 고민하고 배우면 실천할 확률이 올라갑니다. 변화는 한 번에 오지 않고 고민하고 방법을 찾아가는 와중에 조금씩 찾아옵니다. 지금 계속 나아지고 있어요.

불안은 부모가 잘하려고 애쓰는 마음, 아이가 잘되었으면 하는 마음에서 나오는 것입니다. 사실 당연한 마음이죠. 당연하게 생기는 마음을 누르려고 애를 써야 하니 힘이 듭니다. 거기다가 아이가 클수록 애착은 더 커집니다. 나의 선택이 아이의 미래에 영향을 미친다고 생각하니 그 부담 역시 점점 커지죠. 하지만 불안감과 부담감에 짓눌리지 말고 이런 생각들도 해봐요.

엄마는 할 수 있는 일을 하고, 남은 건 아이의 팔자입니다. 엄마가 열심히 노력하다 보면 당연히 기대하게 됩니다. '나는 이만큼 노력했는데 왜 아이는 그만한 결과를 내주지 않은 거지?' 비교하고 속상해 하고 그다음 '내가 뭘 잘못한 걸까?' 하며 자책하게 되잖아요. 하지만 엄마의 영향력이 생각보다 크지 않을 수도 있어요. A를 투입한다고 해서 A가 나오고, B를 투입한다고 해서 B가 나오지 않는 게 육아이고 교육이니까요. 엄마이기 때문에 내가 할 수 있는 선에서 최선을 다하는 거지만 나머지는 아이의 몫이고, 아이의 운명이라는 거죠. 엄마로서 해줄 수 있는 부분을 고민하고 해주되, 기대하지 않아야 한다는 것 그게 가장 힘든 것 같아요.

저는 아이를 키우며 '정성을 쏟되 기대하지 않는 것', '최선을 다하되 나머지는 네 팔자', 이 생각을 끊임없이 스스로에게 주입하려고 노력하고 있습니다. 부모가 노력하고 애쓰는 대로 되지 않는 것이 자식이기 때문에 굳이 비교하고, 속상해하거나 불안해하지 마세요. 우리는 할 수 있는 만큼 하고, 나머지는 아이와 하늘에 맡기는 거예요. 진인사대천명이라 하잖아요.

엄마라는 자리는 굉장히 부담스럽고 힘든 자리입니다. 아이가 잘못된 행동을 하거나 공부를 잘 못한다거나 친구랑 잘 못 지낸다거나 하면 모든 것이 엄마 탓인 것 같아요. 모성애를 강요하는 말이나, 엄마의 책임으로 몰아가는 말이 얼마나 엄마에게는 폭력적인지…. 그러니 의식적으로 엄마의 멘탈을 관리해주세요. 좋은 운동, 독서 등의 다양한 취미생활을 하든 일을 하든 내가 집중할 수 있는 대상을 만들어 자연스럽게 에너지의 분배를 하는 것입니다.

이 책을 읽는 모든 부모님을 응원하며 수많은 고민과 함께 달려온 『이서윤의 초등생활 처방전 365』의 마지막 고민 답변을 마칩니다.

부록

- 공부 스페셜
- 학년별 체크리스트
- 감정 단어 목록
- 이서윤 선생님이 추천하는 재미있는 책 100권
- 학부모와 초등학생이 직접 뽑은 재미있는 책 50

☑ 초등학교 입학 예정   ☑ 저학년   ☑ 고학년

초등 부모들의
비밀 상담소

공부 스페셜

공부머리 만들어주기 위해 반드시 해야 하는 한 가지

보통 '공부머리가 있다'고 하면 '타고난 공부 재능이 있다, 조금만 공부해도 효과가 나온다' 이런 의미가 담겨 있습니다. '공부머리'라는 말을 넣어 자주 쓰는 말이 "저희 애가 공부머리가 없어요", "애가 공부머리는 있는데 노력을 안 해서 큰일이에요" 이런 식으로 많이 쓰입니다. '공부 쪽으로 재능이 있다'라는 의미인 거죠. 최근에 공부머리라는 말이 들어간 책도 많이 나와 있습니다. 여기 공부 스페셜에서는 공부머리를 만들어주는 공부법, 독서법 등의 공부의 기초 뼈대를 갖추기 위해 필요한 조건을 알아보겠습니다.

교육학자 부르디외가 부모가 아이에게 물려줄 수 있는 자본으로 3가지가 있다고 했습니다. 바로 경제적 자본, 문화적 자본, 사회적 자본입니다. 경제적 자본은 돈에 관련된 것이에요. 문화적 자본은 경제적 자본으로 인해 가지는 고급스러운 취미생활이라든가, 그들만의 리그 속에서 형성된 인맥 같은 것을 말을 하지요. 사회적 자본은 부모가 아이와 어떤 상호작용을 하느냐, 얼마나 고급스러운 언어를 사용하느냐와 같은 것입니다. 밝은 기운의 가족화를 그렸던 학생들의 공통점은 경제적 자본은 아니었습니다. 경제적으로 여유 있는 가정도, 그렇지 않은 가정도 있었으니까요. 밝은 기운의 가족화를 그렸던 학생들의 공통점은 경제적 자본, 문화적 자본이 아닌 사회적 자본이었습니다. 너무 빤한 이야기가 아니냐고 반문하실 수 있습니다. 빤한 이야기라서 잘 잊어버리는 내용이죠. 공부머리를 위해 가장 최우선이 되어야 하는 것, 인생머리에 있어서 가장 최우선이 되어야 하는 것은 바로 사회적 자본입니다.

EBS에서 상위 1% 학생들의 부모와 일반 학생들의 부모가 어떻게 상호작용하는지를 살펴보았던 다큐멘터리가 있었습니다. 상위권 학생들과 부모와의 대화를 살펴보면 부모님은 아이의 잘못된 행동만 언급할 뿐 감정적이지 않습니다. 상위권 학생들은 부모님과의 대화 시간이 편안하다, 즐겁다, 유익하다는 긍정적인 정서가 더 높은 것으로 나타났습니다. 보통 학생들이 부모와 하는 대화를 들어보면 비난과 분노가 담긴 부정적인 대화의 비중이 높은 반면, 상위권의 성적을 가진 학생은 부모와 수용, 애정, 관심 등 긍정적인 대화가 높게 나타났습니다.

인간관계를 잘 유지하려면 긍정적인 상호작용이 부정적인 상호작용보다 비율이 높아야 합니다. 부모와 자식 관계에 있어서는 더 그렇습니다. 물론 욱하거나 혼낼 수도 있습니다. 하지만 수용하고 공감하고 지지하고 격려해주는 상호작용이 비난하거나 비교하거나 공격하는 부정적인 상호작용보다 훨씬 많아야겠죠. 긍정과 부정의 비율이 5:1은 되어야 합니다.

공부의 뿌리, 정서적인 유대감

공부로 아이와 엄마가 기 싸움을 하는 것은 정말 힘든 일입니다. 엄마로서는 싫은 소리를 하기 싫지만, 소리라도 질러야 공부하는 시늉을 하니 "또 핸드폰 붙잡고 뭐하는 거야?"라고 소리를 지르게 됩니다. 잔소리에 화들짝 놀라 방에 들어간 아이는 과연 엄마의 생각처럼 공부를 할까요?

실험을 하나 보여드리겠습니다. 초등학교 4학년의 교실, 수학 평균이 동일한 두 개의 그룹이 있습니다. 두 그룹의 아이들은 10분 동안 어떤 경험을 한 후, 시험을 보았습니다. 그 결과 A집단은 평균 73.5점 B집단은 평균 78.6점을 받았습니다. 무려 5점 차이가 났지요.

시험 전 무슨 일이 있었던 것일까요? A집단의 아이들은 시험 전 최근 일주일 동안 기분 나빴거나 짜증이 났거나 화났던 일을 떠올려 다섯 가지를 떠올린 뒤 종이에 써보라고 했고, B집단에게는 최근 일주일 동안 기분 좋았던 일을 떠올려 종이에 쓰라고 했던 결과입니다.

청소년소아정신과의사 노규식 박사는 "정서적으로 안정이 되지 않은 뇌는 항상 불안한 상태에 있고 이때 나오는 22hz 이상의 뇌파는 집중력을 방해하고 학습의 효율을 떨어뜨린다"라고 말합니다.

'궁금하다, 재미있겠다, 이 정도는 해낼 수 있다, 내가 한 번에 잘 해내지 못하더라도 또 하면 된다, 부모님은 언제든 나를 비난하지 않고 도와줄 것이다'와 같은 생각을 하고 흥미, 안정감, 자신감, 신뢰감이 바탕이 되어야 학습 목표에 더 잘 도달합니다.

공부에 대한 의욕을 갖게 하려면 가족과의 충분한 유대감을 통해 공부 감정을 다잡을 수 있게 해주세요. 정서적으로 안정된 아이는 언제든 공부할 준비가 되어있습니다. 무엇이든 도전할 수 있습니다. 긍정적인 상호작용을 하고, 언어를 통해 설명해 주는 방법을 최대한 생각하세요. 잘 안 될 때가 있다고 자책하시지 마세요. 부모도 인간이니까요. 하지만 계속하다 보면 내 것이 아닌 것 같던 옷도 내 것처럼 됩니다. 이게 가장 기본입니다.

그럼 공부를 절대 안 하려는 아이는 어떻게 공부하게 할까요? 힌트를 드릴게요. 같이 하세요. 무조건 옆에 끼고 같이 하세요. 부모님은 부모님의 공부를 하시고요. 아이는 아이의 공부를 하도록 합니다.

성취압력은 주관적입니다

우리는 성취압력이 과연 객관적인 것인지, 주관적인 것인지 생각해보아야 합니다. 부모가 α의 압력으로 성취압력을 주었지만 아이는 β의 압력으로 느낄 수 있다는 것입니다. 즉 동일한 사건에 대해서 어떤 사람은 크게 받아들이고, 어떤 사람은 작게 받아들인다는 겁니다.

압력은 압박을 가한다는 부정적인 의미의 억압이 아니라, 개인이 어떻게 받아들이고 해석하느냐에 따라서 긍정적이거나 부정적으로 작용할 수 있는 가치중립적인 말입니다.

학업 수준이 높거나 학업 동기가 높은 상태에서는 성취압력이 가해져도 부담스럽고 부정적이기보다 도와준다고 받아들입니다. 하지만 자신의 현실적인 수준이 낮거나 흥미도 없다면 같은 압력이더라도 부담감, 스트레스로 받아들입니다. 실제로 영재 아동이 평범한 아동에 비해서 성취압력에 대한 학업 스트레스를 덜 느끼고 학업 소진 정도도 낮게 나타났습니다.

즉 성취압력이라는 것은 부모님이 어떤 식으로 주느냐, 아이가 그것을 어떻게 느끼느냐, 아이의 상황이 어떠냐에 따라 긍정적일 수도 있고 부정적일 수도 있다는 것입니다.

성취압력의 세 가지 종류

성취압력은 부모가 표현하는 모습에 따라 세 가지로 나뉩니다.

1. 성취지향 성취압력
2. 통제적 성취압력
3. 과잉기대 성취압력

성취지향 성취압력은 부모가 자녀의 성취를 기대하며 교육적 관심을 갖는 태도입니다. 아이의 공부에 관심을 가지고 격려해줍니다.

통제적 성취압력은 부모가 자녀의 생활환경을 통제하고, 타인과의 경쟁에서 이길 것을 강조하여, 자녀에게 좋은 학교를 가야 한다는 진로기대를 심한 꾸중과 비난의 방식으로 표현합니다.

과잉기대 성취압력은 자녀의 능력에 비해 과도한 기대수준을 갖는 태도로, 부모는 자녀의 현재 능력 수준을 고려하지 않고 오직 최고의 성과만 요구합니다. 실현할 수 없을 정도로 높은 부모의 교육적 기대 때문에, 자녀는 자율성이 떨어지며 심한 좌절감과 불안을 느끼게 됩니다.

성취지향 성취압력을 주기 위해서 어떻게 해야 할까

의사소통 방식에 따른 성취압력에 대해 생각해보면, 자녀가 부모와 긍정적 의사소통을 할수록 부모에 대한 믿음을 키웁니다. 즉, 부모의 관여를 자녀가 자신의 영역에 대한 침해나 부담으로 받아들이지 않고 신뢰로 인식하는, 양질의 대화를 하는 것입니다. 개방적인 의사소통을 하면 공부 스트레스로 인한 어려움이 줄어드는 반면 부정적인 의사소통을 하면 오히려 공부 스트레스가 늘고 심신은 더 지치게 됩니다.

학업성취 압력의 긍정적 결과를 나타내는 연구들을 보면 부모 자녀 간의 긍정적 관계를 바탕으로 교육적 개입이 이루어집니다. 학업성취 압력이 높더라도 격려와 칭찬의 정서 지원을 함께 제공하면 자기 효능감이 높아져 학업성취가 좋아졌습니다. 즉 부모의 긍정정서와 결합되면 학업 동기가 커지고 좋은 성적을 낼 수 있었습니다. 따라서 부모는 일방적이고 비난하는 의사소통을 하면서 자녀를 통제하려 해서는 안 됩니다.

요약하자면, 자녀의 수준과 흥미에 눈높이를 맞추고 개방적인 의사소통을 하면서 성취지향 성취압력을 주어야 자녀에게 긍정적으로 작용할 수 있습니다. 부모님과 함께 만들어가는 목표가 결국은 내 자신의 성취 목표가 되고 성취 경험으로 쌓여갈 수 있다는 것이죠.

자녀가 공부에 대한 스트레스를 너무 많이 받을까봐 지레 겁먹을 필요가 없습니다. 세상을 살면서 얻는 즐거움이 단순히 쾌락적인 것에만 있는 게 아니라, 뭔가를 배우고 성취하며 향상되며 느끼는 즐거움도 있으니까요. 단 과하지 않게, 긍정적으로 소통하면서 내 아이에게 맞는 성취압력의 방법과 방향을 찾아가셨으면 좋겠습니다.

학년별 체크리스트

1학년

○ 바른 자세로 앉아서 공부하는가?

○ 연필을 바르게 잡는가?

○ 글씨를 바르게 쓰는가?

○ 한글 읽기를 잘하는가?

○ 문장 부호의 쓰임을 알고 문장을 바르게 쓸 수 있는가?

○ 내 생각을 여러 개의 문장으로 표현할 수 있는가?

○ 100까지의 수를 셀 수 있는가?

○ 짝수와 홀수를 아는가?

○ 두 수로 모으기와 가르기를 할 수 있는가?

○ 시계를 (몇 시), (몇 시 삼십 분)까지 읽을 수 있는가?

○ 받아올림과 받아내림이 있는 (몇) + (몇) = (십몇), (십몇) – (몇) = (몇)의 셈을 할 수 있는가?

2학년

- ○ 맞춤법에 맞게 낱말을 정확하고 바르게 쓸 수 있는가?
- ○ 시 속 인물의 마음을 상상하면서 시를 읽을 수 있는가?
- ○ 책을 읽고 인물에게 하고 싶은 말을 쓸 수 있는가?
- ○ 자신이 겪은 일과 생각을 일기로 표현할 수 있는가?
- ○ 받아올림이 있는 두 자리 수 덧셈과 받아내림이 있는 두 자리 수 뺄셈을 할 수 있는가?
- ○ 원, 삼각형, 사각형, 변, 꼭짓점, 오각형, 육각형을 아는가?
- ○ 1cm를 알고, 자로 길이를 잴 수 있는가?
- ○ 곱셈의 개념을 알고 구구단을 외울 수 있는가?
- ○ 1m를 알고, 길이의 합과 차를 구할 수 있는가?
- ○ 1분, 1시간(60분), 1일, 1주일, 1개월, 1년을 아는가?

3학년

○ 문단의 개념을 아는가?

○ 중심 문장과 뒷받침 문장을 찾을 수 있는가?

○ 자신의 경험을 글로 쓸 수 있는가?

○ 느낌을 살려 시를 쓸 수 있는가?

○ 마음을 담아 편지를 쓸 수 있는가?

○ 받아올림이 있는 세 자리 수의 덧셈, 받아내림이 있는 세 자리 수의 뺄셈을 할 수 있는가?

○ (두 자리 수)×(한 자리 수), (세 자리 수)×(한 자리 수), (두 자리 수)×(두 자리 수) 셈을 할 수 있는가?

○ 나누는 수가 한 자리 수인 구구단으로 하는 나눗셈을 할 수 있는가?

○ (두 자리 수) ÷ (한 자리 수), (세 자리 수)÷ (한 자리 수)의 나눗셈을 할 수 있는가?

○ 분수의 의미를 알고 있는가?

○ 자연환경과 인문환경을 아는가?

○ 의식주를 알고 있는가?

○ 교통과 통신수단의 변화에 대해 알고 있는가?

○ 옛날과 오늘날의 의식주 변화에 대해 알고 있는가?

○ 가족의 형태와 역할 변화를 알고 있는가?

○ 물건을 보고 어떤 물질로 이루어졌는지 알고 있는가?

○ 동물의 한살이를 알고 있는가?

○ 자석에 붙는 물체와 붙지 않는 물체를 구분할 수 있는가?

○ 지구와 달의 차이를 아는가?

○ 침식작용으로 만들어진 지형과 퇴적작용으로 만들어진 지형을 아는가?

○ 소리의 성질을 설명할 수 있는가?

4학년

○ 글을 읽고 내용을 간추릴 수 있는가?

○ 사실과 의견을 구분할 수 있는가?

○ 이야기를 읽고 이어질 내용을 상상할 수 있는가?

○ 낱말의 뜻을 사전에서 찾을 수 있는가?

○ 독서감상문을 쓸 수 있는가?

○ (세 자리 수)×(두 자리 수) 셈을 할 수 있는가?

○ (두 자리 수)÷(두 자리 수), (세 자리 수)÷(두 자리 수) 나눗셈을 할 수 있는가?

○ 분모가 같은 분수끼리의 덧셈과 뺄셈을 할 수 있는가?

○ 이등변삼각형, 정삼각형, 직각삼각형, 예각삼각형, 둔각삼각형, 수직과 평행관계, 사다리꼴, 평행사변형, 마름모에 대해 알고 있는가?

○ 평면도형의 밀기, 뒤집기, 돌리기를 할 수 있는가?

○ 막대그래프, 꺾은선 그래프, 물결선에 대해 알고 있는가?

○ 촌락과 도시의 특징을 알고 있는가?

○ 경제적 교류가 생기는 까닭을 설명할 수 있는가?

○ 저출산, 고령화, 정보화, 세계화와 같은 사회 변화로 나타난 영향을 알고 있는가?

○ 지도, 방위표, 기호, 등고선에 대해 알고 있는가?

○ 공공기관의 종류와 역할에 대해 알고 있는가?

○ 지층의 과정과 지층의 종류를 알고 있는가?

○ 식물의 한살이를 설명할 수 있는가?

○ 혼합물을 분류하는 방법을 알고 있는가?

○ 물의 상태변화(응결, 증발, 끓음)에 대해 알고 있는가?

○ 양팔저울, 용수철저울로 물체의 무게를 잴 수 있는가?

○ 그림자와 거울의 성질을 알고 있는가?

○ 화산에서 나오는 물질 현무암과 화강암의 차이, 지진이 발생하는 원인을 알고 있는가?

○ 물의 순환에 대해 알고 있는가?

5학년

○ 구조를 생각하며 글을 요약할 수 있는가?

○ 내용을 조직해서 글을 쓸 수 있는가?

○ 주장에 대한 찬반 의견을 나눌 수 있는가?

○ 토의 절차와 방법을 알고 토의할 수 있는가?

○ 여정, 견문, 감상이 드러나게 기행문을 쓸 수 있는가?

○ 자연수의 혼합 계산을 할 수 있는가?

○ 약수, 배수, 공약수, 최대공약수, 공배수, 최소공배수의 개념을 알고 있는가?

○ 분모가 다른 분수끼리의 덧셈과 뺄셈을 할 수 있는가?

○ 약분과 통분을 할 수 있는가?

○ 직사각형, 평행사변형, 삼각형, 사다리꼴, 마름모의 둘레와 넓이를 구할 수 있는가?

○ 분수의 곱셈을 할 수 있는가?

○ 합동, 대응점, 대응변, 대응각, 선대칭도형, 점대칭도형의 개념을 알고 있는가?

○ 소수의 곱셈을 할 수 있는가?

○ 정육면체, 직육면체의 겨냥도와 전개도를 알고 있는가?

○ 평균의 개념을 알고 평균을 구할 수 있는가?

○ 우리나라의 영역, 지형, 기후, 기온, 자연재해에 대해 설명할 수 있는가?

○ 우리나라 인구 구성, 인구 분포, 도시 발달, 산업 발달, 교통 발달을 알고 있는가?

○ 인권과 법, 헌법의 의미에 대해 알고 있는가?

○ 고조선부터 병자호란까지의 역사를 알고 있는가?

○ 조선 후기부터 6·25 전쟁까지의 역사를 알고 있는가?

○ 전도와 대류에 대해 알고 있는가?

○ 태양계 행성들과 행성과 별의 차이에 대해 알고 있는가?

○ 용질, 용매, 용해, 용액에 대해 알고 있는가?

○ 곰팡이나 버섯과 같은 균류, 짚신벌레나 해캄과 같은 원생생물, 세균에 대해 아는가?

○ 생물요소(생산자, 소비자, 분해자), 비생물요소(온도, 햇빛, 물, 공기, 흙 등), 먹이사슬과 먹이그물을 알고 있는가?

○ 건습구 습도계로 습도 측정하는 법, 이슬, 안개, 구름의 공통점과 차이점, 고기압과 저기압, 바람, 계절별 날씨에 대해 아는가?

○ 이동 거리를 걸린 시간으로 나누는 속력에 대해 아는가?

○ 산성 용액과 염기성 용액에 지시약을 넣었을 때의 색깔 변화, 여러 가지 물질을 넣었을 때의 변화, 산성 용액과 염기성 용액을 섞었을 때의 변화를 아는가?

6학년

○ 비유하는 표현(직유법, 은유법)을 알고 시를 쓸 수 있는가?

○ 이야기를 읽고 요약할 수 있는가?

○ 자료를 활용해서 발표할 수 있는가?

○ 타당한 근거를 들어 논설문을 쓸 수 있는가?

○ 다양한 상황에서 쓰이는 속담의 뜻을 알고 있는가?

○ 관용 표현의 뜻을 알고 있는가?

○ 자신이 쓴 글을 고쳐 쓸 수 있는가?

○ 영화감상문을 쓸 수 있는가?

○ 분수의 나눗셈을 할 수 있는가?

○ 소수의 나눗셈을 할 수 있는가?

○ 비와 비율, 비례식과 비례 배분의 개념을 아는가?

○ 그림그래프, 띠그래프, 원그래프에 대해 아는가?

○ 원의 넓이의 개념을 알고 구할 수 있는가?

○ 각기둥과 각뿔, 원기둥, 원뿔, 구에 대해 아는가?

○ 4·19혁명과 5·18민주화운동, 6월 민주 항쟁에 대해 알고 있는가?

○ 국회, 정부, 법원이 하는 일을 알고 있는가?

○ 6·25 전쟁 이후, 1970년대, 1990년대 이후의 우리나라의 경제성장에 대해 알고 있는가?

○ 세계의 여러 대륙과 대양에 대해 알고 있는가?

○ 지구촌의 다양한 문제를 알고 있는가?

○ 지구의 자전과 공전, 그로 인해 생기는 현상에 대해 알고 있는가?

○ 산소와 이산화탄소의 성질과 압력과 온도에 따라 기체의 부피에 대해 알고 있는가?

○ 씨가 퍼지는 방법과 식물의 각 부분(꽃, 열매, 잎, 줄기, 뿌리)이 하는 일을 알고 있는가?

○ 빛의 직진과 볼록렌즈로 물체를 보면 크게 보이고 상하좌우가 다르게 보인다는 것을 아는가?

○ 직렬, 병렬연결했을 때 전구의 밝기에 대해 알고, 전자석의 성질에 대해 아는가?

○ 계절의 변화에서는 하루 동안 태양고도, 그림자 길이, 기온의 관계를 아는가?

○ 계절이 변하는 까닭을 아는가?

○ 연소할 때 필요한 물질과 초가 연소할 때 생기는 물질을 아는가?

○ 소화기관, 호흡기관, 순환기관, 배설기관, 자극의 전달과 반응에 대해서 아는가?

○ 다양한 에너지의 형태를 아는가?

 감정 단어 목록

기쁨, 긍정		슬픔	
기쁘다	짜릿하다	우울하다	냉랭하다
자랑스럽다	찡하다	슬프다	애석하다
흥분하다	살갑다	불행하다	억울하다
우쭐하다	포근하다	공허하다	통탄하다
통쾌하다	사랑하다	허무하다	측은하다
시원하다	좋아하다	쓸쓸하다	처량하다
신나다	그립다	어둡다	근심스럽다
든든하다	보고싶다	캄캄하다	가슴아프다
개운하다	들뜨다	실망스럽다	야속하다
상쾌하다	따뜻하다	서글프다	비탄스럽다
감사하다	행복하다	외롭다	안쓰럽다
감격하다	설레다	적막하다	먹먹하다
안심이다	즐겁다	울적하다	목이 메다
후련하다	촉촉하다	허전하다	
흡족하다	멋지다	삭막하다	
싱그럽다	달콤하다	메마르다	
환하다	만족스럽다	서럽다	
뭉클하다	기대되다	울고 싶다	
흥겹다	두근거리다	심란하다	
뿌듯하다	흐뭇하다	불쌍하다	
풍요롭다	평화롭다	한스럽다	
활기차다	명랑하다	비참하다	
가슴벅차다	평온하다	안타깝다	
희망적이다	쾌활하다	암담하다	
감동적이다	황홀하다	괴롭다/침통하다	
쾌적하다	태평하다	쓰라리다	
편안하다	여유롭다	미어지다	
훈훈하다	감미롭다	착잡하다	
산뜻하다	반갑다	고독하다	
상큼하다	고맙다	애처롭다	
낙천적이다	아늑하다	절망하다	

분노	고통	공포	기타	
화나다	한탄하다	불안하다	부끄럽다	토라지다
분노하다	고통스럽다	무섭다	무안하다	켕기다
불쾌하다	괴롭다	놀라다	샘나다	파렴치하다
짜증나다	고민하다	떨리다	약오르다	피곤하다
지겹다	아프다	징그럽다	부럽다	허무하다
답답하다	충격적이다	긴장되다	신비하다	애절하다
무시하다	안달하다	당황스럽다	신기하다	가슴아리다
경멸하다	속상하다	두렵다	이상하다	허탈하다
미워하다	힘들다	소름끼치다	어지럽다	무기력하다
증오하다	쓰라리다	조마조마하다	멍하다	공허하다
시기하다	비참하다	걱정스럽다	나른하다	창피하다
괘씸하다	숨 막히다	초조하다	귀찮다	억지스럽다
싫증나다	억울하다	염려스럽다	궁금하다	어이없다
싸늘하다	언짢다	소스라치다	느슨하다	부담스럽다
냉정하다	간절하다	겁먹다	뉘우치다	
신경질나다	지치다	주눅이 들다	아쉽다	
심술나다	애타다	무시무시하다	짜릿하다	
서운하다	감질나다	주저하다	지루하다	
섭섭하다	뒤틀리다	소심하다	따분하다	
분하다	꼬이다	섬뜩하다	심심하다	
아깝다	피곤하다	압박감이 든다	아득하다	
원망스럽다	고달프다	불안정하다	뾰로통하다	
노하다	답답하다	조바심나다	수줍다	
격분하다	혼란스럽다	절절매다	능청스럽다	
얕보다	허탈하다	꺼림칙하다	답답하다	
분개하다	가슴 아리다	끔찍하다	딱하다	
흥분하다	애절하다	충격적이다	떳떳하다	
절망적이다	공허하다	겁나다	미안하다	
노엽다	표독스럽다	허전하다	무시하다	
분통터지다	후회스럽다	경멸스럽다	매정하다	
탄식하다			비아냥거리다	

부록

이서윤 선생님이 추천하는 재미있는 책 100권

저학년			
책 제목	**출판사**	**책 제목**	**출판사**
EQ의 천재들 시리즈	도서출판무지개	추리 천재 엉덩이 탐정 시리즈	아이세움
간니닌니 마법의 도서관 시리즈	아울북	엽기과학자 프래니 시리즈	사파리
건방이의 건방진 수련기	비룡소	윔피키드	아이세움
겁보만보	책읽는곰	이사도라 문 시리즈	을파소
그리스 로마 신화	고전		
꿀벌 마야의 모험	비룡소	이상한 과자 가게 전천당 시리즈	길벗스쿨
나는 3학년 2반 7번 애벌레	창비	잘난 척하는 놈 전학 보내기	키다리
나도 편식할거야	사계절	잘못 뽑은 반장	주니어김영사
나무집 시리즈	시공주니어	정말 못 말리는 웩 시리즈	사파리
다시 찾은 친구	책속물고기	제로니모의 환상모험 시리즈	사파리
랜드 오브 스토리 시리즈	꿈결	조지의 우주를 여는 비밀 열쇠 시리즈	주니어RHK
레몬첼로 도서관 시리즈	사파리		
마법의 시간여행 시리즈	비룡소	지원이와 병관이 시리즈	길벗어린이
매직 트리 시리즈	책빛	짜증방	거북이북스
모기소녀	샘터	찰리와 롤라 시리즈	국민서관
바바야가 할머니	시공주니어	찰리와 초콜릿 공장	시공주니어
비밀요원 레너드 시리즈	아울북	캡틴 언더팬츠 시리즈	보물창고
사이언싱 톡톡 시리즈	휘슬러	코끼리와 꿀꿀이 시리즈	봄이아트북스
삼백이의 칠일장	문학동네	톰소여의 모험	고전
수상한 시리즈	북멘토	피노키오(원작 번역본)	고전
수학도둑 시리즈	서울문화사	학교가기 싫은 아이들이 다니는 학교	웅진주니어
수학유령의 미스터리 시리즈	글송이		
신고해도 되나요?	문학동네	한글 탐정 기필코	책내음
어린이 과학 형사대 CSI	가나출판사	화요일의 두꺼비	사계절
언제나 칭찬	사계절	화해하기 보고서	사계절

고학년			
책 제목	출판사	책 제목	출판사
15소년 표류기	고전	시간가게	문학동네
80일간의 세계일주	고전	시튼 동물기 시리즈	논장
겁쟁이	시공주니어	십 년 가게	위즈덤하우스
고양이 전사들 시리즈	주니어김영사	어떤 아이가	시공주니어
궁녀학이	문학동네	엄마의 걱정 공장	거북이북스
내 이름은 삐삐 롱스타킹	시공주니어	에메랄드 아틀라스	비룡소
노빈손과 위험한 기생충 연구소	뜨인돌	에밀은 사고뭉치	논장
노인과 바다	고전	외딴 집 외딴 다락방에서	논장
담을 넘은 아이	비룡소	으랏차차 뚱보 클럽	비룡소
도깨비폰을 개통하시겠습니까?	창비	이상한 나라의 앨리스	고전
로빈슨 크루소	고전	정어리 같은 내 인생	비룡소
마틸다	시공주니어	정재승의 인간탐구보고서	아울북
몽실 언니	창비	제인 에어	고전
바꿔!	비룡소	조금만, 조금만 더	시공주니어
복제인간 윤봉구	비룡소	초정리 편지	창비
분홍 문의 기적	비룡소	초한지	고전
비밀의 화원	고전	파브르 곤충기	고전
빨강연필	비룡소	푸른사자 와니니 시리즈	창비
살아남은 자들 시리즈	가람어린이	프린들 주세요	사계절
샬롯의 거미줄	시공주니어	할머니는 도둑	크레용하우스
소능력자들	마술피리	해리포터	문학수첩
스무고개 탐정 시리즈	비룡소		

 추천 작가
백희나
데이비드 월리엄스
로알드 달
박현숙

 추천 문고
비룡소 스토리킹 수상작
비룡소 황금도깨비상 수상작
뉴베리상 수상작
시공주니어 문고 레벨

시공주니어 네버랜드 클래식
아이세움 논술 명작

학부모와 초등학생이 직접 뽑은 재미있는 책 50권

책 제목	출판사	책 제목	출판사
5차원 전쟁	당동얼	수학여왕 제이든 구출작전	지브레인
간니닌니 마법의 도서관	아울북	스무고개 탐정	비룡소
건방이의 건방진 수련기	비룡소	신	열린책들
까칠한 아이	대교북스주니어	아홉살 인생	현북스
끝없는 이야기	비룡소	악플 전쟁	별숲
13층 나무집	시공주니어	어린 왕자	-
니의 리임 오렌지나무	-	CSI 어린이 과학수사대	밝은미래
내 이름은 삐삐 롱스타킹	시공주니어	열두 살에 부자가 된 키라	을파소
네 명의 할머니	가람어린이	열두 살 좀비 인생	제제의숲
떠들썩한 마을의 아이들	논장	엽기 과학자 프래니	사파리
레미제라블	-	왕도둑 호첸플로츠	비룡소
로알드 달의 발칙하고 유쾌한 학교	살림Friends	이시원의 영어대모험	아울북
루팡의 딸	북플라자	이어위그와 마녀	가람어린이
마녀를 잡아라	시공주니어	전사들/고양이 전사들	가람어린이
마법의 시간여행	비룡소	이상한 과자 가게 전천당	길벗스쿨
마법천자문	아울북	지엠오 아이	창비
마틸다	시공주니어	찰리와 거대한 유리 엘리베이터	시공주니어
만복이네 떡집	비룡소	찰리와 초콜릿 공장	시공주니어
멋진 여우 씨	논장	퀴즈! 과학 상식	글송이
멍청 씨 부부 이야기	시공주니어	푸른 사자 와니니	창비
몽실 언니	창비	프린들 주세요	사계절
변신돼지	비룡소	해리포터	문학수첩
복제인간 윤봉구	비룡소	화요일의 두꺼비	사계절
비밀요원 레너드	아울북		
빨간 머리 앤	-		
빨강연필	비룡소		
소공녀			

권영애(2012). 초등학교 고학년 아동이 지각한 어머니의 심리적통제, 자기결정성 동기, 자기주도학습력의 관계. 경원대학교 일반대학원. 석사학위논문.

권현진(2006). 중학생의 단짝 친구관계에서의 유지 전략과 만족감. 연세대학교 대학원. 석사학위논문.

김표선(2003). 아동의 또래지위와 우정의 질 및 친구 간 갈등해결전략과의 관계. 숙명여자대학교 대학원. 석사학위논문.

김리한(2012). 학령기 아동의 정서지능과 놀이성이 또래관계기술에 미치는 영향. 숙명여자대학교 대학원. 석사학위논문.

김지혜(2015). 초등학생의 정서지능 및 갈등해결전략과 친구관계의 질. 경인교육대학교 대학원. 석사학위논문.

김혜리(2011). 초등영어 읽기, 쓰기 지도. 교육과학사.

김혜리(2013). 그림책을 활용한 어린이 영어교육. 교육과학사.

노명숙(2009). 학습코칭 부모교육 프로그램 개발 및 평가 : 학령기 가족을 중심으로. 성균관대학교 대학원. 박사학위논문.

박정기(2017). 파닉스 지도에 따른 유아의 인지 변화. 전주대학교 교육대학원. 석사학위논문.

박진주(2016). 친구유지전략, 친구관계 만족도와 학교적응간의 관계 : 중학생 남녀차를 중심으로. 고려대학교 교육대학원. 석사학위논문

배정현(2003). 또래지위에 따른 아동의 스트레스와 대처행동의 차이. 연세대학교 교육대학원. 석사학위논문.

안경숙(2001). 초등학생의 친한 친구 사귀기 과정 : 근거이론 접근방법으로. 서울여자대학교 대학원. 박사학위논문.

오미경(2016). 유아가 고자질을 하는 이유와 고자질 상황에서의 교사개입행동 탐색. 총신대학교 교육대학원. 석사학위논문.

이완기(2009). 초등영어 교육론. 문진미디어.

최선미(2013). 학습코칭을 통한 자기주도학습력 신장. 강남대학교 교육대학원. 석사학위논문.

황주영(2007). 놀이 중심의 사회적 기술 훈련 프로그램에 따른 위축 아동의 또래 상호작용 변화 : 초등학교 고학년을 대상으로. 대구대학교 대학원. 석사학위논문

교육부. (2015). 초등 교육과정(교육부 고시 제2015-74호)

교육부. 초등학교 수학과 1학년 교사용 지도서

교육부. 초등학교 수학과 2학년 교사용 지도서

교육부. 초등학교 수학과 3학년 교사용 지도서

교육부. 초등학교 수학과 4학년 교사용 지도서

교육부. 초등학교 수학과 5학년 교사용 지도서

교육부. 초등학교 수학과 6학년 교사용 지도서

초등 자녀 6년을 책임질 부모들의 백과사전

이서윤의 초등생활 처방전 365

1판 1쇄 발행 | 2021년 3월 8일
2판 1쇄 발행 | 2023년 2월 17일

지은이 | 이서윤
펴낸이 | 김영곤
이사 | 은지영
영상사업1팀 | 김종민
아동마케팅영업본부장 | 변유경
아동마케팅1팀 | 김영남 황혜선 황성진 이규림
아동영업팀 | 한충희 강경남 오은희 김규희
편집 | 꿈틀 이정아 북디자인 | design S 제작 관리 | 이영민 권경민

펴낸곳 | (주)북이십일 아울북
등록번호 | 제406-2003-061호 등록일자 | 2000년 5월 6일
주소 | 경기도 파주시 회동길 201(문발동) (우 10881)
전화 | 031-955-2128(기획개발), 031-955-2100(마케팅·영업·독자문의)
팩시밀리 | 031-955-2421
브랜드 사업 문의 | license21@book21.co.kr